碳减排系统工程：
理论方法与实践

魏一鸣 等 著

CARBON MITIGATION SYSTEM ENGINEERING:
PRINCIPLES, METHODS AND PRACTICES

Yi-Ming Wei，et al.

科学出版社

北 京

内 容 简 介

碳减排工程的科学实施与系统管理对于实现碳中和目标至关重要。本书全面介绍了作者及其团队在长期开展碳减排研究和实践的基础上，提出并形成的碳减排系统工程理论、技术及实践体系。上篇围绕碳减排过程中面临的短期减排与长期减排、局部减排与整体减排、政府管制与市场机制、发展与减排四大均衡难题，创建了碳减排系统工程理论，简称“时–空–效–益”统筹理论。中篇在“时–空–效–益”统筹理论指导下，建立了碳减排系统工程技术，即碳减排路径设计与系统优化技术，自主研制并成功开发了综合评估技术体系和平台，简称中国气候变化综合评估模型（C^3IAM）。下篇在“时–空–效–益”统筹理论指导下，采用碳减排路径设计与系统优化技术，围绕碳捕集、利用与封存（CCUS）这一典型碳减排工程，聚焦项目可行性评价、工程选址、基础设施规划、进度管理、运营优化、风险管理等工程实践应用。最后面向我国碳达峰碳中和战略，系统研究了我国实现“双碳”目标所涉及的四对核心关系，创建了相关路径优化方法，研究提出了我国实现碳达峰碳中和的时间表与路线图。

本书适合碳中和及碳减排相关领域的工程技术人员、政府工作人员、企业管理人员、高等院校师生、科研院所人员及其他感兴趣的学者和相关工作人员阅读。

图书在版编目(CIP)数据

碳减排系统工程：理论方法与实践 / 魏一鸣等著. —北京：科学出版社，2023.8

ISBN 978-7-03-076290-0

Ⅰ. ①碳…　Ⅱ. ①魏…　Ⅲ. ①二氧化碳－减量－排气－系统工程－中国
Ⅳ. ①X511

中国国家版本馆 CIP 数据核字（2023）第 164395 号

责任编辑：陈会迎　郝　悦 / 责任校对：王萌萌
责任印制：赵　博 / 封面设计：无极书装

科学出版社出版
北京东黄城根北街 16 号
邮政编码：100717
http：//www.sciencep.com
北京建宏印刷有限公司印刷
科学出版社发行　各地新华书店经销
*
2023 年 8 月第　一　版　开本：787 × 1092　1/16
2024 年 9 月第二次印刷　印张：31
字数：600 000

定价：288.00 元

(如有印装质量问题，我社负责调换)

作者简介

魏一鸣，现任北京理工大学杰出教授，副校长，兼任碳中和系统工程北京实验室主任。德国国家工程院院士（Member of Acatech）。国家杰出青年科学基金获得者（2004年）、教育部“长江学者奖励计划”特聘教授（2008年）、国家“万人计划”领军人才（2017年）、国家自然科学基金创新研究群体“能源经济与气候政策”学术带头人（2015年），获全国创新争先奖（2020年）、光华工程科技奖（2024年）。受邀担任10余份国际期刊主编、副主编、编委或国际顾问，担任联合国政府间气候变化专门委员会（IPCC）第六次评估报告第三工作组能源系统领衔作者召集人（coordinating lead authors，CLAs）。曾任中国科学院科技政策与管理科学研究所副所长（2000～2008年）、研究员；中国优选法统筹法与经济数学研究会秘书长（2001～2009年）和副理事长（2010～2019年）。

长期从事能源环境系统工程和碳减排工程管理的研究与教学工作，在能源环境复杂系统、碳中和系统工程、全球气候政策评估等领域开展了有创新性的研究工作并做出了贡献。牵头获国家自然科学基金基础科学中心项目、重大项目、创新研究群体项目、重点项目、重大国际合作项目，国家重点研发计划项目、973计划课题、国家科技支撑计划项目、欧盟FP7等重要科研任务50余项。出版著作20余部；在包括4份*Nature*子刊在内的国际主流期刊发表学术论文200余篇，其中，SCI/SSCI收录200余篇。论文累计他引2万余次、40余篇入选ESI“高被引论文”。自2014年起持续入选“中国高被引学者”名单；自2018年起持续入选“全球高被引科学家”名单。研究成果获教育部自然科学奖、教育部科技进步奖、北京市自然科学奖等奖励14项，其中一等奖7项。提交的多份政策咨询报告得到重视。研究成果在学术界和政府部门均有较大影响。

魏一鸣教授曾入选中国科学院“百人计划”（2005年）、首批“新世纪百千万人才工程”国家级人选(2004 年);获中国青年科技奖(2001 年)、纪念博士后制度实施 20 周年“全国优秀博士后”称号(2005 年)、“全国优秀科技工作者”称号(2012 年);享受国务院颁发的政府特殊津贴(2004 年)。

魏一鸣教授特别重视人才的培养,主讲的研究生课程“工业工程与管理”“管理系统工程”先后被中国科学院研究生院评为优秀课程。曾获北京市优秀教师、中国科学院优秀研究生导师等荣誉称号。曾获国家级教学成果奖一等奖、全国优秀教材二等奖等奖励。

前　言

开展碳减排以减缓气候变化是全球共同面对的重大世纪议题。世界各国采取碳中和等一系列行动，实施了以降碳减碳为目标的工程措施，即碳减排工程。

传统概念上的碳减排工程是指在较大规模或尺度上实施的干预地球气候系统的工程技术手段。随着应对气候变化的挑战日益严峻，碳减排工程已被赋予更为广泛的内涵，它是旨在应对气候变化的各类工程及其技术的总称，是实现碳减排的所有工程技术手段的集成，包括新能源与可再生能源技术，能效技术，碳捕集、利用与封存（CCUS）技术，碳汇技术等。碳减排工程覆盖社会经济系统和自然生态系统，各工程技术手段及各系统间又彼此关联、相互影响，是涉及当前全球 80 亿人的巨型工程。区别于一般工程，碳减排工程兼具全球性、长周期、跨区域、多部门、技术异质性等特征，是典型的复杂系统工程。因此，亟须从系统工程角度开展碳减排工程相关理论方法及实践研究。

碳减排系统工程是指在碳减排工程实践中坚持系统观，对碳减排工程生命周期全过程中所涉及的主体、资源、技术、政策等要素，开展计划、组织、指挥、协调和控制，使碳减排工程达成减缓气候变化的目的。由于碳减排工程与社会经济和生态环境系统相互影响、相互耦合，且在时间、空间、政策、技术等多个维度面临高度复杂性和不确定性。因此，构建碳减排系统工程理论，研制碳减排系统工程技术，是支撑各项碳减排系统工程实践的迫切需求。

在开展碳减排系统工程长期和深入研究的基础上，按照由理论到技术，再由技术到实践的逻辑主线，总结形成了本书的上、中、下三篇。上篇基于碳减排系统工程特征及内涵，围绕碳减排过程中面临的短期与长期、局部与整体、政府管制与市场机制、发展与减排四大均衡难题，创建了碳减排系统工程理论，即“时-空-效-益”统筹理论。该理论融合了工程学、管理学、经济学、环境学等相关学科理论方法，其实质是按系统科学原理，针对碳减排系统工程面临的各类难题形成的一般性方法。中篇在“时-空-效-益”统筹理论指导下，建立了碳减排系统工程技术，即碳减排路径设计与系统优化技术，自主研制并成功开发了综合评估技术体系和平台“中国气候变化综合评估模型 C^3IAM”。该平台集成运用“时-空-效-益”统筹理论，既兼顾成本与收益的短期与长期均衡，又考虑国家/区域的局部性与全球范围的整体性，并且实现自然气候系统与社会经济系统的耦合，模拟得到减排的最优路径。下篇在“时-空-效-益”统筹理论指导下，采用碳减排路径设计与系统优化技术，围绕 CCUS 这一典型碳减排工程，聚焦项目可行性评价、工程选址、基础设施规划、进度管理、运营优化、风险管理等工程实践应用，讨论如何实现 CCUS 工程从零散示范到大规模集群布局，可为解决其他各类碳减排路径实施中的工程实践问题提供借鉴。

本书总结了作者在碳减排系统工程理论、技术、实践等方面的成果。

（1）全面梳理了全球及主要地区碳排放现状，明确了碳减排工程定义及特征，总结了碳减排工程技术体系，提出了碳减排系统工程的概念。

（2）给出了碳减排系统工程定义，总结了碳减排系统工程基本特征，综合工程目标、工程活动、工程理论与技术支撑三个维度刻画了碳减排系统工程体系，系统阐明了碳减排系统工程的内涵，提出了碳减排系统工程“时-空-效-益”统筹理论体系。

（3）针对碳减排系统工程存在的代际博弈难题，以经济增长理论为核心，提出了解决代际均衡问题的理论方法，构建了跨期均衡路径用以权衡当前减缓气候变化的成本和未来气候变化带来的损失，解决了碳减排的跨期责任分担与成本分配等问题，建立了碳减排时间统筹的理论。

（4）针对碳减排系统工程存在的空间权衡难题，即国家或区域间应对气候变化的责任分担问题，以区域间福利权衡为核心，提出了解决代内权衡问题的理论方法，并开发了碳减排责任分担机制，解决了碳减排的区域责任分担问题，建立了碳减排空间统筹的理论。

（5）针对碳减排系统工程存在的不同减排机制权衡难题，即政府管制和市场机制哪种更有效，以传统经济效率理论为内核，定义碳减排效率理论，结合碳减排问题实际特征，构建了碳减排目标约束下的效率统筹决策框架，解决了不同情景下碳减排机制的效率优化问题，建立了碳减排效率最优的理论。

（6）针对发展与减排的权衡难题，以最优经济增长为核心，将碳排放问题引入长期宏观经济分析中，提出了一个整合环境-经济的方法来考虑经济发展与减排行动，构建了全球多区域经济最优增长理论框架，解决了发展与减排之间的收益取舍和协同推进问题，建立了统筹发展与减排的成本–收益分析理论。

（7）应用提出的碳减排系统工程“时–空–效–益”统筹理论，自主设计并建立了气候变化综合评估模型体系 C^3IAM。

（8）实现了中国气候变化综合评估模型中地球系统模块与经济系统模块之间的嵌入式耦合，开发了不同子模块之间的交互耦合方法，构建了社会经济系统与气候系统的多源数据尺度转换模块，并实现了社会经济参数、排放数据及土地利用数据的降尺度。

（9）从各行业的生产工艺流程视角，建立了行业碳减排技术系统，构建了自下而上的国家能源技术模型（简称为 C^3IAM/NET）以预测未来的能源需求，同时针对主要用能行业（电力、钢铁、水泥、化工、有色、建筑和交通）构建了相应的能源技术子模型，形成了整体行业的碳减排技术系统。

（10）构建了全球多区域经济最优增长模型、全球能源与环境政策分析模型和中国多区域能源与环境政策分析模型，基于最优经济增长理论，建立了全球多区域经济最优增长模型（简称为 C^3IAM/EcOp），可优化实现全球福利最大化的区域消费和投资，基于瓦尔拉斯一般均衡理论，建立了全球能源与环境政策分析模型（简称为 C^3IAM/GEEPA）和中国多区域能源与环境政策分析模型（简称为 C^3IAM/MR.CEEPA）。

（11）在现有地球系统模式运行规律的基础上，开发了一套能够还原现有复杂模式特征的简化地球系统模型（简称为 C^3IAM/Climate），实现了模式温度的整体模拟，从而有助于提高气候变化综合评估的效率。

（12）构建了土地利用系统并介绍了主要组成部分和运行机制，基于成本优化思想，建立了生态土地利用模型（简称为 C^3IAM/EcoLa），包括食物需求、土地利用类型物理属性和土地利用分配三个组成部分，模型集成温度、降水等气候变化参数对土地生产活动的作用影响。进一步刻画了经济发展和气候变化情景下总成本最小化的全球/区域土地利用资源最优配置、土地利用空间分布格局及土地利用变化所带来的碳排放效应。

（13）评估了《京都议定书》和《巴黎协定》的实施效果，设计了应对气候变化的全球行动策略，量化研究了以《京都议定书》为代表的“自上而下”国际约束型气候治理机制和以《巴黎协定》为代表的“自下而上”国内驱动型气候协定的减排贡献，识别了各国应对气候变化可能带来的经济收益和避免的气候损失，提出了在后巴黎时代能够实现各方无悔的最优“自我防护策略”和后巴黎时代缔约方的经济有效行动策略。

（14）采用自主研制的综合评估技术平台 C^3IAM，研究提出了实现全球温控目标的可行性路径,形成了兼顾经济性和安全性的我国碳达峰碳中和时间表与路线图，明确了不同减排路径对 CCUS 工程实践的需求。

（15）面向国家和企业 CCUS 项目部署与可行性论证需求，基于我国 101 个潜在地质储层和 1229 个排放源形成的潜在 CCUS 项目集，提出了满足全局经济最优和安全可行要求的 CCUS 项目部署与可行性论证方案，判别了中国 CCUS 项目部署优先级，评估了我国现有排放源的碳捕集与封存–强化石油开采（CCS-EOR）和碳捕集与封存–深部咸水开采利用（CCS-EWR）项目实施可行性。

（16）在碳达峰碳中和目标约束下，从电力行业投资者及企业决策者视角出发，对电力企业 CCUS 投资规划策略、时机选择、运营优化等工程难题进行了建模与应用分析，综合考虑项目投资决策时市场、技术、政策等不确定条件的影响。

（17）针对 CCUS 技术的商业化应用，从技术、经济、健康安全环境和政策等方面，提出了 CCUS 典型风险评价方法及其管理措施。

（18）识别了全球及我国适宜部署 CCUS 技术的 CO_2 排放源，评估得到了全球主要 CO_2 封存场地的封存潜力，以及我国县级尺度 CO_2 封存场地的适宜性及其分布特征。

（19）建立了全球 CCUS 工程源汇匹配优化模型，研究并提出了温控目标下各国合作分担 CCUS 减排需求的工程布局方案，推动 CCUS 工程部署。

（20）在综合考虑社会、地理和地质等多方面影响因素的基础上，以我国燃煤电厂为具体对象，评估并设计了碳中和目标下经济最优的全国陆上 CO_2 运输管网布局方案。

（21）系统研究我国碳达峰碳中和的四对核心关系，从复杂系统的视角，应用自主设计构建的自下而上的 C^3IAM/NET,研究提出了兼顾经济性和安全性的中国碳达峰碳中和时间表和路线图，明确了我国碳排放总体路径、行业减排责任、重点技术规划等多个层面的具体行动方案。

目　录

上篇　碳减排“时–空–效–益”统筹理论体系

中篇 碳减排路径设计与系统优化技术

下篇 碳捕集、利用与封存工程的管理实践

CONTENTS

Part I Theory Framework of Carbon Mitigation: 'Time–Space–Efficiency–Benefit' (TSEB) Overall Planning

上　篇

碳减排“时-空-效-益”统筹理论体系

第1章　绪　　论

1.1　全球及主要地区气候减缓行动

工业革命以来，人类使用化石能源产生的大量二氧化碳排放是气候变化的主因，应对气候变化的关键在于减少碳排放。当前，开展碳减排行动以应对气候变化迫在眉睫，联合国政府间气候变化专门委员会（Intergovernmental Panel on Climate Change，IPCC）第六次评估报告（AR6）指出，若不采取有效行动大幅减少碳排放，预计2040年前后地球表面温升较工业化前水平将达到1.5摄氏度，而当温升达到2摄氏度时，极端高温将更加频繁地达到经济生产和人体健康的耐受阈值，海平面上升、冰川融化、生物多样性损失等气候变化影响也将不可逆转。因此，碳减排不仅关乎生态与气候安全，更关乎全人类永续发展，是全球共同面临的重大世纪议题。

1.1.1　全球及主要地区碳排放现状

工业革命以前，全球人为碳排放始终维持在较低水平，即便到20世纪中叶，碳排放增长仍相对缓慢。第二次世界大战后，随着各国经济复苏，化石能源被大量使用，碳排放迎来高速增长。1950年，全球二氧化碳排放约为60亿吨，到2000年，这一数字几乎翻了两番，达到235亿吨左右。目前，全球碳排放量仍快速增长，截至2023年，全球碳排放总量已高达370亿吨左右（IEA，2024）。

在21世纪以前，全球碳排放主要来源于欧美等传统发达国家和地区。近年来，随着中国、印度等发展中国家经济快速增长，发展中国家碳排放在全球总排放量中的占比不断上升。2023年，亚洲碳排放合计占全球碳排放总量的56%，紧随其后的分别是北美洲和欧洲，占比分别为16%和15%（IEA，2024）。但由于亚洲拥有世界上约60%的人口，其人均排放量仍低于世界平均水平，且由于欧美发达国家和地区的工业化进程较早，从人均历史累计碳排放来看，中国、印度等发展中国家也远低于美国、英国等发达国家。

当前碳排放较多的主要国家或地区是中国、美国、欧盟（27国）、印度、俄罗斯、日本、韩国、加拿大、南非、英国，其2023年碳排放情况如表1-1所示。

表1-1 全球主要国家/地区2023年碳排放情况对比（IEA，2024）

国家/地区	碳排放量/亿吨	在全球占比/%	人均碳排放/吨	能源碳强度/（千克/千瓦时）	单位GDP碳排放/（千克/美元）
中国	126.3	30.82	7.63	0.28	0.58
美国	46.9	13.36	14.20	0.18	0.29
欧盟（27国）	26.6	7.42	5.82	0.16	0.18
印度	26.3	7.12	1.81	0.29	0.31
俄罗斯	18.8	4.56	10.86	0.21	0.49
日本	10.1	2.93	8.13	0.21	0.22
韩国	6.9	1.76	11.62	0.19	0.32
加拿大	5.32	1.52	14.18	0.13	0.33
南非	4.53	1.32	7.66	0.35	0.67
英国	3.35	0.92	4.83	0.16	0.14

注：GDP表示国内生产总值。

根据IPCC第六次评估报告第三工作组报告《气候变化2022：减缓气候变化》，2010～2019年全球温室气体年平均排放量处于人类历史最高水平，虽然增长速度已经放缓，但如果不立即在所有部门进行深度减排，则无法在21世纪末将全球温升限制在1.5摄氏度。要实现1.5摄氏度温控目标，需要全球温室气体排放最迟在2025年前达到峰值，在2030年前减少43%，并在2050年左右实现全球二氧化碳净零排放，即碳中和，而要将温升限制在2摄氏度左右，仍需要全球温室气体排放最迟在2025年前达峰，并在2030年前减少四分之一（IPCC，2022）。因此，对于全球及各主要碳排放国而言，开展碳减排迫在眉睫，且任务十分艰巨。

1.1.2 全球及主要地区碳减排行动

气候变化是典型的全球外部性问题，如果其他国家不采取碳减排行动，单一国家便没有主动减少碳排放的动力。因此，自20世纪90年代以来，国际社会构建了一系列有关碳减排的多层次、多区域、多主体、长周期制度安排（附表1），并通过了《联合国气候变化框架公约》及《京都议定书》。其中，《联合国气候变化框架公约》是国际气候变化谈判的总体框架，目标是“将大气中温室气体的浓度稳定在防止气候系统受到危险的人为干扰的水平上”。《京都议定书》则是《联合国气候变化框架公约》下第一份具有法律效力的气候法案。

关于碳减排行动，全球主要关注两个关键领域：能源（包括电力、热力、运输和工业活动）和生态（包括农业和土地利用变化）。在能源脱碳方面，各国主要通过优化能源结构，并推进包括交通、居民等部门在内的全社会电气化转型实现碳减排。此外，碳捕集、利用与封存（carbon capture，utilization and storage，CCUS）技术可帮助实现能源等碳密集型行业的大幅减排，已成为全球各主要排放国实现碳中和（carbon neutrality）必不可少的关键性工程技术。土地利用方面，全球土地利用方式与生态系统的转变对于实现碳中和目标同样至关重要，重点在于增强未来陆基农业和林业的碳汇能力。

基于全球气候目标，全球主要国家或地区陆续结合自身及国际形势制定了相应的减排目标及行动方案（附表2）。其中，减排目标主要涉及排放总量及强度控制，部分地区还关注甲烷等其他温室气体减排，行动方案则主要聚焦能源和生态系统。

1.2 碳达峰与碳中和

1.2.1 全球碳中和进程

目前，以碳中和为主要目标的全球深度减排成为共识。IPCC 报告指出，到 21 世纪中叶实现碳中和对于实现 1.5 摄氏度温控目标至关重要。全球已有 130 多个国家或地区做出了碳中和承诺。其中，大部分国家或地区承诺将 2050 年作为实现碳中和的时间节点，如欧盟、美国、英国、加拿大、日本、新西兰、南非等。

碳达峰（carbon peak）是指在某一个时点，二氧化碳的排放不再增长达到峰值，之后逐步回落，碳达峰是二氧化碳排放量由增转降的历史拐点，一般标志着碳排放与经济发展实现脱钩，且达峰目标包括达峰年份和峰值。碳中和是指企业、团体或个人在一定时间内，直接或间接产生的二氧化碳排放量，与通过植树造林、节能减排等形式抵消的二氧化碳排放量相等，实现二氧化碳的“净零排放”。简而言之，碳中和就是让二氧化碳排放量“收支相抵”，使大气中碳排放和碳吸收之间达到平衡。我国同时提出碳达峰与碳中和目标（以下简称“双碳”目标），是因为二者间存在深刻的内在联系。从客观规律性来看，“双碳”目标具有深厚的理论渊源和现实基础，蕴含了经济增长与碳排放脱钩理论及环境库兹涅茨曲线（EKC）假说等经济学内涵（Grossman and Krueger，1991；Stern，2004），碳中和目标下的碳排放曲线峰值点在一定程度上可类比为 EKC 中的环境拐点。从主观能动性来看，“双碳”目标也符合人类在满足基本物质需求后对美好生活的追求，良好的生态环境已成为全球经济社会可持续发展的支撑，且由于实现碳达峰的时间点及其峰值水平直接决定了从碳达峰到碳中和转变的可用时间和需要完成的减排体量，碳达峰行动方案必须在碳中和目标的牵引和约束下统筹规划。

1.2.2 我国碳达峰碳中和行动

我国提出“双碳”目标，是党中央从我国现代化建设的内在要求出发，经过深思熟虑做出的重大战略决策，事关中华民族永续发展和构建人类命运共同体。自“双碳”目标提出以来，中央统一部署各级政府和部门扎实有序地推动经济社会全面绿色转型，把“双碳”工作纳入生态文明建设整体布局和经济社会发展全局。

工作机制方面，中央层面成立了碳达峰碳中和工作领导小组，并由国家发展和改革委员会（简称国家发展改革委）履行领导小组办公室职责，以强化组织领导和统筹协调，形成上下联动、各方协同的工作体系。政策体系方面，2021 年 10 月《中共中央 国务院关于完整准确全面贯彻新发展理念做好碳达峰碳中和工作的意见》和《2030 年前碳达峰行动方案》发布，各国家有关部门也在上述文件的指导下制定了分领域分行业实施方案和支撑保障政策，此外，各省（自治区、直辖市）也基本制定了本地区碳达峰实施方案，至此，碳达峰碳中和“1+*N*”政策体系建立，“双碳”工作有了一整套系统完备的政策文件作为指导。具体行动方面，一是稳妥有序实施能源革命战略，推进能源绿色低碳转型，并立足以煤为主的基本国情，大力推进煤炭清洁高效利用；二是大力推进产业结构优化升级，推动重点高能耗高排放行业的节能降碳改造，并积极发展战略性新兴产业；三是推进建筑、交通等领域的低碳转型，包括积极发展绿色建筑，开展针对既有建筑的绿色低碳改造，并加大力度推广节能低碳交通工具，发展新能源汽车产业，推进新能源汽车配套基础设施的建设；四是不断提升生态系统碳汇能力，大规模推进国土绿化，并坚持山水林田湖草沙一体化保护和修复；五是优化完善能耗双控制度，科学建立碳排放统计核算体系，推出针对碳减排的专项贷款和金融服务，启动全国碳市场，完善绿色技术创新体系，强化“双碳”专业人才培养，推进绿色生活创建行动，倡导绿色生产生活方式；六是积极参与全球气候治理，坚决履行各项国际减排承诺，并大力推动和构建公平合理、合作共赢的全球气候治理体系，深化应对气候变化南南合作，扎实推进绿色“一带一路”建设，支持发展中国家能源绿色低碳发展。

1.3 碳减排工程及其技术体系

虽然全球温控目标明确，各主要国家或地区也已纷纷提出碳中和目标，并制定了一系列行动方案，但要实现相关目标，落实减排行动，除政策层面顶层设计外，也离不开各行各业的具体工程实践。为此，各国相继投入大量资金实施了以降碳减碳为目标的工程措施，即碳减排工程。

1.3.1 碳减排工程定义及特征

传统概念上的碳减排工程是指以应对气候变化为目的，在较大规模或尺度上实施的干预地球气候系统的工程技术手段，因此也被称为气候工程（Keith，2000）。基于作用原理，传统碳减排工程可分为三类：①二氧化碳移除（CDR），即通过捕集大气中的二氧化碳实现系统负排放（National Research Council，2015）；②太阳辐射管理（SRM），即通过增加太阳辐射反射实现温升控制（Burns，2010）；③一般地球工程，即利用生物炭和土壤碳封存等工程措施增加系统碳吸收能力（Oldham et al.，2014）。

随着应对气候变化的挑战日益严峻，碳减排工程已被赋予更为广泛的内涵，本书中的碳减排工程是指应对气候变化的各类工程及其技术的总称，是实现碳减排的所有工程技术手段的集成，包括新能源与可再生能源技术，能效技术，碳捕集、利用与封存技术，碳汇技术等（Wei et al.，2019）。其中，每一类工程及其技术背后又蕴含极为广泛的工程学内涵。例如，对于新能源与可再生能源技术，它不仅涉及各类新能源与可再生能源开发相关工程技术，还包括其运输、加工、分配、转换、储存、使用等一系列工艺和工程环节对应的技术，不仅涵盖能源供给，还包括能源消费，是覆盖整个能源系统进而涉及社会经济和生态环境方方面面的复杂工程技术体系。

如图 1-1 所示，碳减排工程覆盖社会经济系统和自然生态系统，包含一系列复杂的工程技术手段，各工程技术手段及各系统间又彼此关联、相互影响，是涉及当前全球 80 亿人的巨型工程，也是典型的复杂系统。相较于一般工程，碳减排工程具有以下显著特征。

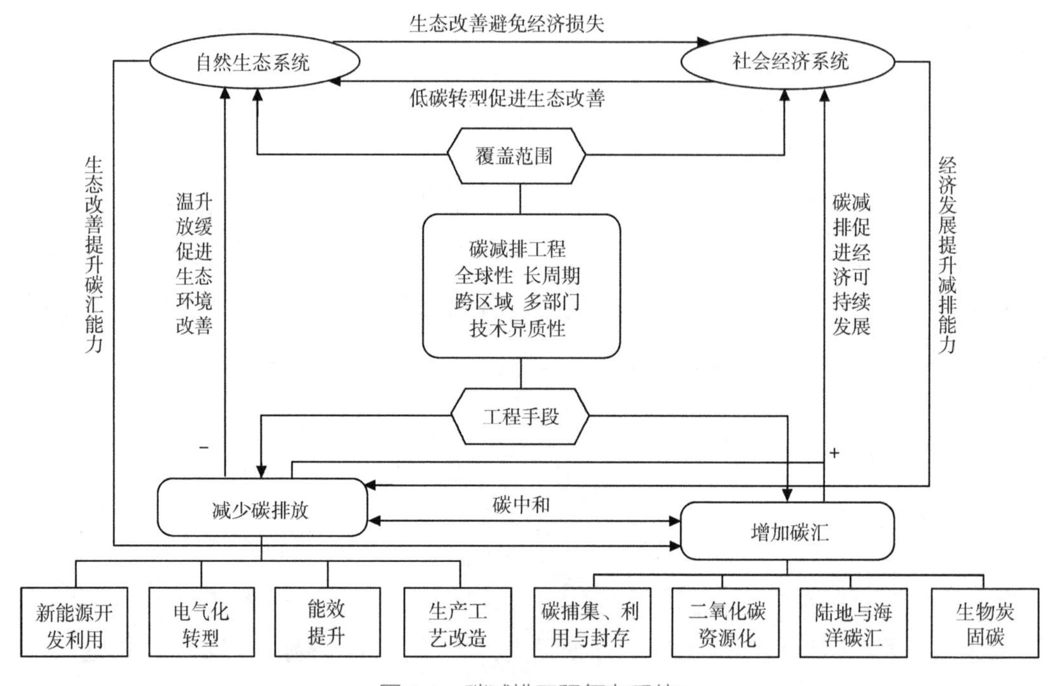

图 1-1　碳减排工程复杂系统

（1）全球性。由温室气体排放引起的气候变化具有全球性特征，《巴黎协定》提出到 21 世纪末，将温升（较工业化前）控制在 2 摄氏度甚至 1.5 摄氏度，这也是典型的全球性目标。因此，碳减排工程解决的是全球性的气候变化问题，具有全球性特征。

（2）长周期。气候变化是一个长周期过程，碳减排工程需要应对近百年甚至更长时期内的气候变化，且碳减排工程的效果也需要较长时间显现，因此，碳减排工程具有长周期特征。

（3）跨区域。碳减排工程主体涵盖全球近 200 个国家和地区，主体数量庞大。虽然各主体间的发展阶段与经济社会条件不同，但气候变化及其影响是跨区域的，应对气候变化也需要多区域协作，因此，碳减排工程具有跨区域特征。

（4）多部门。碳减排工程是涉及工业（如钢铁、水泥、电力、化工、有色金属等行业）、交通、建筑、农业、土地利用、海洋生态等多个部门的工程技术集合，是覆盖整个社会经济系统的复杂系统工程，具有典型的多部门特征。

（5）技术异质性。由于不同行业和部门的生产工艺、工程选址及适用性技术迥异，碳减排工程需重点考虑行业和部门应对气候变化的技术异质性及时空可行性，且碳减排工程作为应对气候变化的各类工程技术手段的集成，不同工程项目间具有显著的技术异质性。

1.3.2 碳减排工程技术体系

碳减排工程作为实现碳减排的所有减缓和适应工程技术手段的集成，其从技术体系来看，大体可分为减碳技术与增汇技术两大类。目前，全球约70%的碳排放来自能源部门，要在21世纪中叶实现二氧化碳净零排放，首先需实现能源系统净零排放（魏一鸣等，2022a）。因此，目前碳减排工程中的减碳相关技术主要针对能源系统，包括新能源与可再生能源技术、储能技术、能效技术。增汇技术则包括人工碳汇与生态碳汇两大类，其中，人工碳汇主要是以人为碳捕集为基本手段的技术体系，生态碳汇则主要包括陆地碳汇与海洋碳汇。表1-2归纳了目前存在的主要碳减排工程相关技术，包括技术类别、技术特征与技术现状。

表1-2 碳减排工程技术体系

技术大类	技术小类	技术细分	技术特征	技术现状
减碳技术	新能源与可再生能源技术	生物质能	受自然条件限制较小、燃料来源广泛，建设和运营成本较高，技术开发能力和产业体系相对薄弱	生物质能发电技术较为成熟，但其在电力供应中的占比较低，且在发电终端的环境问题突出
		地热能	分布广、潜力大，不依赖于天气条件，但能量密度低	直接使用的技术（如集中供暖、地热泵等）已成熟，其他利用方式技术有待提升；天然高渗透热液储层发电技术成熟可靠；中温场越来越多地用于发电或热电联产
		水力发电	发电成本低、效率高、调控能力强，但对生态环境有一定的破坏性，且供电需求不稳定	技术成熟度高，是目前最大的低碳电力来源；成熟且灵活的特点使其适合作为可调度的发电方案
		海洋能	清洁、成本低、环境影响小，但稳定性较差	尚处于早期开发阶段，技术成熟度低，未形成规模化应用，但具有长期内做出重要减排贡献的潜力
		太阳能	清洁、无污染、成本低，但对土地占用较大，且受光照、地形等因素影响大	技术成熟，成本低，但未来需在效率、材料、装置上寻求突破

续表

<table>
<tr><th>技术大类</th><th>技术小类</th><th>技术细分</th><th>技术特征</th><th>技术现状</th></tr>
<tr><td rowspan="8">减碳技术</td><td>新能源与可再生能源技术</td><td>风能</td><td>清洁、装机规模灵活，但建设成本高、占地面积大、噪声大</td><td>技术成熟，但稳定性较差，制约其大规模发展，未来还需着力发展大功率风机制造、更高空间风力的利用、更远的海上风电站建设</td></tr>
<tr><td rowspan="3">储能技术</td><td>物理储能</td><td>包括抽水蓄能、压缩空气储能、重力储能、飞轮储能等，规模大、循环寿命长、运行费用低</td><td>应用最广、技术最成熟的是抽水蓄能；压缩空气储能技术也较成熟，但其在我国还处在起步阶段；重力储能在我国尚处在试验阶段；飞轮储能功率密度大、寿命长</td></tr>
<tr><td>化学储能</td><td>能源密度大、应用灵活，但是成本高、存在安全性问题</td><td>目前技术相对成熟，但电池回收、环保处理、资源供应等问题有待解决</td></tr>
<tr><td>电磁储能</td><td>主要是超级电容器和超导材料储能，功率密度大、响应速度快，但是容量小、成本高</td><td>目前尚处于试验阶段，具体作用和风险有待观察</td></tr>
<tr><td rowspan="3">能效技术</td><td>重点行业的能效提升技术</td><td>应用于能源消耗较大的重点行业，节能潜力也相对更大；通过推进技术工艺升级，推广一批关键节能提效技术装备，可实现行业能效稳步提升</td><td>钢铁行业：短流程电炉炼钢、烧结烟气内循环、高炉炉顶均压煤气回收等工艺技术。石油化工行业：原油直接裂解制乙烯技术、重劣质渣油低碳深加工等技术。有色金属行业：铝用高质量阳极、铜锍连续吹炼等技术</td></tr>
<tr><td>重点领域的能效提升技术</td><td>可帮助制造企业加强绿色设计，推动配套设施绿色化改造或提高网络设备等信息处理设备的能效</td><td>目前较为成熟的技术主要有液冷、自然冷源等制冷技术，高压直流供电等节能技术，新型散热技术，软件节能技术</td></tr>
<tr><td>跨产业跨领域耦合的能效提升技术</td><td>可推动企业构建首尾相连、互为供需和生产装置互联互通的产业链，提升整体能效</td><td>目前较为成熟的技术主要有企业生产附加值化工产品技术、工业余热供暖技术、固体废物高效资源化利用技术</td></tr>
<tr style="display:none"><td></td><td></td><td></td><td></td></tr>
<tr><td rowspan="4">增汇技术</td><td rowspan="4">人工碳汇</td><td>碳捕集、利用与封存技术</td><td>是目前最成熟、最具减排潜力的人工碳汇技术，也是能源密集型部门大规模减少温室气体排放的关键手段</td><td>包括碳捕集技术、捕集后的工业化利用技术、地质利用和封存技术，目前在多数国家尚处于工业示范阶段，商业模式尚不成熟，技术成本有待进一步降低</td></tr>
<tr><td>生物质能耦合碳捕集与封存技术</td><td>不受干旱、森林火灾和虫害的影响，持久性良好，但资源可获得性存在不确定性，社会和生态影响不确定性也较高</td><td>尚处于研发和示范阶段，还不具备大规模商业化运行的条件，当前一些发达国家已开始生物质能耦合碳捕集与封存（biomass-energy with carbon capture and storage，BECCS）技术项目示范</td></tr>
<tr><td>直接空气捕集技术</td><td>直接从大气中捕获二氧化碳后进行永久封存或利用，减排潜力大</td><td>目前技术成本及能源需求均较高，国外已有试验或示范的小规模直接空气捕集（direct air capture，DAC）工厂，且绝大部分试点工厂将捕获的二氧化碳进行再利用</td></tr>
<tr><td>土壤固碳技术</td><td>可改善土壤质量，提高作物产量，有助于使农田免受洪水和干旱的侵袭</td><td>技术成熟度较低，固碳效率不高，商业模式尚不明确</td></tr>
</table>

续表

技术大类	技术小类	技术细分	技术特征	技术现状
增汇技术	人工碳汇	海洋固碳技术	不仅能够固碳，还能消波减浪，有效防止海岸被侵蚀，促进海洋植物生长并吸收二氧化碳	尚未经过大规模测试，且存在未知生态环境风险，公众接受度也较低
		增强风化技术	可去除大气中的二氧化碳，加速碳吸收过程，将其转化为地球表面和海洋沉积物中的稳定矿物质	目前增强风化技术处于研究和开发的早期阶段，减排潜力、成本、风险等仍需进一步评估
		生物炭技术	可在固碳的同时提高土壤质量	当前利用规模较小，尚需要进行大规模实地试验
		造林	通过植树造林将大气中的碳固定在生物和土壤中，成本低	最经济的负排放技术（negative emissions technology，NET）和已商业化部署的碳汇技术
	生态碳汇	陆地碳汇	森林是固碳主体，碳汇潜力大、成本低、生态附加值高	全球陆地碳汇总量达到全球碳排放总量的1/3左右，并处于上升趋势
		海洋碳汇	海洋面积宽广，固碳量大、效率高、储存时间长	全球海洋碳汇总量与陆地接近，约为全球碳排放总量的1/3，但未见明显增加趋势

综合来看，目前碳减排技术种类丰富，且新技术仍在不断涌现，但各技术间存在巨大差异。这种差异不仅体现在技术发展水平上，还体现在各技术减排潜力、效率、成本、社会及生态风险等多方面，且各类技术发展的影响因素也不尽相同，给碳减排工程实践带来诸多挑战。随着各种技术的不断发展和细化，碳减排工程也正朝着更为复杂的方向发展，并已成为相关领域学者的研究热点。

1.4 碳减排工程相关研究进展

从时间尺度来看，早在1994年就有关于碳减排工程的研究，Rosenberg和Scott（1994）探讨了碳减排工程技术实施对于农业部门和全球粮食安全的影响，从而引发了对碳减排工程及其影响的思考。但一直到2009年，相关研究才开始受到广泛重视，研究数量快速增长，发文量年均增长率约为25%（图1-2）。从研究所属地区来看，在该领域发文量较多的国家有美国、英国和德国等，中国和印度学者近年来的发文量也呈快速增长趋势，但除中国和印度外，其他发展中国家在该领域的研究产出整体较少。碳减排是全球性问题，未来提高发展中国家学者对该研究领域的关注有助于推动碳减排工程的理论和实践发展。

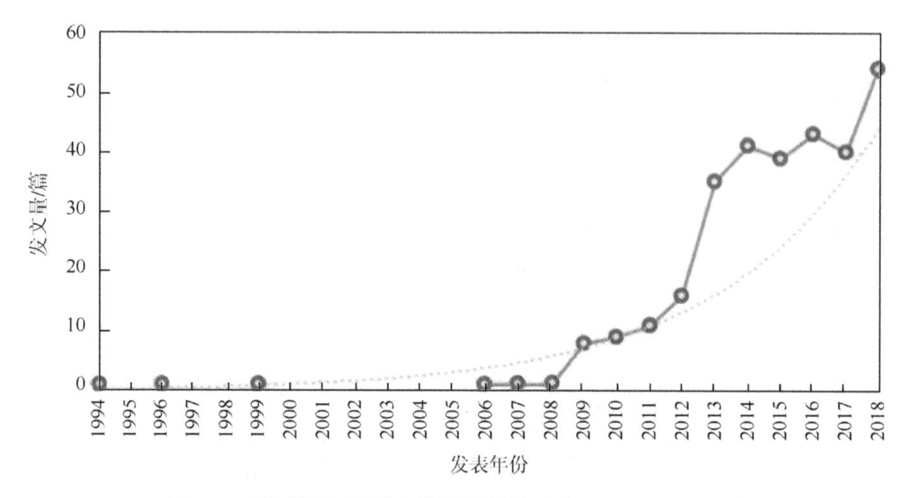

图 1-2 碳减排工程研究的发展趋势（Wei et al.，2019）

从研究空间维度来看，碳减排工程相关研究可划分为全球、区域和国家尺度。国家尺度上，针对中国的研究占近几年新增研究的三分之二以上。相关研究主要聚焦于中国各能源密集型部门（Tang et al.，2018a；Zhang et al.，2019），低碳试点城市（Zhang et al.，2019），以京津冀、珠三角等为代表的城市群（Zhou et al.，2018；Yan et al.，2019）。

从行业维度来看，碳减排工程研究主要集中在交通部门、电力部门、农业、建筑和化工部门等，居民部门（Yan et al.，2020；Hao et al.，2021）与水泥部门（Li and Gao，2018；Shan et al.，2019）则是近几年研究的热点。上述部门也是全球碳排放的主要来源部门（Le et al.，2020）。关于行业减排顺序，研究发现以电力、交通和工业为代表的传统高耗能行业需率先重点突破，以尽可能提前实现碳达峰，从而为碳中和预留更充足的准备时间（魏一鸣等，2022b）。

从技术维度来看，早期碳减排工程研究更多关注太阳辐射管理技术，以碳捕集与封存（CCS）为代表的二氧化碳移除技术次之。虽然人们逐渐意识到碳减排工程给应对全球气候变化提供了新的解决方案，但大规模部署碳减排工程还面临着巨大的技术成本和风险的不确定性问题（IPCC，2011）。尤其是太阳辐射管理这类对地球气候系统进行直接干预的碳减排工程具有较大争议，虽然其在减缓全球温升方面有较大潜力，但也存在巨大的未知风险，如改变全球水循环系统、影响植物生长、可能带来地缘政治冲突等（IPCC，2013）。在太阳辐射管理技术领域，现有研究多从机制设计、伦理道德、风险及影响评价等方面展开具体讨论（Carlin，2011；Barrett，

2014；Manoussi et al.，2018；Rabitz，2019）。在二氧化碳移除技术领域，现有研究对象主要有碳捕集与封存工程、以农林系统为基础的碳循环工程以及海洋施肥工程（Scott，2018；Lin，2019；Merk et al.，2019）。针对CCS工程，现有研究主要集中在“工程计划”方面，包括技术规划和工程立项风险评估两个方面（Wei et al.，2019）。

虽然已有大量研究针对碳减排工程本身开展研究，但碳减排工程作为典型的复杂系统工程，其复杂性主要来源于碳排放本身及其驱动因素的复杂性。因此，对碳排放驱动因素进行深入挖掘和分析，是揭示碳减排工程复杂系统本质特征，进而指导相关工程技术布局和实践的重要前提。为此，大量学者对碳排放驱动因素进行了研究，开发了一系列定量分析工具并进行实证研究，明确了碳排放驱动因素和机理，在此基础上，大量研究关注碳减排工程相关技术，并讨论碳达峰碳中和及其实现路径。因此，现有关于碳减排工程的研究主要可归纳为碳排放驱动因素与机理研究、碳减排工程技术研究和碳达峰碳中和研究三大类。

1.4.1 碳排放驱动因素与机理研究

传统观点认为，日益增长的能源消费是二氧化碳排放量增长的主要因素，但能源消费只是碳排放最直接也最浅层的驱动因素，背后还有更深层次的因素。各国乃至全球碳排放规模都是经济社会系统中多项因素共同驱动的结果，且碳排放与各驱动因素之间的传导机制是复杂的、非线性的（魏一鸣等，2006a）。因此，要想成功实施碳减排工程，需首先从系统角度厘清碳排放背后的驱动因素与传导机制。

魏一鸣等（2006a）抽象地概括了碳排放与经济社会系统之间的传导机制（图1-3）。具体而言，在现代社会复杂而庞大的经济系统中，碳排放主要来自化石能源燃烧、工业过程、土地利用三个方面。居民作为商品及服务的消费者和生产者，通过参与社会生产推动经济增长、获得收入；居民部门的收入增长、人口结构变化、城镇化、低碳意识增强等会共同促进消费升级，而人口结构与消费的变化进一步驱动碳排放变化；生产部门在技术进步、供应链优化、资源循环利用等的共同作用下实现产业升级，进而驱动工业过程碳排放发生变化，与此同时，消费升级与产业升级存在相互驱动的关系，尤其是交通、建筑等部门会协同居民部门共同向绿色低碳转型；能源部门为生产部门、服务部门、居民部门的生产和消费活动供应能源，一方面，各部门的能源效率、需求总量和结构变化会驱动能耗变化，从而驱动碳排放变化；另一方面，能源部门自身能源效率提高、能源结构优化，会从供给侧推动能源低碳化，从而驱动碳排放变化（魏一鸣等，2006b；刘兰翠，2006）。

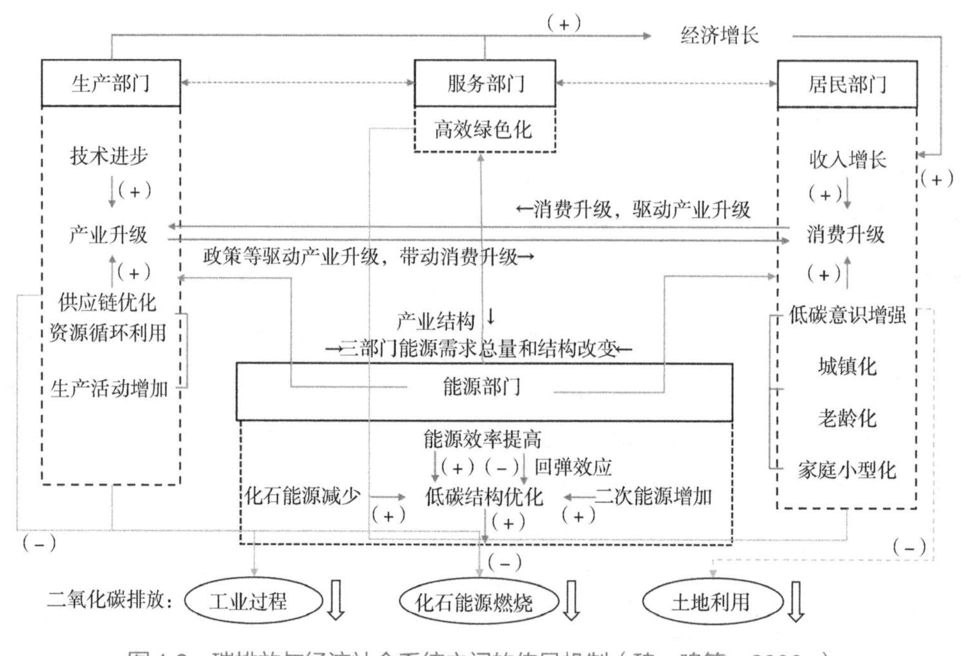

图 1-3　碳排放与经济社会系统之间的传导机制（魏一鸣等，2006a）

关于碳排放影响因素的定量研究方法，早在 1971 年，Ehrlich 和 Holdren 就提出了 IPAT（impacts on population，affluence and technology）模型，可以将包括碳排放在内的环境影响分解为三个主要驱动因素：人口规模、经济水平和环境不友好的技术水平。此后，在 IPAT 模型的基础上，Dietz 和 Rosa 在 1997 年提出了可拓展的随机性的环境影响评估模型 STIRPAT（stochastic impacts by regression on population，affluence and technology）模型，该模型通过引入变量的指数形式使模型可以反映非比例的影响关系，定量描述人口、经济和技术对环境的随机影响。通过两边取对数可以将此模型转化为一个线性模型，从而扩展其他社会经济因素并进行参数估计。STIRPAT 模型因其理论上的合理性和应用上的可操作性，被广泛地应用于碳排放驱动因素研究中。

Kaya 在 1990 年将碳排放分解为四个驱动因素：人口、人均 GDP、能源强度和能源碳强度，该理论得到了学界的广泛认可并形成了 Kaya 恒等式，表示在一个给定的时间，二氧化碳排放是人口、人均 GDP、能源强度和能源碳强度的乘积。在上述各类方法的基础上，相关学者陆续开发出了包括对数平均迪氏指数法（logarithmic mean Divisia index method，LMDI）（Liu et al.，2007）、结构分解分析（structural decomposition analysis，SDA）等相对成熟科学的方法，实现对碳排放更为彻底和详细的分解，如结构分解分析可将碳排放的变化分解为是由排放系数、能源结构、能源效率、消费结构、人均消费和人口等因素变化导致的（Mi et al.，2017a）。

除上述方法外，网络分析方法也是研究碳排放与其他因素间相互关系的常用方法。应用网络分析理论与可视化算法，可构建发达国家碳达峰过程中碳排放与经济、产业、人口、技术、能源系统相互作用的复杂网络（Liao and Cao，2013）。

根据现有相关研究成果，碳排放各主要影响因素及其驱动机理可总结如下。

（1）人口规模与结构。由于二氧化碳排放直接来源于各项人类活动，人口变化是二氧化碳最主要的驱动因素之一。研究发现人口对二氧化碳排放量的弹性系数为 1～1.65，且不同国家存在差异，低收入国家弹性系数相对更高（Shi，2003；York et al.，2003；魏一鸣等，2008）。人口变化主要通过规模和结构影响碳排放。一方面，人口规模的增长、人均消费水平的提升会驱动碳排放增长；另一方面，不同年龄、性别、收入水平、社会群体的人口具有差异化的行为模式和消费结构，因此人口结构的变化（如老龄化、家庭结构变化等）将会通过影响生产、消费的规模与结构进而影响碳排放。在不同年龄的人口中，15～64 岁人口所占比例对碳排放影响更大，且这一比例对高收入国家和中低收入国家的碳排放为负向影响，对其他类别国家为正向影响（魏一鸣等，2008）。

图 1-4 展示了发达国家碳达峰过程中人均二氧化碳排放量与人口老龄化率之间的非线性关系，其中纵坐标“lg”表示对排放量取常用对数，下同。在控制了其他经济社会因素的影响下，人口结构变化对碳排放的影响呈“U”形曲线变化。人口老龄化率在低于 12%时对碳排放的负向影响较强，在超过 12%后对碳排放的影响不显著。

（2）经济增长。几乎所有国家都经历过碳排放与经济同步增长的时期，全球碳排放与 GDP 也曾长期保持相近的增长趋势和增长率。人均实际 GDP 与碳排放之间的相关系数约为 1，且在高收入国家这一系数相对更高（魏一鸣等，2008）。虽然近年来非化石能源被大规模开发和使用，经济增长和碳排放逐步呈现脱钩趋势，但

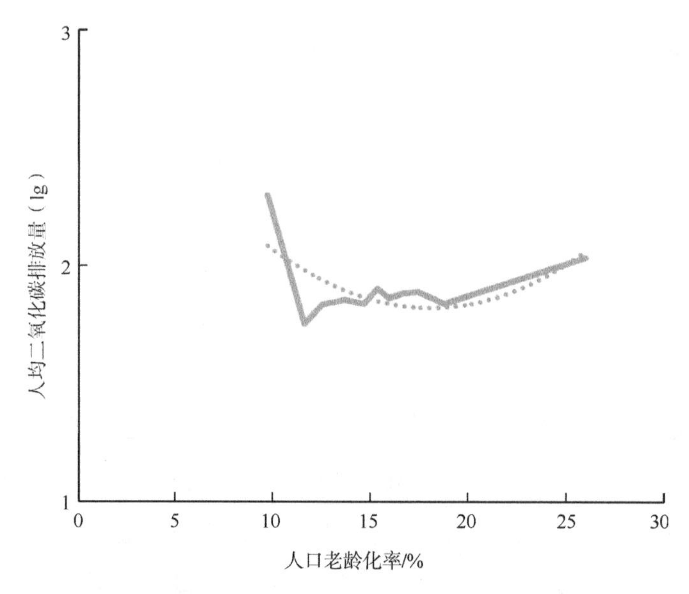

图 1-4 人均二氧化碳排放量-人口结构非线性关系

经济增长仍是碳排放最主要的驱动因素。关于驱动机理，从供给侧来看，在产业结构、要素投入、能源效率、能源结构等短期内保持相对稳定的前提下，经济增长伴随着生产规模的扩大，增加了对能源的需求，产生了更多的碳排放；从需求侧来看，经济增长带来了居民收入水平的提高，促进了居民的消费，从而驱动碳排放增加。

长期来看，经济实现增长的同时，技术进步、产业升级、能效提升和能源结构优化等将有助于减少碳排放，实现经济增长与碳排放逐步脱钩。Grossman 和 Krueger（1995）研究发现环境污染水平随着人均收入的增加先上升后下降，存在倒“U”形曲线关系。Panayotou 在 1993 年将 Grossman 和 Krueger 的研究拓展形成了环境经济领域著名的环境库兹涅茨曲线，如图 1-5 所示。基于环境库兹涅茨曲线假说，国内外学者将其扩展到了碳排放与经济增长之间的关系研究中，如 Stern（2005）验证了部分国家的二氧化碳排放与人均 GDP 存在倒“U”形曲线关系；许广月和宋德勇（2008）认为碳排放环境库兹涅茨曲线在中国的中东部地区存在，在西部地区则不存在。

图 1-6 展示了发达国家碳达峰过程中人均二氧化碳排放量与人均 GDP 之间的非线性关系。在控制了其他经济社会因素的影响下，经济增长对碳排放的影响呈“S”形曲线变化。人均 GDP 增长 1%，人均二氧化碳排放量增加 0.7%～2.2%。收入水平在 3.7 万～5.5 万美元区间内对碳排放的正向影响较强。

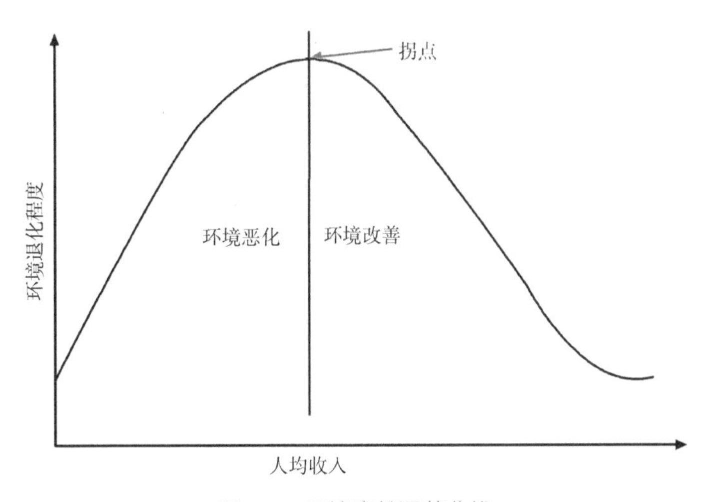

图 1-5 环境库兹涅茨曲线

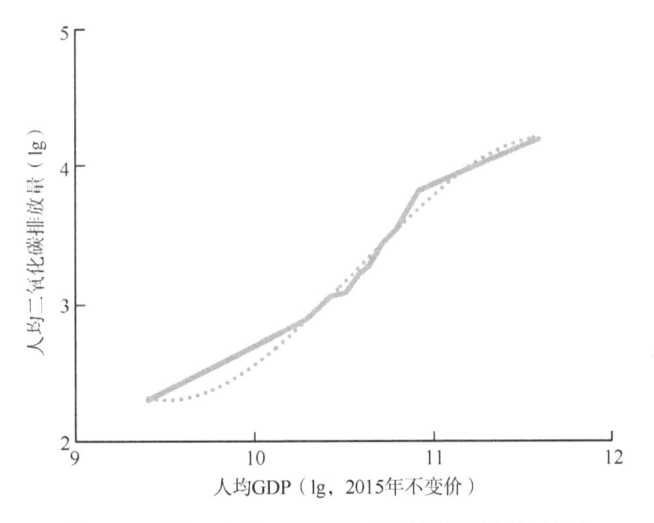

图 1-6 人均二氧化碳排放量-经济增长非线性关系

（3）产业结构。产业结构作为经济系统的一个重要特征，从大类上可以分为第一产业（农林牧渔业等）、第二产业（工业、建筑业等）和第三产业（服务业等）。由于不同产业部门在生产方式、技术革新、能源消费规模和结构等方面存在较大的差异，产业结构变化的影响会进一步传导至碳排放。一般来说高碳排放部门主要集中在工业部门，尤其是电力、钢铁、水泥、交通等。研究发现，工业化国家的第一产业增加值占比稳中有降，第二产业增加值占比在工业化完成后会逐步下降，第三产业增加值占比则不断上升，相应地，上述这一产业结构变迁规律，也导致在多数国家工业化过程中碳排放呈现先增长后下降的趋势。而即使在产业结构总体不变的情况下，各部门通过淘汰落后产能、发展先进制造业和现代服务业，也能达到控制能源消费规模、优化用能结构的目的，从而抑制碳排放的上升趋势。

图 1-7 展示了发达国家碳达峰过程中人均二氧化碳排放量与第三产业增加值占比之间的非线性关系。在控制了其他经济社会因素的影响下，产业结构变化对碳排放的影响呈“二次型”曲线变化。第三产业增加值占比增长 1 个百分点，人均二氧化碳排放量增加 2.1%～4.3%。第三产业增加值占比在超过 68%后对碳排放的正向影响较强。

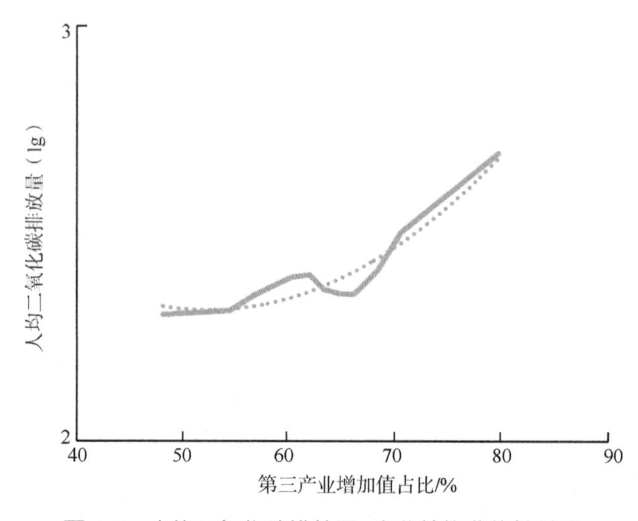

图 1-7 人均二氧化碳排放量-产业结构非线性关系

（4）城镇化。在城镇化过程中，人口迁移与增长、土地利用改变以及农民工形成的“半城镇化”等，都将影响能源消耗进而影响碳排放。研究发现，虽然整体而言人口城镇化不会导致人均用能和碳排放显著增加，但农民工市民化则会拉动大量碳排放，此外城市建设也是城镇化过程中碳排放增加的主要驱动力，而人口密度和人均城市建设用地面积的控制则有助于碳减排（魏一鸣等，2008）。

随着城镇化持续推进，城市建设趋于完善，城镇化进程对碳排放的影响将变得较为复杂，实证研究也发现在不同经济发展阶段城镇化对碳排放的影响不同。具体的影响机理可通过三个理论来解释：生态现代化理论、城市环境转型理论、紧凑型城市理论（Poumanyvong and Kaneko，2010）。生态现代化理论认为城镇化是社会转型的过程，是现代化的一个重要指标，随着社会逐渐认识到环境可持续性的重要性，通过技术创新、城市聚集以及向基于知识和服务的产业转移，会逐步使经济增长与碳排放脱钩。城市环境转型理论主要描述了城市环境问题的类型及其演变，认为城市环境问题因经济发展阶段而异，由于资源的有限性，初级发展阶段往往面临与贫困有关的环境问题，如卫生条件不足，随着制造业等生产活动的增加，城市经济水平提升，同时造成了与工业污染相关的环境问题，包括碳排放，但由于环境规制的严格、技术进步和经济结构的改变，高收入城市的这些环境问题在逐渐减少，碳排放也会随着城镇化的深入推进而出现下降。紧凑型城市理论主要探讨了城市紧凑化的环境效益。该理论认为，高城市密度使城市公共基础设施的开发具有规模经济效益，从而有助于减少汽车出行的分担率和行驶距离，进而减少城市能源消耗和碳排放等。然而，也有观点认为城市密度的增加可能会导致交通拥堵等新的问题，并抵消紧凑型城市带来的环境效益。

图1-8展示了发达国家碳达峰过程中人均二氧化碳排放量与城镇化率之间的非线性关系。在控制了其他经济社会因素的影响下，城镇化对碳排放的影响不显著。

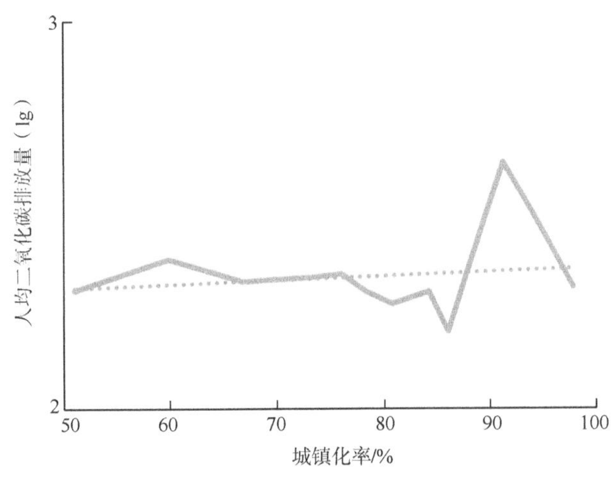

图1-8 人均二氧化碳排放量–城镇化率非线性关系

（5）技术进步。技术进步对二氧化碳排放有显著的抑制作用，我国二氧化碳排放量与技术进步之间的相关系数约为–0.95，高收入国家、中低收入国家和低收入国家则分别约为–0.8、–0.9、–0.7（魏一鸣等，2008）。事实上，虽然技术进步总体上会抑制碳排放增加，但其对碳排放的影响包括正负两个方面。负向影响方面，首先，技术进步有助于经济社会系统中生产、服务与居民部门的能源效率改进。例如，工业（特别是碳密集行业，如钢铁、水泥、化工行业等）、交通、建筑、居民部门的节能技术应用，可以降低能源消费规模和碳排放。其次，技术进步的同时往往伴随着技术成本的下降。例如，能源部门风电、光伏成本的快速下降，各类减排技术（如碳捕集、利用与封存技术，煤炭清洁高效利用技术等）成本的下降，而减排经济性的提升有助于相应技术的大规模推广布局和碳排放水平的下降。最后，数字化技术的快速发展很大程度上改变了过去的生产生活方式，同时提高了能源与碳减排的精细化、智能化管理水平。正向影响方面，技术进步也会带来生产和消费规模的扩张，从而进一步导致碳排放增长。

图 1-9 展示了发达国家碳达峰过程中人均二氧化碳排放量与人均专利授权量（每万人）之间的非线性关系。在控制了其他经济社会因素的影响下，技术进步对碳排放的影响呈“U”形曲线变化。人均专利授权量增长 1%，人均二氧化碳排放量增加 0.4%。

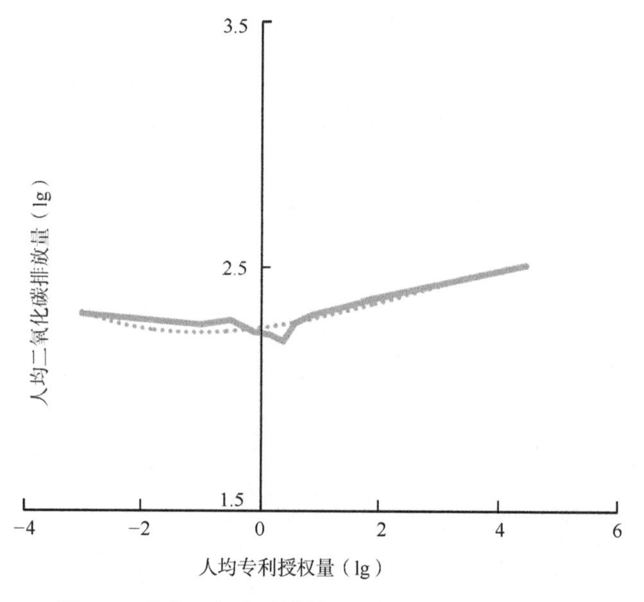

图 1-9 人均二氧化碳排放量-技术进步非线性关系

（6）能源效率。能源效率包括能源物理效率（热力学效率）、能源经济效率（对应于单位产值的能源消费量）等多重内涵。提高能源效率被认为是减少能源消耗和环境污染的有效措施。在其他因素保持不变的情况下，能源效率的提升的确有助于减少能源消费量与碳排放。国际能源署（IEA）的报告显示，能源效率对减少二氧化碳排放的作用达 52%（IEA，2020a）。然而研究表明能源效率改进还可能具有回弹效应，即能源效率的提升使得单个能源效率提高，影响商品能源价格的下降，进而降低了能源要素的投入成本，导致投入更多的能源进行生产，如图 1-10 所示（彭鑫，2021）。能源回弹效应不仅直接影响能源效率的节能效果，也可能会影响到碳排放的减少（Druckman，2011）。实证上，查冬兰和周德群（2010）通过构建能源效率影响下的可计算一般均衡（computable general equilibrium，CGE）模型，模拟不同能源种类能源效率提高后对能源消费的影响，证实了能源回弹效应在我国显著存在。

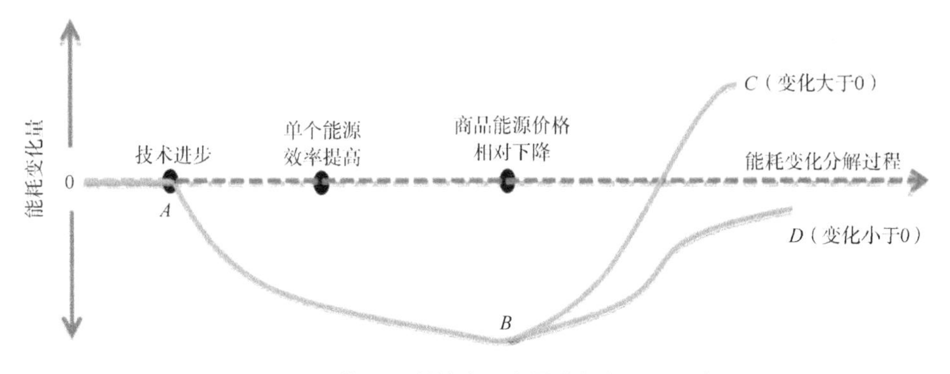

图 1-10 能源回弹效应示意图（彭鑫，2021）

而从我国的实践来看，我国在“十一五”期间完成了能源强度降低 20%的目标，但能源消费及其导致的碳排放依旧快速增长。由此判断除了我国工业化、城镇化以及社会化进程中能源需求的自然增加外，宏观层面回弹效应的存在，也会增加对能源的消费，进而降低了能源效率的碳减排绩效，产生了更大的总消耗和总排放（查冬兰等，2013）。

图 1-11 展示了发达国家碳达峰过程中人均二氧化碳排放量与能源强度之间的非线性关系。在控制了其他经济社会因素的影响下，能源强度提升对碳排放的影响呈线性变化。能源强度提高 1%，人均二氧化碳排放量减少 0.9%～1.6%。

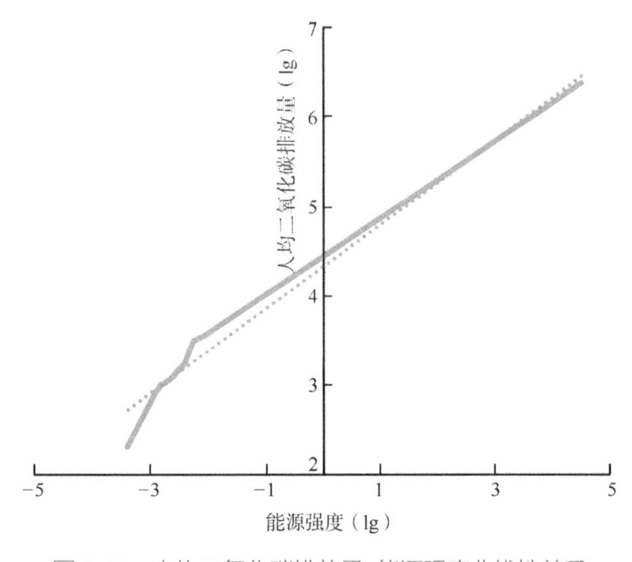

图 1-11 人均二氧化碳排放量-能源强度非线性关系

（7）能源结构。从终端能源消费来看，能源结构主要由煤炭、石油、天然气、电力、热力消费等部分组成，而电力的生产结构又包括了化石能源发电、水电、除水电以外的可再生能源发电（如风电、光伏发电）、核电等。能源的碳强度（单位能源消费的碳排放）与能源结构紧密相关。化石能源燃烧作为碳排放的最主要来源，在使用过程中产生的二氧化碳并不具有一致性，相反每种能源的单位产碳量差异明显，化石能源二氧化碳的排放量由高到低依次是煤炭、石油、天然气。同样为 1 吨标准煤的三种能源，二氧化碳排放系数分别为 0.7476、0.5825、0.4435（刘宇等，2015）。中国以化石能源为主的能源消费结构阻碍了碳中和的实现，因此，提高终端能源消费中二次能源（电力、热力）的消费比例，降低生产中化石能源（尤其是煤炭和成品油）的比例，将有助于实现二氧化碳排放的有效和快速下降。能源结构优化可以在不同程度上促进碳减排，甚至是促进碳减排唯一的路径（王新利等，2020）。LMDI 模型对碳排放影响因素的分析结果为这一观点提供了有力支撑，能源结构的优化对碳排放的抑制性最大，是碳排放减少的决定性因素（王彩明和李健，2017；Zheng et al.，2020）。

图 1-12 展示了发达国家碳达峰过程中人均二氧化碳排放量与电力终端消费占比之间的非线性关系。在控制了其他经济社会因素的影响下，能源结构变化对碳排放的影响呈倒“U”形曲线变化。电力终端消费占比增长 1 个百分点，人均二氧化碳排放量变化–3.5%～6.5%。电力终端消费占比在超过 31%后对二氧化碳排放量的负向影响较强。

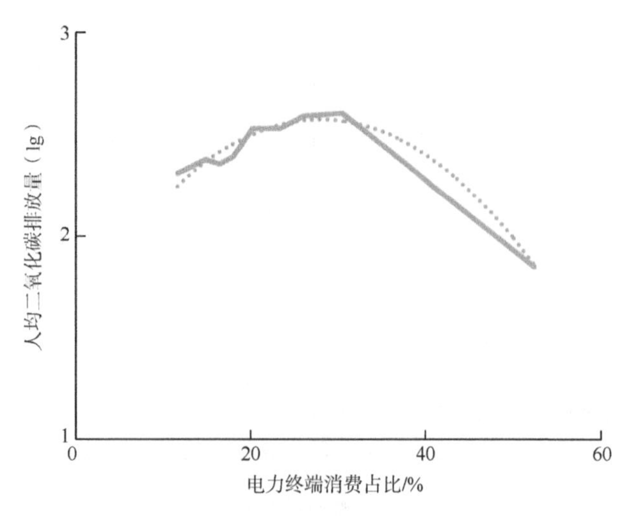

图 1-12 人均二氧化碳排放量–能源结构非线性关系

长期以来，全球及我国的碳排放主要来自对化石能源的使用。而经济的发展、人口的增长、能源效率的改进等影响着能源的消费规模和结构。IEA（2021）基于其燃料燃烧二氧化碳排放数据库（2021年）对全球主要国家的二氧化碳排放进行了Kaya分解，得到经济合作与发展组织（OECD）、中国2001～2017年的二氧化碳排放驱动因素变化，具体结果见图1-13。

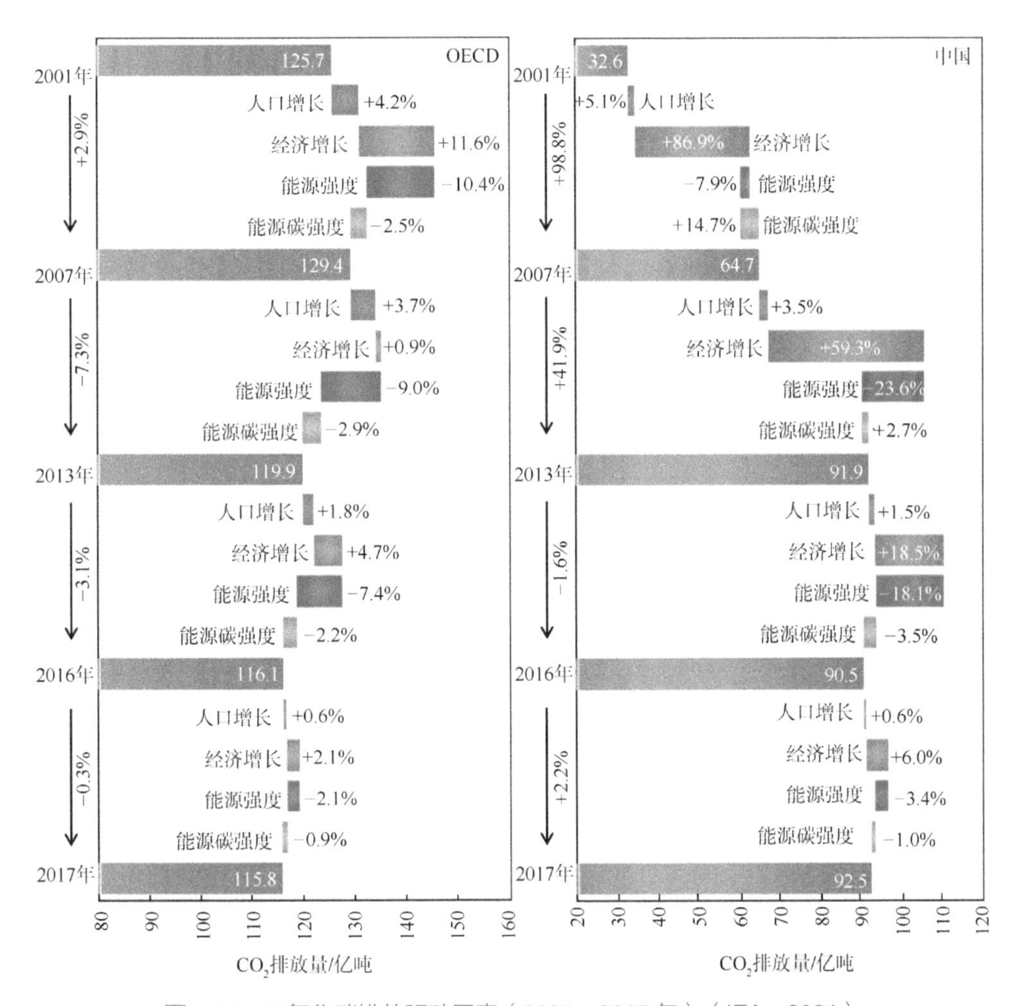

图1-13 二氧化碳排放驱动因素（2001～2017年）（IEA，2021）

整体而言，目前经济和人口的增长效应抵消了能源效率的改进效应，推动二氧化碳排放不断增长。而由于化石燃料在能源结构中的持续主导地位，以及低碳技术和政策的缓慢应用，能源消费的碳强度几乎没有变化。

1.4.2 碳减排工程技术研究

现有碳减排工程相关技术研究主要关注以下方面：零碳示范、可再生能源技术、废弃物零碳处理、碳中性技术、碳中和示范、CCUS、生态碳汇、生物质能、BECCS、其他负排放技术、人工光合作用等（Wei et al.，2022）。以下遴选出相关研究领域中 4 个新兴前沿技术进行介绍。

（1）负排放技术是未来碳减排工程部署的重点。该技术不仅关乎全球气候治理和生态安全，还有望成为未来科技竞争的新领域。考虑到负排放技术大规模部署的可行性与经济性，现有文献重点关注 BECCS、生物炭、直接空气捕捉和生态系统碳吸收等负排放技术。这些文献从成本效益、资源消耗、生态影响三方面探讨负排放技术的发展潜力与系统规划方案。

针对负排放技术的经济分析主要集中在评估具体技术的成本效益（House et al.，2011；Lu et al.，2019）及利用评估模型剖析负排放技术实施的宏观经济影响等（Fuhrman et al.，2020）。研究基于不同的能源成本和技术参数假设，对特定负排放技术实施方案的成本进行估算或比较，并将它与其他减排和适应技术共同纳入应对气候变化的最优组合方案中评估系统的福利与损失变化（Fajardy and Mac Dowell，2017；Rajbhandari and Limmeechokchai，2021）。但相关研究也表明，负排放技术的发展伴随着资源消耗，一些基于自然生态系统的负排放技术的实施也可能引发次生环境风险，如对生物多样性、土地利用方式和生态系统的外部影响（Bonan，2008；Lawrence and Chase，2010）。基于这一担忧，研究人员开始采用地理信息分析、全生命周期评价、物质流分析等模型方法，以探讨负排放技术发展所需外部资源的可获得性，同时定量刻画不同负排放技术规模下的外部生态影响（Yang et al.，2019a；Melara et al.，2020）。

（2）碳中性技术作为二氧化碳资源化的关键技术，也正受到学者广泛关注，其中碳中性甲醇工艺、新型零碳燃料电池、光电化学（PEC）水解、绿氢制取、零碳建筑材料、生物基复合材料是当前的研究热点。围绕这些技术相关问题，学者从工艺管理的各个方面开展了一系列研究。

传统工业要实现转型升级，绿色制造是必由之路。其中，低碳原料替代和工艺清洁化改造是降低工业过程碳排放的重要技术路线与主攻方向（Loh et al.，2021）。此外，科学家也正在寻找新的方法来分解二氧化碳分子，以制造有用的碳基燃料、化学品和其他产品。通过研发新兴催化剂和生物基材料，可以将二氧化碳从污染物转变为一种资源（Jiao et al.，2019；Yao et al.，2020），而对二氧化碳进行高值化利用，不仅可减少碳排放、缓解温室效应，还能产生显著的社会经济价值。但存在一个关键问题，即如何确定这些工艺是低碳甚至是零碳的，这要求研究人员在工艺研发过程中同时兼顾标准设计与技术要求两方面。碳中性是一个全生命周期的概念，从这一角度讲，建立合理的全生命周期碳排放评价与核算标准是推动工艺绿色升级的先行条件（Rumayor et al.，2019），在此基础上，企业、行业与国家可以在同一尺度和同一体系中进行碳排放量的核定。这将科学支撑市场化碳减排政策机制的建立与完善，并在国际气候谈判中掌握公平的话语权。

（3）零碳示范是集成技术、产业、政策等多维要素的可复制、可推广的碳中和实施范例。碳减排工程作为复杂的系统工程，需要长期和全局思维指导国家、行业、企业与个人等多主体在各个层面协作，零碳示范则是测试一个碳中和系统可持续发展潜力的最好表征。世界各地正在各领域开展不同类型的示范与试点。比如，2022年北京冬奥会使用100%的可再生能源，并通过采用二氧化碳跨临界直接冷却系统、建立碳包容机制、参与碳市场交易和场馆区域的生态恢复，进一步吸收其他阶段产生的碳排放，最终实现了赛事碳中和（新华网，2022）。在园区层面，坐落于美国的苹果公司新总部使用 100%的可再生能源提供能量，为企业层面的碳中和方案提供范本与借鉴（Thai，2019）。泰国 Vidyasirimedhi 科学技术研究所（VISTEC）通过智慧储能系统集成水上光伏、屋顶光伏、充电桩，实现了园区零碳电力供应。德国还积极推行“碳中和大学”倡议，格赖夫斯瓦尔德大学就是一个范例（Udas et al.，2018）。这些示范案例为未来其他国家和地区的智慧校园与零碳建筑等小范围园区提供了可操作的技术路径。在城市层面，研究人员通过结构化的调研与访谈对具有碳中和引领作用的城市建设进行了分析，探索可持续碳中和城市的最佳解决方案，具体包括以垃圾清洁处理为代表的芬兰赫尔辛基、坐落在沙漠中的零碳新城马斯达尔以及素有“绿色国度”美称的哥斯达黎加首都圣何塞（Reiche，2010；Sucharda and Gimson，2020）。

（4）碳价机制是在传统工程技术手段的基础上，运用市场力量降低二氧化碳排放，这种手段也被认为是碳减排工程相关技术之一。目前，碳价机制主要包括价格型工具（如碳税）和数量型工具（如碳市场）。据世界银行统计，2020 年全球已有 61 项碳价机制正在实施或计划实施，其中 31 项是关于碳排放交易体系的，30 项是关于碳税的，共计涉及 120 亿吨二氧化碳，约占全球温室气体排放量的 22%（ICAP，2020）。

各国国情不同，因此不同定价工具适用的经济部门也不同。部分学者就特定市场主体比较了两种碳价机制的实施效果与路径（Tang and Hu，2019；Weitzman，2020），从而为规模更大且充满流动性的全球交易市场提供决策支撑。碳价机制的实施也需要一定的社会经济成本。大量研究表明，碳价机制的实施可能会引发对地区和产业未来发展不公平性的担忧（Maestre-Andrés et al.，2019）。尤其对于正处在转型时期且社会贫富差距形势严峻的发展中国家，碳价机制的收入分配效应更加需要细致的事前评估（MacKay et al.，2015；Hubacek et al.，2017）。另外，企业是市场机制下的行为主体。企业碳管理的好坏将直接决定控排企业在碳市场中的生存情况。从国家层面看，针对企业的碳管理关键在于合理确定控排企业范围以及碳排放数据的核查与监测（Hua et al.，2011）。基于此，才能针对不同企业的减排潜力制定出合理的减排目标。而无论采取何种定价机制，科学、公平与高效永远都是市场机制设计的基础原则，是保障市场力量真正发挥减排作用的基石。

综合上述研究可以发现，虽然目前关于碳减排工程相关技术的研究较为分散，但对于技术的关注主要集中在技术的减排潜力、成本、社会经济效益、风险、市场前景、商业模式、政策等方面。

1.4.3 碳达峰碳中和研究

在时间维度上，最早一篇关于碳中和的文献发表于 1995 年，Schlamadinger 等（1995）尝试通过构建碳中性评价指数来回答“替代化石燃料的生物质能源在全生命周期是否真的为碳中性”这一争议问题。在过去的十余年间，碳中和逐渐从一个科学概念，站上了应对气候变化讨论的中心舞台。2008 年，英国通过《气候变化法案》，成为首个为温室气体减排立法的国家（Black et al.，2021）。2018 年，IPCC 发布《全球升温 1.5℃特别报告》，给出了碳中和的明确定义（IPCC，2018）。随着各国纷纷制定自己的碳中和目标，相关的科学研究也在快速增加。

相比之下，碳达峰的研究起步较晚，最早的一篇文献发表于 2000 年，de Vries 等基于 1994 年 IPCC 报告中的 IS92 情景，采用温室效应综合评估模型（integrated model to assess the greenhouse effect，IMAGE）预测全球碳排放将于 2040 年达峰（de

Vries et al.，2000）。然而，碳排放的实际增长已经大大偏离了最初的预想。对于发展中国家而言，在保持经济高速发展的前提下尽早实现碳达峰是一个极为艰巨的任务。2014 年，中国在《中美气候变化联合声明》中首次提出 2030 年左右二氧化碳排放达到峰值且将努力早日达峰。在此推动下，越来越多的科学研究聚焦碳达峰实现路径与峰值预测，以期为以中国为代表的发展中国家献计献策。

在空间尺度上，碳达峰研究主要聚焦国家尺度，其中中国受到的研究关注尤其多，约占 66%。其中，研究话题主要聚焦于中国各能源密集型部门(Tang et al.，2018a；Yu et al.，2018a）、低碳试点城市（Zhang et al.，2019）和城市群（Zhou et al.，2018；Yan et al.，2019）的达峰路径。由于大多数发达国家已经达到了碳排放峰值，碳达峰研究目前主要集中在排放仍在增长的发展中国家。相比之下，在碳中和研究中，对区域尺度的关注有所增多，以欧盟成员国为代表的发达国家是碳中和研究的重点对象。

从行业维度来看，碳中和与碳达峰研究的关注重点与发展趋势也不相同。早期的碳达峰研究多关注交通部门，随后研究重点逐步转向电力部门。而居民部门（Yan et al.，2020）与水泥部门（Li and Gao，2018；Shan et al.，2019）的碳达峰路径与峰值水平也在近几年成为热点。

对于碳中和研究而言，对电力与交通部门实现碳中和的可行技术路径与综合影响的研究体量同样最大。不同的是，农业、建筑和化工部门已成为碳中和研究中的新兴热点（Gabrielli et al.，2020；Lippiatt et al.，2020；Zhang et al.，2020a）。正因为电力部门（44.3%）、工业部门（22.4%）和陆上运输部门（20.6%）是全球二氧化碳排放的主要贡献者，所以这些传统的能源密集型部门对于实现碳达峰目标至关重要。尽快达到排放峰值可以为实现碳中和预留更多的准备时间（Le Quéré et al.，2020）。

随着各国纷纷做出碳中和承诺，应对气候变化这一课题站在了新的历史交汇点，迎来重大机遇期，当下已然成为汲取并凝练既有知识，以指导未来碳达峰与碳中和研究的“最佳时机”。基于此，本节通过系统梳理碳达峰与碳中和相关研究，总结出以下几大研究方向。

（1）面向“双碳”目标的技术革新研究。目前围绕“双碳”目标下技术革新的研究主要关注两个方面：一是重点行业碳中和技术创新，二是多约束下的关键技术与基础设施优化选址。关于重点行业碳中和技术创新，其相关研究面临碳中和关键技术体系繁杂、产业链条长、行业异质性明显、时空尺度跨度大、系统面临的硬约束明显增多等挑战。已有研究多从碳减排重点行业入手，探讨相关行业碳中和技术创新与实现路径。例如，研究发现能源行业要想实现碳中和，除大力发展可再生能源，提升可再生能源稳定性并进一步降低成本外，还需引入新型储能技术和各类碳移除技术（Zhang and Chen，2022），而交通运输行业则需要发展碳中和燃料绿色制备技术，逐步实现动力内燃机化石燃料的完全替代（Han et al.，2013）。上述研究均突出了新兴颠覆性碳中和技术对于实现各行业碳中和的重要性。此外，为服务碳中和技术相关政策需要，许多研究对碳中和技术的综合成本进行了评估，并强调在技术的成本收益评估过程中，需考虑碳中和技术在促进产业升级与生态环境改善等方面的正外部性（Tian et al.，2019；Petkov and Gabrielli，2020；Shen et al.，2022）。而且单一的政策无法充分激励碳中和颠覆性技术创新，需建立具有全面性、平衡性和一致性的政策组合，以形成长期可持续的转型动力机制（Zhang et al.，2021a）。

关于多约束下关键技术与基础设施优化选址研究，魏一鸣等从复杂系统的视角，自主设计构建了自下而上的国家能源技术模型（national energy technology model，简称为 C^3IAM/NET），耦合“能源加工转换–运输配送–终端使用–末端回收治理”全过程、“原料–燃料–工艺–技术–产品/服务”全链条，实现以需定产、供需联动、技术经济协同的复杂系统建模，并基于该模型提出了兼顾经济性和安全性的中国碳达峰碳中和时间表和路线图（魏一鸣等，2022b，2022c）。此外，基础设施布局和选址对于发挥减排效果尤为关键，相较于欧美，我国相关优化模型的开发在自主度、数量、应用场景、影响力等诸多方面仍存在一定差距，构建多层次关联、多目标优化模型及求解平台，对我国摆脱国外黑箱商业软件，建立源网荷储互动、多能协同互补的智能调度体系，以及优化基础设施布局均具有重要意义（Heo et al.，2021）。

（2）面向“双碳”目标的整合治理研究。实现碳达峰碳中和，有利于减少二氧化碳与大气污染物排放，减缓气候变化的不利影响，从而实现减污降碳协同增效，同时提升生态系统服务功能（王涵等，2022）。现有研究重点围绕减污降碳协同增效与生态系统增汇机制方面的科学问题，探讨了如何科学衔接和协同气候变化应对、环境污染治理和生态系统保护，实现多区域、多部门、多要素和多尺度的体系化建模与统筹管理。关于面向“双碳”目标的气候与环境协同治理研究，已有研究表明我国减污和降碳政策具有显著的协同效应，郑逸璇等（2021）提出了钢铁、水泥、电力、交通等部门协同减排的核心手段和路径，张瑜等（2022）基于 2001～2019 年中国各省份面板数据，分析了减污降碳政策的协同效应、动态演变过程以及实现路径。面向“双碳”目标的气候与环境协同治理，还需进一步综合考虑城市经济发展水平、空气污染程度及各行业污染控制措施的不同，因地制宜地制定差异化减污降碳政策（李海生等，2022）。

关于区域生态系统碳循环过程与增汇机制的研究，从现有研究来看，当前生态系统碳汇概念、机理、计量、监测以及增汇技术和交易机制尚不明确，现有全尺度、广覆盖的碳汇计量模型尚未形成，中国统一标准的生态系统碳汇监测体系尚未建立，分类型、分地域、分气候的差异化碳汇核算方法还存在诸多不确定性，难以为中国生态系统碳汇核算标准提供参考，成为实现碳中和战略目标进程中负排放技术的突出短板（陈泮勤等，2008；高扬等，2022）。此外，生态系统中区域能、水、土、碳等多要素的耦合涉及多个社会经济部门，外溢效应复杂，耦合机制难以量化，导致跨部门、跨区域的协作管理及应急系统构建难度高（Yang et al., 2019a, 2019b; Wang et al.，2020a；Chen et al.，2021）。

（3）面向“双碳”目标的能源转型研究。现阶段，我国二氧化碳排放主要来源于化石能源使用，因此能源系统低碳转型也是实现“双碳”目标的关键（Wei et al., 2022）。目前对于面向双碳能源转型问题的研究主要针对两个方面，一是面向双碳的能源转型路径与保障机制，二是面向双碳的能源转型风险应对。关于面向双碳的能源转型路径与保障机制，魏一鸣等（2022b）基于自主设计构建的 C^3IAM/NET 研究得到，为实现我国碳中和目标，2060 年非化石能源在一次能源消费中的占比将超过 80%。与此同时，实现碳中和目标不能仅仅依靠推广可再生能源，还应全面加强相关脱碳、零碳、负排放技术发展的全局性部署（张贤等，2021），加快开展氢能、CCUS、负排放等前瞻性技术的研发示范，进一步统筹发展与减排、减源与增汇、生产与消费，并解决源自现有化石燃料电厂、钢厂、水泥窑等工业基础设施的巨大排放。然而，面对当前复杂的国际国内形势，可再生能源技术尚存在未解决的间歇性和波动性等问题，保障能源安全需要被摆在更加突出的位置（苏健等，2021）。此外，研究还发现，随着未来可再生能源占比的提高，能源系统对钴、锂和稀土等关键元素的需求也将大幅增加（Gulley et al.，2018），由此产生的资源约束问题将对能源长期规划与短期供需平衡及其平稳运行提出挑战，进而影响能源转型路径的选择。

关于面向双碳的能源转型风险应对，已有研究发现，对于经济系统，短时期内打破传统能源结构，可能伴随供需失衡、产业链中断、价格振荡等（Sovacool et al.，2019；Semieniuk et al.，2021）；对于社会系统，部分传统能源企业可能面临破产或重组风险，进而引发就业和社会稳定问题（Cui et al.，2021）；对于生态环境系统，光伏或风电场的建设可能破坏植被，减少森林碳汇的同时带来水文地质风险（Yang et al.，2018a；Li et al.，2021）。在实现"双碳"目标过程中，应加强风险意识，充分考虑能源转型的复杂性与不确定性，将能源转型可能引起的风险降到最低，逐步建立起可持续能源转型体系，保障我国能源转型过程中的能源安全、经济安全、社会稳定和人民的基本能源需求得到满足。传统能源逐步退出，必须建立在新能源安全可靠的替代基础上。

（4）面向"双碳"目标的气候治理研究。应对气候变化与实现碳中和具有全球性、长周期、跨区域和多部门等复杂系统特征，因此，需要构建耦合自然系统和社会系统的综合评估模型（integrated assessment model，IAM），探索气候变化与经济发展的复杂关系（魏一鸣等，2013）。近年来，我国学者开发了多个能源系统集成模型和气候经济综合评估模型（Jiang et al.，2013；Xie et al.，2016；Wei et al.，2018a），初步具备了气候变化综合评估能力，评估工具从过去依赖国际模型转向开发本地化、精细化综合评估模型，部分IAM已结合中国情境，相应的宏观经济数据基础日趋完善。事实上，由于各国在经济、政治和社会形态等方面存在巨大差异，建立全球集体行动的气候治理方案不具可行性。目前，已有相关研究采用IAM对各国/区域边际减排成本（marginal abatement cost，MAC）（Yang et al.，2018b）、代际公平与国际/区域公平（Budolfson et al.，2021）、气候治理机制的潜在影响等关键问题开展了理论分析与实证研究，提出了切实可行的国际气候治理策略。总体而言，随着全球气候治理水平不断提升，人们对碳中和转型的认识不断加深，如何刻画跨系统耦合建模中的不确定性、突变性、博弈性和可计算性等问题正在凸显，现有关于博弈分析和机制设计的研究仍然较少，新一代气候政策模型的开发迫在眉睫。

虽然碳减排已成全球共识和研究焦点，但目前全球碳中和进程仍较为缓慢，气候形势依然严峻。主要由于世界各国尚未就碳减排当中涉及的诸如权责与成本划分和减排技术与路径选择等关键问题形成广泛共识，进而无法在实践层面落实相关碳减排工程的部署与实施。要弥合不同国家和权责主体间分歧，首先需要科学界就碳减排当中涉及的诸多复杂科学问题形成统一认知和评判准则，进而开发相关模型工具来指导政策的制定与工程的部署。然而，尽管国际上围绕碳减排开展了丰富研究，但目前尚未形成关于碳减排的统一理论体系。要解决这一科学难题，需回归碳减排作为复杂系统工程这一本质特征，从系统科学视角出发，研究提出碳减排系统工程理论，并在该理论指导下开展相关模型与技术的开发，应用于碳减排工程实践。

1.5 本章小结

气候变化是全球面临的共同挑战。结合最新温控目标所提出的减排要求，开展碳减排以应对气候变化迫在眉睫。本章全面梳理了全球和主要地区碳排放现状，进而总结碳减排工程定义及其技术体系，最后对国内外碳减排工程相关研究进展进行了系统回顾和总结。碳减排工程是开展碳减排的具体工程实体，它是旨在应对气候变化的各类工程及其技术的总称，是实现碳减排的所有工程技术手段的集成。最新的研究已经打破了“应对气候变化负收益”的传统认知，揭示了全球不同减排策略下实现温控目标的盈亏平衡点，即在科学的理论方法及工程实践支持下，碳减排行动将带来可观的经济收益和显著的社会效益（Wei et al.，2020a）。因此，碳减排工程不仅是实现应对气候变化目标的关键，也将带来环境治理与经济发展的双赢，促进整个社会经济朝着绿色可持续的方向发展。

第2章　碳减排系统工程及其“时–空–效–益”统筹原理

基于对碳减排工程的综合认知与把握，本书提出碳减排系统工程这一重要概念，并创立碳减排系统工程相关理论、技术与实践体系。碳减排系统工程这一概念包括两方面基本内涵，一是明确碳减排工程是区别于传统工程的新型复杂系统工程；二是明确要从复杂系统工程的角度出发开展碳减排理论方法研究并应用于相关碳减排工程实践。本章将在明确碳减排系统工程定义与特征的基础上，提出碳减排系统工程体系，归纳碳减排面临的减多少、何时减、谁来减、如何减、何效果五个核心问题，凝练碳减排短期与长期、局部与整体、政府管制与市场机制、发展与减排“四对”统筹难题，最后概述全书所要介绍的碳减排“时–空–效–益”统筹理论、技术及实践体系。

2.1　碳减排系统工程定义

碳减排系统工程是碳减排工程实践当中各类工程技术和管理方法的有机集成，实质是在碳减排工程实践当中坚持系统观，对碳减排工程生命周期全过程中所涉及的各类主体、资源、技术、政策等全要素开展计划、组织、指挥、协调和控制，并统筹各类矛盾关系促成多要素间协同，最终使碳减排工程达成缓解气候变化的目的。

为更好地理解碳减排系统工程定义，本书将从碳减排系统工程的目标、职能、过程、要素及方法五个维度对其进行阐述。

（1）从工程目标来看，碳减排系统工程是指通过系统化的工程技术和管理手段帮助碳减排工程达成缓解气候变化的目的。此外，还期望通过碳减排工程实现其他一系列社会经济和生态环境发展目标，如推动经济增长、拉动就业、改善空气质量等。对于某一具体碳减排工程项目而言，还包括质量、成本和进度等更为精细化的工程目标。

（2）从工程职能来看，碳减排系统工程是指为确保工程目标的实现而对工程进行的计划、组织、指挥、协调与控制等活动。其中，计划职能是碳减排系统工程最基本的职能，是碳减排工程得以实施和完成的基础，主要包括对工程的资源、进度、成本、质量、安全等方面内容进行计划安排。组织职能是指为实现碳减排工程目标而进行组织系统的设计、建设和运行。指挥职能是指通过指挥使碳减排工程各类资源合理配置，实现综合效益最优。协调职能是指通过协调使碳减排工程不同主体间相互配合，并合理权衡各方利弊，从而保障碳减排工程顺利部署和运行。控制职能即确保碳减排工程有明确的计划和目标，并检验工程各项工作是否与计划相符，对于出现的各类问题及时纠正，以实现碳减排工程目标。

（3）从工程过程来看，碳减排系统工程涉及碳减排生命周期全过程，包括工程前期评估、设计、建设、运营、退役等各阶段。在碳减排工程前期评估阶段，需对拟建设的工程项目进行可行性评估，并初步明确工程的目标、任务、范围、产出等，同时评估工程的可行性、合理性、风险性、经济性等。在工程设计阶段，需结合各项资源约束和现实条件，编制碳减排工程建设计划书，明确各专项计划、工期、质量、造价等。在工程建设阶段，需统筹各类生产资源，稳步、高效、安全地推进工程建设，为后续碳减排工程顺利运行提供物质基础和基本保障。在工程运营阶段，需统筹碳减排工程各项目标，合理推进工程的运行和维护，并根据内外部形势变化及时做出调整。在工程退役阶段，需对即将退出的碳减排工程项目进行人员、设备及资产管理，尤其要做好资源回收及废弃物处理。

（4）从工程要素来看，碳减排系统工程对象是其生命周期各阶段有形和无形的要素与资源，如资本、人员、信息、技术、风险、政策等。这些要素是碳减排系统工程的主要抓手。实际工程运行过程中，要充分利用相应技术对各类要素进行科学统筹与优化配置，从而在有限的要素与资源约束下最大化各项工程收益。

（5）从工程方法来看，碳减排系统工程不仅要以传统的系统论和工程学相关知识为基础，还需结合碳减排工程的独有特征，综合管理学、经济学、大气学、环境科学、信息科学、控制论等多学科相关知识，形成专门的碳减排系统工程理论方法与技术，来帮助实现各项工程目标。因此，碳减排系统工程也是多学科交叉融合的产物，包含多种复杂且系统的工程方法。

2.2 碳减排系统工程特征

碳减排系统工程首先满足复杂系统工程的三个基本特征。

（1）系统性。碳减排工程是一个跨区域、多部门且存在显著技术异质性的复杂系统。此外，在以应对气候变化为核心目标的基础上，需同时兼顾多种社会经济和生态环境发展目标。因此，碳减排系统工程将面临来自多个领域的压力与挑战，需同时兼顾区域间的协作、部门间的协同、要素间的耦合、政策间的互补。这就要求相关工程实践和管理活动始终在一个系统性的视角与框架下展开，并有一套专门的系统性工程理论体系作指导。

（2）不确定性。虽然碳减排系统工程的对象与目标较为明确，但工程实际成效与可能带来的风险仍存在高度不确定性。这种不确定性主要有两方面来源，一是气候变化及其影响的不确定性，虽然气候变化成因已基本明确，但气候在全球不同地区的变化趋势及其带来的直接或间接、短期或长期影响仍有待进一步探究；二是社会经济发展的不确定性，碳减排工程与社会经济系统紧密关联，各项工程活动的开展也离不开大量社会经济资源的投入，而人口、经济发展、技术进步和政治环境等影响碳排放的社会经济因素都在不断变化且高度不可预测。

（3）复杂性。碳减排工程一旦完成工程建设和部署，就会快速演变成一个全新、复杂且开放的人造系统。该系统将不断与外部环境之间相互作用和关联，进而持续发展和演化。面对这样一个复杂系统，需统筹工程相关的技术、环境、资源、政策等要素，并综合运用自然科学与社会科学理论，在一个复杂而系统的框架下开展各项工程实践与管理活动。总而言之，由于碳排放及其驱动因素的复杂性，碳减排系统工程也具有典型的复杂性特征。

除上述基本特征外，结合碳减排工程本身的特殊性，相比于一般系统工程，碳减排系统工程又具备以下四方面典型特征。

（1）长周期。气候变化及其影响是个长周期过程，碳减排工程也是一项长周期任务，其在时间维度上存在高度延续性和相关性。因此，碳减排系统工程必须在一个长时间尺度下统筹各项工程目标及成本收益，即在时间维度上坚持系统观，并围绕各项具体工程项目，制定长期战略，开展长周期管理。

（2）跨区域。区别于一般工程项目，碳减排工程的目标是全球性的，碳减排工程实体也涵盖全球各主要国家和地区，不同国家和地区间在地理条件、发展水平、政策环境等方面都存在显著差异。因此，碳减排系统工程也具有跨区域特征，相关工程实践需同时考虑不同区域主体，并从一个更加全局且系统的角度统筹兼顾。

（3）多主体。由于碳排放的来源和气候变化的影响涉及各产业部门及包括家庭、企业、政府等在内的各类主体，碳减排工程的部署与实施也需要各类主体的分工和协作，因此，碳减排系统工程具有典型多主体特征，各项针对碳减排工程的技术手段与政策机制都需兼顾不同主体利益诉求，进而实现公平有效的碳减排。

（4）多目标。虽然碳减排系统工程的核心目标是应对气候变化，但为了能在一个长时间尺度上维持各参与方的积极性，保障各方收益和碳减排工程实践的持续推进，并促成各区域和部门间减排合作，需要兼顾除气候目标外的一系列社会经济和生态环境发展目标，如经济高质量发展、社会公平、环境改善等。

综上所述，碳减排系统工程不仅具备系统性、不确定性、复杂性等一般复杂系统工程的共性特征，还在时间、空间、效率、收益等维度上分别具备长周期、跨区域、多主体和多目标等典型特征。

2.3　碳减排系统工程体系

结合上述有关碳减排系统工程定义与特征的论述，可将碳减排系统工程体系抽象概括为在碳减排系统工程目标驱动下，以一系列相关系统工程理论为支撑，综合运用各种技术与管理方法，统筹协同碳减排工程全生命周期过程中相关要素及工程内外部环境，最终帮助实现各项工程目标。该体系框架由三部分组成，即顶层工程目标、中间层工程活动以及底层工程支撑，具体如图2-1所示。

（1）顶层工程目标：一切工程活动都应围绕相应工程目标而展开。碳减排系统工程也由目标驱动。其核心目标是通过成功实施碳减排工程达到缓解全球气候变化并减少气候变化带来的各项不利影响的目的。同时，碳减排系统工程还需协同实现诸如促进节能减排、拉动经济增长、推动技术进步、带动产业升级、促进就业等其他社会经济发展目标。而这些碳减排系统工程的核心目标和协同目标之间可能会在某些阶段存在矛盾，面临在各协同目标之间权衡取舍的问题。碳减排系统工程实践过程中，要基于缓解气候变化这一核心目标，结合现实情况对各协同目标作优先度排序，并随着碳减排工程的开展与运行，适时调整各目标的优先级。

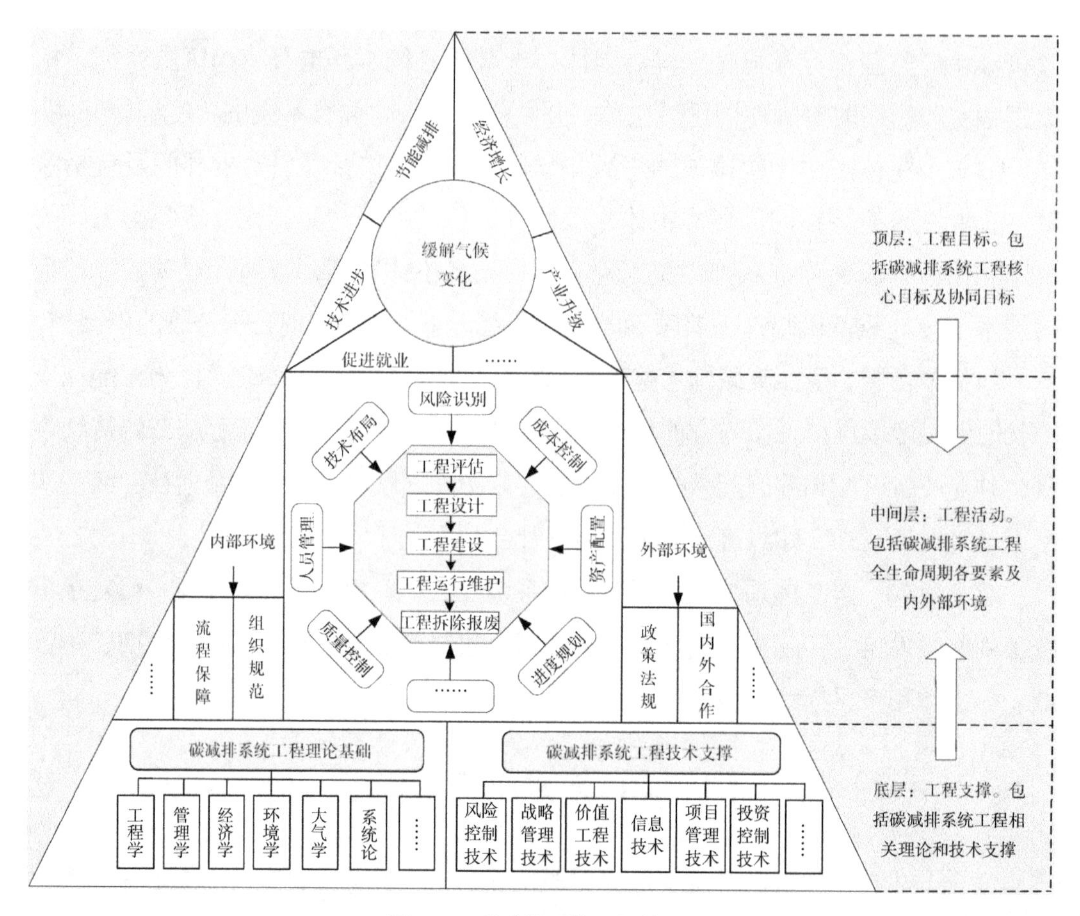

图 2-1　碳减排系统工程体系

（2）中间层工程活动：在碳减排系统工程目标驱动下，通过一系列工程技术和管理工具统筹推进碳减排工程全生命周期各阶段的工程实践。主要针对各阶段所涉及的工程要素，包括风险、技术、成本、人员、资产、质量、进度等。此外，碳减排工程还受复杂的内外部环境影响，科学统筹相关内外部环境将为碳减排工程顺利实施提供保障。具体而言，对于内部环境，需通过完善一系列规章制度，促进组织规范化，保障各生产和运营活动顺利开展。而对于外部环境，需通过制定相应发展战略，规避外部环境可能带来的风险，并积极利用外部资源，引导外部环境朝着对碳减排工程有利的方向发展。

（3）底层工程支撑：碳减排系统工程离不开系统工程相关理论和技术的支撑。从理论支撑来看，由于碳减排工程的特殊性，碳减排系统工程不仅需要充分运用工程学、管理学、经济学、系统论知识，还要借助环境学、大气学、仿真学等其他相关学科的知识，并综合提出专门的碳减排系统工程理论。从技术支撑来看，要实现碳减排系统工程目标，离不开对相关工程技术的综合运用，如风险控制技术、战略管理技术、价值工程技术、信息技术、项目管理技术、投资控制技术等，并基于相关理论和技术，研制专门的碳减排系统工程技术。

2.4　碳减排系统工程五个核心问题

基于上述碳减排系统工程特征与体系，我们认为碳减排系统工程的具体内涵是：围绕减多少、何时减、谁来减、如何减、何效果五个核心问题来开展计划、组织、进度、技术和风险管理的全过程，从而实现碳减排工程在时间、空间、效率、收益四个维度上的统筹，即“时–空–效–益”统筹。

（1）关于减多少。由于气候变化过程中，排放–浓度–辐射–温度的传导机制不够明确，导致既定温控目标下的可用排放总量难以预估，因此，碳减排系统工程需在温控目标约束下，围绕还能排放多少二氧化碳的问题，对碳减排工程的减排量目标进行统筹计划。具体而言，在全球层面，需根据全球温控目标确定全球总体减排量。根据 IPCC 第六次评估报告第三工作组报告《气候变化 2022：减缓气候变化》，要实现 1.5 摄氏度温控目标，需在 2030 年前减少 43%的温室气体排放，要实现 2 摄氏度温控目标，需要在 2030 年前减少四分之一的温室气体排放（IPCC，2022）；在国家层面，各国需要结合全球总体减排量目标及自身实际情况，确定各自的减排量，根据《巴黎协定》达成的共识，全球气候治理模式从“自上而下”转向“自下而上”，各缔约方可根据自身情况和能力开展行动，并提交碳减排的国家自主贡献（nationally determined contribution，NDC），各国在确定 NDC 过程中就需要回答“减多少”这一关键问题；在国家内部各区域与行业层面，也需统筹国家总体减排量目标及各区域各行业实际情况，确定各区域与行业的减排量，在此过程中需要坚持系统观，坚持“一盘棋”思维，针对该问题，《碳中和目标下中国碳排放路径研究》（余碧莹等，2021）和《中国碳达峰碳中和时间表与路线图研究》（魏一鸣等，2022b）分别对我国“双碳”目标下各地区、各行业的碳排放路线图进行了定量刻画，从学术上回答了各地区与各行业“减多少”的问题。在具体工程项目层面，“减多少”是所有碳减排工程项目需回答的首要问题，也是项目的核心目标。

（2）关于何时减。由于碳减排系统工程的长周期特征，当代人和后代人的责任与收益难以统筹，碳减排系统工程需围绕何时减排才能实现全局最优的问题，有效控制工程运营的进度。具体而言，在全球层面，需在明确全球长期温控目标与减排目标基础上，进一步确定各时间段内具体目标，即减排时间表，IPCC 第六次评估报告基于《巴黎协定》所设定的温升目标指出，全球温室气体排放最迟需在 2025 年前达到峰值，并在 2050 年左右实现全球二氧化碳净零排放，这一全球碳减排时间表的确定也为各国制定自身减排计划提供了基本方向；在国家层面，各国需根据其提交的 NDC 目标及国内发展要求，确定自身的减排时间表，全球已有 130 多个国家提出碳中和目标，国家层面碳减排时间表的确定为国内各地区、各行业制定减排计划提供了顶层约束；在国家内部区域与行业层面，也需要根据区域或行业特征与发展规划，明确减排时间表，上述《中国碳达峰碳中和时间表与路线图研究》从学术研究的角度指出工业行业整体碳排放（含间接碳排放）需于 2025 年前后达峰，其中，水泥行业碳排放基本已经达峰，处于振荡时期，钢铁和铝冶炼行业需在“十四五”期间达峰并尽早达峰，建筑行业预期于 2027～2030 年达峰，电力行业和关键化工品（乙烯、合成氨、电石和甲醇）碳排放需在 2029 年前后达峰，热力、交通、农业以及其他工业行业达峰时间相对较晚，但不能晚于 2035 年（魏一鸣等，2022b）；在具体工程项目层面，工程进度目标是各碳减排工程项目的基本目标之一，进度控制也是碳减排系统工程的基本要素。

（3）关于谁来减。由于碳减排系统工程的跨区域特征，不同地区具备的行动能力和资源禀赋迥异，导致减排任务难以分配，因此，碳减排系统工程需围绕谁来减的问题，对碳减排工程主体进行组织和分配。具体而言，在国家层面，需在充分考虑各国当前及历史碳排放、经济发展水平等因素的基础上，明确碳减排责任的区域主体，并公平合理分配减排责任。《联合国气候变化框架公约》坚持各国承担“共同但有区别的责任”原则，促进发达国家带头减排及加强对发展中国家的资金与技术支持，并推动各缔约方以 NDC 的方式参与全球应对气候变化行动；在国家内部各区域层面，需在统筹国家整体减排目标及各区域资源禀赋、发展现状、发展规划的前提下，明确各时期承担减排的主要区域。根据余碧莹等（2021）关于中国碳排放路径的研究，多数华东、西南地区省份有望早达峰，多数华南、华中、华北地区省份可与全国实现同步达峰，多数西北、东北地区省份可能略晚达峰；在具体工程项目层面，需在充分掌握工程相关企业能耗与碳排放规模基础上，明确各企业减排责任，进而促使相关企业分工推进部署具体减排项目。

（4）关于如何减。由于碳减排系统工程的多主体特征，工程涉及的主体和产业部门差异大、技术复杂且成本不确定，导致未来应对气候变化的减排机制难设计、技术难预见，因此，碳减排系统工程需针对何时采用何种减排机制及工程技术手段进行布局，而碳减排的机制和技术体系又极为复杂。在减排机制选择上，通常包括数量机制和价格机制，其中，价格机制又主要包括碳税和碳市场。在技术体系上，主要是针对能源系统的减排技术，包括新能源与可再生能源技术，能效技术，碳捕集、利用与封存（CCUS）技术三大类，往下又可进一步细化延伸为传统发电节能提效技术、可再生能源发电技术、储能技术、输配电技术、二氧化碳捕集技术、运输技术、封存技术等，上述各技术本质上都是为了实现能源消费、经济增长与碳排放脱钩。由魏一鸣担任领衔作者召集人（coordinating lead author，CLA）所组织完成的 IPCC 第六次评估报告第三工作组报告《气候变化 2022：减缓气候变化》第六章（能源系统），对全球温控目标下能源系统转型的对策与路径进行了系统论述，并重点从技术维度回答了如何实现能源系统碳中和，包括技术发展趋势研判、技术选择与布局规划、技术成本与收益对比等（魏一鸣等，2022a）。此外，在能源系统大力推进碳中和的同时，钢铁、水泥、化工、有色、建筑、交通等重点碳排放行业也需要进行节能改造与生产流程优化，不断采用新工艺、新技术来降低能耗和生产过程的碳排放。魏一鸣等（2022b）所完成的《中国碳达峰碳中和时间表与路线图研究》从学术研究角度提供了上述各重点行业的碳达峰碳中和行动方案，并在针对各行业行动方案中，详细给出了不同年份各类技术的布局情况，从而帮助各行业系统回答了“如何减”的问题。

（5）关于何效果。由于碳减排系统工程的多目标特征，在上述总量、进度、组织、机制和技术布局的基础上，需进一步度量和评估碳减排工程在不同目标方面产生的成本收益及风险，因此，成效评估也是碳减排系统工程中的重要方面。过去较长一段时期内，相对较高的减排成本是各国以及各行业缺乏减排积极性的主要原因。虽然开展碳减排能通过避免气候灾害及促进经济转型而产生收益，但大众对于减排收益缺乏定量认知，从而无法判断碳减排是否存在净收益。为解决这一难题，Wei 等（2020a）自主研发构建了中国气候变化综合评估模型（the China’s climate change integrated assessment model，简称为 C^3IAM），并在模型支撑下综合考虑技术发展和气候变化的不确定性，对各国应对气候变化可能带来的经济收益和避免的气候损失进行了评估，提出了在后巴黎时代能够实现各方无悔的最优“自我防护策略”，编制了后巴黎时代实现温控目标的 NDC 改进全球方案，并预测了不同方案下各国扭亏为盈的时间，量化了实现扭亏为盈的前期投资，为 NDC 目标更新、全球盘点以及国家间资金和技术转移提供了科学依据，在全球及国家层面系统回答了碳减排“何效果”问题。具体而言，该研究发现尽管实现 2 摄氏度和 1.5 摄氏度温控目标需要付出一定的前期成本，但如果当前的 NDC 不加以改进，到 21 世纪末与实现温控目标相比，全球总计将会失去 127 万亿～616 万亿美元的收益；如果各国不能实现当前的 NDC，预计全球错失的收益将可能达到 150 万亿～792 万亿美元；而在研究所提出的“自我防护策略”下，全球将于 2065～2070 年实现扭亏为盈，21 世纪末所有国家和区域都有正的累计净收益，有望达到 2100 年 GDP 的 0.46%～5.24%；此外，在目前的温控目标下，全球需要 18 万亿～114 万亿美元的前期投资以实现应对气候变化的扭亏为盈。基于上述思路，各国、各行业、各企业均可在该综合评估模型的思想与框架下，对自身碳减排的成本收益进行定量评估，进而决定应投入多大的资金、采用怎样的路径进行减排。

2.5 碳减排系统工程“四对”统筹

碳减排工程是与社会经济和生态环境等多个系统相互影响、相互耦合的复杂巨系统，该系统在时间、空间、政策、技术、要素等多个维度均存在高度复杂性和不确定性，给实现碳减排系统工程目标带来诸多难题和挑战。虽然不同类型碳减排系统工程间面临的难题存在差异，但均存在若干相对宏观层面的共性难题。综合来看，要统筹推进实施碳减排系统工程，需注重处理好“短期目标和长期目标”“局部和整体”“政府和市场”“发展和减排”这四对辩证关系，本节通过对这四对辩证关系的深度剖析，凝练碳减排系统工程存在的“四对”统筹。

2.5.1 短期减排与长期减排的统筹

减排的短期和长期目标具有内在一致性，但二者存在阶段性矛盾。具体而言，对于大多数碳减排工程而言，长期碳减排目标通常较为明确，即在 21 世纪中叶实现碳中和，但短期内，发展和减排存在阶段性矛盾，激进减排必然导致短期经济发展放缓。短期到长期间还存在各阶段性减排目标难以确定的问题，这也是碳减排系统工程的重点难题。如何规划和设计短期与长期减排目标，其核心问题是短期减排与长期减排的权衡，实质上是碳减排成本与收益在时间维度上的均衡分配问题。具体而言，碳减排工程伴随着大量成本与收益，其中，成本包括工程各项投入的显性成本，以及在短期内给相关产业和宏观经济增长带来负面冲击而产生的隐性成本，上述各类成本基本发生在短期。而碳减排工程的收益主要是因减缓气候变化而避免的气候损失，以及推动相关低碳产业发展而带来的经济收益，由于气候减缓效果需要长周期才能显现，上述各类收益基本是发生在长期的隐性收益。简而言之，碳减排成本发生在短期，而碳减排带来的收益则主要发生在长期。对于碳减排系统工程而言，这种成本与收益在时间尺度上的错位进一步带来两个难题：①如何使碳减排工程在整个时间尺度上实现收益大于成本；②如何统筹代际碳减排的权责分配与公平性问题。其中，第一个问题关系到碳减排工程在经济上是否可行，第二个问题则关系到碳减排工程能否得到政策制定者及大众的支持，从而在社会层面具备可行性。

对于上述问题①，首要任务是将碳减排给未来带来的收益与当前的成本进行权衡比较，从而决定各个时期减排量及最佳成本投入。其中，贴现水平是不同时期成本与收益之间平衡关系的关键影响因素。因此，贴现率（discount rate）也是碳减排系统工程的关键影响要素之一。然而，由于未来经济社会发展及气候变化影响的高度不确定性，用以评估减排收益的贴现率也存在高度不确定性，涉及对经济社会与生态环境等多个复杂系统的综合预测与评估，难度极大。

对于上述问题②，要兼顾代际碳减排的权责分配与公平性问题，关键是要明确各时期碳减排成本/收益的承担主体并设计相应惩罚或补偿机制。例如，当下排放大量二氧化碳的群体，既是碳排放的当下受益者，又未承担未来碳减排成本，因此需要对其施加相应的经济惩罚措施，具体可通过行政或市场手段增加其排放成本；而当下进行碳减排或实施碳减排工程的群体，则承担了当前碳减排成本，但未必能从碳减排未来收益中获利，因此需予以其一定补偿，包括财政补贴或税收减免等。然而，由于碳排放的核算与溯源尚存在一定的技术和方法难题，且由于供应链当中隐含碳转移的存在，不同主体间碳排放责任划分与排放确权工作均存在较大难度。

因此，对于碳减排系统工程而言，权衡短期减排与长期减排，并确保在实现工程整体收益大于成本的同时，平衡代际责任与义务，是合理规划并保障如期实现工程目标的关键，也是碳减排系统工程的关键难题之一。

2.5.2 局部减排与整体减排的统筹

全球性与跨区域性是气候变化的显著特征，因此，碳减排工程在空间维度上也存在高度的延续性和相关性。从空间尺度上划分，碳减排可大致区分为局部减排与整体减排。对于大多数碳减排工程而言，整体碳减排目标通常较为明确，如《巴黎协定》所提出的全球 2 摄氏度/1.5 摄氏度温控目标，以及各国提出的碳中和目标，而局部各区域减排目标则难以确定，如全球温控目标下的各国减排目标及各国碳中和目标下的省、州层面减排目标。因此，如何合理划分区域减排责任，规划和设计整体碳减排目标下的区域目标，是碳减排系统工程在空间维度上面临的关键难题，其核心问题是局部减排与整体减排的权衡，实质上是碳减排成本与收益在空间维度上的权衡分配问题。

由于二氧化碳作为自然公共品，碳减排的成本和收益在空间尺度上存在错位，导致区域间“碳泄漏”或气候治理中的“搭便车”现象。对于碳减排系统工程而言，这进一步带来两个难题：①如何使碳减排工程在空间整体上实现效率最优，从而以最低成本实现整体减排目标;②如何兼顾区域之间碳减排的权责分配与公平性问题。

对于上述问题①，首先要明确整体最优与局部最优之间的区别与关联，如对于我国的碳排放空间而言，由于各地区在资源禀赋、产业分工、经济发展程度等方面存在显著差异，碳排放在不同地区存在明显差异。因此，我国开展碳减排需更加突出系统观念，如在碳中和过程中不能要求各区域同时实现中和，应考虑各地区发展现状、战略定位、减排潜力、资源禀赋等因素，统筹确定各地区梯次碳达峰碳中和目标。然而，由于不同区域间差异较大，且各区域在实施减排行动过程中主要以自身综合收益最大为出发点，难以形成有效的协同减排机制，现实当中实现整体最优的难度较大。

对于第上述问题②，要想在实现整体最优的情况下兼顾区域之间碳减排权责分配与公平性问题，关键是要明确各区域碳减排成本/收益的承担主体，并将减排成本内化为相应地区商品成本的一部分，进而通过财税或市场价格机制，实现帕累托最优。这也是全球气候治理当中的核心问题之一，但由于区域层面的碳排放核算与溯源也存在技术和方法上的不确定性，不同国家间碳排放责任划分与排放确权工作均存在较大难度。

因此，对于碳减排系统工程而言，统筹局部减排与整体减排，并确保在实现整体碳减排目标的同时，平衡区域之间的责任与义务，是碳减排系统工程的关键难题之一。

2.5.3 政府管制与市场机制的统筹

碳减排相关机制和政策是碳减排系统工程的重要组成部分。现有减排政策机制大致可分为政府管制和市场机制，所谓减排的政府管制，是指政府部门通过强制征收碳税等命令控制型政策迫使排放主体进行减排，在此过程当中，碳排放被相关政策直接或间接地赋予成本，并体现为商品价格的一部分。而减排的市场机制则是通过市场手段及供需关系直接给碳排放赋予价格。

对于碳减排系统工程而言，减排的政府管制与市场机制的统筹是其在政策维度上面临的主要难题。两种减排机制的选择需要结合实际国情和减排需求综合考量。一方面，要发挥市场对资源配置的决定性作用，提升成本有效性。比如，以新的增长点吸引社会资本参与其中，发挥其作为重要生产要素的能动性和积极作用，最大限度激发市场主体活力，以价格机制倒逼企业变革生产技术，改善经营方式，选择高效、低耗的生产方式；另一方面，要利用政府加强市场监管，强调政府依法规范和引导资本健康发展的作用，避免市场失灵，保障减排目标有效达成。通过把握资本行为规律及其治理规律，规范和引导资本重点投向绿色经济、循环经济和低碳经济领域，避免资本在化石能源等领域野蛮生长、无序扩张，对生态环境造成毁灭性影响。简而言之，既要发挥市场对资源的配置作用，提升成本有效性；又要利用政府加强市场监管，避免市场失灵，保障减排目标有效达成。

对于碳减排系统工程而言，碳排放被视作经济生产过程中一种有害的副产品，而剩余排放空间和相应的排放权等气候容量资源则因其稀缺性而产生价值。在工程实践过程中，如何高效分配气候容量资源以降低碳排放这一非期望产出，是碳减排系统工程聚焦的核心问题之一。要解决这一问题，需要将碳减排系统工程中的减排机制选择问题回归到经济学效率分析框架中，明晰碳减排效率的内涵。因此，减排政府管制与市场机制的统筹，本质上是碳减排效率层面上的统筹问题。区别于一般的商品或要素，碳排放权并不天然具备稀缺性，碳减排效率的定义、特征、测算和优化路径也显著区别于其他类型的效率，在具体分析方法层面，也需要在现有经济学效率分析框架的基础上进行延伸改进。

因此，对于碳减排系统工程而言，一个关键难题是如何权衡减排的政府管制与市场机制，从而既能充分发挥市场对碳排放资源配置的决定性作用，提高气候治理的有效性，又能充分发挥政府力量在加强市场监管、避免市场失灵方面的主导作用。

2.5.4 发展与减排的统筹

开展碳减排是为了实现更加可持续且高质量的发展，经济发展与碳减排之间的关系是矛盾统一的，二者既相互制约，又相互促进。必须坚持辩证和系统观念，动态认识和把握发展与减排的关系。一方面，碳排放主要源于各类经济活动，因此，气候变化的根本原因是经济的快速发展，限制碳排放必然会在短期内给以化石能源为主导的经济增长模式带来负面冲击，而在能源结构调整尚未完成的情况下，进行碳减排将在诸多方面给经济带来下行压力，因此，在短期内经济发展与碳减排必然存在一定冲突，这种冲突也是碳减排在全球遭遇诸多舆论及政策阻碍的根本原因。另一方面，受到资源环境等多方面约束，一些国家当前高碳经济增长模式难以为继，以碳减排为契机转变经济发展方式，大力发展清洁产业和技术，将给经济增长注入新的活力，具体而言，减排需求会拉动战略性新兴产业生态化发展，促进经济结构全面绿色转型，使可持续发展经济运行模式成为主导，而推进绿色低碳技术的研发和推广应用、推进建设与改造低碳发展所需的基础设施、助力能源领域科学进步与技术低耗的本质革新，也会促使资本重新分配，使投资者重新评估投资策略并将资本分配给低碳或适应气候的项目，有助于社会行业结构与体制革新和人们生活发展观念的本质变化，从而带来新的经济增长点，并在低碳领域创造更多高质量就业和创业机会。此外，减排行动将减少碳排放，减缓气候变化，从而避免因气候变化所带来的巨大损失，这在一定程度上可视为减排行动所带来的经济效益，促进经济发展。

因此，经济发展与减排行动间存在相互促进与制约的复杂关系，且社会福利的多重性使得福利不仅直接受到经济发展与减排行动的影响，也会受到由经济发展与减排行动主导的 GDP、消费水平、生态环境等的间接影响。随着各国人民生活水平的提高，群众的涉碳诉求开始转变，低碳生活成为人民美好生活需要的一部分。如何统筹经济发展与碳减排，并设计高速经济发展与减排降碳、生态优先和谐并存的发展之路，最终实现经济高质量低碳可持续发展，是碳减排系统工程面临的重要难题。

2.6　碳减排“时–空–效–益”统筹理论与技术及实践

为解决碳减排系统工程遇到的各项难题，需基于碳减排系统工程特征及内涵，提炼并创立一套针对性强且系统完备的理论，并在该理论指导下建立碳减排路径设计与系统优化技术，帮助制定科学、合理、有效的气候政策，最后落脚于具体工程项目，用以指导各项碳减排系统工程实践。我们在开展针对碳减排系统工程的长期和深入研究的基础上，按照理论→技术→实践的逻辑主线，总结形成了本书的上、中、下三篇。上篇所构建的碳减排“时–空–效–益”统筹理论来源于上述对碳减排系统工程本质特征的抽象把握，中篇所介绍的碳减排路径设计与系统优化技术的研制则依赖于上篇理论的指导，而下篇所介绍的碳捕集、利用与封存工程的管理实践则是在上篇理论指导下，采用中篇所介绍的系统工程技术来具体开展。后续章节将按上述逻辑主线，详细介绍相关理论构建过程、技术研制方法、工程管理实践。

2.6.1　碳减排系统工程理论：“时–空–效–益”统筹

基于对上述碳减排系统工程特征、核心问题及统筹难题所开展的近三十年研究积累，笔者及其团队创立了一套完整的碳减排理论，即碳减排“时–空–效–益”统筹理论。该理论具体包括时间统筹、空间统筹、效率统筹及收益统筹四个维度，用于指导解决碳减排过程中面临的短期减排与长期减排的统筹、局部减排与整体减排的统筹、政府管制与市场机制的统筹、发展与减排的统筹，系统性回答减多少、何时减、谁来减、如何减、何效果等核心问题，四个理论维度间彼此关联、相互支撑，共同构成碳减排“时–空–效–益”统筹理论（图 2-2）。该理论是面向碳减排系统工程需要，在综合考虑碳减排工程所具备的长周期、跨区域、多主体、多目标等特征的基础上，吸纳工程学、管理学、经济学、环境学等相关学科理论方法所形成的跨学科理论，它符合复杂系统理论的整体逻辑框架，实质是在系统观指导下，针对碳减排工程实践过程中面临的各类辩证关系所提出的一般性方法论。

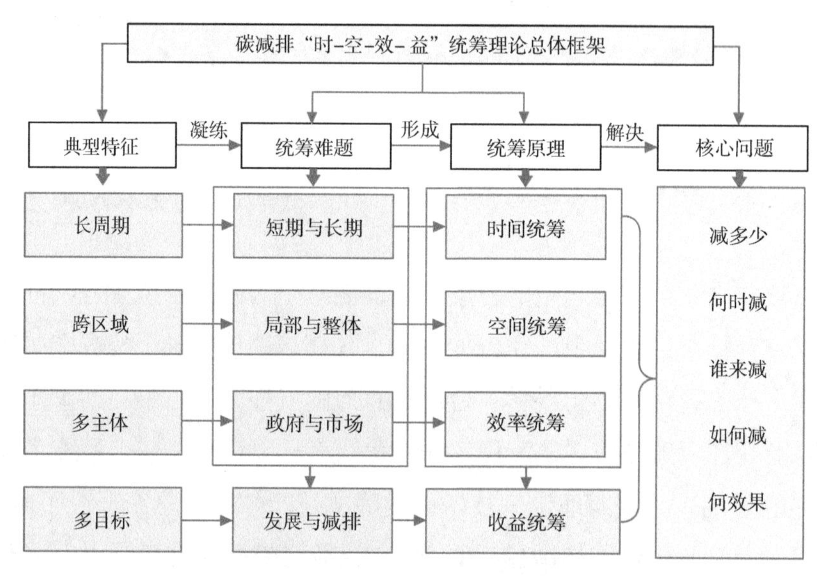

图 2-2 碳减排“时-空-效-益”统筹理论总体框架图

（1）时间统筹。时间统筹针对的是碳减排系统工程面临的代际统筹难题，即当前人类要付出多大代价来避免未来气候变化可能带来的不利影响。时间统筹以经济增长理论为核心，提出解决代际统筹难题的理论方法，构建跨期均衡路径并设置了积极但不激进的贴现率，权衡当前减缓气候变化的成本和未来气候变化带来的损失，解决碳减排的跨期责任分担与成本分配等问题，为统筹短期减排与长期减排提供理论基础。

（2）空间统筹。空间统筹针对的是碳减排系统工程存在的空间统筹难题，即国家或区域间应对气候变化的责任分担问题，具体涉及区域减排目标的设定、排放配额的分配等。空间统筹以区域间福利权衡为核心，提出解决代内区域间统筹难题的理论方法，构建全球和国家层面的最优减排路径，并开发碳减排责任分担机制，解决碳减排的区域责任分担问题，为统筹整体减排与局部减排提供理论基础。

（3）效率统筹。效率统筹针对的是碳减排系统工程存在的不同减排机制的统筹难题，即政府管制和市场机制哪种更有效。效率统筹以传统经济效率理论为内核，提出并定义碳减排效率理论，强调气候目标与经济成本并重，从环境凯恩斯主义和供给侧结构性改革视角重新审视政府与市场在碳减排中的定位与功能，基于经典数量价格经济学相对斜率决策理论，结合碳减排问题实际特征，构建减排目标约束下的效率统筹决策框架，解决不同情景下的减排机制效率优化问题，为统筹政府行政手段减排与市场减排资源分配提供理论基础。

（4）收益统筹。收益统筹针对的是碳减排系统工程存在的发展与减排的统筹难题，即发展优先还是减排优先。收益统筹需在时间、空间、效率统筹基础上，系统性回答“减多少、何时减、谁来减、如何减、何效果”等重大科学问题。因此，收益统筹在综合集成上述时间统筹、空间统筹、效率统筹相关理论基础上，进一步考虑经济发展与减排行动的统筹，以最优经济增长为核心，将碳排放问题引入长期宏观经济分析中，提出一个整合环境–经济的方法来考虑经济发展与减排行动，构建全球多区域经济最优增长理论框架，耦合经济模块与气候模块，统筹跨期跨区的减排成本与收益，并以实现福利最大化为目标，运用动态规划方法探索考虑减排问题后的最优经济增长路径和减排路径，解决发展与减排之间的收益取舍和协同推进问题，为统筹发展与减排提供理论基础。

2.6.2　碳减排系统工程技术：碳减排路径设计与系统优化技术

碳减排“时–空–效–益”统筹理论指导建立了碳减排系统工程技术和方法，即碳减排路径设计与系统优化技术，并成功应用于碳减排路径设计，从而帮助制定科学、合理、有效的气候政策。具体而言：第一，碳减排系统工程与全球气候治理是一个庞大且长期的过程，减排产生的成本需要在近期支付，而减排收益在远期才能实现，使得代际间存在成本与收益的不公平性。因此，根据时间统筹理论，统筹短期减排与长期减排能够兼顾碳减排政策在代际间成本收益分配的均衡性。第二，气候变化是典型的全球外部性问题，减少碳排放与减缓气候变化需要全球集体行动、共同努力，然而，不同国家或地区间在环境目标、减排手段以及减排成本收益等方面存在分歧，导致国际气候治理谈判困难重重，不利于国际气候合作的有效开展。因此，运用空间统筹理论，统筹局部减排与整体减排能够兼顾碳减排政策在全球各经济主体间成本收益分布的均衡性。第三，气候变化具有外部性特征，单纯依赖自由市场无法将碳排放的外部性进行内部化，即在自由市场上，企业没有足够的动机实施碳减排。同时，单纯依赖政府直接管理可能会导致决策政治化，降低经济效率。因此，碳减排路径及政策的设计需要依据效率统筹理论，将政府减排与市场减排相结合，并实现效率与公平的均衡。第四，国家或地区的长期经济发展需要注重经济增长的可持续性和质量，即尽可能以最低的资源消耗和环境代价实现最优的经济发展，对于面临经济、气候和环境多重生态问题的发展中国家更是如此。因此，运用收益统筹理论协调碳减排与经济发展的关系至关重要。

基于碳减排“时–空–效–益”统筹理论，北京理工大学能源与环境政策研究中心自主设计开发了碳减排综合评估技术体系和平台，即 C^3IAM，该平台灵活运用碳减排“时–空–效–益”统筹理论，对于成本与收益的评估既兼顾了短期性与长期性，又考虑了国家/区域的局部性与全球范围的整体性。同时，该平台包含不同尺度的社会经济模块和能源技术模块，对于减排路径的设计既包含了碳定价等政策手段，又包含了生产工艺更新替代等技术手段。此外，该平台实现了自然气候系统与社会经济系统的耦合，能够统筹发展与减排，模拟和提供权衡长期经济发展与减缓气候变化的最优路径。综上，碳减排“时–空–效–益”统筹理论为综合评估技术体系和平台的开发奠定了理论基础。

2.6.3 碳减排系统工程实践：碳捕集、利用与封存工程布局

碳减排工程实践是实现预期碳减排路径的关键支撑。碳减排工程是一个复杂巨系统，需要科学有效地利用资源，对碳减排路径中的各项工程技术进行决策、计划、组织、指挥、协调与控制，最大限度地降低低碳转型难度与减排代价，最终实现碳减排目标。碳减排工程的实施需要综合考虑技术问题、经济问题、进度问题、质量问题、合同问题、安全和风险问题、资源问题等，既涉及时间上的进度安排、空间上的优化选址，也涉及工程与社会资源的优化配置、工程成本与综合效益的整体权衡。因此，碳减排“时–空–效–益”统筹理论的提出和碳减排路径设计与系统优化技术的开发，为应对和解决碳减排系统工程实践中可能面临的各种难题与挑战提供了科学的理论、方法与工具。

CCUS 技术作为一项重要的碳减排工程措施，无论对实现全球应对气候变化目标，还是实现我国碳中和目标都不可或缺，并成为大国争先抢占的碳减排科技制高点之一。但是，CCUS 是一个多产业、多学科复合交叉领域，不仅技术链复杂（包括二氧化碳的捕集技术、运输技术、利用技术、封存技术），且项目的部署实施也面临极大的不确定性。现阶段，CCUS 的发展仍处于早期阶段，远不能满足未来大规模减排的需求，急需开展工程技术规划、加快工程选址布局、明确项目部署优先级等工程研究。为解决上述 CCUS 工程实践中的难题，北京理工大学能源与环境政

策研究中心团队在其所创立的碳减排“时–空–效–益”统筹理论指导下，采用基于该理论指导研发的碳减排路径设计与系统优化技术，围绕碳减排路径与 CCUS 工程实践，聚焦工程选址、基础设施规划、进度管理、运营优化、风险管理与项目可行性评价等，展开了系统性和整体性研究，为 CCUS 工程从零散示范到大规模集群布局提供方案，为解决碳减排路径实施中的工程问题提供参考。

2.7　本 章 小 结

本章明确定义了碳减排系统工程，进而指出碳减排系统工程具备系统性、不确定性、复杂性三个基本特征，同时兼具长周期、跨区域、多主体、多目标等典型特征，其工程体系包括顶层工程目标、中间层工程活动，以及底层工程支撑。现实当中，碳减排系统工程面临减多少、何时减、谁来减、如何减、何效果五个核心问题，以及短期与长期、局部与整体、政府管制与市场机制、发展与减排“四对”统筹难题。因此，有必要创立一套针对性强且系统完备的碳减排系统工程理论，并在该理论指导下建立碳减排路径设计与系统优化技术，进而指导碳减排系统工程的实践。

第3章　时间统筹：短期与长期协同

3.1　短期减排与长期减排

在气候治理过程中，存在一种纵向的代际博弈问题，即当前人类要付出多大代价来避免未来可能发生的气候变化。如图3-1所示，对这一问题的回答关乎当代人与后代人的利益，需要权衡当前减缓气候变化的成本和未来气候变化带来的损失，由此引发对代际公平性与代际权衡问题的探讨。在本章的时间统筹理论中，跨期均衡路径与贴现率的设置可以在一定程度上解决这种短期减排与长期减排的难协同问题，为跨期责任分担、减排成本分配以及后代的排放配额等问题提供解决思路。本章将结合短期减排与长期减排之间的关系，阐释碳减排的代际公平问题，以及该问题的解决思路，并从跨期均衡路径和贴现率设置两方面阐述时间统筹理论的方法。

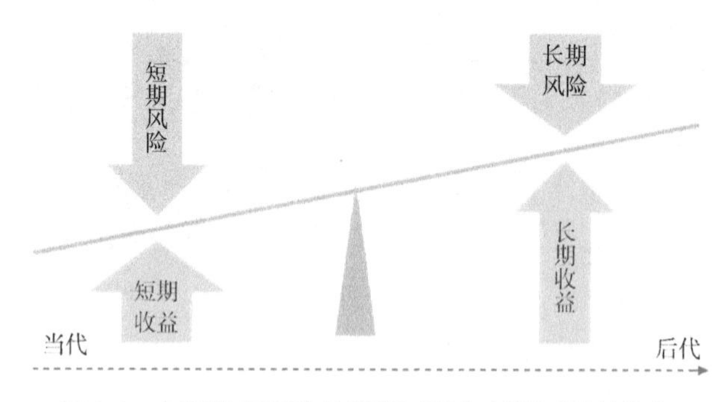

图3-1　气候治理面临的短期减排与长期减排的权衡

3.1.1　碳减排的代际公平性

气候变化是一个长期而缓慢的过程，减排的收益更多发生在遥远的将来，而短期内就要付出相关的成本。这就涉及两个重要的跨期问题：一是贴现，二是代际公平。面对气候变化问题的长期性，存在于当代和后代之间的代际权衡是需要深入探讨的问题之一。部分观点认为，后代缺少使用大气这一“公地”最必要的条件，即后代是否存续由当代人的选择所决定，这一类观点不主张在气候变化问题中考虑代际公平。反驳这种观点的代际公平理论主张即使个体决定不创造后代，但是从全人类的角度来看，人类的繁衍和代际的绵延也是最根本的发展规律，个体的选择不会影响到未来代际关系的存在性。根据当前的认知，气候变化会给未来世代的福利造成损失，虽然后代尚不存在，但是当前的决定和行动会真实地影响到未来，因此代际公平要求当代人在应对气候变化时考虑未来的福利（Norton，1994）。从经济学的角度看，代际公平主要体现在对未来福利贴现水平的判定上，随着经济的增长，未来世代可能比当代更加富裕，气候治理是一种牺牲“贫穷”的当代利益换取“富裕”的未来的行为。因此，考虑当代还是后代的福利是气候变化代际公平的主要议题。

由于短期减排与长期减排之间存在成本与收益的错配，评估减排收益具有极大的难度与不确定性，且大气碳浓度增加和温度上升之间的关系（气候敏感度）以及温度上升与经济损失的关系（损失函数）等都具有不确定性。除此之外，评估减排收益还受到贴现率的极大影响。对减排政策而言，由于全球变暖具有显著外部性，对未来收益进行贴现使用的是社会贴现率，隐含了时间偏好、风险厌恶程度和经济增长率三大因素，学术界对其的假设和估算存在显著差异。由于气候变化的时间跨度大，碳排放的社会成本对贴现率非常敏感，衡量并设置贴现率成为解决碳减排代际公平性问题的重要途径之一。

3.1.2　碳减排的代际均衡

20 世纪 60 年代，华罗庚（1965）针对生产管理实践问题，提出统筹方法，之后他将统筹方法体系延伸到国民经济部门间的统筹计划理论分析中（Hua，1984）。在应对气候变化过程中，面临短期减排与长期减排的统筹，以权衡当代和后代的福利。在评估短期与长期的社会福利、收入或成本时，需设法量化不同时间段的收益与损失。为了将未来发生的收益及损失放到当下时间点考虑，需将贴现率被引入成本效益分析。目前主要基于两种方法对未来的收益进行贴现，一是消费的方法，二是投资的方法。消费贴现率反映的是社会愿意对未来消费和今天消费权衡替代的程度，被广泛应用的拉姆齐公式基于消费对储蓄进行最优化。投资法主要对应投资回报率，其经济学原理可以简化为：假定投资回报率为正，那么未来将获得比当前投资额更高的收益。

贴现率体现的是一种跨时间均衡（Tol，2013）。消费贴现率是消费处于当代和后代之间的一种变化率，消费贴现率被定义为

$$\mathrm{e}^{rt} = \frac{\mathrm{d}C_t}{\mathrm{d}C_0} \Leftrightarrow \mathrm{e}^{rt}\mathrm{d}C_0 = \mathrm{d}C_t \Leftrightarrow \mathrm{d}C_0 = \mathrm{e}^{-rt}\mathrm{d}C_t \tag{3-1}$$

其中，C 为消费；C_0 为当代的消费；C_t 为后代的消费。如果设置 $\mathrm{d}C_t = 1$，那么 e^{-rt} 是折现系数，即未来获得的货币的现值。式（3-1）是不完整的，它忽略了中立的要求，即福利净现值 W 不受消费从当代到后代转变的影响。假设福利净现值函数如下：

$$W = \int U\left(C_t\right)\mathrm{e}^{-\rho t}\mathrm{d}t \tag{3-2}$$

其中，U 为即时效用；ρ 为效用的贴现率；t 为时间。那么福利最大化的条件是

$$\mathrm{d}W = \frac{\partial U}{\partial C_0}\mathrm{d}C_0 - \mathrm{e}^{-\rho t}\frac{\partial U}{\partial C_t}\mathrm{d}C_t = 0 \Leftrightarrow \frac{\partial U}{\partial C_0}\mathrm{d}C_0 = \mathrm{e}^{-\rho t}\frac{\partial U}{\partial C_t}\mathrm{d}C_t \Leftrightarrow \frac{\mathrm{d}C_t}{\mathrm{d}C_0} = \mathrm{e}^{\rho t}\frac{U_{C_0}}{U_{C_t}} \tag{3-3}$$

假设即时效用是一个不变的相对风险厌恶率 η：

$$U = \frac{C^{1-\eta}}{1-\eta} \tag{3-4}$$

所以，$U_C = C^{-\eta}$，并定义 $C_t = \mathrm{e}^{gt}C_0$（g 为人均消费增长率），可得到：

$$\mathrm{e}^{rt} = \mathrm{e}^{\rho t}\frac{C_0^{-\eta}}{\mathrm{e}^{-\eta gt}C_0^{-\eta}} = \mathrm{e}^{\rho t + \eta gt} \tag{3-5}$$

式（3-5）被称为拉姆齐规则。在理论上，如果市场是完全且完美的，不存在任何扭曲，消费贴现率应等于投资回报率。但现实中市场总是不完美的，存在各种影响因素，导致在现实中二者是不相等的。Ramsey（1928）正是在完美市场条件下推导出了贴现率公式，即拉姆齐等式，如式（3-6）所示，贴现率取决于三个参数：纯时间偏好率、边际效用弹性和人均消费增长率。

$$r = \rho + \eta g \tag{3-6}$$

其中，r 为贴现率；ρ 为纯时间偏好率；η 为边际效用弹性；g 为人均消费增长率（刘昌义，2012）。

纯时间偏好率 ρ 是度量在不考虑未来社会可能获得的资源和机会的条件下，后代福利相对于当代福利的参数，它以单位时间的百分率表示（Nordhaus，2007）。纯时间偏好率越大，代表越不重视后代因气候变化引起的损失以及当代通过减排给后代带来的收益。边际效用弹性 η 衡量的是边际效用对人均消费变化的弹性，反映随着社会更加富有（或人均消费增加）边际效用递减的程度。边际效用弹性越大表

示越重视穷人权益，在正的人均消费增长率情况下，未来人们会变得更加富有，而当代人消费水平最低，因此该数值越大越有利于当代人消费。人均消费增长率 g 通过其符号和大小影响贴现率的取值，如果人均消费没有增长，那么社会时间偏好率等于纯时间偏好率 ρ ，如果预期消费会增长，那么社会时间偏好率会高于纯时间偏好率（刘昌义，2012）。

Arrow 等（2013）和 Cline（1992）肯定了拉姆齐方法在贴现率问题上的基础性作用，并提出了三点重要的论述：①拉姆齐规则可以作为决定长期贴现率的基本方法；可以用拉姆齐规则来确定消费贴现率；贴现率的参数属于“政策变量”，经济学家对它们的取值存在争议；未来人均消费增长率的不确定性和当前人们对未来贴现率的主观不确定性，都可以得出递减的贴现率期限结构。②长期贴现率应当且可以采用递减的确定等价贴现率形式；递减贴现率的期限结构既可以从理论推导得出，也可以由实证方法得出。③无论是采用传统的固定贴现率和指数式贴现方法，还是采用递减的方法确定等价贴现率，都不会引起代内和代际不一致的问题；一致性条件要求对同一年的成本或收益采用同一个贴现率，无论是代内的还是代际的问题，因此，成本收益分析要求始终采用一套固定的贴现率期限结构。这三个结论代表了当前经济学家对不确定条件下贴现理论的最新共识，为未来的贴现理论和实证研究奠定了重要的基础。

上面基于经典的经济增长理论，对碳减排的代际权衡方法进行了简要介绍，在下面的时间统筹理论中，将对当前气候经济学家对贴现率的争论以及贴现率的选择进行综述，并详细介绍时间统筹理论对跨期均衡路径以及贴现率的设置。

3.2 碳减排时间统筹原理：跨期均衡路径选择

进行短期减排与长期减排统筹的方法之一是找到不同代际、不同时期的均衡路径（魏一鸣等，2022b，2022c）。跨期决策通常被概念化为一系列世代之间的统筹，跨期福利的公理化方法可以追溯到20世纪70年代诺贝尔经济学奖得主加林·库普曼斯（Tjalling C. Koopmans）的著作。进一步，Alvarez-Cuadrado 和 van Long（2009）推导出边沁–罗尔斯（Bentham-Rawls）效用函数，它是传统福利净现值和最贫穷一代效用 $\underline{U}$ 的加权和，该跨期均衡的福利标准如式（3-7）所示：

$$W=(\vartheta-1)\int_t U(C_t)\,\mathrm{d}t+\vartheta\underline{U}(\underline{C}) \tag{3-7}$$

其中，U 为即时效用；C 为消费；$\underline{C}$ 为最贫穷一代的消费；ϑ 为罗尔斯权重，意味着对最贫穷一代人福利的重视程度。式（3-7）表明了当前一代牺牲后代致富的代价，这一标准被称为 Bentham-Rawls 福利准则，标准福利净现值的加权和与最不富裕一代的效用（utility）是 Bentham-Rawls 福利准则的组成部分。如果 $\vartheta=1$，福利由当前一代人的关系决定；如果 $\vartheta=0$，最贫穷一代决定产出（直到其不再是最贫穷的）；如果 $0<\vartheta<11$，既不是当前一代也不是最贫穷一代决定产出，除非当前一代就是最贫穷的一代。

现有研究认为代际公正和效率并不总是可以同时实现的，因为再分配可能会导致公平效率的权衡（Hoberg and Baumgaertner，2017）。这种权衡在社会政策中实现代际公平的尝试中很常见：由于激励扭曲或行政成本等不同机制，追求平等的效用水平（公平）会导致帕累托效率低下的分配（Le Grand，1990；Putterman et al.，1998）。因此，旨在实现可持续性的政策同样可能会受制于代际公平与效率的权衡。

根据第二福利定理，Howarth 和 Norgaard（1990，1992）表明，在一个重叠的世代模型中，公平和效率都可以在世代之间实现，前提是需要一套公共政策，如庇古税、代际转移支付和代际资源权利分配。其他研究讨论了如何在不同背景下实现帕累托代际公平。Gerlagh 和 Keyzer（2001）比较了资源可持续代际分配的不同政策工具，发现与零开采政策相比，管理所有自然资源和生态系统服务的信托基金能够带来帕累托改进。考虑到未来结果和偏好的不确定性，Krysiak（2009）在保证后代的可持续性和维持当代生产效率之间找到了一种权衡。跨期社会选择理论也考虑了在代际幸福流管理中兼顾公平与效率标准的可能性。

考虑代际权衡问题时，一个普遍的做法是建立两代的重叠世代模型，该模型考虑了流动资本和不可再生资源使用在两代人之间的生产决策，并具有负的代际外部性。与代内决策相比，代际问题和政策有两个显著特征，一是时间的不可逆性，即无法修正自己过去的行为（Solow，1974；Baumgärtner，2005；Krysiak，2006）；二是当前行为对未来后果的不确定性。最极端的不确定性形式被称为“封闭的无知”（Faber et al.，1992）或者“不知情”（Dekel et al.，1998），即决策者不知道当前行动的所有潜在后果。

Nordhaus（诺德豪斯）对跨期均衡路径有了新的探索，当考虑气候变化相关政策时，政府需要权衡减少碳排放的成本以及不控制碳排放带来的潜在损失。但是，在排放和影响之间存在着一定的滞后，各地区需要决定是否现在采取减排措施以减缓气候变化在未来几年或者几十年对人类健康的影响。解决如此长时间轴决策问题的一种有效方法是最优经济增长理论。这种方法由拉姆齐在 20 世纪 20 年代提出（Ramsey，1928），并由 Solow（1970）对经济增长理论进行总结。在新古典增长模型中，为增加未来消费，社会投入有形资本品，从而减少当前消费。

Nordhaus 的气候经济动态综合评估模型(dynamic integrated model of climate and the economy，DICE）是拉姆齐模型对环境政策的延伸，在这个延伸的模型中，减排在模型中起到了投资的作用。社会采取措施把资源用于减少温室气体排放，导致当前消费的减少，防止了气候变化对经济的影响，从而增加了未来消费的可能性。自然资本（全球气候）被视为另外一种资本存量，通过减排的方式对自然资本进行投资来促进产出增加，以此减少当前消费，同时避免了碳排放所带来的经济损失，大大提高了未来消费的能力。DICE 是世界经济的最优增长模型，它在经济与地球物理限制条件下，使消费带来的“效用”或满足程度的贴现值最大化。在经济系统中可以得到的决策变量是消费、有形资本的投资率以及温室气体的减排率。设计的决策时间路径是使效用的贴现值最大化。

时间统筹理论遵循综合评估模型，基于最优经济增长理论和时间统筹方法的跨期均衡路径如图 3-2 所示。时间统筹方法框架由经济和气候两个模块组成，描述了在一定的经济发展水平下，气候变化的成本和损失。当代和后代的生产活动会造成温室气体排放，各代人的温室气体排放会对大气温度、海平面以及居民健康等方面造成影响，带来气候变化损失，同时各代人会进行减缓与适应行为，产生相应的减缓与适应成本，这些成本与损失将作用于各代的经济产出。在时间统筹方法框架下，每一代人都面临碳减排成本与气候变化损失的权衡，同时在社会福利最大化的约束下，各代人将会面临短期减排与长期减排的权衡。在此框架下可以求得时间轴上的跨期均衡最优解，以此得到各代人的跨期均衡路径。

构建时间统筹理论的一个关键问题是目标函数的设定。假设政策的目的是提高现在与未来人类的生活水平或消费，这里的消费是广义概念，不仅包括传统市场购买的食物和住房这类物品与劳务，还包括休闲、文化娱乐以及环境享受等非市场项目。采用的基本假设是：政策设计的目的是追求现在与未来普遍的消费水平最大化，

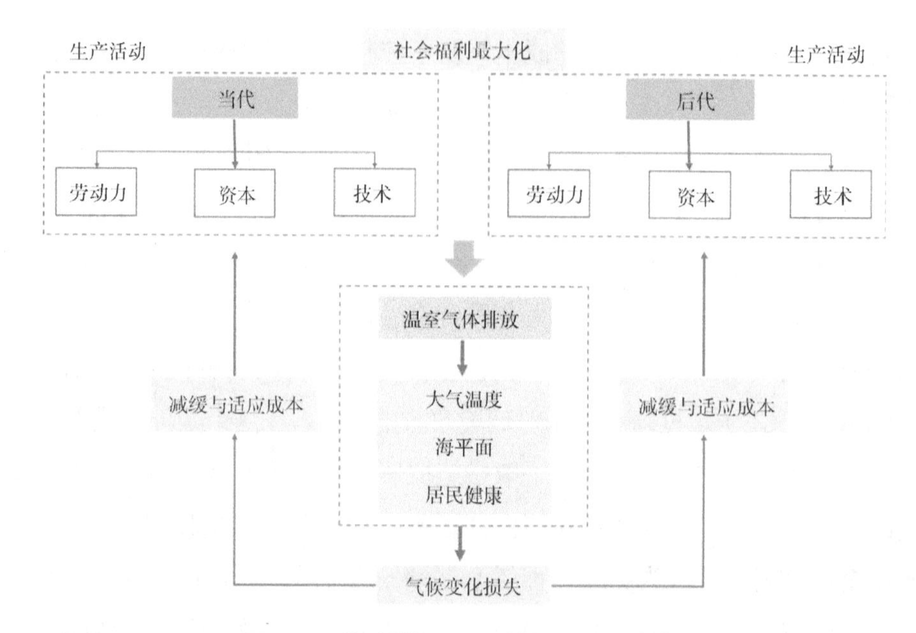

图 3-2 时间统筹理论的跨期均衡路径选择

这种方法基于更多消费优于更少消费的观点，也基于随着消费水平提高，消费增量的价值减小这一理论。由最大化的社会福利函数表征上述假设，这种方法涵盖了时间偏好，时间偏好对不同代际有不同的相对偏重。目标函数的形式如下：

$$\max_{|C(t)|}\sum_{t}U\left[c(t),L(t)\right](1+\rho)^{-t} \tag{3-8}$$

其中，U 为效用或者福利的流量；$c(t)$ 为在 t 时间人均消费的流量；$L(t)$ 为在 t 时间人口的水平；ρ 为纯社会时间偏好率，它与市场利率（或资本的边际生产率）以及储蓄率密切相关。

式（3-8）是消费效用的贴现总和。在时间偏好率的选取方面，Nordhaus 认为 ρ 的值为每年 0.03%（或高一些），这与历史上的储蓄数据和利率是一致的。

最大化需要服从许多限制条件，其中与跨期均衡相关的是经济限制条件中的效用函数。效用代表福利的现有价值，并假设等于在 t 时间人口的水平 $L(t)$ 与人均消费的效用 $U\left[c(t)\right]$ 的乘积。式（3-9）是代表效用函数形式的一般情况：

$$U\left[c(t),L(t)\right]=L(t)\left\{\left[c(t)^{1-\alpha}-1\right]\Big/(1-\alpha)\right\} \tag{3-9}$$

其中，α 为对不同消费水平社会评价的衡量，它代表效用函数的曲率、消费的边际效用弹性或者不平等厌恶率，在运算中，用它衡量社会中高收入的几代人愿意减少福利以增加低收入的几代人的福利的程度。在 DICE 中，取 $\alpha=1$，得出了以下对数或伯努利效用函数：

$$U\left[c(t),L(t)\right]=L(t)\left\{\lg c(t)\right\} \tag{3-10}$$

最优经济增长框架的拉姆齐模型主要依据两个偏好参数：纯时间偏好率和消费的边际效用弹性（诺德豪斯，2020）。后者是代表随着收入提高，人均消费的边际效用下降率的参数。个人和社会都感知到把真实消费交给贫穷的几代人比更富的几代人有更大的迫切性。因此，如果 c 是人均消费，$U(c)$ 是消费的社会评价（或者“效用”），那么消费的边际效用或者消费增量的社会评价将在高水平消费时下降，这就意味着 $u''(c)<0$。假设今天提供一单位的消费，可为 1%的贫穷一代提供 $1+k/100$ 单位消费，但社会对贫穷一代并不关心，在这种情况下，代表消费的边际效用弹性的参数就是 $\alpha=-u''(c)/u'(c)=k$。遵循此方法，可以推导出投资与消费的最优路径：

$$\partial\left\{u'\left[c(t)\right]\right\}/\partial t=u'\left[c(t)\right]\left[\partial Y(t)/\partial K(t)-\delta_K-\rho\right] \tag{3-11}$$

其中，$Y(t)$、$K(t)$、δ_K 分别为生产函数、资本函数、资本折旧率。

式（3-11）说明消费的边际效用变动时间率等于消费的边际效用乘以资本的净边际产值 $\left[\partial Y(t)/\partial K(t)-\delta_K\right]$ 减纯社会时间偏好率 ρ。假设是无风险的竞争市场，资本的净边际产值等于瞬时真实利率 $r(t)$，因此可将式（3-11）归纳为

$$r(t)=\frac{\partial\left\{u\left[c(t)\right]\right\}}{\partial t}\Big/u'\left[c(t)\right]+\rho=\alpha g(t)+\rho \tag{3-12}$$

其中，$g(t)$ 为人均消费增长率，在稳定状态下，有稳定的人口以及人均消费不变的增长率，式（3-12）就变为

$$r^*=\alpha g^*+\rho \tag{3-13}$$

其中，上标*为稳定状态值。这一方程的关键意义在于，高的实际利率既可以由高时间偏好率引起，也可以由高边际效用弹性引起。这种方法可以尽可能地区分物品贴现与效用贴现，成本效益分析中的贴现一般指物品贴现，如果社会极力反对不平等，那么 α 可能会很高，增长中的经济可能会出现低的时间贴现率和高的增长贴现率，从而导致商品的贴现率很高。该方法能够将参数锁定在实际观察中，而且可将其作为评价收益率的证据。依据这一以实际市场收益为基础的方法，更有可能得出内在一致又对实际政策有用的结果（Nordhaus，1994）。

综上，在跨期均衡路径分析中，时间统筹方法基于气候变化综合评估模型的思路，将把气候变化的减缓视为一种投资，减排虽然会造成当前消费的减少，但是降低了气候变化对未来经济的影响，从而增加了未来消费的可能性。将效用函数设置

为消费效用的贴现总和，考虑不同时期效用的贴现以及在时间轴上的最优投资率与温室气体减排率，以此实现跨期均衡的路径选择。

3.3 碳减排时间统筹方法：跨期分配

面对气候变化的代际权衡问题，以及不同时期下减排成本与减排收益的差异，时间统筹方法以经济增长理论为核心，提出了解决代际权衡问题的理论方法，构建了跨期均衡路径并设置了积极但非激进的贴现率，权衡了当前减缓气候变化的成本和未来气候变化带来的损失，解决了碳减排的跨期责任分担与成本分配等问题，为统筹短期减排与长期减排提供了理论基础。

时间统筹方法框架如图 3-3 所示，从跨期均衡路径选择与贴现率设置方法两个方面探讨减排的代际权衡问题，并在 CEEP-BIT（Center for Energy and Environmental Policy Research - Beijing Institute of Technology，北京理工大学能源与环境政策研究中心）自主开发的中国气候变化综合评估模型（C^3IAM）（魏一鸣等，2023）、全球多区域经济最优增长模型（global multiregional economic optimum growth model，简称为 C^3IAM/EcOp）、全球能源与环境政策分析模型（global energy and environmental policy analysis model，简称为 C^3IAM/GEEPA）、中国多区域能源与环境政策分析模型（China’s multiregional energy and environmental policy analysis model，简称为 C^3IAM/MR.CEEPA）、国家能源技术模型（C^3IAM/NET）和气候变化损失模型（climate change loss model，简称为 C^3IAM/Loss）、生态土地利用模型（ecological land use model，简称为 C^3IAM/EcoLa）等众多探究气候环境治理与碳减

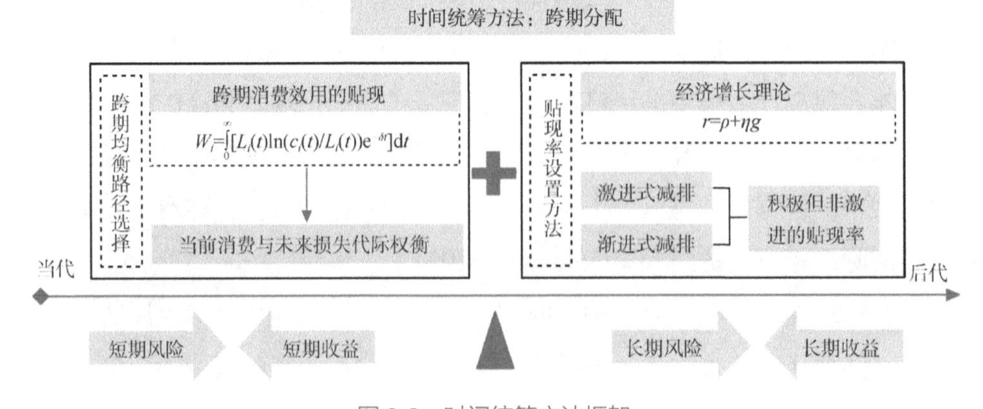

图 3-3 时间统筹方法框架

排路径的模型中得到应用（Liao and Ye，2023；Liu et al.，2023；Yang et al.，2023；Yu et al.，2023）。在跨期均衡路径选择时，将气候变化的减缓视为一种投资，减排虽然会造成当前消费减少，但是降低了气候变化对未来经济的影响，从而增加了未来消费的可能性。在当前与未来消费的权衡中，需考虑不同时期消费带来的效用或满足程度的贴现值最大化，进一步引发对贴现率设置的探讨。贴现率的设置在一定意义上体现了人们对于气候变化的紧迫性、严重性以及代际伦理问题的思考，贴现率越高，同价的未来资产在当下的价值越低。

因此，统筹短期减排与长期减排需要设置未来收益的贴现率。2007 年发布的《斯特恩报告》（Stern，2007）激发了关于如何对气候变化应对措施确定贴现率的集中讨论。Stern 认为纯时间偏好率 $\rho \neq 0$ 在伦理道德上是站不住脚的，他认为在气候风险面前，代与代之间应该是平等的，因此他仅将 ρ 赋值为 0.1%。Stern 将边际效用弹性 η 赋值为 1，这在一定意义上从效用角度否定了对于当前消费的高度偏好。

《斯特恩报告》在很大程度上促进了各国政府对于气候问题的关注。后来，更多的学者站出来，支持低贴现率乃至零贴现率的主张。然而，也有许多经济学家认为斯特恩对贴现率的低取值是不切实际的。他们多数主张根据市场中消费者行为和资本的真实回报率来决定贴现率，实现收益最大化，如 Nordhaus 指出低的纯时间偏好率要求当前社会保持很高的储蓄率，这与实际并不相符，他主张采取的纯时间偏好率是 3%。这些经济学家认可的边际效用弹性 η 也更高，普遍为 2～3。因此这一派经济学家会更支持使用温和的战略应对气候变化，如先缓慢减排，然后逐步加大力度。总体而言，低贴现率主要被批评为过度主观或不符合市场实际。高贴现率被批评的原因主要在于：假定成本与收益可以有效地进行代际转移，并且默认了资本与环境效益之间的强替代性。

在贴现理论中，不确定性来自多个方面，归结起来有两类：第一类是直接假定贴现率存在不确定性，人们对未来赋予各种主观贴现率，并对各种贴现率计算得到的净现值（net present value，NPV）结果进行加权加总，由此得到的确定等价贴现率（certainty-equivalent discount rate）将随时间递减。这一方法被称为期望净现值（expected net present value）方法（Weitzman，1998）。

第二类是假定未来经济增长率存在不确定性，这也会得出随时间递减的贴现率期限结构。Arrow 等（2013）指出这里人们对未来贴现率的不确定反映的是人们对未来经济增长率的不确定。这一类研究的思路是考虑其他不确定因素间接影响经济增长率，进而得到递减贴现率，如考虑环境产品与服务价值、收入分配、系统性灾难的风险以及人们对小概率大影响事件的恐惧（如模糊厌恶）等，从而在不确定条件下得到递减贴现率的期限结构，即延伸的拉姆齐规则（extended Ramsey rule）。

Weitzman（2010）提出经风险调整的贴现率（risk-adjusted discount rate）：

$$\prod_{t=1}^{i}\left(1+r_t^*\right)-1=\exp\left(-r^f t\right)+\exp\left(-r^e t\right) \tag{3-14}$$

其中，r^f 为无风险利率；r^e 为风险回报率；r_t^* 为每期 t 的确定等价贴现率。进一步，针对延伸的拉姆齐规则，Weitzman（2013）提供了一个简洁的分析框架，假定经济增长率是完全随机的，消费 C_t 的增长率为 Y_t，均衡时的潜在增长率为 X_t，z_t 和 w_t 分别代表对 Y_t 和 X_t 的各种短期冲击。而且，随机变量 $\{z_t\}$ 和 $\{w_t\}$ 服从相互独立同分布的高斯过程，为简单起见，这里假定经济增长率的均值和方差都是已知的。增长模型为

$$\begin{cases}\ln C_t-\ln C_{t-1}=Y_t\\ Y_t=X_t+z_t\\ X_t=X_{t-1}+w_t\end{cases} \tag{3-15}$$

可得随机增长模型下贴现率 r_t 的表达式：

$$r_t=\rho+\eta g-\frac{\eta^2}{2}\left(V_y+V_{xy}t+\frac{V_x}{3}t^2\right) \tag{3-16}$$

式（3-16）即延伸的拉姆齐规则。等式右边的前两项分别为不耐心效应和财富效应，与确定条件下的拉姆齐公式相同；第三项则为预防效应（precautionary effect），它随时间递增，导致贴现率随时间递减（Gollier，2012）。由式（3-16）可知，在未来经济增长率不确定的条件下，有三种力量使得未来的贴现率下降（至零甚至为负值）：①经济增长过程中的随机冲击（V_y），它使得贴现率以固定值下降；②当前的潜在经济增长率（V_{xy}），它使得贴现率随时间线性下降；③潜在经济增长率的波动（V_x），它使得贴现率随时间呈二次型下降。当不存在不确定性时（V_y=0，V_x=0），式（3-16）就变为式（3-6），因此确定条件下的拉姆齐规则只是不确定增长条件下的一种特例。由此可知，在短期，经济增长比较确定，不耐心效应和财富效应主导贴现率的大小；在长期，预防效应逐渐取代前两者，从而成为决定递减贴现率的主导因素。

既然存在递减贴现率，那么相对应也存在递增贴现率，一般采用期望净未来值（expected net future value）的方法得到递增贴现率。在未来贴现率不确定的条件下，采用期望净现值方法，是将未来每期的成本和收益贴现到今天，从而得到 DDR。

相反，如果将每一期的成本和收益“折算”到期末最后一期，即可得到期望净未来值，进而可以得到随时间递增的贴现率。这两种贴现率的期限结构实质上是一样的（Gollier，2010；Gollier and Weitzman，2010）。在效用最大化的假设下，不仅对于期望净现值的方法是如此，而且对于延伸的拉姆齐规则也是如此。

贴现率的大小对气候政策建模的结果及其政策含义至关重要。Arrow 等（1996）形象地将持不同意见的经济学家分成两派：伦理派和市场派。伦理派强调公平，从伦理的角度出发考虑贴现率，主张很低甚至为零的纯时间偏好率，以及低的边际效用弹性，从而得出较低的贴现率。而低贴现率使未来气候变化引起的损失贴现到当代会增加，因此伦理派在气候政策上主张立即大幅减排。例如，《斯特恩报告》（Stern，2007）中 PAGE（policy analysis for the greenhouse effect）模型采用的贴现率为 1.4%，得出的结论认为如果现在采取行动进行减排，那么只需花费约 1%的全球总产出就可以将温室气体浓度控制在 500～550ppm[①]CO_2 当量；而如果现在不采取行动，那么全球变暖可能导致全球 GDP 损失 20%甚至更多。

市场派强调效率，主张根据市场中消费者行为和资本的真实回报率（采用生产者利率或消费者利率）来决定贴现率，实现社会资源最大化。市场派使用的纯时间偏好率以及边际效用弹性都较高，因此贴现率也相对较高。较高的贴现率使未来气候变化引起的损失贴现到当代较小，因此市场派在气候政策上主张渐进式采取行动，即先缓慢减排，然后逐步加大力度。例如，Nordhaus（2007）的研究中 DICE 采用的贴现率为 5.5%，认为到 2100 年，全球 CO_2 浓度会达到 685ppm（全球气温相对于 1990 年升高 3.1 摄氏度）只会造成全球总产出 3%的损失；到 2200 年，全球气温相对于 1990 年升高 5.3 摄氏度也只会造成全球总产出 8%的损失。

目前，学者多把贴现率处理为外生的固定值来简化综合评估模型，而一些研究认为需要采取动态的贴现率，且长期来看贴现率会随时间下降至最小值。Stern（2007）指出贴现率是依赖于消费增长的，长期的贴现率并非某个固定值。目前普遍认为，如果未来消费下降，贴现率可以为负；如果不平等性随时间扩大或者未来不确定性增加，贴现率会下降。DICE-2007 模型采用的纯时间偏好率为 1.5%，边际效用弹性为 2，人均消费增长率初始值为 1.6%，在 400 年的时间里逐渐降为 1%。因此，DICE-2007 模型的贴现率从 2005 年的 4.7%逐渐降为 2405 年的 3.5%。目前，

① 1 毫克/升=M/22.4×ppm×[273/（273+T）]×P/101 325，其中，M 为气体分子量，T 为温度，P 为压力。

一些代表性文献的贴现率如表 3-1 所示。

表 3-1　气候政策建模领域的贴现率设置（魏一鸣等，2013）

贴现率	代表文献	ρ /%	η	g/%	r/%
静态贴现率	Cline（1992）	0	1.5	1.3	1.95
	Nordhaus（1994）	3	4	1.3	4.3
	Stern （2007）	0.1	1	1.3	1.4
	Dasgupta（2008）	≈0	[2，3]	1.3	[2.6，3.9]
	Edenhofer 等（2006）	1	3.1	1.3	5
动态贴现率	Nordhaus（2007）	1.5	2	1.6→1（400 年）	4.7→1.6（400 年）
	Weitzman（2010）	0	3	2	6→最小值
	Gollier（2010）	2	2	2	5→最小值

此外，Caney（2014）考察了纯时间贴现、增长贴现和机会成本贴现等情景并评估其对气候政策的影响。双重贴现是一种正在考虑用于环境成本效益分析的新方法，Ackerman 等（2013）将 Epstein-Zin 效用引入 DICE，构建混合 EZ-DICE，区分了风险厌恶与时间偏好的区别。Dietz 和 Asheim（2012）发现以当前减排的未来效用改善贴现的方式，因此提出了一种可持续的效用函数形式，并得出在可持续的效用函数下，全球更愿意进行碳减排，且带来更多社会福利改善。

Markanday 等（2019）系统回顾了关于气候适应措施的学术文献，聚焦于城市区域的气候适应措施（如为应对干旱、洪涝、热浪、海平面上升而建设的防范设施或绿色基础设施），并对它们进行了成本效益分析。图 3-4 显示了这些成本效益分析采用的时间范围与对应贴现率的分布。

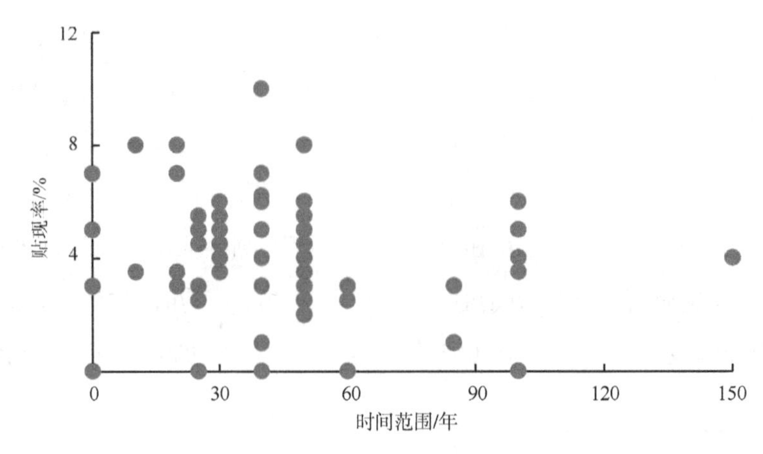

图 3-4　不同成本效益分析时的时间范围与对应贴现率分布（Markanday et al.，2019）

如图 3-4 所示，大部分措施的成本效益分析倾向于短期到中期的时间范围，即 1～50 年（占比为 80%）。在贴现率方面，大部分研究选取的贴现率在 2%～5%，较少研究的贴现率取值低于 2%（占比为 12.5%），一部分研究采取了 5%及以上的贴现率（占比为 30%）。

最新的研究进展认为，IAM 基于拉姆齐–卡斯–库普斯曼（Ramsey-Cass-Koopmans，简称为 RCK）经济分析框架，假设永续家庭在温室气体的外部性下进行跨期最优消费、减排决策。标准 IAM 的优化框架并不能完全包含气候变化所带来的决策问题。例如，气候决策本质上是代际决策，而非跨期决策；社会福利仅包含消费的效用；外生给定的技术变化、人口等关键参数存在争议；缺少应对气候变化伴随的经济结构变化。基于上述不一致问题，最新研究对贴现、效用函数、经济增长模型等方面进行了扩展。

关于贴现率的激烈争论导致无法给定明确的分布范围，当前研究通常将贴现率进行模糊性处理（Dasgupta，2008；Edenhofer et al.，2006；Neumayer，2000）。Ackerman 等（2013）对不同的贴现率进行敏感性分析，de Canio 等（2022）考虑了气候模块以及贴现率存在的模糊性，使用极小化最大后悔值决策准则（MMR）处理模糊性问题。RCK 模型中的 CRRA（coefficient of relative risk aversion）效用函数没有区分跨期替代弹性和风险厌恶程度，因此无法应对不确定性下的气候决策。Crost 和 Traeger（2011，2014）使用 Epstein-Zin 效用函数应对风险类型的不确定性。van der Ploeg 和 de Zeeuw（2018）使用 Duffie-Epstein 效用函数、Manoussi 等（2018）使用递归平滑模糊效用函数应对模糊性类型的不确定性。一部分研究考虑了非消费效用形式社会福利。例如，Anderson 等（2016）采用常替代弹性（constant elasticity of substitute，CES）函数形式，将人均消费和气候质量同时纳入社会偏好中。

拉姆齐公式虽然得到了广泛应用，但仍具有一定局限性：第一，假定代表性消费者和完美市场条件，所得到的消费贴现率是针对私人投资而不是社会公共投资的；第二，所得到的消费贴现只适用于短期或代内投资，而在代际投资决策中不适用，原因是市场上的消费者对待代内和代际的纯时间偏好和跨期消费不平等厌恶是不同的；第三，拉姆齐公式假定消费增长率是确定的，进而贴现率也是确定的，但这不符合现实，因此拉姆齐公式也无法应用于不确定条件下的贴现。此外，由于经济学家对拉姆齐公式中的三个参数存在较多争议，由拉姆齐公式得到的消费贴现率，与由投资方法根据资本市场得到的投资回报率存在差异；同时，资本市场的投资回报率又分为无风险回报率（如政府国债收益率）和风险回报率（如股权投资年均回报率），当前仍无法确定何种贴现率应作为社会贴现率。

针对拉姆齐公式所得到的消费贴现率只适用于短期或代内的局限，在时间统筹理论中，将标准拉姆齐公式拆分为多时期与多区域，考虑多区域的社会福利与贴现问题，各区域通过权衡投资与消费来实现社会福利最大化。贴现率的设置如图 3-5 所示。首先，时间统筹方法考虑分地区的碳减排问题，每个地区进行独立的经济生产活动，面临气候变化损失与减排收益的权衡；同时考虑分时期的跨期减排路径，每个时期均面临未来减排收益与当期减排成本的权衡，并通过一定的贴现率对不同时期的未来收益进行贴现。综合对现有贴现率的研究，Nordhaus（2007）遵循了经济学文献通常设定的纯社会时间偏好率（1.5%），并用市场利率（6%）来校准社会贴现因子（5.5%）；Stern（2007）强调代际公平问题，建议纯时间偏好率取接近于零的值（0.1%）。贴现率的分歧反映了伦理上的不确定性，如历史责任、气候控制成本的分配以及子孙后代的排放配额等问题。Acemoglu 等（2014）在环境约束和有限资源条件下，对不同环境政策的成本与收益展开分析，最终认为应当采取积极但非激进的气候政策。因此，针对当前激进式减排与渐进式减排模式中贴现率设置的争议，在时间统筹方法中主要采用积极但非激进的贴现率。

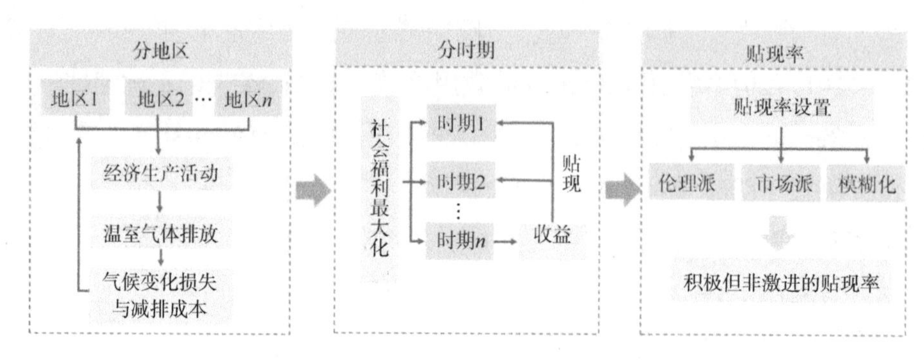

图 3-5　时间统筹理论的贴现率设置方法

在时间统筹的贴现率设置中，经济模块的原型是标准的拉姆齐模型，模型的目标函数是社会福利函数 W，如式（3-17）所示：

$$W_i = \sum_{i=1}^{n} \varphi_i W_i \text{，} \quad \sum_{i=1}^{n} \varphi_i = n \tag{3-17}$$

其中，i 为区域；n 为区域数；φ_i 为第 i 个区域的社会福利权重；W_i 为第 i 个区域的福利函数。

各区域的福利函数是各期人口加权的人均消费效用函数的贴现和，如式（3-18）所示：

$$W_i = \int_0^{\infty} \left[L_i(t) \ln\left(C_i(t) / L_i(t) \right) e^{-\delta t} \right] dt \tag{3-18}$$

其中，t 为年份；$L_i(t)$ 为第 i 个区域第 t 年的人口；$C_i(t)$ 为第 i 个区域第 t 年的消费率；δ 为贴现率，选择积极但非激进的贴现率，将贴现率设置为 3%。Acemoglu 等（2014）在环境约束和有限资源条件下，对不同环境政策的成本与收益展开分析，最终认为应当采取积极但非激进的气候政策。因此，针对当前激进式减排与渐进式减排模式中贴现率设置的争议，在时间统筹理论中主要采用积极但非激进的贴现率，以此对未来收益进行合理贴现。

3.4　本 章 小 结

人类要付出多大代价来避免未来可能发生的气候灾难与相应的损失，关乎当代与后代的共同决策。因此，对碳减排成本收益的短期与长期统筹影响着当代与后代的减排策略。要统筹短期减排与长期减排，不仅要设置合理的贴现率，也要设置合理的跨期分配路径，实现造福当代与绵延后代的双赢。本章聚焦碳减排的代际统筹难题，探究了碳减排“时–空–效–益”统筹理论当中的时间统筹。以经济增长理论为基础，构建了跨期均衡路径，并设置积极但非激进的贴现率，以统筹当前减缓气候变化的成本和未来气候变化带来的损失，回答了碳减排的跨期责任分担与成本分配等问题，为统筹短期减排与长期减排提供方法基础。

第 4 章　空间统筹：局部与整体协同

4.1　局部减排与整体减排

1992 年通过的《联合国气候变化框架公约》倡导缔约方承担“共同但有区别的责任”，指出“各缔约方应当在公平的基础上，并根据它们共同但有区别的责任和各自的能力，为人类当代和后代的利益保护气候系统”。《联合国气候变化框架公约》体现出应对气候变化的两个维度的公平性，即区域公平性和代际公平性。本章着重讨论气候治理中横向的代内博弈问题。所谓区域公平，一般指国家之间应对气候变化的责任分担问题（如各国的减排目标的设定、碳排放配额空间分配等）。为处理好局部与整体的协同关系，本章以空间统筹理论为核心，提出了解决代内公平性与代内权衡问题的理论方法，构建了全球和国家层面的最优减排路径，并开发了碳减排责任分担机制，解决了碳减排的各主体责任分担问题，为统筹整体减排与局部减排提供了理论基础和解决思路。

4.1.1　碳减排的区域公平性

气候变化具有显著的外部性，需要各方共同合作，这里涉及应对气候变化的责任分担问题，即区域公平性。尽管人类早在 1896 年就认识到化石能源燃烧产生的 CO_2 会导致全球变暖，但全球温室气体排放仍然在持续增加。不容乐观的减排效果一方面是由于人类对气候变化的科学过程尚处于摸索阶段，气候灾变的不确定性使许多国家应对气候变化时存在“搭便车”动机；另一方面是由于温室气体的排放成本和排放效益都不具有排他性，巨大的环境外部性也使气候谈判中各国难以就减排机制达成一致。全球温室气体减排的国际治理与合作，具有典型的国际公共品性质，然而不同国家间的贡献可以相互替代，又产生了“搭便车”的可能。在气候变化全球治理问题的讨论中，各个国家之间的博弈存在于发达国家内部以及发达国家和发展中国家之间。在发达国家内部，欧盟国家一贯主张多边治理，并且一直走在应对气候变化的前沿。针对 1997 年的《京都议定书》，欧盟内部提出了更为细致的减排目标，包括在 1990 年排放水平的基础上，2008～2012 年减少 8%，2020 年减少 20%，2050 年减少 80%～95%的减排目标。除了制定更严格的排放目标，欧盟在碳减排行动上也引领全球，2005 年运行的欧盟碳排放交易体系是现今世界上最成熟、最稳定的碳排放交易体系，为全球碳定价实践提供了重要参考价值。但是，美国在全球气候变化问题上却一直采取“单边主义”的态度，不仅退出《京都议定书》的第二期承诺，更是在 2017 年宣布退出《巴黎协定》，在气候变化问题上摇摆不定的态度使得美国的减排行动受阻，不断退出进入国际协定更是违背其大国形象。可见，发达国家内部就气候问题态度不一，相互角力，追求各自利益最大化。

发达国家和发展中国家之间的博弈在气候变化问题中更加常见，这也是长期以来产生争议的主要原因。在哥本哈根气候变化会议以及之前的气候谈判中，“自上而下”的责任分担方式是气候谈判的主要话题。而关于“共同但有区别的责任”的讨论，却一直没有定论。各国在气候变化问题上争论的实质是对国家利益与未来发展空间的争夺。本章综合参考 Rose 等（1998）、丁仲礼等（2009）、Wei 等（2013a，2014）、Mi 等（2017b）的研究，对具体的责任分担原则做出相应归纳，分别为主张人均均等的平等主义原则、排放配额与人均 GDP 成反比的支付能力原则、目前排放决定未来排放的祖父原则、根据排放（含历史排放）分配减排责任的污染者支付原则、按区域面积分配碳排放配额的国土面积原则、遵循市场将配额分配给最高竞价者的市场公平原则，以及补偿原则等。由于各国之间对气候变化的易损性、历史责任以及对温室气体减排成本的承受能力等有很大差别，还没有得到公认的区域公平的气候政策。目前，单一原则很难解决“共同但有区别的责任”这一问题，而综合多种原则、随时间调整责任的分配方案更有希望在国际谈判中被接受。因此，提出公平、有效、可操作的、能被各方接受的责任分担方案在现阶段尤为重要。如何基于“共同但有区别的责任”原则，体现分配公平，进行碳减排责任分担是研究的热点和重要视角。

4.1.2　区域间福利权衡

在权衡局部和整体福利时需要进行空间统筹，国家社会福利的权重是体现区域公平性的重要参数。社会福利权重反映了各区域承担的相对减排责任，权重越高，承担的减排责任越少。目前，多数模型开发团队采用将各国（或区域）的社会福利等权重相加的方式获得全球社会福利，然后在全球社会福利最大化的目标下，确定各国（或区域）的减排目标。但是由于各区域对收入的边际效用是相同并且递减的，这种方法导致模型会将发达地区的收入转移到欠发达地区来增加全球总效用，比如，对某些区域分配特定的损失和减排成本、区域间的技术转让、区域间的资金转移、区域间的排放权交易等区域间的转移机制（Stanton et al.，2009）。

在已有的研究中，比较常用的社会福利函数权重有等权重（Utilitarian）、Negishi权重和 Lindahl 权重（Negishi，1972）。Lindahl 权重是在外部性存在的情况下，经济体实现最优对应的社会福利权重。在该权重下，各区域相比博弈情景，效用都能得到提高，而且全社会总效用提高的程度最高。为了克服边际效用递减带来的问题，一些模型开始使用 Negishi 提出的“Negishi 福利权重”（Peck and Teisberg，1995；Kypreos，2005；Yang and Nordhaus，2006）。Negishi 权重的计算过程非常复杂，它的核心是：由于欠发达地区的边际资本产出高于发达地区，因此给予发达地区较高的福利权重，使各区域的资本边际产出在形式上是相等的，这样便不会发生收入转移。事实上，Negishi 权重蕴含着这样的假设，即发达地区在全球社会福利分配中更重要。同时使用贴现率和 Negishi 权重的模型，在代际福利分配时，接受消费（或收入）的边际效用递减，而在区域间福利分配时，却拒绝这一原则，这明显是不合理的。

比较各合作情景的社会福利权重，Utilitarian 情景的等权重会得到中国、印度等发展中国家的支持，因为在此情景下，发展中国家承担的减排责任相对较少；而在 Negishi情景下，社会福利权重与收入的边际效用相关，所以越发达的国家，社会福利权重越高，相应承担的减排责任越少，会得到发达国家的支持。而 Lindahl 情景，社会福利权重与相对福利变化的倒数呈正相关，也就是参与合作带来的相对福利改善越大，社会福利权重越小，相应承担的减排责任越大。Lindahl 情景的这种性质可以保证无论是发展中国家还是发达国家均能接受该情景的减排路径。各情景对比见表 4-1。

表 4-1 常用的社会福利函数权重及其对应的情景

序号	情景名称	情景描述
1	非合作博弈情景（Nash）	各区域不合作，各自减排
2	等权重合作情景（Utilitarian）	各区域合作减排
3	Negishi 权重合作情景（Negishi）	各区域合作减排且实现 Walrasian 一般均衡
4	Lindahl 权重合作情景（Lindahl）	各区域合作减排且各区域福利不低于非合作情景的福利，通过合作博弈情景等价求解

情景 1 为非合作博弈情景（Nash）。在该情景中，每个区域在给定其他区域减排率下，优化自己的减排率。每个区域的减排都实现最优，无法进一步改善。该情景为 C^3IAM/EcOp 的非合作纳什均衡解，它反映了各区域面对气候变化的最优反应，各区域的减排受自身减排成本、气候损失及其他区域的减排力度影响。

情景 2 为等权重合作情景（Utilitarian）。该情景是相同社会福利权重（$\varphi_i = 1$，$i = 1, 2, \cdots, n$）下的合作微分博弈解。这组社会权重是经济环境建模中常用的权重系数。该情景类似于碳配额分配中的人均原则，有利于人口大国的减排。

情景 3 为 Negishi 权重合作情景。Negishi 权重是实现 Walrasian 一般均衡的社会福利权重，该权重等比例于边际效用的倒数。在气候变化综合评估模型中，Negishi 权重已得到很多应用，如 Nordhaus 和 Yang（1996）、Stanton（2010）。

情景 4 为 Lindahl 权重合作情景。该情景是在 Lindahl 社会福利权重下社会的最优解，类似于在没有外部性情况下，经济体实现 Walrasian 一般均衡对应的社会福利权重。已有研究表明，Lindahl 权重合作情景是获得最大回报的合作解（Yang，2008）。在该权重下，各区域相比博弈情景，效用都能得到提高，而且全社会效用提高的程度最高。理论上讲，该合作情景下的减排路径是各区域最容易接受的方案。

上面基于经典的经济增长理论，对碳减排的区域间福利权衡方法进行了简要介绍，在下面的空间统筹理论中，将详细介绍空间统筹理论对基于合作与非合作动态博弈的减排机制设置，以及碳减排责任分担规则和方法。

4.2　碳减排空间统筹原理：跨区域福利均衡路径选择

减排机制设计的合作方案需要考虑各国社会福利权重的设置问题。大量的合作减排研究均基于等权重下的全球福利函数讨论。而不同的福利函数设置方式对各国减排策略以及全球合作减排的稳定性均有影响。Anthoff 和 Tol（2010）认为等权重的社会福利设置并不适合用于决策制定，因为忽略了本国排放产生的国外影响。他们提出了四种替代性的社会福利函数设置，发现不同的社会福利函数设置下的社会碳成本与气候政策的强度会有很大的不同。Azar（1999）将权重因子引入减排成本的核算，权重因子的引入意味着富裕地区的排放量大幅下降，而贫困地区的排放量略有提高。Hope（2008）引入了平等性权重，来考虑福利在穷人和富人之间的等价性（比如，1 美元给穷人带来的福利将高于给富人带来的福利）。研究发现，考虑了平等性权重的社会碳成本将低于不考虑平等性权重的社会碳成本。图 4-1 是空间统筹理论的区域间福利权衡路径选择框架图。

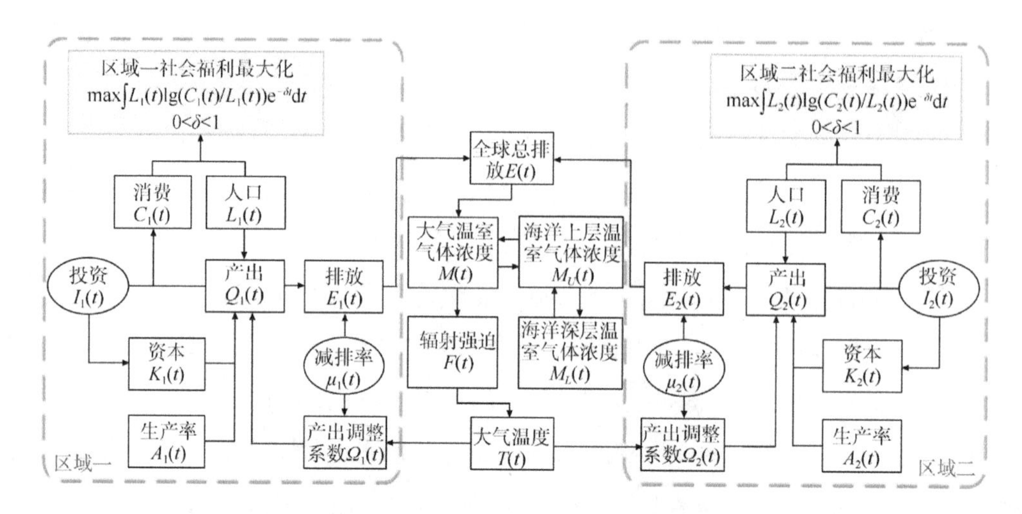

图 4-1　空间统筹理论的区域间福利权衡路径选择

本图以两区域为例，椭圆框内表示决策变量；δ 表示贴现率，参考米志付（2015）的研究修改

4.2.1　引入非合作微分博弈

非合作微分博弈可以用三元组$\left(N,S,\left\{U^i\right\}\right)$表示，其中 N 为区域组成的集合，$S=S_1\times S_2\times\cdots\times S_N$是所有区域的纯策略空间，$\left\{U^i\right\}$为各区域的支付函数。其中，纯策略数量为无限个，而且是在连续时间上的决策。

在减排机制设计中，各区域将减排率$\mu_i\in S_i$作为各区域的纯策略，福利函数$W_i\left(\mu_i,\left\{\mu_{-i}\right\}\right)$作为各区域的支付函数。各区域在连续时间上选择 0 到 1 的任意减排率，来实现各区域的福利最大化。非合作微分博弈与一般的纯策略博弈一样，存在纳什均衡。满足式（4-1）的策略组合称为纳什均衡。

$$W_i\left(\mu_i^*,\left\{\mu_{-i}^*\right\}\right)\geqslant W_i\left(\mu_i,\left\{\mu_{-i}^*\right\}\right),\quad \forall\mu_i\in S_i \tag{4-1}$$

其中，$W_i\left(\mu_i^*,\left\{\mu_{-i}^*\right\}\right)$与$W_i\left(\mu_i,\left\{\mu_{-i}^*\right\}\right)$分别为第 i 个区域的最优减排策略及其他可行减排策略；$\left\{\mu_{-i}^*\right\}$为除第 i 个区域外的其他区域的最优减排策略。

非合作微分博弈的求解，可以通过在 C^{3}IAM/EcOp 中将各区域的社会福利函数分别作为优化目标来实现，如式（4-2）所示：

$$\max_{I_i(t),\mu_i(t)} W_i=\int_0^{\infty}\left[L_i(t)\cdot\ln\left(C_i(t)/L_i(t)\right)\mathrm{e}^{-\delta t}\right]\mathrm{d}t,\quad i=1,2,\cdots,n \tag{4-2}$$

在各区域都优化自己的福利函数后，非合作博弈情景将达到纳什均衡，即任何区域都不能通过改变自身的减排策略获得收益，增加排放的福利收益低于排放导致的气候损失，而减少排放所付出的减排投入超过避免的气候损失。

关于纳什均衡的存在性问题，很难从理论层面展开分析。本节从数值模拟的角度，通过调整纳什均衡求解的初始值、调整纳什均衡求解的区域顺序等方式，验证并比较不同情形下的纳什均衡解，数值证明了纳什均衡解的存在且唯一。

4.2.2 引入合作微分博弈

合作微分博弈同样可以用三元组$\left(N,S,\left\{U^i\right\}\right)$表示，其中 N 为区域组成的集合，$S = S_1 \times S_2 \times \cdots \times S_N$是所有区域的纯策略空间，$\left\{U^i\right\}$为各区域的支付函数。其中，纯策略数量为无限个，而且是在连续时间上的决策。

与非合作微分博弈不同，合作微分博弈中，各区域的策略空间除了减排率外，还需要包括区域社会福利权重这一变量，即$(\mu_i, \varphi_i) \in S_i$。在合作微分博弈中，各区域首先确定社会福利权重，接着再确定自己的减排率，最后所有区域的温室气体排放量加总得到全社会的排放总量。社会福利权重越大，意味着该区域承担的减排责任越低，从其他区域减排获得的收益越高；反之则相反。所以，在合作微分博弈中，各区域都尽可能地提高自己的社会福利权重，最后就社会福利权重达到一致。接下来，各区域在给定社会福利权重下决定自己的最优减排率，然后得到自己的最优社会福利。

在合作微分博弈中，还需要定义核（core）的概念。在这里，一组减排策略$\left\{(\mu_i, \varphi_i)\right\}$如果在相同的社会福利权重下，无法通过部分合作使得某个区域的福利改善，那么这组策略就在合作微分博弈的核里。核的定义保证了全局合作的稳定性，只有满足核的性质的解才是稳定的全局合作方案。

合作微分博弈的求解，可以通过在 C^{3}IAM/EcOp 中将全球社会福利函数作为优化目标来实现，如式（4-3）所示：

$$\max_{I_i(t),\mu_i(t)} W = \sum_{i=1}^{n} \varphi_i W_i, \quad \sum_{i=1}^{n} \varphi_i = n \tag{4-3}$$

不同社会福利权重φ_i将得出不同的各区域最优减排策略，对应了不同的合作微分博弈解。但是，不是所有的社会福利权重都满足核的性质。

已有研究将合作微分博弈的求解与环境外部性的 Lindahl 均衡建立联系，证明了不考虑转移支付的 Lindahl 均衡可以与式（4-4）定义的合作微分博弈等价，且 Lindahl 均衡解是满足核的性质中的最优解，如式（4-4）所示：

$$\max W = \prod_{i}\left(W^{i} - \overline{W}^{i}\right)$$
$$\text{s.t.} \quad W^{i} \geqslant \overline{W}^{i} \tag{4-4}$$

其中，$\overline{W}^{i}$ 为各区域非合作微分博弈下各区域的社会福利。同时，Lindahl 均衡对应的 Lindahl 社会福利权重计算如式（4-5）所示：

$$\varphi_{i} = \left(\frac{1}{\sum_{j=1}^{N}\frac{1}{W^{j} - \overline{W}^{j}}}\right)\left(\frac{1}{W^{i} - \overline{W}^{i}}\right), \quad \sum_{k=1}^{N}\varphi_{k} = 1 \tag{4-5}$$

4.3 碳减排空间统筹方法：跨区域责任分担

气候政策公平性包含三个层次的含义：公平性原则、碳减排责任分担规则以及具体指标。责任分担的基本原则如图 4-2 所示，包括平等、责任、能力、成本效益等，不同研究中提出的分配方案一般基于这些原则中的一项或者多项。值得注意的是，由于具体分配公式和参数设定的差异，一种公平性原则可以对应多种责任分担规则。例如，支付能力既可以通过人均国内生产总值体现，也可选择人均国民生产总值作为指标。两个指标将会得到不同的支付能力原则对应的责任分担规则。

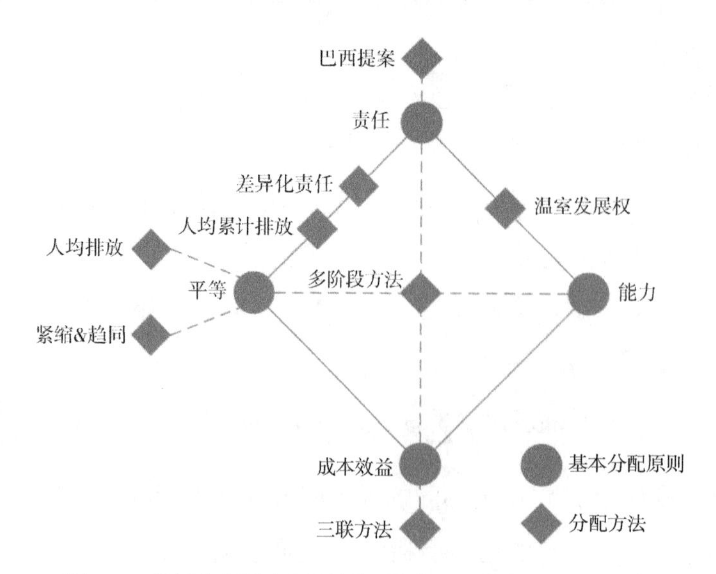

图 4-2 责任分担基本原则框架图（Hohne et al.，2014）

4.3.1 碳减排责任分担规则

（1）支付能力原则。支付能力原则指根据经济状况使区域间的减排成本均等，人均GDP（或GNP）常被当作支付能力的指标。因此，碳排放配额在这种原则下与人均GDP成反比，即支付能力越大，承担的责任越大。一个常用的公式如下所示：

$$e_i = H \times \frac{L_i \times \left(\frac{Y_i}{L_i}\right)^{-\lambda}}{\sum\left[L_j \times \left(\frac{Y_j}{L_j}\right)^{-\lambda}\right]} \tag{4-6}$$

其中，e_i为区域i的CO_2排放量；H为全球总排放配额；L_i、L_j为基准年区域i、j的人口；Y_i、Y_j为基准年区域i、j的GDP；λ为外生参数（$0<\lambda<1$）。

（2）平等主义原则。平等主义原则是诸多原则中最重要、最基础的一项，大量关于责任分担的文献围绕平等主义原则展开。平等主义原则没有固定的定义，通常强调分配正义（distributive justice）和公平（fairness）的方法都可以视作基于平等准则。Ringius等（1999）将平等主义原则细分如下。①平等主义：人们有平等使用大气的权利。②主权：目前的排放构成。③横向：经济水平相似的国家具有类似的减排承诺。④垂直：行动能力或支付能力越大的国家负担更多的减排责任。⑤污染者付费：对历史排放的贡献越大负担的责任越大。长期以来，平等主义原则被认为是所有人拥有平等的大气使用权利，大量研究提供了基于人均排放量的分配。因此，CO_2排放配额在这种原则下按人口比例分配：

$$e_i = H \times \frac{L_i}{L_w} \tag{4-7}$$

其中，L_w为基准年全球总人口；L_i为基准年区域i的人口。

（3）祖父原则。祖父原则指当前排放或基准年排放决定未来的排放权，即基准年的CO_2排放量越高，未来的排放配额越多。因此，CO_2排放配额在这种原则下按基准年排放量比例分配：

$$e_i = H \times \frac{E_i}{E_w} \tag{4-8}$$

其中，E_i为基准年区域i的CO_2排放；E_w为基准年全球总排放。

（4）历史责任原则。历史责任原则强调在分配碳配额时，考虑发达国家的历史排放责任，由巴西提案发展而来。如何度量历史责任一直是全球气候变化谈判的焦点之一。历史责任原则强调，由于温度变化是温室气体在大气中的存量导致的，因此应该仅由历史排放较高的发达国家承担。发达国家历史排放较大且远高于发展中国家，因此发达国家一般主张不考虑历史责任，或者历史责任核算起点越晚越好，而发展中国家则坚持“共同但有区别的责任”原则，认为应该考虑历史责任。责任可以从国家排放对温升的不同度量指标（如温度、辐射强迫、海平面上升水平和实际排放量）的影响进行定义。不同学者根据责任的定义、计算方法以及核算起始年，给出了不同的分配方案。基于平等主义原则考虑历史责任，即每年排放配额都应该按照人口比例分配：

$$e_i = H \times \frac{L_i}{L_w} + \sum_{t=t_0}^{2000} E_w^t \times \frac{L_i^t}{L_w^t} - \sum_{t=t_0}^{2000} E_i^t \tag{4-9}$$

其中，t_0 为历史责任核算起始年；E_w^t 为第 t 年总排放；E_i^t 为第 t 年区域 i 的历史碳排放；L_w^t 为第 t 年全球总人口；L_i^t 为第 t 年区域 i 的人口。

（5）阶段性分配方法。阶段性分配方法强调在分配减排责任过程中，应考虑到国家的发展现状以及排放的锁定效应，综合责任、能力和公平指标，将减排过程划分为不同阶段，承担有区别的减排责任。减排阶段可以通过设定趋同的排放水平、人均 GDP、人均碳排放和碳强度等方式划分，也可以综合考虑多种指标，通过整体的发展水平对国家排放配额进行划分。多阶段分配方法是唯一一种允许不同国家逐步参与、承诺不同形式的减排目标以及基于不同参与门槛的动态框架。

（6）成本收益原则的分配方法。一些分配方法基于减缓潜力或者成本收益来分配减排目标。例如，每个国家的排放量都会减少到使各个国家进一步减少的边际成本相同的程度，相同的边际减排成本意味着全球减排成本最优。三联方法（triptych）是分配 2012 年之后各国温室气体排放配额的方法，考虑了成本收益相关因素。在此分配方案下，具有高减排潜力的部门必须减排更多。此外，Nordhaus 和 Boyer（1999）将重点从外生全球排放上限下的差异化成本分析转移到了成本效益分析，基于综合评估模型得出最优减排路径。Bosello 等（2003）设计了一个博弈框架来评估不同国家签署气候变化协定的动机，指出成本收益比公平更有效地促使更多国家加入减排行动。

（7）温室气体浓度贡献原则。上述碳减排责任分担规则主要考虑碳排放量，比如人均碳排放、人均累计碳排放等，而忽略了排放量对气候变化的累积效应。温室气体浓度贡献原则将温室气体排放量转化为温室气体浓度贡献，并考虑温室气体排放对气候变化的长期影响进行减排责任分配。温室气体浓度贡献原则考虑了大气中温室气体排放的衰减，将不同时期温室气体排放的影响分别考虑，与累计温室气体排放相比，能更准确地反映各国的减排责任。此外，温室气体浓度贡献随时间变化，可以在考虑各国历史减排责任的基础上，进一步分析未来温室气体排放的新增贡献。值得注意的是，未来的温室气体浓度贡献依赖于未来各国温室气体排放的预测，而在不同的减排情景下，各国的减排路径不尽相同，由此产生的温室气体浓度贡献也存在差异。

（8）基于综合权重的分配方法。由于各国之间对气候变化的易损性、历史责任以及对温室气体减排成本的承受能力都有很大差别，单一原则很难解决“共同但有区别的责任”这一问题，综合多种原则的分配方案更有希望被国际社会接受。我们从“责任”（responsibility）、“能力”（capability）、“平等”（equality）和“气候风险”（climate risk）四个视角出发确定责任分摊规则；既包括发达国家支持的祖父原则，也包括发展中国家支持的历史责任原则，还涵盖了支付能力原则。气候变化不仅可以直接影响经济变量，还可能通过与其他风险因素耦合、影响供应链和资源分配方式形成正反馈，加剧气候损失。因此，我们还考虑了气候风险这一重要维度，主要包括“风险原则”和“人均原则”。ω_i 表示各方的综合权重，如式（4-10）和图4-3所示：

$$e_i = H \times \omega_i, \sum_i \omega_i = 1$$

$$\omega_i = f(\text{responsibility}, \text{capability}, \text{equality}, \text{climate risk}) \tag{4-10}$$

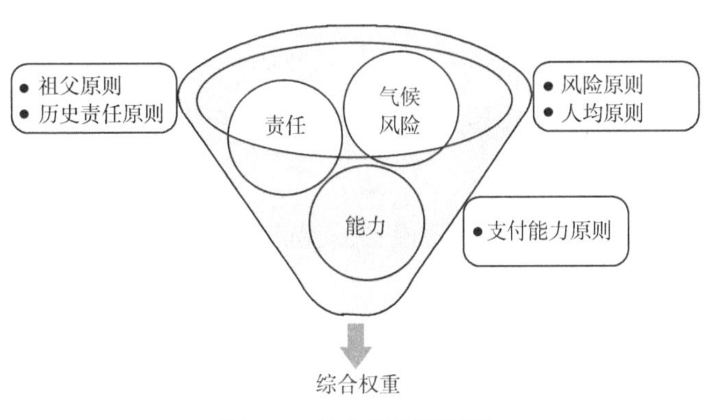

图4-3　综合权重框架图

4.3.2　碳减排责任的代内统筹

应对气候变化是一项长期而艰巨的任务，事关人类生存环境和各国发展前途，需要国际社会携手合作。现阶段全球气候谈判争论的焦点是如何界定各方的排放责任，进而公平、高效地分配有限的碳排放资源，这也是所有国际气候治理制度的核心内容。本章从社会福利权重的设置和碳减排责任分担两个方面概述空间统筹理论的方法。本节将着重介绍空间统筹集成方法在理论和应用上的突破。

应对气候变化需要全球各国集体行动。《巴黎协定》规定各缔约方每五年提交一次碳减排的国家自主贡献（NDC），由各国自主制定减排目标。但现有多数研究表明，NDC 无法满足 2 摄氏度和 1.5 摄氏度温控目标的要求。为使 NDC 与全球温控目标不断趋近，《巴黎协定》设置了动态评估机制，要求各国依据自身减排能力逐期增加减排量。然而，出于对短期经济发展的考虑，国家或地区可能拒绝增强短期行动力度，这对后巴黎时代全球气候治理提出了严峻挑战。

通常，成本和收益取决于技术发展和气候破坏的程度。已有研究表明气候变化带来的潜在损失有可能远高于之前的估计。这说明减排可避免更多的气候损失，从而有更多的收益。此外，低碳技术（如碳捕集与封存、可再生能源利用和负排放技术）的快速发展将不断降低减排的成本投入。为了全面考虑由气候损失及低碳技术发展的不确定性带来的气候治理挑战，我们从合作减排视角出发寻找实现 1.5 摄氏度和 2 摄氏度温升目标的最优温室气体排放路径。在此研究框架下，与当前的减排努力[即基准情景（business as usual，BAU）]相比，“自我防护策略”可以同时实现温控目标和收益。对于 NDC 力度充足的国家，NDC 被视为照常政策；而对于 NDC 力度不足的国家，则 BAU 被视为政策照常发展情景。净收益意味着，与当前全球和国家层面的气候政策相比，额外避免的气候影响带来的累计收益应超过额外的减排成本。我们还可以进一步确定每个国家和地区扭亏为盈的转折点（即减排成本与收益之间的收支平衡点）。

为实现长期温控目标以避免巨额损失，我们自主研发了中国气候变化综合评估模型（C^3IAM）。在确定社会福利权重方面，由于各国之间对气候变化的易损性、历史责任以及温室气体减排成本的承受能力都有很大差别，目前单一原则很难解决“共同但有区别的责任”，而综合多种原则的分配方案更有希望在国际谈判中被接受。因此，我们综合现有的主流责任分担原则，构建了每个区域的综合社会福利权重。其中既包括发达国家支持的祖父原则，也包括发展中国家支持的历史责任原则，同时涵盖了支付能力原则和人均原则。社会福利权重系数越大，意味着该地区承担的减排责任越小，从其他区域减排获得的收益越高。将综合社会福利权重用于全球福利最大化，以在成本效益分析中提高分配结果的公平性。由于各缔约方没有就 NDC 文件内容达成一致，NDC 的编制结构并无统一标准，各方提交的方案各有侧重，主要体现在温室气体减排形式多样、目标年和基准年选择不一致、减排目标涵盖部门和气体种类有差异方面。这直接构成了定量分析减缓目标的重要阻碍。我们开发了 NDC 统一核算方法，基于核算结构构建了政策照常发展路径。通过比较最优排放路径和政策照常发展路径之间的收益和成本，得出了可以实现温控目标并为每个地区带来净收益的最佳排放路径。按照地理位置和经济体量，考虑各国对待气候变化的态度，C^3IAM 将全球划分为 12 个区域，分别是美国（USA）、中国（CHN）、日本（JPN）、俄罗斯（RUS）、印度（IND）、其他伞形集团（OBU）、欧盟（EU）、其他西欧发达国家（OWE）、东欧独联体（不包括俄罗斯）（EES）、亚洲（不包括中国、印度和日本）（ASIA）、中东与非洲（MAF）以及拉丁美洲（LAM）。其中，伞形集团指除欧盟以外的其他发达国家。中国、美国、日本、印度、俄罗斯这 5 个国家从所属区域中抽出，单独列出进行分析。在 C^3IAM 中，我们首先在区域范围（12 个区域）内进行了减排责任分担和成本收益分析；然后采用降尺度模型将分配结果进一步缩小到国家级别，为国家减排力度的提升提供参考。

总体而言，就减缓气候变化可能带来的净收益而言，我们提出了一种比当前 NDC 更好的减排策略。结果表明，在后巴黎时代，各国可以采取经济有效的行动来更新其 NDC。

4.4 本章小结

要促成全球碳减排的国际治理与合作，核心在于统筹局部减排与整体减排。本章聚焦碳减排的代内区域统筹难题，提出碳减排“时–空–效–益”统筹理论当中的空间统筹理论与方法，构建了全球和国家层面的最优减排路径，并开发了碳减排责任分担机制。气候政策公平性包括三个层次的含义，即公平性原则、碳减排责任分担规则以及具体指标。各机构和学者从不同角度提出了多种气候政策公平性原则，其中支付能力原则、历史责任原则、污染者支付原则等被广泛讨论。回顾国际学界已有研究，单一原则难以体现“共同但有区别的责任”。在考虑区域异质性基础上，综合多种原则的配额分配方案更容易被各参与方接受。为考虑地区之间的平等，我们综合了多种责任分担方法来确定国家和地区的社会福利权重，既包括发达国家支持的祖父原则，也包括发展中国家支持的历史责任原则，同时涵盖了支付能力原则和气候风险。通过将综合社会福利权重用于全球福利最大化，以期在成本效益分析中提高分配结果的公平性。空间统筹理论解决了碳减排的各主体责任分担问题，为统筹整体减排与局部减排提供了理论基础和解决思路。

第 5 章　效率统筹：政府管制与市场机制协同

5.1　政府管制与市场机制

自《联合国气候变化框架公约》通过以来，全球气候治理经历了由《京都议定书》时期“自上而下”的国际约束模式向《巴黎协定》时期“自下而上”的自主减排贡献模式的转变，减排机制的选择和应用范围在不同时期和不同区域往往存在较大差异。减排机制包括政府管制和市场机制，前者以命令控制型政策为主，通过衍生隐性碳价迫使控排主体强制减排；后者则通过市场型政策直接形成碳排放的显性价格。两种减排机制的选择需要结合实际国情和减排需求综合考量，既要发挥市场对资源的配置作用，提升成本有效性；又要利用政府加强市场监管，避免市场失灵，保障减排目标有效达成。因此，效率成为政府管制与市场机制决策的关键。

早期气候经济学家的开创性工作奠定了碳减排系统工程研究的经济学分析框架，从成本收益的视角分析气候变化和减排问题，通过将气候变化可能带来的风险与损失纳入宏观经济分析框架中，提出了将气候变化的外部性耦合到经济系统中的可行路径。碳排放被视作经济生产过程中的一种有害的副产品，而剩余排放空间和相应的排放权等气候容量资源则因其稀缺性而产生价值。在气候经济学理论下，如何高效分配气候容量资源促进减排，降低碳排放这一非期望产出成为碳减排系统工程聚焦的核心问题。本章基于这一视角，将碳减排系统工程中的机制选择问题回归到经济学效率分析框架中，明晰碳减排效率的内涵，厘清政府管制和市场机制的相关理论与政策形态，分析机制选择的理论依据。

本章将碳减排过程中的机制选择问题回归到经济学效率分析框架中，厘清政府管制和市场机制的相关理论依据（图 5-1）。政府管制减排是指在政府主导下，通过各类减排激励或硬性政策，按照国家战略需求与总体目标，通过行政手段牵引驱动减排行动。在减排意识尚未普及阶段，政府管制在保障碳减排效率方面有着直接优势。

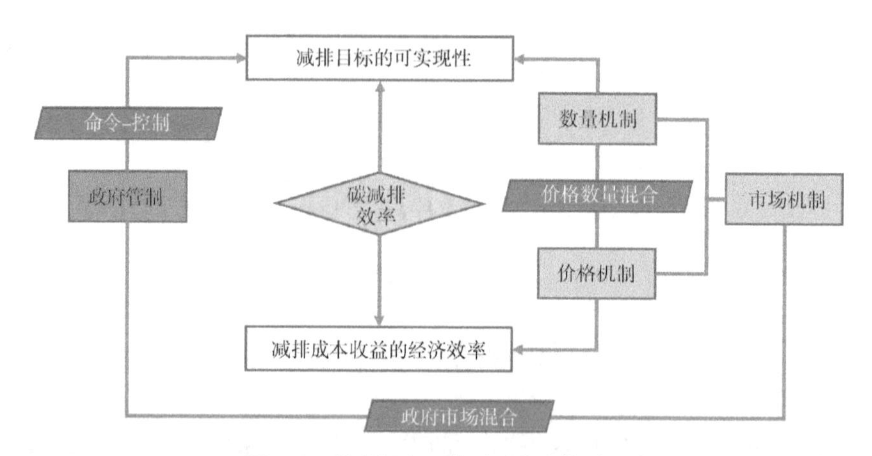

图 5-1　效率视角下的政府机制与市场机制

与强有力的政府管制形成鲜明对比的是利用市场调和各方减排成本以实现减排资源最优配置，从而达到最优经济效率的市场机制。市场机制在政策目标一定的情况下，通过平衡各减排主体的边际减排成本，最小化减排的总体社会成本。与政府管制下的行政手段相比，市场机制的特点与优势主要体现在对成本收益经济效率的优化方面，包括数量机制和价格机制两大类。其中，数量机制能够保障减排目标得以实现，但这种保障的效力不如政府管制，并存在减排成本失控的风险；价格机制可控制减排成本，但过低的碳价若无法有效反映减排成本，在市场的作用下，可能会导致减排目标无法实现。此外，政府管制在选择减排主体时，倾向于保护优势产业，而统一纳入的市场机制可以保障各个行业公平减排。简而言之，政府管制通常以命令控制型政策为主，通过衍生隐性碳价迫使减排主体强制减排，市场机制则直接通过市场型政策形成显性碳价。完全竞争市场下，即使没有政府施加额外干预，理论上市场机制也能达到较好的减排效果。但现实中存在较大的不确定性，需要统筹政府管制与市场机制，发挥各自优势，从而实现高效碳减排（Russell and Vaughan，2003）。

在实施原则方面，政府管制在碳减排过程中应遵循财政分权体制与激励相容原则，以避免信息不对称，促进资源更有效的配置和社会福利的最大化。一方面，西方财政分权理论表明，适度的分权有利于资源的有效配置和制度创新（Aslim and Neyapti，2017；Afonso et al.，2024）。另一方面，激励相容的机制设计表明，碳减排政策既要包括激励措施，也要包括惩罚措施，实践中往往需要激励和约束“双管齐下”（Zhang and Zou，1998）。在现行体制下，通过政府管制进行碳排放管理往往需要统筹协调多个政府部门，在各部门分权协作下完成（Bigley and Roberts，

2001）。为了确保不同政府部门对碳减排工作的有序推进，政府间信息共享体系至少应满足信息充分及时共享、信息真实准确、合理设置信息处理中枢三个条件。不完善的碳排放信息编撰、上报制度可能导致政府错误判断减排形势，从而导致减排资源（如融资支持、专项资金、政策倾斜）的错配（Dai et al.，2009）。

市场机制的实施原则是通过平衡各减排主体的边际减排成本，使减排的总体社会成本达到最小（Sun and Wu，2020）（图 5-2）。政府受有限理性和信息不完全的影响，在强制减排任务的分配上往往难以直接达到各方边际减排成本一致的状态，而市场机制可以通过自我调节达到这一状态（Coase，1960）。完善机制设计是保证市场机制有效运行的前提条件（Perdan and Azapagic，2011；Deng et al.，2018），行业覆盖范围、配额分配方法、交易产品类型、碳税税率设定等都会影响市场机制的减排效果（Kaiser et al.，2023；Tang et al.，2018b）。以碳交易机制为例，碳排放数据质量是碳交易机制平稳运行的基础，国际通行的碳排放数据监管制度围绕监控、报告和核查（monitoring，reporting and verification，MRV）体系展开，该体系对确保市场机制的有效性至关重要（Gao et al.，2020）。碳排放数据质量管理包括核算边界和排放源确定、排放数据核算、生产数据获取与配额核发等环节，任何一个环节出错都将影响碳减排的准确性和有效性（胡玉杰，2020）。

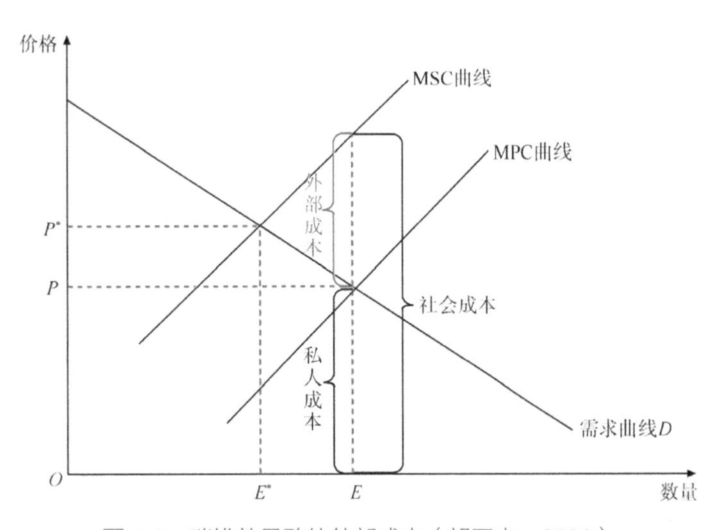

图 5-2　碳排放导致的外部成本（胡玉杰，2020）

P 和 E 表示碳价和碳排放外部成本；P*、E*表示达到市场均衡状态下的碳价和碳排放外部成本；MSC 表示社会边际减排成本；MPC 表示企业或居民的私人边际减排成本。资源配置效率实现的条件是社会边际效益等于社会边际成本。由于决定经济个体是否减排的选择是私人边际效益和私人边际成本，当经济个体从自身利益出发而忽略外部效应带给其他个体的影响时，其所做出的决定可能会使资源配置发生错误

5.2 碳减排效率统筹原理：混合机制设计

5.2.1 政府管制与市场机制的效率评价

效率统筹理论是指在资源有限的条件下，通过优化机制合理配置资源，达到整体效率最大化。碳减排效率统筹理论解决的是政府管制、市场机制或是混合机制的决策问题。该理论衍生自新制度主义，指出制度主义应当侧重于各类规则对于个体或者群体的行动产生的约束作用，以促使他们改善自身行为（Meyer and Rowan，1977）。新制度主义在法律法规等基础的正式制度以外还引入了文化、道德等非正式制度，但在解决国家或社会问题的初期，以政府作为执行主体的正式制度仍然具有更强的效力。在新制度主义不断发展的过程中，制度环境如何塑造决策者的行为成为重点（March and Olsen，1983）。该理论被用于解析从经济改革到政治结构调整等各个层面的变革（Peng，2004），其中就包括了针对生态环境与气候问题的制度选择与发展。制度决策的主要依据之一便是即时效率，这也使得制度不可能一成不变，而应当在效率统筹下变迁优化（Hall and Taylor，1996）。效率统筹视角下，新制度主义取得良好实践效果，有助于解决一些国家在快速工业化和城市化过程中出现的各种生态环境问题（Zhang et al.，2017）。

早期制度选择往往呈现出单一特点，效率统筹时会侧重于单一机制的局限性、效率瓶颈以及机制内部的资源配置优化。譬如，在仅有政府管制的情况下，碳减排效率高度依赖于政策执行的有效性以及随之产生的执行成本，还需权衡政府管制本身存在的刚性与减排的灵活性需求，避免长期应用刚性的政策工具导致碳减排行动出现路径依赖，丧失创新动力。而在仅有市场机制的情况下，碳减排效率统筹需要考虑市场能否稳定运行、价格信号能否反映足够的市场信息等，防范潜在的市场失灵风险与其他不确定性，这正是诸如中国全国碳市场等在初期追求市场平稳运行超过减排驱动能力的主要考虑。综上，在单一应用政府管制或市场机制的情景下，效率统筹的目标往往是尽可能减少其固有的局限性。

为了统一评价制度，本章进一步对不同碳减排机制的效率评价体系展开研究。无论是对政府管制和市场机制进行效率比较，还是在市场机制的数量机制与价格机制之间进行选择，减排目标的实现、减排效率的度量以及评价依据是展开评价的三个关键方面。首先，脱离实现碳减排目标的前提讨论碳减排效率没有实际意义，即使短期内经济效率表现亮眼，也可能忽略碳排放负外部性。碳排放权不同于一般性质的商品，只有在社会共识的基础上才有对应价值，效率对比要基于减排目标实现的这一重要前提。其次，不同机制下减排效率需要统一尺度的度量才能进行对比。这也意味着不同经济体的减排机制需要根据各个经济体的碳排放权供需矛盾灵活调整减排机制。最后，碳减排效率的评估不同于传统要素、商品利用与分配效率的评估，需要从气候经济学的基础理论出发，评估碳价能否恰当反映碳排放的边际减排成本。

5.2.2　减排机制变迁与混合机制选择

减排机制在不同发展时期展现出不同的变迁模式，这些变迁模式反映了减排机制在外部环境变化和内部需求调整的转变过程，包括早期的分层变迁、中期的转换变迁和后期的漂移变迁。分层变迁指的是在不破坏原有制度框架的情况下，通过不断叠加新的政策和措施来实现逐步的变革（Béland，2007）。转换变迁指的是制度的功能或角色发生根本变化。漂移变迁指的是制度在外部环境变化中的适应性调整。以碳交易为例，分层变迁发生在碳交易制度的推行阶段，各国、地区或行业根据政策和市场需求，逐步建立、调整和完善碳交易机制，形成层级性的发展结构，出现区域范围的层级扩充和行业领域的层级分布。随后，由于外部环境、市场需求等因素的影响，原机制会经历结构性转变或模式转换，即转换变迁。这种转换可能涉及市场规则、交易模式、参与者范围，以及减排目标等方面（Immergut，1998）。后期由于外部环境、政策方向、市场动态或者技术导向的变化，碳交易体系逐渐偏离最初的设计形态，这种演变并非一次性或突变式的转换，而是逐步发生的，类似于“漂移”的过程（Peng and Liu，2023）。

减排机制的变迁过程促进了政府与市场、数量与价格的混合。从效率统筹的角度来看，整合机制通过多样化手段平衡刚性与灵活性，通常能更有效地实现减排资源的最优配置。混合机制减排指的是多种碳定价工具或行政手段相结合。基于效率统筹视角，混合机制下既有政府手段保障碳减排有序进行，又能通过市场激励创新和高效的资源配置，兼具强制性和灵活性。比如，通过政府手段对碳市场价格进行调控，防止市场异常波动对国家和企业减排战略的负面干扰。再如，碳交易等数量型机制往往被施加于工业、航空业等大型排放源，通过碳税等价格机制覆盖分散的小排放源，可实现高效率的互补。

5.3 碳减排效率统筹方法：减排资源分配

为了选择合适的减排机制，实现减排资源的高效分配，效率统筹研究中衍生出基于相对斜率准则和一般均衡模型的具体统筹方法，分别应用于政府与市场、数量与价格的混合机制模拟。

5.3.1 碳减排机制效率模拟方法

中国能源与环境政策分析模型（China energy and environmental policy analysis model，CEEPA）是针对能源环境问题搭建的可计算一般均衡模型，模型基于Walrasian一般均衡理论，采用递归动态，由资本积累、人口增长和生产力进步推动经济增长，生产部门在技术约束下最大化自身利润，居民部门在预算约束下最大化自身效用。模型对煤炭、成品油、天然气、电力等多种主要能源的供需关系和贸易流动进行了深入刻画，因此，CEEPA具备分析碳排放问题和碳减排政策的结构优势（Liang et al.，2014），可用于模拟减排目标约束下市场机制的经济效率。通过将税率内嵌到企业生产成本中，模型可分析价格机制下的成本收益（Tang et al.，2020a）。

引入碳交易分析（carbon emissions trading analysis，CETA）模块的CEEPA-CETA模型可进一步模拟数量和价格混合机制影响，并刻画各种政府管制措施的影响。扩展模型中碳排放产生自化石能源燃烧，引入碳配额抵消碳排放，一单位碳配额对应一单位的碳排放，碳配额价格表示购买额外单位碳配额所支付的成本，理论上达到均衡状态时该价格应等于边际减排成本；购买碳配额成本在化石能源使用阶段嵌入化石能源的使用成本中。CEEPA-CETA的框架结构包括碳交易模块、生产模块、收支模块、贸易模块，如图5-3所示。

碳交易模块假定碳市场是一个完全竞争市场。根据碳配额的流通路径，碳交易模块构造一级拍卖市场和二级交易市场，政府通过一级拍卖市场以拍卖形式向企业有偿分配配额，免费发放的配额在生产模块以生产补贴降低生产成本的形式返还给企业。二级交易市场则提供了企业之间进行配额交易的平台。配额分配如式（5-1）和式（5-2）所示：

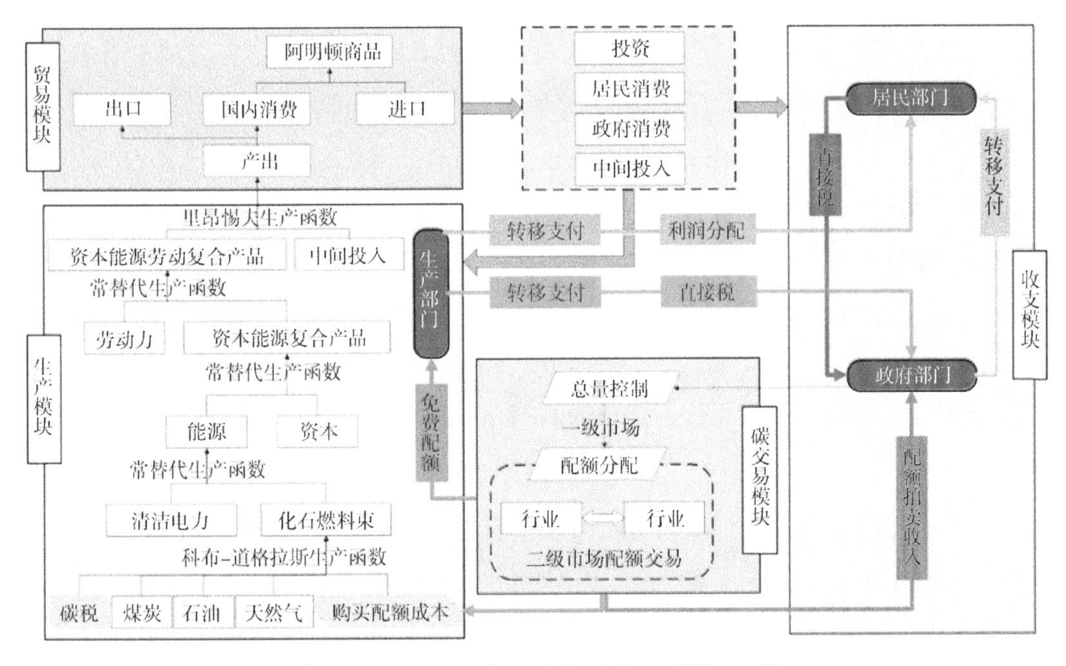

图 5-3　可计算一般均衡理论下的碳减排机制效率模拟（王翔宇，2022）

$$Q_{\text{cap},t} = \sum_{i} Q_{i,t} \tag{5-1}$$

$$Q_{i,t} = \frac{1}{3} \times \sum_{a=1}^{3} E_{i,t-a}\left(1 - r_t\right) \tag{5-2}$$

其中，$Q_{\text{cap},t}$ 表示第 t 年分配配额总量；$Q_{i,t}$ 表示第 t 年分配到行业 i 的配额量；$E_{i,t}$ 表示第 t 年行业 i 的实际排放量；r_t 表示排放调整因子。

每个行业根据生产产生的实际排放决定是否参与二级市场交易，如式（5-3）和式（5-4）所示：

$$E_{i,t} = \sum_{j} U_{i,j,t} \times F_j \tag{5-3}$$

$$Q_{\text{ETS},i,t} = E_{i,t} - Q_{i,t} \tag{5-4}$$

其中，$U_{i,j,t}$ 表示第 t 年行业 i 对 j 种化石能源的消费量；F_j 表示能源 j 的二氧化碳排放因子；$Q_{\text{ETS},i,t}$ 表示第 t 年行业 i 在二级市场中进行交易的配额量，即当期实际排放量和分配配额之间的差值。二级市场出清可以得到交易价格，如式（5-5）所示：

$$\sum_{i} Q_{\text{ETS},i,t} = 0 \tag{5-5}$$

模型中，将引入碳交易机制后产生的所有额外成本，包括参与一级市场拍卖和二级市场交易的支出均嵌入化石能源使用中，如式（5-6）所示：

$$C_{\text{ETS},i,t} = P_{\text{allo},t} \times Q_{i,t} + P_{\text{ETS},t} \times Q_{\text{ETS},i,t} \tag{5-6}$$

其中，$Q_{\mathrm{ETS},i,t}$ 表示第 t 年行业 i 由于碳交易机制额外支付的成本。

通过上述碳交易模块可以模拟数量机制和价格机制双轨并行的经济效率。接下来介绍引入灵活机制（flexible mechanism，FM）模块刻画政府管控的拓展模型（Ji et al.，2024）。碳市场在运行过程中的政府干预主要包括两种方式：一是配额供给数量的灵活调整，也称为碳储备计划，比如欧盟碳市场的市场稳定储备、美国加利福尼亚州碳市场的配额价格控制储备和美国区域温室气体行动（Regional Greenhouse Gas Initiative，RGGI）的成本控制储备等；二是直接价格调节，该方法直接调控碳市场的碳价，如加利福尼亚州碳市场设置了碳价的上限，RGGI 设置了拍卖底价。

灵活机制模块首先添加反映经济效率的目标函数［式（5-7）］：

$$
\begin{aligned}
&\min \sum_t \beta^t \left[C_t(u_t - e_t) + p_t \times \mathrm{allo}_t \right] \\
&\text{s.t.} \quad e_t + \mathrm{tbank}_{t+1} - \mathrm{tbank}_t \leqslant \mathrm{allo}_t \\
&\qquad\ \ \mathrm{tbank}_t \geqslant 0 \\
&\qquad\ \ \sum_{t=0}^{T} e_t + \mathrm{tbank}_t \leqslant \sum_{t=0}^{T} \mathrm{allo}_t
\end{aligned}
\tag{5-7}
$$

其中，$\beta^t = 1/(1+r)$ 表示贴现因子，r 表示利率；$C_t(u_t - e_t)$ 表示减排成本方程；u_t 表示基准碳排放；e_t 表示实际碳排放；p_t 和 allo_t 分别表示碳价和获得的碳配额数量；tbank_t 表示总的配额存储量。每一期中的碳排放需要有足够的碳配额进行抵消。同时约束只允许储存不允许借贷，所有时期中 tbank_t 需要大于或等于零；T 表示时间期限中的最后一期在允许跨期交易的期限内。式（5-7）中 p_t、e_t、tbank_t 为决策变量，其余为外生参数。

参考现有主流碳市场中的配额供给侧调整方式，对模型 t 期的配额供给量进行调整，如式（5-8）所示：

$$
\mathrm{allo}_t - m\_\mathrm{in}_t + m\_\mathrm{out}_t = e_t + \mathrm{tbank}_{t+1} - \mathrm{tbank}_t \tag{5-8}
$$

其中，m_in_t 表示从配额发放中取出的配额，可以作为储备配额；m_out_t 表示从碳储备中重新投入碳市场的配额。

假定碳市场中基于数量的配额总量调节机制未使用的存量上限约束为 tbankh，未使用的存量下限约束为 tbankl；而基于价格的配额总量调节机制中碳价的价格上限约束为 Ph，而碳价的价格下限约束为 Pl，两种机制的主要设置如下。

1. 基于数量的配额总量调节机制

该调节机制最典型的代表为欧盟碳市场中的市场稳定储备机制，模型参考该机制，实现对配额供给侧的调整，如式（5-9）和式（5-10）所示。当碳市场中未使用的配额总存量较高时，即 $\text{tbank}_t \geqslant \text{tbankh}$，政府可以在配额发放中减少占总存量 δ 的配额，将其作为市场储备；而当碳市场中配额总存量较高时，即 $\text{tbank}_t \leqslant \text{tbankl}$ 时，政府可以额外拿出 γ 重新投入碳市场中。

$$m\_\text{in}_t=\begin{cases}0, & \text{tbank}_t<\text{tbankh}\\ \delta\times\text{tbank}_t, & \text{tbank}_t\geqslant\text{tbankh}\end{cases} \tag{5-9}$$

$$m\_\text{out}_t=\begin{cases}0, & \text{tbank}_t>\text{tbankl}\\ \gamma, & \text{tbank}_t\leqslant\text{tbankl}\end{cases} \tag{5-10}$$

2. 基于价格的配额总量调节机制

该调节机制最典型的代表为美国 RGGI 碳市场，如式（5-11）和式（5-12）所示。当碳市场中的配额价格过低（包括拍卖价格或二级市场交易价格）时，即 $P_t \leqslant \text{Pl}$，市场监管者可以通过减少下一期的配额供给 m_in_t，提升碳价，在 RGGI 中减少的配额供给量设置为占当期 α 的基准配额发放量；反之，当碳市场中的配额价格过高时，即 $P_t \geqslant \text{Ph}$，市场监管者可以在下一期释放一定量的配额 η 缓解碳市场配额供给不足的情况。

$$m\_\text{in}_t=\begin{cases}0, & P_{t-1}<\text{Ph}\\ \alpha\times\text{allo}_t, & P_{t-1}\geqslant\text{Ph}\end{cases} \tag{5-11}$$

$$m\_\text{out}_t=\begin{cases}0, & P_{t-1}>\text{Pl}\\ \eta, & P_{t-1}\leqslant\text{Pl}\end{cases} \tag{5-12}$$

5.3.2　市场机制决策准则

市场机制在环境资源配置中发挥了积极作用，因为其能够充分利用市场信息，通过市场信号引导减排主体做出决策，使不同主体的减排边际成本趋于一致，实现帕累托最优，从而降低总体减排成本并提高经济效率（Hepburn，2006）。不确定性是碳减排市场决策中的一个重要因素。信息不对称、技术评估局限以及未来气候变化的不可预测性使得减排成本和收益估计存在较大的不确定性。这些不确定性因素影响了碳减排策略的选择和效果，尤其是在动态和多期政策环境中，不同减排机制的经济效率会有所不同。

理论分析表明，在不确定性条件下，价格型市场机制和数量型市场机制的经济效率取决于边际减排成本和边际减排收益的相对斜率，当边际减排成本斜率更大时，价格型市场机制经济效率更高；当边际减排收益斜率更大时，数量型市场机制经济效率更高。分析边际减排成本和边际减排收益的相对斜率，实际上是进一步比较成本和收益变化幅度对碳排放的敏感性，通过控制敏感性高的一方降低结果的不确定性。该结果为不确定条件下选择成本效益大的碳减排市场机制提供了一种思路，这种比较边际成本和边际收益的决策方法被称为相对斜率决策准则。应用该理论的关键在于模拟出两条边际曲线的轨迹并在统一的度量体系下比较两种机制的效率或福利。运用中国气候变化综合评估模型（C^3IAM）对减排路径进行优化，可以得到使社会福利最大的数量型市场机制减排路径。本章进一步通过边际减排成本建立价格和减排量之间的关系，向模型中引入价格型市场机制。对于每一种参数组合，通过将产出和排放相对于减排率求偏导，可以得到边际减排成本计算公式，如式（5-13）所示：

$$\mathrm{MAC}_i(t)=\frac{\left(1-D_i(t)\right)\cdot b_{1,i}(t)\cdot b_{2,i}\cdot \mu_i(t)^{b_{2,i}}}{\sigma_i(t)} \tag{5-13}$$

其中，$\mathrm{MAC}_i(t)$表示区域 i 第 t 年的边际减排成本；$D_i(t)$ 表示区域 i 第 t 年的气候损失占经济总产出的比例；$b_{1,i}$和$b_{2,i}$表示减排成本函数系数；$\mu_i(t)$表示区域 i 第 t 年的减排率；$\sigma_i(t)$ 表示温室气体强度。

式（5-13）建立了边际减排成本和减排率之间的动态关系。为了在模型中表征价格机制，研究构建不同的价格机制的碳税税率路径{TAX}，通过式（5-13）将税率转化为减排率$\mu_i(t)$。在均衡状态下，市场会选择合适的减排量，使得边际减排成本与碳税税率相等，即$\mathrm{MAC}_i(t)=\mathrm{TAX}(t)$。如果税率保持较高水平，某些情况下存在完全减排的可能，使得$\mu_i(t)=1$，此时$\mathrm{TAX}(t)>\mathrm{MAC}_i(t)$。需要注意的是，由于不确定性的存在，碳税税率和减排率之间不存在一一对应关系，即价格型市场机制和数量型市场机制之间存在不同的减排效果和福利：数量型市场机制下减排率$\mu_i(t)$被确定，衍生出不同的边际减排成本；价格型市场机制下边际减排成本$\mathrm{MAC}_i(t)$被确定，衍生出不同的减排率（王翔宇，2022）。通过上述设定，模型充分体现了两种市场机制的特征。

5.4　减排效率提升方法

基于对实践的持续反馈和优化，碳减排效率可以在动态的政策与市场环境中不断提升。政府作为权衡两种机制的主动方，应用混合机制减排时，应担负起维持市场机制正常运行的责任和义务，遵守一系列实操原则。如图 5-4 所示，其中，政府在减排行动中启用政府管制必须保证目标是全社会福利最大化，并在健全的法治体系下运行，明确各单位的减排义务。而在市场机制的应用与选择方面，则需要至少保证以下四点实现市场机制的有效运行：①通过完善制度建设来实现排放确权。明确碳排放权的资产属性是发挥市场优势的前提，引导企业依据市场化思维规划碳排放配额使用，只有这样才能充分发挥市场优势。②丰富市场参与主体，提高配额流动性，具体措施包括扩大控排企业范围，主张其他非控排主体参与，尽可能多地纳入碳密集行业，吸纳参与碳交易和碳投资的金融机构，多样化的参与主体有利于活跃市场交易，形成合理价格。③引入拍卖机制，激活一级市场。拍卖比免费分配的资源配置效率更高，拍卖要求企业结合自身的支付意愿购买配额，确保配额由最重视其价值的市场参与者获得。基于拍卖的有偿分配更能体现碳配额的资产属性，激励低成本企业减排，并提高企业在二级市场中的交易意愿，也更能反映企业的支付意愿，为二级市场的资源配置提供信息支撑。拍卖会在一定程度上提升企业的减排成本，所以碳市场开市之初往往以稳定的免费分配为主，随着市场平稳运行，应逐年降低总体排放限额和免费配额比例，提振市场需求，逐渐消除免费配额对碳价的

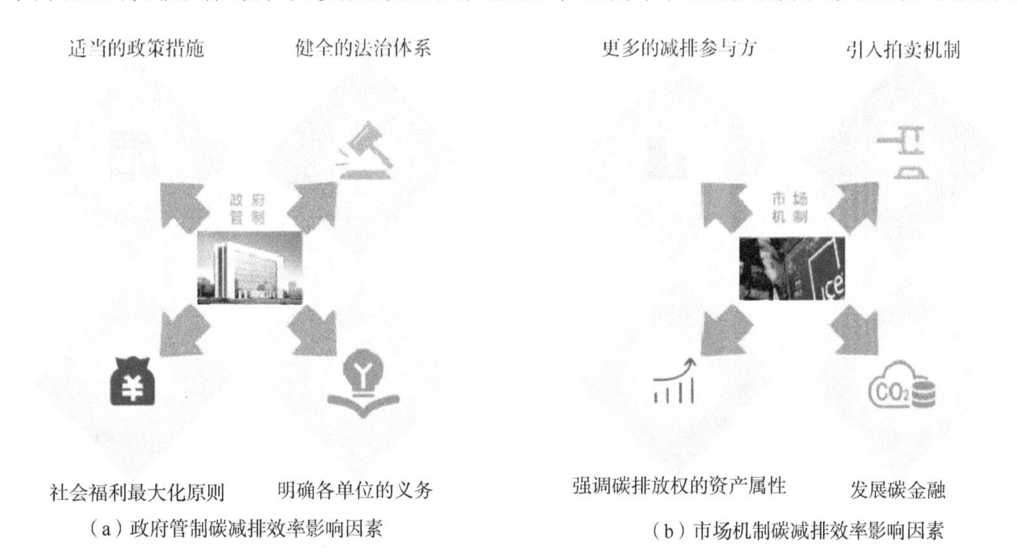

（a）政府管制碳减排效率影响因素　（b）市场机制碳减排效率影响因素

图 5-4　政府管制/市场机制碳减排效率影响因素

压制作用，提升碳排放交易的活跃度。④发展碳金融。碳金融产品的推出将显著提升全国碳市场的流动性与交易规模，通过吸纳各种投资者，逐步扩大碳市场资金规模，丰富交易机制与前后端金融服务。早期需设立碳金融相关机制以及法律法规，并适度进行宏观把控，避免碳价波动过大。随后，应强化市场内的信息披露，逐步加强碳金融市场的发展力度，丰富碳金融市场上的交易产品，为市场参与者提供套期保值、组合避险的选择。

5.5 本章小结

效率统筹作为碳减排“时-空-效-益”统筹理论的重要组成部分，探讨了在碳减排过程中如何在政府管制与市场机制之间取得效率的最优统筹，进而最大化实现资源的优化配置和利用效率。本章首先对碳减排效率进行了理论剖析，明确了效率统筹的对象与内涵，并基于 C^3IAM/EcOp 和 CEEPA-CETA 提出了一套具有实践指导意义的效率统筹方法。

研究表明，政府管制和市场机制在碳减排效率统筹中具有互补性。政府管制通过命令控制型政策设定减排目标和框架，提供必要的监管和信息支持；市场机制通过价格信号和竞争，实现减排目标的成本最优化。加强市场和政府的互动是解决外部性问题的高效途径。在碳减排这一全球性问题中，政府介入可以被视作对市场失灵的修正。政府通过制定规则、直接干预市场等行政手段来解决市场因信息不对称和交易成本高等原因而无法解决的问题。同时，市场机制通过激发企业和个体的减排动力，通过市场竞争降低减排成本，展现出其在资源配置中的独特优势。在追求高效减排的过程中，混合机制的设计与应用成为关键。通过政府和市场的有机结合，可以更有效地实现减排目标，同时最大限度地降低社会成本。

第 6 章　收益统筹：发展与减排协同

6.1　发展与减排

经济发展与减排行动是辩证统一的，两者之间存在着相互促进又相互制约的复杂关系。在经济发展过程中要处理好发展和减排的关系，促进人与自然和谐共生，实现经济绿色高质量发展。本章在综合集成时间统筹、空间统筹、效率统筹相关理论与方法基础上，构建收益统筹理论，并基于该理论，以最优经济增长为核心，将碳排放问题引入长期宏观经济分析中，构建经济–气候双向耦合的中国气候变化综合评估模型（C^3IAM），帮助实现碳减排过程中发展与减排的统筹，系统性回答减多少、何时减、谁来减、如何减、何效果等核心问题。

6.1.1　经济发展与减排行动的权衡

为积极应对全球变暖问题，实现经济高质量发展，将碳减排问题纳入经济社会发展全局刻不容缓。因此，亟须掌握经济发展与二氧化碳排放、二氧化碳减排间相互作用的规律，厘清经济发展与减排行动间的关系，以设计合理的气候治理政策，规划实现经济高速发展与节能减排、生态优先和谐并存的最优经济增长路径。经济发展与减排行动的关系如图 6-1 所示。

高碳排放是经济快速发展的副作用。自工业化以来，化石燃料的大量使用加速了经济发展，但也导致大气中人类活动源的温室气体逐渐增多，日益严峻的气候变化问题危及生态环境和人类生存，造成巨大的经济损失及人类健康损害。但减少碳排放不是减少生产能力，不是限制发展，没有经济增长，碳减排就没有经济基础。减排需要成本，政策制定、方案实施、技术进步、产能升级、能源结构转型、居民低碳生活方式转变等不同减排行动均需要资金的投入，离不开强有力的经济支持。而经济的进一步发展也要求切实可行、行之有效的减排行动加速落地，满足经济更好发展的需要，这也将进一步加速减排技术发展、提升减排效果、降低减排成本，使减排行动更易推广落地。

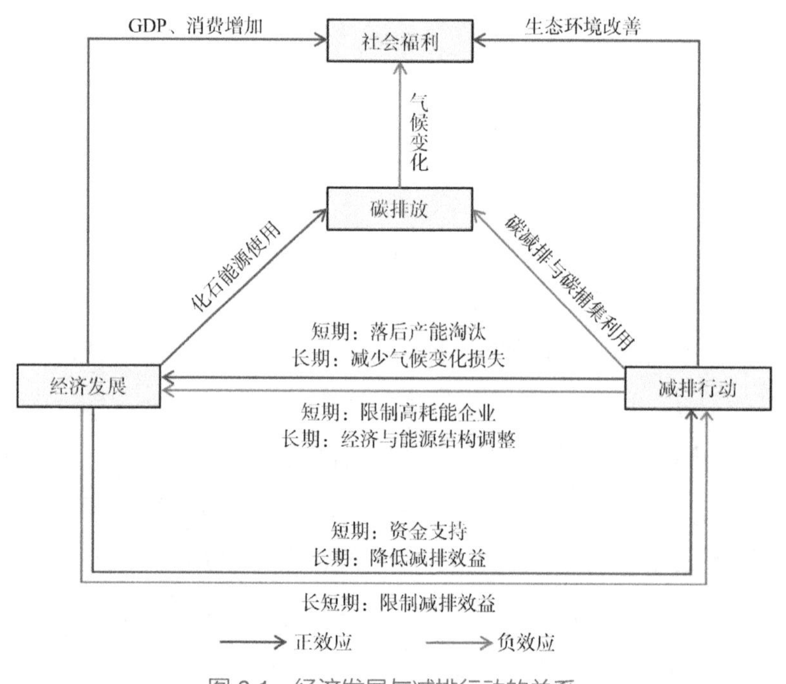

图 6-1 经济发展与减排行动的关系

从整体来看，经济发展是全球发展主线，但减排是社会经济高质量发展的必然要求，是实现绿色发展的重要手段，更是以人类福利为核心的应有之义。人类福祉具有多重成分，除了依托于经济发展以维持高质量的生活所需的基本物质条件，还包括环境质量、生态系统服务供给程度、自由权与选择权、健康良好的社会关系及安全等多方面，这些都基于减排行动以谋求人与自然稳定平衡，需要人类在保障经济增长的同时更加注重资源节约和环境友好、建立健全绿色低碳循环发展经济体系、促进经济社会发展全面绿色转型。

经济发展与减排又相互制约。经济发展离不开自然环境提供的资源与能量，过去工业化进程中高耗能的生产方式已导致环境资产提供的服务不断减少，限制经济发展的速度。同时，环境问题的本质是经济问题，减排行动作为减缓气候变化的重要手段之一，自然也需要强有力的经济基础作为支撑。经济发展直接决定了减排行动的效益。首先，能源是社会经济运行的基础动力，而当前全球能源消费以高碳化石能源为主，经济发展朝着构建立体化新型能源体系、促进高耗能产业低碳转型这一方向前进，因此经济发展本身产生的碳排放会直接影响当前减排行动的效果，导致减排行动效益存在不确定性。其次，由于气候变化危机是在经济发展中逐渐形成的，那么气候变化问题也需要在经济发展中得到解决。减排行动需要财政政策的引导与撬动，促使资本替代能源，使资源更多地投向减排领域。如果经济发展不足，政策引导、企业转型、技术升级、资本再分配等重点过程缺少关键动力，减排行动将难以落到实处。与减排成本相比，经济低迷时较小的减排投入会限制新兴绿色技术的知识外溢和发展，并有可能阻碍低成本减排技术的发展，使得社会发展受经济与减排双重制约，应对气候变化行动进一步受限。

碳减排不能靠限制经济发展来实现，但减排行动作为人类历史上最大规模的市场干预活动，必然会对世界经济结构产生深远影响，制约高碳行业的发展，使经济增速放缓。首先，减排行动需要大量资金，一部分用于推动能源生产消费方式的绿色低碳变革与低碳技术的研发投资，另一部分用于补偿社会、企业及个人等因采取减排行动而导致的经济损失。其次，碳排放造成的全球变暖导致一系列突出环境问题，是人类社会面临的最大负外部性，已经倒逼全球改革与经济转型，促使人们寻找更加合理的资源分配方式，推动更多资金投向绿色低碳技术创新领域，加快落后产能淘汰，转变原有粗放式经济发展方式，提高经济增长质量和效益。

正因如此，一方面，权衡经济发展与减排行动表现为一个社会问题，它既是全球协同减排应对气候变化、建立健全绿色低碳循环发展经济体系的理论支撑，也是以人类福祉为出发点、着力解决资源环境约束突出问题、构建人类命运共同体的应有之义。另一方面，权衡经济发展与减排行动作为一个要求更广泛深入研究的科学技术问题，需要在宏观经济框架中纳入碳排放，通过成本效益分析计算不同经济发展路径与减排方案间组合的可行性与效益，基于科学的决策分析得出不同国家与地区经济低碳转型的最优路径，回答“减多少”、“如何减”与“何效果”等关键问题。

6.1.2　经济发展与减排行动的收益统筹

如何兼顾减排和经济增长，是全球应对气候变化的重大挑战。一方面，经济发展与减排行动都服务于社会民生福祉。人民日益增长的幸福生活需要不仅包括经济发展，还包括所处的环境质量、生态系统服务改善等多方面，且增进民生福祉是发展的根本目的。人类福利具有多重成分，包括维持高质量的生活所需的基本物质环境条件、自由选择权、健康、良好的社会关系以及安全等。实现经济高质量增长不仅表现在数量上的增加，更表现在质量上的变化，保障经济增长的同时更加注重资源节约和环境友好，实现经济与环境双赢。因此，在经济发展与减排行动的统筹上要以实现人类福利最大化为目标，在经济发展过程注重人类福利，致力于提升民生福利水平。

另一方面，经济发展与减排之间存在相互促进与制约的复杂关系。减排行动的成本和减排行动的收益都将对当前和未来的经济发展产生影响。当前气候变化问题日益加剧，极端天气事件的发生频率和发生强度都有所增加，气候变化所影响的范围不断扩大，造成的经济损失也在不断增加。虽然采取减排行动需要付出成本，但不采取减排行动将导致巨大的社会经济损失，可能付出更大的代价。尽早采取减排行动，将更有机会缩小日益扩大的排放差距（Olhoff and Christensen，2018），减缓气候变化并避免未来的巨大经济损失，获得减排收益。因此，需结合经济发展与减排行动间的影响机制，在经济发展中考虑减排行动的成本和收益，实现经济高质量可持续发展。

基于此，考虑到日益严重的气候变化问题及其对经济社会、自然生态系统的影响，需把环境问题纳入经济发展中进行考量，权衡减排行动的成本与收益，以包含经济效益和环境效益双重含义的福利最大化为目标，统筹经济发展与减排行动。2018年经济学家 Nordhaus 因“将气候变化纳入长期宏观经济分析中”的卓越贡献获得诺贝尔经济学奖。他构建了整个气候变化经济学的分析框架，即 DICE，在索洛经济增长模型的基础上结合气候变化问题进行经济分析。Nordhaus 在《气候赌场》一书中指出，由于气候变化及影响所涉及的机制很复杂，经济学家和科学家通常依靠综合评估模型来预测趋势、评估政策，并计算成本与收益（诺德豪斯，2019）。因此，需要通过综合评估模型来评估减排行动的成本和收益，进一步实现科学定量的收益统筹，权衡经济发展和减排行动。

DICE 是融合经济系统、气候系统等的复杂系统模型，已成为评估气候变化损失、计算减排成本以及研究气候政策的主流工具（Nordhaus，1991；Wang and Watson，2010；Wei et al.，2015a）。综合评估模型中模块间的相互耦合，构建了多系统相互连接的整体框架，经济增长导致温室气体排放增加，进而引起气候变化，气候变化会影响经济产出，最后得到气候政策的预期影响（Nordhaus，2019）。作为研究人类对气候变化的反馈和影响，以及减缓温室气体排放的重要且全面的方法，综合评估模型越来越多地被用于国家政府的政策分析和国际评估。

DICE 能结合经济增长与减排行动间的影响机制，量化评估减排行动的成本和收益，从而在福利最优目标下权衡经济发展与减排行动，实现两者间的整体收益统筹。具体而言，DICE 实现经济模块与气候模块的耦合，将减缓温室气体排放的成本与气候变化造成的损失进行比较，并以最大化社会福利函数为目标函数，评估气候政策对社会福利的影响，计算成本收益最优下的减排路径，从而为气候策略的制定提供参考。因此，DICE 可以综合、系统地探究经济增长和减排行动的关系，考虑减排成本和减排收益来权衡经济发展与减排行动，从而确定最优经济增长路径，为决策者制定减排政策或策略提供支撑。

6.2　碳减排收益统筹原理：跨系统耦合

为实现经济发展与减排行动的收益统筹，需结合经济发展与减排行动间的关系，在经济增长分析中权衡减排行动的成本和收益。本章在现有经济增长理论的基础上，引入减排行动的成本和收益分析，提出最优经济增长理论，从而构建收益统筹理论框架。

6.2.1　最优经济增长理论

经济增长的源泉是经济增长问题的核心，相关理论经历了从古典经济增长理论、新古典经济增长理论、内生经济增长理论到绿色经济增长理论的发展历程，具体如下。

（1）古典经济增长理论。古典经济学关注物质资本对经济增长的作用，认为是物质资本的积累推动了经济增长，是现代经济增长理论的思想渊源与理论基石。

古典经济增长理论的代表人物主要有史密斯（Smith）、马尔萨斯（Malthus）、李嘉图（Ricardo）等。作为经济增长理论的先驱，史密斯明确提出了较为系统的经济增长理论，认为劳动分工、资本积累等是一个国家经济增长的主要动力，土地为一种特殊的固定要素且对于产出的贡献是恒定的，劳动力和资本这两个要素在很大程度上决定了经济增长。史密斯所提出的劳动分工理论和资本积累理论为后续经济增长理论奠定了基础。马尔萨斯重点关注人口因素，认为人口增长会刺激产出增长，产出增长反过来也会刺激人口增长，但人口增长超越产出增长，会最终导致人均产出下降，从长期来看，国家的人均产出将会收敛至其静态均衡水平。李嘉图则重点关注收入分配，认为不合理的收入分配将不利于经济增长，甚至阻碍经济增长。资本、劳动和土地是产出的重要影响因素，但在缺乏技术进步的情况下生产要素的边际报酬递减将可能导致一国经济增长的停滞。其研究进一步拓宽了经济增长分析的视角。

古典经济学派代表人物对经济增长源泉和动力的探索，为经济增长理论的发展与成熟奠定了理论基础，其中代表性成果为哈罗德-多马模型。

20 世纪 40 年代，英国经济学家哈罗德（Harrod）和美国经济学家多马（Domar）分别基于凯恩斯理论提出了含义基本相同的经济增长模型，即哈罗德-多马模型（Harrod，1939，1942；Domar，1946，1947）。哈罗德-多马模型确立了运用数理方法分析经济增长的研究框架，是现代经济增长理论中最早提出的、相对完整的经济增长模型（Rostow and Michael，1992），被认为是现代经济增长理论的开端。

哈罗德模型的理论是从凯恩斯的需求决定论出发，将凯恩斯的短期静态分析法推广到分析长期的动态的经济增长问题。多马模型则是围绕投资的二重性概念构建其增长模型。哈罗德-多马模型将凯恩斯的短期比较静态理论引入经济增长分析中，把投资资本作为促进经济增长的主要路径，为经济增长理论做出了突出贡献。哈罗德-多马模型的主要思想是资本是决定经济增长的唯一要素，并且揭示了投资储蓄和经济增长之间的关系，能够更高效地发挥投资储蓄对经济增长的促进作用。该模型假设：储蓄能够有效地转化为投资，资本转移具有足够的吸收能力，资本-产出比不变，社会只生产一种产品，且只使用劳动力和资本两种生产要素，技术既定且不考虑资本折旧。由此得出经济增长的基本方程式：

$$g = s/v \tag{6-1}$$

其中，g 为经济增长率；s 为社会平均储蓄率；v 为资本-产出比。式（6-1）说明经济增长率的决定因素为社会平均储蓄率和资本-产出比。当社会储蓄全部转化成社会投资时，经济增长的唯一源泉是资本积累。哈罗德-多马模型强调了资本形成和储蓄对经济增长的贡献，但是过为严格的假设条件在现实中基本很难满足。

（2）新古典经济增长理论。面对哈罗德-多马模型的局限性，美国经济学家索洛（Solow）和英国经济学家斯旺（Swan）等对其进行了修正和补充，后来被英国经济学家米德（Mead）系统表述并加以完善，完善后的模型被称为索洛-斯旺模型，意味着现代经济增长理论的成熟。索洛和斯旺用新古典生产函数代替了哈罗德-多马模型中有固定系数的刚性生产函数，在边际产出递减、规模报酬不变、稻田条件（Inada，1963）等基本条件下，构建了带有外化储蓄率的新古典增长模型。该模型表明储蓄率的提高会提升稳态时的人均资本和人均收入水平，但在不考虑技术进步时，由于投入要素的边际收益递减，经济将趋于稳态，长期的人均经济增长率将趋于零。

新古典经济增长理论在索洛–斯旺模型的基础上引入了外生的技术进步，用于消除资本报酬递减导致的人均增长率为零的问题，突出了技术进步对经济增长的贡献。因此，一个国家经济长期增长的源泉是技术进步，即使资本劳动比不变，也可以抵消资本边际收益递减的作用，从而实现经济增长的长期持续性。但新古典经济增长理论中技术进步是外生变量，对于技术进步的来源没有做进一步的解释。

（3）内生经济增长理论。由于新古典经济增长理论中的技术外生增长模型并不能有效支持经济增长分析领域，20 世纪 80 年代中期，以罗默（Romer）、卢卡斯（Lucas）等为代表的经济学家对经济增长理论进行了深刻思考，围绕技术进步内生化展开，试图从经济系统的内部因素解释技术进步，因此被称为内生经济增长理论或新经济增长理论。内生经济增长理论认为经济增长不是外部力量，而是经济体系的内部力量作用的结果。知识积累不仅是经济增长的原因而且是经济增长的结果，二者相互作用影响。

最早将技术进步内生化的是阿罗（Arrow）在 1962 年提出的“干中学”（又称边学边干）模型，阿罗（Arrow，1962）认为技术进步是生产新资本品过程中的一种无意识的结果，称为“干中学”。技术进步来自私人部门的生产或投资活动，伴随投资的产生而出现，且一个企业创造的知识会成为公共知识而使得全社会所有企业的生产率提高。在“干中学”概念的基础上，Romer（1986）提出了以知识生产和知识溢出为基础的具有内生技术变化的增长模型，认为知识具有正外部性，投资会带动知识积累，同时知识的积累又能够反过来促进投资，投资和技术进步间存在正循环。知识不仅自身存在递增的边际产出，还能增加劳动和资本等要素的收益，实现规模报酬递增从而实现经济持续增长。他的研究强调了知识如何成为推动经济长期增长的动力，并奠定了内生增长理论的基础。舒尔茨（Schultz）的人力资本理论受到广泛关注，他认为人力资本能产生递增效益，促进经济增长。在人力资本的外部性方面，卢卡斯（Lucas，1988）构建了以人力资本溢出为基础的内生增长模型。研究发现人力资本增长率与人力资本投资的有效程度和贴现率有关，即使人力资本增长率为零，经济增长仍然存在。卢卡斯认为，人力资本的积累可以提高劳动者自身的生产率，另外其还具有外部性，正是这种外部性使得全社会劳动生产率都得到提高，进而使得产出具有收益递增效应。人力资本积累才是经济增长的真正动力。

内生经济增长理论以技术进步内生化为核心观点，分析经济增长的本质内涵，揭示了知识、人力资本与经济增长的作用机制，发现了技术进步是经济持续增长的不竭动力。

（4）绿色经济增长理论。上述传统经济增长理论中对于经济增长源泉的探究主要集中于资本、人口及技术进步等要素上，而衡量经济增长的指标大多为 GDP 或是人均收入水平。然而，随着经济的不断增长，粗放的经济发展模式使得生态环境遭到破坏，气候条件也发生变化，甚至造成不可逆转的损失。在探求经济增长的源泉与驱动机制过程中，资源、环境与经济三大系统间的复杂关联性已无可回避。而且在当前社会发展中，GDP 已不再是衡量经济社会发展的唯一指标，生态环境和自然系统也直接影响人们的生活水平以及福利。环境问题也日益突出，积极应对环境变化、转变经济增长方式、实现绿色经济增长已成为全球共识和大势所趋。

“绿色经济”一词最早可追溯到皮尔斯著作并于 1989 年出版的《绿色经济蓝皮书》，其强调人类经济社会的发展不能与生态环境分裂，仅追求经济增长而忽略生态环境的重要性必将导致资源耗竭、环境灾害频发，经济活动不可持续。随后，绿色经济和可持续发展领域的相关研究不断发展，研究人员开始重视环境在经济发展中的重要地位。联合国统计司（United Nations Statistics Division，UNSD）于 1993 年发布了绿色 GDP 的概念。其主要思想则是将环境因素纳入 GDP 指数，从原有的经济总量中扣减资源环境成本，得到考虑了资源环境耗用调整后的真实经济产出指标。2008 年联合国环境规划署（United Nations Environment Programme，UNEP）发起绿色经济倡议，明确了绿色经济发展的内涵是要兼顾经济发展和资源、环境保护。2012 年“里约+20 峰会”召开，全方位阐述了绿色经济新理论的范畴、特征等内涵，此后绿色经济发展成为全球经济发展的新趋势。

绿色经济增长，是以社会经济和环境影响为基础，以市场为导向，以经济与环境的和谐与可持续发展为目的建立和发展起来的一种新的经济发展方式。绿色经济增长将经济增长与生态环境、技术效率、发展水平联系起来，追求平衡式发展，实现经济增长与环境保护的双重目标，从而实现经济的持续高质量发展。追求经济绿色增长，实现社会经济与生态环境两方面均衡发展，已成为实现长远经济发展的必然选择。

“绿色经济发展”是新时代经济高质量建设的迫切要求。为了实现社会可持续发展目标，打破原有的“GDP主导经济增长论”，将资源要素投入和环境影响纳入主流经济增长理论中，从而构建出“绿色经济增长理论”。当前，主流的绿色增长研究均是在拉姆齐模型框架下进行拓展的。由此可见，绿色增长研究与DICE有共同的理论源流，加之二者具有全球性、长期性的共同属性和自顶向下的相同视角，为基于DICE来探究气候变化下绿色增长的最优路径问题提供了坚实的理论基础。当前，关于经济增长与环境问题的相关研究不断发展，需建立统一完整的框架，将经济增长方式与能源、环境问题结合起来进行经济分析研究。

以往经济增长理论大多认为技术进步、资本等是影响经济增长的动力，对环境影响关注不够，因此，为实现经济可持续增长，将“碳排放”问题纳入长期经济增长模型与分析中，成为经济增长理论研究的重要方向。

DICE提供的模型框架可以综合考虑经济系统和气候系统之间的相互作用，评估减排行动的成本和收益，并在模型中实现两者间的权衡。Nordhaus（1991，2008）将气候变化纳入长期宏观分析，集成了拉姆齐最优经济增长模型和简单的气候模块，并将最优控制方法应用到气候变化综合评估的建模中，形成了DICE。在此基础上，Nordhaus与杨自力（北京理工大学能源与环境政策研究中心兼职教授）合作（Nordhaus and Yang，1996），将DICE模型扩展到多区域（国家），开发了区域气候经济动态综合评估模型（regional integrated model of climate and the economy，RICE），在RICE中引入博弈论，考虑区域（国家）间应对气候变化的博弈问题，将纳什均衡的概念引入气候变化问题中，在气候变化评估研究领域有重大影响力。

本节提出统筹经济发展与减排行动的收益统筹原理，以最优经济增长为核心，综合、系统地探究经济增长和减排行动的关系，构建经济发展与减排行动收益统筹理论框架，将碳排放问题纳入长期经济增长模型与分析中，以多区跨期优化福利函数统筹二者收益，并自主设计开发了中国气候变化综合评估模型（C^3IAM）（Wei et al.，2018a）。

C^3IAM（Wei et al.，2018a）的基本框架图如图6-2所示，由八个不同的组合模型或模块构成，包括全球能源与环境政策分析模型（C^3IAM/GEEPA）、全球多区域经济最优增长模型（C³IAM/EcOp）、中国多区域能源与环境政策分析模型（C³IAM/MR.CEEPA）、国家能源技术模型（C³IAM/NET）、全球CCUS源汇匹配优化模型（global CCUS optimal planning，简称为C³IAM/GCOP）、气候系统模型（climate system model，简称为C³IAM/Climate）、生态土地利用模型（C³IAM/EcoLa）与气候变化损失模型（C³IAM/Loss）。这八个模型既相互独立，适用于不同的领域，又互为补充，在一个典型的社会经济路径情景发展周期内相互关联。

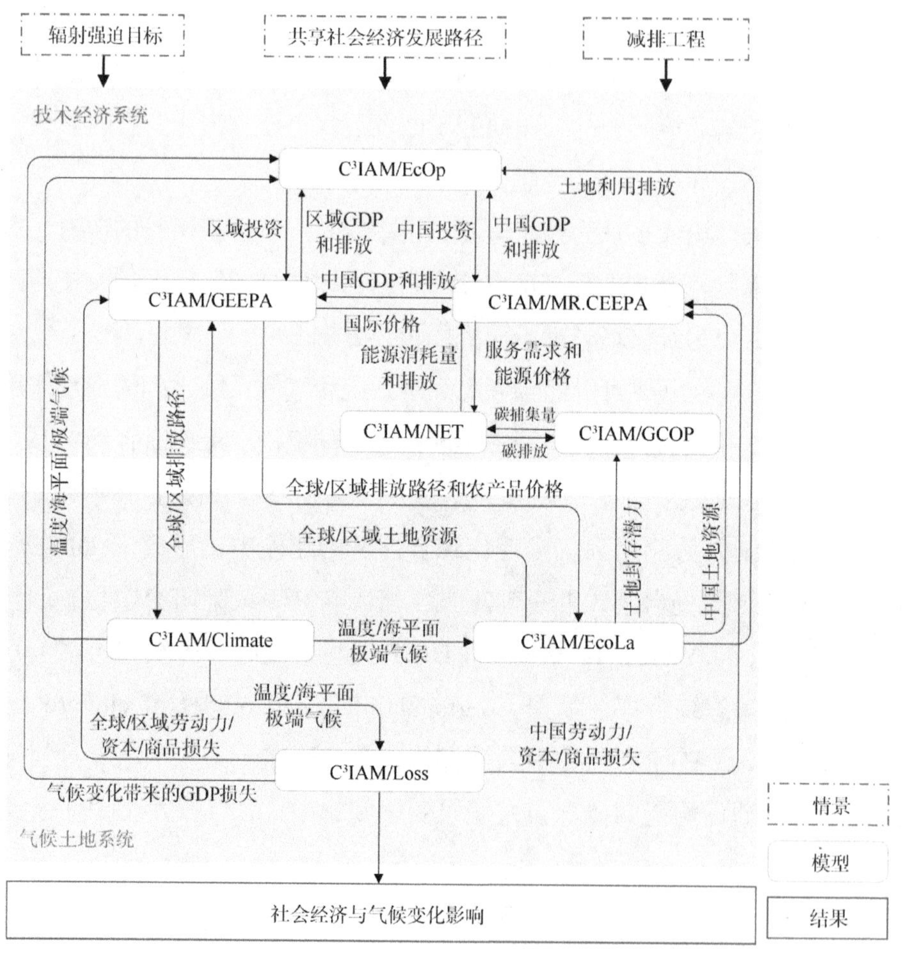

图6-2 C³IAM框架图

为统筹发展与减排，需深入探析经济发展与减排行动间的互馈影响，进而分析减排行动的成本收益，并跨系统统筹经济、技术、气候、土地等系统，这是收益统筹理论的核心之一。为此，需要在收益统筹框架中集成经济增长模型及气候模拟模型，并综合、系统地分析经济发展对减排行动的影响以及减排行动对经济发展的影响，为后续利用两者间相互传导机制并将碳排放问题引入长期宏观经济分析打下理论基础。一方面，经济发展将决定减排行动的成本和效益。经济发展程度将影响减排技术的发展，尤其是低碳甚至负碳技术，这将决定减排成本的变化。且考虑到经济发展将显著影响能源使用量以及能源使用结构，进而影响碳排放量，不同的经济发展水平将影响减排行动的成本和效益。因此，C^3IAM 中构建了与 GDP、技术进步、减排水平紧密相关的碳排放计算以及减排成本评估，这能体现出不同时期经济发展变化下的碳排放以及减排成本，以刻画经济发展对减排行动的影响。另一方面，减排行动的成本收益将冲击经济增长。碳排放进入大气中，在海洋、陆地、大气中进行再分配，然后大气中的碳浓度将影响辐射强迫，引起温度、降水等气候的变化，进而影响农业、林业、劳动效率、基础设施等，对经济产出造成冲击。因此，C^3IAM 中构建了碳循环模块，承接经济模块的碳排放，进行碳再配置后进入气候模块，模拟气候因子变化，并设计了与气候变化紧密相关的气候损失函数，体现出气候变化对社会经济系统造成的经济影响（Lemoine and Kapnick，2016）。采取减排行动需要付出的减排成本将减少当前产出，但减排行动减少的温室气体排放将减缓气候变化，从而避免气候变化导致的各经济部门的产出损失（即带来减排收益）。经过上述模块构建，最终实现经济模块与气候模块的跨系统耦合，实现在经济增长中考虑减排成本与减排收益，进而支撑减排政策制定。

进行经济发展与减排行动的统筹，应聚焦在两者的共同目标——福利，收益统筹理论中的福利包含经济效益和环境效益双重内涵。为此，收益统筹理论的另一核心是在经济发展中引入碳减排问题，且收益统筹目标是最大化整个时期内多期福利的贴现加总，考虑未来福利的贴现。碳排放将引起气候变化进而冲击社会经济系统，影响当期及未来的经济消费以及福利，且减排行动可能会对当期产出造成损失，但是长远来看会使得未来经济进一步增长，包括所避免的气候变化损失和低碳经济下的经济可持续增长。本章在经济增长模型中纳入减排行动的成本收益分析，分配经济资金用于长期减排投资或短期消费，最终构建了实现多区跨期优化的福利函数。通过 C^3IAM 将经济产出扣除气候变化损失后，进行减排行动投资、经济增长投资以及当期消费的分配，并设计了与消费紧密相关的多期贴现福利函数，以福利最大化为目标优化长期减排投资收益和短期消费收益，实现经济发展与减排行动的跨期优化收益统筹。以全球福利最大化的全球合作减排情景以及区域各自福利最大化的非合作减排情景，探讨全球不同目标下各区域经济最优增长路径，实现多区优化收益统筹。

6.2.2 减排行动的成本与收益分析原理

成本收益分析是指以货币单位为基础对投入与产出进行估算和衡量的方法，各主体追求效用的最大化，在成本收益的权衡下进行科学的决策。

成本收益分析理论是与市场经济相对应的产物。在市场经济条件下，经济主体在进行经济活动时，都要考虑具体经济行为在经济价值上的得失，以便对投入与产出关系进行科学的估计。经济主体从追求利润最大化出发，力图用最小的成本获取最大的收益，因此，当需要对多个可替代方案进行评估时，可以根据替代方案的成本的货币化和收益的货币价值来分析其可行性、价值性。其中，不采取任何行动的经济后果也在成本收益的综合考量之中。

成本收益分析方法首次出现在 19 世纪（1848 年）法国经济学家朱尔斯·杜普伊（Jules Dupuit）的著作中，被定义为“社会的改良”。其后，这一概念被意大利经济学家帕累托重新界定。到 1940 年，美国经济学家尼古拉斯·卡尔多（Nicholas Kaldor）和约翰·希克斯（John Hicks）对前人的理论加以提炼，形成了成本收益分析的理论基础，即卡尔多-希克斯准则。同时，成本收益分析也被应用于政府或是其他公共项目中，并作为一种评估工具被引入决策程序去评估公共决策的经济合理性，如 1936 年美国的洪水控制法案和田纳西州特利科大坝（Tellico Dam）的预算。随后，政策法律尤其是环境法规对全社会福利的影响越来越大。为提高决策质量，西方国家政府开始把社会影响评价纳入成本收益分析和其他分析工具中。

虽然成本收益分析最显著的一个特点是可以统一用货币来衡量每个政策的成本和收益，准确计算出各个政策的净收益，有益于政府在不同管制之间做出一个明确的选择，但实际上收益相较于成本是非常难衡量的，因为它涵盖的方面不仅仅是有形收益，还包括很多无形收益，如何量化无形收益已成为重要问题，受到相关领域学者的广泛讨论和关注。

成本收益分析作为一种经济决策方法，通过量化并比较项目的全部成本和收益评估项目的价值，以寻求在投资决策上如何以最小的成本获得最大的收益，被广泛用于评估需要量化社会效益的公共事业项目、政策或者规制的价值，为政策选择提供数据支持。

成本收益分析方法以往主要应用在社会公共项目与政策评估中，是评估项目的成本收益端具体内容与可行性的有力分析手段。而由于气候变化问题的日益严重且影响范围越来越广，需要使用统一的手段和工具将气候变化整体的成本与收益在统一框架内分析才能更好地衡量气候政策的净效益。由于气候变化分析涉及的问题较为复杂，政策实施者需要具体考虑到成本端和收益端的主体内容和作用机理，对成本收益进行核算以及综合评估后才能针对具体的减排政策给出具体的方案判断，对于政策的制定提供有力的支撑和参考，帮助决策者在政策发布前进行科学的测算，在政策实施的手段、力度、范围和时间上都有一定的依据。

因此，气候变化的成本收益的内容也受到越来越多的学者关注。潜在的气候损害性会带来全球性的气候变化损失，同时也是能够通过减排政策避免的，其中又通过气候因子作用在不同的部门或行业。积极的减排行动一方面可以缓解可能的气候变化损害，带来环境正效益，另一方面也会引起相应的宏观经济成本，而成本又主要通过经济结构、技术进步等因素作用于最后的碳强度和能源强度指标来影响总的减排政策的实施成本。实施政策前需要将成本与收益端可能的影响与内容通过不同的作用机理囊括在统一的核算框架内，才能做到最后的决策判断与分析。

从控温和减排政策看，需要综合评估成本和收益。从收益上看，气候变化的潜在损失发生在遥远的将来，充满不确定性；从成本上看，越严格的控温目标意味着越高昂的减排成本，且呈非线性上升。减排政策的收益端主要包括通过气候政策减缓全球变暖所降低的潜在的气候变化和极端气候事件造成的物理与经济损失，一般以物理单位和实际 GDP 的损失来表示和衡量。减排政策的成本端则包括直接的低碳转型投资以及间接的成本，如关停高能耗企业造成的产出损失与经济损失。而对于减排收益的评估，由于涉及多学科和多系统的交叉与融合领域，减排政策成本和收益也存在着较大的不确定性（段红霞，2009），如大气碳浓度增加和温度上升之间的关系（气候敏感度），以及温度上升与经济损失的关系（损失函数）等。而这一系列的不确定性同时又最终关乎着减缓气候变化的成本和收益问题，涵盖了对多个环节的考量，对于各国最终政策的制定和实施至关重要。

通过社会-气候-经济系统的串联，气候变化的损失作为减排政策的收益端，其核算一直受到学者的广泛关注。以往学者大多根据对各类气候影响建立的函数将气候映射到经济结果中，在气候-经济耦合中由损失函数体现（Burke et al.，2015）。

在理论上，损失函数需要广泛考虑不同部门的影响，以及多个气候维度，如温度、降水、海平面和极端事件等。然而，损失函数通常被处理为综合影响的集成形式，如 DICE/RICE。由于这类估算值面向全球所有国家，且以货币单位衡量，可以被用来作为宏观的损失函数。而这类宏观的经济损失尽管考虑了大多数部门的影响和作用，但也在不断更新着针对其中具体部门（如农业、生态系统部门）的额外结果（Bastien-Olvera and Moore，2021），扩展其作为多个部门的综合汇总影响的功能与作用。因此越来越多的研究聚焦各个部门的影响和损失，针对具体的物理损失机理，利用具体的损失和气候数据来研究气候变化导致的各部门物理损失的大小、变化趋势、区域异质性以及物理影响机理在经济模型中的更新与应用。

（1）减排收益分析。碳减排气候政策的收益本质上就是政策实施所能够规避的未来气候变化带来的损失，也可以认为是减少未来气候变化所能带来的好处，在一定程度上，碳减排气候政策的收益取决于气候变化对社会经济系统的影响。从经济学的视角来讲，碳减排气候政策的主要症结在于实施碳减排气候政策的收益是否能够大于实施碳减排气候政策的成本，只有前者大于后者，碳减排气候政策的制定和实施才具有价值和意义，故而相对准确地测算和分析碳减排气候政策的相关收益十分有必要。而气候减排政策的收益又可以分为多个部门的影响，各部门之间的影响机理与方式各有不同，最终汇总为总的减排政策收益。

分部门来看，农业部门既会直接受到气候变化的影响，又会受到由气候变化导致的极端天气灾害的间接影响，进而影响农业的生产活动与最终产出水平，并影响人类营养的摄入与健康水平甚至国家与全球的粮食安全即稳定生产与供应问题。同时，2010 年农业、林业和其他土地利用占全球温室气体排放量的 20%～25%，在实现雄心勃勃的长期减缓气候变化目标的背景下，农业相关的非二氧化碳温室气体排放也逐渐受到重视。然而，以农林及其他土地利用（agriculture forestry and other land use，AFOLU）部门为重点的气候变化减缓政策也有可能加剧粮食不安全，主要通过与生物质能源作物竞争用地和直接影响碳价来作用（Fujimori et al.，2022）。而用来研究气候变化对农业作物产量的作物机理模型常用于评估气候变化对农业的影响，它基于作物生长理论和控制性实验，通过改变温度、降水、施肥、土壤、光照等一系列作物生长过程所需的自然因素，揭示作物在不同生长发育阶段的响应机理（Lobell et al.，2013；Bassu et al.，2014；Rosenzweig et al.，2014；Müller et al.，2017）。作物机理模型还常被用于预测和分析未来的粮食安全与土地利用变化情况。

沿海地区为经济提供重要服务和功能。在全球各地地势较低的沿海地区已经形成了许多主要的定居点和大城市，这通常是由于海运的便利天然形成的。海平面变化的前景对人类有着重大的直接影响，世界上大多数国家和许多主要城市都位于沿海地区（Nicholls，2007），而且海平面上升经常被认为是对气候变化感到担忧的原因之一（Smith et al.，2009）。海平面上升作为一个整体的预期变量，存在相当大的不确定性，21 世纪的估计从几分米到几米不等，这在很大程度上取决于大冰原对气候变暖的反应。

作为地球气候系统中的生物圈部分，陆地生态系统与气候要素和人类活动等密切相关，不仅通过供给、调节、文化、支持服务支撑人类发展，还极易受到气候变化影响，进而对全球和区域气候造成影响。例如，大气中 CO_2 浓度升高、气候变暖、氮沉降增加等导致物候期、植被分布与土地利用格局改变，使生物个体损失风险增加，降低生物多样性与物种非同步性，最终影响生态系统组分与结构的稳定性、加速土壤有机质分解、促进植物对养分的有效吸收，从而改变生态系统初级生产力。气候变化引起极端气候事件的频发同样对生态系统供给产生严重影响，生物圈服务价值保守估计为每年 16 万亿～64 万亿美元（Costanza et al.，1997），仅在 1964～2007 年由于干旱、热浪就使农业谷物收成减少 9%～10%（Lesk et al.，2016）。已有学者指出当前的发展趋势只会加深生态危机，而无法弥补人类福祉的缺口（Fanning et al.，2022），因此急需权衡经济发展与减排行动，寻找平衡社会与自然系统以适应气候变化的最优发展路径。

气候变化通过热浪、洪水、干旱、野火等极端事件直接威胁公众生命，也会通过降低粮食产量、影响水质、改变蚊虫等传染源分布、加重臭氧与颗粒物（PM）污染等途径产生间接危害（Watts et al.，2015）。在全球变暖的趋势下，过度的高温胁迫可能引发中暑、痉挛等热生理反应（Bouchama and Knochel，2002），温度等气候因子的改变也增加了心脑血管疾病、呼吸系统疾病、登革热等患病或病情加重的风险，上述影响加剧时将导致个体死亡（Watts et al.，2015）。极端天气还会诱发焦虑、愤怒、痛苦等消极心理（Noelke et al.，2016），洪水、海平面上升等气象灾害使人们流离失所，幸存者可能出现创伤后的应激障碍，承受着身心维度的双重压力（Rataj et al.，2016）。死亡率与发病率的攀升使劳动人口总数与有效劳动时长下降，而不适宜的工作环境也使劳动者的工作效率降低（Zhao et al.，2021a）。过往文献通过设定劳动产出弹性，链接温度暴露函数与生产函数等方式评估气候变化的劳动经济损失，选取考虑经济部门的依赖与传导机制的投入产出模型或 CGE 模型刻画综合社会成本（Orlov et al.，2020）。若不对气候风险进行有效干预，人类社会将付出更加惨重的人员与经济代价。

气候变化对于各个部门的影响机理各有不同，目前主流的模型与研究主要根据其所在领域与气候变化的物理影响接口来实现耦合和联动。最终各部分的损失又都通过一定的形式传导到经济和社会层面而完成在社会-气候-经济之间的串联。上面主要总结梳理出了实施气候政策的收益端主要包括的不同部分以及不同部门的响应机理，细化了减排收益端中在利用气候变化综合评估模型进行总体核算中容易被忽视的机理，对收益端的核算进行了内涵和具体内容上的扩充和丰富，对于实施气候政策后核算的减排收益以及减排政策的成本效益分析提供了一定的参考和借鉴。

（2）减排成本分析。多年来，为了缓解全球气候变暖，在《联合国气候变化框架公约》下各个缔约方就减排方案及减排责任等关键问题展开了激烈的谈判，并达成了诸多协议。从 1997 年的《京都议定书》到 2015 年的《巴黎协定》，各个缔约方的减排责任和减排目标均有较大变化，谈判模式也由最初的自上而下的“摊牌式”强制减排变为自下而上的“国家自主贡献”的自主减排。事实上，气候谈判一直不能达成一致协议的主要原因是碳减排会导致巨额的经济损失，即减排的经济成本，这将显著影响减排主体的国民经济发展、就业及人民的消费方式。

从内涵上讲，减排成本可以进一步分为两类：一类是短期减排成本，另一类是长期减排成本。短期减排成本是指为了实现减排目标，在当前能耗水平、技术水平保持不变的条件下，通过压缩碳排放主体的生产规模而产生的经济损失。例如，微观层面上，限制火力发电企业、化工企业以及钢铁企业的生产规模而造成的经济产出减少；宏观层面上，发展中国家通过限制碳排放密集型产业以实现碳减排而导致的经济产出的减少。事实上，这些碳排放密集型产业往往是这些发展中国家的支柱产业。限制支柱产业的发展而导致的国民经济的损失同样属于短期的减排成本。

长期减排成本则是指减排主体通过长期地提高能效水平、技术水平以及改变经济结构等以达到减排目标而引起的成本（Li and Tang，2017）。例如，微观层面上的长期减排成本是指碳排放企业或部门为不超出碳排放配额，投资减排设备、改进生产工艺、开发节能技术以及研发清洁能源而付出的成本。在各国的低碳发展技术中就包含了多种低碳技术。每种技术的投资正是长期减排成本的来源之一。

国家宏观层面的长期减排成本具体是指国家通过优化经济结构、提高技术水平使总体经济过渡到低碳经济模式而导致的经济损失（Timmer and Szirmai，2000）。从发达国家的发展经验来看，经济结构变化、技术进步、能源结构和效率的改善以及环境标准的强化，是同时促进社会经济发展和二氧化碳减排的四大基本驱动因素，因而也是实现“发展型减排”的四大基本手段（邵帅等，2022）。通过与世界主要发达国家的比较，可以看出我国的差距及二氧化碳减排的潜力。现代发达国家的经济-技术进步的突出表征是资源利用效益和效率的提高，其中包括能源利用效益和效率的提高。这种能源利用效益和效率直接影响着经济活动的二氧化碳排放强度，进而经济模型通过二氧化碳强度作用间接影响了减排政策实施的成本。

影响国家长期减排成本的因素首先为技术进步。技术进步可以通过能源节约、产业升级等效应减少能源消耗与环境污染，绿色技术的进步能够减轻污染减排压力，有助于实现能源节约目标（Li and Tang，2017）。低碳技术的推行能直接作用于二氧化碳排放量的减少，而且技术进步还能够大量地节省能源消耗、提高能源的使用效率，通过带动经济发展和降低碳排放强度，间接作用于碳排放。随着生产技术以及碳排放技术的进步，碳减排的潜力逐渐减小，这直接导致了碳减排成本的提高。低碳技术的进步可以降低生产成本，提高生产效率。通过技术创新可以生产出新的产品，提高产品质量，符合市场对低碳产品的需求，提高产品市场占有率和利润率，促进经济的增长。

其次是经济结构调整的成本。经济发展由产业结构以及供需结构变动主导，产业结构的优化升级从要素驱动、投资驱动转向创新驱动，经济发展方向更加注重经济结构的持续性，而非经济规模的最大化，因而经济结构的调整对于成本方面也会有相应的影响，不同行业对能源品类的单位消耗量差异较大，因而产业结构的变动直接影响我国能源需求品类和总量。一般地，重工业被认为是高能源消费、高碳排放以及低效率的行业。低效率导致的高碳排放往往会产生较高的碳减排潜力，因此相应的碳减排成本也会较低。

再次是能源结构与效率调整的成本。能源结构与效率受多方影响和驱动，最终体现在各个部门的能源使用上来影响碳强度从而影响成本。碳强度的重要决定因素是能源效率和能源消费结构，在能源消费结构不变的前提下，能源消费量越大，碳排放量就越多；能源效率越高，碳强度越低，能源结构中煤炭等化石能源的比例越高，碳排放量越多。而能源结构在很大程度上取决于国家能源储备情况、各类能源技术的发展情况和投产情况，而通过节能政策的不断实施，碳减排的边际成本也会不断升高，同时能源生产和消费的成本也会有所提高。

最后是环境规制强度与环境标准的成本。环境规制干预被用于限制和管控相关经济主体的经济行为，可以认为是通过行政命令来代替市场竞争机制的制度安排（张成等，2011；原毅军和谢荣辉，2014），是政府干预资源环境和经济的直接体现。环境规制促进论关注其对于工业领域的倒逼机制，认为环境规制虽然增加了工业主体的成本，但却会激发其绿色技术的创新、资源使用效率的提升和资源配置的优化，这部分的增益将抵消环境规制所带来的负面影响。研究环境规制抑制论的学者认为严格的环境规制会将外部成本内部化，加剧工业企业的成本压力并将会影响工业企业的绿色创新投入，削弱其市场竞争力进而不利于工业企业的发展。

（3）减排成本收益分析。各国的减排政策需要综合考虑成本收益两端的综合分析来决定政策的方向和实施力度。当减排成本高于收益时，减排行动将为之付出净成本，从而推动参与度继续提高，一直到两者相等为止。当减排成本低于收益时，全球将从更高的应对参与水平中获得净收益，一方面气候变化应对部门的净收益增加本身会削弱各国在此领域的继续投入及参与积极性，凸显其他部门投入的短缺和气候变化应对部门投入的过度。另一方面，尽管全球的总收益继续增加，但在地区分布上，收益的分配显然是不均匀的，因此也会形成和增加进一步提高参与度获得更多净收益的各种政治经济障碍。

当前不同国家间日趋扩大的减排立场分歧与全球日益凸显的气候变化影响形成了鲜明的对比。而国际合作的核心在于国家利益，当前国际碳减排合作面临的困境反映了各国在减排利益上的差异和矛盾。各国需要针对自身情况科学核算自身的成本与收益端的数值，同时根据成本收益分析的结果来确定各自率先实现“零碳目标”的时间点和路径。理论上，只有在成本收益分析结果为“正”的情况下，“零碳目标”的实现时间和路径选择才是合理的，否则，提前实现或者强行实现，都可能会造成巨大的资源浪费。

6.3 碳减排收益统筹方法：成本收益分析

C^3IAM 通过耦合经济–技术–气候–土地系统，在同一个框架中分析经济发展和减排，将碳排放问题引入长期宏观经济分析中，量化减排成本与收益，并得出最优经济增长路径，实现经济发展与减排行动的跨系统统筹，具体模型构建思路如下。

C^3IAM 将经济、技术、气候、土地等多个系统耦合在一个框架中，包括四个组成部分：①经济系统；②技术系统；③气候系统；④土地系统。该模型将全球气候策略分为三种情景：市场情景、合作情景和博弈情景。市场情景下，全球各国都不采取温室气体控制措施。合作情景指全球所有国家作为统一的整体追求全球社会福利最大化，它要求各国按照全球有效的方式降低二氧化碳排放。博弈情景（非合作情景）指全球各利益集团追求自身社会福利最大化进行非合作博弈。

6.3.1　经济发展中引入碳减排问题

为在经济系统中引入碳减排问题，体现经济系统与气候系统间的互馈机制，C^3IAM 以最优经济增长为核心，构建了经济系统，包含 C^3IAM/EcOp 和 C^3IAM/GEEPA。其中，C^3IAM/EcOp 能够模拟全球经济实现长期均衡增长的路径，进而实现经济的跨期优化决策。C^3IAM/GEEPA 能够更加全面详细地刻画各区域各经济主体的优化行为和均衡状态，且基于 C^3IAM/EcOp 的投资决策路径指导 C^3IAM/GEEPA 的投资演变。

C^3IAM/EcOp 的核心是一个标准的新古典经济增长模型（拉姆齐模型），在此基础上结合绿色经济增长理论，将减排行动的成本和减排收益（即减排所避免的气候损失）引入经济增长分析中，通过权衡投资与消费来实现社会福利最大化，构建最优经济增长模型。

其中，为统筹经济发展与减排行动，综合时间统筹、空间统筹、效率统筹理论，C^3IAM/EcOp 以社会整体的福利最大化为目标，目标函数是各期人口加权的人均消费效用函数的贴现和，从而可以同时考虑当期和未来的福利。不同情景下的福利函数有所差异，合作情景下福利函数为全球各区域福利函数的加总，追求全球福利最大化，而博弈情景下，福利函数为各区域自身福利函数最大化，如式（6-2）所示：

$$W_i = \int_0^{\infty} \left[L_i(t) \ln\left(C_i(t) / L_i(t) \right) \mathrm{e}^{-\delta t} \right] \mathrm{d}t \tag{6-2}$$

其中，t 为年份；$L_i(t)$ 为第 i 个区域第 t 年的人口；$C_i(t)$ 为第 i 个区域第 t 年的消费；δ 为贴现率。

为实现在经济发展中引入碳排放问题，C³IAM/EcOp 考虑到经济发展与减排行动的关系，在同一框架下整合社会经济系统与气候系统，在经济增长分析中考量减排行动的成本和收益。经济模块中的 C³IAM/GEEPA 是一个可计算的一般均衡模型。C³IAM/GEEPA 由五个基本模块组成，即生产、收入、支出、投资和外贸模块，包括一般经济部门、农业部门、一次能源生产部门以及能源加工转换部门共计 27 个部门。各部门的投入包括劳动力、资本、能源和其他中间投入，各部门的生产遵循多层嵌套的常替代弹性（CES）函数，基本形式如式（6-3）所示：

$$Y_j = \mathrm{CES}\left(X_k;\rho\right) = A_j \cdot \left(\sum_k \alpha_k \cdot X_k{}^{\rho}\right)^{1/\rho} \tag{6-3}$$

其中，Y_j 为部门 j 的产出；X_k 为部门 k 的投入；A_j 为部门 j 的规模参数；α 为份额参数；$\rho = 1/(1-\sigma)$ 为替代参数，σ 为替代弹性。

经济系统中的经济总产出需要扣除减排投入及气候损失，如式（6-4）和式（6-5）所示，体现出采取减排行动所需的减排成本以及减排收益（所避免的气候变化损失），从而实现引入碳排放问题后的经济增长分析。

$$\mathrm{YNET}_i\left(t\right) = \Omega_i\left(t\right) Y_i\left(t\right) \tag{6-4}$$

$$\Omega_i\left(t\right) = \left(1 - \mathrm{AC}_i\left(t\right)\right) \cdot \left(1 - D_i\left(t\right)\right) \tag{6-5}$$

其中，$\mathrm{YNET}_i\left(t\right)$ 为第 i 个区域第 t 年的净产出；$Y_i\left(t\right)$ 为第 i 个区域第 t 年的净产出；$\Omega_i\left(t\right)$ 为第 i 个区域第 t 年的产出调整参数，反映了气候变化导致的经济损失以及减排行动所需成本对经济产出的影响程度；$\mathrm{AC}_i\left(t\right)$ 为第 i 个区域第 t 年的减排投入成本占经济总产出的比例，体现出减排成本对经济增长的影响；$D_i\left(t\right)$ 为第 i 个区域第 t 年的气候损失占经济总产出的比例，体现出减排收益（所避免的气候变化损失）对经济增长的影响。

剩余的净产出的主要去向就是消费和投资，在消费和投资间进行分配。当期消费通过人均消费进入福利函数，与人类福利相关，而投资将带来未来资本存量的积累，与未来经济增长相关，此时的福利最大化体现出对所有时期的收益进行统筹。

6.3.2 经济发展对减排行动的影响

在经济发展中引入碳排放问题，需要考虑经济发展与减排行动间的相互关系。C³IAM 探讨了经济发展对减排行动的影响，包括经济发展对于减排效果（即温室气体排放、气候变化）以及减排成本等多方面的影响。

（1）经济发展对于减排效果的影响，不同经济结构以及减排措施将导致温室气体排放以及气候要素变化。人类社会经济活动会对地球气候系统产生影响，可以体现在两方面：一方面，经济发展所导致的化石燃料的使用会影响到温室气体的排放，温室气体进入气候系统中，引起温室气体浓度增加，以及温度、降水等变化；另一方面，当根据减排策略采取减排行动时，减排行动的成本投入会导致温室气体排放减少，即减缓气候变化，产生减排效益。

温室气体的排放包括人类经济发展下能源使用导致的碳排放（经济模块）以及由于人类土地利用格局变化导致的土地利用排放（土地模块）。土地模块核心是 C^3IAM/EcoLa，集成温度、降水等气候变化参数对土地生产活动的作用影响，并进一步刻画经济发展和气候变化情景下总成本最小化的全球/区域土地利用资源最优配置、土地利用空间分布格局及其土地利用变化所带来的碳排放效应。同时，C^3IAM/GCOP 能基于源汇匹配提供最优的 CCUS 布局，进而明确碳捕集量以及成本。

气候系统 C^3IAM/Climate 中包含了从温室气体排放到温室气体的浓度，再到辐射强迫，最后到地表平均温度变化的全过程，实现"排放—碳当量浓度—温度"的关系输出，体现了经济活动对碳排放的影响。气候系统 C^3IAM/Climate 刻画了气候变化过程，考虑到传统复杂地球系统模式对于气候变化的刻画和模拟较为精细，但经济模块对气候变化的描述需求较为抽象和简化，两者的输入输出数据在时间、空间尺度及数据之间交互关系的细致复杂程度不一致，两者耦合需要实现数据尺度一致及交互关系统一。而且传统复杂地球系统模式运算需求过于巨大复杂，需要计算方便的模拟器来近似输出地球系统模式模拟的温室气体排放-温度响应。因此，C^3IAM/Climate 将地球系统按照温室气体排放-存量-浓度-辐射强迫-温度传导机制简化复杂气候模式。简化的气候模块随着复杂气候系统的改进和完善不断更新和校准，以提高简化气候模块模拟的可靠性和准确性。

根据全球温室气体碳排放量与大气温室气体碳浓度的关系，通过简化的气候模块，可实现 $0.5° \times 0.5°$网格全球平均地表温度的输出，以及温室气体碳浓度到温度的输出，即经济活动所排放的温室气体对气候变化的影响。

C^3IAM/Climate 基于当前地球系统模式的运行规律，针对模式的输出变量实现简化。人类排放的 CO_2 将基于"参数化"后的简化关系在大气、陆地及海洋三层碳库间流动，使得各圈层的 CO_2 浓度发生变化。基于各圈层碳循环的联系，最终可以

确定大气碳库中的 CO_2 浓度。随后，大气 CO_2 浓度输入气候模拟模型，可以模拟得到网格中平均态气温和波动态气温，最终还原出网格尺度气温对 CO_2 浓度的响应（Yuan et al.，2021；Castruccio et al.，2014，2019）。通过将 C^3IAM/Climate 与经济模型对接，可以以较低的计算成本来研究高维复杂气候系统的特征，有助于开展区域层面的气候政策评估，同时也能提高气候变化影响评估的可靠性。

（2）经济发展对于减排成本的影响。经济的发展将会显著影响到能效水平、技术水平以及经济结构改变等，从而影响为达到减排目标而需付出的减排成本。C^3IAM/NET 基于自下而上的建模理论，以行业的生产工艺和技术流程为依托，模拟从原材料、能源投入到最终产品生产的物质流和能量流，从技术视角建立行业自下而上的技术优化模型。模型以整个规划期内系统成本最小化为目标，综合考虑经济发展、产业升级、智能化普及等因素对行业需求的影响，在满足产品需求的前提下对能源技术进行选择。因此，C^3IAM/NET 对不同行业的技术进行了精准的刻画，同时考虑需求约束、能源消费约束、中间生产过程产品间的转换约束、新增设备约束和设备库存约束等，进一步规划出未来各行业的节能减排发展路径，并得到不同路径组合下的能耗、排放和成本。

全球减排投入的成本函数如式（6-6）和式（6-7）所示：

$$\mathrm{AC}_i(t) = b_{1,i}(t)\,\mu_i(t)^{b_{2,i}} \tag{6-6}$$

$$b_{1,i}(t) = P\cdot(1-g)^{t-1}\,\sigma_i(t)/b_{2,i} \tag{6-7}$$

其中，$b_{1,i}(t)$、$b_{2,i}$ 均为成本函数的系数；$\mu_i(t)$ 为减排率，减排成本 $\mathrm{AC}_i(t)$ 与减排率紧密相关；$\sigma_i(t)$ 为第 i 个地区第 t 年的自然二氧化碳强度，是非减排政策导致的碳强度变化；P 为基期后备技术成本；g 为后备技术成本下降速度。P 和 g 均与经济发展下的技术进步变化相关。部分详细的部门技术选择及参数来自 C^3IAM/NET。

6.3.3 减排行动对经济发展的影响

C^3IAM 探讨了减排行动对经济增长的影响，包括减排行动的成本和收益对于经济增长的影响，主要通过减排成本和气候变化损失得以体现，采取减排行动所需付出的成本即为减排成本，采取行动所避免的气候变化损失即为减排收益。

减排成本由减排成本函数决定，与减排率 μ_i 息息相关，即与各区域的减排力度相关，不同的减排力度将显著影响减排成本，如式（6-6）所示。各区域的减排成本也因国家不同特性而存在差异，减排成本也会再次进入经济模块中从总经济产出中扣除，如式（6-5）所示。

减排收益主要与气候变化损失相关，温度、降水等气候要素的变化所导致的损失会影响经济产出的增长，而采取减排行动所避免的气候损失即可视为减排收益。C³IAM/Loss 根据各类气候影响建立的函数将气候映射到经济结果中，在气候–经济耦合中由损失函数体现。C³IAM/Loss 广泛考虑不同部门的影响，以及多个气候维度，如温度、降水、海平面和极端气候等，评估了气候变化对不同经济部门的影响。

研究采用 Gazzotti 等（2021）所构建的气候影响函数 $\Omega_i(t)$，该影响函数实现了 DICE/RICE 中传统损失函数形式（经济产出损失因子）以及气候–经济实证研究[经济增长率影响函数 $\varphi_i(t)$ 的结合。

由此，得到气候变化影响 $D_i(t)$，并进入经济模块，将其从 GDP 中扣除，如式（6-8）所示：

$$\text{Impact}_i(t) = D_i(t) \times \Omega_i(t) \tag{6-8}$$

C³IAM 将温度对于宏观经济增长率的影响纳入模型构建中，并考虑到气候变化对农业、海平面上升、生态系统、人类健康等多方面的影响，由 C³IAM/Loss 简化而来，实现了“温度-增长率影响-经济影响”的输出。气候经济影响函数输出的经济影响将进入经济系统，体现出气候变化对于经济增长的影响，也反映出采取减排行动所获取的减排收益，即避免的气候变化损失。

6.4 本章小结

在发展与减排存在复杂的相互促进与相互制约的辩证关系背景下，如何统筹经济发展与碳减排，是全球气候治理策略制定所面临的关键问题。为此，本章聚焦碳减排的跨系统收益统筹难题，在综合集成碳减排“时–空–效–益”统筹理论当中时间统筹、空间统筹、效率统筹相关理论的基础上，提出收益统筹理论与方法。该理论以最优经济增长为核心，将碳排放问题引入长期宏观经济分析中，构建了经济发展与减排行动互反馈的中国气候变化综合评估模型（C³IAM），并利用多区跨期优化福利函数来统筹经济发展与减排行动，解决发展与减排之间的收益取舍和协同推进问题，从而系统回答碳减排系统工程当中“减多少、何时减、谁来减、如何减、何效果”等关键问题。

中　篇

碳减排路径设计与系统优化技术

第 7 章　碳减排路径设计技术

为避免气候变化造成的损失与风险，《巴黎协定》明确了全球温控目标，世界各国也做出了碳中和承诺，在当前严格的碳减排目标下，制定有效碳减排政策、科学规划碳减排路径至关重要。综合评估技术能够整合经济系统与气候系统，是碳减排系统工程研究的主流工具，也是碳减排系统优化的关键技术。本书上篇提出的碳减排“时–空–效–益”统筹理论能够用于指导气候变化系统优化技术的设计与开发。在此背景下，本章介绍了碳减排路径设计的重要性，阐述了系统优化技术对于设计碳减排路径的作用及其发展历程，并将碳减排“时–空–效–益”统筹理论灵活运用于中国气候变化综合评估模型的建立。

基于此，本章将从以下几个方面展开：

系统优化技术对于设计碳减排路径的关键作用是什么？

系统优化技术的基本概念和发展历程如何？

碳减排“时–空–效–益”统筹理论如何应用于系统优化技术的开发？

7.1　碳减排路径设计的现实需求

现阶段是对碳减排路径做出科学规划的关键时期。实现全球碳减排不仅需要国际社会的通力合作与携手努力，而且取决于各国自身科学的减排规划和强有力的减排措施。一方面，为避免气候变化带来的损失与风险，《巴黎协定》已经明确了 21 世纪末将温升控制在 2 摄氏度乃至努力控制在 1.5 摄氏度的目标，近 200 个缔约方共同签署了该项协定（UNFCCC，2015）。然而，联合国环境规划署的《排放差距报告 2021》（UNEP，2021）显示，目前超过 100 个国家提交了新版的国家自主贡献目标，即使在各项减缓气候变化的承诺均得到履行的条件下，截至 21 世纪末，全球仍将至少升温 2.7 摄氏度，若要实现 2 摄氏度和 1.5 摄氏度温控目标，2030 年前每年还需额外减排 130 亿吨和 280 亿吨二氧化碳当量。因此，迅速、高效、强力的碳减排行动迫在眉睫。

另一方面，为应对全球变暖问题，世界各国已经提出碳中和目标。目前，已有100多个国家或地区做出了21世纪中叶实现碳中和的明确承诺，如日本、韩国、加拿大、英国、欧盟等均提出要在2050年实现碳中和，美国也带着“2050年实现碳中和”的目标重返《巴黎协定》（UNFCCC，2020，2021）。因此，全球多数国家碳中和目标的提出进一步增加了减少温室气体排放的迫切需求。综上，在当前严格的国际和国内目标下，如何科学规划碳减排路径对于实现确定的温控和气候目标至关重要。

设计和制定有效的碳减排政策是提升降碳效果的必要途径。首先，全球碳减排工程实施具有明显的复杂性。温室气体排放引发的气候变化是典型的全球外部性问题，温室气体排放者对他人和社会造成了不利影响，但是这些负面影响的成本和排放者并不直接相关，排放者不用完全支付成本并承担后果。除此之外，气候变化还具有跨区域、多主体和长周期等特点。各国在寻找减排对策方面的制度化行动是人类共同面对灾害的阶段性成果，但由于在政治立场、经济水平、科技实力和温室气体排放量等方面存在差异，不同国家的利益诉求出现分化。各国为了本国利益或集团利益进行博弈，往往将经济发展置于气候治理之上，这些问题限制了国际社会的深度合作。因此，实施碳减排工程、控制温室气体排放需要设计科学、合理、有效的碳减排政策，以平衡国际压力与国家利益、减排目标与减排能力等之间的关系。

其次，当前全球碳减排机制的合理性和有效性仍不足。一方面，碳减排机制包括减排量核算、责任分担规则、资金支持规模及来源、低碳技术推广措施等，这些环节是否合理直接影响预期目标的实现。机制设计不合理，对缔约方的激励与约束作用难以真正发挥，可行性和有效性进而会大打折扣。另一方面，气候变化已经从一个有争议的科学问题，转化为一个政治问题、经济问题、环境问题，甚至道德问题（Hoegh-Guldberg，1999；IPCC，2007；Walther et al.，2002；Watson，2003）。众多组织、国家、学者等提出了许多气候政策来减缓与适应气候变化。目前碳减排的政策工具有限且成本过高。有限的政策工具如碳排放权交易机制的有效性明显不足。碳市场发展至今二十余年，存在交易数据公开性、完整性缺乏等诸多问题。部分碳市场配额分配宽松、流动性低，对政策的实际效果产生负面影响。因此，在科学的框架内开发多样化评估方法、构建系统化评估机制、进行碳减排政策的设计与评估，将有助于提升碳减排效果。

7.2　系统优化技术是碳减排路径设计的主流工具

诺贝尔经济学奖获得者 Nordhaus 在《气候赌场》一书中指出，由于气候变化及影响所涉及的机制很复杂，所以经济学家和科学家通常依靠综合评估模型来预测趋势、评估政策，并计算成本与收益。政策评估是考察政策实施效果及其社会经济影响的有效方法，其意义在于对政策效应的科学评估和预判以及对问题政策的调整产生影响（Rochefort，1997）。政策评估技术是评估碳减排方案的主要工具，包含事前评估、事中评估和事后评估，既可以对已实施的碳减排政策的实现程度进行研判，也可以在未来可能的发展路径下模拟政策效果。在模型评估的基础上，决策者可选择调整、完善或者终止相关政策。

气候变化综合评估模型是将经济系统和气候系统整合在一个框架里的系统优化模型，已成为碳减排政策研究的主流工具（Nordhaus，1991；Wang and Watson，2010；Wei et al.，2015a）。综合评估模型是研究人类对气候变化的反馈和影响，以及减缓温室气体排放的重要且全面的方法，这种复杂模型的优势在于其提供了一个集成的系统视角，不仅包括了气候因素，还包括了气候变化的科学与经济学方面。综合评估模型把首尾相接的步骤（从经济增长，到产生排放和气候变化，再到对经济的影响，以及最后到对气候政策的预期影响）都结合在一起（Nordhaus，2018）。为此，在综合评估模型内部，不同的子模型相互耦合，如气候模型、土地利用模型、能源模型和经济增长模型。Nordhaus 提出的 DICE 就是这样一个最优化模型，这个模型以一种简化的方式把减缓全球变暖经济政策设计中涉及的主要经济和科学内容联系在一起，把排放和影响的动态过程与遏制排放政策的经济成本结合在一起。DICE 的基本方法是用经过调整的拉姆齐最优经济增长模型，计算资本积累和温室气体减排的最优路径，所得出的路径既可以解释为在给定初始赋予情况下减缓气候变化的最有效路径，又可以解释为特定情景下温室气体排放的影子价格在外部性内部化的市场经济之间的竞争性均衡（Nordhaus，1993）。

气候变化综合评估模型作为评估气候政策的有力工具，越来越多地被用于国家政府的分析和国际评估。例如，IPCC 发布的《可再生能源与减缓气候变化特别报告》（Edenhofer et al.，2011）便是基于气候变化综合评估模型的研究结果，综合评估模型还为国际气候政策谈判提供了背景信息。引起全世界广泛关注的《斯特恩报告》也是基于剑桥大学克里斯·霍普（Chris Hope）开发的 PAGE 模型（Stern，2007）。

Nordhaus 教授由于将自然因素纳入长期宏观经济分析并创造性地构建了气候变化综合评估模型 DICE/RICE 而获得了 2018 年诺贝尔经济学奖。

综合评估模型是在一个模型框架下综合考虑社会经济系统和自然气候系统之间的相互作用。自然气候系统不仅是人类经济活动的制约因素，而且在很大程度上也受到人类活动的影响。为了评估气候变化影响和气候政策效果，综合评估模型结合了气候变化科学和社会经济各方面的知识。一个完整的综合评估模型包含三个基本模块（Nordhaus，2018）：①碳循环模块，描述了全球碳排放如何影响大气中的二氧化碳浓度，它反映了基本的化学过程，刻画碳排放在不同碳库之间的循环过程。②气候模块，描述了大气中二氧化碳和其他温室气体的浓度如何影响进出地球的能量平衡，它反映了基本的物理过程，输出的是全球温度的时间路径，这是气候变化的关键指标。③经济增长模块，描述了经济和社会如何随着时间的推移受到气候变化的影响，以及经济活动如何产生化石能源碳排放。建立综合评估模型的目的是在有或无各种气候变化政策情景下模拟未来不同的经济和气候变化趋势，以便让决策者了解是否实施各种政策所涉及的利害关系（Weyant，2017）。

气候变化具有全球和长期属性。在应对气候变化的过程中需要面临两方面的决策：减排成本和气候损失的权衡、当前减排与未来减排的权衡。实施减排伴随着相应的成本，而不采取减排政策则面临着气候变化带来的损失。同样，当前减排降低了未来减排的幅度。通过综合考虑减排成本与气候损失的权衡、当前减排与未来减排的权衡，综合评估模型可以给出不同政策目标下的最优减排路径，为决策者实施减排政策提供支撑。目前综合评估模型被越来越多地用于各国政府的分析和国际评估，其中最重要的应用包括：①在不同模块间具有一致的输入和输出的前提下对未来进行预测；②计算针对关键变量（如产出、碳排放和温度变化）的不同假设所带来的影响，以及经济活动对气候的影响；③以一致的方式跟踪不同政策对所有变量的影响，并估计不同政策的成本和收益；④评估与不同变量和政策措施相关的不确定性。

7.3 综合评估模型的发展历程与现状

综合评估模型起源于 20 世纪 60 年代对全球环境问题的研究。解决全球环境问题，必须综合从自然科学到人文社会科学等广泛学科的见解，系统地阐明问题的基本结构和解决方法。为此引入了“综合评估”的政策评价过程，并开发了作为核心工具的跨多学科的大规模仿真模型，综合评估模型应运而生。

1972 年，美苏两国合作主导成立了国际应用系统分析研究所（International Institute for Applied Systems Analysis，IIASA），能源、资源与气候变化是当时该所的重点支持领域。Nordhaus 教授 1974～1975 年在该所访问研究。他在那里发表了《我们能否控制碳排放》的工作论文，开创了气候变化综合评估模型研究，这是气候经济建模领域的第一篇论文。Nordhaus 教授将最优控制方法应用到气候变化综合评估建模中，形成了 DICE。他在索洛经济增长模型的基础上，引入大气碳存量（碳浓度）状态转移方程，耦合自然系统（气候系统），并构建反馈函数（气候损失），形成了一个闭环的气候经济模型系统，实现了经济模块与气候模块的硬连接，给出了权衡长期经济发展和应对气候变化的最优路径，给出了不同时间段、反映“轻重缓急”的应对方案（Nordhaus，1991）。之后，他把 DICE 拓展到了多区域（国家），形成了 RICE。RICE 的革命性是引入了国家或区域间的博弈机制。在 RICE 中，各国有自己的福利函数和约束条件，全球碳排放空间是公共品，各国在制定自己的减排和适应策略时也要考虑别国的策略。Nordhaus 教授 1996 年发表在《美国经济评论》上的 RICE 论文，实际上在部分程度上构筑了《巴黎协定》中关于国家自主贡献机制的科学基础。

2006 年，英国政府基于剑桥大学 Chris Hope 开发的 PAGE 的结果发布了《斯特恩报告》，引起了全世界对于气候变化的关注（Stern，2007）。对国际气候变化合作与谈判有重要影响力的 IPCC 评估报告也是基于大量的气候政策模型的（IPCC，2001，2007）。此后，一大批科研机构、组织与学者等开始关注气候变化综合评估模型。同时，该领域的学术论文迅速增加，一些论文发表在世界权威期刊上，如 Murphy 等（2004）、Stocker（2004）关于气候政策建模中不确定性问题的研究发表在 *Nature* 上，Dowlatabadi 和 Morgan（1993）关于气候变化综合评估模型的综述、Kerr（1999）关于美国气候模型发展的评论等文章发表在 *Science* 上。

气候变化综合评估模型在气候变化研究中发挥了非常重要的作用。气候变化研究学者大都直接或间接使用了此类模型。本节对气候变化综合评估模型领域研究现状进行分析，捕捉世界范围内此领域的研究热点和方法论。

气候变化综合评估模型通常是建立在成本–效益分析的基础上，通过引入气候变化的减排成本函数和损失函数，最大化贴现后的社会福利函数，从而得到最优的减排成本路径。气候变化综合评估模型对气候政策的评估一般包括六步（图7-1）：①对未来的温室气体（或 CO_2 当量）排放在基准情景以及各种可能的减排情景下进行预测，得出未来的温室气体浓度；②由温室气体浓度变化得出全球或区域的平均温度变化；③评估温升带来的 GDP/收入损失；④评估温室气体减排的成本；⑤根据社会效用和时间偏好假设评估减排效益；⑥比较分析减排带来的损失和减排带来的未来效益。Nordhaus 的 DICE、RICE，Peck 和 Teisberg 的气候能源经济分析（climate-energy-economic analysis，CETA）模型以及 Stern 使用的 PAGE 模型都采用了这种分析框架。

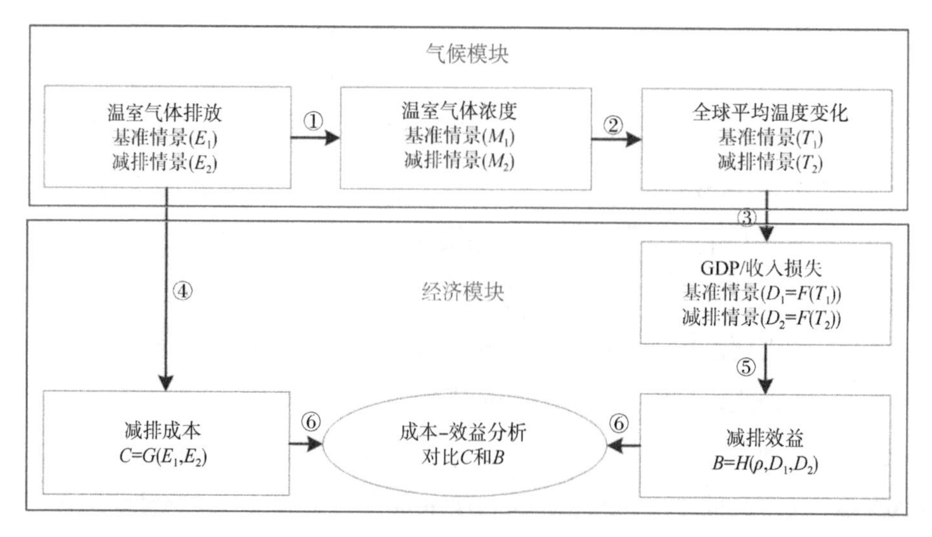

图 7-1 气候变化综合评估模型的分析框架

E、M、T、C、D、B 和 ρ 分别表示温室气体排放、温室气体浓度、全球温度变化、减排成本、GDP/收入损失、减排效益和纯时间偏好率；F、G 和 H 分别表示损失函数、减排成本函数和福利函数

随着气候变化综合评估模型的增多，一些学者开始对其进行总结。Dowlatabadi 和 Morgan（1993）认为气候政策模型需要对气候变化的起因、过程和结果进行综合评估，总结了气候变化综合评估模型的发展成果，并着重介绍了 IMAGE、DICE、CETA、PAGE 和综合气候评估模型（integrated climate assessment model，ICAM）-0/ICAM-1 等模型。Dowlatabadi（1995）概括了 18 个气候政策模型，将其分为成本-效果模型、成本-影响模型和成本-效益模型。目前，按照模型规模大小，气候政策模型可以分为四类：第一类是全范围综合评价模型，是对社会经济活动到气候变化及其对社会经济影响的全过程进行详细分析的大规模综合评估模型。第二类是气候变化的核心模型，是较详细的模型，是以有关气候变化的自然现象、气候变化影响

和损害机制为中心的综合评估模型。这类模型也可看作第一类模型的子模型。第三类是社会经济模型，专注于考虑气候变化损害，并着重分析未来对策的时间表和经济发展的最佳途径。此类综合评估模型具有结构简单的特点，能够研究经济发展与气候变化之间的相互作用。第四类是气候政策核心模型，模型结构更加简单，重视与政策制定者的交流，因而是注重系统发展的综合评估模型。

气候政策涉及很多最优化问题，如温室气体减排目标、温室气体减排路径、温室气体减排分配方案、温室气体减排成本、碳价等，因此，以最优化模型为框架的综合评估模型数量颇丰。最优化模型按其目标函数可以分为福利最大化模型和成本最小化模型。福利最大化模型的原理比较简单，即生产带来消费，同时带来排放；排放引起气候变化，进而产生损失，降低消费。福利最大化模型是通过选择每个时期的减排量，最大化整个时间内贴现的社会福利。这些模型中，消费的边际效用都是正的，但随着社会变得富有而递减。DICE，RICE，不确定性、谈判和分配框架（framework for uncertainty，negotiation and distribution，FUND）等模型都是福利最大化模型。福利最大化模型很重要的一个问题便是社会福利的选取，大多数模型都定义个人的福利为人均消费（或收入）的自然对数。

CGE 模型以微观经济主体的优化行为为基础，以宏观与微观变量之间的连接关系为纽带，以经济系统整体为分析对象，能够描述多个市场及其行为主体间的相互作用，可以估计政策变化所带来的各种直接和间接影响，这些特点使 CGE 模型在气候政策分析中迅速发展，得到了广泛的应用与认同。CGE 模型被用于分析气候政策的影响，关注的焦点包括减排的经济成本和为实现某一减排目标所必需的碳税水平；碳税收入的不同使用方式对宏观经济增长的影响；减排政策对不同阶层收入分配、就业、国际贸易的影响等；减排政策对公众健康和常规污染物控制的协同效益；政策灵活性对温室气体减排的效果及相应的社会经济成本等。

模拟模型是基于对未来碳排放和气候条件预测的模型。模拟模型通过外生的排放参数决定了未来每个时期可用于生产的碳排放量，所以气候结果不受经济模块的影响。模拟模型不能回答哪个气候政策是最大化社会福利的或最小化社会成本的，但是可以评估在未来各种可能的排放情景下的社会成本。气候政策评估涉及环境科学、气象与大气科学、生态学等自然科学，需要对物理世界进行模拟；另外，气候政策一般是长期性的，需要对未来发展情景进行模拟，因此模拟模型也是气候政策评估领域重要的模型方法。

目前，代表性的综合评估模型如下。

（1）DICE/RICE。Nordhaus 教授将最优控制方法应用到气候变化综合评估建模中，形成了 DICE。RICE 是由 Nordhaus 和杨自力在 DICE 的基础上开发的多区域动态气候经济综合模型。RICE 将经济系统和气候系统整合在一个框架中，是一个典型的气候变化综合评估模型。它的结构简单、代码透明，巧妙地将博弈论引入模型，在气候变化评估中起到了重要作用。目前，此类模型在全世界拥有大量用户，被广泛应用于应对气候变化的研究。RICE 包括四个组成部分：①目标函数；②区域经济增长模块（经济模块）；③碳排放-浓度-温度模块（气候模块）；④气候-经济关联模块。

（2）IMAGE。IMAGE 由荷兰环境评估署（Netherlands Environmental Assessment Agency）于 20 世纪 80 年代开始开发，是政府间气候变化专门委员会的报告所采纳的综合模型之一，包括能源工业系统、陆地环境系统、大气海洋系统三个模块。其中，能源相关的温室气体排放情景是基于目标映像地区能源模型（target image energy regional model，TIMER）计算得到的。IMAGE 考虑了技术变化和能源价格变动对能源强度、燃料结构和非矿物燃料渗透率的影响，并通过自发能源效率改进和价格引致的能效提高来描述技术变化。

（3）MESSAGE。能源供应系统替代及其一般环境影响模型（model for energy supply system alternatives and their general environmental impact，MESSAGE）是一个动态线性规划模型，由 IIASA 于 1978 年开发。MESSAGE 采用自下而上的方法，以经济-能源需求的预测结果作为输入参数，根据可获得的能源资源量、适用的能源技术和能源需求等条件，模拟能源系统的供应和排放方式等。MESSAGE 可以模拟从能源供应端至能源需求端的各个过程，即所谓的能源链及其各个能源层次。通常能源链可以分为 4 个层次——资源层、一次能源、二次能源和终端能源。该模型主要用于中长期能源规划、能源政策分析以及能源共赢方案的优化，既适用于国家、地区乃至全球范围的能源分析，也可用于具体能源技术开发利用的优化分析。

（4）GCAM。全球变化评估模型（global change assessment model，GCAM）由美国西北太平洋国家实验室（Pacific Northwest National Laboratory，PNNL）开发，包括宏观经济、能源、土地、水供应和气候等多个子系统。GCAM 将人口、经济活动、技术、政策等因素作为外生变量，由此驱动模型内人们的用能行为方式，进而描述给定情景下未来能源系统的发展。能源系统模块是 GCAM 的核心，该模块详细刻画了能源从开采、加工、转换、分配到终端消费等，考虑了能源系统中已有的和处于研发与示范的各种技术。GCAM 同时考虑了各种技术的存量特征，如发电技术、炼化技术等，即在模型中某一时期新建电厂和炼油厂可在其后的许多期内运行，但若该技术的可变成本超过市场价格，已建机组或设备将被淘汰。

（5）AIM。AIM（Asia-Pacific integrated assessment model），即亚太地区气候变暖对策评价模型,由日本国立环境研究所的气候变化影响对策小组从 1991 年开始用时三年开发而成。AIM 对人类活动引起的温室气体排放、大气中温室气体增加引起的气候变化，气候变化对自然环境、社会经济影响的全过程进行综合分析，是用于评价各种气候政策的仿真模型。AIM 结构性强，可以实现 CGE、终端消费模型、能源供应模型的耦合使用，评价低碳技术等的政策效果。

（6）C^3IAM。C^3IAM 是由北京理工大学能源与环境政策研究中心牵头自主设计研发的，实现了地球系统模式与社会经济系统的双向耦合，致力于探求系统之间的关联与反馈，在复杂动态系统的未来可能发展状态下评估气候政策的影响。C^3IAM 是一个社会经济系统与地球系统相互交叉、相互作用的综合评估模型框架，考虑了全球多区域和多部门经济发展、温室气体排放、减排成本、气候变化损失模块化等因素，能够动态捕捉大规模的、长期的最优经济增长和气候变化减缓与适应行为。

7.4　基于“时–空–效–益”统筹的系统优化方法

北京理工大学能源与环境政策研究中心在多年累积的研究经验的基础上，提出了碳减排“时–空–效–益”统筹理论，专门用于设计科学、合理、有效的碳减排政策评估方法。碳减排“时–空–效–益”统筹理论是指在进行碳减排政策设计时所遵循的系统理论，包括时间统筹理论、空间统筹理论、效率统筹理论以及收益统筹理论。综合运用“时–空–效–益”统筹的理论与思想，北京理工大学能源与环境政策研究中心自主设计开发了中国气候变化综合评估模型。具体阐述如下。

（1）时间统筹理论与系统优化技术。时间统筹理论是指统筹短期减排与长期减排，其核心思想是考虑到碳减排与气候治理成本和收益的代际不公平性，设计碳减排政策时需要兼顾代际的成本与收益。由于气候变化是一个长期缓慢的过程，全球碳减排是一个长期的工作，与代际公平性密切相关。当我们这一代人燃烧化石燃料并从中得到生活水平的改善时，后代人却要承受全球变暖及其他问题的后果。相反，当我们为减排进行投资时，成本主要在近期支付，而以减少气候变化损失为形式的收益在未来才能得到，即现阶段气候变化的治理措施和成本能在很大程度上避免将来对后代人的危害（Hansen et al.，2013）。

时间统筹理论提出了解决代际权衡问题的方法，以拉姆齐模型为基础，在进行碳减排路径设计时，考虑当前与未来消费的跨期权衡，并最大化不同时期消费带来的效用贴现值，从而实现短期减排与长期减排的权衡。基于时间统筹理论，C^3IAM 将气候变化引入拉姆齐模型，增加了气候减排投入与气候损失的权衡。而且，在标准拉姆齐模型的基础上，C^3IAM 中的经济产出扣除了减排投入和气候损失，从而能够得到未来各时期的经济净产出。

（2）空间统筹理论与系统优化技术。空间统筹理论是指统筹局部减排与整体减排，其核心思想是设计碳减排政策时需要兼顾各经济主体的成本与收益。由于全球碳减排与气候治理被视为全球公共利益，一国避免自身气候损害的利益不足以鼓励该国承担碳减排成本，因此，在没有全球约束力和外部强制性法规的情况下，各参与方存在“搭便车”动机，从而不会自愿参与减少温室气体排放（Carraro and Siniscalco，1993；Jakob and Steckel，2014）。国际社会需要携手合作，即通过集体行动来取代个体行动，达到个体通过参与集体行动的收益大于单方行动的收益，最终实现国际社会福利最大化的目标（李强，2019）。

各经济主体间成本收益的评估与社会福利权重的设置、碳减排责任分担方式两个方面密切相关。空间统筹理论提出了解决各经济主体间公平性与权衡问题的方法，通过综合现有的主流责任分担原则来建立各区域的综合社会福利权重，既包括发达国家支持的祖父原则，又包括发展中国家支持的历史责任原则，并纳入了支付能力原则和人均分配原则。基于空间统筹理论，C^3IAM 将区域间的动态博弈引入气候模块中，并囊括了区域社会福利权重这一变量。而且，针对合作博弈模型的社会福利权重，C^3IAM 考虑了等权重、Negishi 权重及 Lindahl 权重下的合作情景。各区域在给定社会福利权重的情况下，确定自身的最优碳减排率，使得所有区域的温室气体排放量之和等于全社会排放总量，通过优化求解得到各区域的最优社会福利。

（3）效率统筹理论与系统优化技术。效率统筹理论是指统筹政府管制与市场机制，其核心思想是碳减排系统工程需要兼顾政府与市场的双重手段。碳排放具有外部性特征，由于企业没有足够的动机在没有政府干预的情况下将外部性内部化，因此，依赖“自由市场”或“信息提供”不太可能产生令人满意的结果。然而，单纯通过政府或国家的规定也可能导致运营决策更加政治化，降低经济效率。因此，无论是“自由市场”还是“国有化”的环境保护方法都不太可能产生最佳结果（Hepburn，2010）。也就是说，价格干预可能是必要的，但还不够，需要政府明确顶层目标，加上可信的政策干预措施，来解决其他市场失灵问题并克服有害环境行为的模式（Hanemann，2010）。

针对政府管制与市场机制减排的优劣特征，效率统筹理论强调二者结合，并针对具体的减排目标和减排形势权衡政府与市场的减排作用，既要充分发挥市场对气候容量资源配置的作用，又要利用政府力量加强市场监管。基于效率统筹理论，C^3IAM 不仅纳入了各行业生产者和政府两类经济主体，详细刻画了各地区宏观经济系统中不同主体之间的相互作用关系，而且在经济系统内部描述了所有市场、所有价格、各种商品投入要素的供给与需求，体现了各地区宏观经济系统中不同部门之间的相互依存关系。在此基础上，通过引入价格机制与数量机制，能够实现碳减排政策的综合模拟和评估。

（4）收益统筹理论与系统优化技术。收益统筹理论是指统筹发展与减排的关系，其核心思想是设计碳减排政策时需要统筹经济发展与减排行动。一个国家或地区的长期经济发展，不仅取决于一定时期的经济增长速度，更取决于其经济增长速度的可持续性以及经济增长的质量。国内外经济增长经验表明，单纯依赖生产要素投入实现经济扩张，只能在一定时期内实现经济高速增长，但都不具有可持续性。经济发展不仅要求速度，更要求质量。要用最小的资源消耗、最低的环境代价来换取尽可能高的经济发展质量，并让尽可能多的人享受到发展的成果。因此，碳减排政策的设计和实施需要同时兼顾经济发展和气候减缓。

收益统筹理论强调经济发展与减排行动相辅相成，即经济发展是减排行动的经济基础，减排有利于维持经济增长所需的物质基础，二者统筹能够促进经济的可持续发展和高质量发展，是各国倡导和追求的发展模式。收益统筹理论意味着碳减排政策的设计与制定需要综合比较和权衡减排的经济成本和气候损失。基于收益统筹理论，C^3IAM 纳入了气候系统模块和气候损失模块，并实现了气候系统与经济系统的连接。一方面，该模型刻画了碳循环过程和气温模拟过程，引入了温室气体排放-浓度-辐射强迫-温升或海平面上升的传导机制，实现了经济系统对气候变化影响的模拟；另一方面，通过构建气候影响函数，C^3IAM 能够模拟气候变化造成的社会经济损失、劳动力/资本/商品损失。C^3IAM 实现了气候系统与经济系统的相互反馈，从而能够帮助评估和比较碳排放的气候影响、碳减排政策的经济成本与避免的气候损失。

综合考虑气候变化的复杂性、全球性、不确定性、长期性等特征，基于碳减排“时–空–效–益”统筹理论，统筹短期减排与长期减排、局部减排与整体减排、政府管制与市场机制以及发展与减排的关系，开发和建立气候变化综合评估技术，从而进行碳减排政策的有效设计与评估，对于提高各方参与碳减排的积极性、提升碳减排治理的有效性等方面具有重要的意义。

7.5 本章小结

气候变化是当前人类社会面临的重大全球性挑战。以全球气候变暖为主要特征的气候变化问题对社会经济系统和自然系统造成了巨大的负面影响。世界各国已经将应对气候变化的行动视为国家战略和任务，并就气候变化问题达成了一系列合作，制定了一系列气候目标，包括温升目标、国家自主贡献减排目标、碳中和目标等。因此，迅速、高效、强力的碳减排行动迫在眉睫，而如何科学规划碳减排路径对于实现确定的温控和气候目标至关重要。此外，考虑到全球碳减排的复杂性以及全球碳减排机制的合理性和有效性仍显不足，迫切需要设计和制定有效的碳减排政策。系统优化技术及模型将经济系统和气候系统整合在一个框架内，已成为碳减排政策研究的有力工具，在国家制定碳减排政策以及应对国际气候变化谈判时发挥了巨大作用。本书上篇提出的碳减排“时–空–效–益”统筹理论，即统筹短期减排与长期减排、局部减排与整体减排、政府管制与市场机制、发展与减排四大方面，既兼顾了世界各经济主体的成本与收益，又兼顾了代际的成本与收益，有助于设计有效的碳减排政策。因此，本章将碳减排“时–空–效–益”统筹理论融入气候变化综合评估技术的设计中，开发形成了 C^3IAM。

第 8 章　综合评估平台（C^3IAM）总体设计

全球碳减排与气候治理需要有效的碳减排政策和科学的评估技术，基于碳减排“时–空–效–益”统筹理论，北京理工大学能源与环境政策研究中心在长期积累的基础上，自主设计开发了 C^3IAM。C^3IAM 实现了地球系统模式与社会经济系统的双向耦合，致力于探求系统之间的关联与反馈，在复杂动态系统的未来可能发展状态下评估气候政策的影响，为我国应对气候变化提供理论和数据支撑。

基于此，本章将从以下几个方面展开：

C^3IAM 是什么？

C^3IAM 的建模思路如何？各子模块的主要内容和核心要素是什么？

C^3IAM 运用的耦合方法和技术是什么？

8.1　综合评估技术体系

气候变化深刻影响着经济、社会、政治、外交等领域，是全球必须共同面对的重大挑战。《巴黎协定》进一步明确了将全球温升控制在不超过工业化前 2 摄氏度这一长期目标，并将 1.5 摄氏度温控目标确立为应对气候变化的长期努力方向。要达到这个目标有许多实质性问题需要解决：不同辐射强迫水平下的温室气体排放路径如何？气候变化对社会经济各部门的影响及其程度如何？实现 2 摄氏度温控目标的代价有多大？通过怎样的路径可以实现 2 摄氏度温控目标？围绕上述科学问题，综合运用碳减排“时–空–效–益”统筹理论，北京理工大学能源与环境政策研究中心自主设计开发了 C^3IAM，实现了“海–陆–气–冰–生多圈层耦合”的地球系统模式与社会经济系统的双向耦合，在复杂动态系统的未来可能发展状态下评估气候政策的影响（Wei et al.，2018a；魏一鸣等，2023）。研究结果可为国家制定减缓和适应气候变化政策、参与国际气候谈判提供科学支持。

中国气候变化综合评估模型系统平台基于 C^3IAM 的应用开发，利用 Web 技术与数据库技术相结合，能够模拟不同发展路径下气候变化可能产生的影响，是动态可视化的建模工具，具有广泛的适用性。该平台完全基于互联网，是一个动态的、开放的系统。C^3IAM 平台提供了灵活的数据建模工具、界面组态工具、查询工具和 Web 访问接口，具有查询、分析以及数据导出等功能。通过 C^3IAM 平台，用户可以建立功能完善、稳定可靠的数据环境；可通过量化未来社会经济发展情景模拟未来全球及 12 个区域的平均温度变化，评估温升带来的 GDP 和消费损失以及社会减排成本，为国家参与全球气候治理提供决策支撑。

基于碳减排“时–空–效–益”统筹理论，C^3IAM 的设计既兼顾了短期性与长期性，从而权衡了代际的成本与收益，又考虑了各国或各地区的成本与利益，从而统筹了局部减排与整体减排。此外，在社会经济系统的政策模拟模块，一方面，C^3IAM 包含不同尺度的社会经济模块和能源技术模块，对于减排路径的设计既包含了碳定价等政策手段，又包含了生产工艺更新替代等技术手段；另一方面，C^3IAM 纳入了政府与生产者等不同类型的经济主体，能够刻画和模拟碳减排政策的价格机制与数量机制，从而实现了政府管制与市场机制的统筹。而且，C^3IAM 包含气候系统模块和气候损失模块，实现了自然气候系统与社会经济系统的耦合，能够统筹发展与减排，模拟和提供权衡长期经济发展与减缓气候变化的最优路径。C^3IAM 的基本框架如图 8-1 所示。

该模型主要由七种不同的组合模型或模块组成，包括全球能源与环境政策分析模型（global energy and environmental policy analysis model，简称为 C^3IAM/GEEPA）、全球多区域经济最优增长模型（C^3IAM/EcOp）、中国多区域能源与环境政策分析模型、国家能源技术模型（C^3IAM/NET）、气候系统模型（C^3IAM/Climate）、生态土地利用模型（C^3IAM/EcoLa）与气候变化损失模型（C^3IAM/Loss）。这七个模型既相互独立，适用于不同的领域，又互为补充，在一个典型的社会经济路径情景发展周期内相互关联。

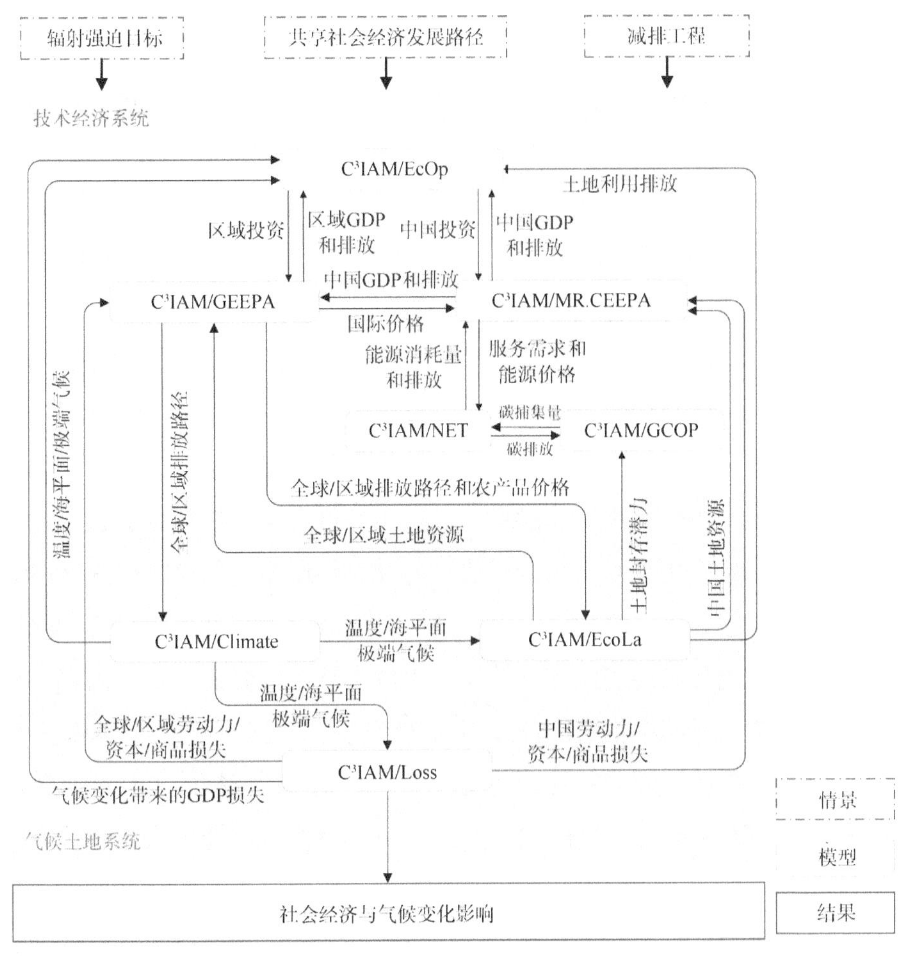

图 8-1　C^{3}IAM 的基本框架

8.2　气候系统和社会经济系统耦合技术

气候变化综合评估模型将气候系统与经济系统耦合于同一分析框架内，可以给出权衡长期经济发展和应对气候变化的最优路径，提供不同时间段、反映“轻重缓急”的应对方案。耦合地球系统模式和社会经济系统可以更精确地反映人类系统和地球系统之间的交互关系，是气候变化综合评估建模的发展方向。目前，不同系统之间主要的耦合方式包括嵌入式耦合和交互式耦合。

嵌入式耦合是指以两类模型为对象，将其中一类模型进行简化再造，使其在另一个模型的建模基础架构中得以实现，进而快速实现同步双向耦合。在地球系统模式中，嵌入式耦合多被用来实现大气、海洋、陆地、冰川等不同系统变化之间的相关作用和关联。例如，在地球系统模式中描述地球系统多个圈层（陆地、大气、海洋等）的系统动力、物理、化学等过程涉及地球多个圈层（陆地、大气、海洋等）之间的多尺度耦合，需要进行众多复杂参数化过程和大规模、多尺度、多维数据处理。在社会经济系统中，嵌入式耦合一般用于实现经济生产与技术进步、经济发展与人口变化等不同的子系统之间的相互关联。例如，基于经济学、社会学、系统学、心理学等理论构建系统优化模型，对人类社会经济系统进行模拟刻画，进而设计生产、消费、投资、贸易、产业变迁、能源使用以及碳排放等情景。

社会经济系统与地球系统模式之间的嵌入式耦合一般有两种方式：一是将复杂地球系统模式简化，形成时间、空间尺度与社会经济系统模型一致的气候变化模块，进而内嵌到社会经济系统模型中，通过模拟经济系统产生排放导致气候变化，由此带来温度、海平面等变化及极端气候事件的发生，进而产生气候损失，反过来对经济造成负面影响，从而实现双向耦合；二是将社会经济系统简化，使之输出复杂地球系统模式所需要的温室气体排放数据，再建立气候变化与部分经济活动的反馈关系，进而实现双向耦合。传统地球系统模式太过复杂，计算时间长，而且与社会经济系统等多个模型的双向耦合可能需要多次迭代交互，总体运行时间和算力需求可能呈几何式增长，因此，部分综合评估模型选择对地球系统模式进行简化处理，抽象出适合社会经济系统时空尺度的气候变化模块。然而，对地球系统模式进行简化将增加气候变化模拟的不确定性，不少学者在进行耦合时主张简化社会经济系统。此类耦合方式中，地球系统模式和社会经济系统的关键连接点是温室气体排放。温室气体排放数据作为社会经济系统的产出，其数据粒度由社会经济系统的特性决定。复杂地球系统模式对温室气体排放数据的时空分布及变化要求较高，常用的社会经济系统模型均无法满足其需求，大多需要通过特定方法进行降尺度处理，得到适合复杂地球系统模式的数据。

嵌入式耦合可能会造成因简化部分模型或模块而带来的结构可靠性和准确性方面的损失。鉴于地球系统模型和社会经济模型在建模思路和理论基础上有较大差异，且模型数据在时空尺度也存在较大差异，很难直接在同一模型架构中进行整体建模整合，多数综合评估模型中，地球系统模型、经济系统模型、土地利用模型以及气候影响模型之间的相互耦合都应用交互式耦合。通过在自然和社会驱动因素之间引入多个反馈机制，提高对人类社会系统和地球系统动态演化的科学理解。根据参与耦合的模型数量不同，交互式耦合可进一步分为双模型交互耦合和多模型交互耦合。一般情况下，气候变化综合评估模型主要进行社会经济系统模型和地球系统模型的双模型交互耦合。这种耦合需要针对交互的链接变量（包括双变量或多变量交互耦合）进行反复校准，使其保持一致性。如果两种模型的运行平台不同，还需要构建耦合器，通过耦合器调用两个已有模型来实现耦合。麻省理工学院开发的综合全球系统模型（integrated global system model，IGSM）即此类耦合模型，其通过对经济预测和政策分析（economic projection and policy analysis，EPPA）模型、麻省理工学院地球系统模型（Massachusetts Institute of Technology earth system model，MESM）进行耦合得到。此外，考虑到土地利用对气候变化的重要作用，部分气候变化综合评估模型会详细刻画土地利用模型，该模型与地球系统模型和社会经济系统模型的建模框架都有所不同，但存在密切的关联关系。其中，在土地利用模型中，输出参数包括土地利用变化导致的温室气体排放以及土地资源变化，输入参数包括气候变化导致的温度、降水、海平面等变化，以及投资、经济发展等对土地设施、生产力的影响。因此，该类气候变化综合评估模型将土地利用模型、地球系统模型和社会经济系统模型等进行耦合，涉及多维度、多层次的对接，对耦合思路、耦合架构及计算资源的要求较高，且难以保障运行效率，因此，目前此类模型尚处于积极探索中。

C^3IAM 是一个较为全面的综合评估模型，实现了多部门经济跨期最优增长、能源技术演化、气候变化与减缓、气候损失及应对、土地利用等决策和评估的同步优化。基于以上关于嵌入式耦合和交互式耦合的讨论，C^3IAM 将地球系统模型与社会经济系统模型进行嵌入式耦合，同时采用交互式耦合的方式实现不同尺度的社会经济系统模型之间、社会经济系统模型与能源技术模型、土地利用模型之间的相互关联，如图 8-2 所示。具体而言，在社会经济系统模型方面，C^3IAM 纳入了 3 个相互关联的模块（C^3IAM/EcOp、C^3IAM/GEEPA、C^3IAM/MR.CEEPA），通过全球多区域可计算一般均衡模型 C^3IAM/GEEPA 和中国分省域可计算一般均衡模型 C^3IAM/MR.CEEPA 的多维度耦合，一方面实现模拟气候政策对全球各区域各行业各经济主体的影响，另一方面把这些影响传递到中国各省份各经济主体，同时将中国各省份各经济主体受到的影响及具体应对再反馈到全球层面进行优化，从而在中观层面全面刻画气候政策对全球不同区域不同行业的影响，在微观层面详细刻画中国内部不同省份各类经济主体对于气候政策的响应。而在更宏观的层面，通过 C^3IAM/GEEPA 和 C^3IAM/EcOp 的耦合，可以探讨应对气候变化的努力如何在代际权衡及地区间博弈，从而实现空间和时间的公平性。通过多级交互耦合，实现了

$C^3IAM/GEEPA$、$C^3IAM/MR.CEEPA$ 和 $C^3IAM/EcOp$ 的多维交互，实现了宏观层面的一致性和微观层面的特殊性。

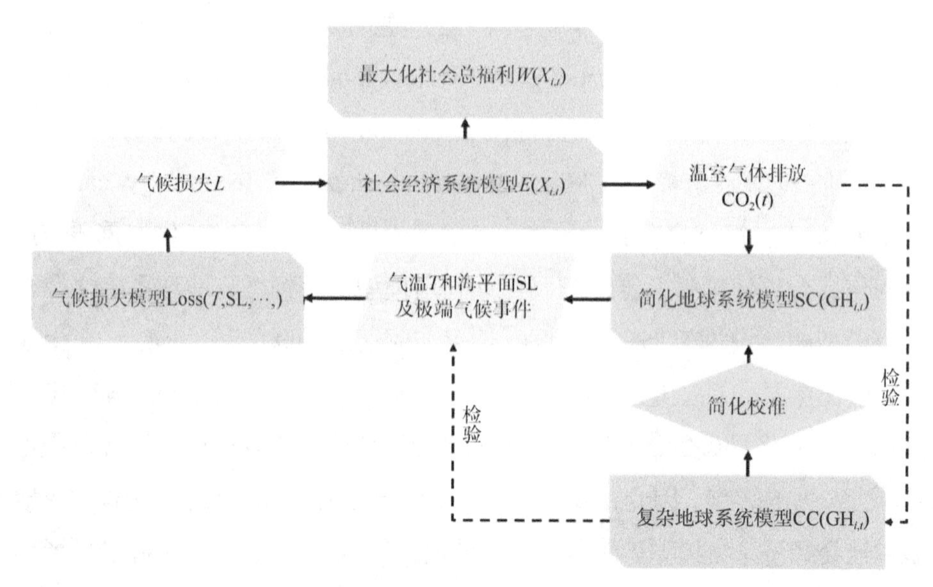

图 8-2　社会经济系统模型与地球系统模型嵌入式耦合框架图

t 表示年份；i 表示区域

8.2.1　地球系统模块与社会经济系统模块实现嵌入式耦合

传统复杂地球系统模式关于气候变化的刻画和模拟较为精细，社会经济系统模块对气候变化的描述需求较为抽象和简化，两者的输入输出数据在时间、空间尺度及数据之间交互关系的细致复杂程度上不一致，两者耦合需要实现数据尺度一致及交互关系统一。本章将地球系统模型按照温室气体排放-存量-浓度-辐射强迫-温度简化复杂气候模型。利用不同情景的相关数据模拟上述关系的关键参数，将得到的简化气候模型直接嵌入社会经济系统模型中。简化气候模型随着复杂气候系统的改进和完善不断更新与校准，以提高简化气候模型模拟的可靠性和准确性。该方法对现有综合评估模型中嵌入式气候模块的假设提供了补充和改善。

同时，此环节的耦合还需建立并完善全球多区域损失函数，形成适应于经济模块的损失模块。相关方程和变量纳入社会经济系统模型直接求得最优解。其中区域总体损失模型嵌入 $C^3IAM/EcOp$，细化的各区域不同部门损失模型直接嵌入全球多区域多部门可计算一般均衡模型 $C^3IAM/GEEPA$ 和中国分省域可计算一般均衡模型 $C^3IAM/MR.CEEPA$。

主要方程如下：

$$\max\sum\delta_{i,t}\gamma_{i,t}W_{i,t}\left(c_{i,t}\right) \tag{8-1}$$

$$\text{s.t.}\quad c_{i,t}=Y_{i,t}\left(K_{i,t},L_{i,t},E_{i,t}\right)\text{Loss}\left(T_{i,t},\text{SL}_{i,t},\cdots\right)/L_{i,t} \tag{8-2}$$

$$I_{i,t}=Y_{i,t}-C_{i,t} \tag{8-3}$$

$$K_{i,t+1}=\varphi K_{i,t}+I_{i,t} \tag{8-4}$$

$$\text{GH}_{i,t}=g_{i,t}Y_{i,t} \tag{8-5}$$

$$T_{i,t}=\text{SC}\left(\text{GH}_{i,t}\right) \tag{8-6}$$

$$\text{SL}_{i,t}=\text{SC}\left(\text{GH}_{i,t}\right) \tag{8-7}$$

其中，$\delta_{i,t}$为第t年第i区域的福利权重；$\gamma_{i,t}$为第t年第i区域的折现率；$W_{i,t}\left(c_{i,t}\right)$为第$t$年第$i$区域的社会福利；$c_{i,t}$为第$t$年第$i$区域的人均消费；$Y_{i,t}$为第$t$年第$i$区域的社会产出；$K_{i,t}$为第$t$年第$i$区域的资本投入；$\varphi$为资本折旧后的价值系数；$L_{i,t}$为第$t$年第$i$区域的劳动投入；$E_{i,t}$为第$t$年第$i$区域的能源投入；$I_{i,t}$为第$t$年第$i$区域的投资；$\text{Loss}\left(T_{i,t},\text{SL}_{i,t},\cdots\right)$为第$t$年第$i$区域的产出损失系数；$g_{i,t}$为第$t$年第$i$区域的温室气体排放系数；$\text{GH}_{i,t}$为第$t$年第$i$区域的温室气体排放；$\text{SC}\left(\text{GH}_{i,t}\right)$为简化气候模型；$T_{i,t}$为第$t$年第$i$区域的温度；$\text{SL}_{i,t}$为第$t$年第$i$区域的海平面。

8.2.2　C3IAM/GEEPA 与 C3IAM/EcOp 多维交互耦合

C3IAM/GEEPA 与 C3IAM/EcOp 两个模型对经济增长的影响机制不同，在对经济系统刻画的详尽程度、温室气体排放核算、减排成本及气候损失刻画方式等方面也有较大不同。C3IAM/EcOp 能够模拟全球经济实现长期均衡增长的路径，进而实现经济的跨期优化决策；而 C3IAM/GEEPA 能够更加全面详细地刻画各区域各经济主体的优化行为和均衡状态。两者耦合取长补短，实现以上不同方面的交互一致。C3IAM 在共享社会经济情景假设下，使用 C3IAM/EcOp 各情景下的投资决策路径指导 C3IAM/GEEPA 的投资演变，得到 C3IAM/GEEPA 中的经济增长、排放、减排成本和气候损失等，以此校准 C3IAM/EcOp 中的全要素生产率、排放强度、减排成本和气候损失等相关参数，交互求解得到各交互参数一致的均衡解（魏一鸣等，2023）。

以 GDP、投资、温室气体排放和气候损失等为耦合变量，C3IAM/GEEPA 以 C3IAM/EcOp 的 GDP 和投资为基准，C3IAM/EcOp 以 C3IAM/GEEPA 的温室气体排放和气候损失为基准进行双向耦合，主要过程如图 8-3 所示。

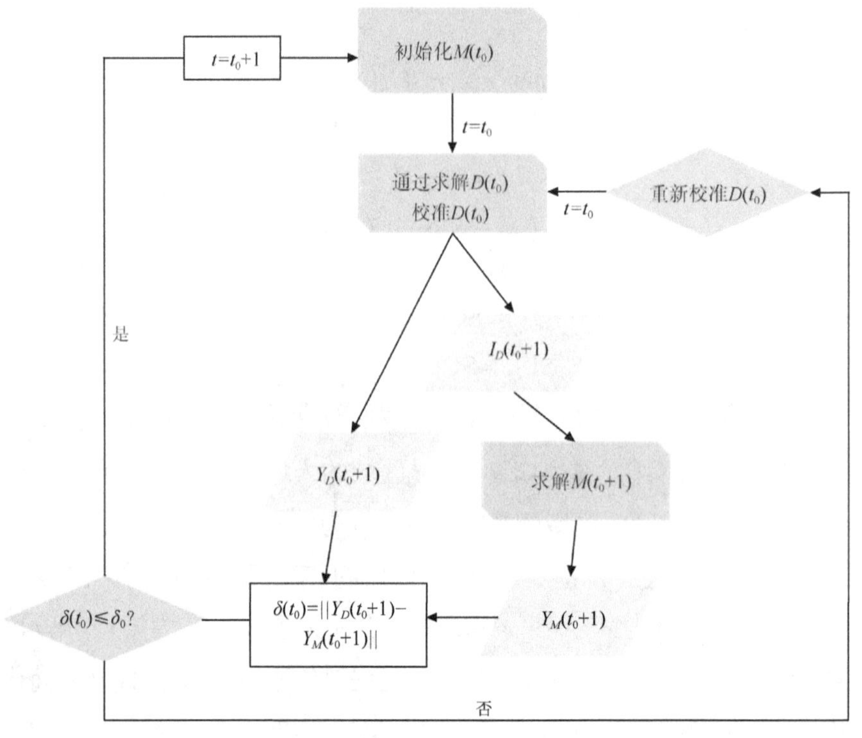

图 8-3 C³IAM/GEEPA 与 C³IAM/EcOp 的耦合实现过程

$\delta(t_0)$表示 t_0 时期的福利权重；δ_0 表示基期的福利权重

图 8-3 中，$M(t_0)$代表 C³IAM/GEEPA，$D(t_0)$代表 C³IAM/EcOp，$Y_M(t_0+1)$指 C³IAM/GEEPA 中的耦合目标变量，$Y_D(t_0+1)$指 C³IAM/EcOp 中的耦合目标变量，如 GDP、CO_2，$I_D(t_0+1)$是耦合中间变量。

8.2.3 C³IAM/GEEPA 与 C³IAM/MR.CEEPA 的多维交互耦合

C³IAM/GEEPA 与 C³IAM/MR.CEEPA 的数据基础具有不同的基期、数据来源和口径；在建模方面需要协调统一省际层面与国家层面对于生产、消费、投资、国际贸易等方面的刻画。通过导出 C³IAM/GEEPA 的基期变量以及结合相应的统计数据，构建与 C³IAM/MR.CEEPA 基期一致的 C³IAM/GEEPA 基础数据集。C³IAM/MR.CEEPA 中各省际的相应实物量或名义量之和应等于中国在 C³IAM/GEEPA 中的相应变量值；对于中国而言，两模型国家层面上的市场价格应保持一致。将 C³IAM/MR.CEEPA 中的各省份的生产、消费、投资/储蓄、进口、出口等模块与 C³IAM/GEEPA 匹配，通过循环迭代，最终形成市场的一般均衡状态，实现全球、区域、国家能源与环境政策分析模型的动态耦合。

8.2.4 C³IAM/GEEPA 与 C³IAM/NET 的多维交互耦合

C³IAM/GEEPA 与 C³IAM/NET 在关于能源技术演化的刻画机理方面有很大不同。C³IAM/GEEPA 采取自上而下的建模思路，通过各类能源生产部门的生产函数来刻画能源生产成本、供应量，通过各类能源使用需求得到各类能源需求总量，通过能源市场供需平衡来获得均衡状态下的能源价格、消费量和产量，从而模拟出各能源发展路径。C³IAM/GEEPA 在能源生产环节通过自发性能源效率改进（autonomous energy efficiency improvement，AEEI）来反映能源生产技术进步，在消费端通过能源利用效率参数来刻画能源利用技术进步。C³IAM/NET 采取自下而上的建模思路，通过详细刻画各能源技术和能源品种的生产环节及成本，实现满足特定能源需求条件下的能源供应成本最小化，进而模拟出能源技术演化路径。两个模型对能源生产和消费、能源成本和能源技术的刻画有很大不同，涉及的数据来源、口径和能源技术种类等差别较大。C³IAM 通过实现两个模型中各类能源需求、供应和价格的一致性，进而实现两个模型的交互耦合。C³IAM/GEEPA 可获取各类能源需求和价格数据，在给定各类能源需求和价格的基础上，C³IAM/NET 能够模拟优化得到最低成本的能源供给结构和演化路径，再反馈给 C³IAM/GEEPA，优化能源供给模块技术进步参数，多次迭代实现两个模型中需求、供应和价格的一致。

8.2.5 C³IAM/GEEPA 与 C³IAM/EcoLa 的多维交互耦合

C³IAM/GEEPA 的土地供给作为一种资源要素，按照部门类别划分不同土地类型，按照模型区域划分为 12 个区域类型。而土地利用模块对土地类型和区域的划分更加细致。两个模型在建模方法及需求上不同，关于土地类型的细分维度有很大差异。C³IAM 需要用 C³IAM/EcoLa 在不同气候变化情景下土地利用的变化校准 C³IAM/GEEPA 外生的土地资源供应。在 C³IAM/GEEPA 中，农业部门、工业及服务业等部门的土地资源供给变化将影响各部门的产出及成本，从而影响各部门的化石能源投入，由此引发部门温室气体排放的变化。温室气体排放变化将经由气候变化模块反映出温度、海平面等的变化，进一步反馈至 C³IAM/EcoLa，模拟获得各类土地资源的供应变化情况，通过降维处理得到 C³IAM/GEEPA 各部门土地资源供应变化情况。

8.3 多源数据耦合技术

耦合地球系统模型和社会经济系统模型可以更精确地反映人类系统和地球系统之间的交互关系，是气候变化综合评估建模的发展方向。实现社会经济系统模型与地球系统模型双向耦合的前提是统一两种模型所使用的数据尺度，形成统一的分析数据平台，进而研究两者之间的相互作用。但是，由于两类模型在研究的维度、空间分辨率等方面存在很大差异，实现双向耦合需要解决诸多问题。要解决的首要问题之一就是两类模型在时空运行尺度上的不一致性。主要的气候变化情景研究大都以行政区域为运行单元，把全球分成了若干个区域。为了与地球系统模型耦合，需要将基于行政区域划分的调查数据、普查数据以及统计数据转化为能够与自然地理区域或者标准网格系统相互兼容的数据格式。尺度转换是实现数据同化、形成统一模型的关键。因此，实现社会经济系统模型与地球系统模型双向耦合的前提是统一两种模型所使用的数据尺度，形成统一的分析数据平台，进而才能研究两者之间的相互作用。

为此，本节构建了多源数据融合模型，具体而言，通过对人口、社会经济、温室气体排放和土地利用类型变化四类数据构建网格化模型，将社会经济系统输出的大尺度模拟结果推演至精细网格尺度。建模的主要思路是通过统计型的社会经济数据，选取适当的参数和算法，反演出统计型数据在一定时间和一定地理空间中的分布状态，创建区域范围内连续的社会经济数据表面。

8.3.1 人口数据网格化模块

人口数据网格化模块基于现有主流算法，考虑空间化方法的侧重点和数据的可获得性，选用夜间灯光强度、土地利用数据两个与人口分布相关的主要指示因子；选用坡度、高程、距最近河流的距离及距最近公路的距离四个辅助影响因子，分别定量描述其与人口分布的关系，然后将多因子融合为人口分布权重值，并将其分配至各个像元上，进而实现行政区域数据到网格数据的转换。首先，构建人口空间化因子权重评价指标体系（表 8-1）。

表 8-1　人口空间化因子权重评价指标体系

目标层	准则层	指标层
人口网格化评价指标体系 T	主要指示因子 P_1	夜间灯光强度（Nlight）
		土地利用数据（Land）
	辅助影响因子 P_2	坡度（Slope）
		高程（DEM）
		距最近河流的距离（Waterway）
		距最近公路的距离（Road）

采用层次分析法（analytic hierarchy process，AHP）计算得出夜间灯光强度（Nlight）、土地利用数据（Land）、坡度（Slope）、高程（DEM）、距最近公路的距离（Road）、距最近河流的距离（Waterway）六个相关因子对人口分布影响的权重分别为 25、6、1、1、1、2。进一步，得到第 t 年第 i 个区域第 (x,y) 个网格的人口数量 $\text{Pop}_i(x,y,t)$：

$$\text{Pop}_i(x,y,t) = \text{Pop}(i,t)\frac{W_i(x,y,t)}{\sum_{i=1}^{n} W_i(x,y,t)} \tag{8-8}$$

$$W_i(x,y,t) = W_k \times C_{ik}(x,y,t) / \sum_{i=1}^{n} C_{ik}(x,y,t) \tag{8-9}$$

其中，$W_i(x,y,t)$ 为第 t 年第 i 个区域第 (x,y) 个网格的综合权重；$C_{ik}(x,y,t)$ 为第 t 年第 i 个区域第 k 种指标（k= Nlight，Land，Slope，DEM，Waterway，Road）的值；W_k 为指标的权重系数；$\text{Pop}(i,t)$ 为研究区第 t 年总人口；n 为第 i 个区域的网格总数。根据式（8-8）和式（8-9），可以得到每个网格的人口数量。空间数据的处理主要在 ArcGIS 平台上完成，包括由高程数据生成流域的海拔、坡度和坡向图，计算出网格平均高程、平均坡度；根据公路与河流数据，生成相应的距离图，分别计算每个网格到公路与河流的平均距离。

8.3.2　GDP 数据网格化模块

已有研究表明，夜间灯光数据与第一产业相关性不大，与第二、三产业相关性较大。因此，GDP 数据网格化模块按照“先行业、后综合”的顺序对 GDP 数据进行网格化处理。第一产业主要分布在农村地区，由农业、林业、牧业和渔业共四个产业部门组成。在国家尺度上，农、林、牧、渔可以视作均匀分布于耕地（crop）、林地（forest）、草地（grass）、水域（water）四类土地利用类型中。因此，本节首先建立了分土地利用类型影响的第一产业增加值空间分布权重层；在得到权重层之后，再对第一产业增加值进行离散。在网格化过程中，首先统计每个区域的耕地、林地、草地和水域的总面积，然后计算每个网格单元内含有这些地类的土地总面积，将后者除以前者得到每个网格耕地、林地、草地、水域占该区域四种土地利用类型的面积比率。利用该比率与第一产业产值相乘得到每个网格内第一产业产值的数据，实现第一产业产值网格化。

$$\mathrm{GDP}_i(x,y,t)=\mathrm{GDP1}_i(x,y,t)+\mathrm{GDP23}_i(x,y,t) \tag{8-10}$$

$$\mathrm{GDP1}_i(x,y,t)=\mathrm{GDP1}_i\left[W_j\frac{\mathrm{Land}_{ij}(x,y,t)}{\sum_{i=1}^{n}\mathrm{Land}_{ij}(x,y,t)}\right] \tag{8-11}$$

其中，$\mathrm{GDP1}_i(x,y,t)$为在第t年第i个区域第(x,y)个网格与耕地、林地、草地、水域四种土地利用数据相关的第一产业的 GDP 值；$\mathrm{GDP23}_i(x,y,t)$为第t年第i个区域第(x,y)个网格第二、三产业的产值；$W_j\,(j=\text{crop,forest,grass,water})$为四种土地利用类型的权重系数；$\mathrm{Land}_{ij}(x,y,t)$为第$t$年第$i$个区域第$(x,y)$个网格耕地、林地、草地和水域对应的面积。

第二、三产业主要涉及工业、建筑业和各种服务业，对自然资源的依赖性不大，与反映社会经济发展程度的夜间灯光数据具有明显的相关性。目前土地利用数据和夜间灯光数据都无法精确区分第二产业和第三产业，因此本节提取 DMSP/OLS［DMSP/OLS 表示夜间灯光数据类型，1992～2013 年由美国军事气象卫星（DMSP）搭载的线性扫描业务系统（OLS）拍摄］夜间灯光强度值（$0<O\leqslant 63$，O 表示夜间灯光强度值），选用第二、三产业之和建立空间化的分布模型：

$$\mathrm{GDP23}_i(x,y,t)=\mathrm{GDP23}_i\times\frac{\mathrm{Nlight}_i(x,y,t)}{\sum_{i=1}^{n}\mathrm{Nlight}_i(x,y,t)} \tag{8-12}$$

其中，$\mathrm{Nlight}_i(x,y,t)$为第t年第i个区域第(x,y)个网格夜间灯光强度值。

8.3.3 温室气体数据网格化模块

Doll 等（2006）将碳排放数据与夜间灯光数据做了量化分析，分别从全球和区域尺度进行统计，得出两种数据之间可能的相关系数为 0.84 和 0.73，证明了夜间灯光数据在研究碳排放方面的可靠性。基于同一区域的夜间灯光数据与 CO_2 排放总量呈正相关的结论，温室气体数据网格化模块选取夜间灯光数据作为代理变量进行温室气体排放的网格化计算。选取 GDP 和人口作为直接影响因子。

$$\mathrm{Em}_i(x,y,t)=\mathrm{Em}(i,t)\times\left[W_k\times\frac{\mathrm{Nlight}_i(x,y,t)}{\sum_{i=1}^{n}\mathrm{Nlight}_i(x,y,t)}+W_k\times\mathrm{Pop}(x,y,t)+W_k\times\mathrm{GDP}_i(x,y,t)\right] \tag{8-13}$$

其中，$\mathrm{Em}_i(x,y,t)$ 为第 t 年第 i 个区域第 (x,y) 个网格 CO_2 的排放量；$\mathrm{Pop}(x,y,t)$ 和 $\mathrm{GDP}_i(x,y,t)$ 分别为本章计算出的网格尺度的人口数据和 GDP 数据；$\mathrm{Em}(i,t)$ 为第 t 年第 i 个区域 CO_2 的排放总量。

8.3.4　土地利用数据网格化模块

土地利用数据网格化模块将土地利用类型分为耕地、林地、草地和水域四类，采用小尺度土地利用变化及效应（conversion of land use and its effects at small region extent，CLUE-S）模型模拟土地利用变化未来的分布格局。计算土地利用类型的变化率，首先需要确定影响土地利用类型变化的驱动因子。综合已有研究，选取坡度、高程、土壤有机碳含量、年均降水量、人口密度和人均 GDP 六类因子，建立各土地利用类型的逻辑斯谛（Logistic）回归方程：

$$\mathrm{Log}\left\{\frac{p_i}{1-p_i}\right\}=\beta_0+\beta_1X_{1,i}+\beta_2X_{2,i}+\cdots+\beta_nX_{n,i} \tag{8-14}$$

其中，p_i 为每个栅格可能出现某一土地利用类型 i 的概率；$X_{1,i}$～$X_{n,i}$ 为各种备选驱动因素；β_0～β_n 为各种驱动因素的回归参数。Logistic 回归分析法可以筛选出对土地利用格局影响较为显著的因素，同时剔除影响不显著的因素。采用受试者工作特征（receiver operating characteristic，ROC）曲线检验回归结果：ROC 的值在 0.5～1.0，其值越接近 1.0，表明回归方程对土地利用分布格局的解释能力越强。

土地利用稳定程度为某一土地利用类型转换为其他类型的难度的大小，该参数的范围为 0～1。规定参数为 0 时可以任意转换为其他类型，参数为 1 时不会转换为其他类型。本节根据已有研究，参考专家经验设置建设用地、耕地、草地、林地、水域的稳定程度，分别为 0.9、0.7、0.6、0.9、0.9（孙晓芳等，2012）。参考 Yue

等（2007），设置土地利用类型之间转移规则。为了分析各土地利用的空间格局的变化，采用 CLUE-S 对土地利用变化速率的区域差异进行分析：

$$S=\sum_{ij}^{n}\left(\Delta S_{i-j}/S_i\right)\times\left(1/t\right) \tag{8-15}$$

其中，S_i 为模拟开始时第 i 类土地利用类型总面积（即栅格单元面积）；ΔS_{i-j} 为模拟开始至模拟结束时段内第 i 类土地利用类型转换为其他土地利用类型的面积总和；t 为土地利用变化时间段；S 为与 t 时段对应的研究区土地利用变化速率。将 10km 网格内主导转换类型变化最大的类型确定为该栅格的变化类型，形成主导转换土地利用动态类型图。通过对土地利用变化进行空间分配迭代以实现模拟，式（8-16）为迭代方程：

$$\mathrm{TPROP}_{i,u}=P_{i,u}+\mathrm{ELAS}_u+\mathrm{ITER}_u \tag{8-16}$$

其中，$\mathrm{TPROP}_{i,u}$ 为栅格 i 上土地利用类型 u 的总概率；$P_{i,u}$ 为运用 Logistic 回归分析得出的土地利用类型 u 在栅格 i 中的适宜性概率；ITER_u 为土地利用类型 u 的迭代变量；ELAS_u 为土地利用类型 u 的转化弹性系数。

8.3.5 模型精度检验

数据经过尺度转换后会产生不同程度的信息丢失和歪曲。尺度转换的精度验证是评价算法优劣的有效工具。综合现有研究，本节采用 Kappa 系数定量检验模型的模拟效果（Pontius，2000）。Kappa 系数表达式为

$$\mathrm{Kappa}=(P_\mathrm{o}-P_\mathrm{c})/(P_\mathrm{p}-P_\mathrm{c}) \tag{8-17}$$

其中，P_o 为两幅图中一致性的比例；P_c 为随机情况下期望的一致性比例；P_p 为理想情况下期望的一致性比例。以土地利用为例，本节土地利用类型为 5 类，因此随机情况下期望的一致性比例为 1/5，理想情况下期望的一致性比例为 1。利用 ArcGIS 中的 Raster Calculator 工具，将模拟结果与 2015 年数据进行栅格相减，计算结果中 Value 值为 0 的栅格即为模拟正确的栅格。

8.4 综合评估情景设置

排放情景即对未来不同情景的模拟，通常是根据一系列因子（包括人口增长、经济发展、技术进步、环境条件、全球化、公平原则等）的假设得到的。IPCC 在

2000 年发布了一系列排放情景，称为排放情景特别报告（special report on emissions scenario，SRES）。SRES 情景的预估覆盖 21 世纪，并预计了主要的温室气体、臭氧前驱体、硫酸盐气溶胶的排放以及土地利用变化。SRES 情景将未来世界发展框架归纳为 4 种：A1、A2、B1 和 B2。其中，A1 框架进一步划分了 3 个群组：化石密集（A1F1）、非化石能源（A1T）和各种能源资源均衡（A1B）。

IPCC 第三次评估报告发布了典型浓度路径（representative concentration pathway，RCP）来描述温室气体浓度，并在 RCP 的基础上确定了共享社会经济路径（shared socioeconomic pathway，SSP），分别是 SSP1（可持续发展路径）、SSP2（中等发展路径）、SSP3（区域竞争路径）、SSP4（不均衡发展路径）和 SSP5（常规发展路径）（图 8-4）。SSP 旨在描述未来面临的不同程度的减缓和适应挑战。SSP 给出了经济优化、市场改革、可持续发展、区域竞争、常规商业等不同发展导向下，经济发展速度、人口增长率、技术进步、环境保护、贸易、政策、脆弱性等的方向和趋势。这些要素是使用 IAM 进一步定量描述 SSP 的基础。根据情景假设，SSP1～SSP3 涵盖了减缓和适应的一系列从低到高的挑战。SSP5 的特点是以减缓气候变化的挑战为主，适应气候变化的挑战能力较弱。与之相反，SSP4 以适应气候变化的挑战为主，考虑低基准排放量和高的减缓能力，减缓气候变化的挑战能力较低。

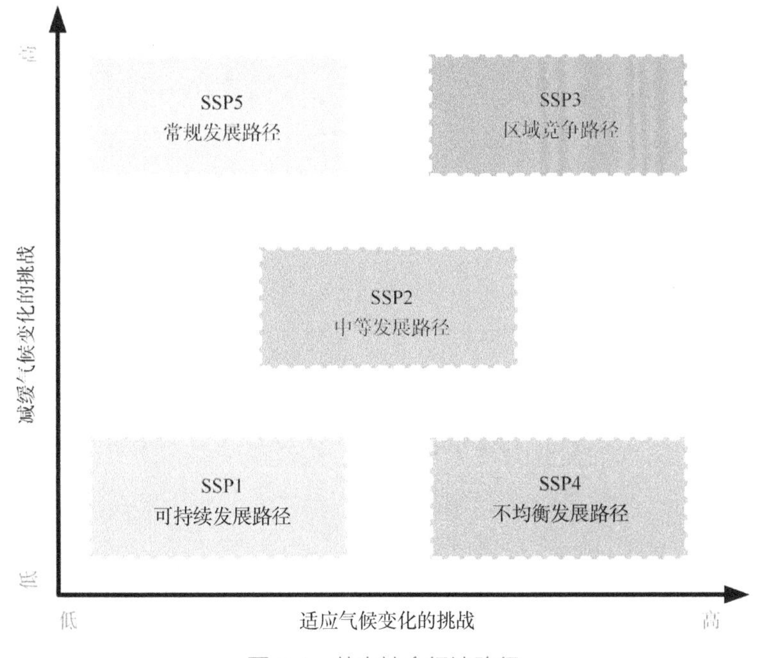

图 8-4　共享社会经济路径

由于未来社会经济发展的不确定性很大，IPCC 采用具有不同社会经济假设的情景矩阵来分析不同辐射强迫目标下的温室气体排放和社会经济各部门发展路径的变化。为了量化减排情景，C^3IAM 同时考虑了 SSP、辐射强迫目标、RCP 和共享气候政策假设（shared climate policy assumption，SPA）。

8.5 本章小结

综合运用碳减排“时-空-效-益”统筹理论，本章介绍了 C^3IAM 的设计思路和框架，其主要由七大模块组合而成，各个模块的构建根据自身适用领域均体现了四大统筹关系。特别地，C^3IAM 实现了气候系统与经济系统的双向耦合。目前，嵌入式耦合和交互式耦合是双向耦合的两个主要发展方向。前者更加强调在同一建模框架下完成子模型的双向耦合，后者则可以采用不同的计算平台、不同的实现语言等交互运行基于不同哲学框架的各子模型，通过设计关键接口实现子模型关键变量一致性，进而实现双向耦合。本章简要介绍了嵌入式耦合和交互式耦合两种双向耦合方法，总结了两种耦合方法的主要特点及优缺点，全面展示了 C^3IAM 运用的耦合方法，并介绍了多源数据融合模型的开发方法，为分析、模拟和预测各类社会经济以及气候要素的发展与演化提供了基本的技术支持。

C^3IAM 建立了嵌入式和多维交互的气候变化综合评估模型耦合方法，解决了气候变化综合评估模型中经济、气候变化及损失、能源利用与减排技术、适应等模块之间的双向耦合问题，尽可能保持了各模块科学详细的刻画和模拟，同时实现了模块之间有效的交互联系，为提高气候变化综合评估的科学性和准确性提供了重要的手段和工具。特别地，传统复杂地球系统模式的运行时间长，无法有效支撑地球系统模块与社会经济系统模块的多维交互。C^3IAM 使用的地球系统模块与社会经济系统模块的嵌入式耦合技术有效解决了这一难题，显著提升了模块之间的交互效率，为气候综合评估模型的大范围推广应用打下了很好的基础。利用耦合模型可以快捷有效地评估全球应对气候变化行动方案的可行性及影响，以及评估全球应对气候变化的战略路径，为气候谈判提供实用的决策支撑工具；同时也能深入细致地模拟各种社会、经济、贸易、能源、环境及应对气候变化政策给社会、经济、气候等带来的深远影响并提供应对措施。

地球系统模型和社会经济系统模型双向耦合需要解决两类模型在时空运行尺度

上的不一致问题。本章开发了耦合多源多尺度数据的算法，实现社会经济数据由面到点的有效转化，为双模型的嵌套研究提供了数据基础。此外，目前的研究无论是在全球层面规则的评估与改进还是在国家层面的行动设计与分析，结果报告的形式均为宏观行政单元数据。此类数据空间分辨率低，无法进一步挖掘深层次的社会经济运行规律和问题。

第 9 章　行业与区域碳减排技术系统

纵观世界能源利用现状，各重点区域和电力、工业及交通等部门的能源需求日益增加。在当前应对气候变化和保障能源安全的形势下，各区域各行业又将承担怎样的减排责任，应如何部署区域与行业未来的低碳技术成为政府及公众关注的热点。为推动行业绿色转型，急需建立一个经济-能源-技术的综合模型。基于碳减排“时-空-效-益”统筹理论，C^3IAM/NET 在综合考虑经济发展、产业升级、城镇化加快、智能化普及等社会经济形态变化的基础上，提出全国“双碳”目标下的减排路径，并以此为基础，进一步构建多区域协同减排路径优化模型；基于自下而上的理论，从技术视角模拟各终端行业生产工艺过程或消费过程中详细技术的能源流和物质流，引入技术升级、燃料替代、成本下降等变化趋势和政策要求，提出各行业以经济最优方式实现其产品或服务供给目标的技术发展路径，最终预测支撑全行业生产和运行所需投入的分品种能源消费量。基于以上背景，本章将从以下几个方面展开介绍：

C^3IAM/NET 是什么？

C^3IAM/NET 的运行原理和框架如何？

C^3IAM/NET 中各子行业涉及哪些工艺流程？

9.1　国家能源技术模型

实现碳中和是一项复杂的系统工程，涉及自然系统（碳汇）、社会系统、经济系统、行为系统、能源系统等多系统的耦合，亦涉及能源系统内部能源加工转换—运输配送—终端使用—末端治理全过程的技术耦合，同时还涉及供给侧和需求侧的耦合以及终端用能部门之间的跨部门耦合，最终目标是实现技术经济协同，以权衡成本、收益、风险之间的关系。为了刻画上述复杂交互机理，面临跨系统跨部门耦合性、分行业异构性、技术成本动态性、技术和行为演变非线性、社会经济不确定性等诸多方面的挑战，这些挑战加大了统筹成本收益的难度和碳排放路径规划的不确定程度。因此，从复杂系统的视角，建立能刻画上述挑战内涵的方法和技术，是开展“双碳”目标约束下碳排放技术体系优化研究的有效和可行途径（魏一鸣等，2022c）。

针对碳中和路径优化的复杂性对建模的需求，北京理工大学能源与环境政策研究中心应用复杂系统理论，自主设计、构建了自下而上的国家能源技术模型，它是 C^3IAM 的重要组成部分，因此，取名为 C^3IAM/NET。该模型实现了“用能产品/服务需求预测–终端行业生产规划–终端能源需求集成–能源加工转换技术选择–供需两侧碳排放耦合”的五位一体，为全国–行业–技术多个层面的碳排放精细化管理提供了科学方法。

C^3IAM/NET 基于自下而上的理论基础，从工艺视角出发，模拟了一次能源供应、加工转换、终端行业生产运行的技术全流程，并计算其产生的能源消费及排放。C^3IAM/NET 目前涵盖一次能源供应、钢铁、水泥、化工、有色、造纸、电力、热力、建筑（居民/商业）、交通（城市/城际，客运/货运）、其他工业等 20 个细分行业的 800 余类重点技术。对各终端行业（包括一次能源供应、钢铁、水泥、化工、造纸、有色、其他工业、建筑、交通等）分别构建反映该行业工艺过程和决策机理的 C^3IAM/NET 子模型。通过集成能源加工转换部门（电力、热力等）和终端用能部门，模拟闭合能源系统整体联动和优化过程，基于成本优化得到各行业可行的减排路径及相应分品种的能源需求。

C^3IAM/NET 的整体架构如图 9-1 所示，包括三个模块（数据模块、节能减排政策模块和输出模块）和两个子模型（产品和服务需求预测模型、技术–能源–环境模型）。其中，数据模块是模型的基础，为模型提供了必要的社会经济、技术和政策信息。节能减排政策模块可将技术和经济方面的具体政策量化为适合模型的参数。输出模块是模型结果的定量化呈现，包括能耗、排放、成本、市场推广率等模型结果。产品和服务需求预测模型可用来预测各部门对产品或能源服务的未来需求。

下面对 C^3IAM/NET 各行业的子模型分别进行介绍，包括电力、钢铁、水泥、化工、有色（铝冶炼行业）、建筑和交通等重点能源密集型行业。

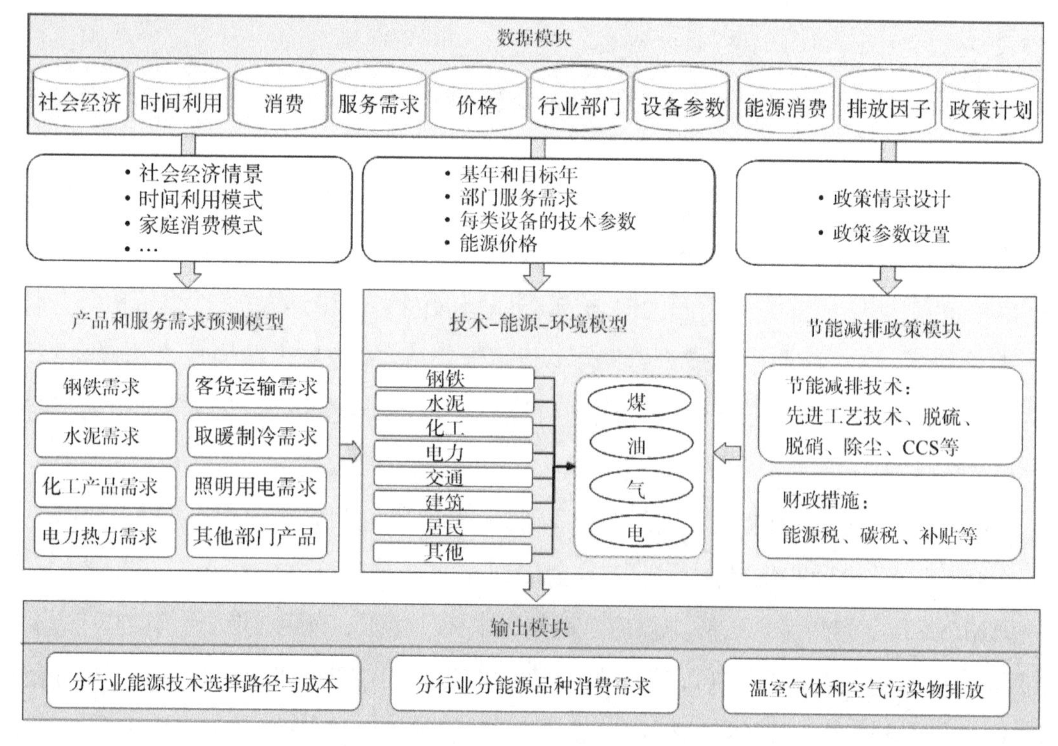

图 9-1　C^3IAM/NET 的构成

9.2　电力行业

9.2.1　电力行业工艺流程

电力系统由发电、输电、配电、用电及控制保护等环节组成，也可称为“源网荷储”系统。“源”主要指将各种能源转换成电能的大型集中式电源或分布式电源。不同类型的电源利用的发电能源、发电方式和发电流程有所不同，发电方式主要包括化石能源发电和非化石能源发电（图 9-2）。

（1）火力发电技术。火力发电是指通过燃烧化石燃料（煤、石油、天然气或其他碳氢化合物），将所得到的热能转换为机械能再转换为电能。其基本流程是先将燃料送进锅炉，同时送入空气，锅炉注入经过化学处理的给水，利用燃料燃烧放出的热能使水变成高温、高压的蒸汽，驱动汽轮机旋转做功而带动发电机发电。根据蒸汽压力和温度参数不同，煤电机组可分为低于 300 兆瓦、300 兆瓦以及 600 兆瓦规模的亚临界、超临界、超超临界技术，蒸汽参数和温度参数的提高意味着发电效率的提高和技术的迭代进步。先进燃煤发电技术还包括循环流化床发电技术、整体

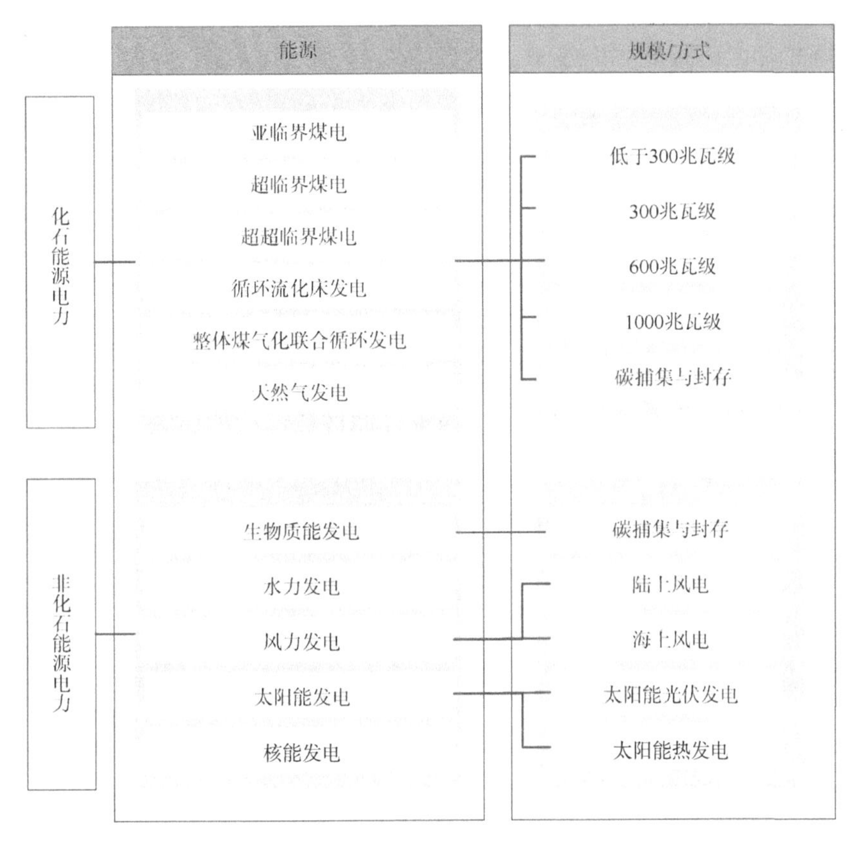

图 9-2　电源分类图

煤气化联合循环发电技术等。循环流化床是低温燃烧方式，负荷调节范围大，氮氧化物排放远低于煤粉炉，并可实现在燃烧中直接脱硫。整体煤气化联合循环发电系统是将煤气化技术和联合循环相结合的动力系统，煤经气化成为中低热值煤气，经过净化除去煤气中的污染物，然后送入燃气轮机的燃烧室燃烧，加热气体工质以驱动燃气透平做功，燃气轮机排气进入余热锅炉加热给水，产生过热蒸汽驱动蒸汽轮机做功。

（2）核能发电。核能发电主要包括两部分：核岛和常规岛，核岛的主要设备为核反应堆及由载热剂（冷却剂）提供热量的蒸汽发生器；常规岛的主要设备为汽轮机和发电机，与火电厂汽轮机大致相同。核能发电流程是利用铀燃料进行核分裂连锁反应所产生的热量将水加热，再利用形成的水蒸气推动汽轮机转动从而产生电能。

（3）水力发电。水力发电的主要流程为通过拦水设施截取河川的水，再经过压力隧道、压力钢管等水路设施送至电厂，当需要机组运转发电时，打开主阀和导翼使水冲击水轮机，水轮机转动后带动发电机旋转产生电能，如果要调整发电机组的出力，则调整导翼的开度增减水量。

（4）风力发电。风力发电的流程是利用风力带动风车叶片旋转，再透过增速机将旋转的速度提升，来促使发电机发电，根据环境和自然条件可以广泛放置在岛屿、沿海甚至海上等风力较大地区等，根据水平轴方向的不同分为水平轴风力发电和垂直轴风力发电。

（5）太阳能发电。太阳能发电根据能量转换过程的不同可以分为太阳能光伏发电和太阳能热发电，其中已实现产业化应用的主要是太阳能光伏发电。太阳能光伏发电的核心是太阳能电池板，主要使用的半导体材料包括单晶硅、多晶硅、非晶硅及碲化镉等，其发电方式是利用光伏半导体材料的光生伏打效应将太阳能转化为直流电能。太阳能热发电是指先将太阳能转化为热能，再将热能转化成电能的过程，主要包括塔式系统发电、槽式系统发电、盘式系统发电等，其中聚光太阳能发电是主要的太阳能热发电方式。

（6）生物质能发电。生物质能发电主要以农业、林业和工业废弃物及城市垃圾为原料，采取直接燃烧或气化等方式发电，包括直接燃烧发电、气化发电、垃圾焚烧发电、垃圾填埋气发电、沼气发电等。

（7）加装 CCS 发电。火电或生物质电加装 CCS 技术主要分为燃烧前捕集、燃烧后捕集和氧燃料燃烧捕集。燃烧前捕集的流程是通过气化将煤炭转化成煤气，并在气化炉后建立转换器，将煤气中的 CO 转化为 CO_2，再分离出 CO_2 达到脱碳目的。燃烧后捕集是从传统燃煤电厂燃烧后的烟气中捕集 CO_2。氧燃料燃烧捕集是指煤的燃烧采用近乎纯氧替代空气，使得烟气中 CO_2 浓度更高，然后同样从燃煤电厂烟气中捕集 CO_2。

除发电外，电力系统还包含“网荷储”部分，是一个超大规模的非线性时变能量平衡系统。各类电源通过相应设备做功将一次能源转换成电能后，通过升压接入“网”即电网，电网结构由国家级主干输电网与地方电网、微电网协调发展，采用大容量、低损耗、环境友好的输电方式。从功能角度，电网还分为输电网和配电网，输电网通过升压变电站、高压输电线路、超高压输电线路将发电厂与变电所连接起来，完成电能传输。配电网通过配电所、配电线路、变压器等从输电网接收电能，逐级降压分配给“荷”即各个负荷端。新型电力系统还增加了“储”环节，运用各类储能技术进行削峰填谷、配合平滑电力系统的波动，并通过“源网荷储”协同互动的非完全实时平衡，最大限度地提高新能源电能利用和供需平衡水平（图

9-3）。“源网荷储”互动运行是指电源、电网、负荷和储能之间通过源源互补、源网协调、网荷互动、网储互动和源荷互动等多种交互形式，提高电力系统功率动态平衡能力。

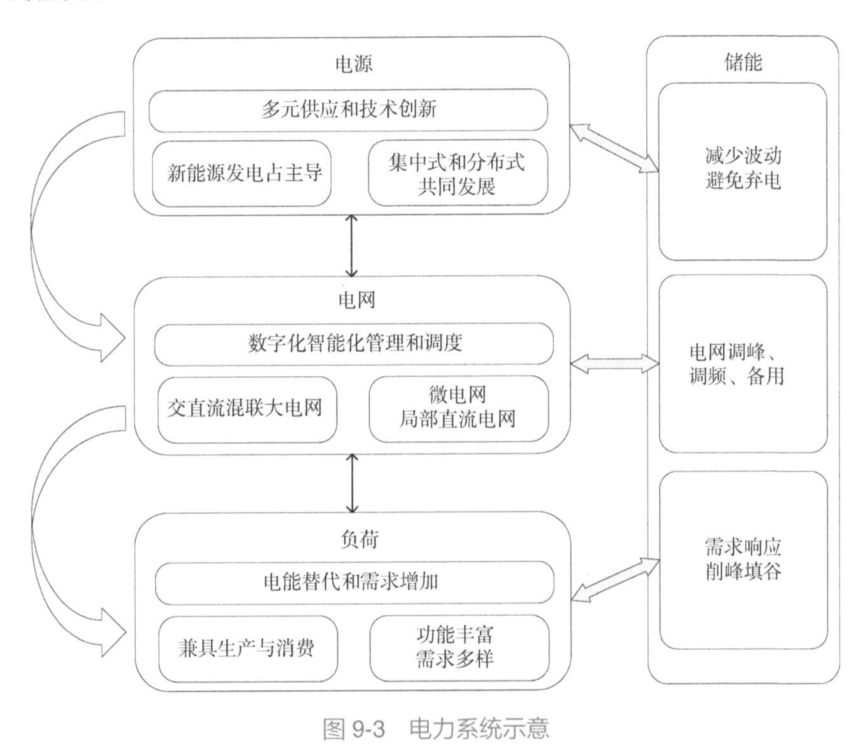

图 9-3　电力系统示意

9.2.2　C³IAM/NET-Power 模型

C³IAM/NET-Power 模型是针对电力行业的能源技术模型，包括电力需求预测、发电技术路径优化和结果输出三大部分（图 9-4）。作为重要的能源供给行业，电力需求预测可通过其与终端用电行业耦合获得。首先，在考虑经济发展、产业升级、城镇化、智能化、电气化等社会经济形态变化的基础上，对各终端用电行业部门（包括钢铁、水泥、有色、化工、造纸、建筑、交通、其他工业、居民部门等）分别进行产品和服务需求预测。其次，使用 C³IAM/NET 的各行业子模型进行产品生产建模。纳入技术进步、原料替代、燃料替代、工艺调整、结构调整等优化因素，以最优生产方式模拟各终端行业的生产过程，得到相应的能源流和物质流。最后，分离出各终端行业部门能源流中的电力消费量，并进一步汇总得到全国及区域的用电需求。将电力需求输入 C³IAM/NET-Power 模型，在满足用电需求的基础上，可从生产端优化发电技术组合。

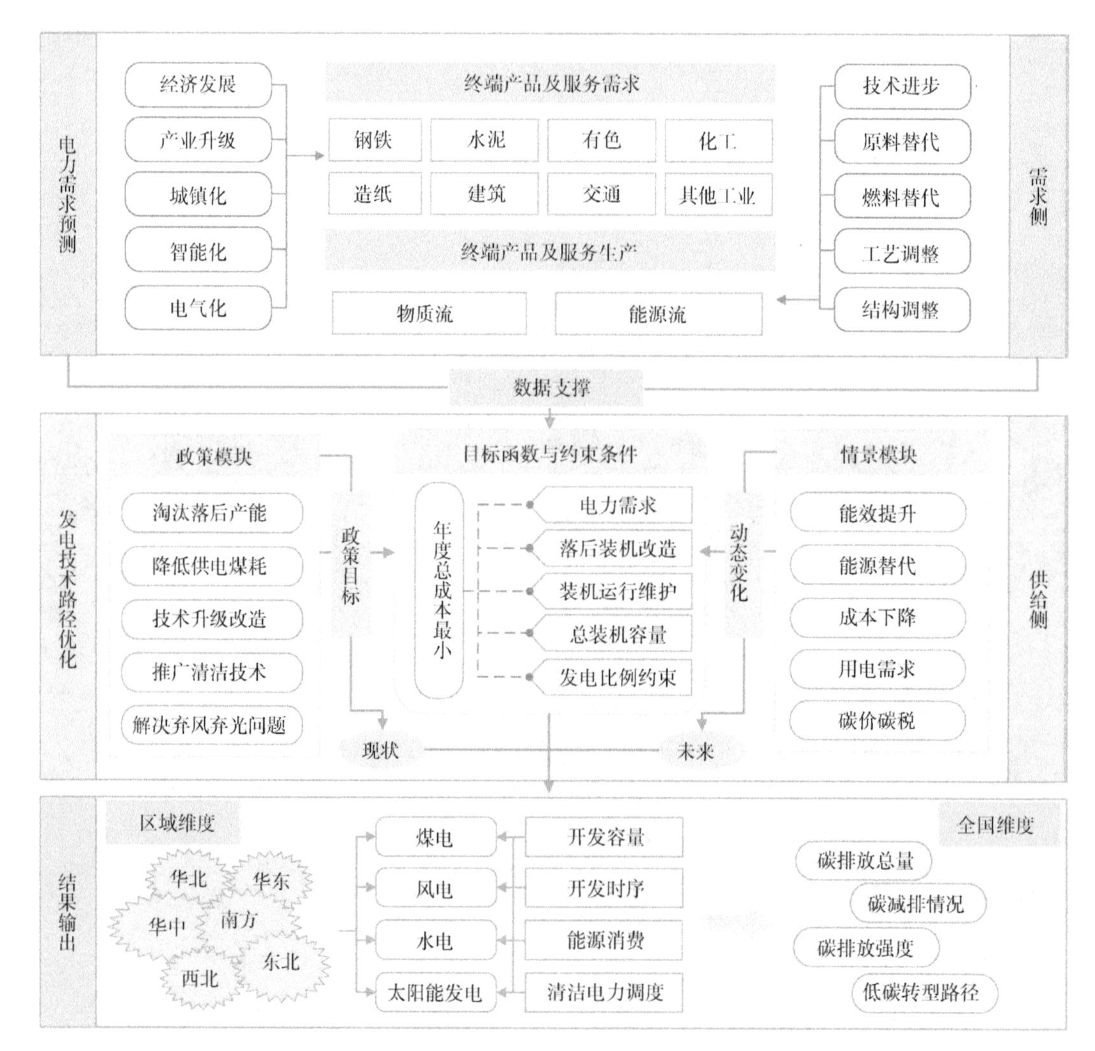

图 9-4 电力行业 C^3IAM/NET-Power 模型框架

C^3IAM/NET-Power 模型的发电技术路径优化部分基于技术视角，考虑 18 种发电技术，通过设定电源投资成本、能源转换效率、能源排放因子等一系列技术、能源和排放参数，对发电过程进行建模。模型以年度总成本最小为目标，在电力需求、环境资源容量、政策目标、技术装机潜力等多个约束条件下，为各区域或全国电力行业选择最优技术发展路径。同时，为了使模拟结果切合实际状况和政策导向，模型还考虑了淘汰落后产能、降低供电煤耗、技术升级改造、推广清洁技术、解决弃风弃光问题等多种政策措施，建立政策模块，以保证电力行业低碳转型的进程满足全国和区域发展目标。在长期规划中，C^3IAM/NET-Power 模型还考虑了成本下降、能效提升、能源价格波动等动态变化因素，使各项技术依靠成本优势和环境优势产生替代和互补。

在多项约束和竞争下，C^3IAM/NET-Power 模型可以选择出电力行业的最优发电技术布局方案，从时间、空间、开发容量三个维度上给出不同发电技术在规划期内的发展路径、电力调度方向及传输电量、碳排放和污染物排放情况以及所需的能源消耗。

因此，C^3IAM/NET-Power 模型集电源、电网、环境、政策于一体，可以动态模拟多能源共存的复杂电力系统运行路径，其最大的优势在于自下向上从发电技术角度出发，对各区域发电技术布局、区域间不同电力品种调度以及不同技术所需要的能源资源和产生的排放进行准确预测，使模拟过程和结果具有实际可操作性。因此，它可以为政府和企业提供一个详细、可行的技术投资指导。

9.3 钢铁行业

9.3.1 钢铁行业工艺流程

钢铁生产是一项系统工程，目前世界上主要有两条工艺路线，即长流程和短流程两类，长流程目前应用最广，其工艺特点是铁矿石原料经过烧结、球团处理后，采用高炉生产铁液，铁液经预处理后，由转炉炼钢、炉外精炼至合格成分钢液，由连铸浇注成不同形状的钢坯，轧制成各类钢材。短流程根据原料分为两类，一类是铁矿石经直接熔融还原后，采用电炉或转炉炼钢，其主要特点在于铁矿石原料不经过烧结、球团处理，没有高炉炼铁生产环节；另一类是以废钢为原料，由电炉熔化冶炼后，进入后部工序，也没有高炉炼铁生产环节，为了提高生产效率，目前国内外许多钢铁厂在电炉冶炼中也采取兑加铁液的工艺。

钢铁生产工艺主要包括铁前工艺、炼铁、炼钢、连铸和轧钢（图 9-5）。

（1）铁前工艺：在炼铁前，需要进行炼焦与烧结/球团两个过程，对投入高炉的原料进行加工。

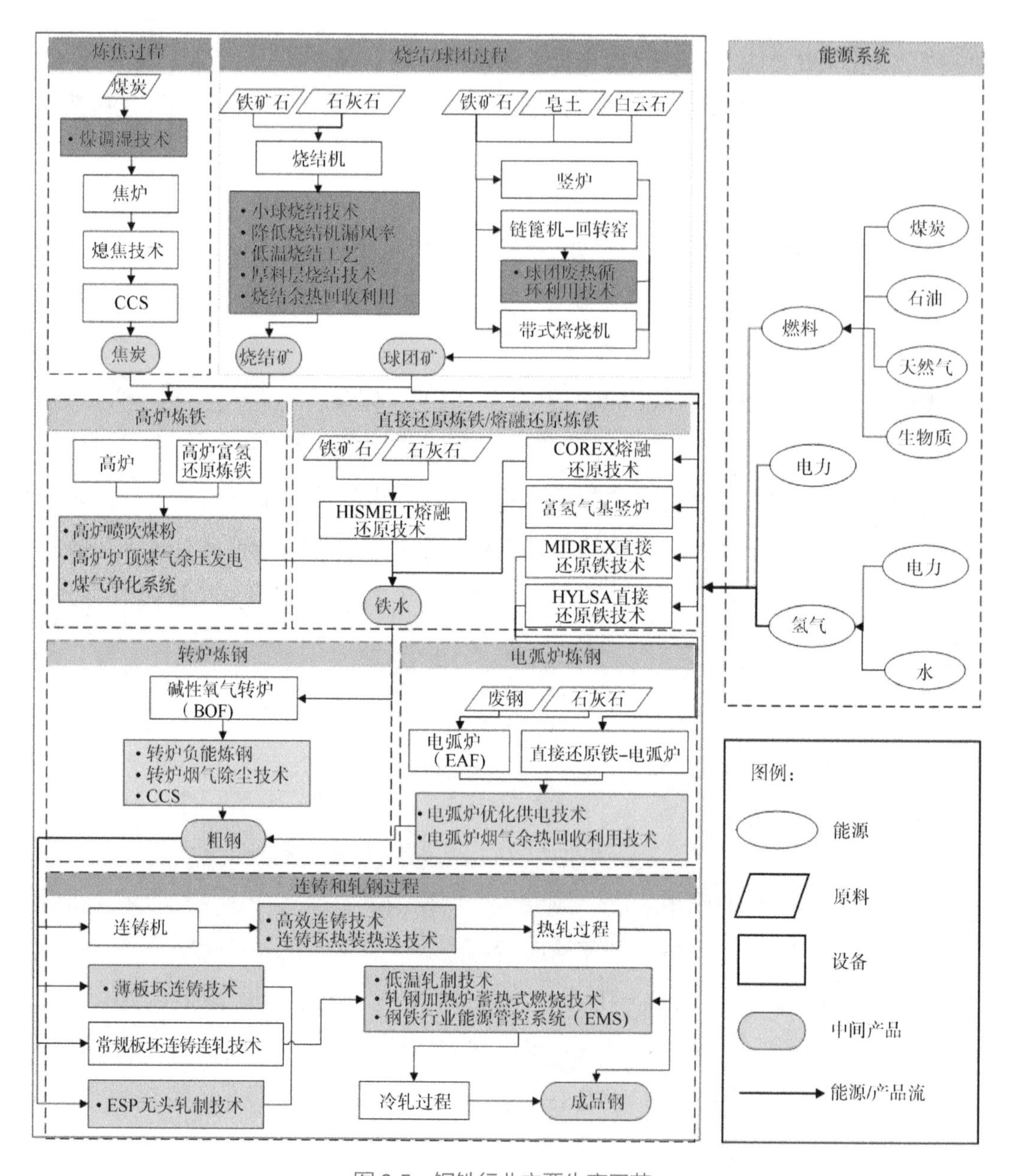

图 9-5　钢铁行业主要生产工艺

BOF 表示基础氧化炉（basic oxygen furnace）

炼焦过程主要是将煤投入焦炉中，隔绝空气加热到 1000 摄氏度，获得焦炭、化学产品和煤气。炼焦过程获得的主要产品是焦炭，焦炭在高炉冶炼中主要起到两个作用，一是作为发热剂为高炉炼铁提供热量；二是作为还原剂还原金属铁以及其他的合金元素。

烧结法和球团法是进行铁矿粉造块以增大粉矿粒度满足冶炼要求的两种方法，两种方法获得的块矿分别为烧结矿和球团矿。铁矿粉造块提高了原料在高炉中的利用率，扩大了炼铁用的原料种类，同时可以改善矿石的冶金性能，适应高炉炼铁对铁矿石的质量要求。烧结是将粉状含铁原料配入适量的燃料和熔剂，加入适量的水，经混合和造块后在烧结设备上使物料发生一系列物理化学变化，并将矿粉黏结成块的过程；球团是将细磨铁精矿粉或者其他的含铁粉料添加少量添加剂混合后，在加水湿润的条件下，通过造球机滚动成球，再经过干燥焙烧，固结成具有一定强度和冶金性能的球型含铁原料。

（2）炼铁：指将烧结矿和球团矿中的铁还原出来的过程。焦炭、烧结矿、球团矿连同少量的石灰石，一起送入高炉中冶炼成液态生铁（铁液），然后送往炼钢厂作为炼钢的原料。炼铁工艺主要分为高炉炼铁和非高炉炼铁两种。高炉炼铁工艺将烧结矿或者球团矿、焦炭和石灰石投入高炉设备中，在高温下，焦炭中和喷吹物中的碳及碳燃烧生成的一氧化碳将烧结矿或球团矿中的氧夺取出来，得到铁，这个过程称为还原。非高炉炼铁是指以铁矿石为原料并使用高炉以外的冶炼技术生产铁产品的方法，主要包括直接还原炼铁（direct reduced iron，DRI）和熔融还原炼铁（smelting reduction iron，SRI）。直接还原炼铁是将精铁粉或氧化铁放入炉内经低温还原形成低碳多孔状物质，其化学成分稳定，杂质含量少，主要用作电炉炼钢的原料，也可作为转炉炼钢的冷却剂，如果经二次还原还可供粉末冶金用，主要包括竖炉法（MIDREX）、罐式法（HYLSA）和富氢直接还原铁三种方式。熔融还原炼铁是指不用高炉而在高温熔融状态下还原铁矿石的方法，其产品是成分与高炉铁水相近的液态铁水。世界上熔融还原法很多，如 COREX 工艺、HISMELT 工艺、FINEX 工艺等。

（3）炼钢：指将原料（铁液和废钢等）里过多的碳及硫、磷等杂质脱除并加入适量的合金成分，炼钢工艺主要包括转炉炼钢和电弧炉炼钢。

转炉炼钢是以铁水、废钢、铁合金为主要原料，不借助外加能源，靠铁液本身的物理热和铁液组分间化学反应产生热量而在转炉中完成的炼钢过程。铁水通过脱硫、脱碳之后变为钢。脱硫后的铁水被灌到 BOF 中，并加入约 25%的废钢，纯氧被吹入铁水中用于脱碳，只有碳含量降到 2%以下，才能真正炼成钢。而电弧炉炼钢可以以废钢、生铁、直接还原铁及铁水为原料（以废钢为主），并以电能为主要能源，相对于转炉炼钢更为节能环保。

（4）连铸和轧钢：连铸是将钢液经中间罐连续注入用水冷却的结晶器，凝成坯壳后，从结晶器中以稳定的速度拉出，再经二次喷水冷却，待全部凝固后，剪切（或火焰切割）成指定长度的连铸坯；轧钢指将连铸的钢坯（锭）以热轧方式在不同的轧钢机内轧制成各类钢材，形成钢铁制品。

9.3.2 C^3IAM/NET-IS 模型

C^3IAM/NET-IS（IS 表示钢铁）模型以钢铁行业的生产技术为基础，评估不同政策的节能减排潜力（图 9-6）。C^3IAM/NET-IS 模型结合原料以及能源市场价格变动、技术进步、能源结构调整等因素，以成本最小化为目标，寻求满足未来钢铁需求量、能源供应以及排放约束等条件下的最优技术发展路径。C^3IAM/NET-IS 模型从工艺系统的角度出发，用来模拟从原料到最终钢材生产的物质流与能量流，进而计算能源消耗和气体排放，评价钢铁行业可持续发展政策的效果，并回答为实现节能减排目标所需采取的技术路径，以及不同技术选择将带来的节能、减排空间和成本。

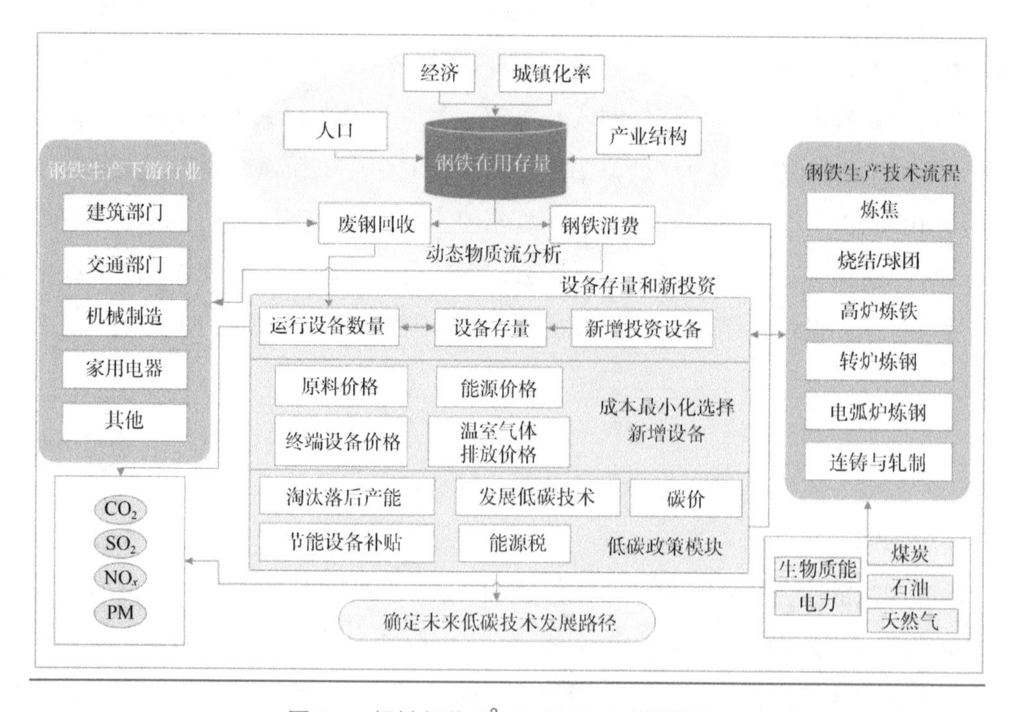

图 9-6 钢铁行业 C^3IAM/NET-IS 模型框架

9.4 水泥行业

9.4.1 水泥行业工艺流程

（1）水泥生产流程。水泥生产方法按照生料制备方法的不同，可以划分为湿法和干法。熟料煅烧窑按照结构类型的不同，可以划分为立窑和回转窑。“十一五”期间，中国水泥行业大力淘汰立窑等落后高耗能窑型，推广高效的新型干法窑技术。截至 2021 年，使用新型干法窑技术生产水泥的比例已接近 100%。新型干法水泥生产工艺可分为生料制备、熟料煅烧和水泥粉磨三个过程，俗称“两磨一烧”系统，如图 9-7 所示。

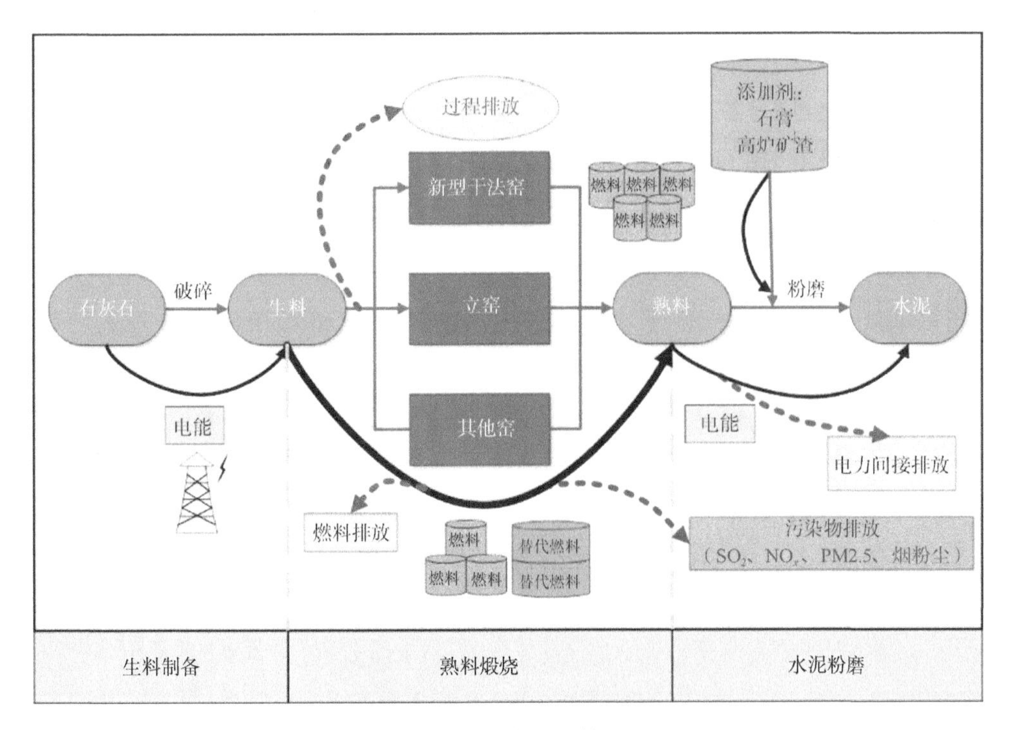

图 9-7　水泥生产工艺流程

生料制备工艺过程。生料是由石灰质原料、黏土质原料及少量校正原料按比例配合，粉磨到一定细度的物料。在制备生料前，要进行原料的破碎及预均化。首先是原料破碎，水泥生产所需要的大部分原料如石灰石、黏土、铁矿石及煤等都要进行破碎。其中，石灰石是水泥生产用量最大的原料，在水泥厂的物料破碎中占有比较重要的地位。其次进行原料预均化。预均化技术就是在原料的存、取过程中，运用科学的堆取料技术，实现原料的初步均化，使原料堆场同时具备储存与均化的功能。

原料准备完成后，进入生料制备阶段，该阶段分为两个步骤。

第一，生料粉磨。生料粉磨是在外力作用下，通过冲击、挤压、研磨等克服物体变形时的应力与质点之间的内聚力，使块状物料变成细粉的过程。

第二，生料均化。生料均化通过空气搅拌、重力作用产生“漏斗效应”，使生料粉在向下卸落时，尽量切割多层料面，充分混合。利用不同的流化空气，使库内平行料面发生大小不同的流化膨胀作用，有的区域卸料，有的区域流化，从而使库内料面产生倾斜，进行径向混合均化。

熟料煅烧工艺过程。水泥熟料主要由 CaO、SiO_2、Al_2O_3 和 Fe_2O_3 中的两种或两种以上氧化物组成。熟料煅烧包含三个步骤，分别是预热分解、熟料烧成和熟料冷却。

第一，预热分解。生料的预热和部分分解在预热器中完成，预热器可代替回转窑部分功能，达到缩短回窑长度的目的，同时将窑内以堆积状态进行的气料换热过程转移到预热器内在悬浮状态下进行，使生料能够同窑内排出的炽热气体充分混合，增大了气料接触面积，传热速度快，热交换效率高，达到提高窑系统生产效率、降低熟料烧成热耗的目的。这一阶段主要涉及 $MgCO_3$ 和 $CaCO_3$ 的分解反应：

$$MgCO_3 = MgO + CO_2\uparrow \tag{9-1}$$

$$CaCO_3 = CaO + CO_2\uparrow \tag{9-2}$$

第二，熟料烧成。生料在旋风预热器中完成预热和预分解后，下一道工序是进入回转窑中进行熟料烧成。在回转窑中碳酸盐进一步迅速分解并发生一系列的固相反应①，生成水泥熟料中的矿物，具体的化学反应方程式如下。

800～900 摄氏度时：

$$CaO + Al_2O_3 = CaO \cdot Al_2O_3 \tag{9-3}$$

$$CaO + Fe_2O_3 = CaO \cdot Fe_2O_3 \tag{9-4}$$

900～1100 摄氏度时：

$$2CaO + SiO_2 = 2CaO \cdot SiO_2 \tag{9-5}$$

$$CaO + Fe_2O_3 = CaO \cdot Fe_2O_3 \tag{9-6}$$

$$7CaO \cdot Al_2O_3 + 5CaO = 12CaO \cdot Al_2O_3 \tag{9-7}$$

$$CaO \cdot Fe_2O_3 + CaO = 2CaO \cdot Fe_2O_3 \tag{9-8}$$

① 生料中 $CaCO_3$ 分解生成的高活性 CaO 与其他氧化物通过固相反应最终形成硅酸二钙、铝酸三钙、铁铝酸四钙。

1100～1300 摄氏度时：

$$12CaO \cdot 7Al_2O_3 + 9CaO = 7(3CaO \cdot Al_2O_3) \tag{9-9}$$

$$7(2CaO \cdot Fe_2O_3) + 2CaO + 12CaO \cdot 7Al_2O_3 = 7(4CaO \cdot Al_2O_3 \cdot Fe_2O_3) \tag{9-10}$$

随着物料温度升高，矿物会变成液相①，最终在液相中产生大量熟料，具体的化学反应方程式为

$$2CaO \cdot SiO_2 + CaO = 3CaO \cdot SiO_2 \tag{9-11}$$

第三，熟料冷却。熟料烧成后，温度开始降低。最后由水泥熟料冷却机将回转窑卸出的高温熟料冷却到下游输送、储存库和水泥磨所能承受的温度，同时回收高温熟料的显热②，提高系统的热效率和熟料质量。

水泥粉磨工艺过程。水泥粉磨是水泥制造的最后工序，也是耗电最多的工序。其主要功能在于将水泥熟料粉磨至适宜的粒度（以细度、比表面积等表示），形成一定的颗粒级配，增大其水化面积，加快水化速度，满足水泥浆体凝结、硬化要求。

（2）水泥工艺流程技术选择。在生料制备过程中，以石灰石为主要原料，电能作为磨机消耗的主要能源，生产得到的产品是水泥生料。在此过程中，现有的技术包括高耗能的技术（如生料球磨技术）及先进节能技术（如生料立磨技术和生料辊压技术）（图 9-8）。未来水泥生料的制备依据三种设备的单位产能成本、能源成本、单位产能能耗以及国家相关政策约束，选择最佳的技术组合。

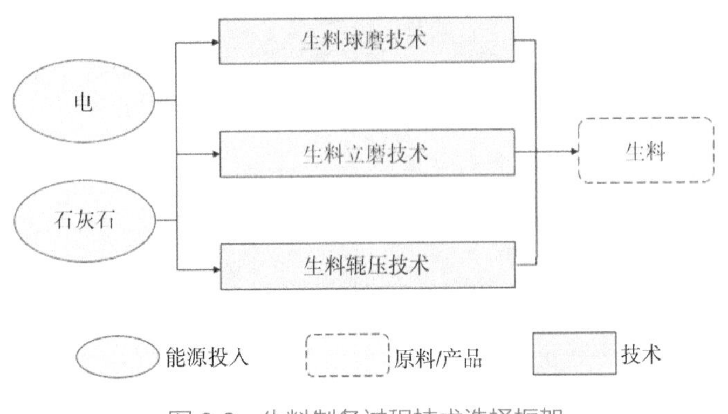

图 9-8　生料制备过程技术选择框架

熟料煅烧是水泥生产最重要的过程，约 70%的能源消耗量、CO_2 和污染物排放来自熟料煅烧的主要设备回转窑。图 9-9 展示了水泥行业的熟料煅烧技术选择框架，

① 当温度达到 1300 摄氏度时，C_3A、C_4AF 以及 $R_2O(Na_2O、K_2O)$等熔剂矿物会产生液相，C_2S 与 CaO 会很快被这些高温液相所溶解，并进行化学反应而形成 C_3S 矿物。

② 显热是物体在加热或冷却过程中，温度升高或降低而不改变其原有相态所需吸收或放出的热量。

这一过程消耗了大量的煤炭，新型干法窑是其中最关键的设备，为了提高能源效率，减少能耗和CO_2及污染物排放，现有一些附加技术可以提高新型干法窑的能耗水平。例如，加装高固气悬浮预热技术于中型新型干法窑、多通道燃煤技术于大型新型干法窑可以改善干法窑的能源效率，且成本相对较低。CCUS 加装于大型新型干法窑是未来水泥行业减排的重要措施。因此熟料煅烧的核心环节涉及了 7 种技术选择。除了加装附加技术提高能源效率，实施预处理技术（预烧成窑炉技术）也可提高煤在燃烧时的效率，由此可以设置是否安装预烧成窑炉技术。在进行高温煅烧之后，干法窑中蕴含着大量的热能，此时可以采用余热发电技术进行能源的二次使用，《“十四五”循环经济发展规划》也专门提到了进一步推广余热发电技术，在干法窑安装余热发电设备也是未来水泥企业需要全面实现的目标。

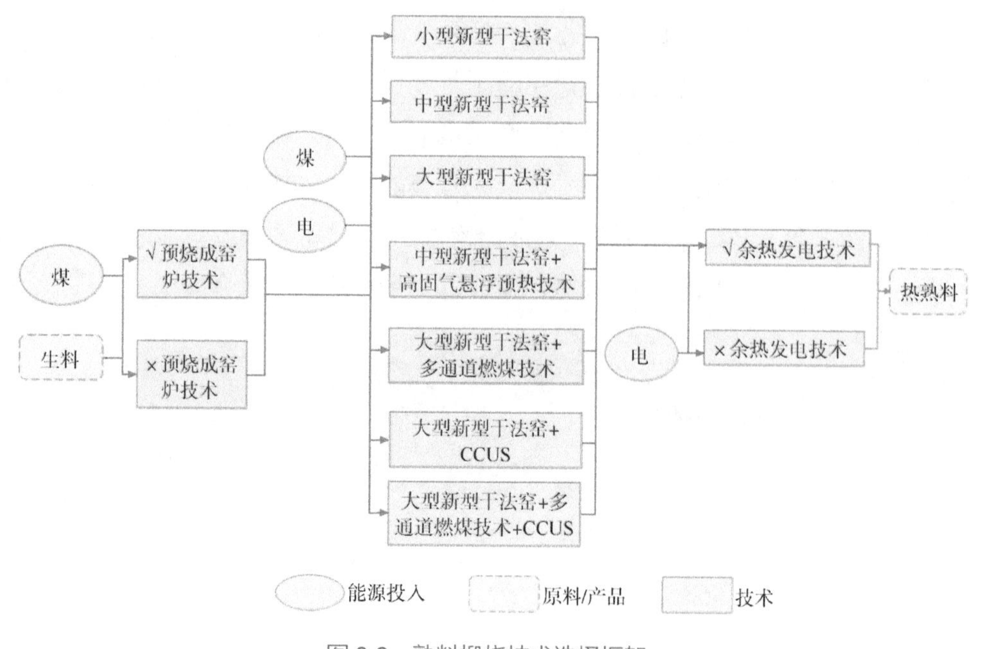

图 9-9　熟料煅烧技术选择框架

“√”表示采用图中的低碳节能技术；“×”表示未采用图中的低碳节能技术

熟料冷却过程（图 9-10）中涉及的技术选择较为简单，包括三种不同能效水平的冷却机在单位产能成本、单位产能电耗以及政策约束下的技术选择。水泥粉磨过程中，最主要的步骤是水泥熟料与不同比例的石膏和混合物混合粉磨之后得到不同标号的水泥产品。这个过程中涉及了不同种类的水泥粉磨技术（图 9-11），与生料粉磨相同，球磨机是能耗较高的落后技术，但是现有附加改进技术（预粉磨技术）

可以实现改进球磨系统的效率从而降低球磨系统的电能消耗量。如图 9-11 所示，最终粉磨阶段构建了四种粉磨技术的技术选择框架。除此之外，预处理技术（高效节能选粉技术）可以提高水泥粉磨的能源效率。

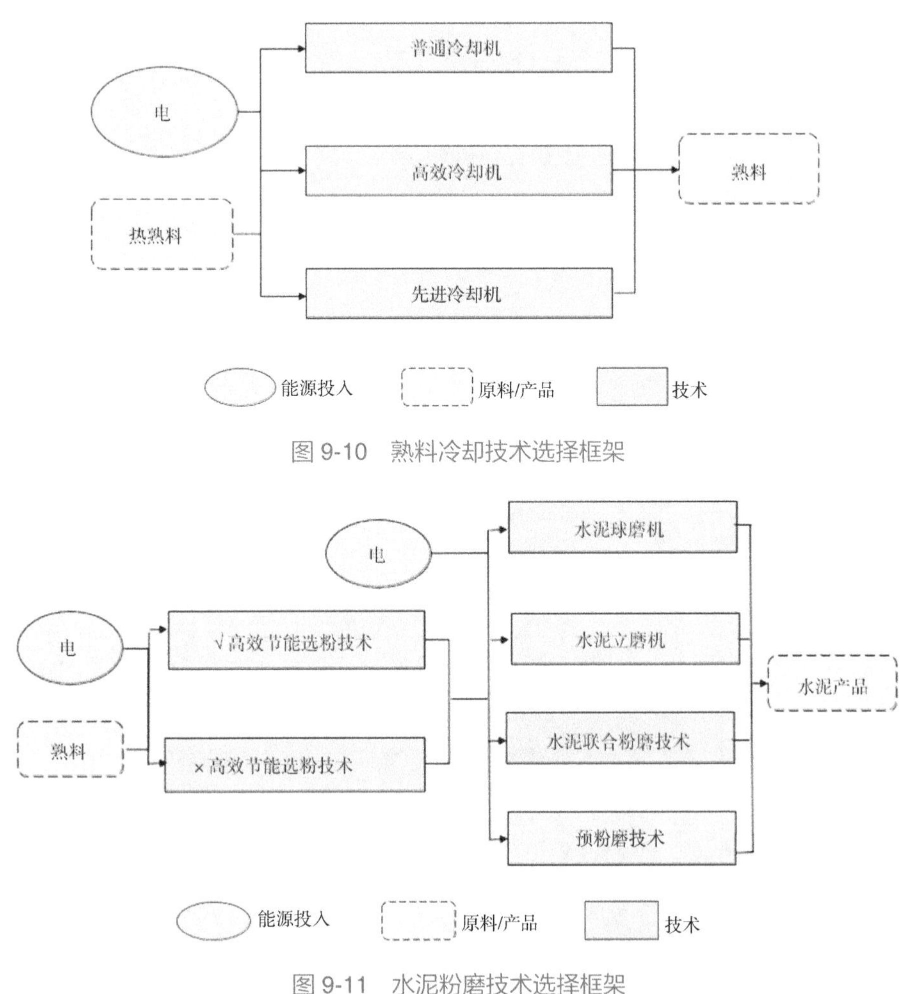

图 9-10　熟料冷却技术选择框架

图 9-11　水泥粉磨技术选择框架

“√”表示采用图中的低碳节能技术；“×”表示未采用图中的低碳节能技术

9.4.2　C³IAM/NET-Cement 模型

C³IAM/NET-Cement 模型是在水泥产品需求的基础上，从水泥的工艺流程出发，分析能源流动和二氧化碳排放路径，通过物质流和能量流衔接各个工艺过程，模拟企业的生产工艺技术选择方式，并在此基础上计算能源消耗量、二氧化碳排放量。C³IAM/NET-Cement 模型首先由外部预测得到水泥产品未来的需求量，确定水泥行业未来的生产规模。之后在满足未来水泥产品需求的基础上，以生产过程中的总经济成本最小化为目标函数，在针对水泥行业特殊的行业政策和特点的约束下，进行最优的技术选择，以计算能源消耗量、二氧化碳排放量并规划中长期水泥行业低碳发展的技术路径（图 9-12）。

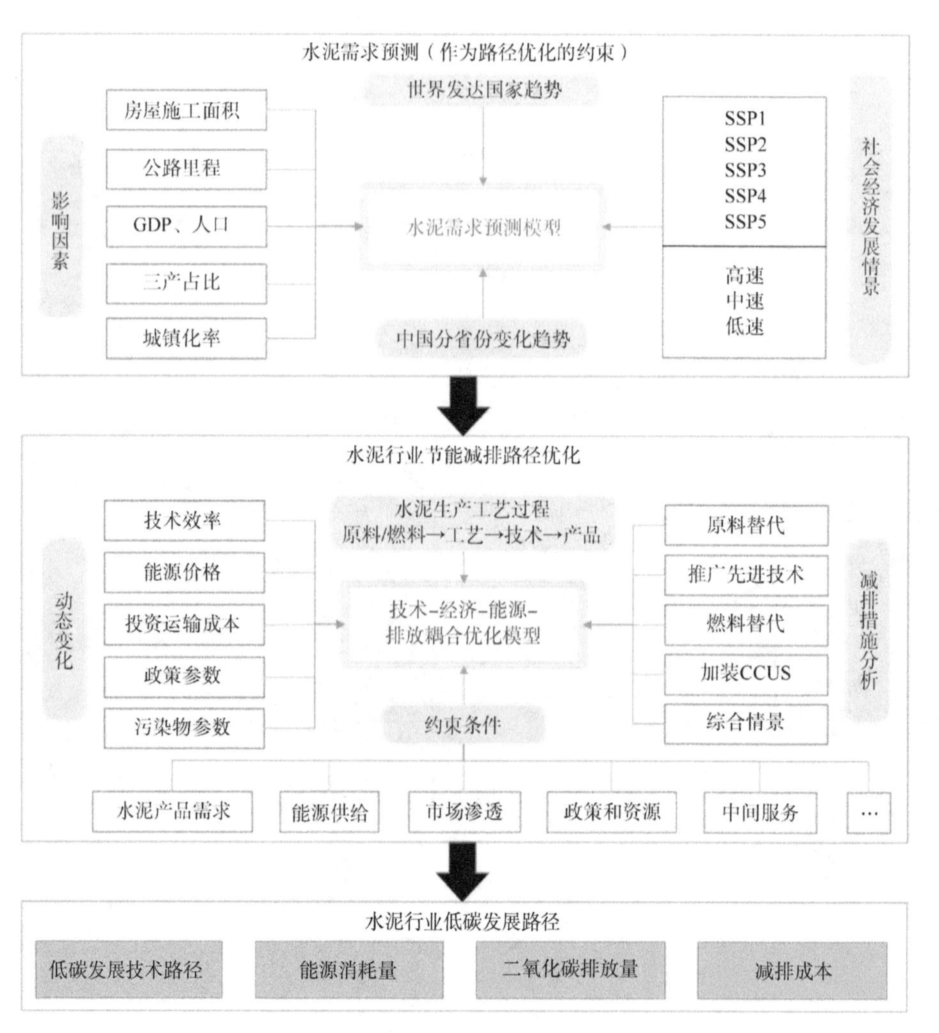

图 9-12 水泥行业 C^3IAM/NET-Cement 模型低碳发展框架

9.5 化 工 行 业

9.5.1 化工行业工艺流程

化工行业产业链长，产品高达数千种。其中位于产业链上游的乙烯、合成氨、电石和甲醇 4 种产品，生产方式多、技术密集、工艺复杂、能源消费和碳排放高，且在生产生活中应用范围广。我国的甲醇、合成氨、电石产量均位居世界第一，乙烯产量位于世界第二，仅次于美国。本节以这 4 种产品为代表，介绍其生产工艺流程。

（1）乙烯生产工艺。乙烯主要有蒸汽裂解、煤制烯烃（coal to olefins，CTO）和外购甲醇制烯烃三种生产方式。

蒸汽裂解：蒸汽裂解原料结构多样，多源于上游的石油炼化工艺，其中石脑油是我国当前蒸汽裂解制乙烯中最主要的原料，2019 年占乙烯原料总量的 53.7%左右。而在北美和中东地区则往往采用较为轻质的乙烷作为乙烯原料，根据《中国能源统计年鉴 2019》，其单位乙烯综合能耗较石脑油等原料低 25.2%左右，CO_2 排放也更低。该路线主要以燃料油、液化石油气（liquefied petroleum gas，LPG）、电力和不同压强的蒸汽作为能源，经过裂解、急冷、压缩和分离等工艺生产得到乙烯，副产品为丙烯和丁二烯等（图 9-13），CO_2 排放主要来源为燃料燃烧。

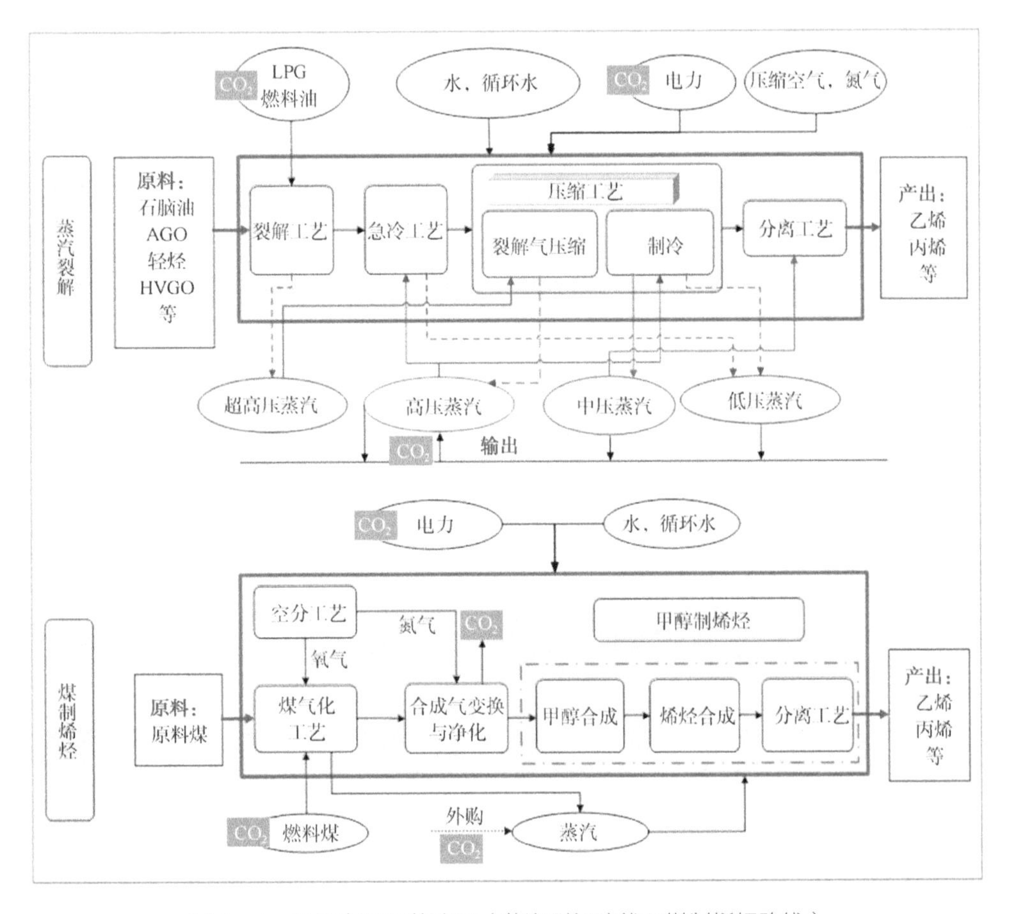

图 9-13　乙烯生产工艺流程（蒸汽裂解路线和煤制烯烃路线）

煤制烯烃：该路线中，煤炭既是原料又是燃料。该路线生产乙烯的主要原理为原料煤气化后生成富含 CO 和 H_2 的合成气，经过变换与净化生成甲醇，并基于甲醇制烯烃（methanol to olefins，MTO）等，经过分离等工艺获得乙烯（图 9-13）。该种方式的主要 CO_2 排放来源为燃料燃烧和煤气化中的 CO 变换。

外购甲醇制烯烃：由于煤制甲醇是煤制烯烃的一个中间环节，部分生产装置通过外购甲醇的方式直接生产乙烯。尤其是在东部沿海地区，一些乙烯生产厂家利用海上交通的便利条件，进口甲醇并直接利用甲醇合成烯烃，但由于甲醇价格波动较大，相关生产线较少。该项工艺由于没有上游高排放的甲醇生产环节，能耗与排放均较低，非减排重点。

（2）合成氨生产工艺。当前合成氨生产主要有煤炭路线和天然气路线。

煤制合成氨：煤制合成氨以煤炭为原料和主要燃料，同时电力和蒸汽供能。其主要工艺有空分、煤气化、合成气变换与净化、脱硫脱碳、压缩合成和冷却分离等（图 9-14）。与煤制烯烃相似，煤制合成氨的过程中也伴随着 CO 变换并产生大量的 CO_2 排放，此外，燃料煤等能源的消耗伴随着直接或间接 CO_2 排放。

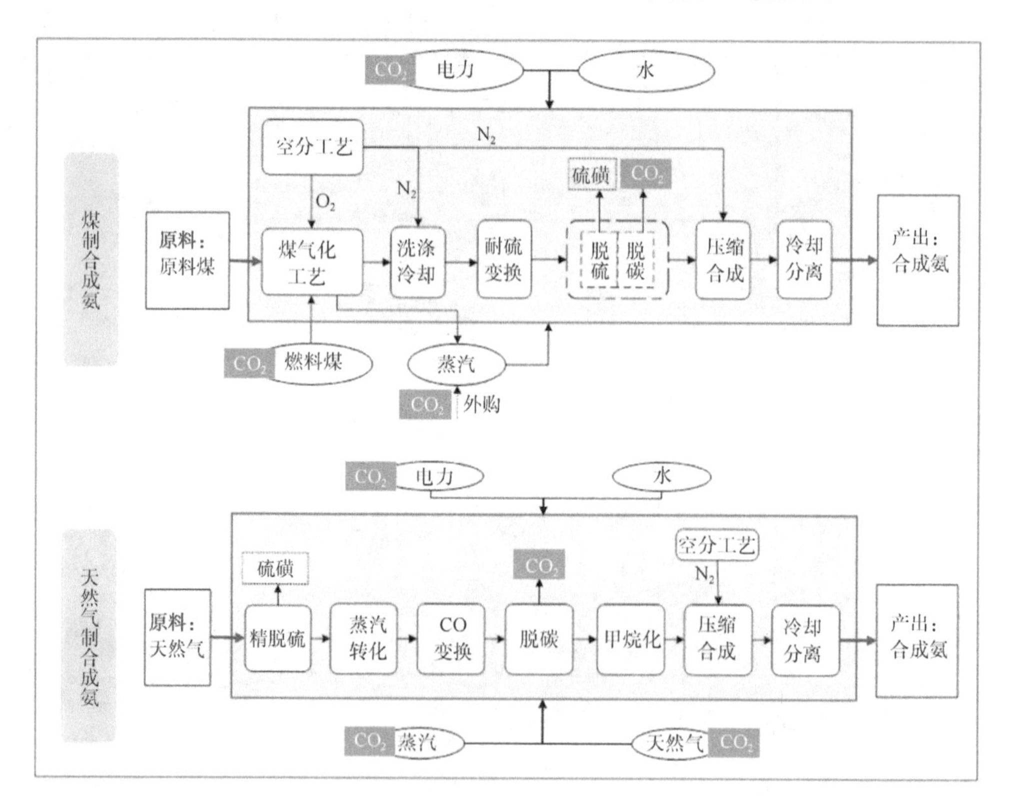

图 9-14　合成氨生产工艺流程（煤炭路线和天然气路线）

天然气制合成氨：天然气制合成氨主要工艺为蒸汽甲烷重整、CO 变换、压缩合成和冷却分离等，天然气为原料和主要燃料，同时电力和蒸汽供能（图 9-14）。其 CO_2 排放来源为 CO 变换和燃料使用，但由于其相对于煤炭更清洁，产生的碳排放远低于煤炭路线，并在国际上得到广泛采用。

（3）甲醇生产工艺。甲醇生产现阶段以煤炭路线为主、天然气和焦炉煤气路线为辅。

煤制甲醇工艺路线包括燃料的气化，气体的脱硫、变换、脱碳，甲醇合成与精制；天然气制甲醇主要是采用蒸汽转化的方法，该方法由压缩、脱硫、蒸汽转化、合成、精馏等过程组成；焦炉煤气制甲醇路线主要包括净化、催化转化、压缩、甲醇合成及精馏等过程。

煤制甲醇和天然气制甲醇的 CO_2 主要来自 CO 变换工艺及燃料燃烧。其中，由于我国天然气利用政策原因，未来天然气制甲醇和制氨将不再受鼓励，原则上不再新建相关装置。而焦炉煤气制甲醇路线属于循环经济，鼓励发展。

（4）电石生产工艺。电石生产方式较为单一，当前主要采用电热法，其以石灰和焦炭等为原料，在电石炉内通过高温反应生成电石。按照生产阶段，电石生产可以分为原料制备、电石制造和尾气处理三个过程，主要能源消耗为焦炭、煤炭、天然气和电力等。

除燃料燃烧外，由于原料制备主要为石灰石裂解过程，其过程也产生高浓度且大量的 CO_2 排放。

9.5.2　C^3IAM/NET-Chemical 模型

C^3IAM/NET-Chemical 模型的主要原理和框架如图 9-15 所示，图中变量注释见附表 3。该模型基于预构建的基础数据库，如社会经济发展和消费、化工生产技术及其能源流和物质流参数，以及政策要求和未来规划等，分别开展需求预测、能源-环境-经济-技术优化以及综合影响评估。其中，考虑到化工品用途广泛且与社会经济发展有着密切联系，需求预测主要基于弹性系数法，同时辅以增速假设和情景分析等方法，从而对不同产品在不同社会经济发展情形下的需求进行合理预测。基于需求预测和化工生产技术参数库，优化模块采用自下而上的模式，以生产成本最小化为目标，综合考虑设备存量变化、技术发展潜力等约束以及政策规划等，对化工行业的技术布局进行优化。综合影响评估模块则基于技术优化模块的结果开展进一步评估，计算技术发展路径、碳排放与能源消耗、成本与边际减排成本等。

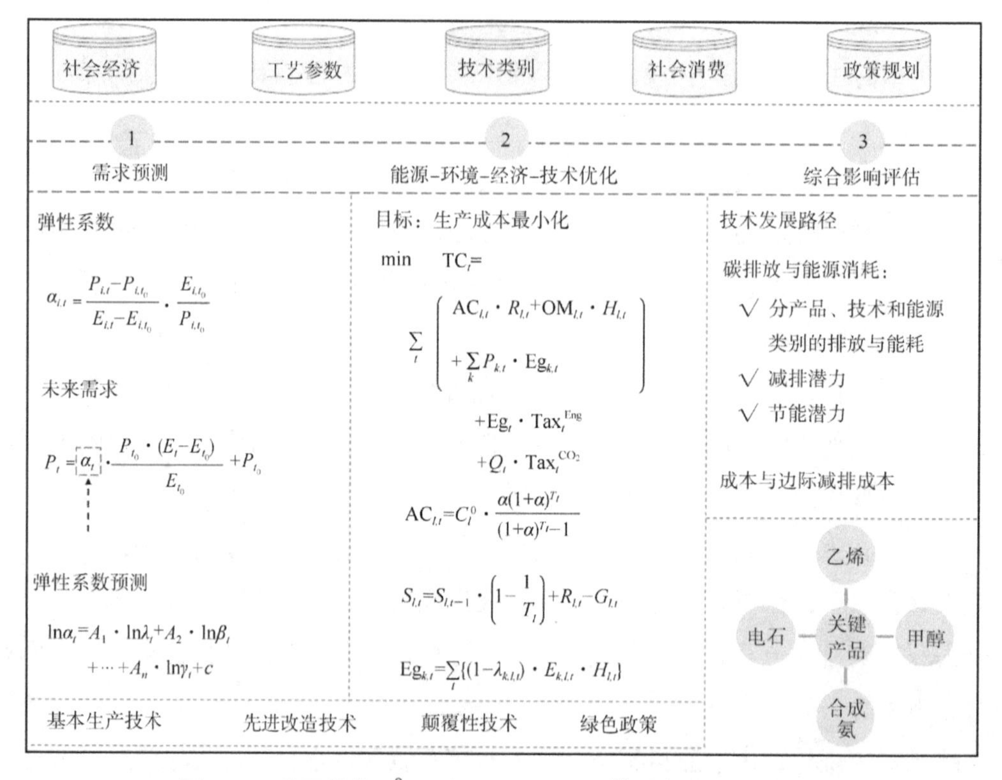

图 9-15 化工行业 C^{3}IAM/NET-Chemical 模型主要原理和框架

9.6 有色行业（铝冶炼行业）

9.6.1 铝冶炼行业工艺流程

现代铝冶炼行业工艺流程主要包括铝土矿开采、氧化铝精炼、阳极制备、铝电解、铸锭五个核心环节，另外原料也包括铝土矿进口及氧化铝进口两种途径，如图 9-16 所示。下面着重介绍最关键的两个环节：氧化铝精炼环节和铝电解环节。

（1）氧化铝精炼环节。氧化铝是电解法炼铝的主要原料。生产氧化铝的方法大致可分为碱法、酸法、酸碱联合法和热法，但是在工业生产中得到广泛应用的只有碱法。接下来介绍氧化铝精炼工艺。

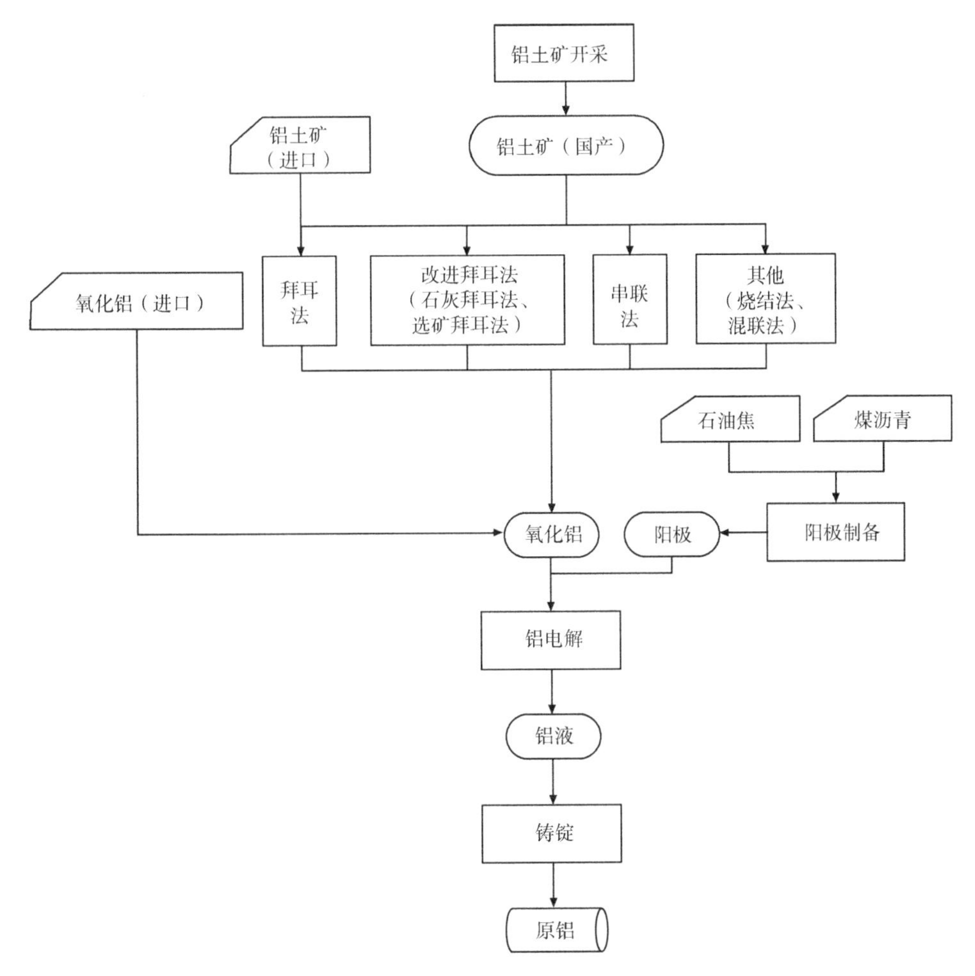

图 9-16　铝冶炼行业的生产流程图

碱法生产氧化铝实际上是用碱（NaOH 或者 Na_2CO_3）处理铝土矿，使得矿石中的氧化铝和碱反应制成铝酸钠溶液。矿石中的铁、钛等杂质及大部分硅则成为不溶性的化合物进入赤泥中。与赤泥分离后的铝酸钠溶液经净化处理后可以分解析出氢氧化铝，将氢氧化铝与碱液分离并经过洗涤和煅烧，得到产品氧化铝。

第一种生产氧化铝的方法是烧结法，该方法是我国最早应用于生产氧化铝的方法之一。在处理铝硅比在 4 以下的矿石时，烧结法几乎是唯一得到实际应用的方法。第二种是拜耳法，该方法是生产氧化铝的主要方法之一，主要适用于国内少量矿石和国外进口矿石。该方法在处理低硅铝土矿，特别是在处理三水铝石型铝土矿时，流程简单，产品质量高。目前，全世界的氧化铝和氢氧化铝，有 90%以上是采用拜耳法生产的。烧结法和拜耳法是目前工业上生产氧化铝的主要方法，各有优缺点，当生产规模较大时，采用拜耳法和烧结法的联合生产流程，可以同时具备两种方法的优点而消除其缺点，同时可以更充分地利用铝矿资源。

除碱法外，还有酸法生产氧化铝。该法是用无机酸处理含铝原料而得到相应铝盐的酸性水溶液，然后使这些铝盐或水合物晶体或碱式铝盐从溶液中析出，也可用碱中和这些铝盐水溶液，使其以氢氧化铝形式析出。煅烧氢氧化铝，便得到氧化铝。此外，还有酸碱联合法生产氧化铝和热法生产氧化铝。

（2）铝电解环节。目前，铝工业生产中普遍采用冰晶石–氧化铝熔盐电解法。铝电解生产在熔盐电解槽中进行，熔融冰晶石是溶剂，氧化铝作为溶质，以碳素体作为阳极、铝液作为阴极通入强大的直流电后，在950～970摄氏度下，在电解槽内的两极上进行电化学反应。其中，阴极上的电解产物是液体铝，阳极上的电解产物是CO_2（75%～80%）和CO（20%～25%）气体。不断向电解质中补充氧化铝原料，阴极上则连续析出液体铝，液体铝在阴极表面积累，定期用真空抬包从槽内吸出，运往铸造车间经净化澄清之后浇筑成铝锭或直接加工成线坯、型材等。铝电解生产可分为侧插阳极棒自焙槽、上插阳极棒自焙槽和预焙阳极槽三大类。当前世界上大部分国家及生产企业都在使用大型预焙阳极槽，大型预焙阳极槽的电流强度很大，自动化程度高、能耗低、单槽产量高。

在现代电解铝生产中，电解工艺电流强度可以达到500千安甚至更高，同时电能消耗降到1.3万千瓦时/吨以下，因此电解铝生产中的节能降耗效益较高。我国在现代铝电解技术领域已跨入世界先进行列，目前已形成了自主的现代铝电解技术体系，160千安、320千安、400千安、500千安、600千安等超大型预焙阳极槽技术相继诞生，各项技术指标已达到或超过了国际先进水平。

9.6.2 C^3IAM/NET-AL模型

本节构建了铝冶炼能源技术优化模型（简称为C^3IAM/NET-AL模型），如图9-17所示。C^3IAM/NET-AL模型包括需求预测及路径优化两个子模型。C^3IAM/NET-AL需求预测模型是建立在整个铝行业产业链上且以在用库存为驱动力的动态物质流模型，此模型延续了国家铝行业产品需求的历史趋势，同时考虑了国家未来社会经济发展形势及发达国家铝行业发展路径来分析铝冶炼行业需求演进规律。

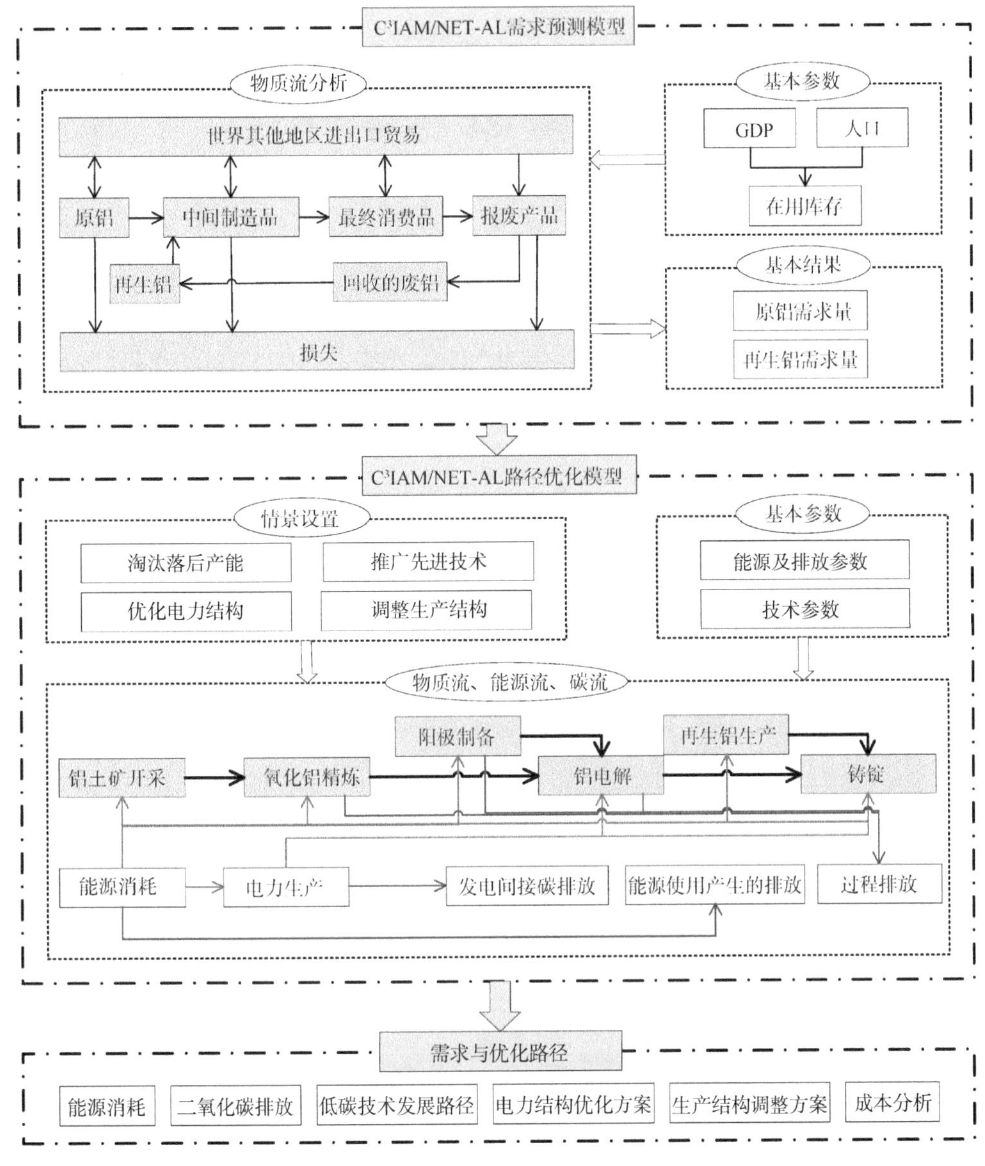

图 9-17　铝冶炼行业 C³IAM/NET-AL 模型框架

C³IAM/NET-AL 路径优化模型是建立在满足社会需求的前提下，以铝冶炼行业生产工艺为基础，模拟了从铝土矿开采到原铝生产的工艺流程，在考虑政策、各类技术、需求约束等因素的基础上，基于成本最小化的原则寻找最优的行业节能减排路径的动态规划模型。该模型能够评价铝行业低碳发展政策的效果，探索该行业在碳达峰碳中和背景下的节能减排潜力，并回答为实现温室气体和污染物排放目标所需要的最优技术发展路径，以及不同技术选择将带来的减排空间和减排成本，从而实现铝冶炼行业的低碳转型。

9.7 建筑行业

9.7.1 建筑行业技术概况

为满足建筑使用者对供暖、制冷、炊事、热水、照明和其他电器服务的需求，建筑部门需要使用多种用能设备，进而导致能源消耗，产生了 CO_2 排放（图 9-18）。而围护结构的保温隔热性能和个人用能行为会影响对设备的使用需求和使用模式，进而影响 CO_2 排放量。

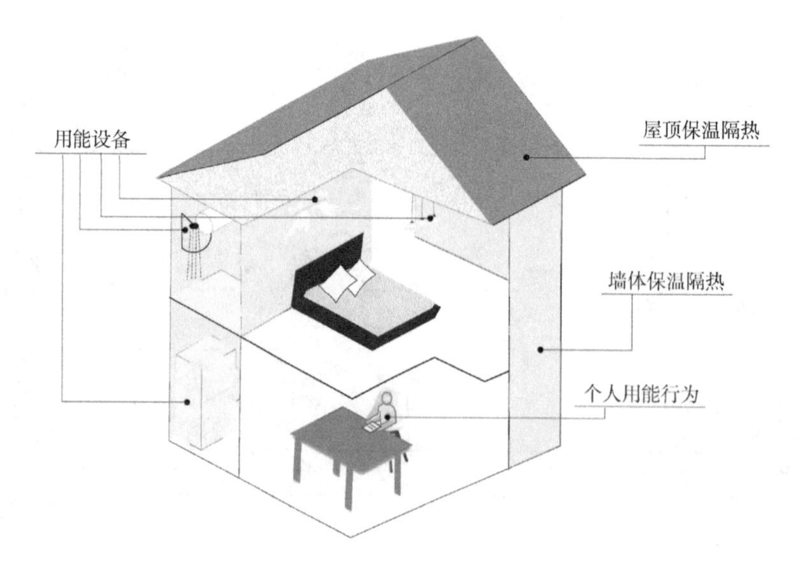

图 9-18 建筑运行阶段 CO_2 排放决定因素

（1）围护结构保温材料技术。建筑是由围护结构（包括墙体、屋面、门窗、地面等）围合起来的空间。建筑围护结构材料的热工性能越好，对供暖和制冷的需求就越少，建筑运行阶段的 CO_2 排放就越少。

现阶段应用最多的建筑外墙保温隔热材料是岩棉板、苯板、挤塑板等。要实现较好的节能效果，外墙导热系数往往需要低于 0.045 瓦/（米 ^{2} · 开尔文），如真空绝热板、气凝胶、发泡聚氨酯、挤塑聚苯板、酚醛板、石墨聚苯板、真金板、膨胀聚苯板等材料。目前应用较多的节能玻璃有中空玻璃、真空玻璃和镀膜玻璃。

（2）用能设备技术。供暖技术主要有锅炉、热电联产、工业余热、热泵等集中供热方式，以及户式燃煤炉、户式燃气炉、户式生物质炉、空调分散供暖和直接电加热等分散供暖方式。

目前中国应用最广泛的制冷技术是微型分体式空调制冷，也就是带有一个室外压缩机或冷凝机、一个室内机组的空调制冷机。其他常见的制冷技术包括多联机空调制冷（一个室外机组连接两台及以上室内机组）、中央空调系统制冷、风扇制冷等。多联机空调制冷和中央空调系统制冷的效率比微型分体式空调制冷略高，但是往往会提供更长时间、更大空间的制冷服务，从而导致消耗更多能源。

炊事设备将低品质的煤、未经处理的生物质能、煤气、液化石油气、天然气、电力和生物质成型燃料作为能源。一般电炊具的热效率可以达到 80%以上，远高于燃气炊具 40%～60%的热效率。综合来看，燃气炊具改为电炊具后，燃料成本基本不变。生物质成型燃料大幅提高了生物质的能量密度，使其与中热值煤相当，且运输与储存性质均能达到煤炭的效率，但比煤炭的碳排放少。

热水器主要包括燃气热水器、电热水器、真空管太阳能热水器、平板太阳能热水器和空气能热水器（又称为空气源热泵热水器）等。电热水器是目前主流的热水器中能耗最高的热水器，其次是燃气热水器。最低能效等级的真空管太阳能热水器与最高能效等级的平板太阳能热水器能耗相当。空气能热水器的使用效果受气候影响大，在温暖地区节能效果显著，在寒冷地区使用效果不如太阳能热水器。

照明设备主要包括白炽灯、荧光灯和发光二极管（LED）灯。通常情况下，LED 灯的光效（在 25 摄氏度环境下光源发出的光通量除以其所耗功率，单位是流/瓦）可以达到 110 流/瓦，而荧光灯的光效为 30～50 流/瓦，白炽灯的光效为 5～10 流/瓦，LED 灯比白炽灯节能 70%以上。

（3）智慧能源管理技术。建筑能源管理系统（building energy management system，BEMS）通过监测设备能耗、控制设备状态、分析能源需求、管理用能行为等途径影响和改变人的用能行为，从而减少能源消费和碳排放。

9.7.2　C^{3}IAM/NET-Building 模型

本节构建了国家建筑能源技术模型（简称为 C^{3}IAM/NET-Building 模型），集成了建筑部门广泛使用的终端用能设备（煤炉、天然气炉、太阳能热水器、地源热泵、空调等），用来模拟能源（煤炭、天然气、电力等）从各类建筑终端用能设备的输入端到提供最终服务需求（空间制热、制冷、热水、炊事、照明等）的能量流，从而计算各类设备的能源消耗和 CO_2 排放。C^3IAM/NET-Building 模型也可用于模拟能源技术的选择行为。在若干政策约束下，C^3IAM/NET-Building 模型基于动态规划原理和算法寻求以成本最小化方式满足建筑内各类服务需求最优的技术组合。其框架图如图 9-19 所示。

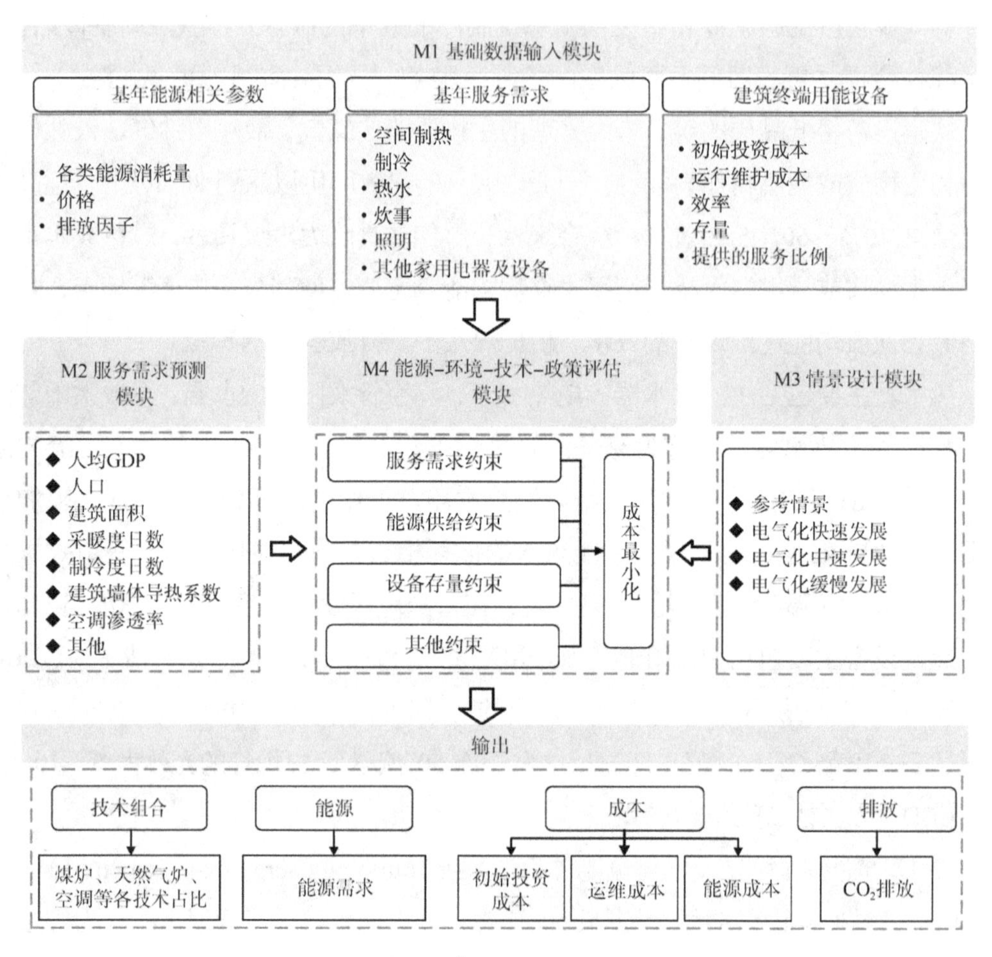

图 9-19　建筑部门 C^3IAM/NET-Building 模型框架

9.8 交通行业

9.8.1 交通行业技术概况

交通部门主要包括城市客运、城市间客运和货运三个部门，主要使用汽油、柴油、石油气、天然气、燃料油、航空煤油、电力、生物燃料、氢燃料和氨燃料 10

种燃料，同时涵盖汽电混合动力、油电混合动力（图 9-20）。城市客运交通主要包括营运性交通和私人交通两部分，营运性交通包括由交通运输服务企业运营的公共汽电车、轨道交通和出租车，私人交通包括居民根据自己的出行需求购买的私家车和摩托车，对使用各燃料类型的车辆又进一步考虑了不同能效水平的技术，共计 63 种城市交通车辆技术。城市间客运交通包括私人交通以及四类营运性交通：道路运输、铁路运输、航空运输、水路运输，涵盖了小汽车、客车、火车、飞机、船舶五种交通方式，并考虑了不同能效水平下 36 种城市间交通车辆燃料技术。货运交通涵盖公路货运（包括微型卡车、轻型卡车、中型卡车、重型卡车）、铁路货运、水路货运（包括内河航运、沿海航运）、航空货运，包括不同能效水平下 64 种货运交通装备燃料技术。

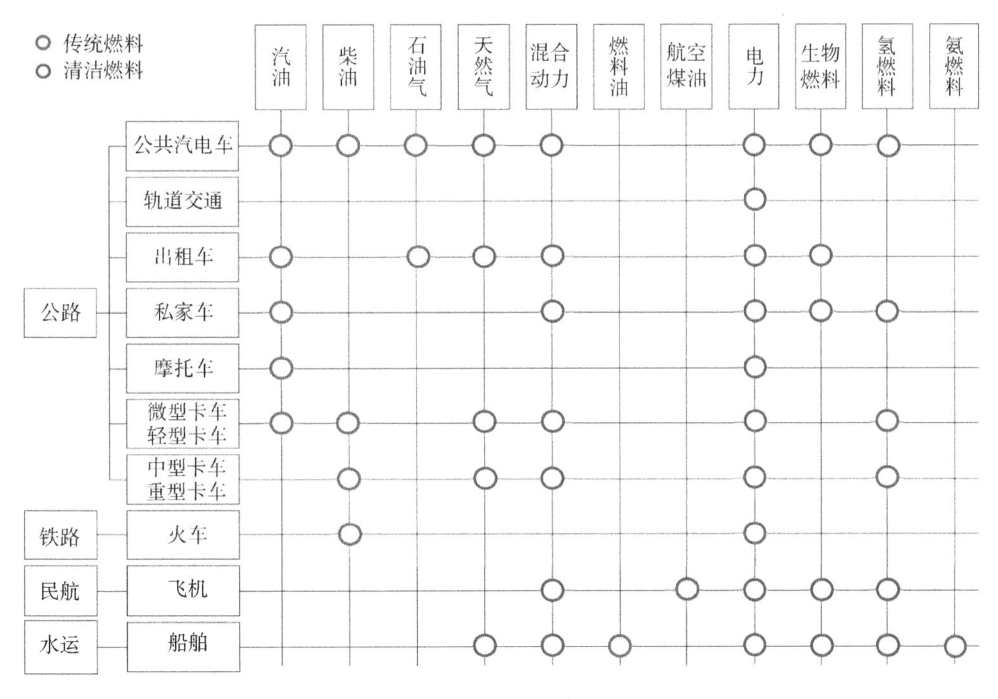

图 9-20　交通行业技术概况

9.8.2　C³IAM/NET-Transport 模型

本节构建了交通部门能源技术优化模型（简称为 C³IAM/NET-Transport 模型），框架如图 9-21 所示。

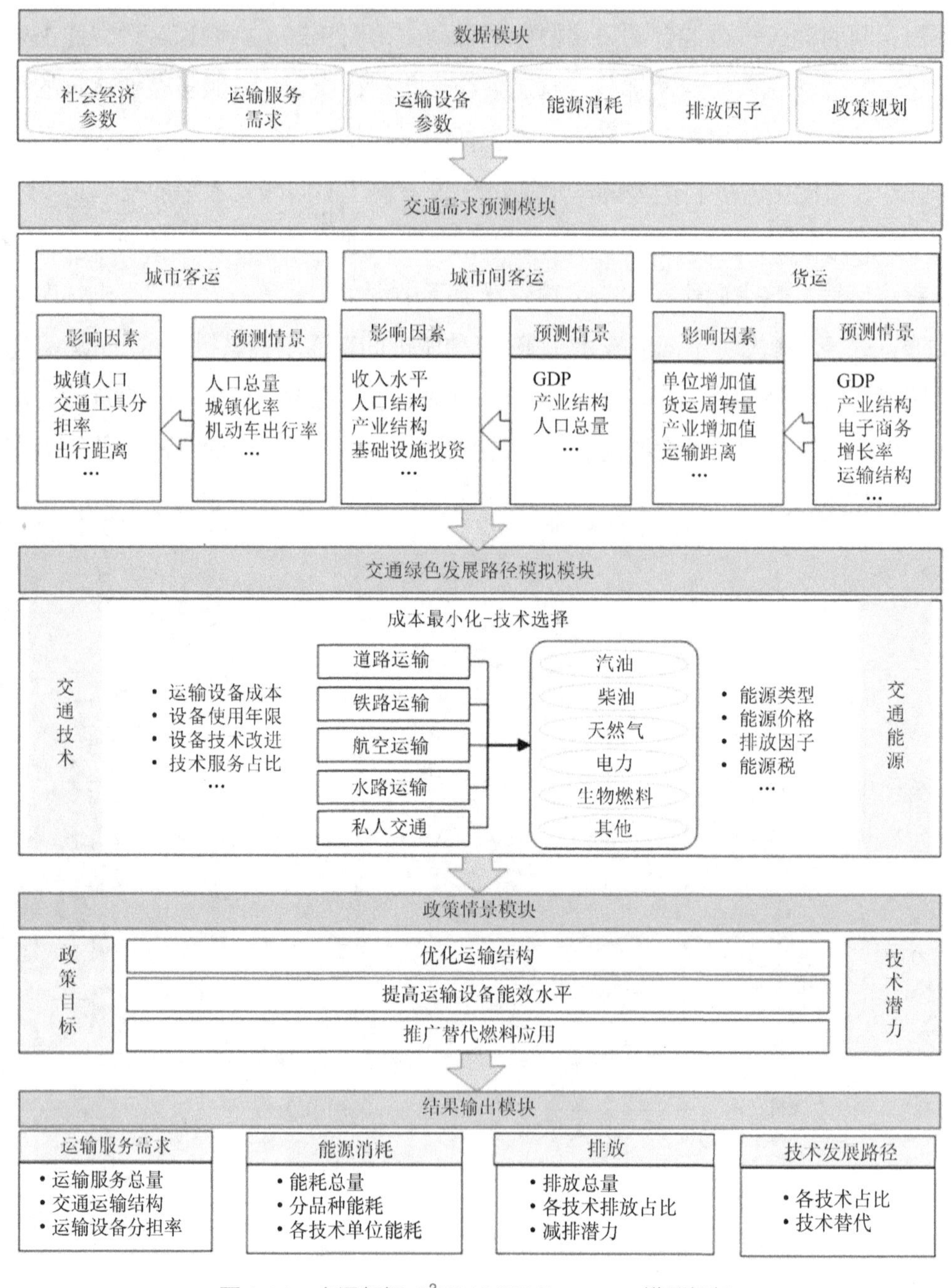

图 9-21　交通部门 C^3IAM/NET-Transport 模型框架

在交通需求预测模块，通过考虑未来 GDP 发展速度、人口发展趋势、服务业进程以及交通基础设施水平，同时结合出行行为变化以及共享出行普及等，采用多因素回归方法对城际出行量进行了预测；根据城市出行生成机理对未来城市客运出行需求进行了预测；根据各类规划确定 GDP 未来增速，并考虑未来产业结构变化、电子商务未来发展等因素，结合货运行业的总体趋势，对货运周转量进行了预测。在交通绿色发展路径模拟模块，充分考虑交通运输的主要能源类型、能源价格、投资成本、运营维护成本、单位能耗、排放因子、设备寿命等特征。在政策情景模块，针对低碳交通的三种策略：优化运输结构、提高运输设备能效水平和推广替代燃料应用进行了情景设置，从而定量化评估不同措施下车辆燃料技术的竞争替代过程，以及相应的能耗与排放情况，从而规划出交通运输技术发展路线。

9.9　区域协同碳达峰碳中和路径优化方法

结合 C^3IAM/NET 得出的全国碳达峰碳中和减排路径，我们进一步以此为约束构建了多区域协同减排路径优化模型（multi-regional collaborative optimization of emission pathway model，Mr. COEP），刻画各区域社会、经济、技术等特征的异质性，探索区域碳排放及其影响因素之间以及整体与区域之间的复杂非线性关系，规划全国统一框架下省级尺度协同减排路径。首先，该模型根据不同区域的特征指标构建评价体系，并以此为依据对各区域碳达峰成熟度进行评估，确定不同区域实现碳达峰的先后顺序，以此反映出不同区域之间的碳达峰异质性。其次，该模型根据扩展的库兹涅茨曲线确定出不同区域能源消费及其影响因素之间的复杂非线性关系。最后，根据碳达峰成熟度等因素，构建以区域整体 GDP 最大为目标、各区域 GDP 影响可接受的优化模型。

9.9.1　目标函数

GDP 是衡量一个国家或地区经济状况和发展水平的重要指标，因此 Mr. COEP 以所研究年份区域整体的 GDP 总量最大为目标，如式（9-12）所示。

$$\max \sum_{i,t} \mathrm{GDP}_{i,t} \tag{9-12}$$

其中，$\mathrm{GDP}_{i,t}$ 为区域 i 在第 t 年的 GDP。

9.9.2　约束条件

在本章中，模型的约束条件主要包括区域 GDP 增速约束、分种类能源消费量约束、能源消费占比约束、区域经济-社会-能源关系约束、考虑区域碳达峰成熟度的碳达峰时间约束、碳排放总量约束等，具体描述如下。

（1）区域 GDP 增速约束：是指区域经济增长需符合一定要求，不得超过或低于限制值。为了刻画部分区域规划的目标，模型设定 GDP 的增速范围，表达式如式（9-13）所示。

$$l_{i,t} \leqslant \mathrm{GDP}_{i,t+1} / \mathrm{GDP}_{i,t} \leqslant u_{i,t} \tag{9-13}$$

其中，$l_{i,t}$、$u_{i,t}$ 分别为区域 i 在第 t 年 GDP 增速的下限及上限。

（2）分种类能源消费量约束：是指每年各区域的各类能源消费量总和与所有区域总体消费量相等，以体现总体目标下的分区域用能行为，如式（9-14）～式（9-17）所示。

$$\sum_i \mathrm{Coal}_{i,t} = C_t \tag{9-14}$$

$$\sum_i \mathrm{Oil}_{i,t} = O_t \tag{9-15}$$

$$\sum_i \mathrm{Gas}_{i,t} = G_t \tag{9-16}$$

$$\sum_i \mathrm{Non}_{i,t} = N_t \tag{9-17}$$

其中，C_t、O_t、G_t、N_t 分别为在第 t 年所有区域煤、油、气和非化石能源的累计消费量；$\mathrm{Coal}_{i,t}$、$\mathrm{Oil}_{i,t}$、$\mathrm{Gas}_{i,t}$、$\mathrm{Non}_{i,t}$ 分别为区域 i 在第 t 年的煤、油、气和非化石能源的消费量。

（3）能源消费占比约束：为了刻画不同区域能源消费特征的差异性，设置不同区域规定年份不同种类的能源消费占比不超过设定的上下限。例如，部分区域已经设定关于煤炭消费占比下降和非化石能源消费占比提升的目标，如式（9-18）和式（9-19）所示。

$$\frac{\mathrm{Coal}_{i,t}}{\mathrm{EC}_{i,t}} \leqslant \mathrm{pc}_{i,t} \tag{9-18}$$

$$\frac{\mathrm{Non}_{i,t}}{\mathrm{EC}_{i,t}} \geqslant \mathrm{pn}_{i,t} \tag{9-19}$$

其中，$\mathrm{pc}_{i,t}$、$\mathrm{pn}_{i,t}$ 分别为区域 i 在第 t 年的煤炭和非化石能源消费占比。

（4）区域经济–社会–能源关系约束：各区域能源增长与其驱动因素之间存在一定的相关关系，故设置此约束，具体关系式如式（9-20）所示。

$$\mathrm{EC}_{i,t} = a_i + b_i \mathrm{GDP}_{i,t} + c_i {\mathrm{GDP}_{i,t}}^2 + d_i {\mathrm{GDP}_{i,t}}^3 + f(\mathrm{PV}_{i,t}, \mathrm{UR}_{i,t}, \mathrm{SI}_{i,t}, \mathrm{EI}_{i,t}, \mathrm{CP}_{i,t}, \mathrm{RI}_{i,t}) \tag{9-20}$$

其中，$EC_{i,t}$、$GDP_{i,t}$ 分别为区域 i 在第 t 年的能源消费量和经济水平；$PV_{i,t}$、$UR_{i,t}$、$SI_{i,t}$、$EI_{i,t}$、$CP_{i,t}$、$RI_{i,t}$ 分别为区域 i 在第 t 年的人口数量、城镇化率、二产占比、能源强度、煤炭消费占比、可再生能源装机容量；a_i、b_i、c_i、d_i 为回归方程中常数项和各项的系数；f 为影响因素关系函数。考虑到对未来预测的不确定性，本章将变量 $PV_{i,t}$、$UR_{i,t}$、$SI_{i,t}$ 纳入回归模型当中，其他体现区域异质性的指标 $EI_{i,t}$、$CP_{i,t}$、$RI_{i,t}$ 通过碳达峰成熟度引入模型。

各区域能源消费量 $EC_{i,t}$ 可分解为煤、油、气、非化石能源消费量的总和，如式（9-21）所示。

$$EC_{i,t} = Coal_{i,t} + Oil_{i,t} + Gas_{i,t} + Non_{i,t} \tag{9-21}$$

（5）考虑区域碳达峰成熟度的碳达峰时间约束：是指不同区域经济、技术等方面的不同会造成碳达峰成熟度的差异，经济发达、技术先进、可再生能源装机量较大的区域具备较早碳达峰的条件，而经济落后、能源结构偏煤、产业结构偏重的区域碳达峰相对更难。因此，为了反映各区域间的差异性，本章创新性地提出碳达峰成熟度的概念，并建立评估碳达峰成熟度的指标体系，包括各区域人均 GDP、能源强度、煤炭消费占比、可再生能源装机容量等能够反映区域经济发展水平、能源和产业结构、技术水平的重要特征指标，根据评估得到的各省碳达峰成熟度，进一步对区域碳达峰先后顺序进行约束,从而提出能够反映区域多维异质性的碳达峰路径。

具体地，本章采用平方欧氏距离作为相似性度量方法。采用沃德法设定连接规则，如式（9-22）所示。

$$d(o_i, o_k) = \left[1/(n_i + n_k)\right] \sum_{x \in (o_i, o_k)} \|x - n\|^2 \tag{9-22}$$

其中，o_i、o_k 为类 i 和 k；n 为融合聚类的中心；d 为在 n 维空间中两个点之间的距离；x 为样点。

根据碳达峰成熟度分析结果，将碳达峰时间的先后顺序作为约束条件加入 Mr. COEP 模型中。对于提出具体碳达峰时间的区域，其达峰年份碳排放量将大于或等于其他任何年份的碳排放量，如式（9-23）所示。

$$Coal_{i,t*} \cdot \beta_1 + Oil_{i,t*} \cdot \beta_2 + Gas_{i,t*} \cdot \beta_3 \geqslant Coal_{i,t} \cdot \beta_1 + Oil_{i,t} \cdot \beta_2 + Gas_{i,t} \cdot \beta_3 \ (t \neq t^*) \tag{9-23}$$

其中，t^* 为区域 i 碳达峰年份，除该年份外所有年份的排放量均小于或等于年份 t^*；$Coal_{i,t*}$、$Oil_{i,t*}$、$Gas_{i,t*}$ 分别为区域 i 在碳达峰年份 t^* 时煤、石油、天然气消耗产生的排放量；β_1、β_2、β_3分别为煤、石油、天然气的排放因子。

（6）单调性约束：设$z_i(t)$为指示方程，具体定义为

$$z_i(t)=\begin{cases}0, \text{区域}i\text{在}t\text{年未实现达峰}\\1, \text{区域}i\text{将在}t\text{年实现达峰}\end{cases} \tag{9-24}$$

设$\mathrm{CE}_{i,t}$为区域i在第t年的碳排放量，则定义如下约束：

$$(\mathrm{CE}_{i,t-1}-\mathrm{CE}_{i,t})\cdot(\mathrm{CE}_{i,t}-\mathrm{CE}_{i,t+1})\geqslant -M\cdot z_i(t) \tag{9-25}$$

其中，M为人工变量，设定为极大数。

根据式（9-25），可实现碳达峰路径的单调性处理。具体来说，由于碳排放路径中，碳达峰年份可视为拐点，理想的碳达峰路径应为先增后减的曲线。若区域i在第t年实现了碳达峰目标，则可知$\mathrm{CE}_{i,t-1}-\mathrm{CE}_{i,t}\leqslant 0$与$\mathrm{CE}_{i,t}-\mathrm{CE}_{i,t+1}\geqslant 0$，两项异号，即乘积为负数，由于在碳达峰年份$z_i(t)=1$，$-M\cdot z_i(t)$为极小的负数，则不等式成立；若区域$i$在第$t$年时未实现碳达峰目标，则$(\mathrm{CE}_{i,t-1}-\mathrm{CE}_{i,t})$与$(\mathrm{CE}_{i,t}-\mathrm{CE}_{i,t+1})$同时小于0，二者乘积大于0，不等式成立；同理可知，若在区域i已实现了碳达峰目标，则不等式左边两项同号，乘积大于0，不等式成立。因此，通过该不等式约束，可以实现区域碳达峰理想路径的进一步约束。记$\boldsymbol{Z}_{i^k}=\left[z_{i^k}(1),\cdots,z_{i^k}(t),\cdots,z_{i^k}(T)\right]$，其中$k$代表聚类类别（$k=1,\cdots,K$），$K$为聚类得到的总类别数，即$i^k$代表类别为$k$的区域；给定向量$\boldsymbol{T}=[1,\cdots,t,\cdots,T]'$，则对于聚类结果得到的各类区域碳达峰年份，设定约束如下：

$$\boldsymbol{Z}_{i^{k-1}}\boldsymbol{T}<\boldsymbol{Z}_{i^k}\boldsymbol{T} \tag{9-26}$$

该约束进一步限制了根据区域碳达峰成熟度所得到的碳达峰顺序，第一类区域的碳达峰年份早于第二类区域，并以此类推。

（7）碳排放总量约束：每年各区域的碳排放总量和与整体碳排放量相等。本章中由能源活动产生的二氧化碳排放量计算方法如式（9-27）所示。碳排放总量约束如式（9-28）所示。

$$C=\sum_i E_i\cdot \mathrm{EF}_i \tag{9-27}$$

$$\mathrm{CE}_t=\sum_i(\mathrm{Coal}_{i,t}\cdot\beta_1)+\sum_i(\mathrm{Oil}_{i,t}\cdot\beta_2)+\sum_i(\mathrm{Gas}_{i,t}\cdot\beta_3) \tag{9-28}$$

其中，E_i为不同种类化石能源（包括煤炭、石油、天然气）的消费量（标准量）；EF_i为不同种类化石能源的二氧化碳排放因子；CE_t为区域整体在第t年时的碳排放总量。

（8）碳强度约束：是指区域单位 GDP 的碳排放量需符合一定要求，不得超过限制值。为了刻画部分区域已经规划的碳强度目标，模型进行如下设定，如式（9-29）和式（9-30）所示。

$$l'_{i,t^*} \leqslant \left(\frac{\mathrm{CE}_{i,t^*}}{\mathrm{GDP}_{i,t^*}} - \frac{\mathrm{CE}_{i,t}}{\mathrm{GDP}_{i,t}} \right) \Bigg/ \frac{\mathrm{CE}_{i,t}}{\mathrm{GDP}_{i,t}} \leqslant u'_{i,t^*} \tag{9-29}$$

$$lc'_{t^*} \leqslant \left(\frac{\sum_i \mathrm{CE}_{i,t^*}}{\sum_i \mathrm{GDP}_{i,t^*}} - \frac{\sum_i \mathrm{CE}_{i,t}}{\sum_i \mathrm{GDP}_{i,t}} \right) \Bigg/ \frac{\sum_i \mathrm{CE}_{i,t}}{\sum_i \mathrm{GDP}_{i,t}} \leqslant uc'_{t^*} \tag{9-30}$$

其中，l'_{i,t^*}、u'_{i,t^*} 分别为区域 i 目标年 t^* 碳强度变化率的下限及上限；CE_{i,t^*} 为区域 i 在目标年份 t^* 的能源消费量；GDP_{i,t^*} 为区域 i 在目标年份 t^* 的 GDP；lc'_{i,t^*}、uc'_{i,t^*} 分别为全国在目标年份 t^* 碳强度变化率的下限及上限。

（9）非负约束：该模型中各区域的各类能源消费量均大于或等于零。

$$\mathrm{Coal}_{i,t} \geqslant 0 \tag{9-31}$$

$$\mathrm{Oil}_{i,t} \geqslant 0 \tag{9-32}$$

$$\mathrm{Gas}_{i,t} \geqslant 0 \tag{9-33}$$

$$\mathrm{Non}_{i,t} \geqslant 0 \tag{9-34}$$

9.10　本 章 小 结

C^3IAM/NET 包括供给和需求两个层次，本章通过对各终端行业（如电力、钢铁、水泥、化工、有色、建筑、交通等）分别构建反映该行业工艺过程和决策机理的 C^3IAM/NET 子模型，实现能源系统供应端和消费端的集成优化与行业交互，为我国行业减排路径研究提供一种更全面的分析方法；进而基于该模型构建多区域协同减排路径优化模型，为规划全国统一框架下省级尺度协同减排路径提供定量研究工具。基于碳减排“时-空-效-益”统筹理论，C^3IAM/NET 能够刻画短期与长期的能源技术系统，而且通过考虑经济发展、产业升级、城镇化加快、智能化普及等社会经济形态变化，引入技术升级、燃料替代、成本下降等变化趋势和政策要求，满足发展与减排的统筹需求。C^3IAM/NET 不仅可以评估技术创新和能源经济政策的节能减排潜力与减排成本，而且可以寻找实现能源消费或排放控制等环境目标（如碳达峰碳中和）的最佳碳减排技术路径。

第10章 经济系统

为了降低气候变化的风险，需要进行全球温室气体减排机制设计，建立全球气候治理体系。因此，将气候变化的影响纳入长期经济增长模型与分析中是增长理论研究的重要方向。此外，考虑到气候变化经济根源的广泛性，减缓策略的布局不仅涉及国家之间的博弈，还关乎行业层面、一国内部区域层面的有效部署。C^3IAM 基于时间、空间和收益统筹理论建立了 C^3IAM/EcOp，并基于时间、空间和效率统筹理论建立了全球多部门可计算一般均衡模型（C^3IAM/GEEPA）和中国多区域可计算一般均衡模型（C^3IAM/MR.CEEPA）。

基于此，本章将从以下几个方面展开介绍：

C^3IAM/EcOp 遵循怎样的基本原理和模型构成？

如何将动态博弈减排机制引入 C^3IAM/EcOp 中？

C^3IAM/GEEPA 和 C^3IAM/MR.CEEPA 的结构是怎样的？

10.1 全球多区域最优经济增长模型体系

C^3IAM/EcOp 源于最优经济增长理论，由经济和气候两个模块组成。经济模块描述了在一定经济发展水平下应对气候变化的社会成本和气候变化带来的损害。气候模块由 C^3IAM/Climate 简化而成，模拟了未来温室气体浓度、辐射强迫和温度变化。减缓、适应和损失模块由 C^3IAM/Loss 简化而来。为统筹短期减排与长期减排，C^3IAM/EcOp 将气候变化内生到长期宏观经济增长中，因此，模型包含经济模块、气候模块、气候模块与经济模块的连接等部分。模拟结果可为国家制定气候政策和适应措施提供决策参考。

10.1.1 经济模块

经济模块的原型是一个标准的新古典经济增长模型（拉姆齐模型），通过权衡投资与消费来实现社会福利最大化。C^3IAM/EcOp 将气候变化引入拉姆齐模型，增加气候减排投入与气候损失的权衡。

模型的目标函数是社会福利函数W，如式（10-1）所示。通过设置不同区域的社会福利权重，兼顾了各个区域的局部利益。

$$W=\sum_{i=1}^{n}\varphi_i W_i,\quad \sum_{i=1}^{n}\varphi_i=n \tag{10-1}$$

其中，i为区域；n为区域数；φ_i为第i个区域的社会福利权重；W_i为第i个区域的福利函数。

各区域的福利函数是各期人口加权的人均消费效用函数的贴现和，如式（10-2）所示：

$$W_i=\int_0^{\infty}\left[L_i(t)\ln\left(C_i(t)/L_i(t)\right)\mathrm{e}^{-\delta t}\right]\mathrm{d}t \tag{10-2}$$

其中，t为年份；$L_i(t)$为第i个区域第t年的人口；$C_i(t)$为第i个区域第t年的消费；δ为贴现率。

若模型的步长大于1年，可将各区域的福利函数改为离散形式，如式（10-3）所示：

$$\begin{aligned}W_i=&\sum_{t=1}^{T}\left[L_i(t)\cdot\ln\left(C_i(t)/L_i(t)\right)(1+\delta)^{-\mathrm{TSTEP}\cdot(t-1)}\right]\\&+\frac{1}{(1+\delta)^{-\mathrm{TSTEP}}-1}\cdot L_i(T)\cdot\ln\left(C_i(T)/L_i(T)\right)(1+\delta)^{-\mathrm{TSTEP}\cdot(T-1)},\quad i=1,2,\cdots,n\end{aligned} \tag{10-3}$$

其中，T为模型的规划期；TSTEP 为时间步长。等号右边第一项为规划期内的效用，第二项为规划期以后的效用。对于规划期以后的效用假设与最后一期的效用一致，根据无穷递缩等比数列求和公式可得到第二项的形式。

各区域的经济产出是 Cobb-Douglas 生产函数［式（10-4）］，考虑资本与劳动力两种投入要素。

$$Q_i(t)=A_i(t)K_i(t)^{\gamma}L_i(t)^{1-\gamma} \tag{10-4}$$

其中，$Q_i(t)$为第i个区域第t年的经济总产出；$A_i(t)$、$K_i(t)$分别为第i个区域第t年的技术进步参数、资本存量；γ为资本份额参数。

与原始拉姆齐模型不同的是，经济产出需要扣除减排投入及气候损失，如式（10-5）所示：

$$Y_i(t)=\Omega_i(t)Q_i(t) \tag{10-5}$$

其中，$Y_i(t)$为第i个区域第t年的净产出；$\Omega_i(t)$为第i个区域第t年的产出调整参数，反映了气候变化对经济损失程度及减排成本的影响力度。

净产出的主要去向就是消费和投资，如式（10-6）所示：

$$C_i(t)=Y_i(t)-I_i(t) \tag{10-6}$$

其中，$I_i(t)$为第i个区域第t年的投资。

投资将带来资本存量的增加，如式（10-7）所示：

$$K_i(t)=I_i(t)-\delta_k K_i(t) \tag{10-7}$$

其中，$K_i(t)$为第i个区域第t年的资本存量变化量；δ_k为资本存量折旧率。

10.1.2 气候模块

气候模块包含了从温室气体排放到温室气体的浓度，再到辐射强迫，最后到地表平均温度等全过程。

温室气体排放到浓度的变化过程即碳循环过程，如式（10-8）所示：

$$M_i(t)=\sum_{s=0}^{t}\left[E_i(s)\left(\alpha_0+\sum_k \alpha_k \mathrm{e}^{\frac{s-t}{\tau_k}}\right)\right] \tag{10-8}$$

其中，$M_i(t)$为第i个区域第t年的温室气体浓度（相对于初始年份）；$E_i(s)$为第i个区域第s年的温室气体排放量（包含 CO_2、CH_4、N_2O 三种温室气体）；α_0、α_k、τ_k分别为碳循环过程的参数；k为地球气候系统的特定组成部分，如大气、海洋等。

C^3IAM/EcOp 将 RICE 原有的碳循环过程替换为伯恩（Bern）碳循环过程（Strassmann and Joos，2018），用于追踪各区域各时期温室气体排放对浓度的贡献，如式（10-9）所示：

$$\begin{aligned}M_i(t)&=\sum_{s=0}^{t}\left[E_i(s)\cdot\left(\alpha_0+\sum_k \alpha_k \mathrm{e}^{\frac{s-t}{\tau_k}}\right)\right]\\&=\sum_{s=1900}^{2015}\left[E_i(s)\cdot\left(\alpha_0+\sum_k \alpha_k \mathrm{e}^{\frac{s-t}{\tau_k}}\right)\right]+\sum_{s=2015}^{t}\left[E_i(s)\cdot\left(\alpha_0+\sum_k \alpha_k \mathrm{e}^{\frac{s-t}{\tau_k}}\right)\right]\\&=M_i^0(t)+\mathrm{MN}_i(t)\end{aligned} \tag{10-9}$$

其中，$M_i^0(t)$为各区域历史排放的浓度；$\mathrm{MN}_i(t)$为各区域未来排放的浓度。

各区域温室气体浓度加总可得全球总体的温室气体浓度，如式（10-10）所示：

$$M(t)=\sum_{i=0}^{n}M_i(t)+\text{NAT} \tag{10-10}$$

其中，$M(t)$为第t年相对于初始年份的全球温室气体浓度增量；NAT为温室气体浓度常量（即初始年份大气温室气体浓度）。

温室气体浓度将引起大气辐射强迫的变化，如式（10-11）所示：

$$F(t)=F_{2x}\log_2\left(M(t)/M_{\text{eq}}\right) \tag{10-11}$$

其中，$F(t)$为第t年的辐射强迫；M_{eq}为均衡态（温室气体排放增加一倍时大气达到的均衡状态）温室气体浓度；F_{2x}为均衡态辐射强迫。

辐射强迫到大气平均温度的变化过程如式（10-12）和式（10-13）所示。

$$\dot{T}_{\text{at}}(t)=\text{SAT}\cdot\left\{F(t+1)-F_{2x}/T_{2x}\cdot T_{\text{AT}}(t)-\text{HLAL}\cdot\left[T_{\text{AT}}(t)-T_{\text{LO}}(t)\right]\right\} \tag{10-12}$$

$$\dot{T}_{\text{LO}}(t)=\text{HGLA}\cdot\left(T_{\text{AT}}(t)-T_{\text{LO}}(t)\right) \tag{10-13}$$

其中，$T_{\text{AT}}(t)$、$T_{\text{LO}}(t)$分别为第t年的大气和深层海洋的全球平均温度（相对于初始年份）；$\dot{T}_{\text{at}}(t)$、$\dot{T}_{\text{LO}}(t)$分别为第t年的大气和深层海洋的全球平均温度变化量；T_{2x}为均衡态（温室气体排放增加一倍时大气达到的均衡状态）大气平均温度；SAT为大气平均温度调整速度系数；HLAL、HGLA 分别为从大气到深层海洋的热量损失系数和深层海洋的热量吸收系数。

10.1.3 动态博弈机制

在 C^3IAM/EcOp 中，经济模块到气候模块的联系，即经济活动产生温室气体排放的过程如式（10-14）～式（10-16）所示：

$$E_i(t)=\left(1-\mu_i(t)\right)\sigma_i(t)Q_i(t)+E_i^{\text{land}}(t),\quad 0\leqslant\mu_i(t)\leqslant 1 \tag{10-14}$$

$$\sigma_i(t)=\sum_k\sigma_i^k(t)\cdot\text{GWP}^k,\quad k\in\{CO_2,CH_4,N_2O\} \tag{10-15}$$

$$E_i^{\text{land}}(t)=E_i^{\text{land}}(1)\cdot(1-\text{LUGR})^{(t-1)/2} \tag{10-16}$$

其中，$\mu_i(t)$为第i个区域第t年的温室气体减排率；$\sigma_i(t)$为第i个区域第t年的温室气体强度；$E_i^{\text{land}}(t)$为第i个区域第t年土地利用相关的温室气体排放；$\sigma_i^k(t)$为第i个区域第t年第k种温室气体强度；GWP^k为第k种温室气体全球变暖潜力；LUGR为土地利用排放变化的速度系数。

气候模块到经济模块的作用包含两个部分，即气候损失和减排投入的成本。气候损失函数如式（10-17）所示：

$$D_i(t)=1-\frac{1}{1+a_{1,i}T_{\mathrm{AT}}(t)+a_{2,i}T_{\mathrm{AT}}(t)^2} \tag{10-17}$$

其中，$D_i(t)$为第i个区域第t年的气候损失占经济总产出的比例；$a_{1,i}$、$a_{2,i}$为第i个区域第t年的气候损失函数系数。

减排投入的成本函数如式（10-18）和式（10-19）所示：

$$\mathrm{AC}_i(t)=b_{1,i}(t)\mu_i(t)^{b_{2,i}} \tag{10-18}$$

$$b_{1,i}(t)=P\cdot(1-g)^{t-1}\sigma_i(t)/b_{2,i} \tag{10-19}$$

其中，$\mathrm{AC}_i(t)$为第i个区域第t年的减排投入成本占经济总产出的比例；P为初始年份后备技术成本；g为后备技术成本下降速度；$b_{1,i}(t)$、$b_{2,i}$均为成本函数的系数。

气候损失比例与减排投入比例共同决定了产出调整系数，如式（10-20）所示。

$$\Omega_i(t)=(1-\mathrm{AC}_i(t))\cdot(1-D_i(t)) \tag{10-20}$$

模型参数设置。$\mathrm{C^3IAM/EcOp}$ 的主要参数来源于 Yang（2008）、RICE2010（Nordhaus，2010）及 DICE2016R（Nordhaus，2017）等。经济模块、气候模块与两个模块交互的参数设置分别如表 10-1～表 10-3 所示，各区域的气候损失函数设置如表 10-4 所示。

表 10-1 经济模块参数设置

名称	含义	取值	来源
δ	贴现率	0.03	Yang（2008）
γ	资本份额参数	0.3	
δ_k	资本存量折旧率	0.1	

表 10-2 气候模块参数设置

名称	含义	取值	来源	名称	含义	取值	来源
α_0	碳循环过程参数	0.2173	Joos 等（2013）	F_{2x}	均衡态辐射强迫	3.6813	DICE 2016R（Nordhaus，2017）
α_1		0.2240		M_{eq}	均衡态温室气体浓度	588	
α_2		0.2824		$T_{\mathrm{AT}}(1)$	初始大气平均温度	0.85	
α_3		0.2763		$T_{\mathrm{LO}}(1)$	初始深层海洋平均温度	0.0068	
τ_1		394.4		T_{2x}	均衡态大气平均温度	3.1	
τ_2		36.54		SAT	大气平均温度调整速度系数	0.1005	
τ_3		4.304		HLAL	从大气到深层海洋的热量损失系数	0.088	
NAT	温室气体浓度常量	637.02	Yang（2008）	HGLA	深层海洋的热量吸收系数	0.025	

表 10-3 经济模块与气候模块交互的参数设置

名称	含义	取值	来源
GWP^k	CO_2 全球变暖潜力	1	Joos 等（2013）
	CH_4 全球变暖潜力	28	
	N_2O 全球变暖潜力	265	
LUGR	土地利用排放变化的速度系数	0.1	Yang（2008）
$b_{2,i}$	成本函数的系数	2.6	DICE2016R（Nordhaus，2017）
P	初始年份后备技术的成本	550	DICE2016R（Nordhaus，2017）
g	后备技术成本下降速度	0.025	DICE2016R（Nordhaus，2017）

表 10-4 气候损失函数设置依据

区域	$a_{1,i}$	$a_{2,i}$	区域	$a_{1,i}$	$a_{2,i}$
美国	0	0.1414	欧盟	0	0.1591
中国	0.0785	0.1259	其他西欧发达国家	0.1755	0.1734
日本	0	0.1617	东欧独联体（不包括俄罗斯）	0	0.1591
俄罗斯	0	0.1151	拉丁美洲	0.0609	0.1345
印度	0.4385	0.1689	中东与非洲	0.341	0.1983
其他伞形集团	0	0.1564	亚洲（不包括中国、印度和日本）	0	0.1305

注：气候损失函数系数参考 RICE2010（Nordhaus，2010）设置，函数形式为式（10-17）。

在 C³IAM/EcOp 中，未来的人口、技术进步参数变化分别用联合国预测的未来人口数据和 SSP2 的 GDP 数据校准，温室气体强度的变化基于作者的预测数据校准。

人口趋势。原有 RICE 的人口趋势函数是逐渐趋于稳定的对数增长形式，但并不符合部分区域未来人口下降的趋势。因此，C³IAM/EcOp 将未来人口趋势函数设置为分段的对数变化函数，如式（10-21）所示：

$$L_i(t)=\begin{cases} L_i(1)\cdot\left(1+\mathrm{LR}_{1,i}\right)^{\mathrm{TSTEP}\cdot(t-1)}, & t<\mathrm{TMax}_i \\ \mathrm{LMax}_i\cdot\left(1+\mathrm{LR}_{2,i}\right)^{\mathrm{TSTEP}\cdot(t-\mathrm{TMax}_i)}, & \mathrm{TMax}_i\leqslant t<40 \\ L_i(t-1)\cdot\left(1+\mathrm{LR}_{3,i}\right)^{\mathrm{TSTEP}}, & t\geqslant 40 \end{cases} \tag{10-21}$$

其中，$\mathrm{LR}_{1,i}$、$\mathrm{LR}_{2,i}$、$\mathrm{LR}_{3,i}$ 分别为第 i 个区域峰值前、峰值后及远期的人口变化率；TMax_i、LMax_i 分别为第 i 个区域达到人口上限的年份及人口数。

根据联合国的各国人口预测值（UN，2017），按照区域划分进行加总，再分别找出各区域的人口峰值年份及峰值规模，如表 10-5 所示。大部分区域或国家在 2100 年前人口能达到峰值，但峰值年份及规模相差较大。美国、其他伞形集团、中东与非洲等部分国家或区域在 2100 年前未达到峰值，对于这些国家或区域，假设峰值年份为 2100 年，但 2100 年后人口继续增长，增长率为所有国家或区域 2100 年前人口增长率的最小值。远期各区域仍保持之前的变化趋势，但人口增长率的绝对值为所有区域峰值前人口增长率最小值的一半。

表 10-5 人口趋势设置

国家或区域	基年人口/亿人	峰值年份	峰值规模/亿人	峰值前人口增长率/%	峰值后人口增长率/%	远期人口增长率/%
美国	3.20	2100	4.47	0.40	0.04	0.02
中国	13.97	2029	14.42	0.22	−0.49	−0.02
日本	1.28	2015	1.29	0.00	−0.49	−0.02
俄罗斯	1.44	2017	1.44	0.04	−0.18	−0.02
印度	13.09	2061	16.79	0.54	−0.26	−0.02
其他伞形集团	0.64	2100	1.00	0.51	0.04	0.02
欧盟	5.07	2029	5.13	0.07	−0.15	−0.02
其他西欧发达国家	1.10	2056	1.29	0.38	−0.24	−0.02
东欧独联体（不包括俄罗斯）	1.38	2054	1.52	0.25	−0.13	−0.02
亚洲（不包括中国、印度和日本）	10.89	2068	14.56	0.55	−0.16	−0.02
中东与非洲	13.35	2100	45.80	1.46	0.04	0.02
拉丁美洲	6.04	2061	7.71	0.53	−0.25	−0.02
全球	71.46	2100	115.42	0.47	0.04	0.02

注：人口趋势系数参考来源于 UN（2017）。

技术进步趋势。原有 RICE 是假设外生的技术进步，进而确定各区域的经济发展趋势。由于外生的技术进步变化存在很大的不确定性，C³IAM/EcOp 利用已有的经济发展趋势预测数据，来校准未来技术进步趋势函数的参数。未来技术进步趋势函数如式（10-22）所示：

$$A_i(t)=A_i(t-1)\cdot\left(\frac{\mathrm{AMax}_i}{A_i(t-1)}\right)^{\mathrm{TSTEP}\cdot\mathrm{TR}_i} \tag{10-22}$$

其中，AMax_i、TR_i 分别为第 i 个区域技术进步参数的峰值及变化速度系数。

根据 SSP2 情景中的各国 GDP 预测值（Riahi et al.，2017），按照区域划分进行加总，然后来校准各区域未来技术进步趋势函数的系数，如表 10-6 所示。

表 10-6 技术进步趋势设置

国家或区域	基年技术进步参数	技术进步参数峰值	技术进步参数变化速度系数/%	2015～2050 年	
				全要素生产率增长率/%	经济总产出增长率/%
美国	13.20	20.72	2.4	0.76	1.75
中国	4.51	15.93	4.3	2.94	3.72
日本	8.98	28.92	1	1.01	0.73
俄罗斯	7.79	26.42	1.6	1.54	2.39
印度	2.88	30.93	1.6	3.00	4.86
其他伞形集团	11.34	31.86	1.1	0.97	2.09
欧盟	9.56	115.17	0.5	1.15	1.60
其他西欧发达国家	7.35	98.53	0.6	1.42	2.58
东欧独联体（不包括俄罗斯）	5.25	36.56	0.9	1.53	3.15
亚洲（不包括中国、印度和日本）	3.79	29.03	1.4	2.32	3.84
中东与非洲	3.59	34.64	0.9	1.78	4.20
拉丁美洲	5.24	67.74	0.7	1.61	2.88

注：技术进步参数趋势调整参考 SSP2 情景（Riahi et al.，2017）；基年技术进步参数由基年的人口、资本存量、气候损失等校准所得；技术进步参数峰值及变化速度系数由 SSP2 情景中各区域的经济增长率校准所得；2015～2050 年全要素生产率由校准后的技术进步参数计算所得。

温室气体强度趋势。原有 RICE 仅考虑 CO_2 一种温室气体，且假设碳强度的变化外生给定。然而，除了 CO_2 以外，还有 CH_4、N_2O 等主要温室气体，同时温室气体强度的预测也需要历史经验作为依据。因此，C^3IAM/EcOp 考虑了 CO_2、CH_4、N_2O 三种温室气体，并利用世界各国温室气体强度的历史经验及预测值来校准温室气体强度趋势。

根据温室气体强度不同时期的变化，构建分段的温室气体强度趋势函数，如式（10-23）所示。2050 年（C^3IAM/EcOp 中为第 8 期）前为固定参数的函数形式，2050～2100 年为变化参数的函数形式，2100 年（C^3IAM/EcOp 中为第 18 期）之后为固定参数的函数形式。

$$
\sigma_i^k(t)=\begin{cases}\dfrac{\mathrm{SigMax}_i^k}{1+\mathrm{SigI}_i^k\cdot \mathrm{e}^{-\mathrm{SigA1}_i^k\cdot(t-1)}}, & t\leqslant 8\\[2ex] \dfrac{\mathrm{SigMax}_i^k}{1+\mathrm{SigI}_i^k\cdot \mathrm{e}^{-\mathrm{SigA1}_i^k\cdot\left(1+\mathrm{SigA2}_i^k\right)^{t-8}\cdot(t-1)}}, & 8<t\leqslant 18,\ k\in\left(\mathrm{CO_2},\mathrm{CH_4},\mathrm{N_2O}\right)\\[2ex] \dfrac{\mathrm{SigMax}_i^k}{1+\mathrm{SigI}_i^k\cdot \mathrm{e}^{-\mathrm{SigA1}_i^k\cdot\left(1+\mathrm{SigA2}_i^k\right)^{18-8}\cdot(t-1)}}, & t>18\end{cases}
$$

（10-23）

其中，SigMax_i^k为第 i 个区域第 k 种温室气体强度的渐进值；SigI_i^k、$\mathrm{SigA1}_i^k$、$\mathrm{SigA2}_i^k$分别为第 i 个区域第 k 种温室气体强度的变化系数，其中，第一个系数不随时间的变化而变化，第二个系数随时间不同而呈现不同的变化程度，第三个系数反映第 8 期之后即 2050 年之后，温室气体强度的变化参数。

首先，本节将预测的各种温室气体排放量加总到区域层面。各区域各种温室气体的实际值与预测值如图 10-1 所示。总体上来说，各区域各种温室气体的预测效果都很好，历史年份的预测趋势几乎一致，个别区域、个别时期的预测值与实际值有一定的偏差。从未来趋势来看，各区域碳排放量均会出现峰值，且发达国家或区域的峰值年份早于发展中国家或区域；大部分区域的 CH_4 与 N_2O 排放量均已达到峰值或很快达峰，并且快速下降，而 MAF 的两种气体排放量将快速上升，最快到 2065 年才达到峰值。OLS 表示最小二乘法（method of least squares），GMM 表示广义矩估计法（generalized method of moments）；CO_2历史数据年份为 1950～2012 年，CH_4和 N_2O 历史数据年份为 1970～2012 年，未来预测数据年份为 2015～2100 年，每五年为一期。

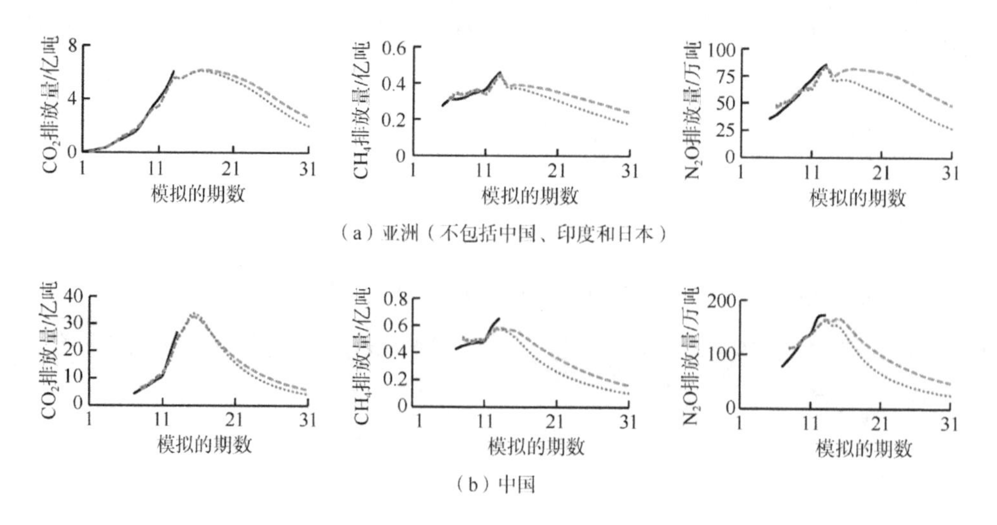

（a）亚洲（不包括中国、印度和日本）

（b）中国

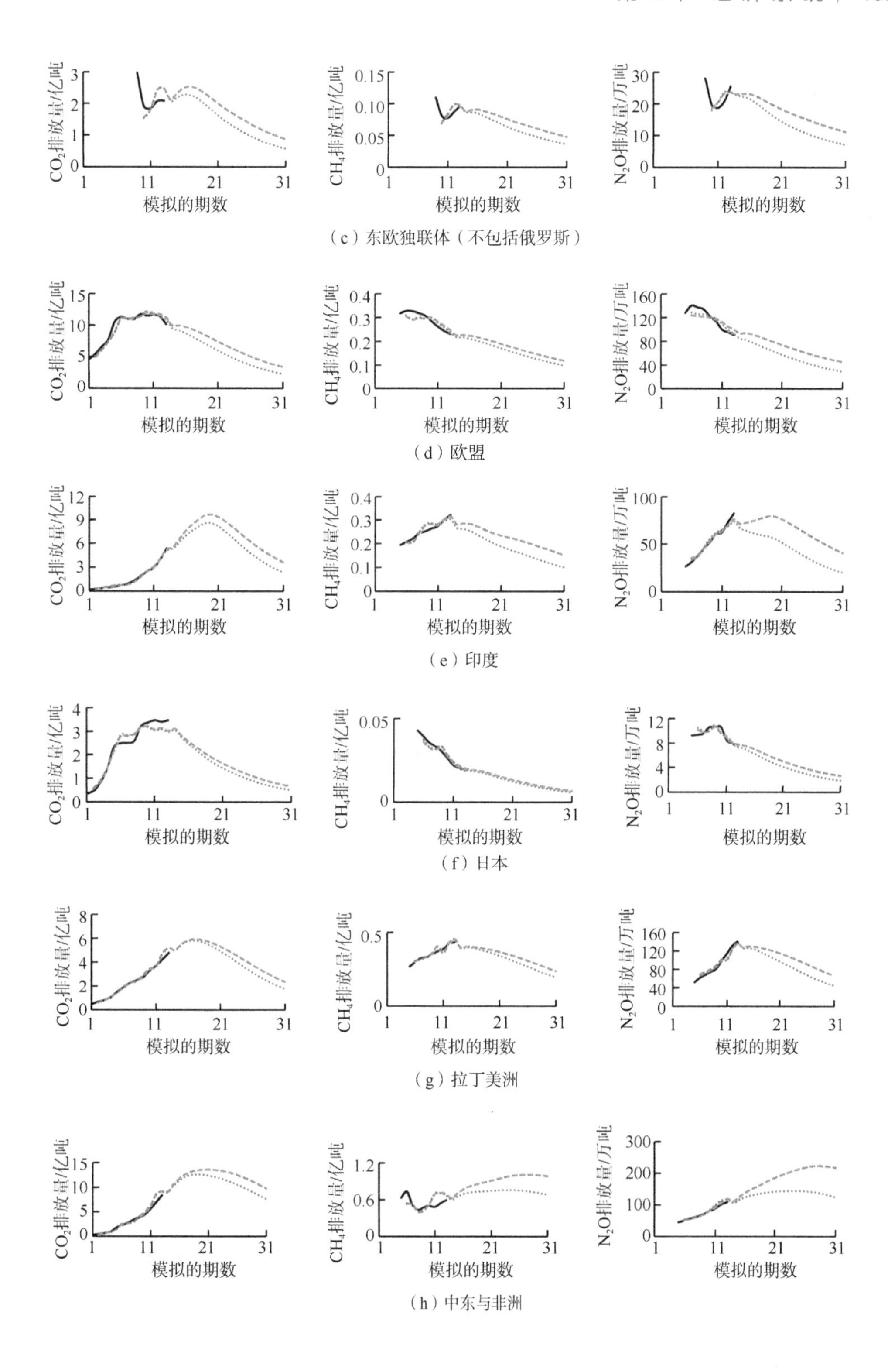

CO_2排放量/亿吨
CH_4排放量/亿吨
N_2O排放量/万吨
模拟的期数
（c）东欧独联体（不包括俄罗斯）
（d）欧盟
（e）印度
（f）日本
（g）拉丁美洲
（h）中东与非洲

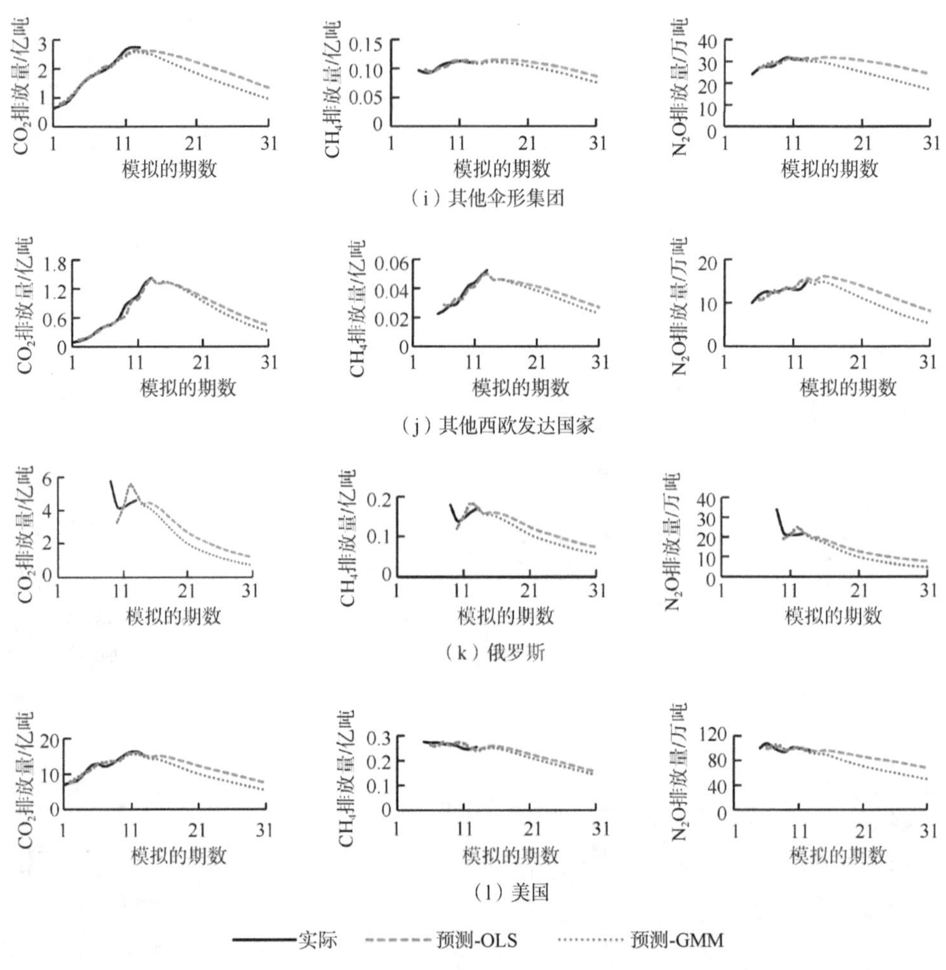

图 10-1　各区域各种温室气体排放实际值与预测值

其次，利用区域加总后的温室气体强度预测结果，分别校准各区域各种温室气体强度趋势函数的参数，如表 10-7～表 10-9 所示。

表 10-7　CO_2 强度趋势函数设置

区域	渐进值	$SigI_i^k$	$SigA1_i^k$ / %	$SigA2_i^k$ / %	前期强度下降率/%	中期强度下降率/%	远期强度下降率/%
美国	0.67	–0.99	0.14	4.13	2.29	1.82	0.78
中国	0.57	–1.00	0.30	4.89	5.10	2.54	0.86
日本	0.63	–0.99	0.19	6.91	2.58	2.35	0.80
俄罗斯	0.58	–1.00	0.19	6.64	3.83	2.68	0.85
印度	0.64	–0.99	0.27	16.34	3.34	4.10	0.79
其他伞形集团	0.60	–0.99	0.13	7.23	2.56	2.42	0.81
欧盟	0.67	–0.99	0.27	9.82	2.42	2.80	0.79

续表

区域	渐进值	$SigI_i^k$	$SigA1_i^k$ / %	$SigA2_i^k$ / %	前期强度下降率/%	中期强度下降率/%	远期强度下降率/%
其他西欧发达国家	0.54	–0.99	0.30	10.55	3.26	3.16	0.81
东欧独联体（不包括俄罗斯）	0.61	–1.00	0.18	10.05	3.42	3.19	0.85
亚洲（不包括中国、印度和日本）	0.65	–0.99	0.45	13.32	3.85	3.65	0.75
中东与非洲	0.61	–0.99	0.23	15.58	3.13	3.99	0.81
拉丁美洲	0.67	–0.99	0.29	12.63	2.70	3.34	0.79

注：CO_2强度渐进值单位为克碳/美元（2011年不变价）；前期为2015～2050年，中期为2050～2100年，远期为2100～2150年。

表 10-8 CH_4强度趋势函数设置

区域	渐进值	$SigI_i^k$	$SigA1_i^k$ / %	$SigA2_i^k$ / %	前期强度下降率/%	中期强度下降率/%	远期强度下降率/%
美国	0.02	－0.99	0.24	3.21	2.05	1.58	0.73
中国	0.04	－0.99	0.73	2.39	5.02	1.97	0.80
日本	0.01	－0.98	0.27	5.65	1.84	1.88	0.74
俄罗斯	0.05	－0.99	0.27	4.13	3.13	2.06	0.81
印度	0.05	－1.00	0.82	8.68	5.38	3.07	0.74
其他伞形集团	0.04	－0.99	0.16	5.30	2.05	1.92	0.77
欧盟	0.02	－0.99	0.27	6.74	2.09	2.17	0.77
其他西欧发达国家	0.03	－0.99	0.34	6.19	2.89	2.30	0.79
东欧独联体（不包括俄罗斯）	0.05	－0.99	0.32	5.62	3.70	2.43	0.82
亚洲（不包括中国、印度和日本）	0.05	－0.99	0.47	7.86	4.24	2.86	0.80
中东与非洲	0.05	－0.99	0.28	10.45	3.21	3.16	0.81
拉丁美洲	0.05	－0.99	0.28	7.39	3.12	2.58	0.81

注：甲烷强度渐进值单位为克/美元（2011年不变价）；前期为2015～2050年，中期为2050～2100年，远期为2100～2150年。

表 10-9 N_2O强度趋势函数设置

区域	渐进值	$SigI_i^k$	$SigA1_i^k$ / %	$SigA2_i^k$ / %	前期强度下降率/%	中期强度下降率/%	远期强度下降率/%
美国	0.001	－0.99	0.20	7.64	2.04	1.31	0.71
中国	0.001	－0.99	0.72	8.64	5.10	1.78	0.82
日本	0.000	－0.98	0.27	13.41	1.94	1.81	0.74
俄罗斯	0.001	－0.99	0.52	12.23	3.71	2.02	0.80
印度	0.001	－0.99	0.55	33.73	4.68	3.45	0.76

续表

区域	渐进值	$SigI_i^k$	$SigA1_i^k$ / %	$SigA2_i^k$ / %	前期强度下降率/%	中期强度下降率/%	远期强度下降率/%
其他伞形集团	0.001	−0.99	0.17	13.25	2.17	1.87	0.77
欧盟	0.001	−0.99	0.26	16.74	2.26	2.22	0.78
其他西欧发达国家	0.001	−0.99	0.28	18.68	2.82	2.51	0.81
东欧独联体（不包括俄罗斯）	0.001	−0.99	0.32	16.68	3.93	2.49	0.83
亚洲（不包括中国、印度和日本）	0.001	−0.99	0.44	25.27	3.84	3.06	0.79
中东与非洲	0.001	−0.99	0.25	24.69	2.82	2.99	0.81
拉丁美洲	0.001	−0.99	0.23	21.57	3.17	2.82	0.82

注：氧化亚氮强度渐进值单位为克/美元（2011 年不变价）；前期为 2015～2050 年，中期为 2050～2100 年，远期为 2100～2150 年。

10.2 能源与环境政策分析模型

除了 C^3IAM/EcOp 外，C^3IAM 框架还包括两个核心的宏观社会经济模块：C^3IAM/GEEPA 和 C^3IAM/MR.CEEPA。C^3IAM/GEEPA 和 C^3IAM/MR.CEEPA 都是递归动态的可计算一般均衡模型，主要源于瓦尔拉斯的一般均衡理论（Walras，1969），描述了地区宏观经济系统中不同主体之间的相互作用关系，能够统筹政府管制与市场机制的关系，估计碳减排政策变化所带来的直接和间接以及对经济整体的全局性影响。C^3IAM/GEEPA 和 C^3IAM/MR.CEEPA 的假设、模型结构和数学公式较为相似，都由五个基本模块组成，即生产模块、收入支出模块、外贸模块、投资模块和排放模块①。

C^3IAM/GEEPA 涵盖 27 个部门，包括水稻，小麦，谷物，蔬菜、水果和坚果，油籽，甘蔗和甜菜，植物纤维，作物，牛羊和山羊，动物产品，乳制品，羊毛和蚕茧，林业，渔业，煤炭，石油，天然气，其他矿物，其他制造业，能源密集型制造业，石油，电力，天然气制造和销售，水，建筑，运输服务业，其他服务。C^3IAM/GEEPA 框架如图 10-2 所示。

C^3IAM/GEEPA 的默认区域划分与 C^3IAM 总体框架一致，将全球划分为 12 个区域，C^3IAM/MR.CEEPA 是一个单国内部多区域可计算一般均衡模型，涵盖中国 31 个省（自治区、直辖市），包括 23 个部门分类。这两大模型通过纳入政府与生

① C^3IAM/GEEPA 和 C^3IAM/MR.CEEPA 均为多区域尺度模型，不同地区的生产结构均相同，为简化起见，本节以下相关方程的介绍（外贸模块除外）略去表示地区的下标。

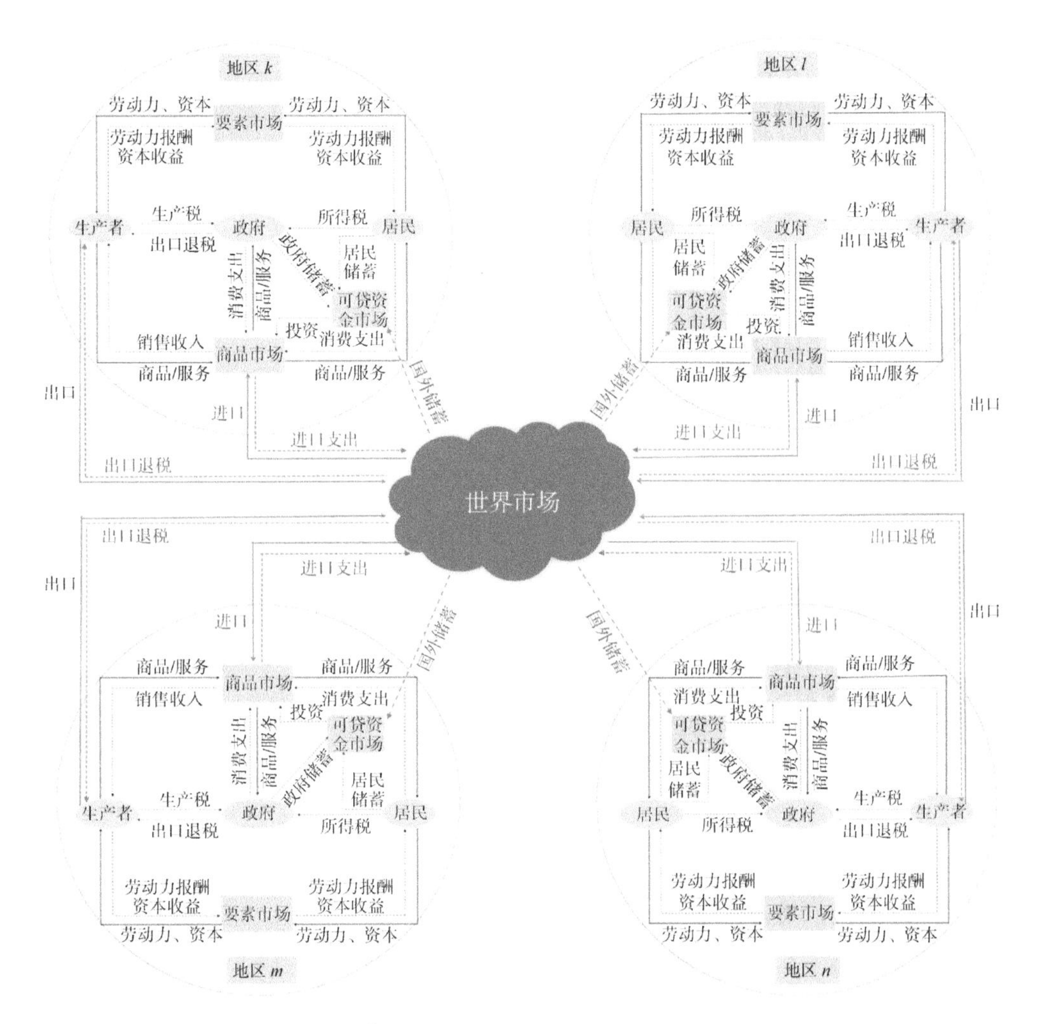

图 10-2 C³IAM/GEEPA 框架（Wei et al.，2021a）

产者的经济主体、刻画市场与价格的反馈和传导，对于相关减排政策的模拟能够实现政府与市场的统筹。同时，通过囊括全球或中国多个区域，能够兼顾局部减排与整体减排；通过递归动态的模型设置，能够实现短期减排与长期减排的统筹模拟。此外，作为侧重于能源和环境分析的模型，C³IAM/GEEPA 和 C³IAM/MR.CEEPA 涵盖了多种环境排放，包括温室气体排放和局地空气污染物排放。基于其对气候变化的重要性和数据的可获性，温室气体包括 CO_2、CH_4 和 N_2O；局地空气污染物包括 CO、SO_2、NO_x、NH_3、$PM_{2.5}$、黑炭（BC）、有机碳（OC）、非甲烷挥发性有机物（NMVOCs）。对不同的气体类型而言，模型中区分了能源相关的排放和非能源相关的排放，能源相关的排放与相应的能源消耗量连接，非能源相关的排放与各行业的活动水平连接。C³IAM/MR.CEEPA 的框架如图 10-3 所示。C³IAM/GEEPA 与 C³IAM/MR.CEEPA 之间的主要区别在于，在 C³IAM/MR.CEEPA 中区分了中央政府（CG）与地方政府（LG），并考虑了各种转移支付。

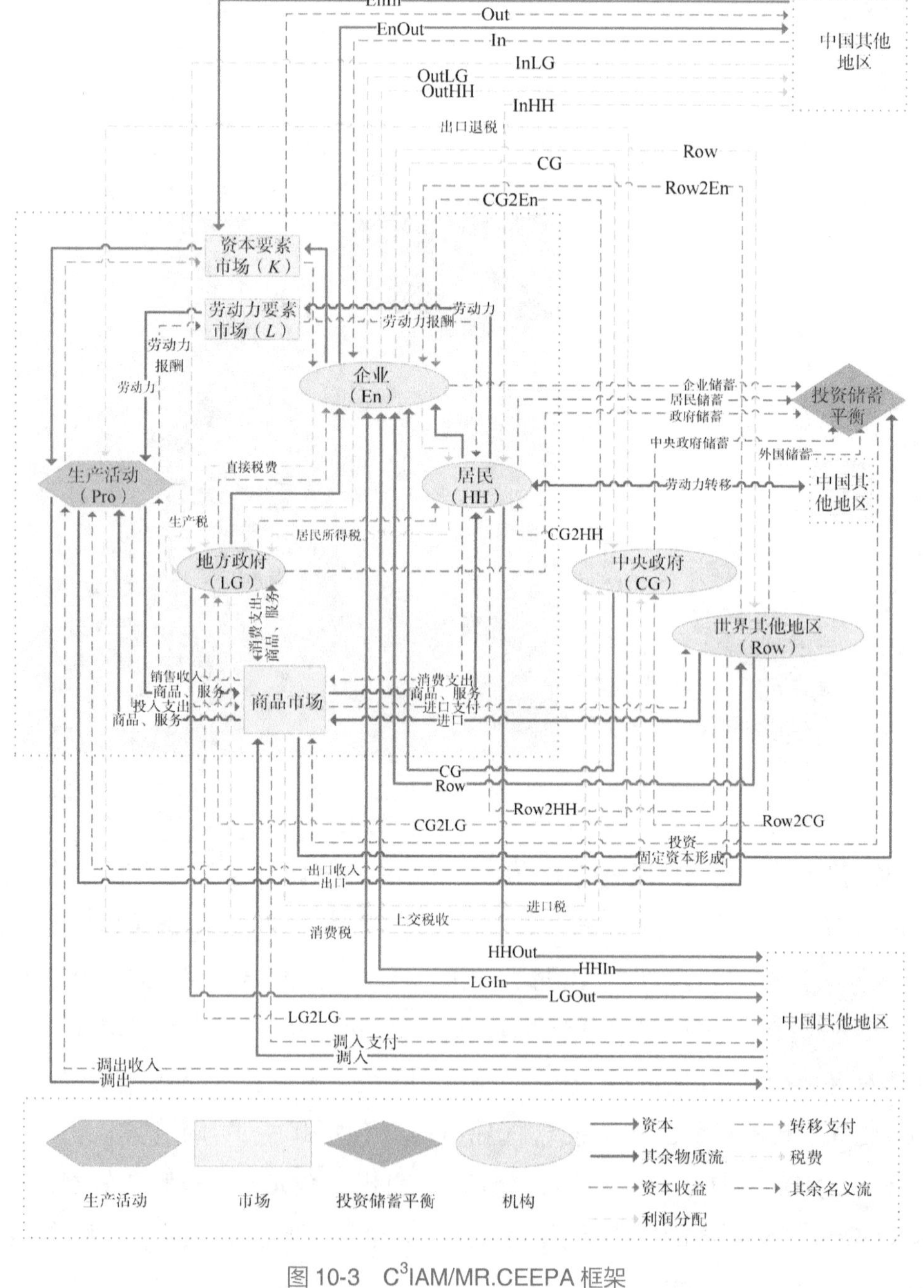

图 10-3 C³IAM/MR.CEEPA 框架

In 表示流入；Out 表示流出

10.2.1 生产模块

假设生产模块“无联合生产”，即每个部门只生产一种产品，每种产品只能由一个部门所生产，部门与产品间是一一对应关系。各部门的投入包括劳动力、资本、能源和其他中间投入，各部门的生产遵循多层嵌套的 CES 函数，基本形式如式（10-24）所示：

$$Y_i = \mathrm{CES}(X_j;\rho) = A_i \cdot (\sum_j \alpha_j \cdot X_j^{\rho})^{1/\rho} \tag{10-24}$$

其中，Y_i 为部门 i 的产出；X_j 为部门 j 的投入；A_i 为部门 i 的规模参数；α_j 为份额参数；$\rho = \frac{1}{1-\sigma}$ 为替代参数，σ 为替代弹性。

考虑到不同部门的生产特点，并参考已有研究（Wu and Xuan，2002；Paltsev et al.，2005），本节将生产方程划分为四类主要部门：一般经济部门、农业部门、一次能源部门以及能源加工转换部门。

（1）一般经济部门。一般经济部门的生产结构如图 10-4 所示，遵循五层嵌套的 CES 函数，方程形式如式（10-25）～式（10-29）所示。

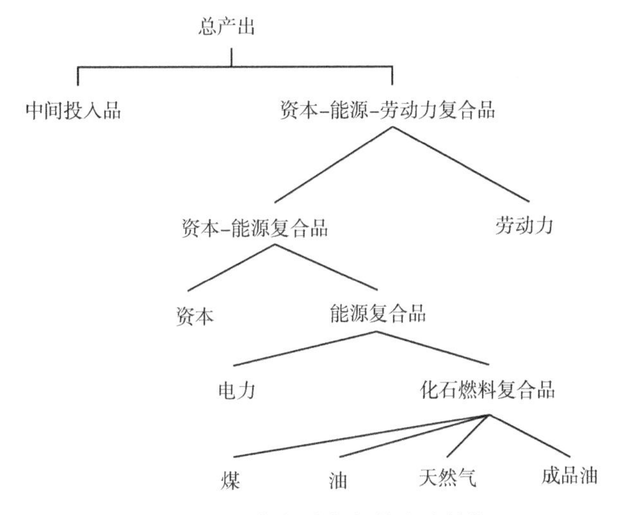

图 10-4 一般经济部门的生产结构

$$Z_i = \mathrm{CES}(\mathrm{RM}_{j,i}, \mathrm{KEL}_i; \rho_{Z,i}) \tag{10-25}$$

$$\mathrm{KEL}_i = \mathrm{CES}(\mathrm{KE}_i, L_i; \rho_{\mathrm{KEL},i}) \tag{10-26}$$

$$\mathrm{KE}_i = \mathrm{CES}(K_i, \mathrm{Energy}_i; \rho_{\mathrm{KE},i}) \tag{10-27}$$

$$\text{Energy}_i = \text{CES}(\text{Fossil}_i, \text{Electricity}_i; \rho_{\text{Energy},i}) \quad (10\text{-}28)$$

$$\text{Fossil}_i = \text{CES}(\text{FoF}_{\text{fe},i}; \rho_{\text{FoF,fe},i}) \quad (10\text{-}29)$$

其中，$\rho_{Z,i}$、$\rho_{\text{KEL},i}$、$\rho_{\text{KE},i}$、$\rho_{\text{Energy},i}$ 和 $\rho_{\text{FoF,fe},i}$ 分别为不同嵌套层的替代参数。

在顶层嵌套中，如式（10-25）所示，总产出由不同的中间投入和资本-能源-劳动力复合品组成，Z_i 为部门 i 的总产出，$\text{RM}_{j,i}$ 为部门 i 生产过程中对商品 j 的中间投入，KEL_i 为部门 i 的资本–能源–劳动力复合品投入。

在第二层嵌套中，如式（10-26）所示，劳动力和资本-能源复合品（KE）构成资本-能源-劳动力复合品，其中，KE_i 为部门 i 的资本–能源复合品投入，L_i 为部门 i 的劳动力投入。

在第三层嵌套中，如式（10-27）所示，资本–能源复合品由资本和能源复合品组成，其中，K_i 为部门 i 的资本投入，Energy_i 为部门 i 的能源复合品投入。

在第四层嵌套中，能源复合品由电力投入和化石燃料复合品组成，在最底层，化石燃料复合品被进一步分成单个化石燃料的投入，如式（10-28）和式（10-29）所示。其中，Fossil_i 为部门 i 的化石燃料复合品投入，Electricity_i 为部门 i 的电力投入，$\text{FoF}_{\text{fe},i}$ 为部门 i 的化石燃料 fe 的投入。

（2）农业部门、一次能源部门。与一般经济部门不同，农业需要土地作为资源投入，一次能源的生产需要矿产资源的投入。因此，这两种类型的生产函数遵循一个六层嵌套的 CES 函数，该函数在顶层添加资源投入。第一层和第二层的生产函数如式（10-30）和式（10-31）所示。

$$Z_i = \text{CES}(R_{j,i}, \text{KELM}_i; \rho_{Z,i}) \quad (10\text{-}30)$$

$$\text{KELM}_i = \text{CES}(\text{KEL}_i, \text{RM}_{j,i}; \rho_{\text{KELM},i}) \quad (10\text{-}31)$$

其中，$R_{j,i}$ 为部门 i 的资源投入；KELM_i 为部门 i 的资本–能源–劳动力–中间投入复合品；$\rho_{\text{KELM},i}$ 为部门 i 的资本–能源–劳动力复合品投入与各种原料投入之间的部门替代参数。

农业部门和一次能源部门的其他各级生产函数与一般经济部门相同，生产结构分别如图 10-5 和图 10-6 所示。

（3）能源加工转换部门。主要的能源加工转换部门包括电力部门、石油冶炼和炼焦部门，以及燃气生产和供应业。对于电力部门而言，假设电力输出是由发电和输配电服务组成的里昂惕夫函数。发电部分包括稳定供电和间歇供电。稳定的电力供应包括传统化石能源发电、核电、水电和先进发电技术（如 CCS 发电技术）。而间歇性电力供应则包括风电、太阳能发电等发电技术，依赖于专用资源、固定要素、增加值和中间投入品。电力部门的生产结构如图 10-7 所示。

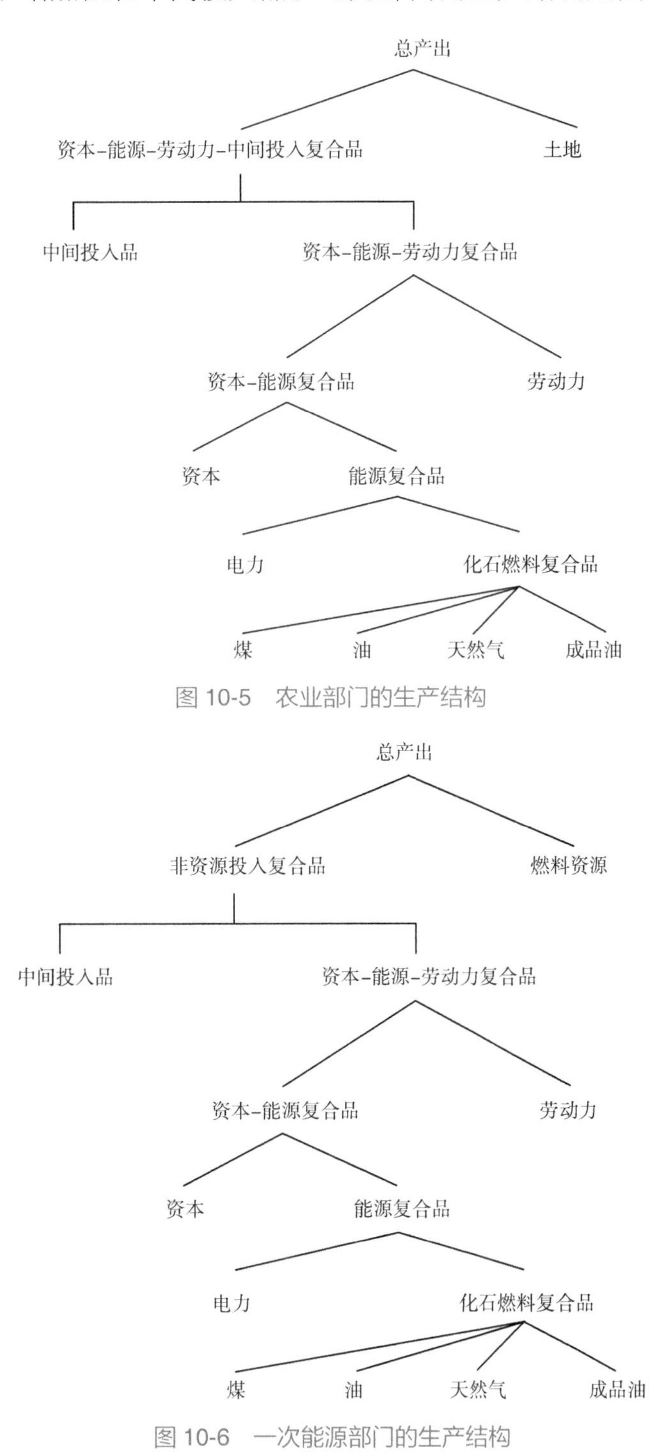

图 10-5 农业部门的生产结构

图 10-6 一次能源部门的生产结构

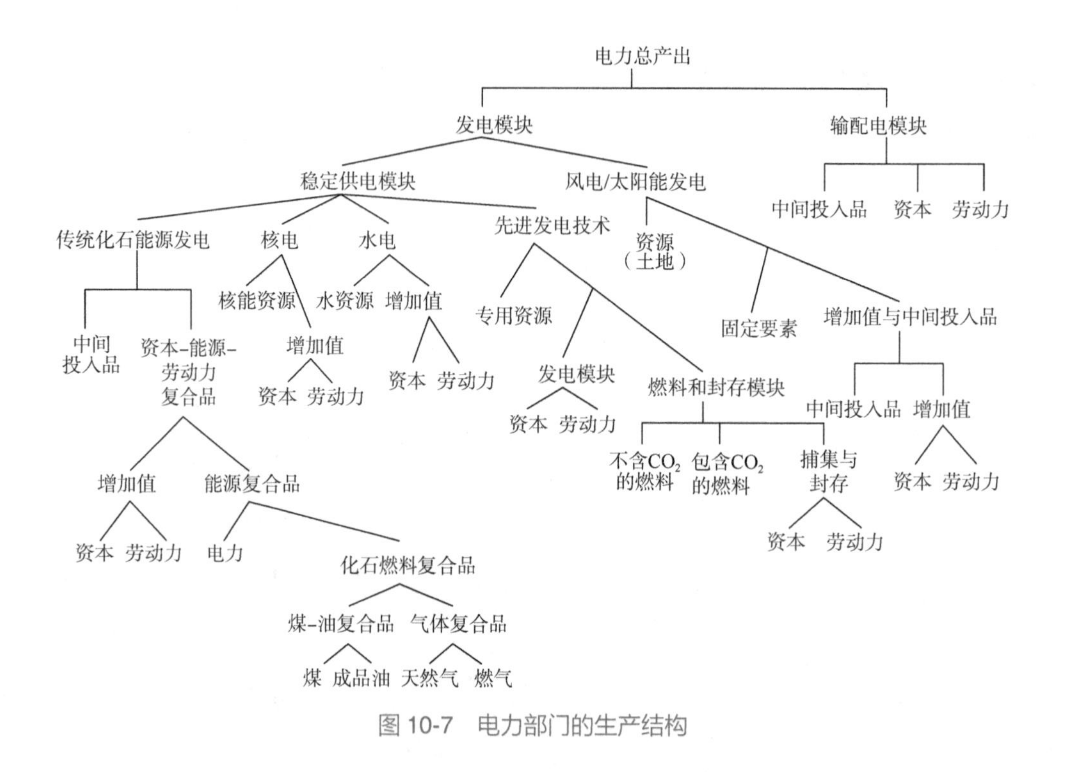

图 10-7 电力部门的生产结构

对于石油冶炼和炼焦部门而言，原油是最主要的原料组成，因此，在石油冶炼和炼焦部门的 CES 嵌套生产函数中，原油的投入被设置在嵌套框架的顶层，框架图如图 10-8 所示。同理，天然气是燃气生产和供应业的主要原料，天然气的投入出现在燃气生产和供应业的生产函数顶层。

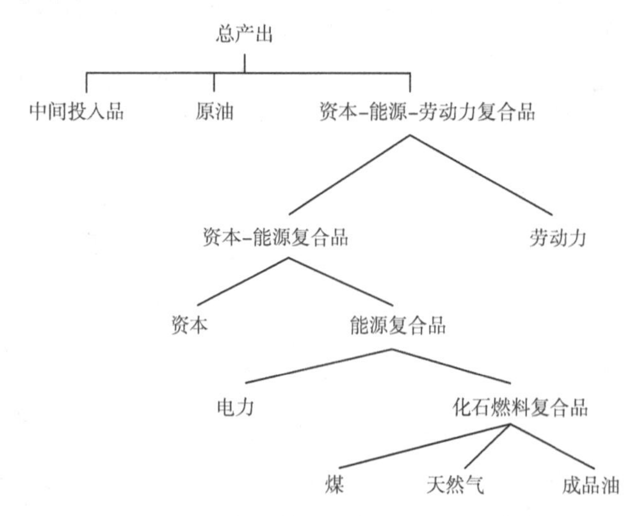

图 10-8 石油冶炼和炼焦部门的生产结构

10.2.2 收入支出模块

居民收入主要来自劳动收入和资本回报。假设居民在缴纳居民所得税后，从政府和海外获得各种转移支付作为其可支配收入，并将可支配收入用于储蓄和各种商品的消费。居民储蓄由居民可支配收入乘以储蓄率得到。居民消费行为如式（10-32）所示：

$$\mathrm{CDh}_{i,h}=\frac{\mathrm{cles}_{i,h}\cdot(1-\mathrm{mps}_h)\cdot\mathrm{YD}_h}{\mathrm{PQ}_i} \tag{10-32}$$

其中，$\mathrm{CDh}_{i,h}$ 和 $\mathrm{cles}_{i,h}$ 分别为居民 h 对商品 i 的消费量和消费份额；PQ_i 为商品 i（进口和国内产品）的价格；YD_h 和 mps_h 分别为居民 h 的可支配收入和储蓄率。

政府收入由关税、间接税、居民所得税和来自其他国家/地区的转移支付构成。政府将其收入用于政府消费、向居民转移和出口退税。在一定时期内，政府储蓄通过政府收入与支出之差进行计算。

10.2.3 外贸模块

在不考虑运输成本的情况下，商品 i 从地区 s 运输到地区 r 或从地区 r 运输到地区 s，其价值都是一致的。外贸模块遵循阿明顿假设，假设进口品与国内产品之间存在不完全替代性。国内供应的商品由国内商品和进口商品组成，遵循 CES 函数。此外，国内生产的商品被用于满足国内需求和出口。国内总产出在出口和国内销售之间的分配采用常转换弹性（CET）函数来表示，如式（10-33）和式（10-34）所示。

$$X_{i,r}=A_{\mathrm{Ex},i,r}\cdot[\alpha_{\mathrm{Ex},i,r}\cdot E_i^{\rho_{\mathrm{Ex},i,r}}+(1-\alpha_{\mathrm{Ex},i,r})\cdot D_i^{\rho_{\mathrm{Ex},i,r}}]^{\frac{1}{\rho_{\mathrm{Ex},i,r}}} \tag{10-33}$$

$$\frac{E_{i,t,r}}{D_{i,t,r}}=\left[\frac{1-\alpha_{\mathrm{Ex},i,r}}{\alpha_{\mathrm{Ex},i,r}}\cdot\frac{\mathrm{PE}_{i,t,r}}{\mathrm{PD}_{i,t,r}}\right]^{\sigma_{\mathrm{Ex},i,r}} \tag{10-34}$$

其中，$E_{i,t,r}$ 和 $D_{i,t,r}$ 分别为 t 时期地区 r 生产的商品 i 的出口量和在本地区的销售量；$\mathrm{PE}_{i,t,r}$ 和 $\mathrm{PD}_{i,t,r}$ 分别为 t 时期地区 r 生产的商品 i 的出口价格和在本地区的销售价格；$A_{\mathrm{Ex},i,r}$ 和 $\alpha_{\mathrm{Ex},i,r}$ 分别为转换函数中的规模参数和份额参数；$\rho_{\mathrm{Ex},i,r}$ 和 $\sigma_{\mathrm{Ex},i,r}$ 分别为出口与国内销售的替代参数和替代弹性。

10.2.4 投资模块

总投资包括存货变动和固定资产投资。每个部门的存货变动分别与该部门的产出呈固定比例，固定资产投资按照固定比例在各个部门之间进行分配。描述投资模块的主要方程如下：

$$\text{TotINV} = \text{HSav}+\text{GSav}+\text{FSav}\cdot\text{ER} \tag{10-35}$$

$$\text{FxdINV}=\text{TotINV}-\sum_i \text{DST}_i \cdot P_i \tag{10-36}$$

$$\text{DST}_i = \vartheta_i \cdot Z_i \tag{10-37}$$

$$\text{Dk}_i \cdot \text{PK}_i = \text{FxdINV}_r \cdot \mu_i \tag{10-38}$$

其中，TotINV 为投资总额；HSav 和 GSav 分别为居民储蓄和政府储蓄；FSav 为国外储蓄；ER 为汇率；FxdINV 为固定资产投资总额；FxdINV_r 为 r 地区的固定资产投资总额；DST_i 为各部门的存货变动；Dk_i 为部门 i 的固定资产投资；PK_i 为部门 i 的资本价格；P_i 为商品（进口和国内产品）的综合价格；ϑ_i 为部门 i 的存货变动占总产出的比例；μ_i 为部门 i 的固定资产投资份额，等于部门 i 的基年资本收益（固定资产折旧与营业盈余的总和）占本地区固定资产总额的比例。

10.2.5 排放模块

通过引入温室气体和污染物排放模块，C³IAM/GEEPA 和 C³IAM/MR.CEEPA 可用于测算经济活动对环境的影响，包括环境排放、辐射强迫、温度升高等。其中，环境排放包括温室气体排放（CO_2、CH_4、N_2O）和局地污染物排放（SO_2、NO_x、NH_3、BC、OC、CO、NMVOCs）。C³IAM/GEEPA 还可用于考察不同 SSP 下未来全球经济增长、产业结构、投资消费、能源消耗等社会经济要素的变化。描述排放模块的主要方程如下：

$$\text{EnergyEmis\_P}_{\text{gas},i,j} = \text{psi\_energy}_{\text{gas},i,j}\cdot \text{Q\_Pro}_{i,j}\cdot \text{eta}_i \cdot (1-\text{chi\_energy}_{\text{gas},i,j}) \tag{10-39}$$

$$\text{EnergyEmis\_H}_{\text{gas},i} = \text{psi\_energy}_{\text{gas},i}\cdot \text{Q\_H}_i \cdot \text{eta}_i \cdot (1-\text{chi\_energy}_{\text{gas},i}) \tag{10-40}$$

$$\text{ActiviEmis\_P}_{\text{gas},i} = \text{psi\_act}_{\text{gas},i}\cdot X_i \cdot (1-\text{chi\_act}_{\text{gas},i}) \tag{10-41}$$

$$\text{ActiviEmis\_H}_{\text{gas}} = \text{psi\_act}_{\text{gas}}\cdot \sum_i \text{Q\_H}_i \cdot (1-\text{chi\_act}_{\text{gas}}) \tag{10-42}$$

其中，$\text{EnergyEmis\_P}_{\text{gas},i,j}$ 为部门 j 在生产过程中由于消耗能源产品 i 而产生的气体 gas 的总排放量；$\text{EnergyEmis\_H}_{\text{gas},i}$ 为居民由于消费能源产品 i 而产生的气体 gas 的总排

放量；$psi\_energy_{gas,i,j}$ 为部门 j 在生产过程中消耗单位能源产品 i 产生的气体 gas 排放因子；eta_i 为能源产品 i 的热值转换因子，即能源消耗价值量向实物量的转换；$chi\_energy_{gas,i}$ 为居民活动消耗 i 部门产品产生的气体 gas 去除率；$chi\_energy_{gas,i,j}$ 为部门 j 在生产过程中消耗单位能源产品 i 产生的气体 gas 去除率；$ActiviEmis\_P_{gas,i}$ 为部门 i 活动相关的气体 gas 排放量；$ActiviEmis\_H_{gas}$ 为居民活动相关的气体 gas 总排放量；$psi\_act_{gas,i}$ 为部门 i 的气体 gas 排放因子；$chi\_act_{gas,i}$ 为部门 i 的气体 gas 去除率；psi_act_{gas} 为居民活动的气体 gas 排放因子；chi_act_{gas} 为居民活动的气体 gas 去除率；$Q\_Pro_{i,j}$ 为部门 j 生产过程中对部门 i 产品的中间投入需求；Q_H_i 为居民对部门 i 产品的消费；X_i 为部门 i 的总产出。

10.2.6 宏观闭合

模型的闭合是指划定模型边界，区分外生变量和内生变量。CGE 中的宏观闭合选择本质上是对宏观经济理论的选择，主要包括以下三类闭合法则。

（1）政府预算平衡：C^3IAM/GEEPA 和 C^3IAM/MR.CEEPA 采用政府消费外生、政府储蓄内生的闭合法则。

（2）国际贸易平衡：C^3IAM/GEEPA 和 C^3IAM/MR.CEEPA 采用国外储蓄外生、汇率内生的闭合法则。国外储蓄为世界其他地区的经常项目收支间的差额。其中，世界其他地区的经常项目收入由对本国的出口和在本国的资本收益构成；世界其他地区的经常项目支出由对本国的进口和转移支付构成。

（3）储蓄-投资平衡：C^3IAM/GEEPA 和 C^3IAM/MR.CEEPA 采用“新古典闭合法则”，假设所有储蓄将转化为投资，总投资内生等于总储蓄，模型通过“储蓄驱动”。

10.2.7 市场出清

市场出清描述 CGE 中的均衡条件。本模型假设商品市场、资本市场和劳动力市场出清。

商品市场出清是指在国内市场上各部门商品的总供给等于对该部门商品的总需求。各部门商品的总供给为国内生产的产品与进口产品的阿明顿组合。各部门商品的总需求包括对该商品的中间需求与各类最终需求（居民消费需求、政府消费需求、资本品需求、库存需求）。

本模型假设资本市场在外来冲击下能达到充分调整，资本供给外生给定，通过相对资本回报率调整资本在不同部门间的分配。市场出清要求各部门资本需求总和等于外生给定的资本供给总量。

在劳动力市场方面，市场出清要求劳动力的总供给等于总需求。本模型假定充分就业，劳动力供给外生给定，并通过工资率的调整实现劳动力在各部门之间的流动。

10.2.8 核心数据来源

CGE 的核心数据是社会核算矩阵（social accounting matrix，SAM）。目前版本的 C^3IAM/GEEPA 在编制 SAM 表时依据的是全球贸易分析数据库（GTAP）（Aguiar et al.，2016）。C^3IAM/MR.CEEPA 的 SAM 表根据国家信息中心编制的全国多区域投入产出表，以及其他统计年鉴（中华人民共和国财政部，2013；国家税务总局，2013；国家统计局，2013；国家统计局人口和就业统计司和人力资源和社会保障部规划财务司，2013；国家统计局农村社会经济调查司，2013；国家统计局城市社会经济调查司，2013；国家统计局能源统计司，2013）的数据编制而成。基准年的温室气体和空气污染物排放根据温室气体和空气污染相互作用与协同（greenhouse gas-air pollution interaction and synergy，GAINS）数据库进行校准（GAINS，2012），具体的排放类型包括 3 种主要的温室气体（CO_2、CH_4 和 N_2O）和 8 种大气污染物（SO_2、NO_x、NH_3、CO、BC、OC、$PM_{2.5}$ 和 NMVOCs）。对不同的气体类型而言，能源相关的排放和非能源相关的排放可以通过 GAINS 中的活动类型加以区分。因此，一个部门的排放系数主要由能源相关排放总量与相应的能源消耗量相除或非能源相关排放总量与相应的总产出相除来确定。

10.3 本章小结

本章主要聚焦 C^3IAM 三大社会经济模块，即 C^3IAM/EcOp、C^3IAM/GEEPA 和 C^3IAM/MR.CEEPA。本章分别从基本原理、模型构成、参数和数据来源等方面对上述社会经济模块进行了详细阐述。C^3IAM/EcOp 是一种最优经济增长模型，基于时间、空间和收益统筹理论，由经济模块和气候模块两部分构成。其中，经济模块描述了在一定经济发展水平下应对气候变化的社会成本和气候变化带来的损害。气候模块模拟了未来温室气体浓度、辐射强迫和温度变化。C^3IAM/GEEPA 和 C^3IAM/MR.CEEPA 将时间、空间和效率统筹理论与瓦尔拉斯一般均衡理论相结合，主要由五个基本模块组成，即生产模块、收入支出模块、外贸模块、投资模块和排放模块。C^3IAM/EcOp 将气候变化内生到长期宏观经济增长中，C^3IAM/GEEPA 和 C^3IAM/MR.CEEPA 能够描述地区宏观经济系统中不同主体之间的相互作用关系，可以估计政策变化所带来的直接和间接以及对经济整体的全局性影响。相关结果可为国家制定气候政策和适应措施提供决策参考。

第 11 章　气候系统

在运用气候变化综合评估模型解决能源系统规划、情景分析、气候影响评估、气候减缓政策分析等问题的过程中，地球系统模式提供了重要的支撑作用。地球系统模式能提供精细的气候变化信息，但其运行时间较长、计算成本巨大，大大降低了气候–经济耦合系统的综合评估效率。为此，在现有地球系统模式运行规律的基础上，开发一套能够还原现有复杂模式特征的简化模型 C^{3}IAM/Climate 和气候影响模型 C^{3}IAM/Loss，将有助于提升气候变化综合评估的效率。基于收益统筹理论，为连接气候系统与社会经济系统，实现二者之间相互影响与相互反馈的模拟，本章建立了一套气候–经济耦合的损失函数，分别介绍了气候变化对宏观经济、农业、人体健康和极端事件的影响。基于此，本章将围绕以下内容开展论述：

简化地球系统模式有哪些关键物理过程？

简化气候模块 C^{3}IAM/Climate 和 C^{3}IAM/Loss 如何构建及应用？

如何评估气候变化对宏观经济、农业、人体健康和极端事件的影响？

11.1　基本原理

C^{3}IAM 中的气候系统模式主要由两大部分构成，分别是 C^{3}IAM/Climate 和 C^{3}IAM/Loss。基于收益统筹理论，C^{3}IAM/Climate 与 C^{3}IAM/Loss 相结合，全面刻画了气候与经济的双向反馈过程，能够综合比较碳排放的气候影响、碳减排政策的成本与收益，协调发展与减排的统筹关系。

C^{3}IAM/Climate 基于当前地球系统模式的运行规律，针对模式的输出变量进行简化，主要由碳循环模块和气候模拟模块组成，C^{3}IAM/Climate 模块框架如图 11-1 所示。通过将 C^{3}IAM/Climate 与经济模型对接，可以以较低的计算成本来研究高维复杂气候系统的特征，有助于开展区域层面的气候政策评估，同时也能提高气候变化影响评估的可靠性。

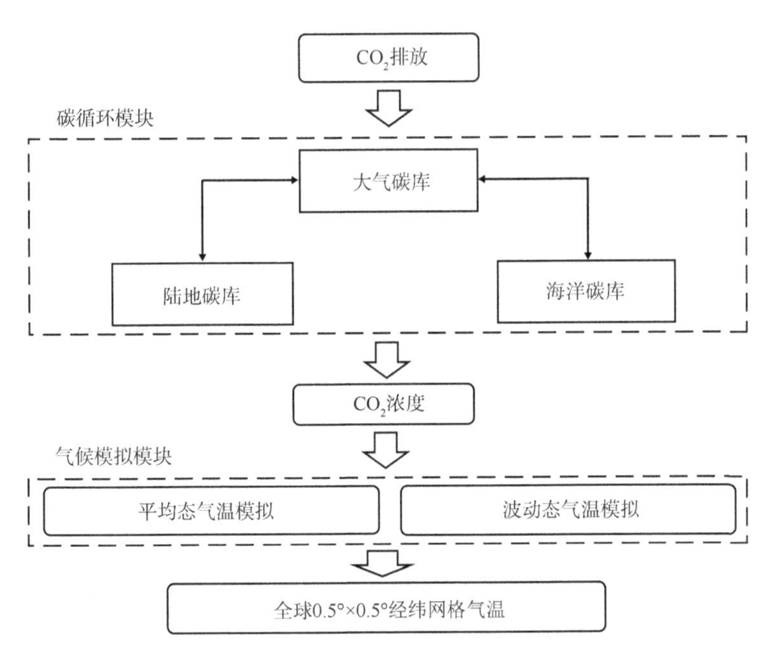

图 11-1 C^3IAM/Climate 模块框架示意图

C^3IAM/Loss 通过评估不同气候影响，实现气候系统与经济系统相连接，主要从两个方面开展：一是以宏观经济为对象构建气候影响函数，建立 C^3IAM/Climate 与 C^3IAM/EcOp 之间的传递关系；二是以微观主体为对象构建气候影响函数，建立 C^3IAM/Climate 与 C^3IAM/GEEPA 和 C^3IAM/MR.CEEPA 之间的传递关系。

11.2 碳循环过程

碳循环是气候系统的一个重要组成部分，根据人类的排放情况，碳循环调控着大气中二氧化碳的累积。碳循环中的关键过程涉及陆地植被的光合作用、呼吸作用以及海洋和大气之间的二氧化碳净交换。二氧化碳在大气中具有化学惰性，并且在大气中的浓度相当均匀，所以大气中二氧化碳浓度的自然变率（非人为燃烧化石燃料影响）仅取决于光合作用、呼吸作用和海气流动的总体调控（IPCC，2001；Smith et al.，2018）。然而，这些过程在时间和空间上都表现出巨大的差异，并且依赖于许多尚未探明的子过程。例如，陆地生物圈和大气之间因光合作用与呼吸作用产生的碳流动会受到土壤养分及微生物的过程调节。海–气之间的碳流动又涉及地表水中二氧化碳浓度的过程调节。这些过程包括总溶解碳的垂直混合，以及颗粒有机物和碳酸盐物质向深海的净沉降，这些过程是由表面生物生产力所驱动的（Hooss et al.，2001；Smith et al.，2018）。因此，海洋环流的变化又将影响表层和深海之间总溶解碳的交换，进而影响二氧化碳的海气交换。

陆地生态系统在碳循环过程中扮演着重要的角色，在该系统中，植物是影响碳循环的核心要素。它们会通过光合作用吸收大气中的二氧化碳，并以生物量的形式储存碳。另外，它们又会通过呼吸作用将碳返回到大气中。此外，死亡的生物量（主要在土壤中）的衰变也会向大气释放二氧化碳。植物的光合速率会受植物类型、环境 CO_2 浓度和温度的影响，而且常常受到营养物质和水分利用率的限制。在较高的环境 CO_2 浓度下，CO_2 施肥效应和水分利用效率会被加强，进而促进这些植物的生长。另外，在较高大气 CO_2 浓度下，不同植物的光合作用途径有所区别，使得植物对高浓度二氧化碳的反应呈现显著的区域差异（Harvey and Kaufmann，2002；Friedlingstein et al.，2006；Lenton，2000）。升温会增加植物的呼吸速率，也可能改变其光合作用的速率。总之，气候变化所导致的环境二氧化碳浓度与一系列气候指标的变化，会以高度非线性的方式影响生态系统生产力。这些碳循环过程都将在碳循环模型中得以表征。此外，生态系统生产力还会因土地利用方式、氮肥和灌溉变化而受到影响。但森林砍伐直接导致了全球碳储量的巨大变化（Gregory et al.，2009；Stocker，2011），目前大多数碳循环模型只建模土地利用方式变化中最明显的特征——森林砍伐。

对于碳循环过程的建模，使用相对简单的植被模型便可以建模陆地生物圈碳循环过程。在模型中，未来潜在的植被分布被表征在 0.5°×0.5°全球经纬网格上。这些植被模型可以评估较高大气 CO_2 浓度和温度对生态系统生产力的净影响。这些模型基于理想条件下植物的短期温室实验结果来建模，建模过程中并没有考虑复杂的非线性交互效应、系统反馈和详细的土地利用变化情况。使用这些模型的模拟结果表明：未来气候变化会增加生物圈的碳吸收。但是，现实的生态系统中可能有完全不同的情况。因此，陆地生态系统的复杂性和异质性使简化建模充满了不确定性。此外，一维上翻–扩散模型可为碳循环海洋模块提供建模参考。全球海–气平均 CO_2 交换量、热盐翻转和扩散导致的总溶解碳的垂直混合、生物活动产生的颗粒物质下沉等均可在该模型中建模表示（Raper et al.，2001）。将上述简化的海洋碳循环模型与全球陆地生物圈碳循环盒式模型相结合，便可以建立预测未来大气中二氧化碳浓度的模型。

图 11-2 能反映目前许多被用于 IAM 研究的碳循环模型框架。在模型结构中，

大气被视为一个气体均匀混合的“盒子”，海洋则由三个“盒子”组成，模型可以模拟海洋中的温盐环流过程(Hooss et al.，2001；Bond-Lamberty et al.，2014；di Vittorio et al.，2014；Leach et al.，2021）。土地由自定义数量的生物群落或植被、岩屑和土壤区域组成。在稳定状态下，植被从大气中吸收碳，而岩屑和土壤则将碳释放回大气中。在碳循环模型中，陆地植被、岩屑和土壤通过一阶微分方程相互联系，并与大气联系在一起。植被净初级生产力是大气 CO_2 浓度与大气温度的函数。碳从植被流向岩屑，然后流向土壤，在此过程中部分碳被呼吸作用消耗掉。土地利用变化导致的排放被指定为输入，人为排放被视为一个单独的核算“账户”，它可以参与整个碳流动过程。

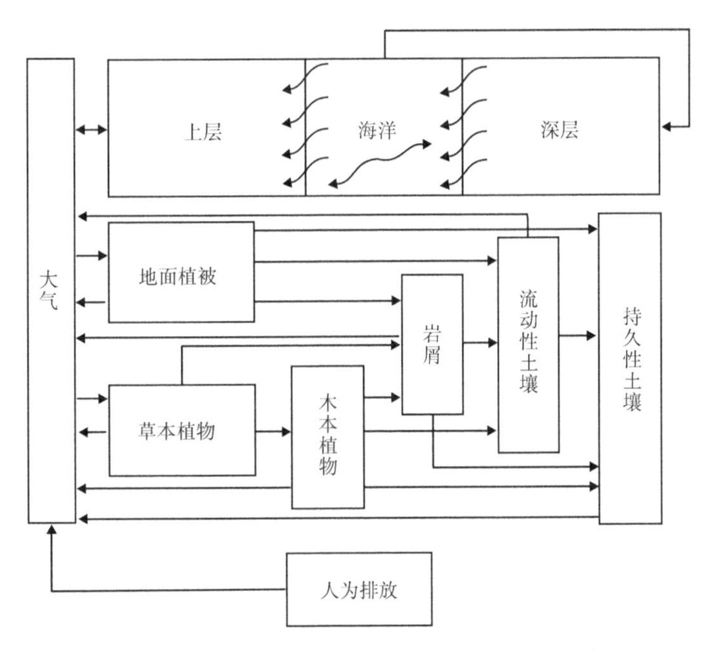

图 11-2 简化碳循环模型的组成成分与碳流动过程

作者根据 IPCC 第二次评估报告第一工作组报告（Houghton et al.，1996）整理。海洋部分可以用一维上翻-扩散模型来描述，也可以用一个脉冲-响应函数（形式上为数学积分）来表示，该函数可以用来密切复制其他模型的行为

值得注意的是，虽然大多数 IAM（如 DICE、PAGE）以及专门建立的模块化简化气候模型［如温室气体引起的气候变化评估模式（model for the assessment of greenhouse gas induced climate change，MAGICC）、有限振幅脉冲响应（finite amplitude impulse response，FAIR）和 Hector］都参考了一维上翻-扩散模型以及海-气耦合模式，将碳循环系统简化建模为不同“盒子”来开展模拟(Meinshausen et al.，2011；Hartin et al.，2015；Smith et al.，2018；Dorheim et al.，2020）。但还有一些

IAM，如区域和全球温室气体减排效应评估模型（model for evaluating regional and global effects，MERGE）、FUND，它们仅采用脉冲–响应函数（数学积分形式）来简化表征碳循环的过程，从而由排放直接计算大气温室气体的浓度（Hooss et al.，2001；Hof et al.，2012；Leach et al.，2021）。

11.3 气候系统模型的简化框架

地球系统模式基于地球系统中的动力、物理、化学和生物过程建立起来的数学方程组（包括动力学方程和参数化方案）来确定地球系统中大气圈、海洋圈、陆地圈、冰雪圈等组成部分的性状，由此构成地球系统的数学物理模型，然后在大型计算机上通过程序化完成和实现对这些方程组的数值求解，从而确定不同时刻各个圈层主要要素的变化规律。人们在建立地球系统模式的过程中，想要尽可能对地球各圈层内外的相互作用过程精细且准确地建模。然而，人类对自然规律的探索尚不全面，当前所建立的任何物理模拟过程都无法完全精确地还原地球系统最客观本真的运行规律。目前，我们只能基于直接观测到的结果，来尽可能建立描述气候系统的模型。这样的建模过程即是一种“简化”的思想：对自然客观规律的简化。

事实上，气候系统模型的复杂与简单只是一组相对概念，即使是当前最先进复杂的气候模型，也无法完全复刻地球气候系统隐藏的所有客观规律。相对来看，复杂气候模型尽可能详细地建模了地球各系统间相互作用的物理过程，但其运算所耗费的时间、财力成本很大。当人们开展一些气候政策、气候情景分析的研究时，往往不需要在很精细的空间尺度开展气候模拟，更倾向于模型能以较快的速度模拟出气候系统与社会经济系统在宏观层面的交互过程。所以，运算效率高、成本低、空间分辨率低的简化气候模型对此类研究显得尤为重要。我们一般可以采用“参数化”的方法来构建简化气候模型，即以复杂气候模型的模拟结果为标杆，使用实证或半实证关系来近似建模气候系统中许多重要的物理过程（Schlesinger and Jiang，1990；Joos et al.，1996；Challenor，2011；Nicholls et al.，2020）。实践表明，“参数化”后的简化气候模型不仅能高效地模拟出复杂模型的结果，还能学习到复杂模型的交互行为。

复杂模型和简单模型的差异主要体现在“参数化”程度的差异上。在当今世界最复杂的三维地球系统模式中，地球表面被离散化为若干格点区域，不同格点的间距即为“空间分辨率”。距离越小，格点越多，分辨率就越高，模型模拟所需的计算量也就越大。因此，模型所能模拟的分辨率会受到可用计算资源的限制。地球系统模式的空间尺度可从全球到区域，目前最先进的地球系统模式甚至可以计算水平几十千米的气候变化。但是，气候系统中发生的许多重要物理过程（如云、陆地表面变化）所在的尺度可能远小于这些格点所能模拟的尺度。就这些次网格尺度的物理过程而言，我们可以使用更高分辨率的模型模拟，但这些模型在计算上成本高昂，耗费时间很长。值得注意的是，所有地球系统模式都在一定程度上使用了实证“参数化”方法，没有任何一个模式的结果完全来自最客观的物理传导过程。即使“参数化”得到的气候关系可能会增加气候模拟的不确定性，但考虑到其对气候行为的复杂描述，这样的简化也显得十分有意义。

虽然不同的地球系统模式有着不同的复杂程度、空间维度和时空分辨率，但每种类型的模式都有其最适宜的研究问题和研究场景。抛开研究问题和侧重的研究场景，仅通过复杂程度等要素去判断模式之间的优劣性是没有任何意义的。例如，当我们的研究需要较高的运算效率、关注的是区域或全球层面上气候的平均效应、侧重的是气候系统内部模块之间交互过程的行为时，简化地球系统模式就会更加适用。但当我们的研究重点侧重于地球各系统间详细的物理过程时，构造更加复杂、成熟且全面的耦合地球系统模式就更加适用了。虽然复杂模式不能完全复刻地球气候系统之间潜在的客观物理规律，但它可以作为简化模式调整参数、校准仿真结果的标杆。这使得简化模式能采用简单的手段去学习复杂模式的行为，进而迅速高效地模拟出复杂模式的结果（IPCC，2001）。

当前，绝大多数的 IAM 都将简化地球系统模式作为其模拟气候系统的子模块。简化地球系统模式非常适宜探索多种排放情景对全球气候所产生的影响，也适宜研究各气候子系统之间的交互影响。另外，对于一些关键特异性特征，如气候敏感性，其在复杂地球系统模式中的模拟会涉及一系列的物理传导过程，进而大大影响模拟效率。而简化地球系统模式可以直接将其以参数化的形式在模型中预先设定，无须建立复杂的物理传导过程，这样便能用简单模型模拟多种复杂模式的特征，以快速高效地开展多模式的气候不确定性分析。当前，国际上大多采用 MAGICC、Hector 和 FAIR 这三种简化气候模式作为 IAM 的气候模块。其中，MAGICC 一直被 IPCC 报告重点使用，常被用来仿真第五次国际耦合模式比较计划（coupled model intercomparison project phase 5，CMIP5）中复杂地球系统模式的结果和行为（Giorgi et al.，2001；Meinshausen et al.，2011；Hartin et al.，2015；Armour，2017；Smith et al.，2018；Dorheim et al.，2020）。

IPCC 不同工作组常使用不同复杂程度的气候模型开展气候预测、辅助情景分析，为气候政策分析提供支撑。这些气候模型都可以计算地表温度变化对辐射强迫变化的响应，同时也可以分析海洋的"缓冲"作用对气候变暖速率的影响（Goodwin et al.，2015）。它们的模拟都是基于温室气体排放–浓度–温升–气候变暖或海平面上升这样的过程。图 11-3 阐述了 IPCC 使用简化气候模型开展气候模拟的详细流程（Meinshausen et al.，2011；Hartin et al.，2015；Smith et al.，2018；Dorheim et al.，2020）。

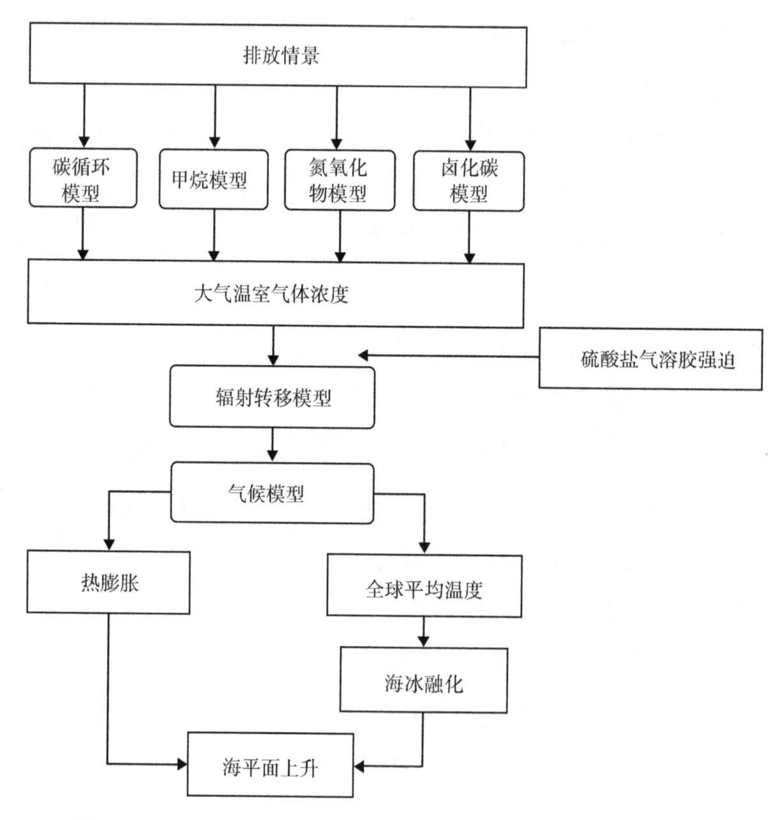

图 11-3 简化气候模型计算温室气体浓度及气溶胶浓度变化、气温变化及海平面上升的步骤

参考上述简化气候模型的思想，本章构建了基于排放–浓度–温度传导机制的简化气候模拟模型 C^3IAM/Climate，在该模型中，模拟气候变化的三大物理过程主要包括由排放的温室气体转化为温室气体浓度、由温室气体浓度转化为全球平均辐射强迫、从全球平均辐射强迫转化为全球平均温度。

（1）过程 1：由排放的温室气体转化为温室气体浓度。人类社会经济活动向大气中排放了二氧化碳、甲烷、氮氧化物等多种温室气体，不同温室气体会在地球不同圈层进行交换，也可能发生化学反应而相互转化。不同温室气体在大气中具有不同的停留寿命，CO_2 停留寿命相对较长，在建模过程中一般认为其十分稳定，不易被自然去除。其他的温室气体会在一定时间后从大气中消失，这些温室气体被去除的速率与它们在大气中的浓度呈正相关。因此，我们可以通过简化建模温室气体在大气中的转化与去除过程，来进一步计算大气中温室气体的浓度。例如，利用碳循环模型模拟大气、海洋和陆地生物圈之间的二氧化碳交换，进而计算未来的二氧化碳浓度；采用复杂的大气化学模型，模拟其他温室气体在不同储层之间发生的化学反应、建模它们的转换过程，进而计算它们的浓度。此外，一旦确定了相关气体在大气中的寿命，我们还可以采用简单的参数化实证方程直接拟合该气体排放量与其在大气中的浓度关系（Smith et al.，2018）。在 C^3IAM/ Climate 中，人类排放的 CO_2 将基于“参数化”后的简化关系在大气、陆地及海洋三层碳库间流动，使得各圈层的 CO_2 浓度发生变化。基于各圈层碳循环的联系，最终可以确定大气碳库中的 CO_2 浓度。

（2）过程 2：由温室气体浓度转化为全球平均辐射强迫。在简化建模中，一些全球分布均匀的温室气体（如 CO_2）可以用简单的参数化实证方程来拟合其辐射传递过程，这样能直接计算该温室气体浓度对全球平均辐射强迫的影响（Good et al.，2011；Tsutsui，2017）。但有一些气体则不然，如对流层的臭氧，它是由排放的前体卤化气体在大气中经过复杂的化学反应后产生的，其浓度在时空尺度上变化很大。并且，其浓度无法直接计算，其浓度与辐射强迫的关系只能用其他气体的相应关系来间接近似替代，再基于复杂模型的结果对其进行校准。

除了温室气体，大气中还存在着排放带来的气溶胶。因为气溶胶的寿命很短，并且低层大气中的气溶胶浓度基本上可以对排放变化瞬间响应，所以气溶胶的排放情景可近似于它的浓度情景。在 IPCC 的简化气候模型中，全球气溶胶排放直接与全球平均辐射强迫相关联（Carslaw et al.，2013；Etminan et al.，2016）。在简化建模前，首先基于三维大气环流模式（atmosphere general circulation model，AGCM）的结果来确定导致全球平均辐射强迫的反应过程，确定气溶胶数量分布，其次用简化模型学习这些过程、特性与分布特征。

（3）过程 3：从全球平均辐射强迫转化为全球平均温度。在给定全球平均辐射强迫情景后，下一步便可计算全球平均温度的变化情况。这个过程既取决于气候敏感性，也取决于海洋吸收热量的速度。在简化模型模拟中，我们一般采用一维上翻–扩散模型来模拟这个过程。这类模型有四个关键参数：①红外辐射阻尼因子，它影响着大气温度与大气向外空间红外辐射强度之间的关系。该因子涉及水蒸气、大气温度和云反馈过程，这些过程的结果可从更复杂的模型中获得。由于对外空间红外辐射的衰减程度是影响气候敏感性的一个关键因素，在简化模型中改变该因子的值就可以很容易地改变模型的气候敏感性（Meinshausen et al.，2011；Hartin et al.，2015；Smith et al.，2018；Dorheim et al.，2020），以匹配其他复杂模型的结果。②温盐环流的强度，它影响两极地区的水下沉和其余海洋部分的上翻过程。③湍流涡旋的海洋垂直混合强度，它影响了扩散过程。当前许多简化气候模型一般都基于一维上翻–扩散模型的原理，搭建不同复杂程度的参数化关系来简化描述气候系统（Meinshausen et al.，2011；Hartin et al.，2015；Armour，2017；Smith et al.，2018；Dorheim et al.，2020）。④大气 CO_2 浓度，在 C^3IAM/Climate 中，将大气 CO_2 浓度输入气候模拟模型，可以模拟得到网格中平均态气温和波动态气温，最终还原出网格尺度气温对 CO_2 浓度的响应。

在使用简化气候模型预测未来全球平均气温变化时存在两个最重要的不确定性来源，分别是气候敏感性与气溶胶强迫。气溶胶强迫在一定程度上抵消了温室气体浓度增加造成的升温，但气溶胶对气候辐射平衡的影响难以准确量化。所以，我们还需要继续深入研究，以理解这些重要过程并将它们合理地表征在模型中。

简化气候模型的模拟主要基于温室气体排放–浓度–辐射强迫–温升或海平面上升这样的级联过程。首先，模型中的碳循环模块能够模拟人类排放的不同温室气体（二氧化碳、甲烷、氮氧化物等）在大气、陆地、海洋等不同圈层的交换过程。由于不同种温室气体在大气中“停留”的寿命不同，碳循环模块也根据这些气体各自的特征，模拟它们被去除或由于物理化学反应而转化的过程。基于上述过程，碳循环模块通过诸多“参数化”后的方程来计算大气中温室气体的浓度。其次，简化气候模型会根据不同类型的气体，采用不同的简化方式来表征浓度与辐射强迫之间的关系。例如，对于全球分布均匀的 CO_2，则可直接采用参数化实证方程，拟合辐射传输过程来计算辐射强迫。对于由卤化气体转化而来的臭氧，需要以前体卤化气体浓度与辐射强迫的关系间接替代。对于气溶胶，由于其在大气中的浓度能对排放瞬间响应，可以直接建立气溶胶排放与全球平均辐射强迫间的关联。最后，简化气候模型基于其气候敏感性以及海洋吸收热量的速度，将全球平均辐射强迫转化为全球平均温度。

11.4　宏观经济影响评估模块

现有研究基于微观数据刻画了温度对作物产量、劳动生产率等经济变量的影响，为了将微观层面的影响反映到宏观层面，往往需要把微观主体的数据在大区域或长时间尺度上进行集成。

Burke 等（2015）用 $f_i(T)$ 表示行业 i 中单个生产单元在瞬时温度 T 下的生产贡献，用 $g_i\left(T-\bar{T}\right)$ 表示以 $\bar{T}$ 为中心的温度全分布，则总产出 $Y\left(\bar{T}\right)$ 等于各行业产出之和：

$$Y\left(\bar{T}\right)=\sum_i Y_i\left(\bar{T}\right)=\sum_i \int_{-\infty}^{\infty} f_i(T)\, g_i\left(T-\bar{T}\right)\mathrm{d}T \tag{11-1}$$

随着温度升高，生产单元承受超过温度阈值的时长不断增加，对总产出 $Y\left(\bar{T}\right)$ 造成的损失也逐渐增加，这种生产率变化也可能影响未来经济产出的轨迹。

实证研究通常依据不同地区的经济和气候数据，采用如下分析框架（Bond-Lamberty et al.，2014）：

$$Y_{it}=\mathrm{e}^{\beta T_{it}} A_{it} L_{it} \tag{11-2}$$

$$\frac{\Delta A_{it}}{A_{it}}=g_i+\gamma T_{it} \tag{11-3}$$

其中，Y_{it} 为第 i 个地区第 t 年的总产出；L_{it} 为人口；A_{it} 为劳动生产率；T_{it} 为平均温度；g_i 为人均产出基本年增长率。温度对产出的水平效应由 β 来表示，增长效应由 γ 刻画。由此，可以得到动态增长方程：

$$g_{it}=g_i+\left(\beta+\gamma\right)T_{it}-\beta T_{i(t-1)} \tag{11-4}$$

其中，g_{it} 为第 i 个地区在第 t 年的人均产出增长率；t–1 为第 t 年的前一年。温度的水平效应和增长效应都会影响初期的产出增长率，特别是增长效应会持续产生作用。在考虑多年情况下，水平效应和增长效应通过式（11-5）进行识别：

$$g_{it}=\theta_i+\theta_{it}+\sum_{j=0}^{L}\rho_j T_{i(t-j)}+\epsilon_{it} \tag{11-5}$$

其中，θ_i 为国家固定效应；θ_{it} 为时间固定效应；ρ_j 为回归系数；ϵ_{it} 为误差项；t–j 为第 t 年的前 j 年；$T_{i(t-j)}$ 为年度平均气温在 j 年的滞后变量。

11.5 农业影响评估模块

作物机理模型常用于评估气候变化对农业的影响，它基于作物生长理论和控制性实验，通过改变温度、降水、施肥、土壤、光照等一系列作物生长过程所需的自然因素，揭示作物在不同生长发育阶段的响应机理（Lobell et al.，2011）。参数的不确定性会放大作物生长对气候变化响应的不确定性，使得模型结果容易产生偏差。

此外，基于历史观测数据建立统计模型，可以灵活地预测未来作物单产变化，量化极端气候事件对作物产量的影响程度（Lobell et al.，2011），以及识别作物产量对温度的非线性响应关系等。与作物机理模型相比，统计模型不仅能够基于历史观测数据对模拟数值进行校准，而且能够将生产者适应行为纳入农业影响分析框架中，能更可靠地估计气候变化对农业的影响（Lobell and Field，2007）。然而，现实生产中农业生产活动的影响因素较多，准确识别影响因素及模型形式具有关键作用。

本模块在作物机理模型的基础上，分别对雨养和灌溉两种种植条件下作物单产与气候因子的关系进行统计建模：

$$
\begin{aligned}
y_{\mathrm{lat,lon,AEZ},t} = {} & \beta_0 + \beta_1 T_{\mathrm{lat,lon,AEZ},t} + \beta_2 P_{\mathrm{lat,lon,AEZ},t} + \beta_3 C_{\mathrm{lat,lon,AEZ},t} + \beta_4 T^2_{\mathrm{lat,lon,AEZ},t} \\
& + \beta_5 P^2_{\mathrm{lat,lon,AEZ},t} + \beta_6 C^2_{\mathrm{lat,lon,AEZ},t} + \beta_7 T_{\mathrm{lat,lon,AEZ},t} \times P_{\mathrm{lat,lon,AEZ},t} \\
& + \beta_8 T_{\mathrm{lat,lon,AEZ},t} \times C_{\mathrm{lat,lon,AEZ},t} + \beta_9 P_{\mathrm{lat,lon,AEZ},t} \times C_{\mathrm{lat,lon,AEZ},t} \\
& + \gamma_{\mathrm{lat,lon},t} + \delta_{\mathrm{lat,lon}} + \varepsilon_{\mathrm{lat,lon,AEZ},t}
\end{aligned}
\tag{11-6}
$$

其中，lon 和 lat 分别为每个格点的经纬度；AEZ 为农业生态区划分；t 为年份；y 为作物单产；T 和 P 分别为作物整个生长周期的平均温度（摄氏度）和总降水量；C 为大气中二氧化碳浓度水平（ppm）；δ 为格点固定效应，控制土壤、海拔等不随时间变化的因素；$\beta_i(i=0,1,\cdots,9)$ 为模型系数；ε 为误差项。由于许多研究表明过高或过低的气温以及过多或过少的降水都不利于作物的生长发育，即温度和降水对作物的生长存在着一定的适宜度（阈值），因此，这里用温度和降水的二次型形式来表示作物生长函数。此外，在模型中加入温度、降水和 CO_2 浓度之间的交互项，以此刻画它们之间的相互作用关系（Blanc，2012）。考虑到不同格点的作物生长对气候变化存在潜在的响应和适应性行为（Tao and Zhang，2010），采用时间与格点的交互项 $\gamma_{\mathrm{lat,lon},t}$ 来控制格点层面不可观测因素对作物单产的时变影响。

11.6 人体健康影响评估模块

气候对健康影响的经济成本主要来源于两个方面：其一是门诊或者住院造成的医疗费用以及个人微观损失；其二是治疗或者死亡导致的劳动损失即人力资本成本以及所造成的宏观经济成本。前者的计算较为简单，常用的方法为疾病成本法、效益转化法和支付意愿法，而后者则相对较为复杂，大致可以从劳动生产率损耗和劳动时间减少两个方向进行计算，并辅以可计算一般均衡模型或者投入产出模型。

气候变化导致的高温热浪将广泛影响人类健康，常用热应力指数来反映气温与劳动生产率损失的关系。湿球黑球温度（wet-bulb globe temperature，WBGT）最初由 Yaglou 和 Minard 在 1957 年提出，该指标在有效温度指标 CET 的基础上修正了太阳辐射对热负荷的影响，是世界上应用最广泛的热应力评价指标之一。当太阳辐射情况和风速发生变化时，计算公式也会出现一定的差异。在风速为 1 米/秒的室内或无辐射的室外，WBGT 由式（11-7）给出：

$$\mathrm{WBGT} = 0.67T_{\mathrm{w}} + 0.33T_{\mathrm{g}} \tag{11-7}$$

其中，T_{w}为自然湿球温度；T_{g}为黑球温度。

而在有辐射的室外，WBGT 则由式（11-8）给出：

$$\mathrm{WBGT} = 0.67T_{\mathrm{w}} + 0.23T_{\mathrm{g}} + 0.1T_{\mathrm{a}} \tag{11-8}$$

其中，T_{a}为干球温度。这三个参数通常由自然湿球温度计、黑球温度计和干球温度计测量得到。当无法从直接观测到的湿球、黑球和干球温度获得 WBGT 时，可采用简化的 WBGT 指标作为替代：

$$\mathrm{WBGT} = 0.567T + 0.393e_{\mathrm{a}} + 3.94 \tag{11-9}$$

其中，T为近地面大气温度（单位：摄氏度）；e_{a}为实时水蒸气压（单位：百帕），适用于中辐射水平和微风条件。Willett 和 Sherwood（2012）指出该方程可能导致对多云或者大风气象条件下以及夜间和清晨的热应力轻微过高估计，对高辐射和微风气象条件下的热应力过低估计。但是，由于气温在一天中并不是恒定不变，不同时间段的热应力水平也不同，因此需要在小时级时间尺度上计算 WBGT。将 WBGT 代入暴露–反应关系式中，可用于描述不同工作强度下工人生产率受影响程度：

$$\mathrm{Workability} = 0.1 + \left\{0.9 / \left[1 + \left(\mathrm{WBGT} / \alpha_1\right)^{\alpha_2}\right]\right\} \tag{11-10}$$

其中，α_1和α_2为根据工作强度变化的参数，工作强度（以瓦特为单位）由代谢率描述，分为低（工作强度 w=200，α_1=34.64，α_2=22.72）、中（w=300，α_1=32.93，

α_2=17.81）、高（w=400，α_1=30.94，α_2=16.64）。农业和建筑业一般被假定为高强度工作，而制造业和服务业分别为中等强度和低强度工作。

11.7 极端事件影响评估模块

物理模型和统计模型是研究极端事件损害直接影响的两种常用方法。在实际中，物理模型一般依靠大量高分辨率的气候、地理、社会和经济数据集来描述复杂的自然过程。然而，这一方法在部分资料受限地区可能不适用，并且它在考虑模型不确定性方面相对不易。与之相比，统计模型对数据量要求较低，可以更便捷地在不同地理尺度上进行分析，并且它也为估计模型不确定性提供了途径。通过分析对损害具有显著统计意义的驱动因子，能够帮助解释极端事件的脆弱性。极端事件造成的社会经济损害通常是指对人类和经济的不利影响，由多方面因素决定。极端事件特性（如频率、规模和强度）直接与损害程度相关，此外，暴露度在损害形成过程中也具有重要作用，在高和低暴露度下损害将展现出完全不同的变化趋势。财富和人口增加形成了更大的社会经济暴露，预示着更大的潜在损害。然而，一些研究认为经济发展能够增强适应能力，减缓损害程度。富裕国家的因灾死亡人数较少得益于经济发展而非较少的灾害数目，经济发展与损害之间存在非线性关系。

针对极端事件造成的社会经济损害，这里选用不同的天气变量通过两阶段模型来研究气候效应。在第一阶段，利用 Logistic 回归来判断损害是否发生：

$$\mathrm{logit}[P(y_{st}=0)] = a_s + b_1 x_{1,st} + b_2 x_{2,st} + \cdots + b_J x_{J,st} \tag{11-11}$$

其中，y_{st}为第 t 年中第 s（$s=1,2,\cdots,S$）个地区的社会经济损害，即受灾人口比（受灾人口/总人口）和经济损失比（经济损失/地区生产总值），S 为区域总数；$\boldsymbol{x}_{st}=(x_{1,st},x_{2,st},\cdots,x_{J,st})$为与第 t 年中第 s 个地区社会经济损害相关的 J 个影响因子；b_j为第 j（j=1,2,⋯,J）个回归系数；a_s为第 s 个地区的截距项。若损害为正值，则在第二阶段建立如下关系：

$$\ln y_{st} \sim N(\beta_{0,s} + \beta_{1,s}x_{1,st} + \beta_{2,s}x_{2,st} + \cdots + \beta_{J,s}x_{J,st}, \boldsymbol{\sigma}_s) \tag{11-12}$$

其中，回归系数$\boldsymbol{\beta}_s=(\beta_{0,s},\beta_{1,s},\beta_{2,s},\cdots,\beta_{J,s})$以及协方差矩阵$\boldsymbol{\sigma}_s$需要通过估计得到。在这一阶段，为了进一步描述不同省份影响因子效应的范围，将多元正态分布分别应用于回归系数$\boldsymbol{\beta}_s$：

$$\boldsymbol{\beta}_s \sim \mathrm{MVN}(\boldsymbol{\mu}_\beta, \boldsymbol{\Sigma}_\beta) \tag{11-12}$$

其中，$\boldsymbol{\mu}_\beta$（J+1 长度向量）为所有省份共有的回归系数均值；$\boldsymbol{\Sigma}_\beta$ 为协方差矩阵。

11.8 本章小结

地球系统模式既包含所有地球基础子系统，又涵盖气候系统中碳、氮循环生化过程的复杂模式。然而，在开展气候政策研究时，研究者更倾向于地球系统模式能以较快的速度模拟出气候系统与社会经济系统在宏观层面的交互过程。所以，运算效率高、成本低、空间分辨率低的简化气候模型对此类研究显得尤为重要。对此，人们基于“参数化”思想，以复杂地球系统模式中的物理过程作为标杆，对其进行简化建模，构建了诸多能还原复杂模式宏观行为及其重要物理特征的简化模式。本章详细介绍了大气碳循环过程，并根据现有简化模型中的关键物理过程与整体框架，构建了基于排放–浓度–温度传导机制的简化气候模拟模型 C^3IAM/Climate，它主要由碳循环模块和气候模拟模块组成。关键的物理传导过程包括由排放的温室气体转化为温室气体浓度的过程、由温室气体浓度转化为全球平均辐射强迫的过程、从全球平均辐射强迫转化为全球平均温度的过程。C^3IAM/Climate 可以模拟得到全球经纬网格的平均态气温和波动态气温，最终还原出网格尺度气温对 CO_2 浓度的响应。基于收益统筹理论，通过将 C^3IAM/Climate 模块与经济模块对接，可以以较低的计算成本来研究高维复杂气候系统的特征，有助于开展区域层面的气候政策评估，同时也能提高气候变化影响评估的可靠性。

第 12 章　土地利用系统

全球气候变化与土地利用/覆盖变化之间存在着极为密切和复杂的耦合与反馈关系，涉及社会经济、气候系统、生物圈等诸多相互关联因素。仅从人类活动过程和生物物理单方面研究是不完全科学与全面的，运用多种理论进行全面综合评估研究是必要的。而综合评估模型为解决这一难题提供了新的思路。C^3IAM 的土地利用评估核心模型 C^3IAM/EcoLa 能够描述气候系统和土地生产活动的相互作用，估计不同气候和土地政策所带来的土地资源变化影响以及对粮食供给安全的全局性影响。本章主要围绕 C^3IAM/EcoLa 展开系统介绍，拟回答以下问题：

C^3IAM/EcoLa 的基本原理和模型框架是什么？

如何构建 C^3IAM/EcoLa？

12.1　基 本 原 理

由于土地利用变化和气候变化都是极其复杂的过程，不同学科之间的模型与方法差异性较大，单纯使用如统计分析、线性建模、地理信息系统和系统动力学等传统方法，将土地利用变化和气候变化研究结合起来就变得异常困难。C^3IAM/EcoLa 是 C^3IAM 子模块，主要包括食物需求、土地生产活动生物物理参数、土地利用分配三个组成部分。

C^3IAM/EcoLa 集成温度、降水等气候变化参数对土地生产活动的作用影响，并进一步刻画经济发展和气候变化情景下总成本最小化的全球/区域土地利用资源最优配置、土地利用空间分布格局及土地利用变化所带来的碳排放效应，评价土地利用变化对未来气候变化的响应效果，为国家或区域在应对气候变化方面提供相关政策建议（魏一鸣等，2023）。具体框架如图 12-1 所示。

C^3IAM/EcoLa 与其他系统的耦合工作主要基于两个方面开展：一是通过土地生产活动生物物理参数函数，与 C^3IAM/Climate 相连接；二是通过土地利用分配函数，与 C^3IAM/GEEPA 和 C^3IAM/MR.CEEPA 相连接。

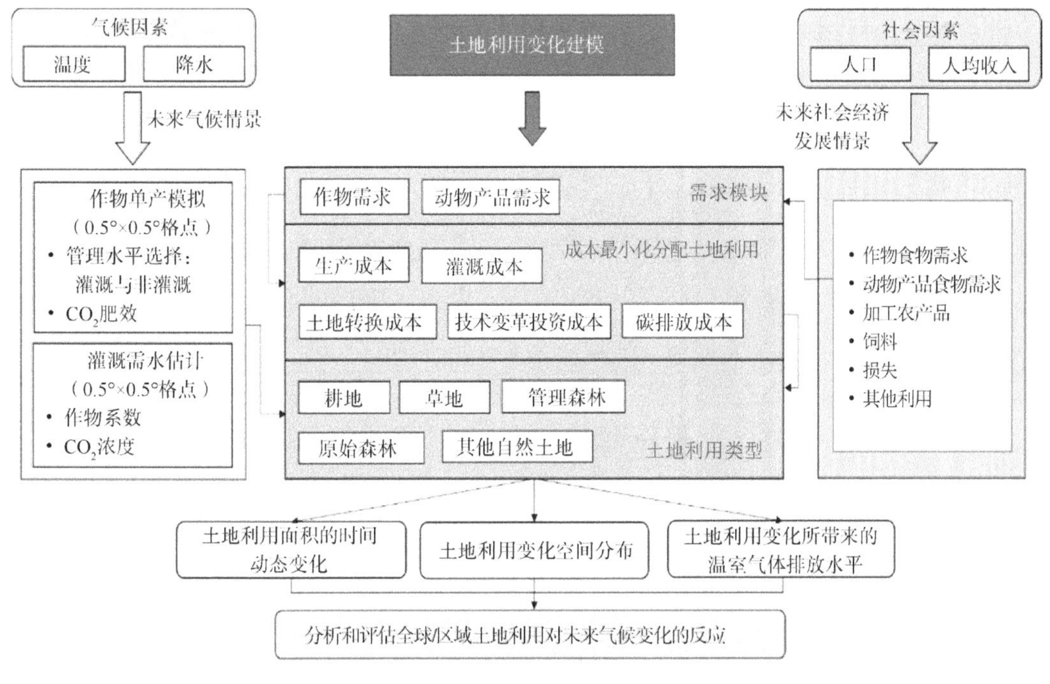

图 12-1　C^{3}IAM/EcoLa 框架图

12.2　食物需求模型

食物需求模型是研究全球粮食安全和分析农业对环境的影响的重要工具。农业生产和土地生产活动的主要驱动力是食物需求。消费者通过直接和间接消耗农作物产品与动物产品来满足对食物的需求。食物需求主要随着人口和人均收入变化，为保证各地区人均食物供给模拟满足历史数据，我们将基于初始年份观测数据对估计值进行校准（Bodirsky et al.，2015），主要包括小麦、水稻、其他谷物、油料作物、糖料作物、果蔬作物、其他作物、反刍动物、非反刍动物和奶制品 10 类可食农产品和 1 类纤维作物。具体的作物产品食物需求方程（Valin et al.，2014；Bodirsky et al.，2015）如下：

$$\text{demand}_{t,\text{cntr},c}^{\text{food}} = \text{Pop}_{t,\text{cntr}} \times \alpha_c\left(t\right) \times I_{t,\text{cntr}}^{\beta_c(t)} \tag{12-1}$$

其中，c 为农作物产品种类；cntr 为国家；t 为年份；$\text{demand}^{\text{food}}$ 为食物需求量；Pop 为地区总人口；I 为人均 GDP；$\alpha(t)$ 和 $\beta(t)$ 为关于时间 t 的函数，表征影响需求的非收入相关因素，根据人均食物供给和人均收入的面板数据集采用统计方法进行估算，详细过程参考 Bodirsky 等（2015）的研究工作。纤维作物的需求估计采用食物需求类似的估计过程。

粮食需求的历史发展表明，在低收入和中等收入国家，以动物为基础的产品所占份额有所增加，而其在高收入国家则有所下降。因此，人均动物产品食物供给与收入关系方程（Valin et al.，2014）如下：

$$\mathrm{LS}_{t,\mathrm{cntr},l}=\rho_l(t)\sqrt{I_{t,\mathrm{cntr}}}\,\mathrm{e}^{-I_{t,\mathrm{cntr}}\sigma_l(t)} \tag{12-2}$$

其中，下标 l 为动物产品，包括反刍动物、非反刍动物和奶制品；LS 为人均动物产品供给占人均食物供给的比例；$\rho(t)$ 和 $\sigma(t)$ 为关于时间 t 的函数，为正值，详细估计过程参考 Bodirsky 等（2015）的研究工作。

12.3 土地生产活动生物物理参数

土地生产活动生物物理参数主要针对耕地上不同生产活动的生物物理参数进行估计，主要包括作物灌溉需水量、作物生产力和碳密度。

通常认为作物灌溉需水量是生育期内作物总需水量与有效降水量之间的差额（Frenken and Gillet，2012），根据水量平衡过程可计算：

$$I_{\mathrm{net}}=\frac{K_c\times \mathrm{ET}_0-\mathrm{pr}_{\mathrm{eff}}}{\mathrm{IE}} \tag{12-3}$$

其中，I_{net} 为单位面积的净灌溉需水；IE 为灌溉效率；$\mathrm{pr}_{\mathrm{eff}}$ 为有效降水量；ET_0 为参考作物蒸腾量；K_c 为作物系数，基于联合国粮食及农业组织（Food and Agriculture Organization of the United Nations，FAO）推荐的分段（初始期、生育中期和生育后期）单值曲线来构建（Allen et al.，1998）。

关于不同作物生产力水平估计，这里耦合了前人开发的作物模型，实现不同气候变化对不同管理措施和作物的生产力水平的估计。另外，关于耕地作物生产活动碳密度的计算过程参考 Kyle 等（2011）的研究工作，如下：

$$\mathrm{c\_density}_{t,c}=\frac{\mathrm{yield}_{t,c}}{\mathrm{HI}_c}\times \mathrm{CC}\times\left(1-\mathrm{WC}_c\right)\times\left(1+\mathrm{RS}_c\right)\times 0.5 \tag{12-4}$$

其中，c_density 为耕地作物生产活动的碳密度；yield 为作物单产；HI 为收获指数；CC 为碳密度转化率，假定值为 0.45；WC 为水分含量；RS 为根冠比，指收获时作物地下部分质量和地上部分质量的比值；0.5 为全年平均碳含量。

12.4 土地利用分配机制

土地利用分配机制是 $\mathrm{C^3IAM}$/EcoLa 的核心组成部分，模拟了土地生产活动过程中的各种物质流，在食物需求、水资源和土地资源等约束下，以总成本最小化为目标，得到各类土地资源最佳优化配置，并输出相应的成本以及排放量。

12.4.1 目标函数

在进行土地结构优化时，成本效益是首先要考虑的目标。因此，土地利用模型中的土地利用分配机制主要是基于年化总成本最小原则进行分配，所有土地将在农业用地、草地、森林内进行竞争分配。主要包含了生产成本、灌溉成本、土地转换成本、技术变革投资成本以及碳排放成本五类成本，下面将进行具体介绍。

（1）生产成本。生产成本囊括了作物生产过程中劳动力、资本和中间投入的要素成本，来源于 GTAP 数据库，计算公式如下：

$$\mathrm{Cost}_{t,i}^{\mathrm{prod}} = \sum_{c} C_{i,c}^{\mathrm{prod}} \mathrm{prod}_{t,i,c} + \sum_{l} C_{i,l}^{\mathrm{prod}} x_{t,i,l}^{\mathrm{prod}} \tag{12-5}$$

其中，下标 i 为区域；下标 t 为模拟的时间点；C^{prod} 为单位生产成本；$\mathrm{Cost}^{\mathrm{prod}}$ 为生产成本，包括分品种的作物和动物产品；prod 为不同农作物产品的生产水平；x_l^{prod} 为动物产品 l 的生产水平。由于土地生产活动的供应量是由土地生产力和作物种植面积共同决定的，单位土地的潜在生产力是由气候、土壤等自然因素外生决定的，土地种植面积变化和技术进步是作物生产供应端的关键，因此，作物产品供应等于每种土地利用面积乘以其平均产量，具体作物生产的供给方程如下：

$$\mathrm{prod}_{t,i,c} = \sum_{j_i} \sum_{w} \mathrm{yield}_{t,j,c,w} \mathrm{TC}_{t,i} x_{t,j,c,w}^{\mathrm{area}} \tag{12-6}$$

其中，下标 c 为农作物产品种类；j_i 为属于区域 i 的格点 j；w 为作物生长用水状况，即灌溉（ir）和雨养（rf）；x^{area} 为作物种植面积；yield 为作物单产，仅考虑生物物理变化，不包括由技术变化引起的变化；TC 为技术变化导致的总产量放大率，如下：

$$\mathrm{TC}_{t,i} = \prod_{\tau=1}^{t} (1 + x_{\tau,i}^{\mathrm{tc}}) \tag{12-7}$$

其中，x^{tc} 为由研发投资所引起的作物单产提高的年均技术变化增长率；τ 为时期。

（2）灌溉成本。灌溉作物的生产需要灌溉基础设施来进行水的分配和利用。因此，灌溉成本包含两部分——灌溉基础设施扩张投资成本和灌溉运营维护成本（Bonsch et al.，2015；Weindl et al.，2017）。

一般而言，灌溉作物的生产活动只能在配备灌溉基础设施的耕地进行。灌溉基础设施扩张投资成本来自世界银行数据（Jones，1995）。由于资金、采购成本、建筑质量等实施问题，投资成本差异性较大，同时灌溉技术（如地表水灌溉、喷灌、滴灌等）的选取也会进一步影响成本，其变化范围为 1700～24 300 美元/公顷。随着未来技术进步和经济发展，世界各区域在经济、体制和技术标准方面将逐渐趋于一致，因此，假定到 2050 年，灌溉基础设施扩张投资成本将线性趋同于欧盟 5633 美元/公顷的水平（Bonsch et al.，2015）。

由于目前没有直接可用的灌溉运营维护成本数据集，采用 Calzadilla 等（2011）提出的估计方法，从 GTAP 数据库中的土地租金数据中提取与灌溉相关的租金成本，并假设未来作物灌溉运营维护的单位成本是恒定不变的，详细过程如下:

$$R_{\text{cntr},c}^{\text{ir}} = \frac{\text{prod}_{\text{cntr},c}^{\text{ir}}}{\text{prod}_{\text{cntr},c}^{\text{tot}}} \times R_{\text{cntr},c}^{\text{tot}} \tag{12-8}$$

$$R_{\text{cntr},c}^{\text{ir,land}} = \frac{\text{yield}_{\text{cntr},c}^{\text{rf}}}{\text{yield}_{\text{cntr},c}^{\text{ir}}} \times R_{\text{cntr},c}^{\text{ir}} \tag{12-9}$$

$$R_{\text{cntr},c}^{\text{ir,water}} = R_{\text{cntr},c}^{\text{ir}} - R_{\text{cntr},c}^{\text{ir,land}} \tag{12-10}$$

$$C_{\text{cntr},c}^{\text{ir,OM}} = R_{\text{cntr},c}^{\text{ir,water}} / x_{t_0,\text{cntr},c,\text{ir}}^{\text{area}} \tag{12-11}$$

其中，R^{tot} 为土地租金；R^{ir} 为灌溉作物生产所需的土地租金；$R^{\text{ir,land}}$ 为灌溉作物生产所需的土地租金中的土地价值；$R^{\text{ir,water}}$ 为灌溉作物生产所需的土地租金中的灌溉用水价值；yield^{rf} 和 yield^{ir} 分别为基于产量加权的雨养和灌溉作物单产；$C^{\text{ir,OM}}$ 为灌溉设施的运营维护单位成本；$x_{t_0,\text{cntr},c,\text{ir}}^{\text{area}}$ 为基准年不同国家作物灌溉面积；prod^{ir} 为灌溉作物的产量；prod^{tot} 为作物总产量。

最后，可根据研究区域范围和研究目的，基于作物产量加权平均得到特定区域的作物灌溉用水单位成本。

因此，区域灌溉成本的公式如下：

$$\text{Cost}_{t,i}^{\text{ir}} = C_{t,i}^{\text{ir,iv}} \sum_{c} (x_{t,i,c,\text{ir}}^{\text{area}} - x_{t-1,i,c,\text{ir}}^{\text{area}}) \times \text{annuity} + \sum_{c} (C_{i,c}^{\text{ir,OM}} \sum_{j_i} x_{t,j,c,\text{ir}}^{\text{area}}) \tag{12-12}$$

其中，Cost^{ir} 为区域灌溉成本；$C^{\text{ir,iv}}$ 为灌溉基础设施扩张投资单位成本；annuity 为未来年均投资成本率，与折现率、技术投资回收期息息相关；j_i 为属于区域 i 的格点 j；x^{area} 为作物种植面积。

（3）土地转换成本。随着社会经济的发展和人们生活水平的改善，为应对未来农产品需求的增加，需进一步重新分配和扩大农田与牧场，或者提高农田和牧场的生产力水平。农业用地扩张不仅仅限于适合作物生长地区，还受制于土地转换成本（Kreidenweis et al.，2018），具体公式计算如下：

$$\mathrm{Cost}_{t,i}^{\mathrm{lc}} = C_i^{\mathrm{lc}} \sum_{j_i,c,w} (x_{t,j,c,w}^{\mathrm{area}} - x_{t-1,j,c,w}^{\mathrm{area}}) \times \mathrm{annuity} \tag{12-13}$$

其中，$\mathrm{Cost}^{\mathrm{lc}}$ 为土地转换成本；C^{lc} 为土地转换单位成本，不随时间发生变化。

（4）技术变革投资成本。为了提高农业产量，促进农业生产技术进步是非常重要的途径。本章技术进步的内生实施主要是基于农业土地利用强度的替代指标（Dietrich et al.，2014）。土地利用强度是指人类活动引起的作物单产增加的程度，技术变革不仅会促进作物增产，而且会改善农业土地利用强度，这反过来进一步增加了增产的成本（Dietrich et al.，2014）。Schmitz 等（2010）基于农业用地强度与技术变革投资（包括研发和基础设施投资）的经验数据进行回归分析，估计了作物单产增加的单位技术变革成本。这里，我们借鉴 Dietrich 等（2012，2014）的研究结果，构建了如下农业技术变革投资成本公式：

$$\mathrm{Cost}_{t,i}^{\mathrm{tc}} = 1900 x_{t,i}^{\mathrm{tc}} \left(\frac{1}{Q} \sum_{c} \tau_{t_0,i,c} \mathrm{TC}_{t,i}\right)^{2.4} \sum_{j_i,c,w} x_{t-1,j,c,w}^{\mathrm{area}} \tag{12-14}$$

其中，$\mathrm{Cost}^{\mathrm{tc}}$ 为通过新发明和管理技术的改进来提高产量所产生的技术变革投资成本；τ_{t_0} 为基准年的土地利用强度，这里的基准年为 2000 年，其计算过程参考 Schmitz 等（2010）的研究工作；Q 为作物生产活动的个数；上标 tc 为技术变革。

（5）碳排放成本。碳排放成本只有在国家或区域实施碳减排政策情景下才存在，通常情况下对碳进行定价，在无碳减排政策情景下碳价为 0，公式如下：

$$\mathrm{Cost}_{t,i}^{\mathrm{emis}} = C_t^{\mathrm{carbon}} \times (\mathrm{c\_stock}_{i,t-1} - \mathrm{c\_stock}_{i,t}) \times \mathrm{annuity} \tag{12-15}$$

$$\mathrm{c\_stock}_{i,t} = \sum_{j_i,c,w} \mathrm{c\_density}_{t,j,c} x_{t,j,c,w}^{\mathrm{area}} \tag{12-16}$$

其中，$\mathrm{Cost}^{\mathrm{emis}}$ 为碳排放成本；C^{carbon} 为碳价；c_stock 为碳储存量；c_density 为耕地作物生产活动的植被碳密度，其计算过程参考 Kyle 等（2011）的研究工作。

（6）总成本。总成本为生产成本、灌溉成本、土地转换成本、技术变革投资成本和碳排放成本之和，以每个模拟期总成本最小为目标，对国家或区域土地利用资源进行优化再分配，如下：

$$\mathrm{Cost}_t^{\mathrm{total}} = \sum_i \left(\mathrm{Cost}_{t,i}^{\mathrm{prod}} + \mathrm{Cost}_{t,i}^{\mathrm{ir}} + \mathrm{Cost}_{t,i}^{\mathrm{lc}} + \mathrm{Cost}_{t,i}^{\mathrm{tc}} + \mathrm{Cost}_{t,i}^{\mathrm{emis}}\right) \tag{12-17}$$

其中，$\mathrm{Cost}^{\mathrm{total}}$ 为总成本。

12.4.2 土地利用优化配置约束体系

土地利用资源优化过程中涉及很多资源和政策的限制条件，也是约束条件，如食物需求、各种土地类型数量约束、国家或区域对土地方面的政策约束、可获取水资源约束等。根据所设立的目标函数，归纳出相应的约束条件，如下所示。

（1）产品需求约束。针对每一类产品，需满足全球生产水平大于全球需求约束，如下：

$$\sum_i \mathrm{prod}_{t,i,k} \geqslant \sum_i \mathrm{demand}_{t,i,k}^{\mathrm{total}} \tag{12-18}$$

其中，下标 k 为作物和动物产品的集合，即 $k = c \cup l$；$\mathrm{demand}^{\mathrm{total}}$ 为农作物总需求，农作物需求除了人类食物需求以外，不同动物产品的生产对所需用作饲料的作物需求也是其重要组成部分，因此，农作物总需求方程如下：

$$\mathrm{demand}_{t,i,c}^{\mathrm{total}} = \mathrm{demand}_{t,i,c}^{\mathrm{food}} + \sum_l \mathrm{feed}_{i,l} x_{t,i,l}^{\mathrm{prod}} \mathrm{fs}_{i,l,c} \tag{12-19}$$

其中，feed 为动物产品所需的饲料投入；$\mathrm{fs}_{i,l,c}$ 为动物产品饲料投入中用作饲料的作物所占份额。

此外，若地区农产品的生产过剩，除了满足本地区的需求之外还可用于出口；反之，若地区生产不能完全满足本地区需求，则需要从其他地区进口。引入自给率系数（即产量与供给的比率）来衡量地区的自我供给能力，根据 FAO 数据整理而得。通过从进口区域的区域生产中减去国内需求（自给率 $\mathrm{sf} < 1$），可以计算出每个生产活动的全球过度需求。计算得出的全球过度需求根据其出口份额 exshr 分配给出口地区。

全球过度需求：

$$\mathrm{demand}_{t,k}^{\mathrm{excess}} = \sum_i \mathrm{demand}_{t,i,k}^{\mathrm{total}} (1 - \mathrm{sf}_{i,k}), \quad \mathrm{sf}_{i,k} < 1 \tag{12-20}$$

区域过度供给：

$$\mathrm{exp}_{t,i,k} = \mathrm{demand}_{t,k}^{\mathrm{excess}} \mathrm{exshr}_{i,k} \tag{12-21}$$

其中，$\mathrm{demand}^{\mathrm{excess}}$ 为全球农产品的过度需求；exp 为出口地区的农产品出口量。

因此，地区农产品的供给水平须大于需求水平，则有如下公式：

$$\mathrm{prod}_{t,i,k} \geqslant \begin{cases} \mathrm{demand}_{t,i,k}^{\mathrm{total}} \times \mathrm{sf}_{i,k}, & \mathrm{sf}_{i,k} < 1 \\ \mathrm{demand}_{t,i,k}^{\mathrm{total}} + \mathrm{exp}_{t,i,k}, & \mathrm{sf}_{i,k} \geqslant 1 \end{cases} \tag{12-22}$$

式（12-22）保证了农产品需求和供给在区域尺度上的平衡。就出口地区

（$sf_{i,k} \geqslant 1$）而言，该地区的产量必须大于或等于国内需求加上出口数量。就进口地区（$sf_{i,k} < 1$）而言，该地区的产量必须大于或等于国内需求乘以自给率。

（2）土地资源约束。土地是一种稀缺资源，土地利用的优化主要体现在土地供需矛盾的协调机制上。土地资源的供给量受限于土地的自然经济属性，所以在土地资源优化之前必须确保农业生产的可用土地资源数量；同时确保灌溉作物的生产只限制在有灌溉设备的地区，以保证土地资源的可持续利用和集约利用。因此，有如下约束：

$$\sum_{\mathrm{lu}} x_{t,j,\mathrm{lu}}^{\mathrm{area}} = \sum_{\mathrm{lu}} x_{t-1,j,\mathrm{lu}}^{\mathrm{area}} \tag{12-23}$$

$$\sum_{c} x_{t,j,c,\mathrm{ir}}^{\mathrm{area}} \leqslant \mathrm{AEI}_j \tag{12-24}$$

其中，lu 为土地利用类型，包括耕地、草地、林地、建设用地和其他自然植被用地；AEI 为配备灌溉设施的覆盖面积。耕地、草地、林地和其他自然植被用地的面积不能小于受保护的土地面积：

$$x_{j,\mathrm{lu}}^{\mathrm{area}} \geqslant \mathrm{PA}_{j,\mathrm{lu}} \tag{12-25}$$

其中，PA 为受保护的土地面积。

（3）水资源约束。基于灌溉种植条件作物的生长离不开水的供给。每个地区对水的需求必须小于或等于地区内可用于农业生产的水供给量，如下：

$$\sum_{j_i,c} x_{t,j,c,\mathrm{ir}}^{\mathrm{area}} \mathrm{IWR}_{t,j,c} \leqslant \mathrm{Water}_{t,i} \tag{12-26}$$

其中，IWR 为各地区对水的需求；Water 为地区农业灌溉用水提取量。

（4）作物轮作约束。作物轮作对农业系统的可持续性影响越来越受关注，同时在基于土地利用建模框架分析农业生产系统的经济和环境影响时扮演着重要角色（Schönhart et al.，2011）。作物轮作约束描绘了不同作物种植结构在时间上和空间上的体现，这里是通过定义每种作物在对应生产单元中的种植面积上限来实现的（Dietrich et al.，2014），公式如下：

$$\sum_{c_y} x_{t,j,c_y,w}^{\mathrm{area}} \leqslant \mathrm{rate}_y^{\max} \sum_{c} x_{t,j,c,w}^{\mathrm{area}} \tag{12-27}$$

其中，下标 y 为轮作周期；c_y 为轮作周期为 y 的作物；$\mathrm{rate}^{\max}$ 为作物种植面积占总面积的最大比例。

12.5 本章小结

本章对 C^3IAM 中的子模块 C^3IAM/EcoLa 的构建进行了详细介绍。该模型主要包括食物需求、土地生产活动生物物理参数、土地利用分配三个组成部分。其中，食物需求主要是针对农作物食物和肉类食物需求的预测；土地生产活动生物物理参数主要针对耕地上不同生产活动生物物理参数进行估计，主要包括作物灌溉需水量、作物生产力和碳密度；土地利用分配基于成本优化思想，对不同土地利用资源进行优化再分配，是 C^3IAM/EcoLa 的核心组成部分。

第 13 章　全球减排路径设计与评估

应对气候变化需要全球各国集体行动。受政治立场和利益诉求的影响，为实现更广泛的参与，国际气候机制往往会放松约束、降低要求。因此，需要定期进行政策评估以提升治理效果。全球气候治理规则以气候协定为主要载体，各方气候治理行动以具体政策为主要体现。本章对以《京都议定书》为代表的“自上而下”国际约束型气候治理机制和以《巴黎协定》为代表的“自下而上”国内驱动型气候协定的减排贡献进行评估和讨论。进一步地，现有多数研究表明，国家自主减排贡献无法满足 2 摄氏度和 1.5 摄氏度温控目标的要求，这对后巴黎时代全球气候治理提出了严峻挑战。本章采用 C^3IAM，量化了温控目标下各国行动方案对应的潜在收益和成本，为缔约方进一步提高国家自主减排贡献力度提供决策参考；同时，针对我国碳中和目标及面临的挑战，模拟探索实现碳中和的可行性路径。

基于此，本章拟回答以下问题：

《京都议定书》和《巴黎协定》两项国际气候协定的减排效果如何？

全球合作减排机制下，如何量化各国行动方案对应的潜在收益和成本？

为满足 2 摄氏度和 1.5 摄氏度温控目标要求，如何设计国家自主减排贡献改进方案？

碳中和背景下，中国实现减排的总体路径和行业责任如何？

13.1　《京都议定书》实施效果评估

作为全球最严峻的环境外部性问题，应对气候变化需要集体行动。为减缓和适应气候变化，国际社会建立了与气候治理相关的一系列机制，在国家之间开展协调行动。联合国以 1992 年《联合国气候变化框架公约》全面确立了规制全球气候变化的国际环境法律制度。围绕《联合国气候变化框架公约》框架，国际社会达成了一系列气候协定。1996 年 IPCC 第二次评估报告为《联合国气候变化框架公约》第二条“将大气中温室气体的浓度稳定在防止气候系统受到危险的人为干扰的水平上”

提供了科学基础，并提出制定气候变化政策时应兼顾公平原则（IPCC，1996），促成了 1997 年《联合国气候变化框架公约》在第三次缔约方大会（COP3）上形成《京都议定书》。2005 年随着俄罗斯的加入，《京都议定书》正式生效，自此“自上而下”的全球气候治理机制得以确立。

气候变化不同于其他外部性问题，是经济、政治、国际局势、国内利益等多因素的综合博弈。因此，形成全球性、跨区域、长周期的减排协议难度非常大。从《联合国气候变化框架公约》的制定到《京都议定书》的通过，全球气候治理成功实现了从规则到行动的突破，为气候治理机制的合法化拓宽了道路。然而，国际学界对气候协定存在的必要性及其减排效果始终存在争议，尤其是 2012 年《京都议定书》第一个履约期到期之后，关于其是否有效的讨论日益增多。按照传统经济学理论，《京都议定书》在美国缺席的情况下没有存在的意义，但是《京都议定书》却成功生效并顺利执行。据此现存事实，Billy Pizer 指出气候变化行动并不需要全体一致合作，国际条约不一定能推动国内气候变化行动，在实现温室气体减排方面作用不大。Tol（2017）提出了更强烈的观点，即《京都议定书》可能会阻碍减排。他认为一方面，国际条约通常寻求最低的共同标准，可能会削弱减排能力较强的缔约方在减排方面付出的努力，反而会成为这类国家保守势力宣扬政治主张的依据；另一方面，“自上而下”设置的约束性目标会导致不愿承担风险的国家采取更加保守的气候行动。

《京都议定书》围绕“共同但有区别的责任”原则，量化了附件一国家（发达国家与东欧经济转型国家）的温室气体减排量，即在 2008～2012 年，温室气体排放总量相比 1990 年（少数国家被允许采用其他年份作为基准年）水平减少 5.2%。其中，欧盟国家温室气体排放限度为 92%，美国为 93%，加拿大和日本为 94%，俄罗斯为 100%，其他国家为 110%。自 1997 年通过以来，一直到 2012 年第一个履约期结束，《京都议定书》有效期长达 15 年，这为定量研究气候协议对排放的影响提供了经验材料。本节在“反事实”框架下，对以《京都议定书》为代表的“自上而下”强制性全球气候协定进行研究，并在此基础上得到了《京都议定书》对附件 B 国家的政策效果。进一步地，模拟出在《京都议定书》政策效果基础上的附件 B 国家未来的排放路径，以期为后续气候协定的制定和缔约方减排目标的设置提供科学支持和决策依据。

在建模中存在一个潜在的假定，即《京都议定书》仅影响了批准的国家，其他国家不受影响。本节以附件 B 国家为实验组，以非附件 B 国家为潜在合成控制组。美国虽然在 1998 年签署了《京都议定书》，但是在 2001 年以“减少温室气体排放会影响经济”以及“发展中国家也应承担减排义务”为由，拒绝批准《京都议定书》。加拿大、日本、新西兰、俄罗斯等国家相继退出《京都议定书》第二期承诺，因此受《京都议定书》实际约束的附件一缔约方，其 1990 年排放量仅占全部附件一缔约方排放量的 38%。此外，第二承诺期在法律效力上的不确定性，使得《京都议定书》对于附件一缔约方的管制力度比第一承诺期大大削弱。因此，本节暂时未将第二履约期纳入研究范围。根据数据的可得性，选择 12 个附件 B 国家为研究对象，分别是澳大利亚、比利时、芬兰、德国、日本、挪威、西班牙、意大利、加拿大、英国、葡萄牙和瑞典。

1990～2013 年，附件 B 部分国家及其合成控制国家温室气体排放路径如图 13-1 所示，图中垂直虚线指向 1997 年，表示《京都议定书》通过的年份。就拟合效果而言，法国和挪威这两个国家得到的政策前拟合值效果并不理想。由于无法确定差异是拟合造成的还是政策的效果，后续的研究中不再使用这两个国家的数据。本节以澳大利亚、芬兰、日本和瑞典 4 个国家的模拟结果为例进行展示。可以看到，在虚线的左侧，真实澳大利亚、芬兰、日本和瑞典温室气体排放量与其对应的合成控制温室气体排放量拟合较好，说明合成误差较小。1997 年之后，二者差距逐渐扩大。对澳大利亚而言，真实澳大利亚温室气体排放量始终在合成控制澳大利亚温室气体排放量之上，说明《京都议定书》约束下的排放量反而比没有《京都议定书》干预的排放量大［图 13-1（a）］。由于澳大利亚是资源型国家，经济发展主要依赖出口，温室气体排放总量不高，与其他发达国家不同，《京都议定书》允许到 2010 年澳大利亚的排放量比 1990 年增加 1%。模拟结果表明，气候协定设置的约束与澳大利亚真实情况不符，没有起到减排作用。或者说澳大利亚国内开展了除《京都议定书》要求之外的较为积极的减排行动。对日本而言，2011 年以前，合成控制日本温室气体排放量在真实日本温室气体排放量之上，说明《京都议定书》约束下的温室气体排放量较低；随后，真实日本温室气体排放量超过合成控制日本温室气体排放量，气候协定约束作用开始弱化［图 13-1（c）］。《京都议定书》对芬兰和瑞典两个欧盟成员的影响差异较大。在 2000 年之前，合成控制芬兰温室气体与真实芬兰温室气体排放路径基本重合；2000～2010 年，两条路径上下起伏、波动较大；2010 年之后，真实芬兰温室气体排放量出现明显下降趋势，而合成控制芬兰温室气体排放量下降缓慢且在 2012 年开始回升［图 13-1（b）］。模拟结果表明，《京都议定书》对芬兰的影响存在明显的滞后性且减排效果不明显。就瑞典而言，后期合成控制瑞典温室气体排放量在真实瑞典温室气体排放量之上，说明《京都议定书》的约束效果非常明显。值得注意的是，在 2002 年左右，两条线相交、基本重合，随后逐渐发生分离［图 13-1（d）］。

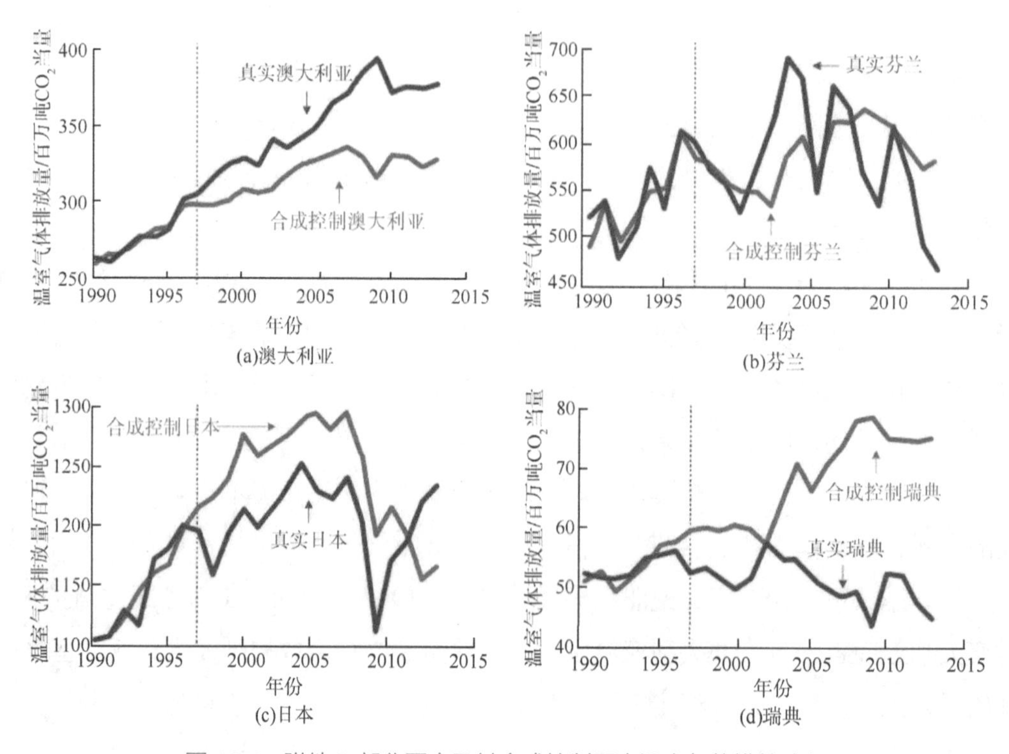

图 13-1　附件 B 部分国家及其合成控制国家温室气体排放路径

表 13-1 展示了 1997～2013 年实验组各国真实排放路径和“反事实”排放路径之间的差异，可以反映《京都议定书》对不同附件 B 国家的政策效果。整体上看，对大部分国家而言（占实验组国家总数的 75%），《京都议定书》可以实现温室气体排放总量的减少，但对小部分国家而言，其政策效果并不显著。这主要是由于不同国家执政党对气候变化的态度、自身减排能力等条件存在差异，导致其实施政策的强度和力度也不同。例如，对澳大利亚、德国、瑞典三国，《京都议定书》约束下的排放量反而比无政策干预下的排放量大，分别高出 1260 万吨 CO_2 当量、389 万吨 CO_2 当量和 759 万吨 CO_2 当量；比利时、芬兰、西班牙、英国、意大利、葡萄牙等的减排效果明显。尤其是伞形集团中的加拿大，政策效果最为显著，平均减排量

约为 181 百万吨 CO_2 当量。

表 13-1　实验组各国 1997~2013 年温室气体排放量的平均增加值以及 2020 年、2030 年温室气体排放量（单位：万吨 CO_2 当量）

国家	增加值	2020 年	2030 年	国家	增加值	2020 年	2030 年
澳大利亚	1 260	—	—	英国	−2 599	3 267	3 955
比利时	−3 575	4 698	5 649	意大利	−12 254	14 190	16 037
加拿大	−18 079	24 870	30 225	日本	−6 363	7 254	7 997
芬兰	−37	50	58	挪威	−2 135	3 224	3 771
德国	389	—	—	葡萄牙	−3 480	4 354	5 197
西班牙	−299	390	440	瑞典	759	—	—

为了指导后续减排目标的制定，以《京都议定书》政策效果为基础，根据共享社会经济路径的“中等路径”（SSP2）经济发展水平，得出《京都议定书》政策效果明显的比利时、加拿大、芬兰、西班牙、英国、意大利、日本、挪威和葡萄牙 9 个附件 B 国家 2020 年和 2030 年的排放水平（表 13-1）。模拟结果显示，2020 年加拿大排放量可设置为 249 百万吨 CO_2 当量左右；2030 年排放量为 302 百万吨 CO_2 当量左右。根据加拿大提交的国家自主减排贡献目标，2030 年排放量为 520 百万吨 CO_2 当量。按照《京都议定书》的政策效果，其减排目标应在现有基础上进一步提高 42%；西班牙需在现有自主减排贡献（2030 年排放量为 1122 万吨 CO_2 当量）的基础上提高 61%；英国需在现有自主减排贡献（2030 年排放量为 4326 万吨 CO_2 当量）的基础上提高 9%；日本需在现有自主减排贡献（2030 年排放量为 933 百万吨 CO_2 当量）的基础上提高 91%；葡萄牙需在现有自主减排贡献（2030 年排放量为 272 百万吨 CO_2 当量）的基础上提高 81%。比利时、意大利和挪威自主减排贡献目标力度较大，在《京都议定书》政策的基础上分别提高了 18%、80%和 16%。模拟结果可为《京都议定书》第二期履约目标的设定以及国家自主减排贡献目标的盘点和更新提供决策支持。

根据以上分析可知：①整体上看，《京都议定书》对于减缓和控制附件 B 国家的温室气体排放量而言具有一定的积极作用。以 1997 年为分割线，附件 B 中 75%的国家真实排放量小于“反事实”国家排放量，其中，《京都议定书》对加拿大的政策效果最为显著，其 1997～2013 年平均减排量约为 181 百万吨 CO_2 当量；其次是意大利和日本，分别约为 123 百万吨 CO_2 当量和 64 百万吨 CO_2 当量。但现实却是加拿大、日本两国与新西兰、俄罗斯等国家一道相继退出《京都议定书》第二期承诺，拒绝继续履约。这些国家主要的理由是《京都议定书》没有量化中国、印度等发展中排放大国的减排责任。美国的拒绝加入会使其他发达国家在国际竞争中处于不利地位，这也是影响它们继续履约的重要因素之一。②《京都议定书》设置的减排目标与部分国家减排能力不匹配。例如，对澳大利亚而言，其真实排放量始终高于“反事实”排放量，气候协定没有起到减排作用。与其他发达国家不同，《京都议定书》允许澳大利亚 2010 年的温室气体排放量比 1990 年增加 1%。研究结果表明该约束过于“宽容”，后期气候协定对澳大利亚的约束应当进一步提升。③《京都议定书》所设置的部分排放约束脱离了国家实际，无法激发参与方内在减排意愿。气候协定签署与否与减排行动开展与否不存在必然联系。例如，澳大利亚虽然经过谈判和妥协签署《京都议定书》，但过于软弱的减排约束反而滋长了其温室气体排放量。此外，就模拟结果而言，部分国家开展了满足《京都议定书》要求之外的减排行动，或者说减排政策执行效果好，其真实排放量在某些年份比“反事实”排放量低。④按照《京都议定书》的政策效果，2030 年加拿大自主减排贡献目标应在现有基础上提高 42%；西班牙需在现有自主减排贡献的基础上提高 61%；英国需在现有自主减排贡献的基础上提高 9%；日本需在现有自主减排贡献的基础上提高 91%；葡萄牙需在现有自主减排贡献的基础上提高 81%。比利时、意大利和挪威自主减排贡献目标力度较大，在《京都议定书》的政策基础上分别提高了 18%、80%和 16%。

13.2 《巴黎协定》实施效果评估

《京都议定书》开创了“自上而下”全球气候治理机制，但其固定排放限额的减排目标设置方式造成了不利后果，导致该机制是否有效仍然存在争议。后京都时代的气候治理，逐渐开始关注具体国情的差异和对个体国家的激励。2015 年 12 月通过的《巴黎协定》将 197 个缔约方减排承诺嵌入国际气候治理体系中，搭建了一个全球气候范围内“更加现实可行”的框架，开创了“自下而上”的全球气候治理新范式。

与原有强制量化减排责任的《京都议定书》相比，《巴黎协定》在一定程度上弱化了减排力度。UNEP 在综合大部分评估研究结果的基础上形成了《排放差距报告 2018》，指出按照现有 NDC 方案进行减排，仅能达到 2 摄氏度温控目标要求减排量的三分之一。虽然缔约方提交的减排目标距离长期温控目标仍存在差距，但如若没有 NDC 目标的实施，中值气候响应的 2100 年全球地表平均温度将比 1850～1900 年的平均值高出 3.7～4.8 摄氏度，大大超出地球生态系统和人类社会能够承受的安全阈值（Meyer，2015）。虽然减排力度有限，但作为历史上参与度最广的通过和平谈判方式达成的协议，《巴黎协定》仍是现阶段反映国家减排态度和决定温控目标可能性的重要指标。

面对全球气候治理的紧迫性和复杂性，提高缔约方减排力度是《巴黎协定》通过之后面临的首要任务。若延迟提升 NDC 力度的行动，为实现长期气候目标，实现碳中和的时间需要提前近 20 年，后期减排的行动压力与气候风险将会进一步加大（崔学勤等，2017）。强调“自愿参与”的同时推动减排力度不断提升，是《巴黎协定》“自下而上”减排机制的核心理念。《巴黎协定》第十四条对全球盘点机制做出了规定，以“定期更新”“周期性盘点”等动态评估制度解决努力程度不足的问题。同时指出，全球盘点应在公平性原则下开展，且需综合考虑最新科学研究进展。盘点的结果可为缔约方 NDC 的更新和强化提供支持。2018 年 1 月至 9 月，“塔拉诺阿对话”（Talanoa Dialogue，又称为“2018 年促进性对话”）召开，评估各缔约方在实现长期目标过程中的集体进展，对全球盘点机制进行“预演习”。同年 12 月在波兰卡托维兹召开的《联合国气候变化框架公约》第二十四次缔约方大会（COP24），形成了“一揽子机制”，明确了全球盘点应包括信息收集和准备、技术评估和高级别对话等步骤。

按照缔约方无条件 NDC 核算，2030 年全球温室气体排放总量约为 505 亿吨 CO_2 当量。2030 年中国温室气体排放量约为 133 亿吨 CO_2 当量（约占全球总量的 26%）；印度温室气体排放量约为 81 亿吨 CO_2 当量（约占全球总量的 16%）；美国温室气体排放量约为 51 亿吨 CO_2 当量（约占全球总量的 10%）。中国、印度、美国、俄罗斯、日本和欧盟的排放总量约占全球总量的 66%（表 13-2）。

表 13-2　2030 年不同国家和地区 NDC 排放量（单位：百万吨 CO_2 当量）

国家和地区	NDC 目标类型	NDC 温室气体排放量
中国	强度目标	13 288.86
印度	强度目标	8 071.76
美国	基准年目标	5 096.13

续表

国家和地区	NDC 目标类型	NDC 温室气体排放量
俄罗斯	基准年目标	2 265.35
日本	基准年目标	1 019.97
欧盟	基准年目标	3 409.51
亚洲（不包括中国、印度和日本）	—	3 206.47
东欧独联体（不包括俄罗斯）	—	1 530.29
拉丁美洲	—	2 963.40
中东与非洲	—	6 159.71
其他伞形集团	—	982.30
其他西欧发达国家	—	487.97

根据2030年各缔约方NDC排放量的空间分布，从国家层面看，由于缔约方在资源禀赋、技术水平、经济发展状况以及减排态度上存在显著差异，NDC减排目标空间分异格局较为明显。这种巨大的差异化特征源于区域之间在人口规模、技术水平、能源结构和经济发展中的差异。在研究期内，2030年排放相对高值区重点位于中国、美国、俄罗斯、墨西哥、南非、印度及南亚其他国家等。从体量和增长趋势上，这些地区将对全球排放趋势产生关键影响。而中东和北非、非洲中部地区、北欧等地区处于排放相对低值区。虽然提出了单位国内生产总值能耗下降、碳强度下降、非化石能源比例提高、二氧化碳排放达峰等目标，但是由于经济发展的刚性需求，制造业聚集和以煤为主的能源结构导致中国依旧是碳排放量最大的国家。

从网格层面看，单位网格排放区间为0～1027万吨CO_2当量，平均值为2880吨CO_2当量，高于平均值的网格超过8%。排放量最大的地区中心坐标为43.15°E、24.33°N。在SSP2情景下，该区排放量为1027万吨CO_2当量。通过中心坐标解析，发现该区位于沙特阿拉伯首都利雅得附近的Al Dawadmi。沙特阿拉伯目前面临居高不下的能源消耗量、较快的人口增长速度以及庞大的工业发展计划带来的年均7%～8%的能源消耗增长等环境资源方面的挑战。其碳排放总量和人均碳排放量均高居世界前列。世界卫生组织数据显示，利雅得是世界上空气污染最严重的城市之一。研究结果提示沙特阿拉伯政府应针对该地区制定更加严格的减排标准，防止高排放给社会发展带来的负面影响以及经济损失。

《巴黎协定》“依据不同国情”的原则为各方设置减排目标提供了自由的空间，

同时也为“搭便车”“瞒报信息”等不良行为提供了温床。部分国家承诺的 2030 年排放水平反而高于现有气候政策（PaU）能够达到的排放量。可以说这些国家没有减排诚意，对推动全球减排行动没有做出实质性贡献。如果这些国家不做出改进，其排放与温控目标要求的排放之间的差距会进一步拉大。

阿尔巴尼亚、土耳其等 64 个国家提出了照常发展情景目标（BAU），和现有气候政策情景的温室气体排放水平相比，付出了一定程度的减排努力；肯尼亚、加纳等 19 个国家提出了固定照常发展情景目标，量化了照常发展情景的排放量，但与本章预测结果对比，圣卢西亚、加纳和乌干达 3 个国家 NDC 目标约束下的排放量高于照常发展情景排放量，减排力度不足；欧盟、澳大利亚等 36 个国家和地区提出了基准年目标，其中，欧盟、乌克兰、白俄罗斯、摩尔多瓦 4 个国家和地区减排力度不足；印度等 10 个国家提出了强度目标，格鲁吉亚和津巴布韦两国的 NDC 目标体现出了较为充分的减排诚意；南非、亚美尼亚、坦桑尼亚和塞拉利昂提出了固定水平目标，其中亚美尼亚和坦桑尼亚减排诚意不足；老挝、埃及等 30 个国家仅提供了行动目标，在下一轮更新中需要提出可量化的减排目标，以体现充分的减排诚意。

模拟结果显示，到 2030 年，现有国家自主减排贡献不足以实现全球温控目标。按缔约方无条件 NDC 核算，2030 年全球温室气体排放总量约为 505 亿吨 CO_2 当量。即使缔约方全部兑现 NDC 目标，与 2 摄氏度目标对应的排放差距仍为 129 亿～181 亿吨 CO_2 当量。其中，美国需进一步减少 9 亿～21 亿吨 CO_2 当量；欧盟需减少 10 亿～24 亿吨 CO_2 当量；印度需减少 43 亿～48 亿吨 CO_2 当量。与 1.5 摄氏度排放目标对应的排放差距为 290 亿～340 亿吨 CO_2 当量，美国需进一步减少 31 亿～34 亿吨 CO_2 当量；欧盟需减少 28 亿～29 亿吨 CO_2 当量；中国需减少 72 亿～75 亿吨 CO_2 当量；印度需减少 50 亿～51 亿吨 CO_2 当量。因此，在绝对减排量方面，美国、欧盟、印度等国家或地区需要承担较大的减排责任（图 13-2）。

在模型构建的全球合作减排机制下，为实现 2 摄氏度目标，除土耳其、挪威、瑞士、冰岛、加拿大、澳大利亚、新西兰、波黑、北马其顿、阿尔巴尼亚、黑山 11 个国家之外，还有 121 个缔约方均需在现有 NDC 的基础上进一步提高减排力度，其中印度需要提高的幅度最大，约占现有 NDC 排放量的 55.19%，其次是日本，约为 53.74%。

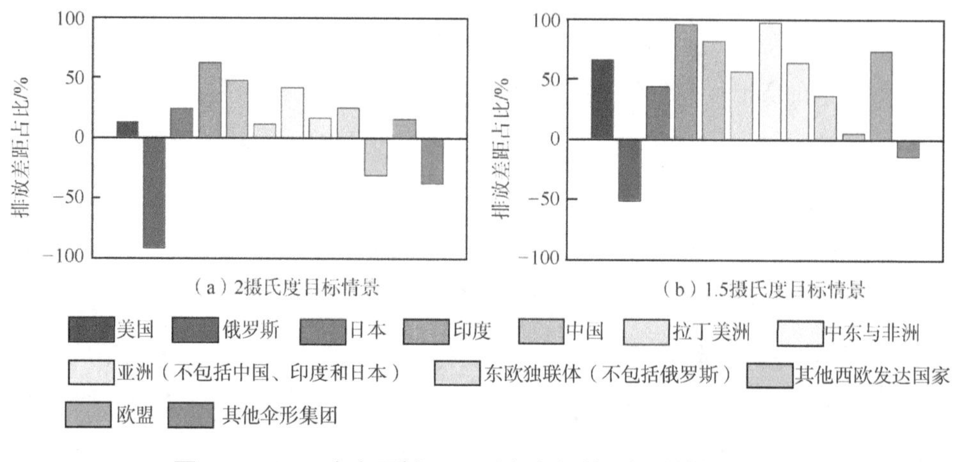

图 13-2　2030 年各区域 NDC 目标与温控目标的排放差距

由以上分析可知：①从全球层面看，根据现有 NDC 目标，2030 年全球温室气体排放总量约为 505 亿吨 CO_2 当量。中国、印度、美国、俄罗斯、日本和欧盟的排放总量约占全球总量的 66%。从网格层面看，单位网格排放区间为 0～1027 万吨 CO_2 当量，平均值为 2880 吨 CO_2 当量，高于平均值的网格超过 8%。热点排放地区主要分布在中国、美国、俄罗斯、墨西哥、南非、印度及南亚其他国家等的城市群、工业带、油田、矿场等地，从体量和增长趋势上，这些区域将对全球排放趋势产生关键影响。②就目前而言，大部分国家自主减排目标缺乏雄心。现有 NDC 承诺的减排力度不足以弥合与全球长期温控目标之间的差距。即使缔约方全部兑现 NDC 目标，与 2 摄氏度目标对应的排放差距仍为 129 亿～181 亿吨 CO_2 当量。与 1.5 摄氏度排放目标对应的排放差距为 290 亿～340 亿吨 CO_2 当量。③部分国家和地区减排诚意不足，如果不做出改进，与温控目标之间的排放差距会进一步拉大。减排力度评估结果显示，加纳、乌干达等 44 个国家和地区承诺的 2030 年排放水平反而高于现有气候政策下能够达到的排放量，对推动全球减排行动没有做出实质性贡献。如果上述国家提高减排诚意，达到排放下限，2030 年将会为全球带来约 280 亿吨 CO_2 当量的减排量。④在 2 摄氏度目标约束下，除土耳其等 11 个国家之外，各缔约方均需在现有 NDC 的基础上进一步提高减排力度，其中印度需要提高的幅度最大，约为 55.19%，其次是日本，约为 53.74%；而在 1.5 摄氏度目标约束下，各缔约方均需在现有 NDC 的基础上提高减排力度，其中日本需要提高的幅度最大，约为 87.39%；欧盟次之，约为 81.17%；印度约为 61.98%。“自下而上”的减排模式迈出了全球气候治理制度创新的第一步，但究竟能达到何种减排效果仍未可知。

13.3 全球气候变化“自我防护策略”设计

面对全球气候治理的紧迫性和复杂性，提高缔约方减排力度是《巴黎协定》通过之后面临的首要任务。《巴黎协定》要求各缔约方每 5 年提交一次 NDC 方案，并且更新后的目标和行动需要比之前的更富有雄心。但是，近年来在波兰卡托维兹召开的《联合国气候变化框架公约》第二十四次缔约方大会以及在西班牙马德里举行的《联合国气候变化框架公约》第二十五次缔约方大会（COP25）所取得的谈判成效有限。2018 年，IPCC 发布《全球升温 1.5℃特别报告》，指出如果按照目前每十年平均约 0.2 摄氏度的温升趋势，全球温升最快可能在 2030 年间达到 1.5 摄氏度。一旦突破 1.5 摄氏度临界点，气候灾害发生的频率和强度将大幅上升，带来水资源短缺、旱涝灾害、极端高温、生物多样性丧失和海平面上升等长期不可逆的风险。尽早采取迅速的行动虽然会在短期内产生大量减排成本，但将为弥合不断扩大的排放差距提供更好的机会。不采取行动应对气候变化将导致巨大的社会经济损失。从这个意义上讲，对各国应对气候变化可能带来的经济收益和避免的气候损失进行评估，并预估实现 1.5 摄氏度和 2 摄氏度的目标时是否有净收益（避免的气候损害减去减排成本）有助于各国制定最优“自我防护策略”。

目前已有相关研究提出了减缓气候变化的全球或国家战略。一些研究侧重评估与全球变暖阈值（1.5 摄氏度或 2 摄氏度的目标）一致的 NDC 与排放情景之间的排放差距。由于当前的减排努力不足以实现温控目标，一些学者基于公平性原则，将给定的排放空间基于不同的分配原则在国家之间进行分配。然而此类方法使用的排放空间或排放路径往往不是基于成本最优路径得到的。因此，一些研究基于全球成本最优路径，将其与 1.5 摄氏度目标的排放差距分配给国家或地区。但是，此类研究只考虑了全球减排成本，而忽略了应对气候变化带来的潜在收益。与责任分担研究相反，近期的一些研究不仅考虑了减排成本，还考虑了减排的收益（即避免的气候影响），通过优化全球或区域社会福利来寻找最佳的减排途径。尽管这类研究表明，各国在减缓和控制气候变化方面的努力可能具有潜在的收益，但其路径并不都考虑全球变暖阈值和公平性原则。因此，目前学界缺少一种国家自主减排贡献改进策略，此策略既可以平衡每个国家缓解气候变化所获得的长期利益与短期减排成本，又考虑了公平的减排责任分担。因此，我们采用 C^3IAM，在综合考虑技术发展和气候变化不确定性的条件下，对各国应对气候变化可能带来的经济收益和避免的气候损失进行了评估，提出了在后巴黎时代能够让各方无悔的最优“自我防护策略”。

全球自我防护策略的构建需要设计国际合作减排机制，合作减排机制既要考虑机制是否能实现《巴黎协定》的2摄氏度温控目标，又要保证各缔约方接受减排机制。因此，我们的情景设置考虑了四个方面，包括变暖阈值、低碳技术成本、气候损失和公平性原则。关于变暖阈值，我们关注2100年的大气平均温度变化，符合《巴黎协定》的要求。根据气候损失及低碳技术的相关研究，得到气候损失与低碳技术成本下降的基准值与上下限值，进而根据基准值与上下限值构建不同水平的气候损失与低碳技术成本下降的组合情景（图13-3）。低碳技术成本和气候损失的变化根据现有研究确定，采用气候损失占GDP的比率来定义气候损失的程度。模型中损失函数的放大系数用于表征不同水平的气候损失。参考Nordhaus的研究，假设气候损

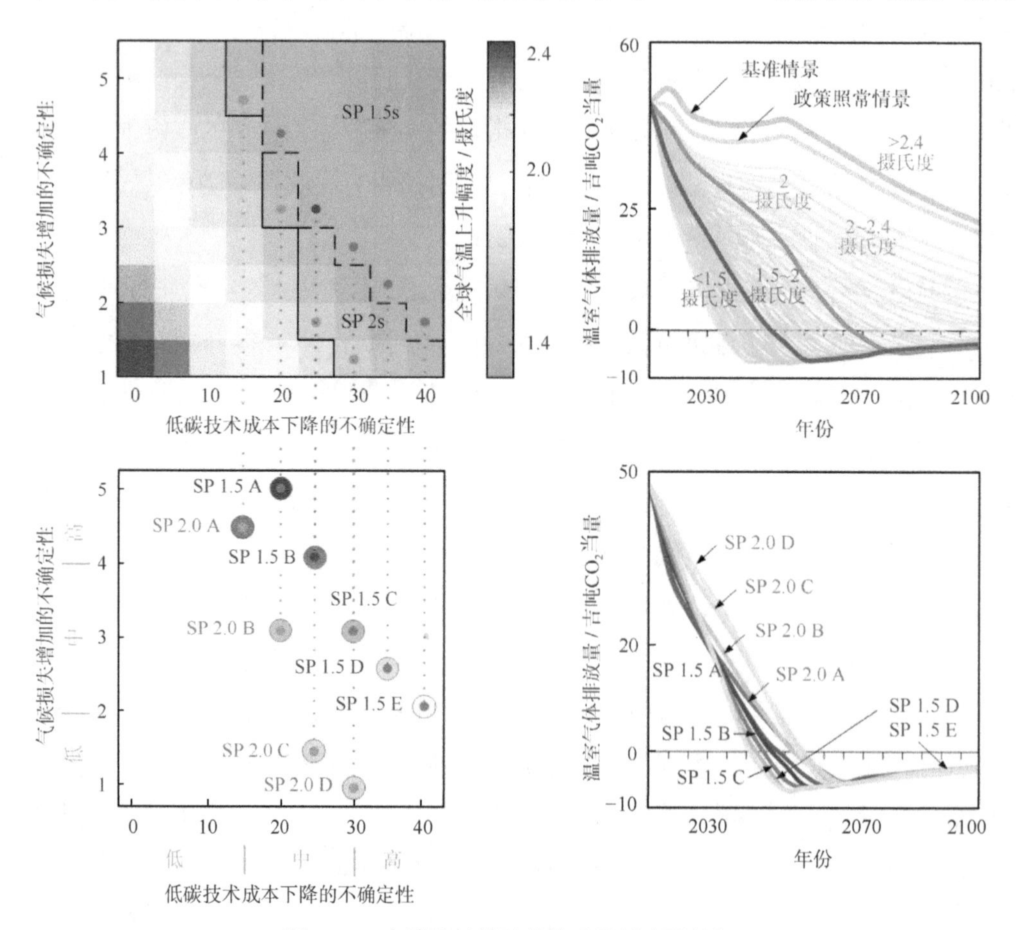

图13-3 自我防护策略的构建及其主要特征

失占 GDP 的 1.6%为参考水平（图 13-3）。我们定义了高、中和低水平的气候损失程度，对应的损失函数系数分别是参考水平的 4～5 倍、2～4 倍和不到 2 倍。此外，我们定义了三个技术发展水平，即低速发展（每五年低碳技术成本的下降率低于 15%）、中等发展（每五年低碳技术成本的下降率为 15%～30%）和高速发展（每五年低碳技术成本的下降率为 30%～40%）。通过引入公平性原则来确定区域的社会福利权重。

在所有最优排放情景中（图 13-3），实现 2 摄氏度和 1.5 摄氏度温控目标的情景占所有情景的 51.9%。绝大部分情景需要满足较高的气候损失程度和低碳技术发展程度（中等到高速）。低碳技术成本下降，意味着如果社会经历中等到快速的技术发展（低碳技术成本每五年的下降率可以达到 15%或更多），那么总会找到一种具有直接收益的自我保护策略。但是，只有在气候损失超过 1.5 倍（相对于参考水平）且低碳技术成本下降超过 20%（在所有最优排放情景中占 35.8%）的情况下，才能实现 1.5 摄氏度的温控目标。图 13-3 反映了各种情景下温室气体排放路径及温度变化差异。2100 年，温室气体排放量为–3.39～13.95 吉吨 CO_2 当量，大气平均温度变化在 1.3～2.5 摄氏度。

根据各种不确定性情景实现温控目标的程度以及全球社会福利最大化原则，我们选择了九种代表性自我防护策略用于进一步分析，包括 4 个实现 2 摄氏度温控目标的情景，即 SP 2.0s（包括 SP 2.0 A、SP 2.0 B、SP 2.0 C 和 SP 2.0 D）和 5 个实现 1.5 摄氏度温控目标的情景，即 SP 1.5s（包括 SP 1.5 A、SP 1.5 B、SP 1.5 C、SP 1.5 D 和 SP 1.5 E）（图 13-3）。在 4 个 2 摄氏度情景中，2035 年后，温室气体排放量将迅速下降，到 2055 年左右将实现净零排放或负排放。相比之下，若要实现 1.5 摄氏度目标，需要温室气体排放量急剧下降，以便在 2045～2050 年实现净零排放（图 13-3）。

与当前的减排努力相比，全球累计收益将超过 2100 年之前的累计额外成本。如果实现 2 摄氏度和 1.5 摄氏度目标，到 21 世纪末，全球平均将有 336.0 万亿美元和 422.1 万亿美元的累计净收益（2011 年不变价，按购买力平价法），全球将于 2065～2070 年实现扭亏为盈。同时，21 世纪末所有国家和区域都有正向累计净收益。具体而言，如果实现 2 摄氏度和 1.5 摄氏度目标，除美国、俄罗斯、日本、欧盟、其他伞形集团以及东欧独联体（不包括俄罗斯）以外的所有地区和国家，可分别在 2080 年和 2070 年之前扭亏为盈。此外，实现 1.5 摄氏度目标比 2 摄氏度目标更早获得正的累计净收益。2 摄氏度目标约束下，印度尼西亚、中国、欧盟、印度和尼日利亚的累计净收益（到 2100 年平均为 37.2 万亿美元）将比全球平均水平（2.5 万亿美元）还要高。在实现 1.5 摄氏度目标后，印度、尼日利亚、中国、欧盟、印度尼西亚和美国的累计净收益（到 2100 年平均为 39.9 万亿美元）也将比全球平均水平（3.2 万亿美元）高。21 世纪末所有国家和区域都有累计净收益，有望达到 2100 年 GDP 的 0.46%～5.24%。各国或地区平均净支出小于年度 GDP 的 0.57%，对经济增长的影响十分有限。哥伦比亚、委内瑞拉、阿尔及利亚和埃塞俄比亚等脆弱国家也可在 2030～2070 年达到收支平衡点。若 1.5 摄氏度目标实现，21 世纪末哥伦比亚、委内瑞拉、阿尔及利亚和埃塞俄比亚的累计净收益将达到 1.23 万亿～2.75 万亿美元、0.87 万亿～1.95 万亿美元、1.55 万亿～3.79 万亿美元和 3.36 万亿～8.21 万亿美元。

但是，实现扭亏为盈需要先期投资。通过比较自我保护策略和政策照常情景的减排成本，我们估算了收支平衡点之前的累计减排成本。温控目标下，全球需要 18 万亿～114 万亿美元的前期投资以实现应对气候变化的扭亏为盈。其中，二十国集团（Group of 20，G20）国家需要付出 16 万亿～104 万亿美元的前期投资；拉丁美洲、中东与非洲等相对脆弱的地区需要 1.35 万亿～9.77 万亿美元和 0.06 万亿～0.31 万亿美元的资金投入即可分别在 2060～2075 年和 2030～2035 年前实现扭亏为盈。结果表明，美国、俄罗斯、加拿大和澳大利亚的收支平衡点出现在 21 世纪末，而南非和沙特阿拉伯可在 2035 年之前实现扭亏为盈。二十国集团中的发展中经济体（中国、巴西、墨西哥、印度尼西亚、土耳其、阿根廷、印度和沙特阿拉伯）需要 4.73 万亿～30.66 万亿美元的前期投资以实现扭亏为盈。脆弱国家（如哥伦比亚、委内瑞拉、阿尔及利亚和埃塞俄比亚）的平均前期投资在 48.62 亿～3526.1 亿美元。对前期投资的量化可在一定程度上为各国之间的资金转移提供依据。

尽管实现 2 摄氏度和 1.5 摄氏度目标需要付出一定的前期成本，但是如果当前遵循 NDC 目标所做的减排努力不加以改进，到 21 世纪末与实现温控目标相比，全球总计仍将会失去 127 万亿～616 万亿美元的收益，分别是 2015 年全球 GDP 的 1.21～5.86 倍和 2.51～5.80 倍［图 13-4（a）和（b）］；如果各国连当前的 NDC 都无法实现，则预计全球错失的收益将可能达到 150 万亿～792 万亿美元［图 13-4（c）和（d）］。

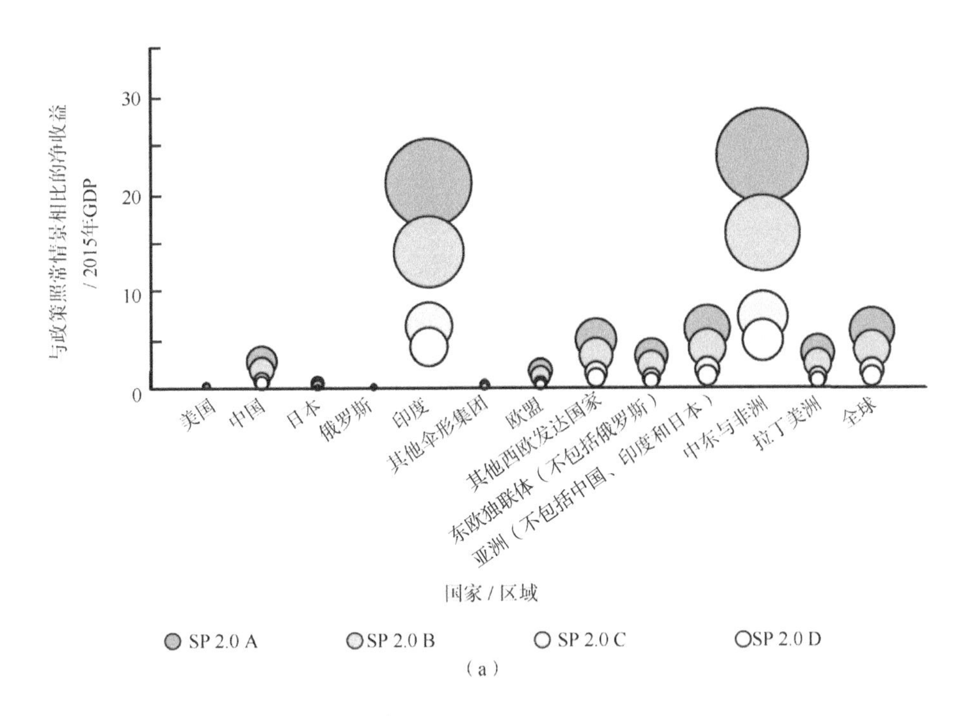
与政策照常情景相比的净收益
/ 2015年GDP
30
20
10
0
美国
中国
日本
俄罗斯
印度
其他伞形集团
欧盟
其他西欧发达国家
东欧独联体（不包括俄罗斯）
亚洲（不包括中国、印度和日本）
中东与非洲
拉丁美洲
全球
国家 / 区域
SP 2.0 A
SP 2.0 B
SP 2.0 C
SP 2.0 D

（a）

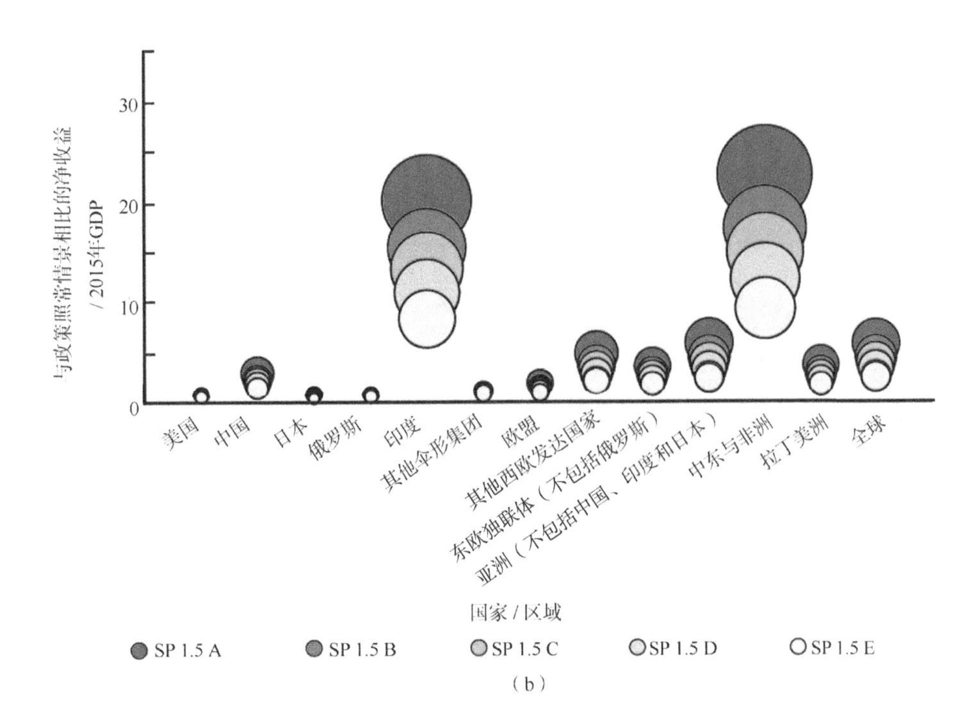
与政策照常情景相比的净收益
/ 2015年GDP
30
20
10
0
美国
中国
日本
俄罗斯
印度
其他伞形集团
欧盟
其他西欧发达国家
东欧独联体（不包括俄罗斯）
亚洲（不包括中国、印度和日本）
中东与非洲
拉丁美洲
全球
国家 / 区域
SP 1.5 A
SP 1.5 B
SP 1.5 C
SP 1.5 D
SP 1.5 E

（b）

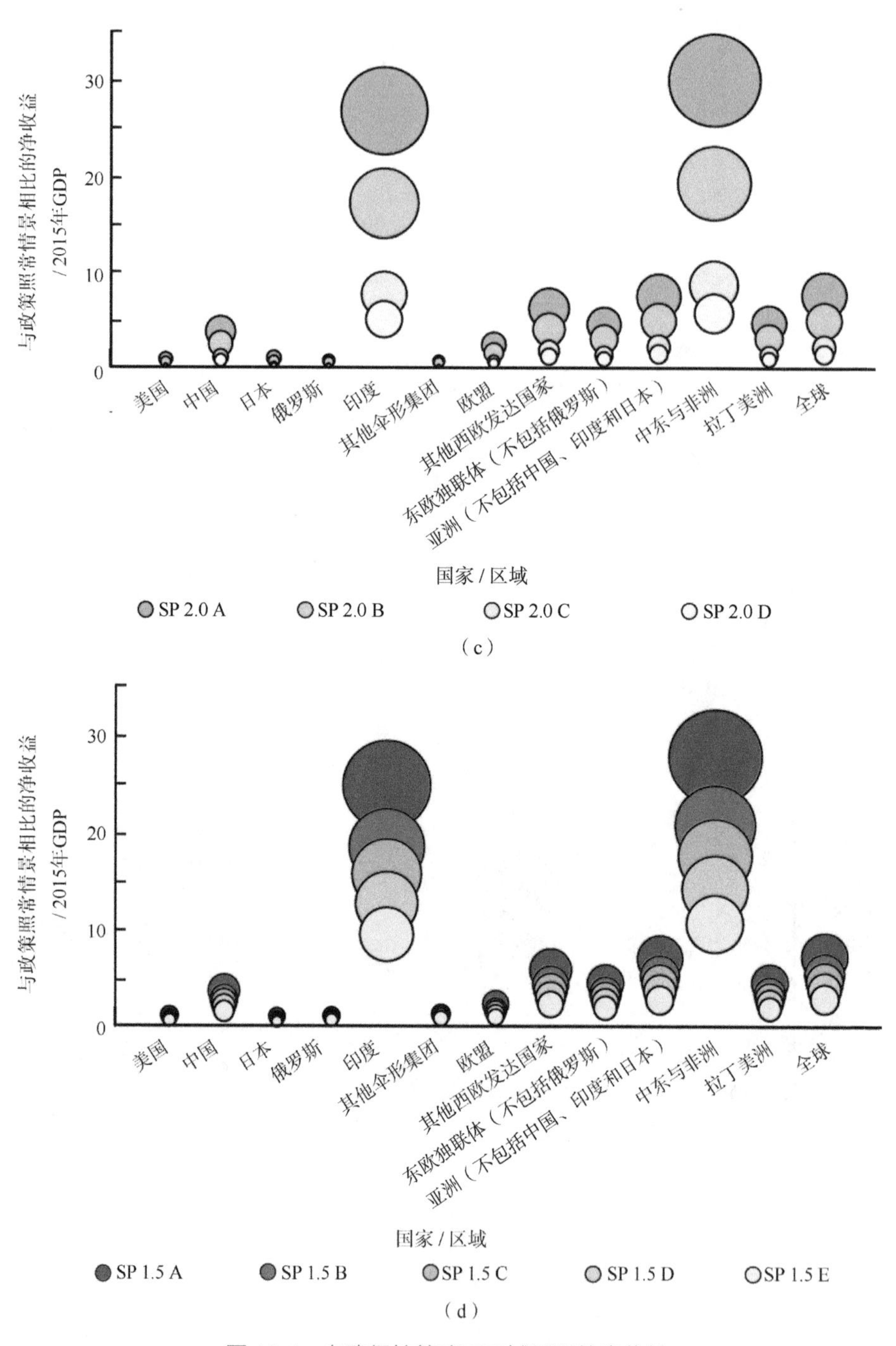

图 13-4 自我保护策略下区域层面的净收益

13.4 后巴黎时代缔约方的经济有效行动策略

目前，大部分国家的自主减排目标缺乏雄心。为了实现长期温控目标和经济收益，2030 年之前，全球需要在现有 NDC 的基础上进一步减排 19～29 吉吨 CO_2 当量和 28～30 吉吨 CO_2 当量以实现 2 摄氏度和 1.5 摄氏度温控目标（图 13-5）。所有国家和地区均需在现有 NDC 的基础上进一步提高减排力度。其中，日本（101%）、美国（93%）、俄罗斯（85%）、欧盟（72%）和其他伞形集团国家（63%）需要付出更多的努力，在 21 世纪中叶之前需要实现净零排放。在 21 世纪中叶之前，在 SP 2.0s 和 SP 1.5s 情景下，美国、欧盟、俄罗斯和日本的平均温室气体排放量必须为负。为了实现 2 摄氏度目标，印度需在 2065 年之前实现净零排放，这比 1.5 摄氏度的时间要晚了近 10 年。在这些主要排放国家或地区中，实现 2 摄氏度目标的美国和日本（2035～2040 年）的净零排放时间比印度（2060～2065 年）要早 25 年（表 13-3）。

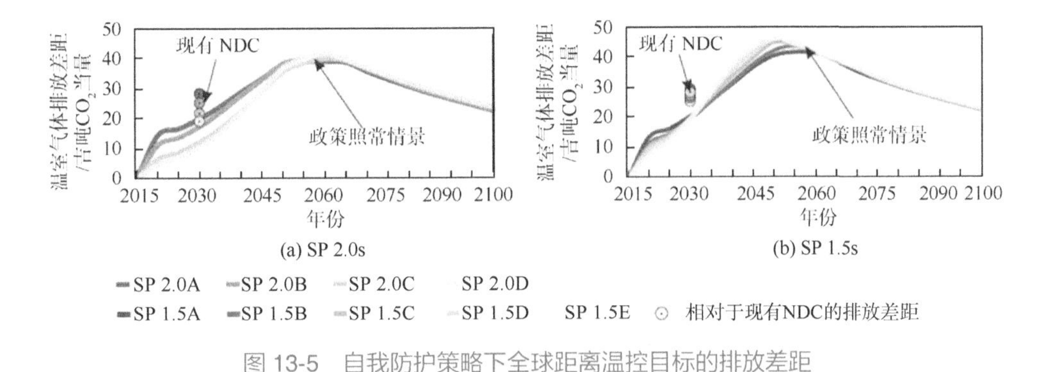

图 13-5　自我防护策略下全球距离温控目标的排放差距

表 13-3　2030 年主要排放国或地区温室气体排放量及净零排放时间

国家或地区	策略	2030 年温室气体排放/吉吨 CO_2 当量	净零排放时间	累计负排放量/吉吨 CO_2 当量
印度	SP 2.0s	3.49（3.26～3.70）	2060～2065 年	−22.66（−25.09～−20.96）
	SP 1.5s	3.26（3.22～3.29）	2050～2055 年	−30.15（−33.09～−25.28）
欧盟	SP 2.0s	1.63（0.93～2.25）	2040～2045 年	−26.85（−28.87～−25.25）
	SP 1.5s	0.97（0.85～1.06）	2035～2040 年	−31.45（−32.46～−30.85）
美国	SP 2.0s	1.37（0.28～2.39）	2035～2040 年	−50.33（−56.80～−40.52）
	SP 1.5s	0.37（0.22～0.47）	2035 年	−47.79（−42.04～−12.75）
俄罗斯	SP 2.0s	0.63（0.33～0.92）	2040～2045 年	−13.38（−52.62～−14.11）
	SP 1.5s	0.33（0.29～0.37）	2035 年	−15.28（−15.97～−14.73）
日本	SP 2.0s	0.19（0.01～0.36）	2035～2040 年	−6.38（−6.89～−5.83）
	SP 1.5s	−0.01（−0.02～0.01）	2030～2035 年	−7.24（−7.32～−7.10）

为了实现自我保护策略，需要有效的政策予以保障。MAC 是衡量气候变化政策严格性的重要因素。为了提高策略可行性，气候变化政策的严格程度应与相应的

MAC 保持一致，如图 13-6 所示。与其他关于 MAC 的研究相比，我们的结果在现有研究的结果区间范围内。此外，较高的 MAC 并不一定意味着较高的政策成本。因此，从这个角度来看，自我防护策略是可行的。从时间角度来看，所有地区都需要在初期逐年收紧政策。在稍后阶段，大部分国家可以放宽政策。不同地区放宽政策的时机不同。具体来说，对于 2 摄氏度目标，日本、美国、俄罗斯、其他伞形集团国家和欧盟可以在 2040 年前放松政策；除东欧独联体（不包括俄罗斯）和拉丁美洲以外，直到 2045～2050 年，其他西欧发达国家、中国都需要持续收紧政策。印度、亚洲（不包括中国、印度和日本）以及中东与非洲需要至少在 2060～2065 年之前持续加强其政策。为了实现 1.5 摄氏度的目标，所有地区都需要比在早期达到 2 摄氏度的目标时更快地提高政策严格性。MAC 的区域差异与不同地区的减排努力保持一致，这意味着有必要建立国际排放权交易计划以降低总减排成本。

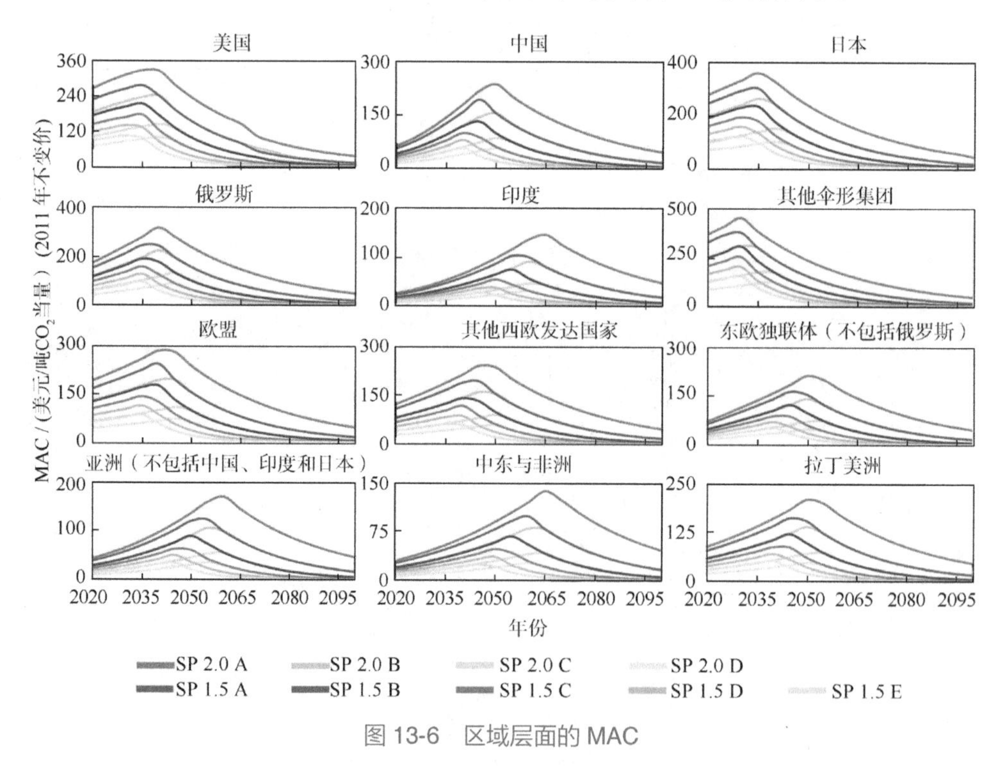

图 13-6　区域层面的 MAC

现有多数研究表明，《巴黎协定》各缔约方提出的 NDC 无法满足全球 2 摄氏度和 1.5 摄氏度长期温控目标的要求。为使 NDC 与全球温控目标不断趋近，《巴黎协定》设置了动态评估机制，要求各国或地区依据自身减排能力逐期增加减排量。然而出于短期经济发展的考虑，国家或地区可能拒绝增强短期行动力度。在此背景下，量化温控目标下各国或地区不行动或行动力度不足而造成的经济损失、探究改进 NDC 后各方可能获得的潜在收益，有助于提高国家或地区应对气候变化的积极性，推动全球气候治理进程。研究发现，在“自我防护策略”下实现温控目标，会使得 21 世纪末所有国家和区域都有正向累计净收益。即使低碳技术发展相对缓慢，仍然可以找到一种自我防护策略。在气候影响加剧和低碳技术迅速发展的条件下，实施自我防护策略将带来更大的好处，即使是相对脆弱的国家，在 2100 年也将有累计净收益。2 摄氏度温控目标下，中东与非洲地区在 2030～2035 年实现扭亏为盈，到 2100 年，累计净收益为 0.84 万亿～4.17 万亿美元，占累计 GDP 的 0.63%～3.12%。此外，拉丁美洲在 2070～2075 年实现扭亏为盈，到 2100 年累计净收益为 0.25 万亿～1.17 万亿美元，相当于 GDP 的 0.26%～1.24%。实现 1.5 摄氏度目标，可以更早地达到收支平衡点。中东与非洲、拉丁美洲将分别在 2030 年（1.62 万亿～3.96 万亿美元）、2060～2065 年（0.53 万亿～1.19 万亿美元）实现扭亏为盈。为了实现 2 摄氏度目标，大多数国家需要适度提高现有的 NDC 力度。为了实现 1.5 摄氏度目标，全球需要在 2030 年之前再减少 28～30 吉吨 CO_2 当量的温室气体，每个国家都必须大大加强当前的努力。此外，需要加快技术升级，以立即实现快速减排。日本、美国、俄罗斯、欧盟和其他伞形集团国家或地区必须做出更大的努力以实现 1.5 摄氏度目标。

尽管我们的自我防护策略能够实现温控目标，并且能够保证所有国家和地区在 2100 年之前获得累计净收益，但许多国家仍需要前期投资以实现最终的扭亏为盈。因此，与当前的减排努力相比，由于高额的温室气体减排成本，许多国家和地区在前期的净收益为负。

最重要的是，要实施自我防护策略，就要求各国认识到全球变暖的严重性并在低碳技术上取得突破。发达国家的资金和技术支持对于相对脆弱的国家实施自我防护策略是必要的。为了探讨各国应如何合作，我们采取一种考虑公平性的减排责任分担方法。但是，这导致一些非主要排放国承担了相对多的负担。因此，应对脆弱国家和地区优先给予技术和财政支持。我们的研究可以确定每个国家实施自我保护策略需要的前期投资。拉丁美洲、中东与非洲等相对脆弱的地区需要发达国家的资金支持和技术转让，这与《巴黎协定》第 11 条保持一致。相对脆弱的国家，如阿尔及利亚和哥伦比亚，分别需要 2.48 亿～13.02 亿美元和 104.56 亿～7975.7 亿美元的前期投资才能实现温控目标，并在 2030～2035 年和 2060～2075 年扭亏为盈。自我保护策略为每个国家设定了减排目标参考。但是，在自我防护策略下实现温控目标，要求低碳技术成本的下降速度相对较快，每五年下降率应大于15%。

尽管这项研究量化了温控目标下各国不行动或行动力度不足而造成的经济损失、探究改进NDC后各方可能获得的潜在收益，并为各国在后巴黎时代更新NDC提供参考，但仍然存在一些不足。例如，对适应气候变化策略的模拟不足。未来我们将在C^3IAM中开发适应模块，评估适应措施的发展潜力以及经济成本。此外，除经济利益外，政治态度、外交政策和资源禀赋等因素也是各国开展减缓气候变化行动的重要决定因素。未来的研究将进一步综合考虑多种影响因素，提高模型模拟的可信度以及策略推广的可接受度。

13.5 本章小结

为实现长期温控目标以避免巨额损失，我们采用自主研发的C^3IAM，量化评估了现有国际气候协定（《京都议定书》和《巴黎协定》）的政策效果和现有方案的减排力度，研究发现，整体上看，《京都议定书》对于减缓和控制附件B国家的温室气体排放量而言具有一定的积极作用。附件B中75%的国家的真实排放量小于“反事实”排放量。其中，《京都议定书》对加拿大政策效果最为显著，其次是意大利和日本，但是《京都议定书》所设排放部分约束脱离国家实际，无法激发内在减排意愿。对于《巴黎协定》而言，从全球层面看，根据现有NDC目标，2030年全球温室气体排放总量约为505亿吨CO_2当量。中国、印度、美国、俄罗斯、日本和欧盟的排放总量约占全球总量的70%。部分国家和地区减排诚意不足，如果不做出改进，与温控目标之间的排放差距会进一步拉大。

在综合考虑技术发展和气候变化不确定性的条件下，本章对各国应对气候变化可能带来的经济收益和避免的气候损失进行了评估，提出了在后巴黎时代能够实现各方无悔的最优“自我防护策略”。结果显示，在“自我防护策略”下，全球将于2065～2070年实现扭亏为盈。21世纪末所有国家和区域都有正的累计净收益，有望达到2100年GDP的0.46%～5.24%。各国平均净支出小于年度GDP的0.57%，对经济增长的影响十分有限。为了实现长期温控目标和经济收益，2030年之前，全球需要在现有NDC基础上进一步减排19～29吉吨CO_2当量和28～30吉吨CO_2当量以实现2摄氏度和1.5摄氏度温控目标。所有国家和地区均需在现有NDC基础上进一步提高减排力度。

下　篇

碳捕集、利用与封存工程的管理实践

第 14 章　碳减排路径与 CCUS 工程

碳减排工程是实现碳减排路径的关键支撑。CCUS 是指将二氧化碳从能源利用、工业过程或空气中捕集分离，输送到适宜场地直接加以利用或注入地层封存以实现二氧化碳减排的一系列技术的总和。CCUS 是实现全球气候目标减排技术体系的必要构成，也是实现国家碳中和目标的关键技术。为此，本章采用自主研制的综合评估技术平台 C^3IAM，探索实现全球温控目标，分析不同减排路径对 CCUS 技术的发展需求，旨在回答以下两个问题：

为满足 2 摄氏度和 1.5 摄氏度温控目标要求，全球碳排放路径是什么？

CCUS 工程在不同减排路径中的发展需求如何？

14.1　全球碳减排路径与 CCUS 工程

以气候变暖为主要特征的全球气候变化已成为 21 世纪人类共同面临的最复杂的挑战之一，应对气候变化是当前乃至今后相当长时期内实现全球可持续发展的核心任务。2015 年《联合国气候变化框架公约》第二十一次缔约方大会上通过了《巴黎协定》，《巴黎协定》中提出将全球温升控制在 2 摄氏度以下，并进一步提出了具有雄心的将温升控制在 1.5 摄氏度以内的目标。IPCC 第六次评估报告第三工作组报告《气候变化 2022：减缓气候变化》指出，2010～2019 年全球温室气体年平均排放量处于人类历史上的最高水平，但增长速度已经趋缓。为进一步实现《巴黎协定》提出的 2 摄氏度和 1.5 摄氏度温控目标，各国需要持续实施温室气体深度减排，能源系统需要彻底转型和持续变革，具体减排措施包括大幅减少化石能源的使用、建设以可再生能源为主体的新型电力系统、广泛推行电气化、大规模部署碳移除技术等。其中，CCUS 技术受到越来越多的重视。

14.1.1 CCUS 是全球碳减排技术体系的必要构成

在碳中和背景下，CCUS 在国际上被公认为是化石能源近零排放的唯一技术选择，也是实现全球气候目标减排技术体系的必要构成。

针对全球不同的气候目标，IPCC、IEA 和国际可再生能源署（International Renewable Energy Agency，IRENA）等多家国际著名机构提出了基于多情景的全球减排路径，其中绝大多数减排路径的实现需要部署 CCUS 以实现减排目标。从长期减排效果来看（到 2100 年），CCUS 将和节能与能效、可再生能源、燃料/原料替代等技术一起，在全球碳减排路径中发挥重要作用。表 14-1 总结了 CCUS 在全球不同减排路径中的贡献作用，结果表明，到 2050 年，CCUS 需要为不同减排目标贡献 22 亿～299.58 亿吨的 CO_2 减排量。

表 14-1 全球不同碳减排路径对 CCUS 技术的减排需求（单位：亿吨 CO_2/年）

机构	减排路径	2030 年	2050 年	2070 年	2100 年	用途
IPCC	全球 2 摄氏度情景	0～97.77	24.45～299.58	—	4.57～442.53	封存
	全球 1.5 摄氏度情景	4.47～76.29	37.92～283.22	—	46.03～296.98	
IEA	全球 2070 年净零排放情景	8.4	56.4	104.1	—	封存与利用
	全球 2050 年净零排放情景	16.7	76	—	—	
IRENA	全球 2050～2060 年实现净零排放	—	27.9	—	—	封存与利用
	全球 1.5 摄氏度情景（1.5-S 情景）	—	22	—	—	

资料来源：IPCC（2018）、IEA（2020a，2021）、IRENA（2020，2021）以及作者整理。

14.1.2 CCUS 将为 90%的温控目标实现路径提供减排支撑

CCUS 对于实现全球 2 摄氏度和 1.5 摄氏度温控目标发挥着必不可少的作用。IPCC 第五次评估报告指出，如果没有 CCUS 技术，实现 2 摄氏度温控目标的成本将平均增加 138%（29%～297%），特别地，在全球减排路径中排除 CCUS 技术所带来的潜在成本影响要比排除其他任何技术都大得多（IPCC，2014）。

IPCC 在 2018 年发布的《全球升温 1.5℃特别报告》中，模拟得到了全球 2 摄氏度温控目标和 1.5 摄氏度温控目标所对应的累积二氧化碳排放（碳预算）上限，分别为 800～1400 吉吨 CO_2 和 200～800 吉吨 CO_2（IPCC，2018）。在此基础上，提出了不同温控目标约束下全球 222 条可行的碳排放路径。结果表明，为实现全球 2 摄氏度及 1.5 摄氏度温控目标，有近 90%的可行路径（199 条路径）需要依赖 CCUS 提供关键减排支撑［包括 CCUS、BECCS、直接空气碳捕集与封存（direct air carbon capture and storage，DACCS）］，CCUS 贡献力度在 2100 年将最高分别达到 443 亿吨 CO_2（2 摄氏度目标）和 297 亿吨 CO_2（1.5 摄氏度目标）。具体而言，表 14-2 总结了不同减排路径在 2100 年对 CCUS 的减排需求。结果显示，实现全球 2 摄氏度温控目标所需的 CCUS 技术减排量在 2030 年、2050 年和 2100 年将分别达到 0～97.77 亿吨 CO_2/年、24.45 亿～299.58 亿吨 CO_2/年和 4.57 亿～442.53 亿吨 CO_2/年；而实现 1.5 摄氏度目标所需的 CCUS 技术减排量在 2030 年、2050 年和 2100 年将分别达到 0.70 亿～76.29 亿吨 CO_2/年、37.92 亿～283.22 亿吨 CO_2/年和 46.03 亿～296.98 亿吨 CO_2/年。

表 14-2　IPCC《全球升温 1.5°C特别报告》中不同减排路径对 CCUS 的发展需求（单位：亿吨 CO_2/年）

温控目标	模型	2030 年	2050 年	2100 年
2 摄氏度	AIM/CGE	0～16.49	45.54～178.86	92.19～413.49
	GCAM	33.68～97.77	51.19～299.58	162.17～332.97
	IMAGE	3.55～17.39	50.50～114.01	102.78～234.90
	MESSAGE	6.08～45.62	68.73～246.27	27.86～442.53
	REMIND	0.61～16.01	24.45～119.90	4.57～169.73
	WITCH	13.28～42.33	64.64～101.35	129.75～249.16
1.5 摄氏度	AIM/CGE	4.47～19.99	63.16～159.58	52.54～244.94
	GCAM	13.46～76.29	50.25～283.22	142.55～296.98
	IMAGE	13.97～39.32	37.92～186.09	64.42～286.56
	MESSAGE	15.37～53.23	86.02～180.96	71.45～261.32
	REMIND	0.70～38.21	53.73～168.00	46.03～225.00
	WITCH	22.70～25.70	68.57～79.85	160.80～236.17

注：表格中数据来自 121 条 2 摄氏度目标路径和 78 条 1.5 摄氏度目标路径。区域投资与发展模型（regional model of investment and development，REMIND）；世界诱导技术变更混合（world induced technical change hybrid，WITCH）模型。

14.1.3　CCUS 减排贡献将逐渐凸显并成为第四大减排技术

IEA 在 2020 年发布的“Energy Technology Perspectives 2020”（《能源技术展望 2020》）和“CCUS in Clean Energy Transition”（《清洁能源转型中的碳捕集、

利用与封存》)报告中提出了 IEA 可持续发展情景(sustainable development scenario，SDS）（IEA，2020a，2020b），其目标是在 2070 年实现全球二氧化碳净零排放。在该情景下，CCUS 将成为第四大减排技术，到 2070 年，需要贡献约 104 亿吨/年的 CO_2 减排量，其贡献力度预计将占累计减排量的 15%。表 14-3 显示 CCUS 的重要性将随时间不断增加，大致可分为三个阶段：第一阶段是 2030 年之前，重点将放在已有发电厂和工业过程的碳捕集，如煤电、化学制品、肥料、水泥以及炼钢冶金；第二阶段为 2030～2050 年，CCUS 部署将快速增加，尤其是在水泥、钢铁和化工产业中，它们将占据该阶段中碳捕集增量的近三分之一，BECCS 的部署也将快速增加，占比将达 15%，尤其是在发电和低碳生物燃料方面；第三阶段为 2050～2070 年，捕集比前一阶段增长 85%，其中 45%来自 BECCS，15%来自 DACCS。天然气相关的 CO_2 捕集主要来自蓝氢（化石能源制氢+CCUS）生产及天然气发电。

表 14-3　IEA 可持续发展路径中碳捕集技术减排量

类型	2030 年	2050 年	2070 年	累计
碳捕集总量/百万吨	840	5 635	10 409	240 255
煤炭	320	1 709	2 145	64 399
燃油	21	141	230	5 301
天然气	96	1 733	3 209	72 948
生物质	81	955	3 010	52 257
工业过程	312	979	1 073	36 562
大气	11	118	742	8 788
捕集后封存	651	5 266	9 532	220 846
捕集后利用	189	369	877	19 409
分部门捕集量/百万吨				
工业部门	452	2 037	2 723	77 092
钢铁	16	394	723	15 772
化工	178	461	571	18 363
水泥	258	1 174	1 411	42 614
造纸	0	8	18	343
电力部门	222	1 877	4 050	87 529
煤	201	895	1 031	34 378
天然气	21	605	1 175	26 942
生物质	0	377	1 844	26 209
其他燃料转化部门	153	1 603	2 895	66 846

续表

类型	2030 年	2050 年	2070 年	累计
分部门捕集量/百万吨				
其他部门	13	118	741	8 788
碳移除技术/百万吨	76	821	2 920	47 739
BECCS	75	802	2 649	45 000
DACCS	1	19	271	2 739
CCUS 在不同行业的减排贡献/%				
钢铁	4	25	31	25
水泥	47	63	61	61
化工	10	31	33	28
燃料转化	86	86	92	90
电力部门	3	13	25	15

注：表中累计值为 2019～2070 年的累计值。

IEA 在 2021 年发布的“Net Zero by 2050—A Road Map for the Global Energy Sector”（《2050 年净零排放——全球能源部门转型路径》）中提出了 2050 净零排放（net zero emissions by 2050，NZE2050）情景，该情景在 SDS 情景的基础上补充纳入了多个发达经济体提出的 2050 年实现净零排放的承诺，为全球实现 2070 年净零排放目标提供了最新见解（IEA，2021）。NZE2050 情景讨论了一系列 CCUS 政策支持措施，包括为 CCUS 投资建立市场、鼓励参与氢和生物燃料生产的企业使用共享的二氧化碳运输和存储基础设施及运营工业集群中心，以及改造现有的燃煤电厂。在 NZE2050 情景中，2020～2025 年的碳捕集量将在当前水平（约为 4000 万吨 CO_2/年）的基础上略有增加，并随着政策行动的成果，在 2025～2050 年迅速扩大（表 14-4）。到 2030 年，全球每年需捕获 16.7 亿吨 CO_2，到 2050 年将上升到 76.1 亿吨 CO_2。2050 年捕获的 CO_2 总量中约 95%被永久地储存在地质中，5%用于提供合成燃料。2050 年，通过生物能源吸收 CO_2 后再利用燃烧捕获和直接空气捕获的方式将从大气中移除 2.4 吉吨 CO_2，其中 1.9 吉吨 CO_2 被永久储存，0.5 吉吨 CO_2 被用于提供合成燃料，特别是用于航空。在 2050 年捕获的二氧化碳中，工业部门与能源相关的二氧化碳排放和过程碳排放占了总捕集量的近 40%。其中，CCUS 对水泥生产尤为重要。尽管情景设置上努力提高了水泥生产效率，但 CCUS 仍然将是降低水泥生产过程中排放的核心技术。2050 年电力行业碳排放中近 20%的二氧化碳需要被捕获（其中约 45%来自燃煤电厂，40%来自生物质电厂，15%来自燃气发电厂），加装

CCUS 的发电厂将贡献 2050 年发电总量的 3%。2030 年，约 5000 万千瓦的燃煤电厂（占当时总量的 4%）和 3000 万千瓦的天然气发电厂（占当时总量的 1%）将配备 CCUS 设施，并将在 2050 年增加到 220 吉瓦的煤电 CCUS 装机（几乎占总量的一半）和 170 万千瓦的天然气发电 CCUS 装机（占当时总量的 7%）。此外，2050 年，约 30%的二氧化碳捕集量来自燃料转换，包括氢以及生物燃料生产和炼油，剩下 10%的捕获量来自 DAC。而 DAC 技术也将从现在仅有几个试点项目的规模，迅速扩大到 2030 年的 9000 万吨/年的二氧化碳移除量，并在 2050 年增至近 10 亿吨/年的二氧化碳移除量。

表 14-4 IEA NZE2050 情景中碳捕集技术减排量（单位：百万吨）

类型	2020 年	2030 年	2050 年
碳捕集总量	40	1670	7610
来自化石燃料和过程排放	39	1325	5245
电力	3	340	860
工业	3	360	2620
商业制氢	3	455	1355
非生物燃料生产	30	170	410
生物质能源碳捕集	1	255	1380
发电	0	90	570
工业	0	15	180
生物质燃料生产	1	150	625
其他	0	0	5
直接空气碳捕集	0	90	985
封存	0	70	630
其他	0	20	355

14.2 中国 CCUS 发展需求

CCUS 技术是目前唯一能够实现化石能源大规模低碳化利用的减排技术，将成为中国在以煤为主的能源格局中实现大量 CO_2 减排的主要措施之一，其与生物质能或 DAC 耦合形成的负排放技术也将成为未来实现碳中和目标的托底保障。面对同步协调能源安全、经济安全和气候安全等发展目标，CCUS 是我国守牢能源安全底线，坚持稳中求进实现碳中和的必要技术。

据 C^3IAM/NET 测算得到的碳中和路径，在我国碳中和目标约束下，即使大力发展以风能、光伏为代表的先进低碳技术，结合能效提高等其他减排努力，2030～2060 年仍将有累计 190 亿～250 亿吨的二氧化碳排放需要通过 CCUS 实现减排。进一步结合不同研究机构的多条碳中和路径进行研判，结果表明 CCUS 将是我国实现碳中和目标不可或缺的技术保障（表 14-5）。在不同发展情景下，其减排贡献预计在 2030 年达 0.2 亿～4.08 亿吨/年，2050 年达 6 亿～15 亿吨/年，2060 年达 9 亿～20 亿吨/年。

表 14-5　2030～2060 年我国各行业 CCUS 技术减排需求潜力（单位：亿吨/年）

机构	2030 年	2050 年	2060 年
清华大学（项目综合报告编写组，2020）	0.3	8.8	—
世界资源研究所（世界资源研究所，2021）	—	14	—
全球能源互联网发展合作组织（中国电力网，2021）	—	8.7	9.4
高盛集团（Goldman Sachs Research，2021）	3	15	20
中国 21 世纪议程管理中心	0.2～4.08	6～14.5	10～18.2
北京理工大学能源与环境政策研究中心	0.6～0.9	8.4～10.9	9～11.1

从行业来看，电力、钢铁、水泥和化工四大碳排放行业均需要依赖 CCUS 实现减排目标，其中，电力部门的碳捕集量最大，中碳情景下超过 CCUS 总捕集量的 70%，其次是钢铁部门、化工部门，最后是水泥部门（图 14-1）。

立足我国中远期气候治理目标，结合 CCUS 成熟度和我国碳中和目标需求，参考国内外权威机构/报告研究结果，针对 2021～2030 年、2030～2050 年和 2050～2060 年三个时间段，本节提出了我国关键时间阶段的 CCUS 减排需求。

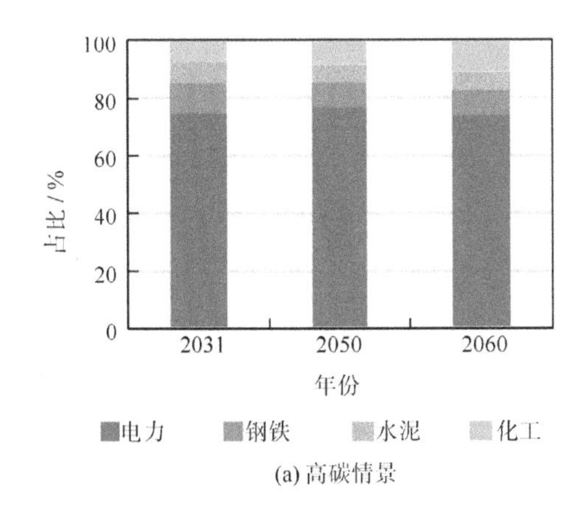

(a) 高碳情景

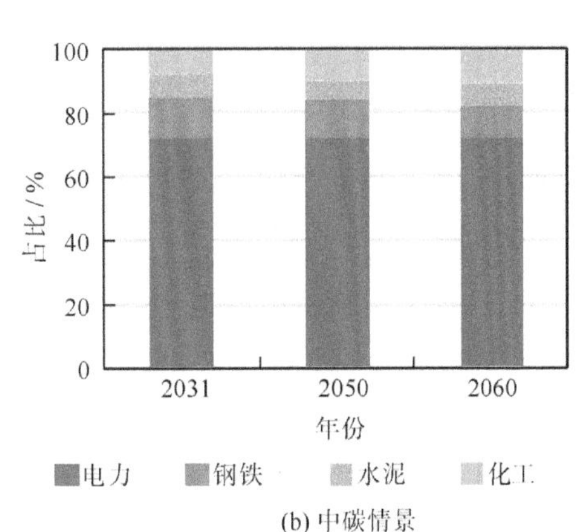

(b) 中碳情景

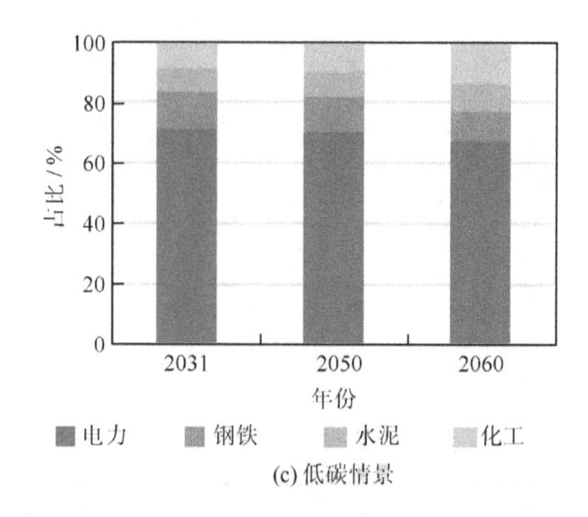

图 14-1 碳中和目标下不同部门的碳捕集量占比

2021～2030 年：CCUS 以技术推广为主，即通过试点示范项目形式推动 CCUS 进入商业化阶段，在技术取得全面突破、政策给予大力支持等情况下二氧化碳减排规模可达 4 亿吨左右。

2030～2050 年：2030 年以后，CCUS 在前期推广的基础上逐步提高推广应用规模，至 2050 年，二氧化碳减排规模可达到近 10 亿吨，有效支撑各行业领域深度减排。

2050～2060 年：2050 年之后，进一步深化技术应用潜力，2060 年二氧化碳减排规模提升至 9.4 亿～20 亿吨。

14.3 CCUS 工程实践挑战与需求

CCUS 领域是多学科交叉领域，具有典型跨学科、跨专业、跨行业等多跨度交叉融合特性，涉及理学、工学和管理学等多个学科，覆盖环境、工程、材料、化工、生物、气象等多类专业。CCUS 工程项目涉及二氧化碳捕集、运输、利用或封存等多种技术流程及其对应的众多产业部门，其规划、建设、实施需要运用复杂的系统性工程思维。

当前，整个 CCUS 工程大规模实施仍存在诸多挑战，包括较高的捕集成本、运行的高能耗，以及运输和封存的高风险，特别是捕集技术的高成本和加装捕集设备后对原有系统运行效率产生影响而导致的较高能耗损失，对发达国家和发展中国家都影响显著，这也在一定程度上限制了 CCUS 发展与工程实践。

截至 2021 年 9 月 5 日，全球 CCUS 项目已有 170 个，其中，121 个项目正在开发、建设或者运营中。目前 CCUS 发展整体上仍保持增长势头，2010～2020 年全球有 60 个 CCUS 项目投入运营，是 1990～2000 年的 1.71 倍；就目前已公布的项目来看，2020～2030 年至少会有 61 个项目投入运营。CCUS 目前在全球 25 个国家均有部署，美国和欧盟在 CCUS 的部署上处于领先地位（Global CCS Institute，2021）。2021 年美国和欧盟新增 CCUS 项目约占全球 2021 年新增项目数量的四分之三，累计项目约占全球累计项目数量的 63%，主要原因在于美国、欧盟对于 CCUS 技术的政策支持力度较强。CCUS 目前在我国应用程度尚浅且项目规模较小，我国已投运或建设中的 CCUS 示范项目约 40 个，捕集能力为 300 万吨/年，多以电力、石油、煤化工行业小规模的捕集驱油示范为主。

此外，CCUS 工程的项目实施面临较大的不确定性，主要包括政策、成本、技术、市场以及社会等方面的不确定性。

（1）政策不确定性主要来源于有关 CCUS 政策法规的缺失或不完善。现阶段，国际上关于 CCUS 项目的政策法规还处于研究制定阶段，一些发达组织和国家（如欧盟、美国、英国、澳大利亚等）一直积极倡导 CCUS 相关立法及项目实施的制度化和规范化，而发展中国家（除我国外）至今尚未将 CCUS 的立法提上日程。

（2）成本不确定性主要来源于 CCUS 项目本身的高成本、高投资、缺乏相关投融资渠道，以及 CCUS 之外其他减排技术的成本下降速度。一方面，CCUS 项目目前处于高投入、低收益造成的入不敷出的局面，严重阻碍了投资人的投资意愿；另一方面，风光发电成本或氢能生产成本的快速下降预期也将使得 CCUS 逐渐失去成本竞争优势。

（3）技术不确定性主要来源于 CCUS 不成熟或技术效率低等原因，具体可细分为五类：①核心设备制造能力薄弱或缺失；②CCUS 的工艺流程落后或不完善；③对高效先进材料研发能力不足；④技术操作人员缺乏经验及专业技能；⑤封存阶段的探测、观测、监测以及泄漏事故处理等技术能力不足。

（4）市场不确定性主要来源于当前全球碳排放交易市场不成熟及与其他减排技术的市场竞争。从目前较低的碳价和相对不成熟的碳市场来看，将 CCUS 减排量纳入全球碳排放交易市场的条件尚不成熟，因此 CCUS 项目很难在市场机制下自由运营。另外，由于 CCUS 在国家政策法规中的地位尚不明确，大部分投资倾向于其他减排技术，进一步加剧了 CCUS 项目的市场风险。

（5）社会不确定性主要来源于公众或环境非政府组织（non-governmental

organization，NGO）对 CCUS 项目的接受程度无法保证。例如，荷兰 Barendrecht CCS 项目就因当地居民对该项目安全问题的担忧而遭到强烈反对。随着 CCUS 项目的逐渐部署及公民环境意识的增强，CCUS 项目的社会不确定性将会越来越高。

总体而言，目前全球 CCUS 工程减排能力与实现全球温控目标的减排需求间还具有较大差距。特别是我国 CCUS 技术发展尚不成熟，整体处于示范阶段；行业发展不均衡，水泥、钢铁等行业刚刚起步；示范项目规模普遍偏小，目前 CCUS 示范项目仅具备百万吨级减排能力，距离实现碳中和目标所需减排量尚有较大差距，亟须科学有效的系统工程理论与技术来支撑大规模工程布局规划与实践。

14.4 本章小结

本章从全球温控目标下的减排路径入手，归纳整理了全球不同碳减排路径对 CCUS 技术的减排需求，指出 CCUS 是全球碳减排技术体系的必要构成，到 2050 年，CCUS 技术需要为不同减排目标贡献 22 亿～299.58 亿吨的 CO_2 减排量。并且为实现全球 2 摄氏度及 1.5 摄氏度温控目标，有近 90%的可行路径（199 条路径）需要依赖 CCUS 技术提供关键减排支撑。因此，CCUS 对于实现全球 2 摄氏度和 1.5 摄氏度温控目标发挥着必不可少的作用，并将成为全球第四大减排技术。对于我国，即使大力发展可再生能源及能效技术，2030～2060 年仍将有累计 190 亿～250 亿吨的二氧化碳排放需要通过 CCUS 技术实现减排，然而，当前整个 CCUS 工程大规模实施仍存在包括较高的捕集成本、运行的高能耗，以及运输和封存的高风险等挑战，在一定程度上限制了 CCUS 技术发展与工程实践，从而对相关碳减排系统工程理论和技术提出了迫切需求。

第 15 章　CCUS 项目部署与可行性论证

CCUS 对于实现全球温控目标和我国碳中和目标必不可少。我国有数千个不同类型的排放源、上百个不同类型的备选封存盆地。所有排放源和备选封存盆地可随机组合成无数个成本和安全性各异的可能的 CCUS 项目。如何全局经济最优和安全可行地有序部署我国 CCUS 项目，是 CCUS 项目部署决策中需要回答的重要问题。此外，CCUS 项目的实施属于一种企业投资行为。CCUS 项目的实施必然会影响整个企业的运营经济性。CCUS 项目能否顺利实施，取决于应用科学的投资决策方法判断的项目经济可行性。然而，CCUS 项目投资面临着成本、收益、政策等多重不确定性。

为此，本章面向国家和企业 CCUS 项目部署与投资决策需求，提出了基于全局经济最优和安全可行要求的 CCUS 项目部署优先级评估方法体系，并对我国 101 个潜在地质储层和 1229 个排放源形成的潜在 CCUS 项目进行了优化和优先级评估；建立了 CCUS 项目的投资决策模型，评估了基于我国现有排放源的碳捕集与封存–强化石油开采（CCS-EOR）项目和碳捕集与封存–深部咸水开采（CCS-EWR）项目的投资可行性。本章主要回答了以下两个问题：

满足全局经济最优和安全可行要求的我国 CCUS 项目部署优先级如何?

我国现有排放源的 CCS-EOR 和 CCS-EWR 项目投资可行性如何?

15.1　CCUS 项目优先级评价

15.1.1　CCUS 项目部署优先级评价方法体系

本章提出的 CCUS 项目部署优先级评价方法体系，遵循以下五个原则和四点假设。

（1）构建原则。本方法体系构建遵循安全性、地下资源不占用、经济最优项目优先部署、一对一和全面性五个原则。①安全性原则。高密度人口聚集地不得封存CO_2，低密度人口聚集地进行搬迁，以免CO_2可能的泄漏危及人类生命安全。②地下资源不占用原则。目前暂不可开采煤炭资源有未来开采可能，不做CO_2储层考虑。③经济最优项目优先部署原则。国家和企业优先进行经济最优项目部署，以低成本满足早期CCUS减排需求。④一对一原则。自一个排放源捕集的CO_2仅封存在一个封存盆地，并使用独立的管道运输CO_2。⑤全面性原则。本体系不仅包括成本，还考虑了EOR项目的收益。

（2）构建假设。本方法体系构建遵循单排放源CO_2捕集20年、天然气田无收益、深部咸水层设采水井、仅进行陆上封存四点假设。①单排放源CO_2捕集20年。本方法体系中所有排放源一旦开始CO_2捕集，即持续捕集20年。②天然气田无收益。本方法体系假设天然气田仅用于CO_2封存。③深部咸水层设采水井。咸水层本身封存CO_2的物理空间较小，CO_2的大规模地质封存可能导致压力变化和原生咸水的迁移，需要设置采水井来控制储层压力。④仅进行陆上封存。本章假设仅在陆上盆地进行CO_2封存。

（3）整体构建框架。基于上述原则和假设，本方法体系的构建框架如下：首先，基于排放源类型、服务年限与捕集规模，采用捕集成本核算方法核算捕集成本。基于捕集规模和封存盆地类型与封存条件，采用利用与封存成本核算方法，构建利用与封存成本矩阵。基于排放源位置、封存盆地位置与捕集规模，采用运输成本核算方法，构建源–汇运输成本矩阵。然后，捕集成本、运输成本和利用与封存成本相加，构建一个包含所有可能的CCUS项目的成本矩阵。最后，基于排放源所确定的封存盆地的封存能力不低于该排放源20年的总捕集量，成本最低CCUS项目优先占据封存盆地的约束，在CCUS项目成本矩阵的基础上，进行中国全局CCUS项目经济最优路径优化，评估中国潜在CCUS项目。CCUS项目部署优先级评估方法体系框架见图15-1。

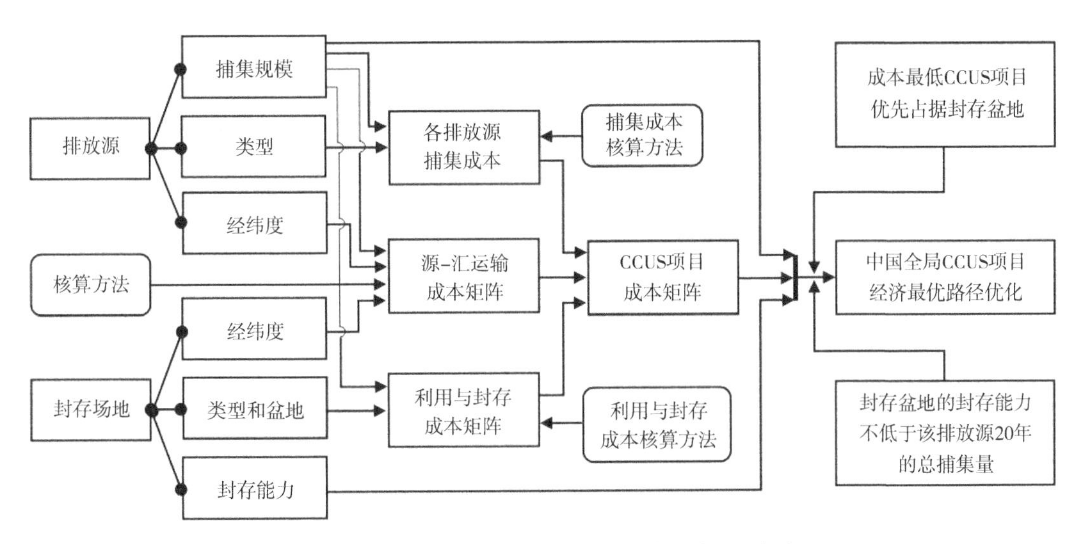

图 15-1　CCUS 项目部署优先级评估方法体系框架

15.1.2　封存盆地和排放源基本情况

（1）封存盆地。本章原始数据来自 Dahowski 等（2009）。根据本章方法体系构建原则和假设，确定中国备选咸水层盆地 9 个，封存能力为 13 834 亿吨；油田 8 个，封存能力为 14.59 亿吨；天然气田 8 个，封存能力为 19.20 亿吨，分别如表 15-1、表 15-2 和表 15-3 所示。

表 15-1　咸水层盆地封存能力

咸水层盆地	面积/万千米 ^{2}	封存能力/亿吨
塔里木盆地	53.74	6 995
准噶尔盆地	15.17	1 805
鄂尔多斯盆地	14.16	1 735
松辽盆地	13.73	1 243
二连盆地	12.24	842
吐鲁番-哈密盆地	4.44	519
三江盆地	2.55	339
柴达木盆地	12.27	214
海拉尔盆地	3.78	142
总计	—	13 834

表 15-2　油田封存能力

油田	面积/万千米^2	封存能力/亿吨
松辽油田	1.36	7.30
鄂尔多斯油田	4.25	2.51
准噶尔油田	1.81	1.78
吐鲁番–哈密油田	0.87	1.12
柴达木油田	2.89	0.81
塔里木油田	5.88	0.63
二连油田	12.58	0.30
酒西–酒东–花海油田	0.82	0.14
总计	—	14.59

表 15-3　天然气田封存能力

天然气田	面积/万千米^2	封存能力/亿吨
鄂尔多斯天然气田	0.55	5.50
塔里木天然气田	3.68	5.40
柴达木天然气田	1.99	3.50
松辽天然气田	1.35	2.46
酒西–酒东–花海天然气田	3.22	0.98
准噶尔天然气田	0.99	0.90
吐鲁番–哈密天然气田	0.72	0.33
焉耆天然气田	0.95	0.13
总计	—	19.20

（2）排放源。排放源包括我国在运营的 9 类 1229 个大型排放源（排放规模大于 10 万吨/年）。1229 个大型排放源 CO_2 排放总规模为 34.45 亿吨/年，其中燃煤电厂 513 座，CO_2 排放规模 19.32 亿吨/年；水泥厂 396 座，CO_2 排放规模 6.78 亿吨/年；钢铁厂 46 座，CO_2 排放规模 4.60 亿吨/年；合成氨厂 142 座，CO_2 排放规模 1.37 亿吨/年；石油精炼厂 81 座，CO_2 排放规模 1.06 亿吨/年；煤制烯烃厂 21 座，CO_2 排放规模 0.84 亿吨/年；煤制油厂 12 座，CO_2 排放规模 0.33 亿吨/年；煤制气厂 4 座，CO_2 排放规模 0.10 亿吨/年；煤制乙二醇厂 14 座，CO_2 排放规模 0.05 亿吨/年。

15.1.3　CCUS 项目部署

（1）CCUS 项目成本曲线及其累计捕集与封存规模。优化所得经济最优到最差的 1229 个 CCUS 项目形成的成本曲线及其累计捕集与封存规模如图 15-2 所示。1229 个 CCUS 项目形成的成本曲线具有显著的“陡增–平缓–再陡增”的变化趋势。中国有 22 个 CCUS 项目可实现盈利，累计捕集与封存规模为 2607 万吨/年，最大盈利项目的盈利水平为 352.25 元/吨，平均盈利水平 224.83 元/吨。毫无疑问，盈利是因为这些项目皆为油田封存项目。56 个 CCUS 项目可低成本（0～300 元/吨）实施，平均成本 146.77 元/吨，累计捕集与封存规模 1.18 亿吨/年。中等水平成本（300～600 元/吨）的 CCUS 项目 340 个，平均成本 486.40 元/吨，累计捕集与封存规模 12.33 亿吨/年。较高水平成本（600～900 元/吨）CCUS 项目 400 个，平均成本 725.83 元/吨，累计捕集与封存规模 10.53 亿吨/年。高成本（900～1200 元/吨）CCUS 项目 181 个，平均成本 1024.09 元/吨，累计捕集与封存规模 2.97 亿吨/年。极高成本（高于 1200 元/吨）CCUS 项目 230 个，平均成本 1476.80 元/吨，累计捕集与封存规模 2.31 亿吨/年。总体来说，中国 1229 个大型排放源，每年可通过 CCUS 技术封存 29.58 亿吨 CO_2，平均成本 683.15 元/吨。

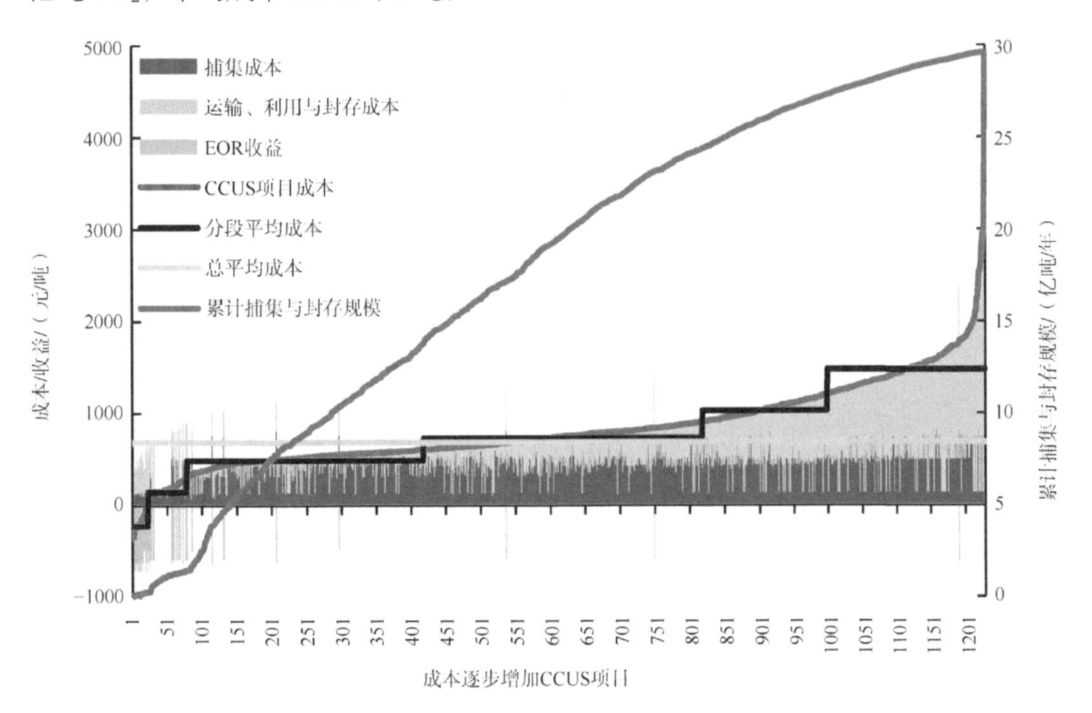

图 15-2　CCUS 项目成本曲线及其累计捕集与封存规模

从成本构成来看，除油田封存 CO_2 项目以外的其他项目明显表现出运输、利用与封存成本占比增加的现象。300～600 元/吨成本区间的 CCUS 项目集合的运输、利用与封存成本占比仅为 24.75%；900～1200 元/吨成本区间的 CCUS 项目集合的运输、利用与封存成本开始占据主导地位，占比高达 60.24%。总体来讲，中国实施所有 CCUS 项目，运输、利用与封存付出的成本要低于捕集成本，其占比分别为 42.23%和 57.77%。

（2）各类排放源累计企业数及捕集规模。CCUS 项目成本对应的各类排放源累计企业数及累计捕集规模如图 15-3 和图 15-4 所示。可实现盈利的 CCUS 项目皆为高浓度排放源，且减排量主要由煤制烯烃厂和合成氨厂贡献。具体来说，分别有煤制烯烃厂 3 座、合成氨厂 16 座、煤制气厂 1 座、煤制乙二醇厂 2 座，其累计捕集规模分别为 1325 万吨/年、985 万吨/年、234 万吨/年、63 万吨/年。

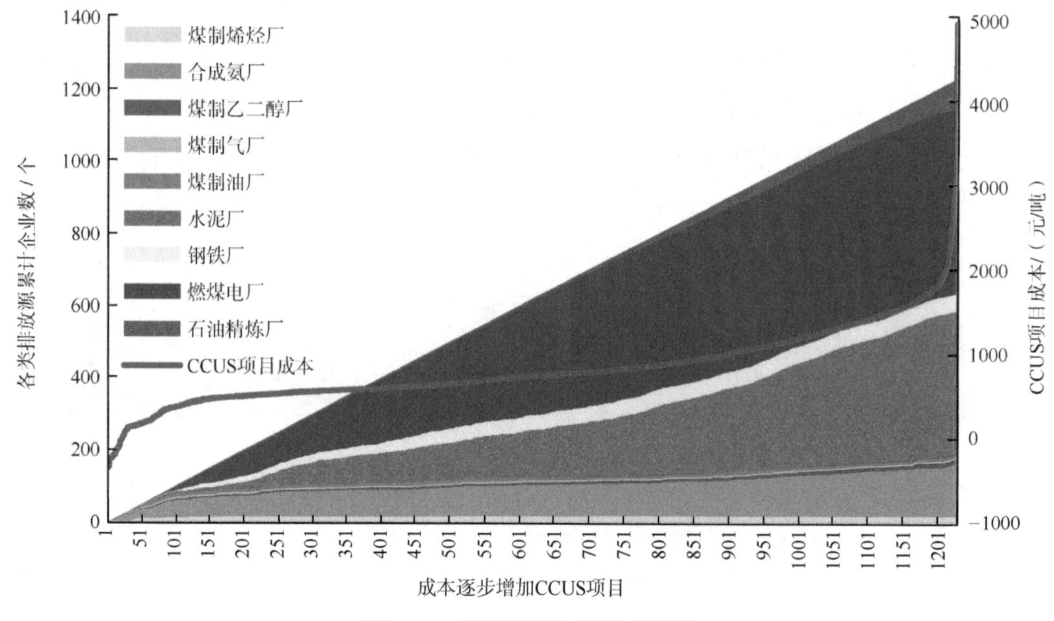

图 15-3　各类排放源累计企业数

可实现低成本（0～300 元/吨）减排企业有燃煤电厂 3 座、水泥厂 6 座、钢铁厂 1 座、合成氨厂 20 座、煤制烯烃厂 11 座、煤制油厂 10 座、煤制气厂 3 座、煤制乙二醇厂 2 座，累计捕集规模分别为 535 万吨/年、979 万吨/年、1605 万吨/年、1419 万吨/年、3663 万吨/年、2883 万吨/年、635 万吨/年、56 万吨/年。燃煤电厂、水泥厂、钢铁厂和煤制油厂开始贡献减排，其中煤制烯烃厂和煤制油厂仍为最主要的减排贡献者。

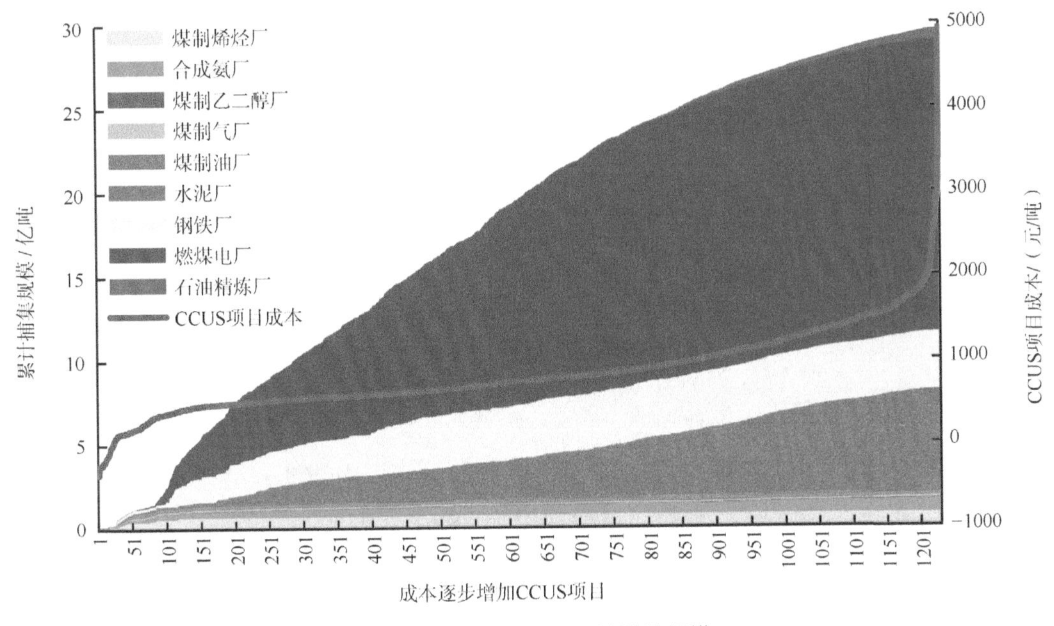

图 15-4　各类排放源累计捕集规模

可实现中等成本（300～600 元/吨）减排企业有燃煤电厂 184 座、水泥厂 79 座、钢铁厂 29 座、合成氨厂 36 座、石油精炼厂 4 座、煤制烯烃厂 4 座、煤制油厂 1 座、煤制乙二醇厂 3 座，累计捕集规模分别为 7.76 亿吨/年、1.58 亿吨/年、2.52 亿吨/年、2471 万吨/年、160 万吨/年、1967 万吨/年、43 万吨/年、126 万吨/年。大量燃煤电厂、水泥厂和钢铁厂可实现中等成本 CCUS 减排，并成为该成本水平下实现 CCUS 技术减排的主体，石油精炼厂开始贡献减排，其他行业减排贡献开始出现明显下滑。

需要较高成本（600～900 元/吨）减排企业有燃煤电厂 236 座、水泥厂 113 座、钢铁厂 14 座、合成氨厂 20 座、石油精炼厂 13 座、煤制烯烃厂 3 座、煤制乙二醇厂 1 座，累计捕集规模分别为 7.64 亿吨/年、1.92 亿吨/年、6850 万吨/年、1265 万吨/年、963 万吨/年、616 万吨/年、25 万吨/年。石油精炼厂减排贡献大幅增加，燃煤电厂和水泥厂仍是减排贡献主体，其他行业，特别是钢铁企业减排贡献进一步下降。

高成本（900～1200 元/吨）减排企业有燃煤电厂 54 座、水泥厂 89 座、钢铁厂 2 座、合成氨厂 17 座、石油精炼厂 16 座、煤制乙二醇厂 3 座，累计捕集规模分别为 1.35 亿吨/年、1.32 亿吨/年、580 万吨/年、937 万吨/年、1482 万吨/年、78 万吨/年。

极高成本（高于 1200 元/吨）减排企业有燃煤电厂 36 座、水泥厂 109 座、合成氨厂 33 座、石油精炼厂 48 座、煤制油厂 1 座、煤制乙二醇厂 3 座，累计捕集规模分别为 5936 万吨/年、1.18 亿吨/年、1169 万吨/年、3987 万吨/年、54 万吨/年、88

万吨/年。水泥厂减排贡献超过燃煤电厂居第一位。

总体来说，中国早期应考虑油田附近的高浓度排放源，特别是煤制烯烃厂和合成氨厂优先进行油田封存的 CCUS 项目改造。可盈利 CCUS 项目的部署对中国推动 CCUS 发展、积累技术与管理经验起到至关重要的作用。

（3）封存盆地及累计封存规模。各类封存盆地的累计封存规模如图 15-5 所示。经济最优 CO_2 封存项目为油田封存项目，成本由低至高的第 28 个项目为经济最优咸水层盆地封存项目，第 29 个项目为经济最优天然气田封存项目。虽然天然气田的封存成本略低，但多数排放源距离咸水层盆地更近，因而选择咸水层盆地封存，天然气田封存规模较小。天然气田累计封存规模为 2782 万吨/年，油田累计封存规模为 6912 万吨/年，咸水层盆地累计封存规模为 28.61 亿吨/年。

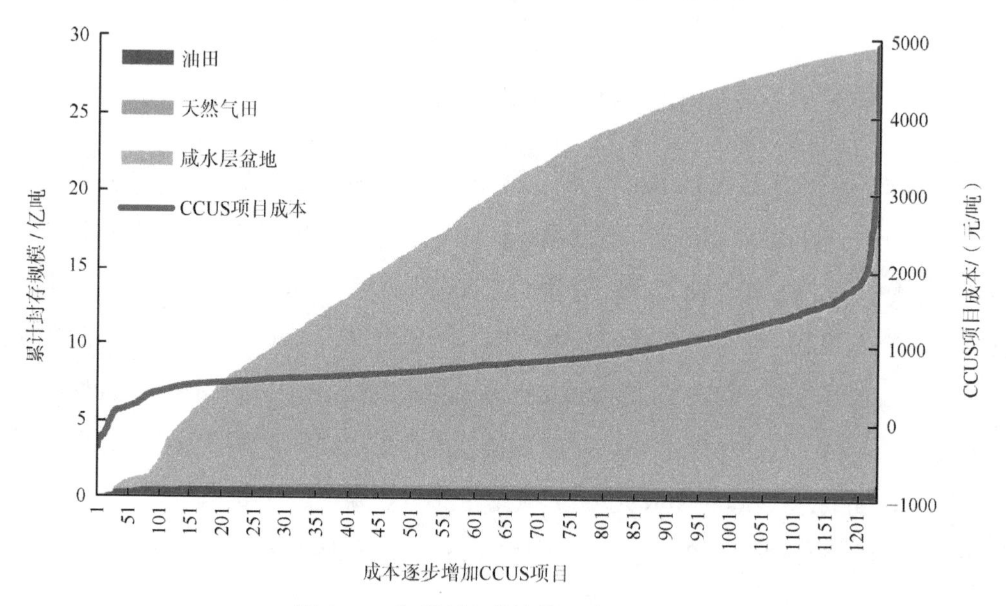

图 15-5　各类封存盆地的累计封存规模

具体来看，1229 个 CCUS 项目中有 49 个为油田封存项目，如图 15-6 所示。另外，所有备选油田都有 CO_2 封存实施，但由于各油田封存能力的差异，CO_2 集中封存在松辽油田、鄂尔多斯油田和准噶尔油田，最早实施 CO_2 封存的为鄂尔多斯油田。

进行天然气田封存的项目最少，为 16 个，如图 15-7 所示。封存 CO_2 的天然气田主要为松辽天然气田、酒西–酒东–花海天然气田、准噶尔天然气田和塔里木天然气田。另外，吐鲁番–哈密天然气田和焉耆天然气田并未有 CCUS 项目进行 CO_2 封存。

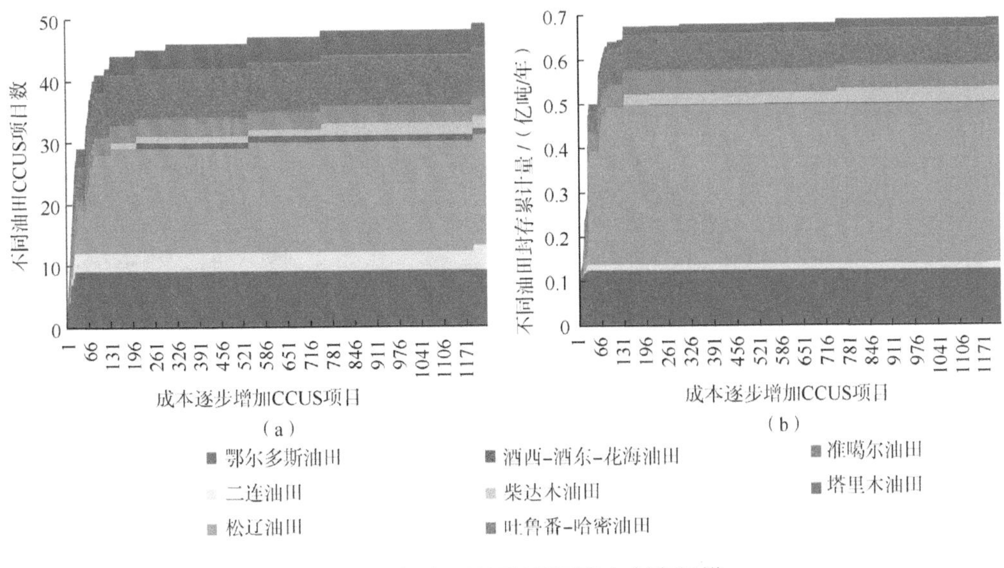

图 15-6　各油田的累计项目数与封存规模

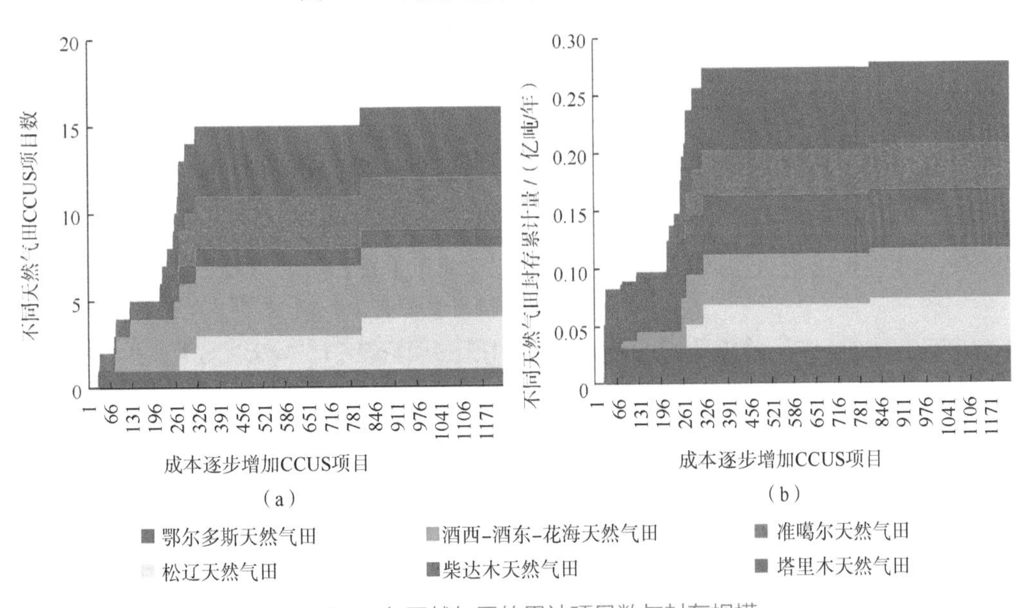

图 15-7　各天然气田的累计项目数与封存规模

得益于巨大的封存潜力，中国有 1164 个 CCUS 项目为咸水层盆地封存项目。由于中国排放源主要集中在华中、华东、华北、华南地区，鄂尔多斯盆地是备选咸水层盆地中距离上述地区最近的盆地，因而其封存规模最大，累计封存规模达到咸水层盆地总封存规模的 80.79%，其次是松辽盆地，其封存了来自东北地区绝大部分 CCUS 项目的 CO_2（图 15-8）。

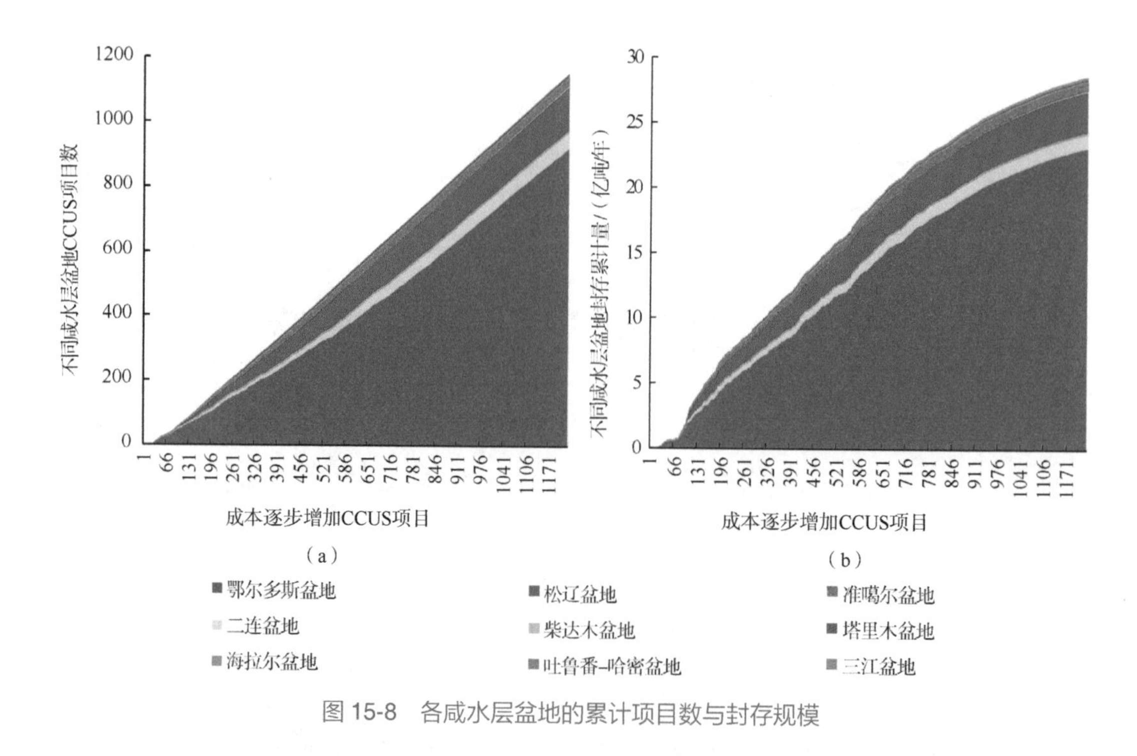

图 15-8 各咸水层盆地的累计项目数与封存规模

总体来说，随着 CCUS 项目的规模化发展，油田封存能力会快速耗尽，中国需要快速进行咸水层盆地封存项目的实施。因此，在进行油田封存的 CCUS 项目实施的同时，应尽快进行大型 CO_2 咸水层盆地封存项目的示范。

15.2 中国 CCUS 典型项目投资可行性论证

15.2.1 CCUS 项目投资可行性评估方法选择

CCUS 项目投资具有以下特点：

（1）前期投资高昂且不可逆。CO_2 捕集工艺复杂、流程多，包括吸收塔、压缩机、脱硫塔、脱硝塔、再生塔、冷却器、冷凝器等设备。运输方式主要有管道、轮船、铁路罐车和公路罐车四种，CO_2 运输前期需要进行管道铺设，轮船、铁路罐车和公路罐车的购买或者租赁，且所有设备必须进行防腐蚀设计或改造。地质利用及封存是实现 CO_2 长期封存的关键一步。实现地质利用及封存，首先要进行地质勘探与选址、注入与监测井的建设等。复杂的工艺、繁多的流程，使得百万吨级 CCUS 项目部署需要数亿元甚至数十亿元的前期投入（NETL，2015a）。另外，CCUS 项目的设备，特别是 CO_2 捕集与封存技术环节的设备，难以应用于其他技术领域，应用领域具有局限性。因此，大量投资建设的 CCUS 项目，若无法投入运营，就会产生大量的沉没成本（Zhou et al.，2014），造成巨大的损失。

（2）运营周期长、收益不确定性强。当前 CCUS 项目前期投入及运营成本高昂，没有较高的收益难以商业化发展。这些收益可以通过抵消碳税、碳交易、资本补贴以及 CO_2 资源化利用等方式获得。资本补贴可以有效减少企业的前期投资，是推动 CCUS 项目部署的重要因素。碳交易是将减排的 CO_2 在碳市场销售或者是用于抵消碳配额的一种获得收益的方式。抵消碳税是在征收碳税时，企业通过 CCUS 的实施来减少 CO_2 排放，进而减少所缴纳碳税的措施。然而，这些收益方式本身是否会用于推动 CCUS 项目投资，以及带来怎样的推动力度都存在较强的不确定性（Wei et al.，2014），因为经过几轮全球气候变化谈判后，全球气候政策仍存在不确定性。CO_2 资源化利用，主要是指 CO_2 封存前用于提高碳氢化合物资源的生产，其对于推动 CCUS 发展的作用已得到了广泛认可,但未来全球能源体系等可能存在巨大变革，石油市场及其价格也存在不确定性。除收益外，CCUS 项目成本也具有较强的不确定性，其中 CO_2 封存成本被认为是项目全价值链中最大的不确定性（James et al.，2011）。不确定因素的存在会使决策者的投资决策变得困难，特别是 CCUS 项目运营周期一般长达几十年（与投资对象剩余服务年限基本一致），长服务年限致使不确定投资环境下的投资决策制定更加复杂。

（3）投资时点具有灵活性。国际能源署指出，CCUS 的投入需要达到一定规模才能实现全球温控目标，但全球范围内并无自上而下的强制性减排配额（《巴黎协定》框架下，各国提交自主减排贡献目标，属自下而上的减排模式）。在无强制性减排的国际环境约束的背景下，高投运成本的 CCUS 自然也未在强制性推行之列。因此，CCUS 装配的潜在对象就有了投资灵活性。另外，CO_2 捕集一般来自烟气或者废气，在出现强制性政策时，各投资主体可以通过改造现有排放源而实现 CCUS 的装配，使得投资时点更具选择性。投资时点的灵活性和可选择性，为投资主体提供了灵活决策的空间。

项目评估作为一个专门的学科领域，最早起源于 21 世纪 30 年代的西方发达国家，最早的项目评估原理和方法主要应用在社会基础设施项目和公共工程中。经过几十年的不断发展，逐渐形成了一套比较完整的理论体系和方法。但不同评价方法的评价视角不同，适用性也存在差异。根据发展历程可将评价方法划分为传统评价方法和实物期权（real options）评价方法，传统评价方法又可根据考虑时间因素与否划分为静态评价方法和动态评价方法。如图 15-9 所示。

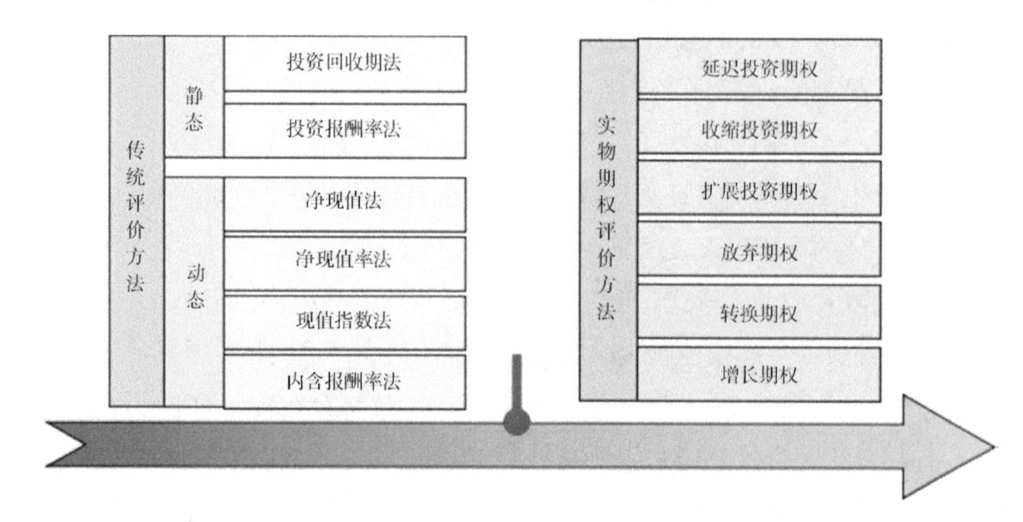

图 15-9 投资评价方法

（1）静态评价方法。静态评价方法不考虑货币时间价值，不进行复利计算。根据评价侧重点的差异，该方法又可分为投资回收期法和投资报酬率法等。静态评价方法计算简单、直观，但没有考虑资金的时间价值，因而精确性较差，不能反映项目的整体盈利能力。该方法一般用于技术经济数据不完备、不需要精确计算的项目初选阶段。当项目运营时间较长时，不适合用这种方法进行评价。

（2）动态评价方法。动态评价方法也称贴现现金流法，是由美国西北大学学者阿尔弗雷德·拉帕波特于 1986 年提出的，又被称作拉帕波特模型。贴现现金流法是通过估算被评估项目在其服务年限内的未来预期收益，运用反算切割出剩余超额价值，并用适当的折现率折算成评估基准日现值，以确定项目价值的一种评估方法。根据评价侧重点的差异，动态评价方法可分为净现值法、净现值率法、现值指数法和内含报酬率法。

贴现现金流法是西方企业价值评估方法中使用最广泛、理论上最健全的方法。相比静态评价方法，动态评价方法考虑了项目整个生命周期内现金流量的变化情况和经济效益，考虑了资金的时间价值对其盈利能力和偿还能力的影响，结果比较精确。但对于方法本身来说，贴现现金流法应用的关键是贴现率的确定。该方法的贴现率按决策之初既定环境估计，未考虑投资决策对未来变化的适时调整，从而忽视了柔性决策带来的价值，这个缺陷也决定了它难以适用于企业的战略投资领域。另外，贴现率的确定受评价者对未来投资的期望（好与坏）的影响。该方法适用于评价经营可持续、未来现金流量可准确预测且现金流比较稳定的项目。

（3）实物期权评价方法。实物期权的概念最初是由 Myers（1977）在麻省理工学院（MIT）时所提出的，他指出一个投资方案所创造的价值，来自目前所拥有资产的使用，再加上对未来投资机会的选择。即投资主体有权在未来某合适时间以一定价格取得或出售一项实物资产或投资计划，因此实物资产投资可以应用类似评估一般期权的方式来进行评估。同时又因为其标的物为实物资产，所以将此性质的期权称为实物期权。

实物期权评价方法充分考虑到了投资柔性和不确定性存在的价值。但其数学表述复杂，应用体系不成熟。另外，应用该方法还需要许多假设条件，使得评价结果与实际情况存在偏差。该方法适用于前期投资高昂且不可逆、收益不确定性高、运营周期长、投资时间灵活的项目。

评价方法合适与否，决定了评价结果的好坏。基于 CCUS 项目的投资特点，以及当前常用的投资评价方法的特点和适用对象分析，我们可识别出适用于 CCUS 的评价方法。

CCUS 项目特点下静态评价方法适用性识别：CCUS 项目投运一般年限较长（为几十年），涉及的工艺及成本构成复杂，因此，从该方法的特点与 CCUS 本身特点的匹配程度来看，静态评价方法并不适用于 CCUS 项目的投资评价研究。

CCUS 项目特点下动态评价方法适用性识别：CCUS 项目成本和收益的双重不确定性，导致难以确定未来的现金流。高度不确定的投资环境下，高贴现率的选取存在低估投资价值的可能，进而造成投资决策制定的偏差。从该方法的特点与 CCUS 本身特点的匹配程度来看，贴现现金流法的不足凸显出来。

CCUS 项目特点下实物期权评价方法适用性识别：面临的不确定性和高昂的成本，使投资主体进退两难，但投资时间自由选择的特点使 CCUS 项目投资可被视为一种可延迟投资的期权问题。基于 CCUS 项目投资特点与实物期权的优势可以判断，CCUS 项目投资评价方法应基于实物期权评价方法进行构建。处于投资不确定环境中的 CCUS 项目，通过延迟投资以避开不利的投资环境，获得额外的期权收益，即基于实物期权的项目投资价值为固有价值（净现值）和期权价值的和。

显然，完全基于实物期权评价方法投资原则，CCUS 项目投资可以获得期权价值，但刻意地追求期权价值，可能会极大地增加 CCUS 项目获得正的固有价值的风险。因此，我们构建了同时考虑净现值法和实物期权评价方法的投资原则的 CCUS 项目投资评价方法。

投资面临的不确定性包括随机变量和非随机变量。资本补贴、初始碳价、电厂服务年限、初始电价、初始煤价等一般不会在时间维度上波动，因此将其作为非随机变量，通过敏感性分析或者情景分析方法，来评估其对投资决策的影响。对于项目运营期间可能出现波动的购买或者出售的商品价格变量（主要有碳价、电价、煤价和油价），就需要通过适用于随机变量定价的蒙特卡罗模拟（Szolgayova et al., 2008；Zhou et al., 2010；Chen et al., 2016a；Chu et al., 2016）或者多叉树模型（Kato and Zhou，2011；Zhang et al.，2014；Wang and Du，2016；Cui et al.，2018），将其引入项目决策模型当中，以评估其对投资决策的影响。

蒙特卡罗模拟是一种直观、灵活的期权价格模拟方法，适用于模拟高维随机变量，对于低维随机变量，它的优势并不明显（Balajewicz and Toivanen，2017）。对于小于三维的随机变量，多叉树模型具有很好的适用性，因为它具有较高的效率（Hull，2015）。三叉树模型是从二叉树模型演变而来的，在灵活性和精确性方面表现更好（Yuen and Yang，2010；Tang et al.，2017a），它以走高、不变、走低三个状态来展示随机变量可能的变化（Yu et al.，1996；Yuen and Yang，2010；Ahn and Song，2007）。因此，对于低维随机变量的 CCUS 项目，三叉树模型更为合适。

15.2.2 CCUS 项目投资可行性评估建模

（1）基于三叉树模型的随机变量价格定价。已有研究普遍假设 CCUS 项目投资面临的随机变量价格遵循几何布朗运动规律。几何布朗运动可采用式（15-1）表示：

$$\mathrm{d}P = \mu P\mathrm{d}t+\sigma P\mathrm{d}w \tag{15-1}$$

其中，μ 和 σ 分别为随机变量价格漂移率和波动率；dw 为标准维纳过程的独立增量；dt 为时间增量。

另外，假设随机变量所在市场中，大量的套利行为会在长期内消除各种偏好的风险溢价，从而保证整个市场的完整性，最后呈现出风险中性的特征。延迟投资期间，随机变量价格 P 从 t 到 $t+\Delta t$，将可能上升至 $P\cdot u$，下降至 $P\cdot d$ 或保持不变（$u\cdot d=1$，$u>1>d>0$），如式（15-2）所示，由风险中性理论推导得出对应概率为 P_u、P_d 和 P_m（Yuen and Yang，2010；Zhang et al.，2014），如式（15-3）所示。

此外，我们假设波动率σ和无风险利率γ是恒定的。

$$\begin{cases} u = I + \sqrt{I^2 - 1} \\ d = I - \sqrt{I^2 - 1} \end{cases}, \ I = \frac{e^{\gamma \Delta t} + e^{\left(3\gamma + 3\sigma^2\right)\Delta t} - e^{\left(2\gamma + \sigma^2\right)\Delta t} - 1}{2\left[e^{\left(2\gamma + \sigma^2\right)\Delta t} - e^{\gamma \Delta t}\right]} \tag{15-2}$$

$$\begin{cases} P_u = \dfrac{e^{\gamma \Delta t}\left(1 + d\right) - e^{\left(2\gamma + \sigma^2\right)\Delta t} - d}{\left(d - u\right)\left(u - 1\right)} \\ P_m = \dfrac{e^{\gamma \Delta t}\left(u + d\right) - e^{\left(2\gamma + \sigma^2\right)\Delta t} - 1}{\left(1 - d\right)\left(u - 1\right)} \\ P_d = \dfrac{e^{\gamma \Delta t}\left(1 + u\right) - e^{\left(2\gamma + \sigma^2\right)\Delta t} - u}{\left(1 - d\right)\left(d - u\right)} \end{cases} \tag{15-3}$$

（2）CCUS 项目净现值核算。基于实物期权理论，项目的总投资价值由两部分组成（Zhang et al.，2014）：第一部分是项目的净现值；第二部分是实物期权价值。如式（15-4）所示，CCUS 项目净现值包括项目支出和项目收益。其中项目支出包含各技术环节的建设成本、运营与维护成本、能源成本、水资源成本等。项目收益得自于CO_2利用、碳交易或碳税抵消获得的收益等。

$$\text{NPV=Project income} - \text{Project expenditure} \tag{15-4}$$

其中，NPV 为净现值；Project income 为项目收益；Project expenditure 为项目支出。

（3）CCUS 项目总投资价值评估。我们首先基于三叉树定价方法对随机变量进行定价，然后根据式（15-4）和三叉树每个决策节点（i，j）随机变量价格，计算出延期投资期间每个决策节点的投资净现值$\text{NPV}_{(i,j)}$。决策节点（i，j）中的j和i代表决策年j和三叉树中的自上而下的第i个节点，如图 15-10 所示。从净现值方法评估原则来看，若决策节点（i，j）净现值$\text{NPV}_{(i,j)}$为负值，企业会放弃投资，该决策节点投资价值$\text{NPV}'_{(i,j)}$为 0；若该决策节点净现值$\text{NPV}_{(i,j)}$为正值，企业会立即投资，该决策节点投资价值$\text{NPV}'_{(i,j)}$即为净现值$\text{NPV}_{(i,j)}$，如式（15-5）所示。然而，从延迟期权视角来看，无论$\text{NPV}'_{(i,j)}$是否为正值，该决策节点推迟投资都可能等到更有利的机会，进而可以获得更大的投资价值。此时的投资价值就是基于实物期权的总投资价值$\text{TIV}_{(i,j)}$，而多出$\text{NPV}_{(i,j)}$的价值即为延迟投资带来的期权价值$\text{ROV}_{(i,j)}$。因此，CCUS 项目的总投资价值应从延迟期内最后决策期逐期计算到第一决策期，如式（15-6）所示。

$$\text{NPV}'_{(i,j)} = \max\left(\text{NPV}_{(i,j)}, 0\right) \tag{15-5}$$

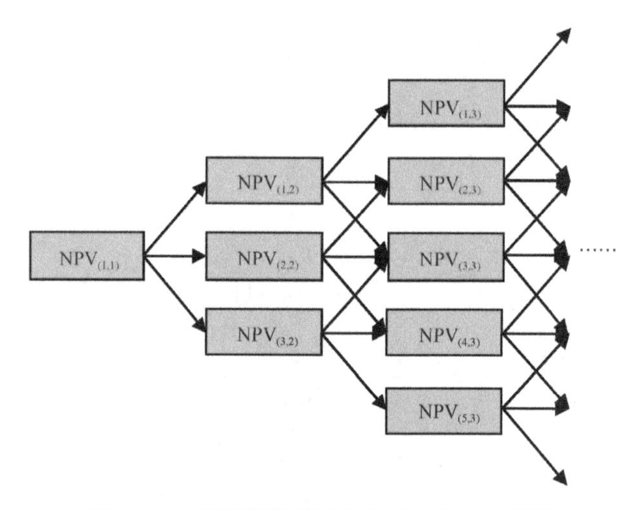

图 15-10　延迟投资期内各节点净现值示意图

$$\mathrm{TIV}_{(i,j)}=\max\left[\mathrm{NPV}'_{(i,j)},\left(P_u\cdot\mathrm{NPV}'_{(i,j+1)}+P_m\cdot\mathrm{NPV}'_{(i+1,j+1)}+P_d\cdot\mathrm{NPV}'_{(i+2,j+1)}\right)\cdot \mathrm{e}^{-\gamma\cdot\Delta t}\right] \tag{15-6}$$

（4）项目投资决策规则。投资决策规则是制定投资决策的基础。基于净现值方法投资原则的决策仅有两种可能，相对简单，即净现值（投资固有价值）为正值时投资，反之就不投资。基于延迟期权方法投资原则的决策有 4 种可能，具体决策规则见表 15-4。

表 15-4　基于延迟期权方法投资原则的 CCUS 项目投资决策规则

决策可能性编号	$\mathrm{NPV}_{(i,j)}$	$\mathrm{TIV}_{(i,j)}$	决策
①	$\mathrm{NPV}_{(i,j)}\leqslant 0$	$\mathrm{TIV}_{(i,j)}=0$	放弃投资
②	$\mathrm{NPV}_{(i,j)}>0$	$\mathrm{TIV}_{(i,j)}=\mathrm{NPV}_{(i,j)}$	立即投资
③	$\mathrm{NPV}_{(i,j)}>0$	$\mathrm{TIV}_{(i,j)}>\mathrm{NPV}_{(i,j)}$	延迟投资
④	$\mathrm{NPV}_{(i,j)}\leqslant 0$	$\mathrm{TIV}_{(i,j)}>0$	延迟投资

①投资者在管理和决策灵活的情况下仍无法盈利时，应放弃投资。

②在 $\mathrm{NPV}_{(i,j)}$ 为正值且延迟投资也无法获得期权价值的情况下，应立即投资。

③ $\mathrm{NPV}_{(i,j)}$ 为正值但延迟投资可获得期权价值的情况下，应延迟投资。

④ $\mathrm{NPV}_{(i,j)}$ 不足以支撑投资但延迟投资可获益的情况下，应延迟投资。

（5）CCUS 项目年度投资概率评估方法。年度投资概率的分析，有助于投资者了解延迟期内的投资信息，判断最佳投资时间，其可分为基于净现值方法投资原则的投资概率和基于延迟期权方法投资原则的投资概率两类。

基于净现值方法投资原则的投资概率确定可分为三步，由式（15-7）定义：

$$\begin{cases} \chi_{i,j} = P_u \cdot \chi_{i-2,j-1} + P_m \cdot \chi_{i-1,j-1} + P_d \cdot \chi_{i,j-1},\ \chi_{1,1} = 1 \\ \chi_{i,j}^{11} = 0,\ \mathrm{NPV}_{(i,j)} \leqslant 0 \\ \chi_{i,j}^{22} = \chi_{i,j},\ \mathrm{NPV}_{(i,j)} > 0 \\ \chi_j^{\mathrm{NPV}} = \sum \chi_{i,j}^{22} \end{cases} \tag{15-7}$$

决策节点(i,j)投资概率$\chi_{i,j}$可以根据上一年与其连接的节点的投资概率计算；

投资者基于决策节点（i，j）的$\mathrm{NPV}_{(i,j)}$判断是否投资，如果立即投资，则投资概率为$\chi_{i,j}$ $\left(\chi_{i,j}^{22}\right)$，否则为 0 $\left(\chi_{i,j}^{11}\right)$；

年度投资概率χ_j^{NPV}为j年所有节点投资概率$\chi_{i,j}^{22}$之和。

基于延迟期权方法投资原则的投资概率的确定也可分为三步（Zhang et al., 2014），由式（15-8）定义：

$$\begin{cases} \chi_{i,j} = P_u \cdot \chi_{i-2,j-1} + P_m \cdot \chi_{i-1,j-1} + P_d \cdot \chi_{i,j-1},\ \chi_{1,1} = 1 \\ \chi_{i,j}^{1} = 0,\ \mathrm{TIV}_{(i,j)} = 0 \ \text{ or } \ 0 < \mathrm{TIV}_{(i,j)} > \mathrm{NPV}_{(i,j)} \\ \chi_{i,j}^{2} = \chi_{i,j},\ \mathrm{TIV}_{(i,j)} = \mathrm{NPV}_{(i,j)} > 0 \\ \chi_j^{\mathrm{TIV}} = \sum \chi_{i,j}^{2} \end{cases} \tag{15-8}$$

决策节点(i,j)投资概率$\chi_{i,j}$可以根据上一年与其连接的节点的投资概率计算；

投资者基于决策节点（i，j）的$\mathrm{NPV}_{(i,j)}$和$\mathrm{TIV}_{(i,j)}$进行投资决策，如果 CCUS 项目的投资立即发生，则投资概率为$\chi_{i,j}$ $\left(\chi_{i,j}^{2}\right)$，否则为 0 $\left(\chi_{i,j}^{1}\right)$；

年度投资概率χ_j^{TIV}为j年所有节点投资概率$\chi_{i,j}^{2}$之和。

（6）CCUS 项目投资可行性及最佳投资时机判别标准。净现值为未考虑期权价值的 CCUS 项目投资固有价值。基于延迟期权的总投资价值为考虑了期权价值的 CCUS 项目投资价值。因此，面对一个试图投资的项目，在项目投资决策评估时，应首先保证的是较高机会实现盈利，即获得正的固有价值，其次再考虑延迟投资以获得更高的期权价值，因为刻意地追求期权价值，可能会极大增加 CCUS 项目获得固有价值的风险。因此，CCUS 项目投资可行性和最佳投资时机可做以下分级和定义。

最佳投资项目：可在高机会获得正的固有价值的同时，以一定的概率获得延迟投资价值。在高机会获得正的固有价值的同时，最大机会获得期权价值的时间，应是 CCUS 项目投资的最佳时间。

次优投资项目：可高机会获得正的固有价值，但此时却无法获得延迟投资价值。最高机会获得固有价值的时间即为最佳投资时间。

中等投资项目：可较大机会获得正的固有价值的同时，以一定的概率获得延迟投资价值。较大机会获得正的固有价值的同时，最大机会获得期权价值的时间，应是最佳投资时间。

一般投资项目：可较大机会获得正的固有价值，但此时却无法获得延迟投资价值。最大机会获得固有价值的时间即为最佳投资时间。

可行投资项目：较低机会获得正的固有价值，但仍有较高机会获得期权价值。以最大机会获得延迟投资价值的时间为最佳投资时间。

机会渺茫投资项目：较低机会获得正的固有价值，且获得期权价值机会较低。

具体投资可行性分级与标准及最佳投资时间如表 15-5 所示。

表 15-5 投资可行性分级与标准及最佳投资时间

投资可行性分级	标准	最佳投资时间
最佳	$\{\chi_j^{\text{NPV}} \geqslant 90\%\} \cap \{\chi_j^{\text{TIV}} > 0\}$	$\max\chi_j^{\text{TIV}} \in (\{\chi_j^{\text{NPV}} \geqslant 90\%\} \cap \{\chi_j^{\text{TIV}} > 0\})$
次优	$\{\chi_j^{\text{NPV}} \geqslant 90\%\} \cap \{\chi_j^{\text{TIV}} = 0\}$	$\max\chi_j^{\text{NPV}} \in (\{\chi_j^{\text{NPV}} \geqslant 90\%\} \cap \{\chi_j^{\text{TIV}} = 0\})$
中等	$\{90\% > \chi_j^{\text{NPV}} \geqslant 60\%\} \cap \{\chi_j^{\text{TIV}} > 0\}$	$\max\chi_j^{\text{TIV}} \in (\{90\% > \chi_j^{\text{NPV}} \geqslant 60\%\} \cap \{\chi_j^{\text{TIV}} > 0\})$
一般	$\{90\% > \chi_j^{\text{NPV}} \geqslant 60\%\} \cap \{\chi_j^{\text{TIV}} = 0\}$	$\max\chi_j^{\text{NPV}} \in (\{90\% > \chi_j^{\text{NPV}} \geqslant 60\%\} \cap \{\chi_j^{\text{TIV}} = 0\})$
可行	$\{\chi_j^{\text{NPV}} < 60\%\} \cap \{\chi_j^{\text{TIV}} \geqslant 20\%\}$	$\max\chi_j^{\text{TIV}} \in (\{\chi_j^{\text{NPV}} < 60\%\} \cap \{\chi_j^{\text{TIV}} \geqslant 20\%\})$
机会渺茫	$\chi_j^{\text{NPV}} < 60\%$ 且 $\chi_j^{\text{TIV}} < 20\%$	—

15.2.3 中国 CCS-EOR 项目投资可行性论证

（1）研究案例及参数与数据。本章以自规模 60 万吨/年的煤制氢甲醇装置进行 CO_2 捕集，然后通过 30 千米管道运输至鄂尔多斯油田进行三次采油的 CCS-EOR 项目为案例，并假设一个新的煤制甲醇装置的寿命为 20 年，服务年限为 2019～2038 年。CCS-EOR 项目投资可行性初次评估为 2019 年初，最早可能建设时间为 2019 年，建设周期为 1 年，最早于 2020 年投入运营。此外，项目投资决策时间间隔为 1 年。另外，本章中所有初始成本均为 2018 年人民币不变价。

CO_2 捕集成本核算所需数据如表 15-6 所示。研究案例中 CO_2 年排放量为 123.58 万吨（吴秀章，2013）。从已有 CCS-EOR 项目来看，随着从油田中回收的 CO_2 的增多，以及石油产量下降，从煤制甲醇生产线捕集的 CO_2 的量呈逐年下降趋势。从煤制甲醇生产线捕集的 CO_2 的量如图 15-11 所示，本节设置最大捕集率 80%，最大捕集量 99 万吨/年，其他年份数据通过拟合来自 Dahowski 等（2009）研究的数据所得。本章中 CO_2 捕集建设成本是满足最大捕集规模的建设成本，且捕集每吨 CO_2 的运营与维护成本、能耗、水耗等不随捕集规模的变化而变化。其中，建设成本和运营与维护成本采用化工厂成本指数将其转换为 2018 年人民币不变价。煤制甲醇生产线和煤制烯烃生产线原料气中的 CO_2 浓度几乎相同（吴秀章，2013），因此，CO_2 捕集设施的建设成本、运营与维护成本和能耗（Xiang et al.，2014）也可以认为是相同的。本章的初始电价为 0.463 元/千瓦时（陕西省发展和改革委员会，2018）。基于历史电价走势以及对电力系统进行低碳技术投资的考虑，预计未来中国电价将持续上涨，本节假设中国电价年增速为 0.01 元/千瓦时（Zhou et al.，2010）。煤制甲醇生产线和直接煤制油生产线原料气中的 CO_2 浓度几乎相同（吴秀章，2013），我们认为从两种工艺中捕集 CO_2 所消耗的水资源量也几乎是相同的。CO_2 捕集需要消耗脱盐水为 0.45 吨/吨 CO_2，循环冷却水损失为 0.43 吨/吨 CO_2（吴秀章，2013）等，耗水量为 1 吨/吨 CO_2。综合初始水价包括水资源费（1 元/吨）、污水处理费（1.42 元/吨）和淡水生产成本（4.38 元/吨），为 6.8 元/吨（中国水网，2017；陕西省人民政府，2018）。考虑到未来中国水资源紧缺形势会加剧，本章假设水资源费年均增量为 0.3 元/吨。

表 15-6　CO_2 捕集成本核算所需数据（CCS-EOR 项目）

参数	数据
每年从煤制甲醇生产线捕集 CO_2 规模/万吨	见图 15-11
CO_2 捕集建设成本/亿元	0.39
CO_2 捕集运营与维护成本/（元/吨）	10.48
CO_2 捕集用能/（千瓦时/吨）	98.5
CO_2 捕集用水/（吨/吨）	1
初始电价/（元/千瓦时）	0.463
电价年均增量/（元/千瓦时）	0.01
初始水价/（元/吨）	6.8
水价年均增量/（元/吨）	0.3

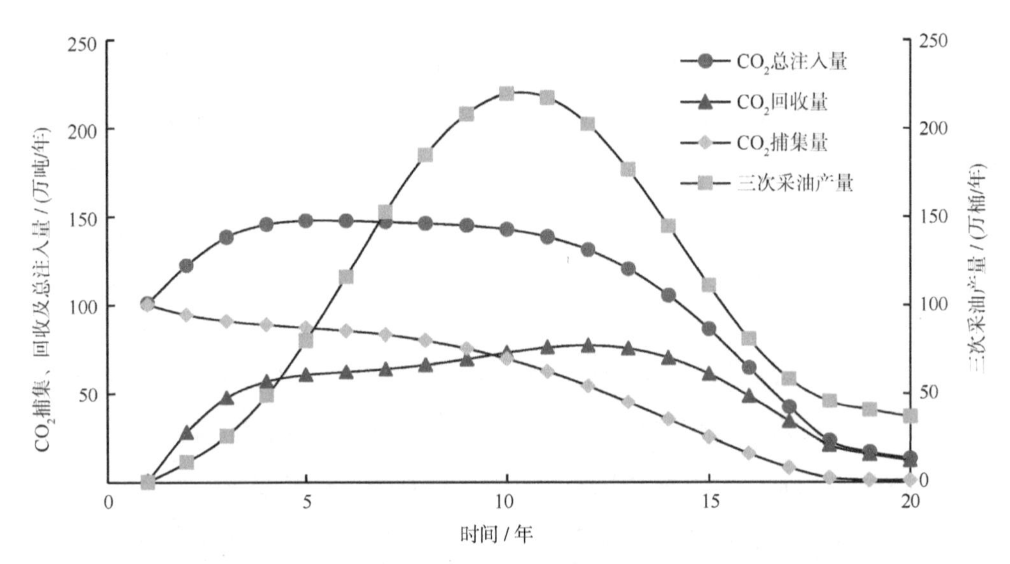

图 15-11　自煤制甲醇生产线 CO_2 捕集量、CO_2 回收量、CO_2 总注入量和三次采油产量

1 桶=0.159 立方米

CO_2 运输成本核算所需数据如表 15-7 所示。CO_2 主运输管道长 30 千米，建设成本参考 McCollum 和 Ogden（2006）构建模型进行计算。模型中区域因子为 0.8（Renner，2014），地形（石漠）因子为 1.1（McCollum and Ogden，2006）。该模型计算出的成本为 2005 年美元价格，然后我们采用石油管道指数（FERC，2018）及汇率（人民币/美元=6.24）将其转换为 2018 年人民币不变价。主管道将 CO_2 运输至封存盆地，而运输至每个封存井仍需建设支线管道。参考已有研究（Dahowski et al.，2009），支线管道长度等于 17%的主管道长度再加上 40 千米，总长度为 45.1 千米。另外，CO_2 运输在不超过 200 千米的情况下不需要设置增压站（IEAGHG，2005），因此本节中 CO_2 运输不消耗能源。参考已有研究结论（McCollum and Ogden，2006），每年运营与维护成本为总建设成本的 2.5%。另外，CO_2 运输建设成本为满足最大运输规模的资本投入，且运输每吨 CO_2 的运营与维护成本不随运输规模的变化而改变。

表 15-7　CO_2 运输成本核算所需数据（CCS-EOR 项目）

参数	数据
CO_2 运输规模/万吨	等于 CO_2 捕集量，见图 15-11
主运输管道建设成本/亿元	0.70
主运输管道运营与维护成本/（元/吨）	1.75
支线运输管道建设成本/亿元	1.11
支线运输管道运营与维护成本/（元/吨）	2.87

CO_2 封存成本核算所需数据如表 15-8 所示。封存的 CO_2 包括来自煤制甲醇生产线的 CO_2 和自油田中回收的 CO_2。CO_2 注入量如图 15-11 所示。在 CO_2 驱油过程中每口注入井的年注入量为 21 000 吨（Dahowski et al.，2009），70 口井才能满足最大 CO_2 年注入量。另外，本章假设 50%注入井为重新利用的原开采井，50%为新建井。重新利用的原开采井建井成本为新建井的 50%左右（IEAGHG，2011b）。新建井的建设成本和运营与维护成本最初参考 McCollum 和 Ogden（2006）构建的模型进行计算，之后通过区域因子（0.8），美国劳工统计局石油、天然气、干井或服务井生产者价格指数（U.S. BLS，2018）及汇率（人民币/美元=6.24）将其转换为 2018 年人民币不变价。另外，油田在开采前已经勘探过，不考虑勘探费。

表 15-8　CO_2 封存成本核算所需数据

参数	数据
每年 CO_2 封存规模/万吨	见图 15-11
新建井个数/口	35
重用井个数/口	35
单口新井建井成本/万元	337
单口重用井建井成本/万元	168
CO_2 注入设备总成本/万元	1005
CO_2 封存运营与维护成本/（元/吨）	13.48

原油生产成本核算所需数据如表 15-9 所示。1 口注入井配 1.5 口产油井（Dahowski et al.，2009）。产油井为原生产井，不建设新开采井，不增加开采设备，因而不增加建设成本。在原油生产过程中需要投入的其他成本为 25.33 元/桶（Dahowski et al.，2009；Renner，2014；U.S. BLS，2018）。中国鄂尔多斯油田 CO_2 与原油置换率平均为 1.9 桶/吨 CO_2（Dahowski et al.，2009）。CO_2 驱替而增产的原油产量如图 15-11 所示，是在已知驱油年限内三次采油总量的基础上，通过拟合已有研究的 CO_2 驱油产量趋势所得（Jakobsen et al.，2005）。

表 15-9　原油生产成本核算所需数据

参数	数据
每年 CO_2 驱替而增产的原油产量/万桶	见图 15-11
原油开采其他运营与维护成本/（元/桶）	25.33

CO_2回收成本核算所需数据如表 15-10 所示。每年自油田中回收的CO_2量如图 15-11 所示，其综合了煤制甲醇生产线CO_2捕集量，以及拟合来自 Dahowski 等（2009）的数据。建设成本和运营与维护成本基于 Dahowski 等（2009）提供模型和数据计算所得。另外，CO_2回收过程消耗电能为 52 千瓦时/吨（Bock et al.，2003），之后通过区域因子（0.8）、化工厂成本指数，以及汇率（人民币/美元=6.24）将其转换为 2018 年人民币不变价。另外，CO_2回收建设成本为满足最大回收规模的资本投入，且回收每吨CO_2的运营与维护成本、电耗等不随回收规模的变化而改变。

表 15-10　CO_2回收成本核算所需数据

参数	数据
每年CO_2回收规模/万吨	见图 15-11
CO_2回收建设成本/亿元	1.37
CO_2回收运营与维护成本/（元/吨）	28.27
CO_2回收能耗/（千瓦时/吨）	52

其他参数与数据如表 15-11 所示。以 1985～2018 年美国西得克萨斯中间基原油（WTI）价格（EIA，2022）为基础，计算油价波动率σ、增长率u、下降率d，以及油价增长、不变及下降的概率P_u、P_m和P_d。

表 15-11　其他参数与数据（CCS-EOR 项目）

<table>
<tr><th>参数</th><th colspan="2">数据</th></tr>
<tr><td>原油初始价格/（元/桶）</td><td colspan="2">346.38</td></tr>
<tr><td>波动率</td><td colspan="2">0.0684</td></tr>
<tr><td>u</td><td colspan="2">1.1395</td></tr>
<tr><td>d</td><td colspan="2">0.8776</td></tr>
<tr><td>P_u</td><td colspan="2">0.3857</td></tr>
<tr><td>P_m</td><td colspan="2">0.5937</td></tr>
<tr><td>P_d</td><td colspan="2">0.0206</td></tr>
<tr><td>企业所得税税率/%</td><td colspan="2">25</td></tr>
<tr><td>资源税税率/%</td><td colspan="2">4.2</td></tr>
<tr><td>其他税费税率/%</td><td colspan="2">2</td></tr>
<tr><td rowspan="2">石油特别收益金及其征收比例</td><td>65～70（含）美元</td><td>0.2*</td></tr>
<tr><td>70～75（含）美元</td><td>0.25</td></tr>
</table>

续表

参数	数据	
石油特别收益金及其征收比例	75～80（含）美元	0.3
	80～85（含）美元	0.35
	85 美元以上	0.4
贴现率	0.1	
无风险利率	0.05	
碳税开征时间	2022 年	
初始碳税/（元/吨）	10	
碳税年均增量/（元/吨）	10	

*表示石油特别收益金的征收比例。

另外，取 2019 年 WTI 价格均值作为本章的油价初始值。中国原油税费主要包括资源税、企业所得税和石油特别收益金三类。一次采油和二次采油的资源税的征收比例为油价的 6%（Wei et al.，2015b），三次采油减免 30%（财政部和国家税务总局，2014）。石油特别收益金的征收比例根据油价进行阶梯调整（人民网，2014）。企业所得税税率为 25%。另外，其他税费，如增值税、城市维护建设税、教育费附加和安全费等的征收比例假设为油价的 2%。对于碳税，中国并没有给出明确的开征时间点和征收水平。本节假设 2022 年开征碳税，初始碳税征收水平为 10 元/吨，年均增量为 10 元/吨。另外，贴现率和无风险利率分别取 0.1（Zhang et al.，2014）和 0.05。

（2）结果分析。项目投资的净现值、总投资价值和立即投资的临界油价如表 15-12 所示。基于净现值法的投资原则，CCS-EOR 项目应在 2019 年立即进行投资。因为较高的油价足以使项目在 2020～2038 年创造 6.47 亿元的收益。但对比净现值和总投资价值来看，企业应选择延迟投资，因为延迟投资可以获得 0.12 亿元的期权收益。

表 15-12　项目投资净现值、总投资价值和立即投资的临界油价

项目	净现值/亿元	总投资价值/亿元	临界油价/（元/桶）
CCS-EOR	6.47	6.59	348.58

基于净现值方法和实物期权方法投资原则的项目年度投资概率如图 15-12 所示。基于净现值方法投资原则的投资概率在 2027 年之前处于 90%以上，之后快速

下降，2027 年之后下降至 60%以下。这样的情况主要是三个因素导致的：①项目服务年限过短而无足够的时间收回成本；② CO_2 驱替采油产量呈现“低—高—低”的趋势；③石油特别收益金的征收比例根据油价进行阶梯调整，弱化了高油价带来的收益。基于实物期权方法投资原则的投资概率在 2022 年之前快速增加，之后逐步下降。具体来看，CCS-EOR 案例项目是最佳的 CCS 项目，2022 年是进行项目投资的最佳时间，最晚投资时间不能超过 2027 年，否则难以收回成本。

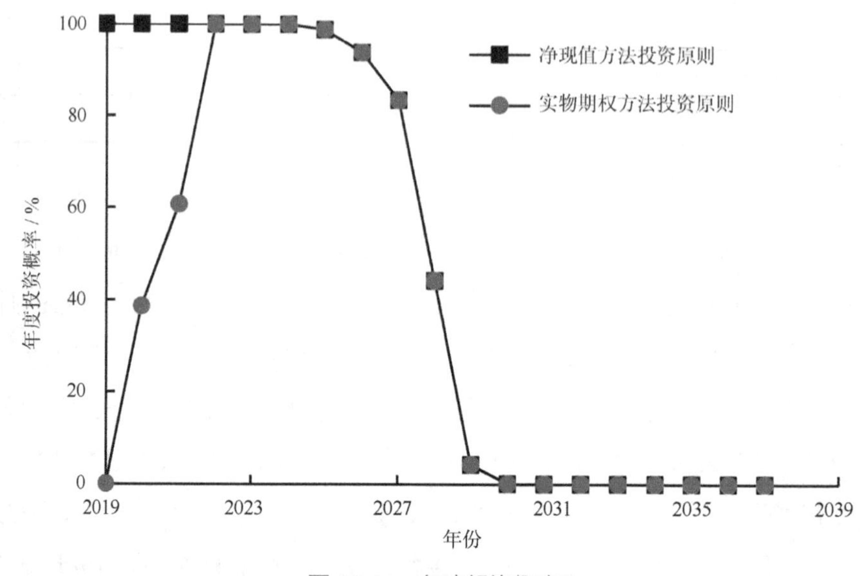

图 15-12 年度投资概率

15.2.4 中国 CCS-EWR 项目投资可行性论证

（1）研究案例及参数与数据。我们以自规模 108 万吨/年直接煤制油装置进行 CO_2 捕集，然后通过 20 千米管道运输至鄂尔多斯盆地进行咸水层封存和驱水项目为案例，并假设一个新的直接煤制油装置的寿命为 20 年，服务年限为 2019～2038 年。CCS-EWR 项目投资可行性初次评估为 2019 年初，最早可能建设时间为 2019 年，建设周期为 1 年，最早于 2020 年投入运营。此外，CCS-EWR 项目投资决策时间间隔为 1 年。另外，本节所有初始成本均为 2018 年人民币不变价。

CO_2 捕集环节成本核算所需数据如表 15-13 所示。所捕集 CO_2 来自 108 万吨/年直接煤制油生产线的低温甲醇洗单元，本节设置最大捕集率为 80%，捕集规模为 237 万吨/年（吴秀章，2013）。直接煤制油厂和煤制烯烃厂原料气中的 CO_2 浓度几乎相同（吴秀章，2013）。因此，CO_2 捕集的资本投入和能耗（Xiang et al.，2014）也可以认为是相同的。本章初始电价为 0.47 元/千瓦时（内蒙古自治区发展和改革委员会，2015），综合初始水价包括水资源费（5 元/吨）、污水处理费（1.4 元/吨）和淡水生产成本（4.5 元/吨），为 10.9 元/吨（鄂尔多斯市发展和改革委员会，2017；内蒙古自治区人民政府，2014）。CO_2 捕集需要消耗脱盐水 0.45 吨/吨 CO_2、循环冷却水损失为 0.43 吨/吨 CO_2 等，耗水量为 1 吨/吨 CO_2（吴秀章，2013）。基于历史电价走势，以及对电力系统进行低碳技术投资的考虑，预计未来中国电价将持续上涨，本章假设年均增速为 0.01 元/千瓦时（Zhou et al.，2010）。另外，鄂尔多斯水资源费年均增量为 0.75 元/吨（内蒙古自治区人民政府，2014）。

表 15-13 CO_2 捕集环节成本核算所需数据（CCS-EWR 项目）

参数	数据
捕集规模/（万吨/年）	237
CO_2 捕集建设成本/亿元	9.3
CO_2 捕集运营与维护成本/（元/吨）	10.48
CO_2 捕集用能/（千瓦时/吨）	98.5
CO_2 捕集用水/（吨/吨 CO_2）	1
初始电价/（元/千瓦时）	0.47
电价年均增量/（元/千瓦时）	0.01
初始水价/（元/吨）	10.9
水价年均增量/（元/吨）	0.75

CO_2 运输环节成本核算所需数据如表 15-14 所示。鄂尔多斯位于中国西北部，地理环境以丘陵、高原和沙漠为主。因此，鄂尔多斯的地理环境假定为多石沙漠。增压站是 CO_2 输送过程中消耗能源的主要设备，但在输送距离超过 200 千米时才安装（IEAGHG，2005）。因此，在 CO_2 运输过程中不消耗能源。参考 McCollum 和 Ogden（2006）所构建模型，对 CO_2 运输建设成本和运营与维护成本进行核算。年运营与维护成本为建设成本的 2.5%。模型中区域因子为 0.8（Renner，2014），地形（多石沙漠）因子为 1.1。该模型计算出的成本为 2005 年美元价格，然后我们采用石油管道指数（FERC，2018）及 2018 年汇率（人民币/美元= 6.24）将其转换为 2018 年人民币不变价。

表 15-14 CO_2 运输环节成本核算所需数据（CCS-EWR 项目）

参数	数据
主运输管道建设成本/亿元	0.58
主运输管道运营与维护成本/（元/吨）	0.61
支线运输管道建设成本/亿元	1.22
支线运输管道运营与维护成本/（元/吨）	1.29

CO_2 封存与咸水抽采环节成本核算所需数据如表 15-15 所示。鄂尔多斯盆地咸水层的地质条件影响 CO_2 注入井数量。该项目 CO_2 注入需要 12 口井，单井注入能力为 20 万吨/年，深度为 2000 米（Dahowski et al.，2009）。鄂尔多斯盆地咸水层是低渗透岩层，其中孔隙（1%～20%）和渗透性（小于 300 毫达西[①]）变化很大，本节的渗透率取 10 毫达西，CO_2 与咸水置换率取 1（Fang and Li，2014）。另外，采用 6 口抽水井抽取咸水，其施工要求与 CO_2 注入井一致。注入井与咸水抽采井的建设成本和运营与维护成本参考 McCollum 和 Ogden（2006）构建的模型进行计算。之后通过区域因子（0.8），美国劳工统计局石油、天然气、干井或服务井生产者价格指数（U.S. BLS，2018），以及 2018 年汇率（人民币/美元= 6.24）将其折算为 2018 年人民币不变价。

表 15-15 CO_2 封存与咸水抽采环节成本核算所需数据

参数	数据
CO_2 与咸水置换率	1
注入井个数/口	12
咸水抽采井个数/口	6
单口井建设成本/万元	337
CO_2 注入设备总建设成本/万元	527
CO_2 封存运营与维护成本/（元/吨）	1.90
咸水提取运营与维护成本/（元/吨）	0.60
场地筛选和评估成本/亿元	0.12

咸水运输环节成本核算所需数据如表 15-16 所示。管道施工要求与 CO_2 输送

① 1 达西=0.986923×10^{-12} 立方米。

管道施工要求一致，因此，咸水运输管道的建设成本和运营与维护成本的计算方法与基本参数也一致。主运输管道长 10 千米，6 条支线总长 38.2 千米。另外，不设增压站。

表 15-16　咸水运输环节成本核算所需数据

参数	数据
咸水主运输管道建设成本/万元	2645
咸水主运输管道运营与维护成本/（元/吨）	0.28
咸水支线运输管道建设成本/万元	3107
咸水支线运输管道运营与维护成本/（元/吨）	0.33

咸水淡化环节成本核算所需数据如表 15-17 所示。本章采用反渗透法进行咸水淡化，适合采用反渗透法淡化的咸水盐度在 10～50 克/升（Wolery et al.，2009；Klapperich et al.，2013；Li et al.，2015）。反渗透装置的建设成本和运营与维护成本大约是海水淡化成本的一半。建设成本参考 Wolery 等（2009）的数据计算所得。中国海水淡化的总成本为 4～7 元/吨，其中运营与维护成本约占 70%（李琦和魏亚妮，2013；Ziolkowska，2015）。建设成本和运营与维护成本采用化工厂成本指数将其折算为 2018 年人民币不变价。

表 15-17　咸水淡化环节成本核算所需数据

参数	数据
咸水淡化建设成本/万元	4121
咸水淡化运营与维护成本/（元/吨）	2.28
淡水回收率/%	45

剩余浓咸水运输环节成本核算所需数据如表 15-18 所示。管道施工要求与 CO_2 输送管道施工要求一致，因此，建设成本和运营与维护成本的计算方法与基本参数也一致。主运输管道长 5 千米，支线总长 10 千米。另外，不设增压站。

表 15-18　剩余浓咸水运输环节成本核算所需数据

参数	数据
剩余浓咸水主运输管道建设成本/万元	2146

续表

参数	数据
剩余浓咸水主运输管道运营与维护成本/（元/吨）	0.41
剩余浓咸水支线运输管道建设成本/万元	1335
剩余浓咸水支线运输管道运营与维护成本/（元/吨）	0.26

剩余浓咸水回注环节成本核算所需数据如表 15-19 所示。回注井位于 CO_2 封存区与断层之间。剩余浓咸水回注过程中，储层压力升高，防止 CO_2 运移和泄漏。采用 3 口回注井，施工要求与 CO_2 注入井一致，因此，建设成本和运营与维护成本的计算方法与基本参数也一致。

表 15-19 剩余浓咸水回注环节成本核算所需数据

参数	数据
回注井个数/口	3
单口回注井建设成本/万元	337
回注井设备总成本/万元	196
回注井运营与维护成本/（元/吨）	1.02

淡水运输环节成本核算所需数据如表 15-20 所示。由于淡水运输压力较小，三条长度为 10 千米、直径为 150 毫米的塑料管道被用于输送淡水（翟明洋等，2016）。采用石油管道指数及 2018 年汇率（人民币/美元= 6.24），将建设成本和运营与维护成本转换为 2018 年人民币不变价。

表 15-20 淡水运输环节成本核算所需数据

参数	变量值
淡水运输管道建设成本/万元	307
淡水运输管道运营与维护成本/（元/吨）	0.29

其他参数与数据如表 15-21 所示。本节案例位于内蒙古。内蒙古与北京合作建立跨区域碳排放交易机制（北京市发展和改革委员会，2016）。因此，以 2014～2018 年北京碳市场 CO_2 价格为基础计算核证减排量（certified emission reduction，CER）价格波动率 σ 、增长率 u 、下降率 d ，以及 CER 价格增长、不变以及下降的概率

P_u、P_m和 P_d。另外，取 2019 年北京碳市场 CO_2价格均值作为本章的 CER 价格初始值(中国碳排放交易网,2019)。另外,贴现率和无风险利率分别取 0.1 和 0.05（Zhang et al.，2014）。

表 15-21　其他参数与数据

参数	数据
初始 CER 价格/元	65.29
波动率	0.1285
u	1.2621
d	0.7923
P_u	0.2572
P_m	0.6650
P_d	0.0778
贴现率	0.1
无风险利率	0.05

（2）结果分析。CCS 和 CCS-EWR 项目净现值与总投资价值如表 15-22 所示。很明显，中国目前的 CER 价格不足以引发案例项目商业化实施，其净现值为–17.34 亿元。根据净现值法的投资规则应放弃 CCS-EWR 项目投资。然而，投资者会选择执行延期期权，因为延期投资可获得 78.71 万元的总投资价值。此外，额外的 EWR 技术环节，导致 CCS-EWR 项目投资经济性显著下降。自咸水淡化而来的淡水的水资源费的免除，可以削弱 EWR 的负面经济性影响，但无法完全消除。在此，初步结论是，投资者应延期执行 CCS-EWR 项目投资。另外，这里我们验证了实物期权法在 CCS-EWR 项目投资评价中的优越性。

表 15-22　项目净现值与总投资价值

项目	净现值/亿元	总投资价值/万元
CCS	–15.72	159.89
CCS-EWR	–17.34	78.71
CCS-EWR（免征水资源费）	–16.41	88.82

表 15-23 显示了 CCS 和 CCS-EWR 项目投资的临界 CER 价格和消除 EWR 负面经济影响的临界水资源费增量。当前 CER 价格远不足以吸引投资者对 CCS-EWR 项

目进行投资。另外，CCS-EWR 项目投资相比 CCS 项目的临界 CER 价格高出 8.14 元/吨。在免征水资源费的情况下，消除 EWR 技术负面经济性影响所需临界水资源费增量为 1.80 元/吨，远高于目前的水平 0.75 元/吨。因此，在逐步增强的碳减排压力、水资源供需矛盾的制约下，我国需要采取更为切实有效的措施，促进高浓度排放源的 CCS-EWR 项目投资。

表 15-23 临界 CER 价格和临界水资源费增量（单位：元/吨）

参数	对象	数值
临界 CER 价格	CCS	144.78
	CCS-EWR	152.92
临界 CER 价格 （免征水资源费）	CCS-EWR	148.22
临界水资源费增量 （免征水资源费）	EWR	1.80

CCS 和 CCS-EWR 项目年度投资概率如图 15-13 所示。基于净现值方法投资原则，案例项目投资应推迟至 2024 年，但基于实物期权方法投资原则，投资至少推迟至 2025 年，以获得最大投资价值。此后，由于 CER 价格可能上涨，基于净现值方法投资原则的年投资概率将在 2026 年增至最大值 0.14%；基于实物期权方法投资原则的年度投资概率在 2028 年增至最大值 0.13%。此外，免征水资源费时，投资概率变动率虽然很大，但投资机会并没有发生实质性变化。总体而言，现有高浓度排放源的 CCS-EWR 项目在无其他收入的情况下，商业化投资机会渺茫。

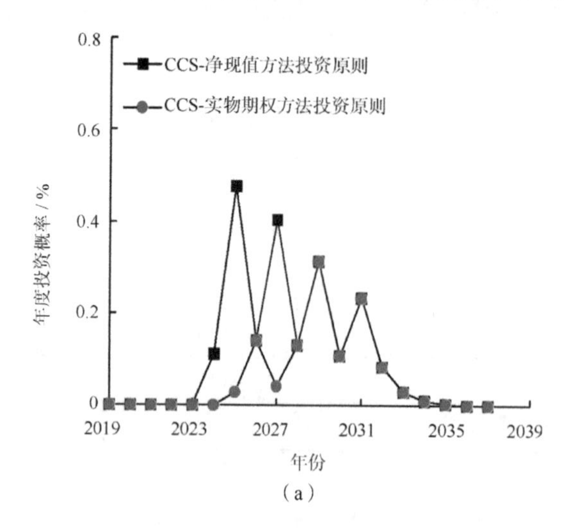

（a）

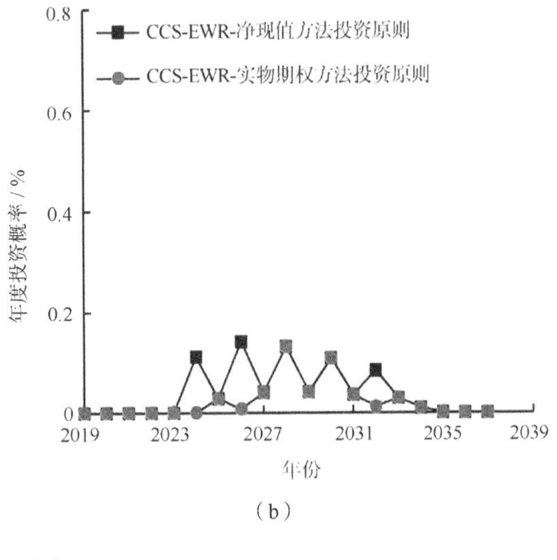

（b）

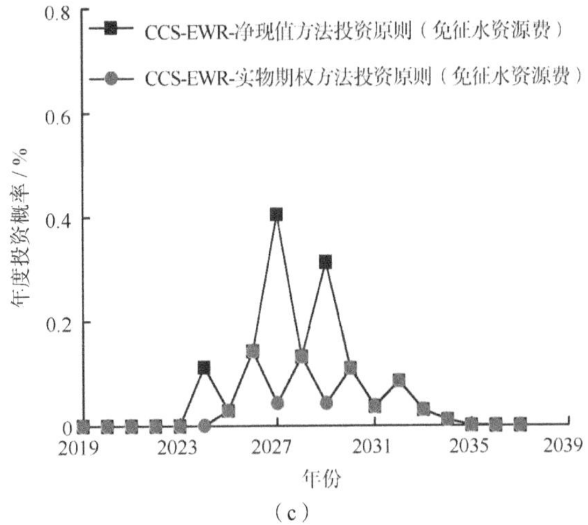

（c）

图 15-13　CCS 和 CCS-EWR 项目年度投资概率

15.3　本 章 小 结

本章提出了基于经济最优项目优先部署原则的 CCUS 项目部署优先级评估方法体系，并对中国现有 101 个潜在地质储层和 1229 个排放源形成的潜在 CCUS 项目进行了优化和优先级评估；建立了 CCUS 项目的投资决策模型，评估了中国现有排放源的 CCS-EOR 和 CCS-EWR 项目投资的经济可行性。结果显示：

（1）中国 1229 个排放源和 23 个封存盆地最终形成最低实施成本–352.25 元/吨、最高实施成本 4855.66 元/吨、平均成本 683.15 元/吨的 CCUS 项目集合。其中，分布在鄂尔多斯、准噶尔、松辽等油田附近的高浓度排放源 CO_2 油田封存，可形成 22

个可盈利的 CCUS 项目，其应是中国早期 CCUS 项目大规模部署的优先选择。另外，中国油田封存能力低且深部咸水层盆地相比天然气田距离大部分排放源近，中国未来会很快进行咸水层盆地封存的 CCUS 项目的实施，其中优先实施的排放源是咸水层盆地附近的高浓度排放源。

（2）考虑净现值方法和实物期权方法的投资原则的 CCUS 项目投资评价方法，考虑了 CCUS 项目特点和投资决策过程，可有效评估 CCUS 项目的投资可行性、最佳投资时机和未来投资机会。

（3）2019 年是 CCS-EOR 案例项目的最佳时间，最晚不能超过 2024 年，否则难以收回成本。考虑到如此高的建设成本、运营与维护成本及延期投资的期权价值，中国目前的 CER 价格不足以引发当前排放源的 CCS-EWR 项目商业化实施，应推迟 CCS-EWR 项目的投资，但投资可行性并不乐观，因为延期期间的最大投资概率不足 1%。此外，EWR 对 CCS-EWR 投资具有负面经济影响且难以消除。

第 16 章　CCUS 项目投资决策与运营优化

作为一种应对气候变化的新兴技术，CCUS 已经得到了政府、学界和产业界的重视。电力行业排放占比高，电厂加装 CCUS 较为成熟，在可预见的未来，为了实现减排目标电厂将会大规模推广 CCUS 商业项目。而对于项目的投资与运营者来讲，他们所关心的问题主要有：是否应该投资 CCUS 项目？何时进行投资？投资完成应该如何运营？因此，本章将以电厂 CCUS 项目为研究对象，以湖北某发电企业为案例，围绕项目投资决策与运营优化展开系统研究，试图回答以下问题：

CCUS 项目投资决策有哪些制约（影响）因素？

CCUS 的发展对于发电技术组合投资决策有什么影响？

燃煤耦合生物质发电的最佳 CCUS 改造时机是什么时候？

如何对燃煤耦合生物质发电厂进行 CCUS 运营优化？

16.1　CCUS 项目投资决策的主要影响因素

企业通常以利润最大化为经营目标，项目的投资收益一般与市场环境息息相关。CCUS 项目投资也不例外，但与传统项目投资决策不同的是，CCUS 带来的减排收益目前还难以直接量化在企业的现金流中。此外，由于技术资本密集度较高，CCUS 项目的投资决策更容易受到多种不确定性因素的影响。不确定性通常指无法事先准确预知某个事件或某种决策的结果。在经济学领域，不确定性指的是无法确定未来的收益和损失等经济状况的分布范围及其状态。在本书中，不确定性特指企业进行 CCUS 投资后，未来收益和损失等经济状况的分布及其状态不确定。根据作用范围可以将不确定性影响因素分为外部影响因素和内部影响因素。

16.1.1　外部影响因素

外部影响因素，顾名思义就是位于企业外部的一般不确定性，来源主要有气候政策、补贴政策、技术进步、市场环境等。

（1）气候政策。影响 CCUS 项目投资决策的气候政策主要包括碳价机制和能源政策。由于我国建立伊始的全国碳市场目前涵盖了电力行业，这有望增加 CCUS 改造的经济吸引力。然而，碳价机制尚未完全成熟，碳市场运作也未完全规范化，加之长期历史数据的缺乏，使得对碳价格的可靠预测变得困难。此外，全国统一碳市场是我国前所未有的尝试，市场的稳定性和长期趋势难以预估，这些都会影响到企业对于 CCUS 项目的投资价值以及生产运营状况的衡量。企业获得碳交易配额的充裕程度也直接影响到其是否有意愿投资 CCUS 设备并持续运营。在完全竞争市场条件下，碳交易和碳税制度没有减排效果的差异。但在现实中，各国通常根据自身国情采用不同的碳价机制。中国政府和学术界持续研究探讨征收碳税的问题，未来可能会放弃主流的替代方案，转而采取互补的方法。由此可见，发电企业在核算排放成本与收益时将面临更加复杂的挑战。

能源消费结构是影响 CO_2 排放的重要因素，国家的五年发展规划及具体能源政策（如可再生能源政策）、税收优惠政策（如发电补贴、税收抵免）等，直接塑造了发电企业的能源结构。企业在规划新增容量和布局低碳技术时，必须考虑当前的国家能源政策，并合理预测政策的发展趋势。

（2）补贴政策。补贴政策的有效实施对于确保投资的经济性至关重要。无论是前期的研发补贴，还是中期的项目示范推广补贴，以及成熟期的大规模推广补贴，都有利于推动技术快速发展。与 CCUS 项目投资相关的补贴主要有技术补贴和发电补贴。技术补贴指的是对于 CCUS 的直接补贴。美国于 2008 年首次在“the Unites States Internal Revenue Code”（《美国税收法案》）第 45Q 节引入 CCUS 税收补贴（简称 45Q 法案）。拜登政府上台后，于 2022 年再次通过“the Inflation Reduction Act”（《通胀削减法案》）立法扩大和延长了 45Q 法案中对于 CCUS 的税收补贴。45Q 法案规定给予 EOR 项目 60 美元/吨的税收补贴，封存项目为 85 美元/吨，直接空气捕集项目为 180 美元/吨。但目前我国还没有类似的补贴政策，未来何时出台、补贴水平如何变化都将影响当前的投资决策。

对于发电企业而言，CCUS 技术和其他可再生能源发电形式存在竞争关系。发电补贴对平均发电成本有较大影响，间接影响 CCUS 改造的经济性。当可再生能源发电的平均度电成本足够低时，CCUS 改造对于电厂而言吸引力降低。然而，近年来我国发电补贴政策经历了频繁调整，并且存在补贴发放延迟的问题。发电补贴政策的不确定性导致一些已经处于盈亏边缘的项目面临停滞，这使得进行 CCUS 改造的经济性更加难以确保。

（3）技术进步。对于新兴技术，技术进步和成本降低存在不确定（Wei et al.，2020b）。CCUS 技术进步的不确定性主要体现在进步方向、进步频率和发生频率三个方面。CCUS 项目投资具有高度资本密集性和长技术寿命，因此具有较强的路径依赖性，技术成熟度本身会对企业的投资决策产生影响（魏一鸣，2020）。企业在考虑投资的技术种类时，不仅需要确保 CCUS 能够和对应的发电流程相匹配，还需要考虑技术的稳定性和经济性以及潜在的学习效应。对于技术进步发生的频率而言，在投资规划期内的 CCUS 即使得到了应用，同一代技术内同样也会发生较小的技术改进，对应的成本也会相应下降。此时，技术进步发生的频率越高，投资者越能在更短时间内获得成本的节约效应。对于确定的技术进步发生频率而言，成本下降的幅度也是不确定的，这体现在技术进步的程度对成本下降的影响。如果企业预期在未来该技术会有较大的进步，意味着等待将会产生更高的投资价值，总的投资成本在未来还存在下降的可能，而这也就会对立即投资产生巨大的阻力。从长远角度考虑，投资者可能会选择推迟投资以减少总体成本，并认为持有延迟投资的期权价值是正面的。因此，企业需要在即时投资和延迟投资之间做出权衡。

（4）市场环境。对于发电企业而言，其生产要素是燃料，产品是电力。影响发电企业投资决策的市场环境因素一般包括燃料价格和产品价格。生产要素的价格直接影响企业的度电成本，度电成本越低，企业越愿意承担减排成本。同时由于 CCUS 具有高能耗特点，其主要能耗体现在捕集设备用能。根据设备的不同，燃料的类型包括燃煤、天然气等化石能源，生物质能、太阳能等可再生能源以及电力等其他二次能源。燃料价格将会直接影响到 CCUS 的成本，也就会直接影响到项目的经济性，燃料价格越低，CCUS 技术改造的成本就越低，项目的经济可行性越高。产品价格直接影响到企业的盈利，发电企业的产品一般包括电力、热力等输出。产品价格越高，企业盈利的可能性越高，进行 CCUS 技术改造的意愿也会越高。电力、热力价格的不确定性将直接影响发电企业进行 CCUS 技术改造的意愿。

16.1.2　内部影响因素

内部影响因素，顾名思义就是位于企业内部的一般不确定性，来源主要有企业生产、运营管理、主体特征等。

（1）企业生产。企业生产的不确定性指的是发电企业在日常生产作业中难以预估的因素对 CCUS 投资决策产生的不确定性影响，主要体现在超额排放和操作成本不确定性两个方面。发电企业进行 CCUS 投资的主要目的是从企业利润最大化的角度出发，在碳排放约束的条件下实现减排成本最小化。目前的全国碳市场实行的是总量控制下的免费配额发放制度，而超过免费配额的排放就需要通过碳排放权交易市场购买配额。对于发电企业而言，未来自身生产规模的不确定性导致了超额排放的不确定性；对于 CCUS 价值链上的其他主体而言，发电企业的超额排放量更是难以预测，且可靠的历史数据也不易获得。在这种情况下，各主体间进行物质和资金的交互行为将会受到信息不对称的影响，从而影响发电企业 CCUS 项目的投资决策。CCUS 作为一项新兴的减排技术，目前并没有实现全面的商业化。不同的改造项目对应的操作成本并不完全一致。对发电企业而言，操作成本除了受到技术成熟度的影响之外，还会受核算方法和市场环境波动的影响。对于其他主体而言，也很难准确掌握发电企业进行 CCUS 的操作成本。

（2）运营管理。按照主体来分，运营管理的不确定性主要分为沟通协调不确定性和系统协调不确定性。沟通协调的主体是人，根据是否跨越部门又可以细分为部门内部的沟通和部门间的合作。和沟通协调相关的不确定性都可以概括为“人”的不确定性。系统协调的不确定性主要来源于系统运行的不稳定，主要原因一般有生产管理系统设计的不合理、人员操作不得当等。CCUS 系统在电厂中不能独立运行，必须配合发电单元和其他工序共同完成，这就要求 CCUS 系统运行具有较大的灵活性，以应对电力生产中的不确定性，常见的有发电设备的停启与维护、发电负荷的变化等。

（3）主体特征。主体特征指的是电厂的特征参数，影响 CCUS 项目投资决策的电厂主要特征参数有电厂剩余运行寿命和年度发电小时数。电厂剩余运行寿命直接决定了 CCUS 项目的运行时间能否超过其投资回收期（Zhang et al.，2014）；年度发电小时数则对于项目的成本收益核算产生直接且巨大的影响，通常情况下，更大的年度发电小时数能够通过规模化平摊发电成本，更低的度电成本也就意味着更高的收益。

16.2　考虑 CCUS 的发电技术组合投资决策

碳市场的发展在助力减缓气候变化和推动自主减排的同时，也增加了参与主体在项目投资决策上的风险。作为国内主要的碳排放源，发电企业已被优先纳入全国碳市场。对于发电企业，除了面临传统的市场风险，还需应对碳价波动引发的营利不确定性。因此，在制订规划时，企业需综合考虑多方面因素进行一项关键决策：在气候政策和市场不确定性环境下，如何分配发电预算、发展最优的发电技术，实现低成本、高回报且满足发电负荷和减排两大要求的发电技术投资组合。

16.2.1　项目级与企业级 CCUS 投资决策方法

（1）项目级投资决策：实物期权模型。实物期权是期权的一种，其底层证券是既非股票又非期货的实物商品，该实物商品自身构成了期权的底层实体。实物期权把金融市场的规则引入企业内部战略投资决策，用于规划与管理战略投资，是管理者对所拥有实物资产进行决策时所具有的柔性投资策略。在公司面临不确定性的市场环境下，实物期权的价值来源于公司战略决策的相应调整，通过应用金融期权理论，给出动态管理的定量价值，从而将不确定性转变成企业的优势。净现值法对于不确定性较高的项目投资决策具有明显的不适用性，而实物期权模型则可以很好地解决不确定性较高这一问题（Zhang et al.，2014）。

第一步是设定决策目标，不同的研究对于目标函数的设定不一样，一般可以分为利润最大化、成本最小化以及消费者福利最大化三类。对于发电企业而言，我们考虑了不同的发电备选技术，所涉及的燃料和技术特征均不相同，碳强度和排放规模也有差异，并且核算电力销售收入、副产品销售收入以及碳交易收入和各项成本的方法也不同，本书采用利润最大化的目标函数。

第二步进行收益–成本核算。利润函数的收益部分包括售电收入、副产品收入、碳交易收入；成本部分包括电厂投资成本、运维成本、CCUS 系统投资成本、固定成本、可变成本和燃料成本等。据此，单项发电技术投资第 t 年的净现金流量如式（16-1）所示：

$$\mathrm{CF}\left(x_t, p_{\mathrm{c},t}, p_{f_i,t}\right) = Y_{\mathrm{ele}}(x_t) + Y_{\mathrm{by}}(x_t) - \mathrm{CB}(x_t)p_{\mathrm{c},t} - A_{\mathrm{c}}(x_t)p_{\mathrm{con}} - \mathrm{OM}(x_t) \tag{16-1}$$

其中，Y_{ele} 为售电收入；Y_{by} 为副产品收入；CB 为碳平衡余额（即碳排放总量扣除捕集量和免费配额后的剩余排放量）；$p_{c,t}$ 为碳价；A_c 为捕集量；p_{con} 为单位投资成本；OM 为运营费用；x_t 为状态变量，表示是否已存在火电、生物质或风电机组（含/不含碳捕集设备），以及当前碳捕集设备是否运行。我们先根据以上收支函数表示出年度利润，再利用净现值法进行运算，见式（16-2），将未来的价值通过贴现因子折现到当期。

$$\begin{cases} \mathrm{PV}_T = \mathrm{CF}_T \\ \mathrm{PV}_t = \mathrm{CF}_t + \mathrm{PV}_{t+1} \cdot \mathrm{e}^{-r\Delta t}, \quad t = T-1, T-2, \cdots, 1 \end{cases} \tag{16-2}$$

其中，PV 为现值；CF 为年度现金流；r 为行业贴现率；T 为投资标的生命周期；Δt 为计算步长（此处为一年）。

如果投资者于第 t 年进行投资，则相应的总利润可表示为

$$\pi_t = \mathrm{PV}_t - I(a_t(x_t)) \tag{16-3}$$

其中，a_t 为控制变量，表示以下任一决策行为：①投建火电机组；②投建火电机组及碳捕集设备；③投建生物质耦合发电机组；④投建生物质耦合发电机组及碳捕集设备；⑤投建风电机组；⑥对原有机组加装碳捕集设备；⑦启动碳捕集设备；⑧关停碳捕集设备；⑨无行动。$I(a_t)$ 为与 a_t 相对应的初始投资成本。a_t 受 x_t 约束。例如，当且仅当未加装碳捕集设备时，才能投建碳捕集设备；当且仅当已投建碳捕集设备时，才能对其进行开启、关停操作。

售电收入计算见式（16-4）：

$$Y_{\mathrm{ele}}(x_t) = \begin{cases} q_{\mathrm{ele}} p_{\mathrm{ele}}^k \left(1-\xi^k\right), & x_t = \text{现存}k\text{类机组} \\ q_{\mathrm{ele}} p_{\mathrm{ele}}^k \left(1-\xi^k - \mathrm{EP}\right), & x_t = \text{现存}k\text{类机组+CCS} \end{cases} \tag{16-4}$$

其中，q_{ele} 为发电总量；p_{ele} 为售电价格；k 为火电、生物质或风电机组；ξ^k 为 k 类机组的厂用电率；EP 为碳捕集引致的能源损耗。

副产品收入计算见式（16-5）：

$$Y_{\mathrm{by}}(x_t) = \begin{cases} s_{\mathrm{heat}} p_{\mathrm{heat}}, & x_t = \text{现存火电机组（有/无CCS）} \\ q_{\mathrm{ele}} R_{\mathrm{bio}} \gamma p_{\mathrm{char}}, & x_t = \text{现存生物质耦合发电机组（有/无CCS）} \\ 0, & x_t = \text{现存风电机组} \end{cases} \tag{16-5}$$

其中，s_{heat} 和 p_{heat} 分别为供暖面积和供暖价格；R_{bio} 为生物质燃料消耗系数；γ 为生物炭产炭率；p_{char} 为生物炭售价。由于生物质耦合发电尚未进入规模化推广阶段，运行连续性存在不确定性，本章不考虑机组供热。此外，根据国家最新政策，湖北暂未列入风电清洁供暖的扩大应用区域，因此不考虑风电机组发电的副产品。

本章定义碳平衡余额（CB）为碳排放总量扣除捕集量及免费配额（CAP）后的剩余排放量。据此，机组碳排放量（Q_c）、捕集量（A_c）和碳平衡余额的计算见式（16-6）。

$$Q_c(x_t)=\begin{cases} q_{ele}\mathrm{CI}^k, & x_t = \text{现存}k\text{类机组（有/无CCS）} \\ 0, & x_t = \text{现存风电机组} \end{cases} \tag{16-6}$$

$$A_c(x_t)=\begin{cases} Q_c(x_t), & x_t = \text{现存}k\text{类机组+CCS} \\ 0, & x_t = \text{现存}k\text{类机组} \end{cases} \tag{16-7}$$

$$\mathrm{CB}(x_t)=\begin{cases} Q_c(x_t)-\mathrm{CAP}, & x_t = \text{现存火电机组} \\ Q_c(x_t)\cdot(1-\mathrm{CR})-\mathrm{CAP}, & x_t = \text{现存火电机组+CCS} \\ -Q_c(x_t)\cdot \mathrm{CR}, & x_t = \text{现存生物质机组+CCS} \\ 0, & x_t = \text{现存生物质机组或风电机组} \end{cases} \tag{16-8}$$

其中，CI^k 为 k 类机组的碳排放强度；CR 为 CO_2 捕集率（燃烧后）；CAP 为机组所分得的免费碳排放配额（生物质和风电机组的配额为 0）；$Q_c(x_t)$ 为现存火电机组（x_t）的碳排放量。本章假设加装碳捕集设备的发电机组，所有排放均被捕集，并交付 CCUS 运营商进行运输与封存利用。

发电机组运营费用（OM）计算见式（16-9）：

$$\mathrm{OM}(x_t)=\begin{cases} C^{k+\mathrm{CCS}}+q_f^k p_{f,t}^k, & x_t = \text{现存}k\text{类机组}+\mathrm{CCS} \\ C^k+q_f^k p_{f,t}^k, & x_t = \text{现存}k\text{类机组} \end{cases} \tag{16-9}$$

其中，C^k 为 k 类机组的运维费用；$C^{k+\mathrm{CCS}}$ 为 k 类机组及碳捕集设备的总运维费用；q_f^k 和 $p_{f,t}^k$ 分别为 k 类机组燃料消耗量和燃料价格。

此处仅以投资火电机组加装碳捕集设备为例，其年现金流计算见式（16-10）（其他技术投资同理）：

$$\begin{aligned} \mathrm{CF}_{\mathrm{coal+CCS}}\left(p_{c,t},p_{\mathrm{coal},t}\right) &= q_{ele}p_{ele}^{\mathrm{coal}}\left(1-\xi^{\mathrm{coal}}-\mathrm{EP}\right)+s_{heat}p_{heat} \\ &\quad -p_{c,t}\left[q_{ele}\mathrm{CI}^{\mathrm{coal}}(1-\mathrm{CR})-\mathrm{CAP}^{\mathrm{coal}}\right] \\ &\quad -p_{con}q_{ele}\mathrm{CI}^{\mathrm{coal}}-\left(C^{\mathrm{coal+CCS}}+q_f^{\mathrm{coal}}p_{\mathrm{coal},t}\right) \\ &=-\left[q_{ele}\mathrm{CI}^{\mathrm{coal}}(1-\mathrm{CR})-\mathrm{CAP}^{\mathrm{coal}}\right]p_{c,t}-q_f^{\mathrm{coal}}p_{\mathrm{coal},t}+s_{heat}p_{heat} \\ &\quad +q_{ele}\left[p_{ele}^{\mathrm{coal}}\left(1-\xi^{\mathrm{coal}}-\mathrm{EP}\right)-p_{con}\mathrm{CI}^{\mathrm{coal}}\right]-C^{\mathrm{coal+CCS}} \end{aligned} \tag{16-10}$$

其中，$\mathrm{CF}_{\mathrm{coal+CCS}}$ 为火电机组加装碳捕集设备的 t 年的现金流；ξ^{coal} 为火电机组的厂用电率；s_{heat} 和 p_{heat} 分别为供暖面积和供暖价格；$p_{c,t}$ 和 $p_{\mathrm{coal},t}$ 分别为 t 期的碳

交易价格和动力煤价格；$p_{\text{ele}}^{\text{coal}}$ 为火电上网电价；CI^{coal} 为火电机组的碳排放强度；$q_{\text{f}}^{\text{coal}}$ 为火电机组的燃料消耗量；p_{con} 为碳运输与封存服务合同价格；$C^{\text{coal+CCS}}$ 为运维费用。

已知火电加装 CCUS 的初始投资成本为 $I_{\text{coal+CCS}}$，于第 t 年进行投资的总利润可表示为

$$\pi_t = \text{PV}_t - I_{\text{coal+CCS}} \tag{16-11}$$

最后构建技术投资决策模型，由于研究涉及各项技术选择的建设期差异不大，且远低于其他发电技术（如核电）的建设期，本模型不考虑建设期的时长。该投资优化问题可表达为

$$\max_{a_t\left(x_t, p_{\text{c},t}, p_{f_i,t}\right)} E\left\{\text{e}^{-rt}\left[\text{PV}_t(x_t, p_{\text{c},t}, p_{f_i,t}) - I(a_t(x_t))\right]\right\} \tag{16-12}$$

$$\text{s.t.} \quad x_{t+1} = G\left(x_t, a_t(x_t)\right), \quad t = 0,1,\cdots,P \tag{16-13}$$

$$p_{\text{c},0} = p_{\text{c}}^0 \tag{16-14}$$

$$p_{f_i,0} = p_{f_i}^0 \tag{16-15}$$

$$a_t(x_t) \in A(x_t), \quad t = 0,1,\cdots,P \tag{16-16}$$

其中，$G(\cdot)$ 表示下一期状态为本期状态和决策的确定性函数；P 为决策期，且 $P < T$；p_{c}^0 为初始碳价格；$p_{f_i}^0$ 为初始燃料价格。

根据前面的分析，本章研究的是有限期的离散随机最佳控制问题，以年度为决策单位，可采用动态规划求解。各期最优决策通过关于价值方程 $F(\cdot)$ 的贝尔曼方程递归求解得到：

$$F(x_t) = \max_{a\in A(x_t)}\left\{\text{PV}_t(x_t, p_{\text{c},t}, p_{f_i,t}) - I(a_t(x_t)) + \text{e}^{-r\Delta t}\cdot E\left[F(x_{t+1}) \mid x_t\right]\right\} \tag{16-17}$$

其中，期末价值方程等于零。

而求解动态规划可采用蒙特卡罗模拟、偏微分方程等方法，本书中采用基于模拟思想的最小二乘蒙特卡罗模拟求解方程［式（16-17）］。基本思路是首先采用蒙特卡罗模拟将方程中的随机变量（碳价、燃料价格、投资成本）离散化，其次基于最小二乘法思想，逆向拟合得到投资总收益的估计值，最终得到一个多维表格，显示了在各种可能状态以及可能的价格下，各期的最优操作，形成投资策略方阵。

（2）企业级投资决策：基于条件风险价值[①]理论的资产组合模型。本书中沿用

① 即 conditional value at risk，CVaR。

资产组合理论的分析框架，通过施加“收益”约束，对“风险”进行优化，定位最优投资组合点。

对于 K 种不同的发电技术，我们以不同技术的占比作为决策变量，不同技术的收益组合为一个随机变量，以负收益的形式表示损失函数，考虑到不同技术间的收益绝对量不具有可比性，本书采用持有期收益率作为收益的代理变量进行研究说明。

电源投资组合的损失函数可表示为

$$f(x,y) = -\sum_{i=1}^{K} x_i \cdot \mathrm{HPR}_i \tag{16-18}$$

定义：

$$\mathrm{HPR}_i = \pi_{it} / I_i \tag{16-19}$$

其中，π_{it} 为在第 t 年对机组 i 进行投资的总利润；I_i 为机组 i 的初始投资成本。

已知收益 y 具有连续的联合概率密度 $p(y)$，在置信度水平 $\beta \in [0,1]$ 下，该技术投资的风险价值（β-VaR）定义为

$$\alpha_\beta(x) = \min\left\{\alpha \middle| \int_{f(x,y)\leqslant\alpha} p(y)\mathrm{d}y \geqslant \beta\right\} \tag{16-20}$$

其中，α 为损失函数 $f(x,y)$ 的阈值（即 β-VaR 的上限）；$\int_{f(x,y)\leqslant\alpha} p(y)\mathrm{d}y$ 为 $f(x,y)$ 不超过 α 的概率。

相对应的条件风险价值（β-CVaR）表示为

$$\mathrm{CVaR}_\beta(x) = E\left[f(x,y) \geqslant \alpha_\beta(x)\right] = \frac{\int_{f(x,y)\geqslant\alpha_\beta(x)} f(x,y)p(y)\mathrm{d}y}{1-\beta} \tag{16-21}$$

其中，积分部分含有 $\alpha_\beta(x)$，难以直接求解。根据 Krokhmal 的做法，在此引入辅助函数 $A_\beta(x,\alpha)$，如式（16-22）所示。优化 $A_\beta(x,\alpha)$ 得到的最优解 (x^*,α^*)，可同时使得式（16-21）达到最优，其中 α^* 为相应的 β-VaR。

$$A_\beta(x,\alpha) = \alpha + \frac{\int_{y\in R^M} \left[f(x,y)-\alpha\right]^+ p(y)\mathrm{d}y}{1-\beta} \tag{16-22}$$

其中：

$$\left[f(x,y)-\alpha\right]^+ = \begin{cases} f(x,y)-\alpha, & f(x,y)>\alpha \\ 0, & f(x,y)\leqslant\alpha \end{cases} \tag{16-23}$$

由式（16-23）可知，恒有 $\text{CVaR} \geqslant \text{VaR}$ 。

已知实物期权模型中模拟 M 次生成收益 y 的样本 $\{\text{HPR}_m\}_{m=1}^{M}$，$\text{HPR}_m \in R^M$（$R^M$ 为所有可能的收益集合），则有

$$A_\beta(x,\alpha) \approx \alpha + \frac{\sum_{m=1}^{M}\left(-x^T \text{HPR}_m - \alpha\right)^+}{M(1-\beta)} \tag{16-24}$$

其中，T 为时期。

为处理式（16-24）分段函数的求解，进一步引入辅助变量 $u_m \in [0,+\infty)$，将分段线性规划转化为简单线性规划，且 u_m 满足：

$$u_m \geqslant -x^T \text{HPR}_m - \alpha \tag{16-25}$$

因此，电源投资组合模型的目标函数为

$$\min\left[\alpha + \frac{1}{M(1-\beta)}\sum_{m=1}^{M} u_m\right] \tag{16-26}$$

该模型的预期收益约束为

$$\sum_{k=1}^{K} x_k \cdot E(\text{HPR}_k) \geqslant \text{HPR}_0 \tag{16-27}$$

其中，HPR_0 为投资者设定的电源投资组合预期收益率(即最低收益要求)；$E(\text{HPR}_k)$ 为发电技术 k 投资的期望收益率，且有

$$E(\text{HPR}_k) = \frac{1}{m}\sum_{m=1}^{M} \text{HPR}_{k,m} \tag{16-28}$$

各发电技术的投资比例需满足：

$$\sum_{k=1}^{K} x_k = 1 \tag{16-29}$$

考虑到当前发电技术与电网稳定性等因素，技术 k' 的投资占比不得高于一定水平：

$$x_{k'} \leqslant r_{k'} \tag{16-30}$$

其中，$r_{k'} \in [0,1]$ 为发电技术 k' 的最高投资占比。

综上，企业电源投资组合决策模型结构如下：

$$\min_{(x,\alpha,u)}\left[\alpha + \frac{1}{M(1-\beta)}\sum_{m=1}^{M} u_m\right]$$

$$\text{s.t.} \quad \sum_{k=1}^{K} x_k = 1$$

$$
\begin{aligned}
&\sum_{k=1}^{K} x_k \cdot E(\mathrm{HPR}_k) \geqslant \mathrm{HPR}_0, \quad k=1,2,\cdots,K \\
&x_{k'} \leqslant r_{k'} \\
&u_m \geqslant -x^T \mathrm{HPR}_m - \alpha, \quad m=1,2,\cdots,M \\
&x_k \geqslant 0 \\
&u_m \geqslant 0
\end{aligned}
\tag{16-31}
$$

式（16-31）优化求得最优解(x^*,α^*,u^*)，从而得到各技术投资最佳比例x^*，同时β-CVaR达到最小值。需要注意的是，式（16-31）采用静态设置，假设投资决策在规划期内仅发生一次。下面将进一步考虑在规划期内进行分期投资。已知决策者在规划期t的投资份额为s_t（即第t期投资总额占规划期投资总预算的比例），有动态模型：

$$
\begin{aligned}
&\min_{(x,\alpha,u)} \left[\alpha + \frac{1}{M(1-\beta)} \sum_{m=1}^{M} u_m \right] \\
\text{s.t.} \quad &\sum_{k=1}^{K} x_{k,t} = s_t, \quad t=1,2,\cdots,P \\
&\sum_{k=1}^{K}\sum_{t=1}^{P} x_{k,t} \cdot E(\mathrm{HPR}_{k,t}) \geqslant \mathrm{HPR}_0, \quad k=1,2,\cdots,K \\
&\sum_{t=1}^{P} x_{k',t} \leqslant r_{k'} \\
&u_m \geqslant -x^T \mathrm{HPR}_m - \alpha, \quad m=1,2,\cdots,M \\
&x_{k,t} \geqslant 0 \\
&u_m \geqslant 0
\end{aligned}
\tag{16-32}
$$

其中，$E(\mathrm{HPR}_{k,t}) \in R^{KT}$为技术$k$第$t$期收益率的期望（模拟样本均值）。

动态模型能够根据不确定性在整个决策期内各时期的分布，充分利用有效信息，进行灵活的资金分配和投资决策，也更为贴近企业决策实际。

16.2.2 备选技术投资收益分布与投资比例

我们选择湖北某案例企业进行研究，企业2015～2018年年报显示，现有三种发电技术在商业化应用，分别为火力发电、生物质耦合发电和风力发电。据此我们设置5类企业发电规划的备选技术：火力发电、火力发电加装CCUS、生物质耦合发电、生物质耦合发电加装CCUS以及风力发电。上述技术的相关特征参数及本章设定参数详见表16-1和表16-2。

表 16-1　可供选择技术的典型特征数据

特征参数	火力发电	火力发电加装 CCUS	生物质耦合发电	生物质耦合发电加装 CCUS	风力发电
机组容量/兆瓦	640	640	10.8	10.8	1 680
初始投资/亿元	44.8	72.2	0.97	1.03	149.52
年运维成本/亿元	1.12	2.85	0.87	0.91	4.6
年发电量/兆瓦时	3 534 576.9	3 534 576.9	75 600	75 600	3 680 000
年燃料消耗/吨	998 208.61	998 208.61	5 600	5 600	0
上网电价/（元/千瓦时）	0.416 1	0.416 1	0.416 1	0.416 1	0.6
厂用电率/%	6	6	9.4	9.4	2.52
排放强度/（克/千瓦时）	829.19		600		0

注：数据设置主要参考 IEAGHG（2011a）、IRENA（2012）、张守军（2018）、国家发展改革委和国家能源局（2016）、毛健雄（2017）、刘国强等（2018）、国家能源局（2018）、International CCS Knowledge Centre（2018）、湖北省发展和改革委员会（2018，2019）、中国电力网（2020）。

表 16-2　案例相关数据及说明

符号	参数名称及单位	数值	说明与来源
T_{case}	机组寿命/年	25	本章设定
P_{case}	规划期/年	5	2021～2025 年
p_c	初始碳价/（元/吨）	98	《2019 年中国碳价调查》
p_{bio}	初始秸秆价格/（元/吨）	300	张守军（2018）
p_{coal}	初始动力煤价格/（元/吨）	548	动力煤 2020 年 1 月近月合约均价
CAP^{coal}	火电免费排放配额/（吨/年）	595 802.79	按 600 兆瓦级机组年发电量计算
R_{case}^{bio}	秸秆消耗系数/（千克/千瓦时）	0.690 67	毛健雄（2017）
CR	CO_2 捕集率（燃烧后）/%	85	IEA（2017）
EP	碳捕集能源损耗（燃烧后）/%	20	Chen 等（2016a）
p_{con}	CO_2 运输与封存服务价格/（元/吨）	175.13	作者计算均价
p_{case}^{char}	秸秆炭售价/（元/吨）	2500	张守军（2018）
s_{heat}	供暖面积/万米 ^{2}	45	杨涛（2018）
p_{heat}	供暖价格/［元/（米 ^{2}·年）］	25	张守军（2018）
q_{bio}	生物质气化炉处理量/（吨/时）	8	张守军（2018）
γ_{case}	秸秆炭产炭率/%	18	张守军（2018）
r	贴现率/%	8	作者设定

注：美元兑人民币汇率为 6.76 元/美元（2017 年均值，来自世界银行数据库）。

2018～2022 年湖北全省用电量平均增幅约为 6.38%。本节对决策者在规划期的投资份额设置四种情景：情景一为匀速投资情景，第 1～5 年依次投入总预算的 20%；情景二为 5%加速投资情景，即每期投资额为上期的 105%，各期投资比例依次为 18.10%、19.00%、19.95%、20.95%和 22.00%；情景三为 10%加速投资情景，即每期投资额为上期的 110%，各期投资比例依次为 16.38%、18.02%、19.82%、21.80%和 23.98%；情景四为 20%加速投资情景，即每期投资额为上期的 120%，各期投资比例依次为 13.44%、16.12%、19.35%、23.22%和 27.87%。

我们采用调查数据和研究数据分别设置两组碳价均值情景，见表 16-3。其中，调查数据参考自《2018 年中国碳价调查》对 2025 年碳价预期的问卷调查结果，将预期均值、20%分位数和 80%分位数依次命名为平均期望、低期望和高期望情景。“6065 目标”组情景数据参考自 Tang 等（2020a）对我国全国统一碳市场最优配额价格的研究结果。“6065 目标”具体指，到 2030 年，我国单位 GDP 的 CO_2 排放比 2005 年下降 60%～65%。该研究在此目标下测算出：若全国碳市场只纳入电力部门，碳价至少为 345 元/吨；若纳入 3 个部门，碳价至少为 680 元/吨；若纳入 8 个部门，碳价至少为 1140 元/吨。本章针对碳价均值设置的碳价调查情景和“6065 目标”情景分别代表了市场对碳价的预期和碳价的理论值。

表 16-3 碳价均值情景设置

情景组	情景名称	碳价均值/（元/吨）	数据说明	数据来源
碳价调查	低期望	35	20%分位数	《2018 年中国碳价调查》
	平均期望	98	2025 年预期均值	
	高期望	158	80%分位数	
“6065 目标”	电力行业	345	仅纳入电力部门的最优碳价	Tang 等（2020a）
	3 行业	680	纳入 3 个部门的最优碳价	
	8 行业	1140	纳入 8 个部门的最优碳价	

图 16-1 展示收益率的分布（以条形图表示），以及与之同期望、同方差的正态分布（以虚线表示）。结果显示在碳价均值为 98 元/吨时，投资生物质发电的期望收益率最高，其次是火力发电和风力发电，两项加装 CCUS 的发电技术经济性较差，收益率为负。各项技术的收益率分布均不服从正态分布。其中，火力发电和生物质发电的收益率分布呈现较为明显的左部肥尾现象，风力发电呈现右部肥尾现象，这

也进一步说明了在研究中采用基于正态分布的均值–方差模型难以最大限度地利用信息，得出有效结论。

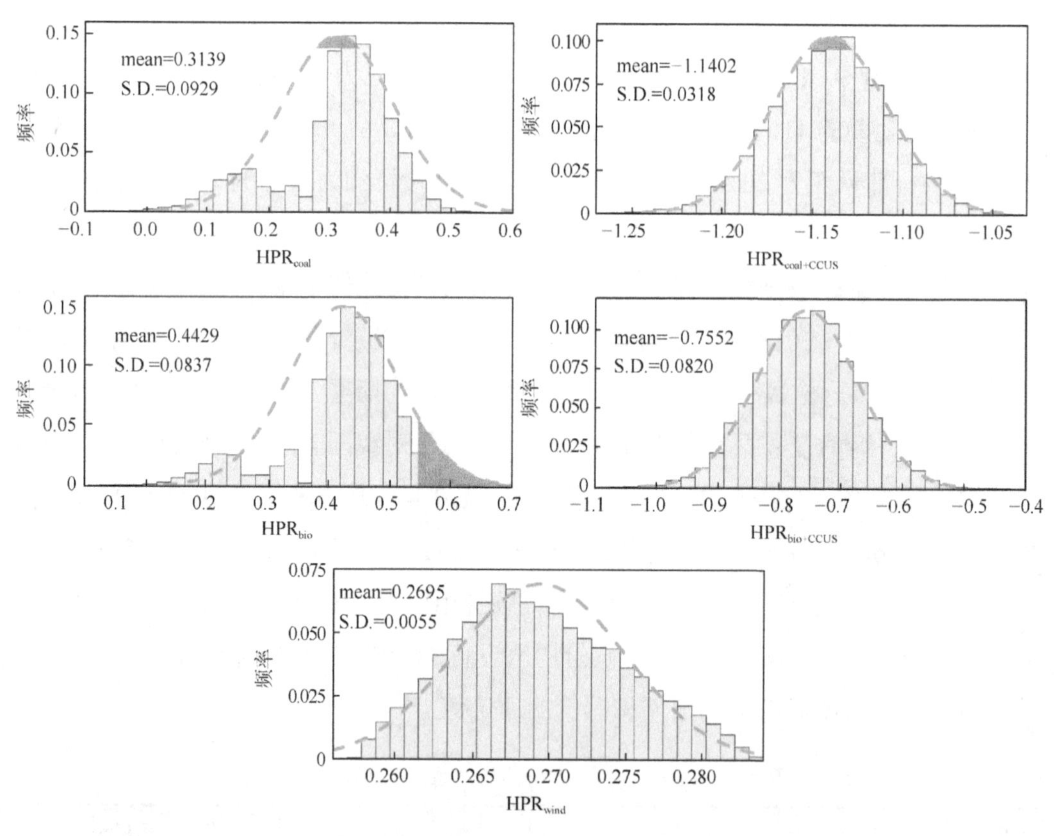

图 16-1　可选发电技术的收益率（HPR）分布

coal-火力发电；bio-生物质发电；wind-风力发电；coal+CCUS-火力发电加装 CCUS；bio+CCUS-生物质发电加装 CCUS；mean-平均值；S.D.-标准差

当碳价均值为 98 元/吨时，假设技术投资在各期均匀分配，在 99%的置信度水平下，规划期内的各技术比例为：火力发电 16.02%，生物质发电 73.98%，风力发电 10%。此时，加装 CCUS 技术的两项备选发电技术不具备投资经济性，并未入局，投资组合的期望收益率为 7.45%，β-VaR 为–0.0648，β-CVaR 为–0.0616，表明有 99%的可能性，该投资组合的收益将超过总投资额的 6.48%，且低于最小收益部分的平均值为总投资额的 6.16%。β-CVaR 进一步解释了在投资收益（或损失）超过极端情况下的平均表现，表明即使在最低收益率 6.5%无法实现的情况下，平均也能达到 6.17%的收益率，在这一点上 β-CVaR 优于 β-VaR 。表 16-4 进一步展示了最优投资组合在不同置信度水平下对应的风险价值、条件风险价值和期望收益率，置信度越高，置信区间越宽，把握越大。

表 16-4　不同置信度水平下最优组合的风险与收益

β/%	VaR	CVaR	E（HPR）
99	–0.0648	–0.0616	0.0745
95	–0.0684	–0.0660	0.0760
90	–0.0706	–0.0678	0.0774

各发电技术投资的跨期分配情况见图 16-2，仍以碳价均值 98 元/吨为例。生物质发电因其低排放和相对较低的投资成本，在各期投资中均占据主体地位。可以看出风力发电的投资风险在可选技术中最低，但投资比例受限，因此在投资组合中，风力发电仅占 10%的份额，全部投资在期初。反之，风险相对较高、收益可观的生物质发电和火力发电则占据了除此之外的份额，且二者中风险更低、收益更高的生物质发电的份额在逐期增加。

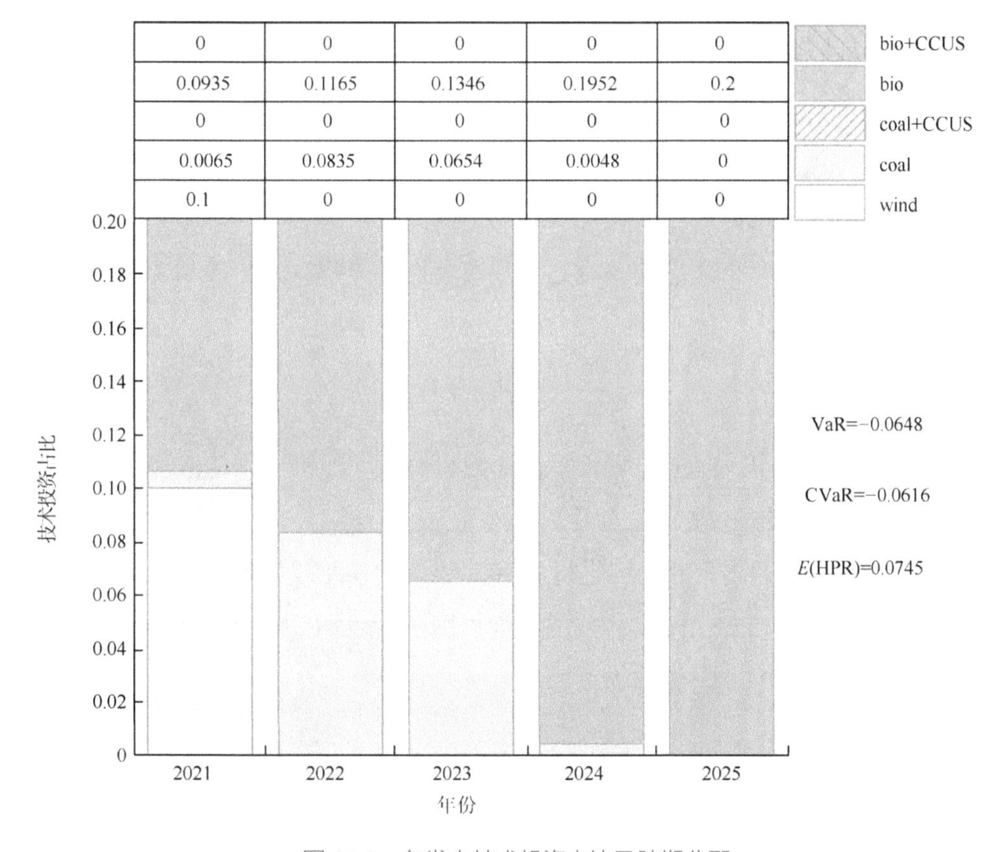

图 16-2　各发电技术投资占比及跨期分配

16.3 燃煤耦合生物质发电的最佳碳捕集改造时机

在我国，推动耦合发电技术试点和相关政策为 CCUS 引入燃煤耦合生物质发电提供了机遇。然而，市场环境、技术进步、补贴政策等方面存在诸多不确定性，降低了投资者和决策者参与的积极性。中国刚开始推行的全国碳市场涵盖了电力行业，有望增强 CCUS 改造的经济吸引力。但是目前碳市场尚未步入正轨，交易价格特征很难通过历史数据进行准确拟合与预测。而技术突破和潜在的成本下降也具有很大的不确定性，投资者倾向于等待下一次技术革新，从而降低投资成本。在这种情况下，投资者要在立即投资和推迟改造间进行一个权衡。碳市场和技术进步的不确定性影响了 CCUS 的改造时机。对于燃煤生物质耦合电厂而言，生物质燃料成本和可再生能源相关政策的不确定性都会被纳入不确定性分析框架中。

16.3.1 碳价、技术进步和成本的不确定性度量

在不确定性分析框架中，碳价不确定性采用初始碳价、碳价漂移率（碳价的预期增长率）和碳价波动率（广义价格风险）来度量。技术进步的不确定性是通过成本下降情景进行描述的，具体从成本下降幅度和发生频率两方面来度量。此外还考虑了生物质燃料的价格波动。

假设碳价服从几何布朗运动，满足几何布朗运动方程，采用碳价漂移率和波动率进行描述，则有

$$\frac{\mathrm{d}p_{\mathrm{c},t}}{p_{\mathrm{c},t}} = \mu \mathrm{d}t + \sigma \mathrm{d}z \qquad (16\text{-}33)$$

其中，μ 为碳价漂移率，即平均增长率；σ 为碳价运动随机过程的波动率；$\mathrm{d}z$ 为标准布朗运动增量（维纳过程）。

参考前人的研究，电厂在 t 年进行 CCUS 改造的初始投资成本可以通过基年投资成本和技术突破平均发生率以及技术进步程度进行表示（Murto，2007）。那么电厂进行碳捕集和压缩改造的初始投资成本 I_t 可表示为

$$I_t = I_0 \cdot \varphi^{N_t} \qquad (16\text{-}34)$$

其中，I_0 为在第 0 年改造的初始投资成本；N_t 为均值为 λt 的泊松变量，λt 为技术在第 t 年改造前技术突破发生的次数；$\varphi \in [0,1)$，为技术突破的程度。

初始投资成本 I_t 的期望为

$$E(I_t) = I_0 \cdot e^{-\lambda t(1-\varphi)} \tag{16-35}$$

整个生命周期 T 内的成本下降幅度为

$$\rho = e^{-\lambda T(1-\varphi)} \tag{16-36}$$

那么，φ 可由式（16-37）表示。通过改变技术进步的程度 ρ 和平均发生率 λ，我们能够模拟得到初始投资成本的一定数量样本。

$$\varphi = \ln(1-\rho)/(\lambda T)+1 \tag{16-37}$$

固定运营成本与初始投资成本之间通常呈线性关系，本模型中也如此设置。此外，现有研究提及或分析生物质燃料的季节性波动，本节拟通过三角分布进行拟合。在进行模拟之前，参考前人研究进行净现值计算（Luenberger，1997）。

16.3.2 数据与情景设置

案例项目位于湖北省荆门市，承担着该市及周围地区的供电供热任务。该试点是我国第一个运行良好的燃煤耦合生物质发电项目，我们选取该试点作为研究对象。项目装配了 10.8 兆瓦的流化床生物质气化发电机组与一台 640 兆瓦的燃煤机组进行混烧，用于区域供电供暖，民用供暖面积约为 45 万平方米（杨涛，2018）。以秸秆为主要生物质燃料，生物质燃料在气化炉中通过鼓入空气并加压后发生气化，产生的高热值生物质燃气通过煤粉锅炉进行混燃。该技术的发电效率超过 35%（直接发电效率为 22%～25%），项目自 2012 年开工以来持续运营，总投资 7100 万元，年利润超过 3000 万元。

目前国内还没有燃煤耦合生物质发电加装 CCUS 的项目实例，我们假设在上述案例中加装燃烧后捕集装置。参考燃煤耦合生物质发电的技术流程，图 16-3 提出该技术及燃烧后捕集的整体流程。图 16-3 中，绿色为生物质气化组件，黄色为燃煤发电组件，灰色为中间组件，蓝色为碳捕集组件，红色虚线框里为本章研究假设的加装部分。燃煤耦合生物质发电厂对于加装传统 CCUS 没有根本性限制，几乎不存在技术调整，因此我们假设传统 CCUS 相关的成本数据也适用于燃煤生物质耦合电厂的 CCUS 改造研究。此外由于缺乏燃煤耦合生物质热电联产电厂的数据，我们采用燃煤电厂相关的数据进行近似替代，数据如表 16-5 所示，决策期设定为 2025～2050 年。

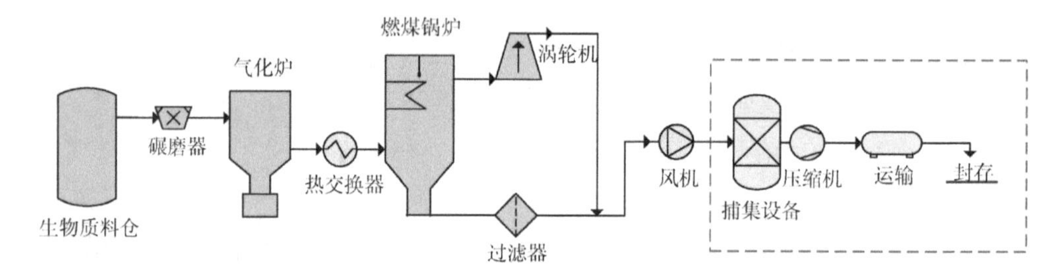

图 16-3　燃煤耦合生物质发电及燃烧后捕集技术流程示意图

表 16-5　碳捕集单元与发电厂相关参数

	符号	参数名称及单位	数值	说明与来源
电厂	CI	碳排放强度/（克 CO_2/千瓦时）	600	毛健雄（2017）
	h	运行小时数/（时/年）	7 000	
	q_{bio}	生物质气化炉容量/（吨/时）	16	
	p_{bio}	初始秸秆价格/（元/吨）	300	
	OM	运维成本/（万元/年）	980	
	q_{ele}	上网电量/（兆瓦时/年）	14 280	
	p_{ele}	上网电价/（元/千瓦时）	0.75	国家能源局（2010）
	s_{heat}	供暖面积/万米 ^{2}	20	
	p_{heat}	供暖价格/［元/（米 ^{2}・季度）］	25	
	q_{heat}	生物炭产量/（吨/年）	20 160	秸秆投入量的 18%
	p^0_{char}	生物炭价格/（元/吨）	2 500	
碳捕集设备	CR	CO_2 捕集率（燃烧后）/%	85	B2DS
	EP	碳捕集能源损耗（燃烧后）/%	20	Chen 等（2016a）
	I_0	第 0 年改造的初始投资成本/（美元/千瓦）	900	IEAGHG（2011a）
	C_{Fccs}	固定操作成本/（美元/千瓦）	18	IEAGHG（2011a）
	C_{Vccs}	可变操作成本/（美元/吨 CO_2）	3	IEAGHG（2011a）
	T	决策期/年	25	本章设定
	r	贴现率/%	8	本章设定

注：IEA 报告中超越 2℃情景（beyond 2 degrees scenario，B2DS）下设定燃烧后捕集技术的捕集率为 85%，认为超过该值会引起工厂能耗增加及效率降低。其他未标注来源的参数取自案例项目的技术评估报告（张守军，2018）。假设秸秆价格服从均匀分布[332.5，367.5]。

我们设定的碳捕集能力与案例火电机组的装机容量相一致。由于年发电量和发热量相对稳定，我们认为产生的碳排放量也相对平稳。一般地，排放主体会就产生的超额排放进行相应额度的碳配额购买或碳税付出。为简化分析，此处将每年的碳排放总量视为超额排放。由刘国强等（2018）的研究可得，我国生物质直燃发电厂和垃圾焚烧发电厂的平均厂用电率分别为 9.4%和 19.8%，而对于典型的超临界电厂平均厂用电率则约为 6%。我们认为燃煤耦合生物质热电联产的厂用电率应低于 9.4%。由于缺乏数据，在案例中将其设为零。

碳市场的情景设置采用三个维度：初始碳价、碳价漂移率（即碳价的预期增长率）和碳价波动率（用以衡量碳市场稳定性）（表 16-6）。基础情景为初始碳价 98 元/吨，漂移率 5%，波动率 7%。

表 16-6　碳价情景设置

维度	情景名称	数值	说明
初始碳价（p_c）	基础情景	98 元/吨	《2018 年中国碳价调查》中 2025 年期望价格均值
	低情景	35 元/吨	调查样本 20 分位数
	高情景	158 元/吨	调查样本 80 分位数
碳价漂移率（μ）	低情景	4%	参考相关文献设定
	基础情景	5%	
	高情景	6%	
碳价波动率（σ）	基础情景	7%	根据我国碳交易试点历史数据合理范围设定
	温和情景	5%	
	低情景	3%	

技术进步情景包含两个维度：技术进步的程度 ρ 和频率 λ。McKinsey 研究报告显示，成熟商业化阶段（2030 年后）的 CCUS 成本有望较示范阶段（2015 年）下降 30%～50%。因此，本章的程度情景设置为 30%、40%和 50%。根据我国碳捕集、利用与封存技术发展路线图的规划设计，CCUS 以每 5 年为发展节点。因此本章频率情景设置为 1/4、1/5、1/6 和 1/7。其中，基础情景为技术进步的程度为 50%、频率为 1/5。

说明：我国碳交易试点历史样本数据覆盖 2015 年 6 月 1 日～2016 年 12 月 2 日，共 2494 个样本点；由于 7%的样本波动率在世界其他碳市场中也属较高水平，我们另设定两个较低的情景。

16.3.3 碳价和技术进步对碳捕集技术改造时机的影响

为了考察碳价与技术进步不确定性的影响，我们提出以下两项假设。

H1：一个具有高价格且稳定的碳市场，有利于触发更早的改造时机。

H2：预期的技术创新倾向于推迟投资时机。

第一项假设表明，高碳价低波动性，使得早期进行 CCUS 改造对于投资者而言有了很强的吸引力。第二项假设表明，技术进步发生的频率越高、幅度越大，推迟进行 CCUS 改造的成本越低，投资者更倾向于推后改造时机。下面我们对各假设在不同情景下进行内部分析。

（1）碳价实验。在对碳价进行分析时，我们固定与情景设置无关的其他变量，仅改变初始碳价。如图 16-4 所示，在初始碳价为 35 元/吨的低情景下，投资概率未出现明显峰值；当初始碳价增至 98 元/吨时，最佳时机推迟到 2033 年；当初始碳价进一步增至 158 元/吨时，时机反而提前到 2029 年，同时，投资概率峰值翻了一番。低、基础和高情景的全局投资概率分别为 17.5%、26.4%和 42.5%。

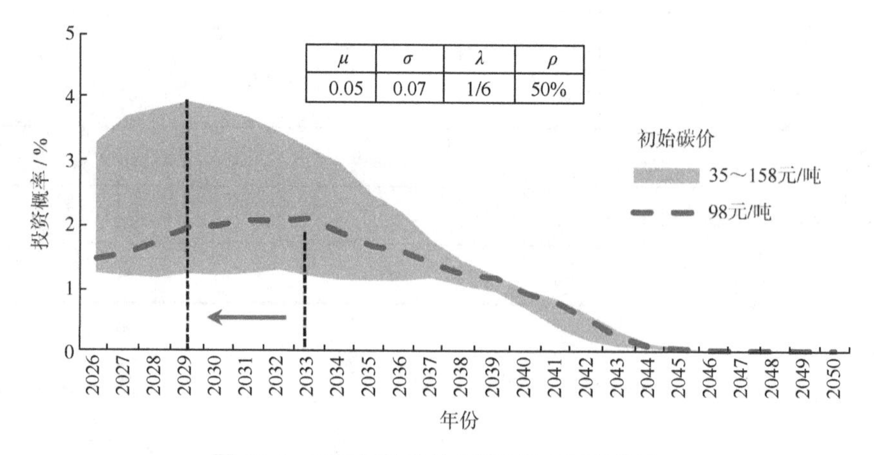

图 16-4 不同初始碳价水平下的年投资概率

图 16-5 显示了随着碳价漂移率从 4%增加到 5%再到 6%，最佳投资时机从 2030 年推迟至 2033 年，然后又提前到 2032 年。而这种非单调的变化在漂移率从 1%增长到 7%的情况下，使得投资者的等待投资时间先变长后变短。

产生这些非单调效应的原因在于碳价或其漂移率与即将到来的技术突破所带来的成本下降效应之间有一个权衡关系。对于漂移率而言，决策者预期自己并不能从极低的漂移率水平中获益，因此将会更愿意等待未来可能发生的成本降低。尽管投资时机关于漂移率存在非单调效应，项目价值仍持续单调上升，如表 16-7 所示。

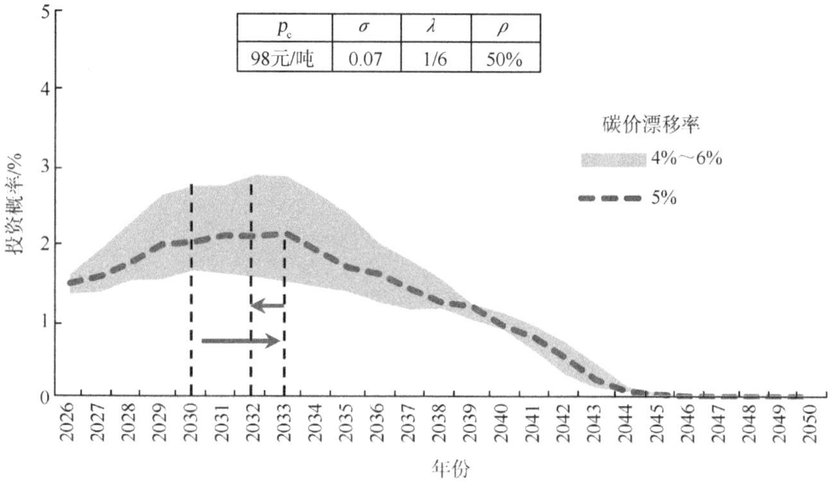

图 16-5　不同碳价漂移率下的年投资概率

表 16-7　不同碳价漂移率对应的决策等待时间和项目价值

碳价漂移率/%	决策等待时间/年	项目价值/万元
7	6	380
6	7	289
5	8	225
4	6	185
3	4	162
2	3	145
1	2	129

改变碳价波动率对项目投资时机没有影响，仅仅会对投资概率产生轻微的负向影响（图 16-6），在低、基础和高情景下，全局投资概率分别为 21.0%、23.5%、23.9%。

H1 认为，高价低波动水平的碳价水平有利于提前 CCUS 改造时机。而前面分析得到，提升碳价能够促进投资时机提前，而碳价漂移率对改造时机仅具有非单调效应，碳价波动率对于投资时机没有影响。因此，我们拒绝 H1。

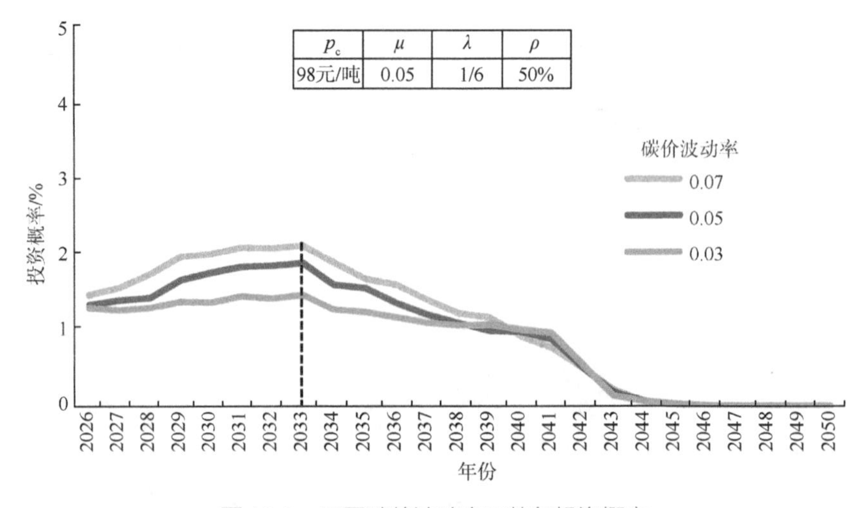

图 16-6　不同碳价波动率下的年投资概率

（2）技术进步实验。与技术进步相关的成本降低幅度对提早改造时机具有负向效应。随着成本下降幅度从 30%增至 40%再增至 50%，最佳时机在不断推迟——从 2030 年推迟到 2032 年再到 2033 年（图 16-7）。而当投资者对成本下降幅度的预期较低时，他们倾向于继续等待，以便在稍后阶段实现收益，因为后期改造的成本更低，进而使得收益更高，高到足以补偿推迟改造所付出的等待成本。

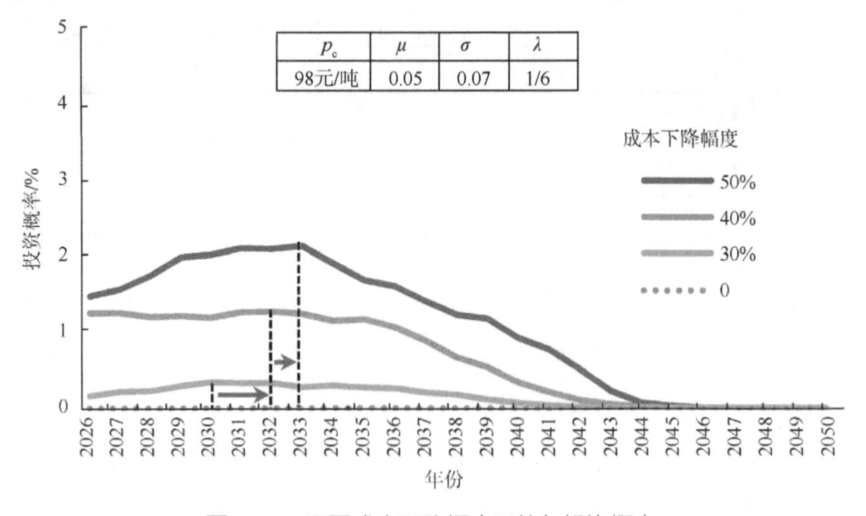

图 16-7　不同成本下降幅度下的年投资概率

虽然成本下降幅度对改造时机的提前具有负向效应，但整个决策期内的投资吸引力保持增长。在成本下降幅度为 30%、40%、50%的情景下，全局投资概率分别为 3.6%、15.9%、23.9%。

技术进步的发生频率也具有非单调效应。如图 16-8 所示，随着发生频率从 1/4 降低到 1/7，最优改造时机分别来到了 2032 年、2033 年和 2028 年。其中存在的权衡关系是：当技术进步发生的时间太晚的话，现金流的损失会抵消技术进步产生的收益，成本节约效应随着剩余寿命的减少而减弱；另外，如果预期的技术进步发生频率足够高，意味着决策者会预测在决策期间出现巨大的技术突破，那么一定有一些是在早期发生的。因此，更早的投资对投资者来说并不意味着更多的损失。

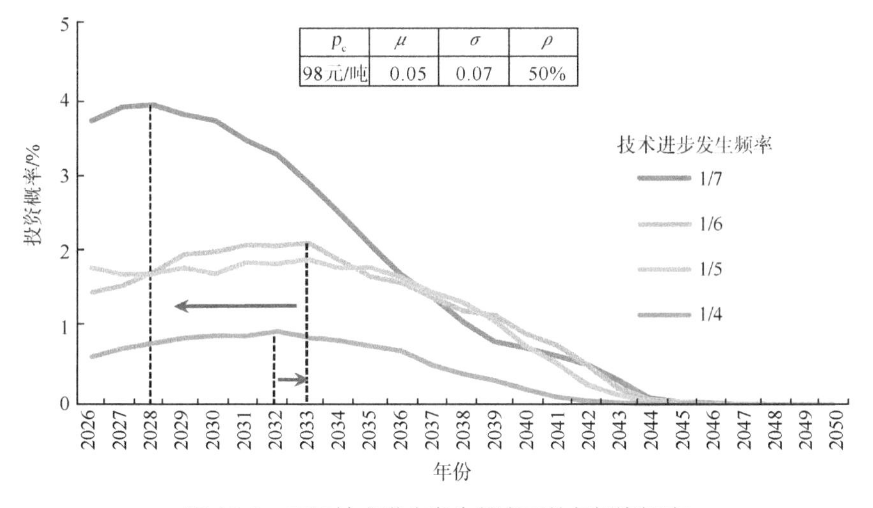

图 16-8　不同技术进步发生频率下的年投资概率

H2 认为，预期的技术进步倾向于推迟投资。但前面的分析显示，技术进步相关的成本下降幅度增加会导致项目投资时机推迟，发生频率对于改造时机则具有非单调效应。因此我们拒绝 H2，假设检验结果汇总见表 16-8。

表 16-8　碳价和技术进步对提早改造时机的效应

维度		对改造时机的影响	原假设
碳价	初始碳价	正向	假
	漂移率	非单调	
	波动率	无	
技术进步	成本下降幅度	负向	假
	发生频率	非单调	

16.3.4 其他投资指标对碳捕集技术改造时机的影响

我们针对最佳改造时机、投资价值和全局投资概率三个指标进行了局部敏感性分析。主要考虑的投资指标有无风险利率、合同价格、初始碳价、能源损失、碳排放强度和捕集率。单次实验仅改变一项参数（+5%或–5%）。结果显示所有实验中最佳改造时机均保持不变，投资价值和全局投资概率受到不同的影响，结果如图 16-9 所示，具体分析如下。

投资价值和投资概率都对无风险利率、合同价格和能源损失呈现负向变动关系。无风险利率作为实物期权框架中的理论收益率，它的上升将导致投资价值缩水，投资概率下降，这种效应类似于贴现值的膨胀。合同价格是 CO_2 处理成本的一部分，能源损失表示加装 CCUS 导致的额外的能源消耗成本，两者均会增加项目的运营成本，这使得投资价值和投资概率均会降低。

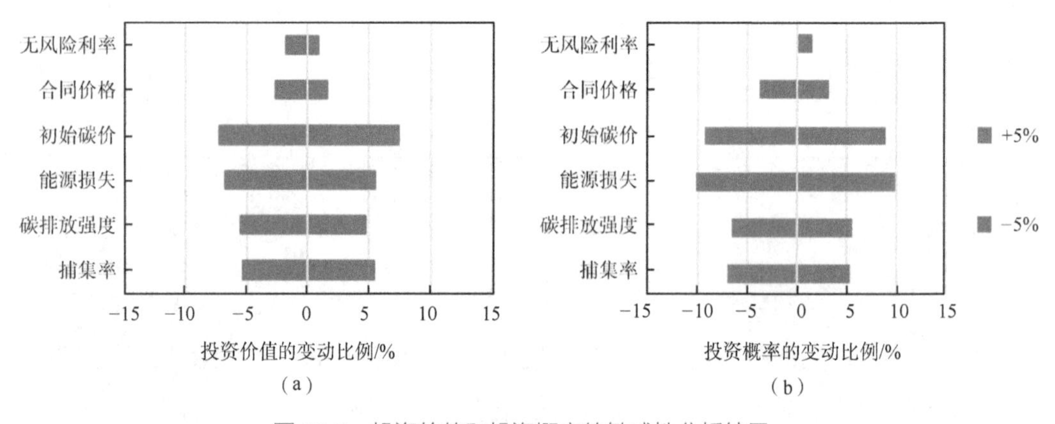

图 16-9 投资价值和投资概率的敏感性分析结果

两项指标都显示出对能源损失、碳排放强度和捕集率等技术变量的显著敏感性。这些参数属于现金流的必备要素，它们的变化会对贴现现金流产生显著的叠加效应。此外，投资概率对除无风险利率以外的所有参数都表现出比投资价值更高的敏感性。在前面的分析中，我们没有获取到运输和封存成本，故采用合同价格替代；在敏感性分析中，两项指标对合同价格的敏感度远远低于 5%。因此，我们认为合同价格的取值不会影响假设检验的结果。

16.4　燃煤耦合生物质发电的碳捕集运营优化

16.4.1　碳捕集电厂运营难题

燃煤耦合生物质发电与 CCUS 结合，可以在减排方面带来显著的环境效益，同时也意味着电力生产成本的增加。电厂需要依据市场和政策信号来最大限度地利用其已加装的 CCUS 设施，而气候政策和市场环境的不确定性增加了运营的难度。一个运营良好的碳交易市场有望为电厂 CCUS 改造提供经济激励，从而加速 CCUS 技术在全国范围内的推广。《2018 年中国碳价调查》预计，到 2025 年，碳价平均预期为 128 元/吨，其 20～80 分位数区间为 35～158 元/吨。因此根据市场预期理论（江世银，2005），未来碳市场存在较大不确定性，这使得其对燃煤耦合生物质发电厂的激励作用同样充满不确定性，难以进行精确预测。

经济激励措施也限制了耦合发电示范项目的建设和推广，示范项目在初期就面临生物质发电部分难以准确计量与监管的难题，这直接影响了政府对可再生能源与清洁电力补助的核算与发放。2018 年，国家取消了对耦合发电项目的国家补贴政策，转而由地方政府自行解决补贴资金（湖北省发展和改革委员会，2018）。在当前补贴资金缺位的情况下，燃煤耦合生物质发电项目面临更大的经济挑战，企业投资该项目的利润难以保证。

燃煤耦合生物质发电厂在加装了 CCUS 设备后，增加了额外的碳管理流程，包括不同的碳捕集流程和碳排放发电机组的关停、重启和维护等。在面临市场和政策环境的高不确定性，以及不同的运营目标时，最佳运营策略也会相应变化。电厂运营方需要确定何时以及如何运行 CCUS 设备和生物质气化装置，以满足其发电和减排需求。为了回答这一问题，本节从时间维度优化电厂的碳管理活动，并识别临界碳价的特征，以判断当前是否有合适的 CCUS 装置可以运行，从而适时启动或停止高排放的发电机组和 CCUS 设备。

根据电厂的运营特性，本节旨在解决以下工程问题：

（1）发电企业如何安排各期的机组出力和捕集量？

（2）维持燃煤耦合生物质发电加装 CCUS 装置的临界碳价是多少？

（3）维持生物质发电运行的最大补贴价格是多少？

（4）不同的运营策略收益和减排效应之间存在怎样的差异？

16.4.2 模型构建与数据来源

为解决以上科学问题，我们构建了一套多期的混合整数线性规划模型，其约束条件涵盖了机组的可用性、最小停启持续时间、机组出力的调整范围以及电厂的排放上限等。该模型能够输出 CCUS 装置和发电机组的日常运行时刻表。

已知条件包括：

（1）一个以 t 为最小区间单位多期的运营时间决策区间 T。

（2）电厂在企业层面上分配到各期的免费排放配额，并预测了运营决策期间的碳价和生物质发电补贴。

（3）碳捕集设备的相关性能指标。

决策内容包括：

（1）火电机组的运行计划；

（2）碳捕集设备的运行计划；

（3）生物质气化装置和碳捕集设备的维护计划；

（4）基于碳减排目标的各期捕集活动、碳配额买卖的最佳策略。

本模型的决策变量如表 16-9 所示。

表 16-9 碳捕集运营优化模型决策变量说明

变量	说明	变量	说明
$xo_{k,t}$	运行状态	$xs_{k,t}$	关闭命令
$on_{k,t}$	开启状态	$off_{k,t}$	关闭状态
$xso_{k,t}$	启动维修	$OC_{k,t}$	运行负荷

研究分别设置了利润最大化和碳排放最小化的目标，以分析不同目标下每日最优的 CCUS 和电力生产活动。案例选取燃煤耦合生物质发电的实例数据作为研究基础，CCUS 单元数据参考典型的电厂 CCUS 示范项目。具体参数如表 16-10 所示。

表 16-10 案例研究相关数据及来源说明

符号	参数名及单位	数值	说明与来源
T_{case2}	供暖期/日	106	2018.11.25～2019.3.10
IC_k	流程 k 捕集能力/（吨/时）	228.31	作者设定
IC_{coal}	火电机组铭牌容量/兆瓦	640	张守军（2018）

续表

符号	参数名及单位	数值	说明与来源
IC_{bio}	生物质气化装置铭牌容量/兆瓦	10.8	张守军（2018）
SF_k	流程 *k* 最低停机时长/日	1	International CCS Knowledge Centre（2018）
SF_{bio}	生物质气化炉最低停机时长/日	1	作者设定
T_k	流程 *k* 维护时长/日	7	International CCS Knowledge Centre（2018）
T_{bio}	生物质气化炉检修时长/日	2	中国电力网（2020）
MF_{coal}	循环流化床锅炉（circulating fluidized bed boiler，CFB）机组最低出力系数/%	40	岳光溪等（2016）
MF_{bio}	生物质气化炉最低出力系数	0	本章设定
C_k^F	流程 *k* 固定运维成本/（元/日）	16.9	International CCS Knowledge Centre（2018）
C_k^V	流程 *k* 可变运维成本/（元/吨）	50.7	International CCS Knowledge Centre（2018）
C_{coal}	火电机组固定运维成本/（元/日）	307 441	Wei 等（2013b）
C_{bio}^F	生物质气化固定运维成本/（元/日）	27 616	张守军（2018）
C_{bio}^V	生物质气化可变运维成本/（元/日）	212 548	张守军（2018）
p_{coal}	燃煤价格/（元/吨）	632	动力煤期货近月合约价格
p_{bio}	初始秸秆价格/（元/吨）	300	张守军（2018）
R_{coal}	发电煤耗系数/（克标准煤/千瓦时）	296.14	中国电力网（2020）
R_{heat}	发热煤耗系数/（千克标准煤/吉焦）	41.66	中国电力网（2020）
R_{case}^{bio}	秸秆消耗系数/（千克/千瓦时）	0.690 67	毛健雄（2017）
p_{con}	CO_2 运输与封存服务价格 /（元/吨）	175.13	周慧羚（2021）
ξ_{coal}	燃煤发电厂用电率/%	4.87	中国电力网（2020）
ξ_{bio}	生物质耦合发电厂用电率/%	9.4	刘国强等（2018）
EP	碳捕集能源损耗（燃烧后）/%	20	Chen 等（2016a）
CR	CO_2 捕集率（燃烧后）/%	85	IEA（2017）
CI_{coal}	火力发电的碳排放强度/（克/千瓦时）	829.19	国家发展改革委和国家能源局（2016）
CI_{bio}	耦合发电的碳排放强度/（克/千瓦时）	600	毛健雄（2017）
AR	免费排放配额系数/%	70	生态环境部（2019）
p_{ele}^{coal}	湖北荆门火电上网电价/（元/千瓦时）	0.416 1	湖北省发展和改革委员会（2018）
C_{Sk}	流程 *k* 停启成本/（元/次）	96 358	季震等（2013）
C_{Sbio}	生物质气化装置停启成本/（元/次）	7 560	季震等（2013）
γ	秸秆炭产炭率/%	18	张守军（2018）
p_{char}	秸秆炭售价（均值）/（元/吨）	2 500	张守军（2018）
p_{heat}	供暖价格/［元/（米^2·季度）］	25	张守军（2018）
s_{heat}	供暖面积/米^2	450 000	杨涛（2018）

续表

符号	参数名及单位	数值	说明与来源
q_{heat}	供暖量/［千瓦时/（米^2·季度）］	95.8	郭偲悦等（2014）
LD	日平均负荷/兆瓦	473.24	中国电力网（2020）

案例研究时间设置为冬季集中供暖时期，这一时期电厂的热电供应需求较高，碳排放也更为密集，因此承受着更大的减排压力。此外，为了满足负荷需求，电厂的燃煤机组在供暖期间的负荷调节能力受限，故本节研究不涉及燃煤机组的调停与大修。鉴于生物质气化耦合发电技术在停启方面具有灵活性，本节将重点讨论生物质气化发电装置的启动、停止和维护。本节还考虑了碳交易的不确定性，通过模拟预期碳价及其波动性来进行分析。

本节针对两个维度设定了不同情景，采用蒙特卡罗模拟对各情景进行模型迭代求解，并计算输出各期碳捕集量、机组出力和碳平衡量的均值。据此，企业可以明确判断是否要参与碳市场交易，以及交易的数量和潜在收益。针对排放上限、发电补贴和燃料成本的不确定性，本节研究采用敏感性分析，旨在为电厂决策者提供运营建议，为企业决策提供支持，并为补贴政策制定者提供参考。

模型中选取碳配额、生物质价格和动力煤价格作为不确定性因素。本章研究认为，在冬季供暖期间，碳配额和生物质价格没有明显的短期变化趋势，因此将它们的变化率设定为 0。而动力煤价格的变化率均值是基于历史同期数据计算得出的。碳配额和动力煤价格的变化率范围分别根据湖北碳排放权交易中心和郑州商品交易所动力煤期货合约的相关规定确定。它们的波动率是根据历史同期数据计算得出的。由于生物质价格缺乏足够的数据支持，本章研究中其变化率范围和波动率参照动力煤价格进行设定，具体数值详见表 16-11。

表 16-11　模拟价格的相关参数

价格变量	变化率均值/%	变化率范围/%	波动率
碳配额	0	±10	0.0406
生物质价格	0	±4	0.0139
动力煤价格	−0.023	±4	0.0139

在碳价水平的影响分析中，本章设定六种碳价情景，即碳价调查情景下的 35 元/吨、98 元/吨、158 元/吨，“6065”目标情景下的 345 元/吨、680 元/吨、1140 元/吨。

16.4.3　燃煤耦合生物质发电的经济性分析

表 16-12 展示了在六种不同的碳价均值情景下，电厂在供暖期间进行碳捕集和生物质发电运营优化的主要结果。主要从碳捕集量、生物质发电量、碳排放量（净排放和平均排放）、碳交易收入及总收益状况等关键方面进行分析。

表 16-12　不同碳价均值情景下的碳捕集量、生物质发电量、碳排放量、碳交易收入及总收益情况

情景组	情景碳价/（元/吨）	碳捕集量/万吨	生物质发电量/万千瓦时	净排放/万吨	平均排放/（吨/千瓦时）	碳交易收入/万元	总收益/万元
碳价调查	35	0	0	132.9	829.2	（1 906.4）	13 618.4
	98	0.5	0	132.4	826.2	（5 274.1）	10 156.7
	158	19.7	0	113.2	706.4	（4 346.1）	7 440.9
“6065 目标”	345	110.8	0	22.1	137.9	19 915.4	14 622.2
	680	111.9	0	21.0	131.0	39 216.4	33 586.1
	1140	111.9	0.6	21.0	131.0	64 785.1	58 955.1

注：表中数字加括号表示是负数。

结果显示，生物质发电的经济性需要极高的碳价来支撑。在不同的碳价均值情景下，大部分的碳价都能够支撑 CCUS 活动的开展。98 元/吨的平均期望碳价可以初步产生 5000 吨的捕集量，而该电厂在供暖期进行 CCUS 改造的临界碳价为 74 元/吨。在达到“6065 目标”情景的高碳价水平时，碳捕集量开始趋于饱和。在碳价分别达到 680 元/吨和 1140 元/吨（即“3 行业”和“8 行业”）的情景下，可以实现对所有超额排放的全面捕集。根据市场对碳价的普遍预期，生物质发电不太可能仅通过碳市场获得足够的激励。在碳价调查的高情景中，即使碳价达到 158 元/吨，电厂的生物质发电量依然为零。而当碳价上升至 1140 元/吨时，电厂的生物质发电量也仅有 6000 千瓦时。经过计算，确定该电厂生物质发电的临界碳价为 1049 元/吨。

捕集量同时受到碳价和煤价走势的共同影响。模型设计表明，碳价、动力煤价格以及秸秆颗粒价格均会影响特定时期 CCUS 部署的决策及碳捕集规模的优化结果。碳价水平代表了捕集量所能带来的碳市场收益，其他条件不变的情况下，二者

呈正相关。只有当 CCUS 收益超过成本时，模型优化的结果才会显示出本期的捕集量。CCUS 活动伴随着能源损耗，若不增加能源消耗，这将体现为发电量减少。而动力煤的价格是发电成本的主体构成部分。在其他条件不变的情况下，动力煤价格越低，CCUS 组间运行成本越低，捕集量和动力煤价格呈现负相关。秸秆颗粒价格占燃料价格比例较小，通过生物质发电量改变从而微弱地改变捕集量，由于生物质发电的排放强度远低于燃煤发电，秸秆颗粒价格理论上与碳捕集量呈现正相关关系。

图 16-10 分别展示了在 98 元/吨、158 元/吨和 345 元/吨的碳价均值情景下，各期的碳价模拟值及其对应的碳捕集量。根据表 16-12 的结果，三种情景均未触发生物质发电，因此可以推断秸秆颗粒价格在这些情景中对碳捕集优化结果的影响不大，主要考虑碳价和动力煤价格的作用。通过比较图 16-10（a）和（b），可以发现当碳价均值接近碳捕集的临界点时，碳捕集量的优化结果在时间上的分布与碳价的波动趋势没有明显关联，此时碳捕集优化结果集中于后期并总体呈上升趋势。在图 16-10（b）中，碳价均值达到 158 元/吨，超过碳捕集的临界值，此时碳捕集量的时间分布与碳价波动呈现高度一致。图 16-10（c）的各期碳捕集量几乎都在饱和状态。

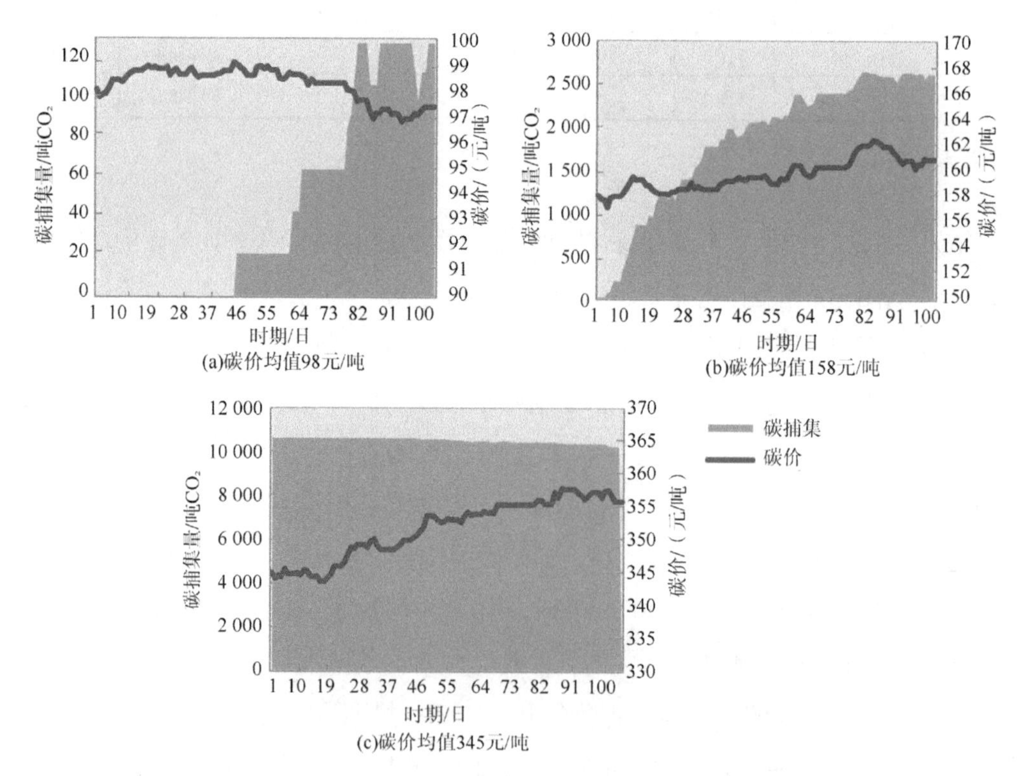

图 16-10 不同碳价均值下的分时碳价模拟值及碳捕集量优化值

秸秆颗粒价格和动力煤价格分时模拟值见图 16-11。从发电成本角度看，煤价下行导致期末发电成本相对更低，当电厂处于超额排放时，倾向于在发电成本更低的时期进行捕集。

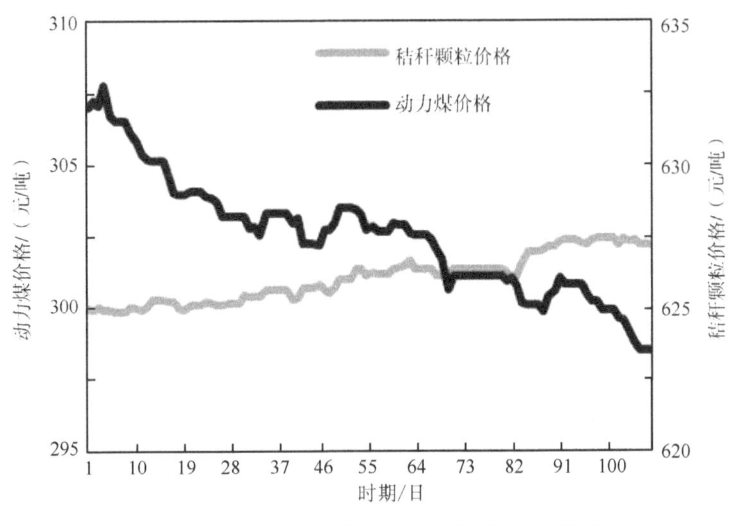

图 16-11　秸秆颗粒价格和动力煤价格分时模拟值

无补贴电价难以支撑生物质耦合发电的经济性。在相当高的补贴力度下，生物质发电的减排作用仅在低期望情景（35 元/吨）时才占据绝对优势；当碳价升高到平均期望情景时，补贴的拉动作用趋于饱和；在继续升高的情况下，CCUS 的减排作用占据了绝对主导地位，即使补贴率高达 2.5%（即生物质电价为 1.46 元/吨）时生物质发电减排贡献也不超过 3%。触发生物质发电的临界电价过高，在现实中难以实现。如图 16-12 所示，不同情景下的临界电价均高于 1 元/千瓦时，而现行的生物质发电补贴仅为 0.75 元/千瓦时。由此可见，对于该项目而言，仅靠财政补贴难以实现减排和经济收益双目标。此外，生物质耦合发电需要碳价和补贴联合支持，在“6065 目标”情景下，当碳价为 345 元/吨、680 元/吨和 1140 元/吨时，对应的临界电价分别为 0.94 元/千瓦时、0.73 元/千瓦时、0.53 元/千瓦时；其中 0.53 元/千瓦时和 0.73 元/千瓦时是低于当前生物质发电的补贴价格的，而对于 0.94 元/千瓦时的临界电价，则需要结合比目前稍高的发电补贴才足以支撑生物质发电的减排。但需要注意的是，“6065 目标”情景为理论碳价，而市场价格的形成主要由市场主体的预期起作用，未来市场在中短期内难以达到理论价格。

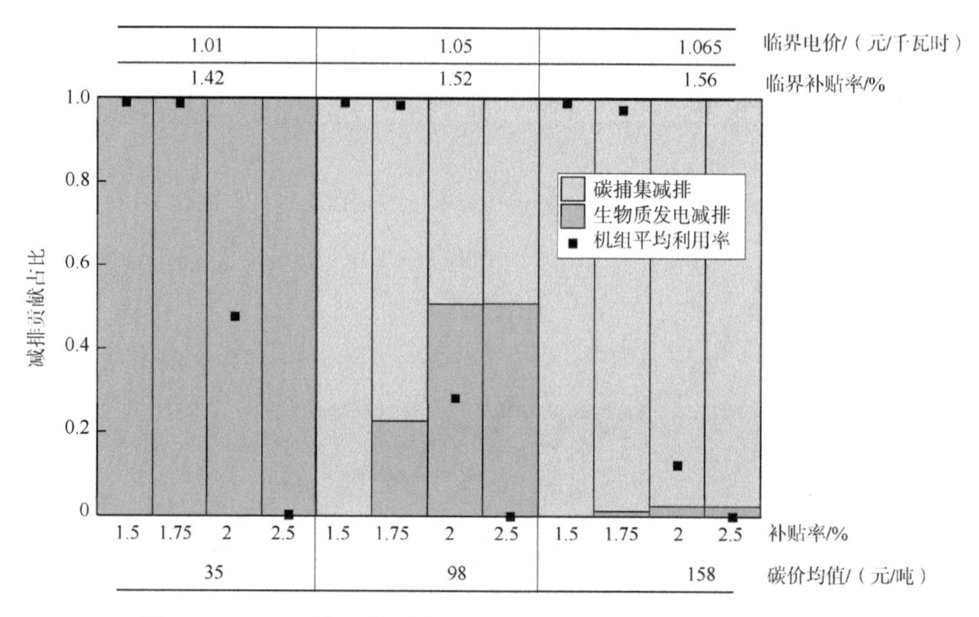

图 16-12　不同碳价及补贴率下的碳捕集和生物质发电减排贡献占比

碳价机制下的电厂收益和减排量均要优于碳税机制。在相同碳价水平下，我们比较分析了碳价机制和碳税机制对于电厂收益和排放量的影响。结果显示，从收益角度出发，碳价机制总体上有利于电厂收获更多利润，其波动率的特性可以很好地被灵活运行模式充分吸收利用。我们设置了不同的碳价情景，发现随着碳价水平的持续上升，碳价机制的成本节约效应与增收效应迅速显现，但增收效应也呈现出收敛的情形，2 倍波动率对于 1 倍波动率的收益增幅十分明显，而 3 倍波动率相对于 2 倍波动率的收益增幅相对微弱不少。从减排角度出发，碳价机制也要优于碳税机制，平均排放的降幅更为明显，与收益分析同理，随着波动率的上升，碳价机制的减排优势趋于削弱。

从组间对比看，当碳价为 35 元/吨时，碳价机制带来的收益性并未显著优于碳税；随着碳价持续升高，碳价机制成本节约与增收效应迅速显现。

碳价的波动特性能够显著增加电厂收益性，但这种增收效应逐渐收敛。在图 16-13 的同组结果中可见，2 倍波动率较 1 倍波动率的收益增幅（以及成本减幅）最为明显，而 3 倍波动率较 2 倍波动率的变动幅度则相对微弱。原因在于，波动率同时度量了碳价上行与下行的风险，在同一碳价均值下，波动性越大，则某一时刻碳价落入非盈利区间的可能性越大，即该时刻运行碳捕集设备的概率越低，削弱了时期内的整体盈利性。

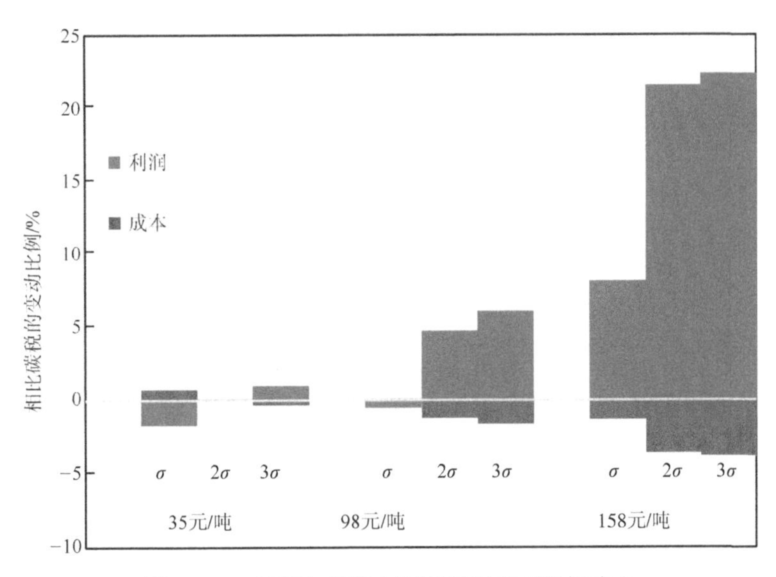

图 16-13　碳税与碳价机制下的运营利润与成本

从减排视角出发，碳价机制的减排效应优于碳税机制，平均排放较碳税机制降幅明显。图 16-14 展示了碳价机制下，同一碳价均值不同波动率相比于碳税的减排量（左轴）及平均排放（右轴）变化幅度。碳定价水平对碳税与碳价间的减排效应差异起决定性作用，从图 16-14 中可见组间差异明显。在诸多情景中，碳价均值为 158 元/吨、1 倍波动率情况下，减排量和平均排放相较碳税的差距最大，分别达到 80.5 倍和–14.8%。但在同组内随着波动率上升，碳价机制的减排优势趋于削弱，原因与上一段分析同理。

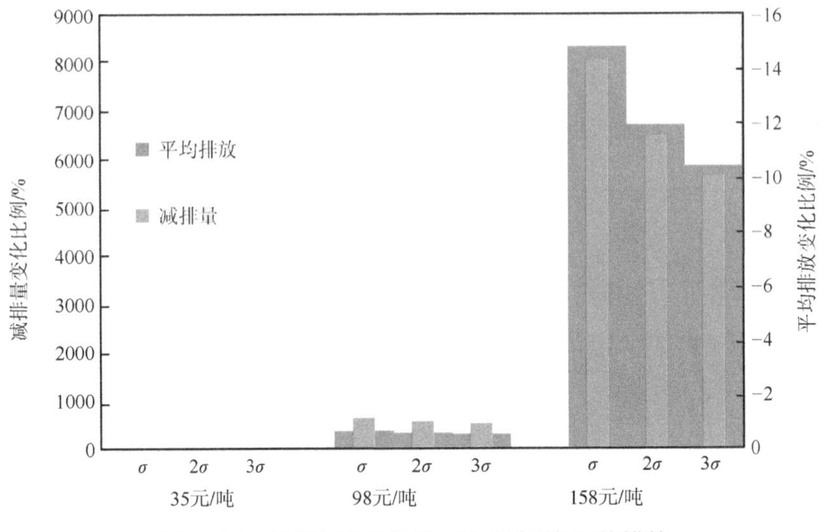

图 16-14　碳税与碳价机制下的减排量与平均排放

16.4.4 技术选择与运营目标对企业利润和减排的影响

我们对电厂发电技术实施多样化配置，以评估技术选择对电厂运营利润和排放量的影响。本节选取 98 元/吨和 1140 元/吨两种不同的碳价场景，依次调整模型中不同技术的可用约束，得到对应碳价情景下不同技术组合的利润值和排放值，排序结果汇总如表 16-13 所示。

表 16-13 不同技术选择对电厂运营利润、排放量的影响

碳价/（元/吨）	利润排序	排放排序
98	燃煤耦合生物质发电+CCUS>生物质>火电+CCUS>火电	燃煤耦合生物质发电+CCUS=火电+CCUS<生物质<火电
1140	燃煤耦合生物质发电+CCUS=火电+CCUS>生物质>火电	燃煤耦合生物质发电+CCUS=火电+CCUS<生物质<火电

采用燃煤耦合生物质发电并加装 CCUS 技术，能够同时实现利润最大化和排放最低的双重目标。而纯火力发电是经济效益最低且排放量最高的技术选择。不同碳价情景的比较分析显示，两种碳价情景对排放量的影响不显著，仅生物质发电与火电+CCUS 在不同碳价情景下的利润排名出现了逆转，这主要是由 CCUS 和生物质发电各自临界碳价的差异所致。

最后我们对其他设计的相关参数进行敏感性分析，主要选取了能源损失、厂用电率、配额比例、电力负荷、运输封存合同价格、碳捕集可变成本和设备停启成本等参数。结果显示，利润对 CCUS 导致的能源损失较为敏感，说明设法降低碳捕集的能源损耗可以显著地提高利润表现；而配额比例、电力负荷和厂用电率对利润的影响较低。

由图 16-15（b）可知，运输封存合同价格、碳捕集可变成本和设备停启成本的变动对利润的影响十分微弱。本章研究对该三项参数的取值也选自相关文献，我们认为这对优化结果的影响十分微弱。

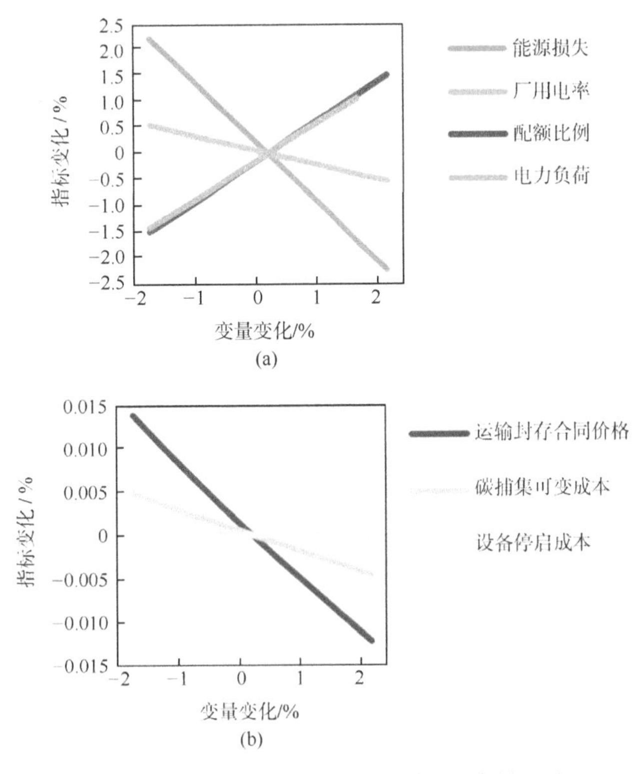

图 16-15　外生参数对目标函数（利润）的影响

16.5　本 章 小 结

在国家气候政策和能源结构低碳转型的大背景下，我国发电企业面临严峻的减排压力和投资经济性挑战，同时还需要把握市场、技术、政策等不确定性带来的投资决策影响。企业在考虑对 CCUS 进行投资时，传统的投资评价方法和决策理论已经无法完美地适应企业的决策和运营管理需求。本章面向企业低碳电力投资的决策需求和能源投资决策理论应用的研究前沿，对我国发电企业 CCUS 投资决策模型和方法及其应用进行了深入研究，综合运用了实物期权理论、资产组合理论以及动态规划、混合整数规划、情景分析等方法，从电力投资决策者的角度出发，对 CCUS 价值链进行了全面分析，解决了 CCUS 电力投资的规划决策、时机选择、运营优化等关键问题，开展了以下几方面的工作。

（1）定性分析了考虑 CCUS 的电厂投资的主要制约因素，根据制约因素的来源，我们将其分为：外部影响因素，顾名思义就是位于企业外部的一般不确定性，来源主要有气候政策、补贴政策、技术进步、市场环境等；内部影响因素，顾名思义就是位于企业内部的一般不确定性，来源主要有企业生产、运营管理、主体特征等。

（2）发展碳市场在减缓气候变化、实现自主减排的同时，也使参与主体相关的项目决策风险升高。发电企业作为我国排放大户，最先被纳入全国碳市场中，对于发电企业而言，除了常规的市场风险之外，还需要考虑碳价波动带来的盈亏浮动。我们构建了项目级和企业级的投资决策模型，为企业在气候政策和市场不确定性环境下，解决如何分配发电预算、发展最优的发电技术，实现低成本、高回报且满足发电负荷和减排两大要求的决策问题提供了解决方法。

（3）市场环境、技术进步、补贴政策等方面存在诸多不确定性，降低了投资者和决策者开发燃煤耦合生物质发电 CCUS 项目的积极性。目前全国碳市场尚未步入正轨，交易价格特征很难通过历史数据进行准确拟合与预测。而技术突破和潜在的成本下降也具有很大的不确定性，投资者倾向于等待下一次技术革新，从而降低投资成本。在这种情况下，投资者要在立即投资和推迟改造间进行一个权衡。针对燃煤生物质耦合电厂而言，生物质燃料成本和可再生能源相关政策的不确定性都会被纳入不确定性分析框架中。碳市场和技术进步等不确定性影响了 CCUS 的改造时机，我们构建了实物期权模型用以解决投资时机选择问题。

（4）为解决碳捕集电厂运营管理中的科学问题，我们构建了一套多期的混合整数线性规划模型，约束条件包括机组的可用性、停启状态的最小持续时间、机组出力调整范围、电厂排放上限等；模型输出 CCUS 装置和机组的日常运行时间表。研究设置了利润最大化和碳排放最小化的目标，以分析不同目标下每日最优的 CCUS 和电力生产活动，分别对生物质发电和碳捕集活动的临界碳价、价格影响因素、生物质发电的临界补贴率、碳价机制适用性、模型优化目标和电厂发电技术选择对利润及排放的影响等方面展开了分析。

第 17 章　CCUS 项目风险管理

国际标准化组织（International Organization for Standardization，ISO）通常将风险定义为事件（包括人、资产以及环境变化等）后果和发生可能性的组合。CCUS在为应对全球气候变化做出努力的同时，也面临多种风险。常见风险包括技术不成熟、技术效率低下等导致的技术风险；政策法规缺失或不健全导致的政策风险；高成本、高投资以及缺乏投融资渠道导致的经济风险；潜在 CO_2 泄漏和诱发地震导致的环境风险；附近居民或环境 NGO 强烈反对导致项目延期或终止的社会风险等。

为推广 CCUS 的商业化应用，实现其应有的全球减排效应，有必要对 CCUS 实施系统性的风险管理，本章主要回答以下几个问题：

CCUS 项目面临的主要风险有哪些？

目前 CCUS 典型的风险评价方法有哪些？

针对 CCUS 项目面临的风险，如何进行有效管理？

17.1　CCUS 项目风险管理概述

17.1.1　CCUS 项目风险概念及特征

对于风险的概念，学术界缺乏统一的定义，由于对风险的理解和认识程度不同，或是对风险研究的角度不同，不同学者对风险概念有着不同的解释。例如，有的学者定义风险为“用事故可能性与损失或损伤的幅度来表达的经济损失与人员伤害的度量”；也有学者定义风险为“不确定危害的度量”。一般而言，存在危害或损失的潜在来源之处，即存在风险（针对特定目标，如人、工业资产或环境的危险或威胁）。对此，人们通常会设计保障措施以预防危险状况的发生，并施加保护以应对和减轻危险可能引发的后果。事实上，存在危险本身不足以定义一种风险状况，风险的本质在于存在一种可能性：保障和保护措施都没能发挥其理想的作用，使得潜在的危险转化为实际的损害（Aven et al.，2013）。综合上述几点，本书将 CCUS 项目风险（R）定义为 CCUS 项目在全生命周期内由于受到各种不确定因素的影响造成与预期目标发生偏差的可能性（P）及其后果的严重性（C），即

$$R(\text{危害}/\text{单位时间})=P(\text{事故}/\text{单位时间})\times C(\text{危害}/\text{事故}) \tag{17-1}$$

由式（17-1）可知，一般项目的风险具有以下几个方面的特征。①风险的不确定性。其中包括风险是否发生的不确定性、发生时间的不确定性、产生结果的不确定性等。与风险是否发生的不确定性相对立的是确定性，即肯定发生或肯定不发生。就个体风险而言，其是否发生是偶然的，是一种随机现象，具有不确定性。但总体上风险的发生却往往呈现出明显的规律性，具有一定的必然性。而发生时间的不确定性是指有些风险可能是一定会发生的，但是发生的时间是无法确定的。产生结果的不确定性是指某些风险在一定时间内可能一定会发生，且风险一旦发生所产生的结果具有不确定性。②风险的客观性。风险是一种不以人的意志为转移，独立于人的意识之外的客观存在。风险是不可能彻底消除的，正是风险的客观存在，决定了风险管理存在的必要性。③风险的普遍性、可测定性和发展性。人类的历史就是与各种风险相伴的历史，风险渗入社会、企业、个人生活的方方面面，无处不在，同样地，正是由于这些普遍存在的对人类社会生产和人们生活构成威胁的风险，才有了风险管理的必要和发展的可能。

CCUS 工业系统的建设和运行技术大多数为现有工业行业中的成熟技术，其风险管理完全可借鉴这些类似技术的经验，如捕集环节，无论采用燃烧前还是燃烧后捕集技术，均与化工行业用溶剂从混合气体中分离 CO_2 的过程类似；而在运输环节，CO_2 超临界输送不仅有天然气高压输送的经验可以借鉴，还有现成的技术可供参考——美国石油工业在过去的几十年里因开展 EOR，已经建设了超过 8000 千米的 CO_2 长距离输运管道；在封存环节，向地下咸水层注入 CO_2 时的钻井、测井和完井等技术和现行的石油工业的标准作业相差不多。

除此之外，与这些已有工业生产系统相比，CCUS 具有其独特性，如显著不确定性、多元性、复杂性，这些都与 CCUS 项目本身的独特性质息息相关。

（1）显著不确定性。CCUS 显著不确定性主要体现在以下几个方面：首先，CO_2 排放源与封存地点距离的不确定性。CCUS 工业系统中的 CO_2 排放源与封存的地点往往不在同一个区域，中间需要借助交通工具或者建立较长的管道将两者连接起来，这就造成由运输距离的差异而引起交通运输工具选择的不确定性（李政等，2012）。

其次，技术成熟度不够。CCUS 至今虽然取得了很大的进展，但某些领域还存在许多不足，如作为燃煤电厂此类碳排放源捕集环节最成熟的方法——燃烧后化学吸收，这个过程中产生的气体体积流量大，CO_2 分压小，脱碳过程的能耗高、成本高，严重阻碍了 CCUS 商业化应用于碳减排的进程，加大了投资的不确定性（马晓丽，2012）。另外，大型 CCUS 全流程实践项目经验较缺乏。目前全球已经投入运营的大规模（封存规模大于 100 万吨）CCUS 项目非常有限，且每个项目之间用于封存 CO_2 的地质层的条件具有较大差异，这意味着可供参考的数据和经验较缺乏，增加了 CCUS 项目建设运营的不确定性。此外，为了保证封存在特定地质层中的 CO_2 保持超临界状态，注入深度要达到 800 米以上（通常适合封存的储层深度为 2000 米左右），CO_2 异常移动、潜在的地质构造缺陷很难被观测或探测到，加剧了地质封存的不确定性。

（2）多元性。CCUS 的多元性是指该工业体系不仅涉及多个传统的工业行业，其风险来源也具有多个层面。例如，CCUS 捕集环节涉及发电、化工、钢铁、水泥等行业，管道运输和地质封存环节则涉及石油、煤炭等行业，而且需要各环节所涉及的各个行业之间进行紧密配合。此外，CCUS 风险不仅受其自身的技术成熟度影响，还涉及多个维度，如经济维度中的投资成本、CO_2 减排成本、长期管理成本等，社会维度的公众支持、宣传教育等，技术维度的模型模拟和监测、事故处理等，生态环境维度中对生态系统的影响等，政策法规维度中的国际气候政策、国际局势等。因此，CCUS 风险应综合考虑不同方面、不同领域的影响因素。

（3）复杂性。CCUS 项目风险的复杂性一方面反映在风险因素的多元性上，另一方面体现在技术系统的复杂性上。CCUS 是一系列复杂技术单元的集合体，如燃料燃烧（或液化）、CO_2 吸收分离技术、CO_2 压缩技术、高压运输和注入技术、泄漏监测和修复技术等。除此之外，CCUS 一般由 CO_2 捕集、运输以及封存三个环节组成，但是这三个环节既相互独立又具有一定的联系，因此除了要保证各环节稳定、高效运行之外，还需要从整体视角将各个环节组成一个系统考察，如捕集环节的 CO_2 纯度不满足规定要求，那么其风险将可能传递到运输环节（腐蚀管道）甚至封存环节。另外全流程 CCUS 项目在空间和时间维度跨度大的特征给项目的风险评估、风险应对和风险责任分配等带来了巨大挑战，也加剧了 CCUS 项目风险的复杂性。

17.1.2 CCUS 项目风险管理流程

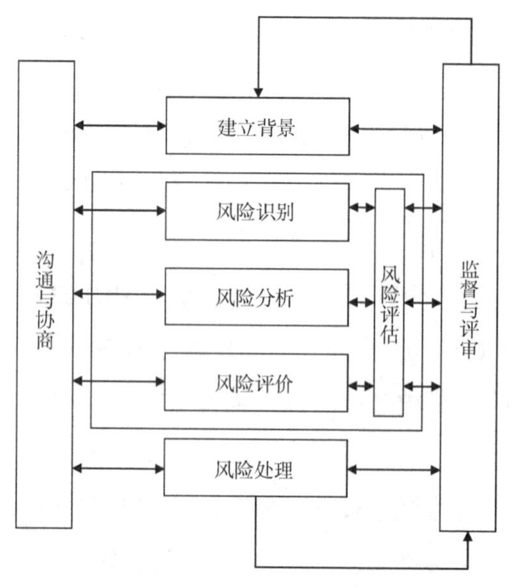

图 17-1 ISO 风险管理流程图（ISO，2009）

风险管理可以定义为指导和组织的关于风险的协调活动（ISO，2009）。如图 17-1 所示，风险管理流程的主要步骤是建立背景、风险评估和风险处理，比较而言，风险评估是风险管理最重要的一个环节，其中沟通与协商和监督与评审贯穿于整个流程当中。

（1）建立背景。这里的背景是指组织内部和外部环境、这些环境的接口、风险管理活动的目的以及适当的风险标准。主要包括前期项目立项资料、工程概况、环评报告、可行性研究报告、地质勘查资料、施工图纸、专家评审意见等。

（2）风险评估。风险评估包括风险识别、风险分析和风险评价，其中，风险识别是将主体分解为具体可用于辨识的对象，使辨识的主体成为形象化、具体化、易于辨识的元素，然后在其中找到可能发生的风险事故，确定风险因素。风险分析就是确定事故发生的概率，分析其后果所带来的损失程度，该阶段可为风险评价以及后续风险处理提供理论依据。风险评价就是综合前期所收集的资料以及风险分析方法，确定最终风险等级，并评判该风险等级是否在可接受范围内。

（3）风险处理。风险处理是调整风险的过程，可能涉及规避、调整、分担或保留风险（ISO，2009）。

（4）沟通与协商。项目施工方与内、外部利益相关者密切地沟通与协商，涉及风险管理的每个阶段。其内容包括风险的成因、后果及处理措施等问题。另外，利益相关方的观点也会对决策结果产生重大影响，而且由于其价值观、需求及关注点等不同，各方的观点也不尽相同，需要充分考虑利益相关方的利益。

（5）监督与评审。监督是不断检查、监测、严格观察或确定状态，以识别绩效水平的变化。评审是为达到所建立的目标，确定有关事务的适宜性、充分性和有效性的活动。该过程也应包含在风险管理的所有阶段。

由 ISO 规定的风险管理流程图可知，CCUS 风险管理同样是一个系统过程。国际能源署温室气体研发计划部（IEA Greenhouse Gas R&D Programme，IEAGHG）于 2009 年开发了一个基于部署商业规模 CO_2 地质封存（GCS）项目的风险管理流程图，其主要分为背景和问题形成、沟通与交流、风险评价和风险管理四个部分。本书在总结归纳相似工程（如核废料处理）以及已有的 CCUS 风险管理流程的基础上，提出一个相对适用的流程图，为今后的 CCUS 工程项目提供参考依据，如图 17-2 所示。

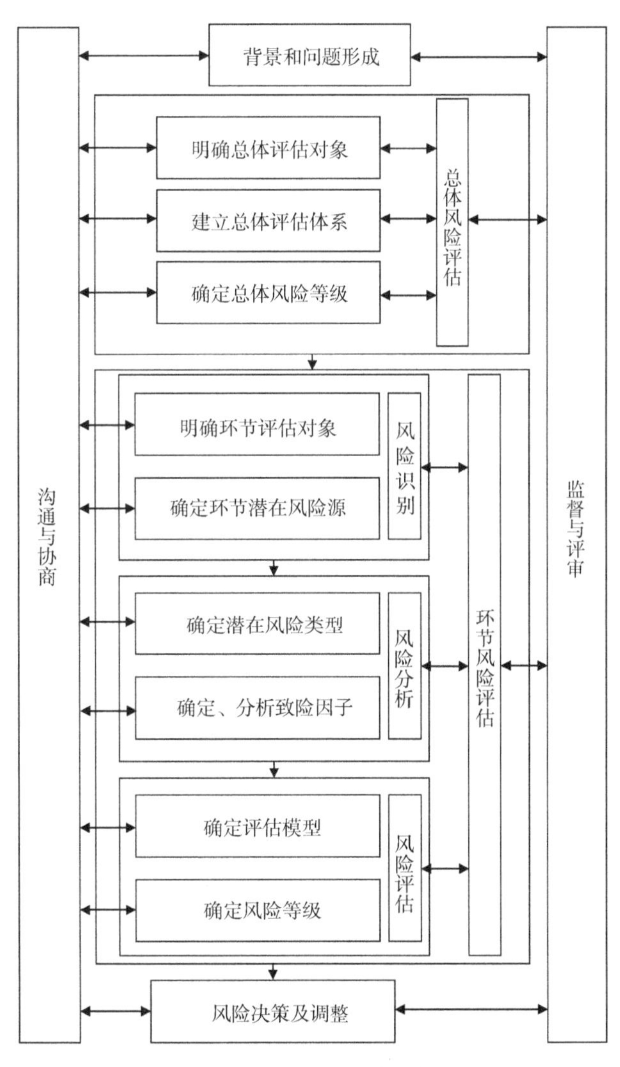

图 17-2　CCUS 风险管理流程图

17.2 CCUS 项目风险识别

17.2.1 CCUS 项目风险识别方法

CCUS 项目的风险识别就是发现、列举和描述风险要素的过程。目前关于 CCUS 项目的风险识别主要是通过一些特定风险识别方法以及具有相似工程背景（如核废料储存、石油开采、天然气运输等）的经验来实现的。如图 17-3 所示。风险识别的方法包括：①基于证据的方法，如检查表法以及对历史数据的评审；②系统性的团队方法，如一个专家团队遵循系统化的过程，通过一套结构化的提示或问题来识别风险；③归纳推理技术，如危险与可操作性分析等（张曾莲，2017）。具体的可用于风险识别的方法较多，如德尔菲法、检查表法、预先危险分析（primary hazard analysis，PHA）、失效模式和效应分析（failure mode and effect analysis，FMEA）、特征事件过程（features events and processes，FEP）等。

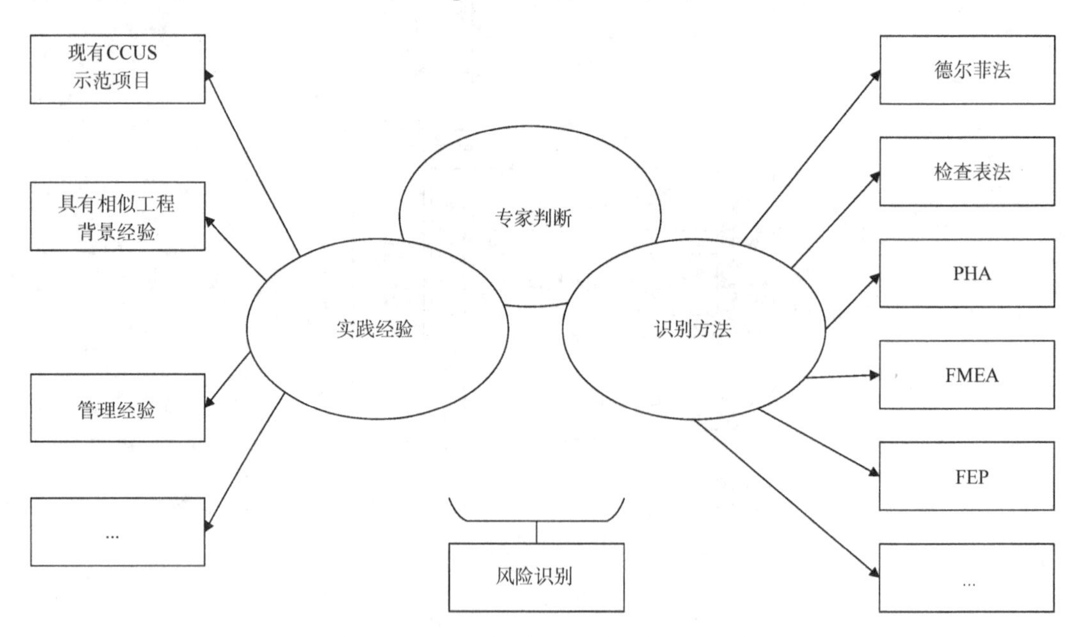

图 17-3　风险识别方法（魏一鸣，2020）

德尔菲法：又称专家意见法，是在一组专家中取得可靠共识的程序，其基本特征是专家单独、匿名表达各自的观点，同时随着过程的进展，他们有机会了解其他专家的观点。

检查表法：是根据安全检查表，将检查对象按照一定标准给出分数，对于重要的项目确定较高的分值，对于次要的项目确定较低的分值，总计 100 分。然后按照每一项检查项目的实际情况评定一个分数,每一检查对象必须在满足相应的条件时，才能得到这一项目的满分；当条件不满足时，按一定的标准将得到低于满分的评定分，所有项目评定分数的综合将不超过 100 分。例如，日本大正海上火灾保险株式会社检查表就是按该方法进行风险识别并评价的。

PHA：该方法是一种简单易行的归纳分析法，其目标是识别风险以及可能给特定活动、设备或系统带来损害的危险情况及事项。

FMEA：该方法是用来识别组件或系统是否达到设计意图的方法，广泛用于风险分析和风险评价中。它是一种归纳方法，其特点是从元件的故障开始逐级分析其原因、影响及采取的应对措施，通过分析系统内部各个组件的失效模式并推断其对整个系统的影响，考虑如何才能避免或减小损失。

FEP：即特征、事件和过程法。该方法最开始是在核废料领域开发的，现已被提议应用于 GCS。其中特征包括具体的厂址参数，如岩层孔隙率、井数、储层的渗透性等；过程影响系统的演化，而事件可以被视为在相对较短的时间尺度上发生的过程（Savage et al.，2004）。因此，根据对系统特征、事件和过程的分析，可以确定 GCS 风险的场景。Quintessa（2010）专门针对 GCS 长期安全性和性能评估开发了 FEP 数据库，该数据库提供了有关二氧化碳长期地质储存的相关技术和科学考虑的集中信息来源，可作为安全和性能系统评估的一部分。FEP 数据库提供了一种工具，支持对 GCS 的长期安全性和性能进行评估。FEP 分为八类：①评估依据；②外部因素；③CO_2 储存；④CO_2 性质；⑤地圈；⑥钻孔；⑦近地表环境；⑧影响。同时 FEP 分析有两种主要方法，它们被描述为“自上而下”和“自下而上”方法。

17.2.2 CCUS 项目风险源识别

通过梳理风险管理相关的文献资料（宣亚雷，2013），并结合 CCUS 项目各个环节的具体分析，共识别出七大类 18 种风险源，具体分类清单与涉及的环节如表 17-1 所示。

表 17-1 CCUS 项目风险分类表

风险类别			准备阶段				实施阶段			关闭	关闭后
			设想与计划	可行性研究	评估与批准	设计与建设	捕集	运输	封存		
政策	政策法规风险		√	√	√	√	√	√	√	√	√
经济	成本风险			√		√	√	√	√	√	√
	投融资风险			√		√	√	√	√	√	√
HSE	健康风险						√	√	√	√	√
	安全风险	泄漏					√	√	√	√	√
		诱发地震							√	√	√
	环境风险						√	√	√	√	√
技术	设备制造风险					√	√		√		
	技术工艺风险			√		√	√	√	√	√	√
	新材料研发风险			√		√	√				
	数据缺失风险			√	√	√			√	√	√
	技术操作风险					√	√	√	√	√	√
市场	市场不成熟风险			√		√	√	√	√		
	市场竞争风险			√		√	√	√	√		
资源	能源惩罚风险						√				
	用水资源风险						√				
社会	公众接受程度					√		√	√		
	环境 NGO 接受度					√		√	√		

注：“√”表示相应环节涉及此类风险，空白单元格表示相应环节不涉及此类风险。

（1）政策风险。政策风险指由于 CCUS 技术相关政策法规的缺失或不完善而影响 CCUS 项目顺利发展的风险。总体来说，CCUS 项目的政策风险主要包括国际局势风险、国际政策法规风险和国内政策法规风险三类。

一是国际局势风险。国际局势风险指由于世界范围内的不稳定因素如战争、金融危机等直接或间接影响我国 CCUS 项目发展的风险。例如，英国、荷兰等积极倡导发展 CCS 的国家受到欧债危机的影响，许多项目被迫取消或搁置，影响全球 CCS 发展形势，削弱该领域的国际合作，阻碍我国 CCUS 项目的发展。

二是国际政策法规风险。国际政策对我国 CCUS 项目发展的风险主要体现在气候政策的不确定性方面。近年来各国围绕气候变化、减排义务及减碳资金等问题一直争论不断，而美国宣布退出应对气候变化的《巴黎协定》，这些悬而未决的问题加剧了 CCUS 项目发展面临的不确定性。

随着 CCS 技术的发展，国际法律机构和一些发达国家在 CCS 法律法规的制定和完善方面取得了很大进步，但侧重点和执行力度各有不同。欧盟《CO_2 地质封存指令》明文承认 CCS 的合法性地位并为发达国家减排确立了具体的减排目标和详细的时间表，还对 CCS 项目审查、检测、申报、泄漏补救、关闭和事故处理等方面做出了规定。美国将监管重心倾向于 CO_2 的地质封存环节，如《地下灌注控制计划》专门为 CO_2 注入井设置了详细的技术规范，并定义为第六类灌注井；“the United States Internal Revenue Code”中确立的 45Q 税收抵免政策经过 2018 年的修订后，封存每吨 CO_2 的补助金额得到大幅提升。加拿大和英国通过修改现有能源或油气法案来满足 CCUS 项目发展的需要；澳大利亚从环境、安全、注入和行政管理的方面为温室气体近海封存制定了全面的法律框架。这些法律法规的制定可能对我国 CCUS 项目发展有一定约束，使我国处于被动地位。

三是国内政策法规风险。国内政策法规风险是指国内相关政策和法律法规的不完善或缺失导致 CCUS 项目发展受阻的风险。随着我国对 CCUS 的关注日益增加，CCUS 在国家和地方有关规划、方案、意见中出现的频次和篇幅明显增加，国家多项政策将 CCUS 列为重点支持、集中攻关和应用示范的重点技术，如《国家应对气候变化规划（2014—2020 年）》《“十三五”国家科技创新规划》《中国应对气候变化的政策与行动》《中华人民共和国国民经济和社会发展第十四个五年规划和 2035 年远景目标纲要》等，都加强了对 CCUS 试验示范的具体支持和引导。但总体来说，现有政策多以柔性引导和鼓励为主，连贯、操作性强的支持政策不足，财税、价格、金融等方面的扶持政策和落实方案尚未到位。在 CCUS 立法方面，我国尚未开展专门立法，至今没有 CCUS 的政策法律框架，较国外相关立法进展有较大差异。

（2）经济风险。经济风险指因 CCUS 项目的高成本、高投资以及缺乏相关投融资渠道而制约 CCUS 项目商业化应用的风险。CCUS 项目具有技术环节多、能耗高、运营周期长和盈利点少等特点，导致 CCUS 项目的投资高昂，且资金回收期具有显著的不确定性。本节将从成本风险和投融资风险两个角度展开分析。

一是成本风险。CCUS 项目成本主要涉及捕集、运输、利用和封存这四个环节。

其中，捕集成本是全流程 CCUS 项目中成本最高的部分，约占总成本的 70%，捕集成本受捕集方式、捕集源规模、捕集源位置、捕集源类型以及能源惩罚等因素的影响，预计至 2030 年，CO_2 捕集成本为 90～390 元/吨，2060 年为 20～130 元/吨；CO_2 管道运输是未来大规模示范项目的主要输送方式，其成本与运输距离直接相关，预计 2030 年和 2060 年管道运输每千米成本分别为 0.7 元/吨和 0.4 元/吨；封存成本与封存场地类型及潜在的 CO_2 泄漏相关，预计 2030 年 CO_2 封存成本为 40～50 元/吨，2060 年封存成本为 20～25 元/吨（程强，2021）。

对火电厂而言，安装碳捕集装置导致成本增加 0.26～0.4 元/千瓦时，总体来说，装机容量大的电厂各类成本更低。按冷却装置来分，对比空冷电厂，湿冷电厂 CO_2 捕集成本更低，但耗水量更大。在石化和化工行业，CCUS 项目成本主要来自捕集和压缩环节，提高 CO_2 产生浓度是降低 CCUS 运行总成本的有效方式。采用 CCS 和 CCU（CO_2 捕集与利用）工艺后，煤气化成本分别增加 10%和 38%，但当碳税高于 15 美元/吨 CO_2 时，采用 CCS 和 CCU 的煤气化工艺在生产成本上更具有优势。

二是投融资风险。CCUS 发展的资金需求量大，不确定因素较多，是投资风险大的资本密集型新型低碳技术。为了实现 CCUS 环境、社会、经济的三重效益，扩展 CCUS 项目投融资渠道是重中之重。从现阶段来看，CCUS 项目投融资问题一直没有得到很好的解决，投融资渠道单一，即以政府直接投资、补贴和减税的形式为主，以大型企业和国际机构投资为辅。CCUS 项目未来能否得到大规模发展的关键之一在于其是否可以得到合理有效的资金投入，因此，亟须拓宽投融资渠道，降低投资风险。

（3）HSE 风险。健康安全环境（HSE）风险指与健康、安全以及环境相关的风险，直接关系到人类、动植物及其所处环境的安全性，进而影响到社会对 CCUS 的接受程度和全球减排效应。CCUS 项目捕集和运输环节的工艺管理流程较为完善，其生产运行动态和安全状态可进行监测，相关风险可通过已有手段妥善应对。封存阶段是 CCUS 项目 HSE 风险发生的主要阶段，如井孔或盖层完整性失效引发的 CO_2 泄漏，以及更为严重的诱发地震，故下面将主要从井孔泄漏、盖层泄漏以及诱发地震三个方面介绍封存阶段的 HSE 风险。

一是井孔泄漏。井孔是发生泄漏的主要途径，在一些地方，井孔密度达到了每平方千米 0.5～5 口井，如美国得克萨斯州就有超过一百万口油气井，若井孔废弃多年且没有按规定进行封闭则会增大泄漏的风险。井孔的泄漏可能发生在单个结构内，也可发生在结构间的界面上，如图 17-4 所示。Bai 等（2015）的研究表明井孔破坏的主要机理包括：①通过化学场对套管或水泥造成腐蚀或碳化；②通过压力–温度场使套管发生变形与疲劳，水泥发生开裂与剥离；③材料或结构缺陷使得完井质量差。鉴于井孔泄漏的严重后果，有必要重视对井孔完整性的系统评估。

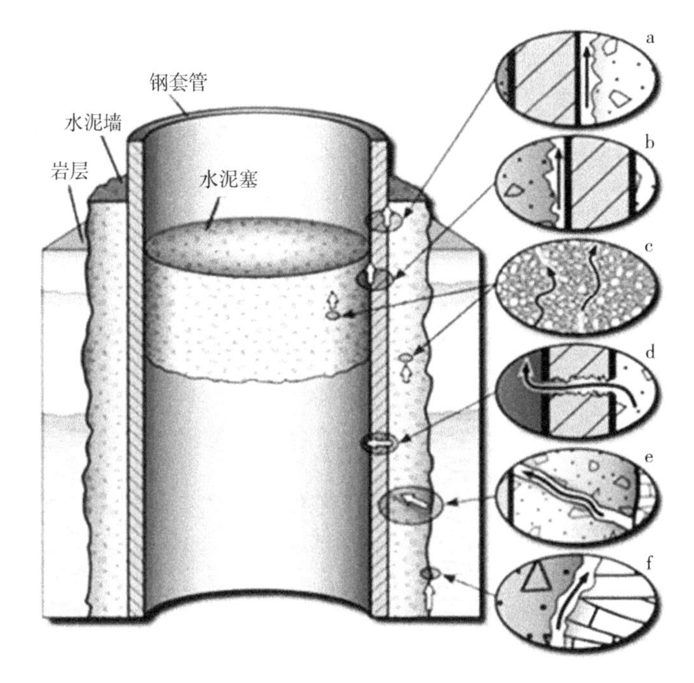

图 17-4　潜在井孔泄漏的通道（Celia et al.，2005）

a、b 表示钢套管与水泥间；c 表示穿透水泥；d 表示穿透钢套管；e 表示通过裂缝；f 表示水泥与岩层间

二是盖层泄漏。盖层是指位于储层上方，能阻止注入 CO_2 向上逸散的地层。储层注入 CO_2 后，导致地层压力增加，当压力增加到一定程度后，易诱发盖层中潜在的微裂缝或裂隙产生，从而降低封闭性。如果盖层过薄易被注入的 CO_2 突破，会造成泄漏。因此，盖层质量的优劣直接影响着 CO_2 地质储存的有效性与安全性，盖层是否泄漏也成为判定 CO_2 地质储存安全性的重要标志之一。盖层泄漏的方式主要有三种：盖层渗透泄漏、盖层扩散泄漏和盖层裂隙泄漏。

三是诱发地震。关于诱发地震的研究已经持续多年，相关文献表明应力场变化、孔隙水压变化、岩石体积变化以及受力或荷载等因素都可能诱发地震活动，储层流体的注入和抽取都会引起孔隙水压力变化，进而引起有效应力变化，随时间推移导致断层破坏引发地震。现有众多 CCUS 项目中，对诱发地震研究最多也最具有代表性的主要有以下三个项目：①挪威的 Sleipner CCS 项目，是天然气田产出的天然气

脱出 CO_2 在超临界状态下注入 Utsira 砂岩层，由于 Utsira 砂岩层具有良好的流动性，孔隙度大，渗透性极好，储层空间巨大，该项目在累计运营 20 多年后，仍没有发生过较为明显的微震。②阿尔及利亚的 In Salah CCS 项目，是世界首个枯竭气田 CCS 项目。自 2004 年始，每年有 50 万～100 万吨的 CO_2 注入地下 1800～1900 米约 20 米厚的石炭系砂岩中。该项目自 2009 年起，微地震检测波阵列记录了超过 1000 次地震活动，2010 年曾发生地震活动聚集，最大震级为 0.5。数据显示 3 口注入井底边隆起约 25 毫米，其对应的岩土力学物理模型的数值模拟结果显示，储层变形很可能受断层破坏的影响。③加拿大的 Weyburn CCS-EOR 项目，采油过程使得储层结构（孔隙压力）发生了较大变化，但储层压力基本处于平衡状态，加上其良好的渗透率和孔隙度，使得微震事件发生次数相对较少。

（4）技术风险。技术风险指由于 CCUS 不成熟或技术效率低等原因而影响 CCUS 顺利发展的风险，主要与现阶段 CCUS 发展水平、CCUS 复杂性和 CCUS 项目实践经验缺乏有关，具体可分为以下几类。

一是数据缺失风险。数据缺失风险指 CCUS 技术应用过程中所需要的数据、资料等不足导致 CCUS 项目不确定性增加的风险。数据缺失风险显著地发生在 CO_2 地质封存过程中，从潜在封存场所评估、封存容量评估、封存层地质缺陷的判断到 CO_2 注入后在地下场所的移动、化学反应等行为的分析都依赖大量数据。而现阶段实践项目的缺乏以及地下探测的高难度等导致所需数据缺失，这给 CCUS 项目的实施带来了严重的不确定性风险。

二是技术工艺风险。技术工艺风险指 CCUS 项目中某些环节工艺流程落后或不完善的风险。工艺流程落后或不完善一方面导致技术效率和能源利用效率低下，另一方面可能引发意外事故，二者都会影响项目的顺利发展。通常 CCUS 改造是在碳强度高的系统上加装碳捕集装备，此过程增加了工艺的复杂性和风险程度，如燃烧后捕集过程中常用的化学溶剂吸收法需要消耗大量的能源和水，导致效率低，成本高，这是阻碍燃烧后捕集项目发展的重要风险因素；燃烧前捕集技术具有先进高效的特点，但燃气/氢轮机的制造、膜分离等核心技术工艺不成熟，目前难以实现规模化应用；富氧燃烧能够产生高浓度的 CO_2 尾气，可大幅降低捕集成本，但该方法是所有捕集技术中最不成熟的，如何提高锅炉的耐高温性以及氧燃料的电力/水循环效率成为亟待解决的问题。另外，技术工艺不成熟还可能导致运输和封存环节出现泄漏、井喷及地震等事故，因此需要针对 CCUS 工艺进行重点研究。

三是设备制造和新材料研发风险。设备制造和新材料研发风险指 CCUS 工艺过程所需的设备尤其是核心设备的制造能力薄弱和研发水平不足导致 CCUS 技术过程所需的先进、高效材料缺乏而影响 CCUS 项目发展的风险。该风险主要发生在捕集环节。为了提高捕集效率，需要选用高效低耗的捕集设备及材料，如用于整体煤气化联合循环（integrated gasification combined cycle，IGCC）电厂的燃烧炉、燃气/燃氢轮机及膜转换反应器等新型设备；用于 CO_2 分离的纳米材料以及钯-沸石化合物膜、硅膜、钯合金膜、混合传导膜等各种膜分离材料。目前发达国家在这些方面处于领先地位，而我国的研发相对滞后，使得我国推行 CCUS 面临较大的阻碍，因此需继续通过大力研发和国际合作来弥补不足。

四是技术操作风险。技术操作风险指缺乏具有资质和经验的 CCUS 作业人员导致操作不当而引发事故的风险。鉴于 CCUS 的复杂性、多元性，以及缺乏实际操作经验，作业人员在操作过程中容易出现操作不当而引发 CO_2 泄漏、管道爆裂等事故，在可能危害操作人员安全的同时也大大增加了项目失败的风险。此类风险较易发生在运输和封存环节。

（5）市场风险。市场风险指由于市场因素如碳市场不成熟、市场竞争等影响 CCUS 项目顺利发展的风险，主要包括以下两类。

一是市场不成熟风险。将 CCUS 项目的减排量纳入碳排放交易体系可在一定程度上降低成本，增加收益，提高企业抵抗经济风险的能力。2021 年 7 月我国碳排放权交易市场正式启动，国内碳市场的核证减排制度也已建立，但若将 CCUS 项目纳入碳市场还需要考虑诸多问题，如 CCUS 项目实际减排量核算问题、核算减排量的双重计算问题、激励政策不明朗问题，以及 CCUS 项目长期监测责任归属问题等。另外，现阶段碳排放交易体系尚不成熟，没有形成全球统一的碳市场，CCUS 项目的核证减排量不能在全球范围内进行交易。

二是市场竞争风险。与 CCUS 相比，风能、水能、太阳能等可再生能源技术在国家发展规划中占据重要位置，从而导致国家和地方政策、资金、资源等向其他竞争性技术项目倾斜，企业投资受政策导向影响也可能偏离 CCUS，严重阻碍了 CCUS 项目的健康稳步发展。

（6）资源风险。CCUS 项目的资源风险主要发生在捕集环节，包括能源惩罚风险和用水资源风险。与常规电厂相比，加装碳捕集设备后，粉煤电厂的燃料消耗要增加 24%～40%，IGCC 电厂要增加 14%～25%，而天然气联合循环（natural gas combined cycle，NGCC）电厂要增加 11%～22%。能源惩罚长期居高不下将大大削弱政府和企业投资 CCUS 项目的积极性，而且这与我国当前大力提倡的降低能耗、提高能效的政策相违背，使得能源惩罚成为阻碍 CCUS 项目发展的重要风险因素。另外，电厂加装 CCUS 会导致用水量大幅增加，主要是碳捕集过程采用溶剂吸收法进行 CO_2 回收分离，该过程需要消耗大量水，以及系统增加的换热器、CO_2 压缩机等设备需要冷却水冷却，增加了电厂的总冷却负荷（Yang et al.，2020a）。根据发电技术与捕集技术的差异，在实施 CCUS 后，电厂的用水量预计会提升 33%～90%（Zhai et al.，2011），严重降低了水资源缺乏地区发展 CCUS 项目的可能性。

（7）社会风险。社会风险指由于 CCUS 项目对健康安全环境的潜在危害可能导致 CCUS 项目受到公众或环境 NGO 的强烈反对，导致 CCUS 项目面临被延期、搁置或者搬迁的风险。荷兰 Barendrecht CCS 项目就因当地居民对该项目安全问题的担忧而遭到强烈反对；我国也曾发生类似事件，如什邡市投资百亿元的钼铜项目因其潜在的环境污染风险而遭受公众强烈反对从而被迫叫停。由此可见，随着 CCUS 项目逐渐部署，公民环境意识和自我保护意识不断增强，CCUS 项目实施的潜在社会风险也亟须得到各方重视。当前国内外 CCUS 项目的安全性还处于研究阶段，公众和社会对 CCUS 的了解渠道相对缺乏，无法系统全面地认识 CCUS。因此，在发展 CCUS 项目的同时，需要通过多种渠道提高全社会对 CCUS 的认知程度和接受程度。

17.3 CCUS 项目风险评价典型方法

CCUS 项目风险评估方法主要分为定性、定量以及半定量三类。表 17-2 对各类风险评价方法进行了归纳总结。定性风险评估不提供具体的数值结果，而是根据专家的意见进行结构化评价，对风险给予定量的分级。该类评价方法主要适用于数据缺失或者缺少具体的认知、实践经验和专业知识等相关情况。定量方法通常是用数值模拟定量刻画后果的发生概率和严重性，如果有先验的历史数据，可以建立方法的优化过程，CCUS 定量风险评估方法多适用于系统的不确定性相对较低的情况。而半定量法是对后果和可能性赋予半定量的评价刻度。

表 17-2　风险评估方法分类

分类	方法	目标	应用案例	评价流程	参考文献
定性	FEP	说明与长期安全相关的系统功能、事件和过程	Weyburn，In Salah	专家参加研讨会，确定并汇总 FEP 以提供场景，定义一个基本场景，并给出备选方案用于比较场景	Savage 等（2004）
定性	筛选和排序框架（SRF）	通过各种属性的数值对遏制潜力进行独立评估	Ventura oil field，Rio Vista gas field	专家评估每个属性的重要性，通过电子数据表格生成平均值，进而对封存场地进行排名与筛选	Oldenburg（2008）
	脆弱性评估框架（VEF）	确定对 GCS 产生不利影响的条件	—	描述封存场所及其特性；输入导致风险的条件；判断该条件对潜在后果的脆弱程度	Bacanskas 等（2009）
定量	荷兰应用科学研究组织（TNO）风险评估方法	评估 CO_2 封存的长期安全性	—	确定评估依据；面向实际场景开展针对性的 FEP 筛选；专家估计范围并确定每个场景；确定参数的概率分布函数	Yavuz 等（2009）
	CO_2-PENS	于 Goldsim 框架的全面 GCS 风险评估	—	基于可用特征数据开发的现场特定模型；模拟 CO_2 羽流和压力分布；生成泄漏的概率分布	Stauffer 等（2009）
	风险识别和策略的定量评价（RISQUE）	用于估计多个项目的一组风险事件概率和影响	Weyburn，Gorgon，In Salah	关键绩效指标定义基线，评估对各种受体的影响；专家小组确定风险事件、概率、成本和潜在后果	Bowden 和 Rigg（2004）
半定量	CO_2-QUALSTORE	基于生命周期对选址、GCS 安全性进行评估	—	采用风险矩阵法在“场景”中进行风险排序，风险评估遵循尽可能低原则	Carpenter 等（2011）
	认证框架（CF）	对有效性风险的单个站点进行认证	Kimberlina site，southern San Joaquin valley	模拟 CO_2 羽流位置、大小，进而模拟 CO_2 通量	Oldenburg 等（2009）
	性能评估（PA）	专家在决策支持框架中整合定量、定性的现场信息、数值模型和价值判断	In Salah	构建决策树并使用 FEP 数据库；采用数值模拟工具对场景进行分析，以证实决策树中的各种子假设；通过决策树传播证据，以评估假设的可靠性	Metcalfe 等（2009）

17.3.1　筛选和排序框架

SRF 是一个定性的评估方法，其旨在在选址的早期对大量现场进行筛选和排名。该方法是根据 CO_2 泄漏引起的 HSE 风险对大量现场进行筛选和排名，进而建立一个快速、廉价并且一致的框架，以确定少数条件优良的 CO_2 封存地层。值得注意的是，SRF 方法假设目标储层具有三个基本特征：①目标储层具有长期封存 CO_2 的潜力；②若主要目标储层确实发生 CO_2 泄漏，则存在次级遏制 CO_2 泄漏的机制；③若次级遏制机制同样失效，CO_2 通过与大气、地下水以及地表水等混合减弱泄漏效应。

如图 17-5 所示，在用该方法进行风险评估时，需将每个封存地进行三级排名，该等级分别由 9 个二级指标和 42 个三级指标组成，对于每个三级指标，需根据用户输入权重、评估值以及确信程度进行赋值，然后通过简单的加权平均算法得到二级指标值，最终得出总平均属性、确信程度以及系统总平均值，进而对每个潜在封存场地进行综合评估，通过比较多个封存场地的结果，对其进行手动筛选和排名。

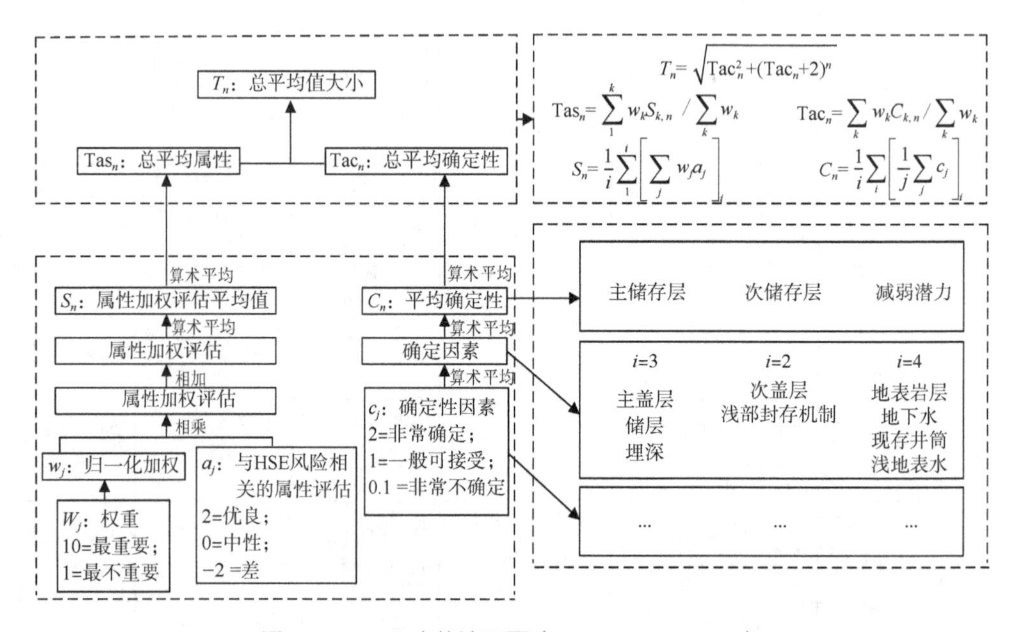

图 17-5 SRF 实施流程图（Oldenburg，2008）

SRF 被设计为一种定性方法，当缺乏关于封存场地的详细数据时，可以在场地选择的早期使用。然而，可用数据可能无法满足 SRF 对数据和知识的要求，因此需要进行额外的表征工作。

17.3.2 脆弱性评估框架

VEF 是美国国家环境保护局为进行 CO_2 地质封存风险评估而开发的一种方法。该方法旨在帮助利益相关者和技术专家对 CO_2 封存项目的设计、现场特定风险、监测和管理进行深入评估。图 17-6 为 VEF 的概念模型，该模型描述了地质封存系统及其特性，将封存场所分为注入系统和封闭系统。此外，该方法在五个影响类别

（人类健康/福利、大气、生态系统、地下水和地表水、岩石圈）中确定了风险受体，这些风险受体都可在 CO_2 以及其他流体异常运移、泄漏以及压力变化的情况下受到影响。

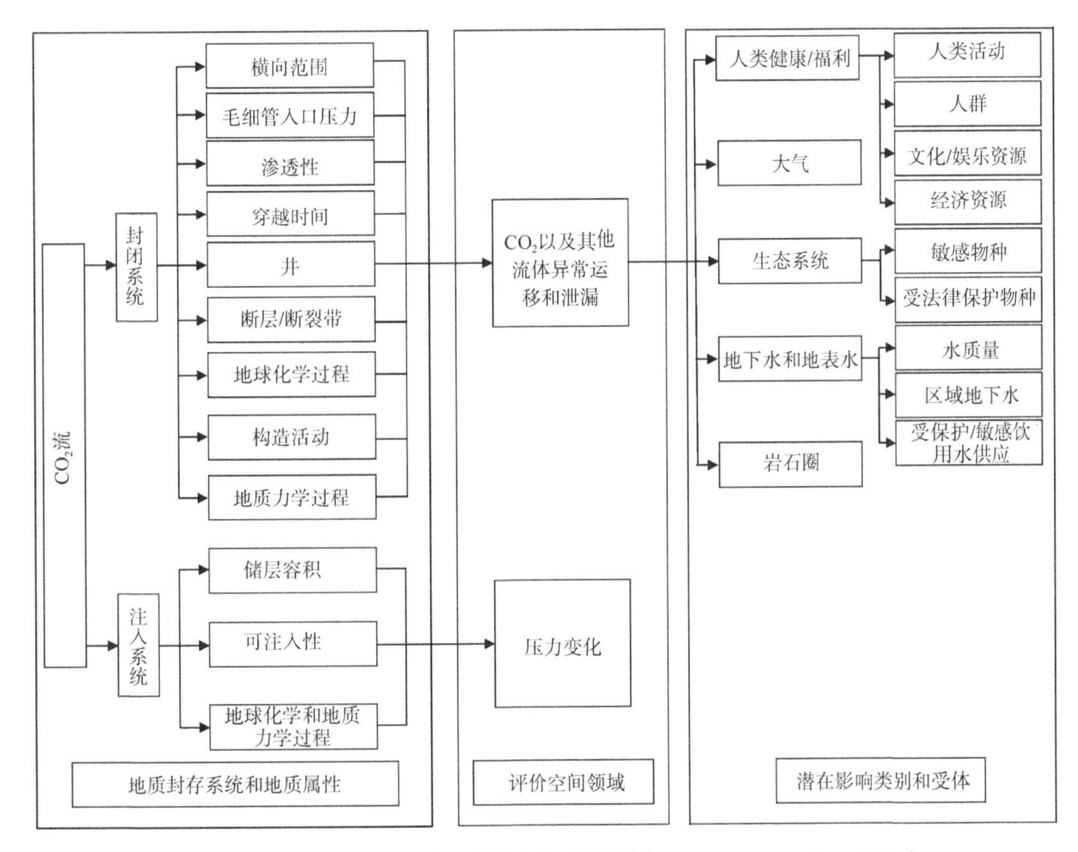

图 17-6　VEF 识别嵌入式评估过程概念模型（Bacanskas et al.，2009）

值得一提的是，VEF 风险评估方法设计的初衷是针对深部咸水层封存 CO_2，因此如何避免泄漏，以及如何详细描述风险对不同受体的不利影响十分重要。在此基础上，关键地质属性的识别（如井、断层、断裂带等的评估）、收集和使用 CO_2 地下监测数据来完善风险模型是该方法风险评估非常重要的部分。

17.3.3　风险识别和策略的定量评价方法

风险识别和策略的定量评价（RISQUE）方法是根据已识别风险事件发生的可能性来描述风险（如 CO_2 逸出和注入不足）及其后果（如环境破坏和生命财产受到损失）。该方法认为向地下注入超临界 CO_2 所带来的潜在风险主要包括：①储层和盖层具有缺陷；②注入工程条件；③CO_2逸出量和逸出率；④项目成本；⑤利益相关者态度；⑥污染（地下水、地表水等）；⑦诱发地震；等等。因此，该方法要求专家组成员具有相对广泛的（如地球物理学、地质力学、水化学、经济学、生态学等领域）专业知识，且在风险评估过程中要求参与人员保持客观性，保证所有关键因素都在考虑之中。RISQUE 方法是分阶段进行的，如下所述。

（1）建立背景。在建立风险管理过程的背景时，对活动的性质和潜在影响进行评估。这样可以确定利益相关者，并制定风险管理目标和结构。然后定义风险管理流程的范围。

（2）风险识别。风险识别过程涉及对项目的充分了解，需要对项目进行风险评估，以指导具有适当技能的专家小组识别和描述关键风险事件。对于每一个事件，专家小组都通过事件树进行指导，以定义事件发生的可能性、事件发生的后果以及潜在的发生时间尺度。专家组调查结果的记录通常采用风险登记簿、每个风险事件的描述和事件树图表的形式。

（3）风险分析。风险分析涉及对每个实质性风险事件的概率和后果进行量化和建模。风险模型通常是针对每个应用专门开发的，它使用蒙特卡罗模拟来处理那些不确定性作为概率分布输入的变量。风险模型中应用了特定的技术选择，以得出风险结果、风险概况，并估计未来可能因风险事件的发生而产生的潜在成本（风险成本）。模型的输出可以在任何置信水平上表示。

（4）制定风险管理策略。风险管理策略的制定是使用风险分析过程的结果来定义和评估行动计划和（或）处理关键风险事件。根据风险分析的结果，该策略可能包括对每个现场内二氧化碳注入的可接受性的立场，以及针对风险的关键因素的任何行动的识别，以便将总体风险降低到可接受的水平。

（5）战略实施。通过比较来完善各个环节流程，以此选择最合适的封存场地。

17.4 CCUS 项目风险应对

本节针对所识别的七大类风险分别提出一系列具体应对措施，可为相关部门制定 CCUS 政策法规以及企业加强关于该类项目的风险管理提供一定的参考和借鉴。

（1）技术风险应对。CCUS 风险需要从以下几个方面应对：①加强技术研发，提高技术效率和技术水平，开发更优的工艺流程，增强我国 CCUS 领域的国际竞争力；②鼓励技术合作与建设更多的示范项目，加强引进国外 CCUS 先进技术和学习先进经验，提高合作水平，并鼓励企业与科研机构、高校等积极开展项目合作；③积极推进 CCUS 数据管理系统，大量研究证明，在封存环节主要技术风险之一是数据缺乏，从而大大降低模拟结果的可靠性，因此建立统一的 CCUS 数据管理体系对于降低技术风险尤为重要；④积极开展 CCUS 技能培训，培养一批具有专业背景的人员。

（2）资源风险应对。对于应对资源风险的安全措施，可从以下两个方面予以展开：①提高能源利用效率。由于 CCUS 项目在实施过程中会消耗更多的资源，具有显著的能源惩罚，可采取多种措施提高能源利用效率，应对能源惩罚风险。②持续推进示范项目和产业聚集区建设。进一步开展试验示范项目建设，积极推动在有条件的地区建设规模较大、低能耗碳封存示范项目，推动高排放产业低碳化、CO_2 循环利用等新发展格局的形成，加快先进技术的成熟和大规模应用。

（3）HSE 风险应对。为了应对 HSE 风险，可将 CCUS 项目从捕集、运输和封存三个阶段划分并分别采取措施。①对于捕集阶段，风险源基本可分为以下几类：用于吸收 CO_2 的胺溶液泄漏、洗涤段故障，有害物质随尾气污染大气等。那么就可安装环境背景监测系统，连续监测 HSE 风险物质的泄漏与排放，与此同时，做好与 HSE 风险物质相关的运输、储存、处置等相关设备防腐工作，制定防腐措施，定期检查腐蚀情况等。②对于运输环节，针对 CO_2 突发性或缓慢性泄漏，制定详细的工程补救措施和管理措施，与人口密集区、资源开采以及环境敏感区等确定合理的环境安全距离，定期检测腐蚀情况，制定管道压力监测计划，确保运输的安全防护工作。③对于封存环节，可根据 CO_2 长期地质封存的特点，制定严格的工程建设和设备选择标准，制订环境监测计划，包括常规污染物监测、CO_2 监测等，针对 CO_2 突发性和缓慢性泄漏，制定详细的工程补救措施和管理措施，根据风险水平上报管理部门登记管理，封存场地远离环境敏感区、人口密集区等，并采取一定的防护措施等。

（4）经济风险应对。大量研究表明，CCUS 商业化应用于碳减排的主要障碍之一是其捕集成本以及运营成本极高，因此在经济风险方面主要的应对措施包括以下几个方面：①加大技术研发投入。加快捕集技术向低成本方向转变（Boot-Handford et al.，2014；Porrazzo et al.，2016；Bui et al.，2018），如低温分馏技术、吸附技术、膜分离技术、低温吸附技术等，积极开发其他与 CCUS 相结合的规模化碳中和技术，如利用藻类将 CO_2 转换成生物燃料技术等；②通过规模效应降低 CCUS 的成本；③制定针对 CCUS 项目的补贴和优惠政策（如美国的 45Q 税收抵免政策等）；④完善 CCUS 市场以及与其相关的碳排放权交易市场，建立成熟的市场化商业模式；⑤加强同其他碳减排清洁路径（如风能发电、水力发电、太阳能发电等）的协同效应；⑥积极探索 CCUS 项目可持续的商业模式和投融资机制。

（5）社会风险应对。CCUS 社会风险主要来自公众以及环境 NGO 的反对，因此应对社会风险可从以下两个方面着手：①重视与潜在 CCUS 项目实施地公众的沟通交流。政府相关部门应在降低社会风险方面发挥积极作用，通过电视、广播、报纸、专家讲座等媒介向公众传递信息，提高公众对 CCUS 的理解和接受度。②鼓励公众参与。可制定相关法规，对公众参与范围和组织形式、征求公众意见的方式、听证会召开流程等做出规定，鼓励公众选拔代表小组参与 CCUS 项目的风险监测和管理活动等。

（6）市场风险应对。市场风险的应对措施涉及提高碳市场的成熟度、降低与同类碳减排项目的竞争性。因此可以从完善碳市场和鼓励商业运营模式的创新两个方向予以应对：①完善碳市场。尽管从 2006 年开始，我国碳市场在北京、上海、深圳和武汉等城市已经进行试运行，但是我国目前 CCUS 发展所面临的市场风险依然显著：各个碳市场的碳价格都存在较大的波动，并且我国碳市场的发展存在地域性差距较大、市场效率较低等问题。所以进一步完善碳市场，提高碳市场效率，缩小地域性差距是应对 CCUS 市场风险的重要举措。②鼓励商业运营模式的创新。由于 CCUS 项目涉及 CO_2 的捕集、运输、利用及封存等多个环节，并且涉及电力、钢铁、化工、水泥等多个行业，创新链、产业链和供应链协同保障能力不足，企业开展 CCUS 相关项目并实现盈亏平衡较困难，前期投入实现产业转化困难重重，因此鼓励商业运营模式的创新也是市场风险的重要应对措施之一（史作廷和公丕芹，2021）。

（7）政策风险应对。基于文献资料的分析结果，本书将政策风险应对措施大致分为四类：①借鉴国际上关于 CCUS 项目相关的政策法规。国际 CCUS 相关政策法规的变化是我国 CCUS 项目发展的重要因素之一，因此积极参与涉及 CCUS 国际政策、法规的国际会议，对我国制定相应的政策法规具有重要的影响意义。②通过已有法规或对现有法规进行修正，将 CCUS 纳入监管体系。例如，CCUS 中的捕集环节适用《中华人民共和国大气污染防治法》《火电厂大气污染物排放标准》

（GB 13223—2011），槽车运输适用《中华人民共和国道路运输条例》，管道运输需要对现有的《中华人民共和国石油天然气管道保护法》进行修正后才可适用，修订《中华人民共和国矿产资源法》《中华人民共和国水污染防治法》等以使 CCUS 项目纳入。③制定专门的 CCUS 规章及政策。CCUS 是一项新兴多学科、多技术交叉的集合体，所以在实施过程中，难免会缺乏有针对性的规章制度，因此需针对 CCUS 制定专门的规章，以降低整体实施风险。④在解决 CCUS 项目涉及的权利冲突时，应明确权利边界、充分发挥民事法律的作用等。在设置关闭后的责任转移时，应明确 CCUS 项目关闭后的责任主体与程序规则。

17.5　本 章 小 结

以《风险管理　指南》（GB/T 24353—2022）为依据，本章提出了适合 CCUS 项目的风险管理流程，并基于 CCUS 项目的风险识别、风险因素分析和 CCUS 项目风险评价方法介绍 CCUS 风险管理应对措施，对相关决策者以及企业制定 CCUS 发展战略和风险管理具有一定的借鉴意义。

通过整理 CCUS 风险管理的相关资料，以及现存 CCUS 项目各个环节的具体分析，共识别出政策、经济、HSE、技术、市场、能源以及社会七大类 18 种风险。其中，这七大类风险既相对独立又在一定程度上相互依存，只有系统把握各种风险之间的关系，才能更精准地评估和管理风险。

目前较常用的 CCUS 风险评价方法大致可分为三大类，即定性、定量、半定量评价方法。本章共列出 9 种 CCUS 风险评估方法，并详细介绍每种方法的评价流程。其中，当数据缺乏或者缺少具体的认知、实践和专业知识时，定性评价方法不失为一种好方法，并且可能更加有效，而当先验数据充足或系统的不确定性相对较低时，可优先选用半定量和定量评价方法。

针对 CCUS 项目风险提出以下应对措施：第一，借鉴国际相关政策法规，提出或完善我国的监管体系，通过修改现有的法律法规，将 CCUS 纳入其中；第二，制定 CCUS 项目补贴及优惠政策，加大技术研发投入，以此降低成本；第三，通过加强 CCUS 创新及研发，借鉴国外先进技术，鼓励高校、企业与科研机构加强合作，建立统一的数据管理平台来应对技术风险；第四，制定详细的工程补救和管理措施，加强 CO_2 泄漏监测、管路定期检测等工作以应对 HSE 风险；第五，完善现有的碳市场，促进多种碳减排技术协同发展，鼓励 CCUS 商业模式的创新；第六，提高能源利用效率，持续推进示范项目和产业聚集区建设来应对能源风险；第七，通过电视、报纸、讲座等媒介加大对公众的宣传力度，并积极鼓励公众以合适的形式和范围参与到项目中。

第18章　CCUS工程源汇评估

CCUS无论对实现全球温控目标，还是对我国碳中和目标，都是必不可少的工程技术。我国高度重视CCUS发展，自21世纪初积极推进CCUS研发部署、路线图编制和关键技术示范等工作；在碳达峰、碳中和愿景下，CCUS更是稳妥有序实现我国碳中和目标的必要组成。但是，CCUS发展仍处于早期，当前的零散示范并不能满足未来大规模的减排需求，急需向规模化发展。然而，我国二氧化碳排放源数量多、种类广、减排特征各异；不同地区潜在封存场地点的二氧化碳封存适宜程度存在差异。因此，为CCUS工程选择适宜的位置是极具挑战的，它应协调并满足经济性、安全性和可持续性等利益相关的多个发展目标。

为此，本章识别了全球适宜开展CCUS的CO_2排放源，评估得到了全球主要CO_2封存场地的封存潜力，以及我国县级尺度CO_2封存场地适宜性及其分布特征。本章研究主要回答以下两个问题：

全球及我国适宜部署CCUS的大型CO_2排放源分布如何？

全球及我国CO_2封存场地的有效封存潜力及其适宜性如何？

18.1　CCUS碳排放源识别

18.1.1　全球二氧化碳排放源的空间定位

推动CCUS规模化部署的首要挑战在于确定适宜捕集CO_2的大型碳排放源和能够封存CO_2的碳汇在全球的空间分布。但在已有研究中，支撑全球CCUS工程源汇选址的详细数据并没有披露。因此，为了解决全球大型CCUS排放源的数据缺失问题，本节研究精准核算了全球8.7万家电厂、钢铁厂等工业点源，以及139个国家的非点源排放分布，通过整合地理信息数据、行业数据和土地利用数据，构建了全球CCUS高精度碳源数据库。

具体而言，对于电力行业，本节研究基于碳监测行动（Carbon Monitoring for

Action，CARMA）数据库中 66 273 家电厂的地理空间分布及其 CO_2 历史排放量，根据各发电厂在 2009 年的实际排放比例，对 2017 年全球电力行业的二氧化碳排放总量进行分配与校准。对于非电力工业行业（即钢铁、化工和水泥行业），首先对美国、中国和欧洲的 20 491 个非电力工业点源的地理坐标与排放数据进行了栅格化处理，生成了较为可靠的 1 千米 × 1 千米排放网格（U.S. EPA，2014；EPRTR，2019）。进一步，使用全球大气研究排放数据库（Emissions Database for Global Atmospheric Research，EDGAR）提供的由非电力工业（包括水泥、化工和钢铁）活动的 10 千米 × 10 千米碳排放网格，对除美国、中国和欧洲以外无法获取点源数据的国家或地区进行补充和校准。接下来，利用全球土地利用数据集（Friedl et al.，2010），剔除了森林、湿地、冻土和水源等不适宜的土地利用类型网格，然后将 10 千米 × 10 千米碳排放网格按剩余面积降尺度到 1 千米 × 1 千米栅格，从而完成非电力工业行业 CO_2 排放的空间定位。最后，将电厂点源的排放栅格化到 1 千米 × 1 千米网格，并与非电力行业碳排放网格合并，最终生成了全球 1 千米 × 1 千米分辨率的碳排放网格数据。

18.1.2 全球 CCUS 碳排放簇的界定与识别

科学研究已证实，在 CCUS 工程实践中采用大规模的点对点匹配模式会导致基础设施建造与运营成本过高。CCUS 技术的集群化发展可以有效降低单位 CO_2 减排成本（Global CCS Institute，2016）。因此，基于区域内多个排放源构建大型二氧化碳排放簇的研究思路对于实际的 CCUS 工程建设更为合理。基于此，本章研究引入并界定了 CCUS“碳簇”的概念。首先，将年 CO_2 排放量超过 1 万吨的 1 平方千米网格定义为高碳排放网格，将相邻的高碳排放网格连接成连续区域，并定义排放总量超过 40 万吨/年的连续区域为 CCUS 碳簇。该定义所选取的 40 万吨/年碳排放门槛值相当于一个中型电厂的排放量，也在一定程度上参考了全球碳捕集与封存研究院（GCCSI）对大型二氧化碳排放源的定义（Global CCS Institute，2016）。通常，除非遇到不可抗力事件（本书暂不讨论），大型碳排放源的地理位置在 30 年内不太可能发生显著变化。因此，基于 IEA 预测的全球 CO_2 排放路径，并利用 2017 年的历史排放网格，本节研究预测了全球 CCUS 碳簇到 2050 年的累计碳排放量。碳簇的引入可有效降低碳排放点源间的产业链风险，并为 CCUS 大规模集群发展创造商业协同效益（Carbon Sequestration Leadership Forum，2020）。

本节研究界定并识别了全球 4220 个 CCUS 碳簇，它们分布在 87 个国家或地区。研究结果显示，到 2050 年，4220 个碳簇的累计 CO_2 排放量将达到 6938 亿吨，其中约四分之三来自电厂排放（5188 亿吨）。包含电厂和其他行业两类 CO_2 排放的混合碳簇数量约占全球的 47%，而纯电力碳排放簇和纯非电碳排放簇分别约占 24%和 29%。其中，90%碳簇的累计 CO_2 排放量超过 1 亿吨。在 47 个国家中，适合碳捕集的 CO_2 全部来自电力排放。全球 4220 个 CCUS 碳簇的分布显示出明显的区域集中性，主要集中在中国（CHN）、美国（USA）、印度（IND）、欧盟（EU）、俄罗斯（RUS）、日本（JPN）、沙特阿拉伯（SAU）和南非共和国（ZAF）。2020 年至 2050 年间，这些国家或地区的碳簇数量和碳簇累计排放量预计将分别占全球碳簇总数量的 81%和累计排放量的 84%（图 18-1）。这些国家或地区需要在未来大规模部署 CCUS。

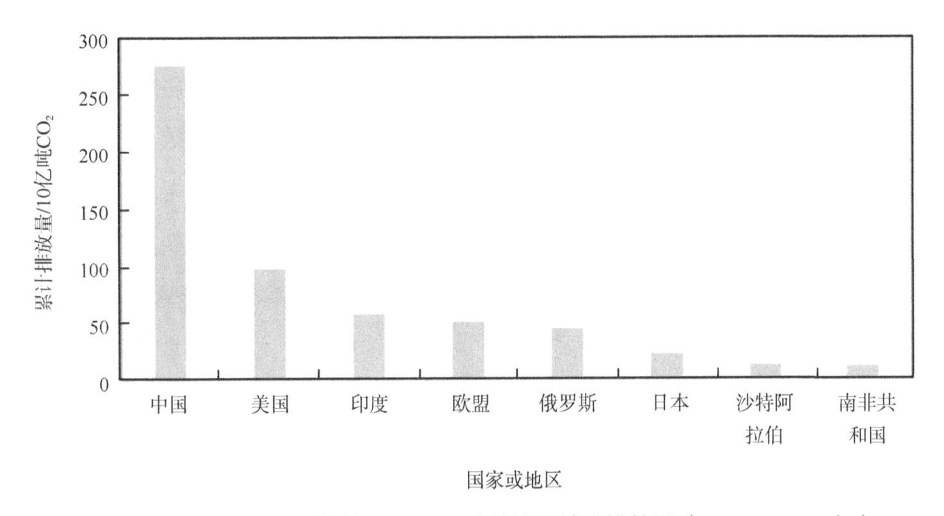

图 18-1　全球主要排放国 CCUS 碳簇的累计碳排放量（2020～2050 年）

18.2　CCUS 封存场地封存潜力及适宜性评价

18.2.1　全球 CO_2 有效封存潜力评估

CO_2 可以在油气藏、深部咸水层和不可开采的煤田进行地质封存（Szulczewski et al.，2012）。考虑到地质封存的安全性，本章研究仅评估 CO_2 在深部咸水层和油藏盆地中的封存潜力（Lackey et al.，2019）。其中，盆地数据来自美国地质调查局发布的全球地形图等信息（Osmonson et al.，2000）。对于 CO_2-EOR 的封存潜力，本节研究不考虑未探明的油藏、超高压油藏和高硫油藏等非常规油藏，仅评估已知油田（KWN_OIL）在混相驱和近混相驱情况下的 CO_2 封存潜力。

自 20 世纪 90 年代初以来，全球各国便开始对地质中可封存的 CO_2 潜力开展了国家层面（Li et al.，2006；Ogawa et al.，2011）或盆地层面（Qiao et al.，2012；Su et al.，2013；Calvo and Gvirtzman，2013）的实践研究与科学评估。然而，不同研究采用的 CO_2 地质封存潜力评价方法和评价对象差异较大，导致评价结果间的一致可比性较差（IEA，2005；de Silva et al.，2012）。为克服这一局限，碳收集领导人论坛（CSLF）和美国能源部（US-DOE）分别提出开发了两套综合性的 CO_2 地质封存潜力评价体系（Carbon Sequestration Leadership Forum，2008；US-DOE-NETL，2008）。碳收集领导人论坛将 CO_2 封存潜力分为了四级，分别为理论封存潜力、有效封存潜力、实际封存潜力和匹配封存潜力，四种潜力类型的精确度由低到高、封存潜力由大到小，自下往上形成了封存潜力金字塔。Goodman 等学者在综述中指出，这两种方法在本质上是相同的，并且主要适用于国家层面和盆地层面的潜力评估（U.S. EPA，2014）。相比之下，CSLF 方法需要更详细的地质参数进行评价，需要直接考虑残余气饱和度。两种方法都是基于静态的孔隙体积法，可计算国家层面、区域层面与盆地层面的封存潜力。场地级别的封存潜力需要利用数值模拟方法进行评估，同时还需要考虑 CO_2 注入与运移过程中的动态因素（霍传林，2014）。

然而，在全球尺度上，获取各国 CO_2 封存盆地的详细地质参数存在较大难度。考虑到 US-DOE 方法更适合宏观尺度上的 CO_2 封存潜力评估（Goodman et al.，2011），为确保全球尺度上 CO_2 地质封存潜力评估的一致性和可比性，本节研究采用美国能源部提出的地质封存潜力评估方法，基于统一框架对全球 87 个国家的 794 个陆上盆地的有效 CO_2 封存潜力进行了估算，具体包括 180 个油藏和 614 个沉积盆地内的深部咸水层。

（1）有效封存潜力评估方法。从 CCUS 碳簇捕集到的 CO_2 可以通过注入油藏强化采油，实现 CO_2 利用与封存。基于此，本节研究采用 US-DOE 方法框架（Goodman et al.，2011，2013）对全球 180 个陆上油藏的有效 CO_2 储存潜力进行了评估。暂不考虑 CO_2 在水和原油中的溶解差异，本节采用式（18-1）计算了全球范围内通过 CO_2-EOR 可实现的 CO_2 有效封存潜力：

$$G_{CO_2} = \mathrm{OOIP} \times \rho_{CO_2 std} \times E_{oil} \tag{18-1}$$

其中，G_{CO_2}为CO_2-EOR的CO_2有效封存潜力；OOIP为石油原始地质储量；ρ_{CO_2std}为标准条件下的CO_2密度，一般取值为1.977千克/米^3（Aminu et al.，2017）；E_{oil}为CO_2存储效率因子，取值一般设为60%（Hendriks et al.，2004）。

同时，本章研究又进一步评估了全球614个沉积盆地内深部咸水层的有效CO_2封存潜力，见式（18-2）：

$$V_{CO_2} = A \times \partial_A \times h \times \varphi \times \rho_{CO_2} \times E \tag{18-2}$$

其中，V_{CO_2}为CO_2在深部咸水层中的有效封存潜力；ρ_{CO_2}为地面条件下的CO_2密度，取值通常为710千克/米^3（van der Meer，1993）；A为被评估的深部咸水层所在盆地的面积；∂_A为有效面积比；h为被评估的深部咸水层的累积厚度；φ为由净厚度定义的深部咸水层岩石的总孔隙度；E为CO_2的存储效率因子，取值一般设为0.05（Goodman et al.，2011）。

研究根据美国地质调查局发布的地形数据进一步计算了全球所有沉积盆地的实际面积（Osmonson et al.，2000）。此外，为减少评价方法带来的不确定性，参考Ecofys和Goodman等的研究，将全球关键地质特征划分为高、中、低三种取值水平（详见附表4），具体包括初始油层体积系数、二氧化碳封存有效系数、有效面积比、平均储层总厚度、体积总孔隙度、不同条件下的二氧化碳密度等（van der Meer，1993；Hendriks et al.，2004；Goodman et al.，2013）。下述结果将主要探讨中等取值水平下的评估结果，其他两种取值水平下的评估结果见附表5。

（2）全球CO_2有效封存潜力及其空间分布。基于上述评估方法，研究结果显示，全球CO_2有效封存潜力约为2081.94吉吨。其中，可用于CO_2-EOR的油藏封存潜力约为168.11吉吨（占总量的8%），而沉积盆地内的深部咸水层的有效封存潜力显著高于前者，为1913.83吉吨（占总量的92%）。

对于油藏而言，沙特阿拉伯在CO_2-EOR领域具有丰富的资源，其有效封存量占全球该类型封存潜力的17.9%，其次是俄罗斯（17%）和伊拉克（12%）。该类封存潜力排名前十的国家几乎贡献了全球CO_2-EOR封存潜力的78.2%。对于沉积盆地内的深部咸水层而言，俄罗斯可以贡献超过12%的全球深部咸水层CO_2有效储存潜力，澳大利亚可以贡献近10%，其次是巴西（7%）。封存潜力排名前十的国家可提供全球深部咸水层CO_2封存总潜力的65.3%。俄罗斯和美国分别拥有数量最多的可用于深部咸水层封存与CO_2-EOR封存的封存盆地。

18.2.2 我国 CO_2 封存场地适宜性及封存潜力评估

CO_2 封存场地的适宜性评价是 CCUS 技术大规模部署的基础和关键，适宜性评价涉及封存场地的地质构造、自然环境、社会经济与源汇匹配等多种因素。根据现有研究归纳，评价指标主要分为地质可行性、安全性、经济性和地面及地下环境适宜性四类，评价方法通常采用层次分析法或其衍生评价方法。

在我国，CO_2 封存场地适宜性评估已有初步研究。2011 年，中国地质调查局提出了储盖层地质评价、CO_2 地质储存安全及环境风险评价、深部咸水层 CO_2 地质储存选址及评价方法（Qin et al.，2015）。2012 年，通过国内深部咸水层 CO_2 地质储存工程场地选址阶段划分，结合储盖层地质评价的主要内容，初步建立了储盖层适宜性评价指标及其分级标准（Lv et al.，2015；He et al.，2015）。2017 年，中国地质调查局联合地方地质相关单位，绘制了中国及毗邻海域主要沉积盆地 CO_2 地质储存适宜性评价图（He et al.，2016），进一步推进了中国 CO_2 封存场地适宜性评估理论的发展。尽管中国沉积盆地 CO_2 适宜性评估取得了显著进展，但 CO_2 封存场地的评估不仅包含复杂的地质问题，还涉及社会、经济与环境等多个层面，是一个复杂的多学科交叉领域。因此，仍需要在前人的基础上深入探索，实现 CO_2 封存场地筛选的规范化与标准化。

CO_2 封存场地的适宜性评估，不仅会影响封存成本，还将影响 CO_2 运输成本，从而直接影响 CCUS 工程的选址与源汇匹配结果。因此，作为 CCUS 工程选址的关键任务之一，本节研究将对 CO_2 封存场地的适宜性进行综合评估。并在其基础上通过建立一致可比的筛选标准，快速筛选出我国适宜实施 CO_2-EOR 的油田，进一步得到了县级尺度上适宜实施 CCUS 的 CO_2 封存潜力。

（1）我国 CO_2 封存场地适宜性评价方法。图 18-2 展示了 CO_2 封存场地适宜性评估的研究框架。首先，获取社会、经济类指标，环境类指标，以及盆地与县级行政区域等数据，建立禁止类与限制类两种指标。其次，按照指标的取值范围在县级行政区域给出四个等级，按“木桶原则”取其最小等级作为综合等级。最后，基于适宜性等级和封存潜力评估结果，得到我国县级尺度不同封存类型的封存潜力结果。

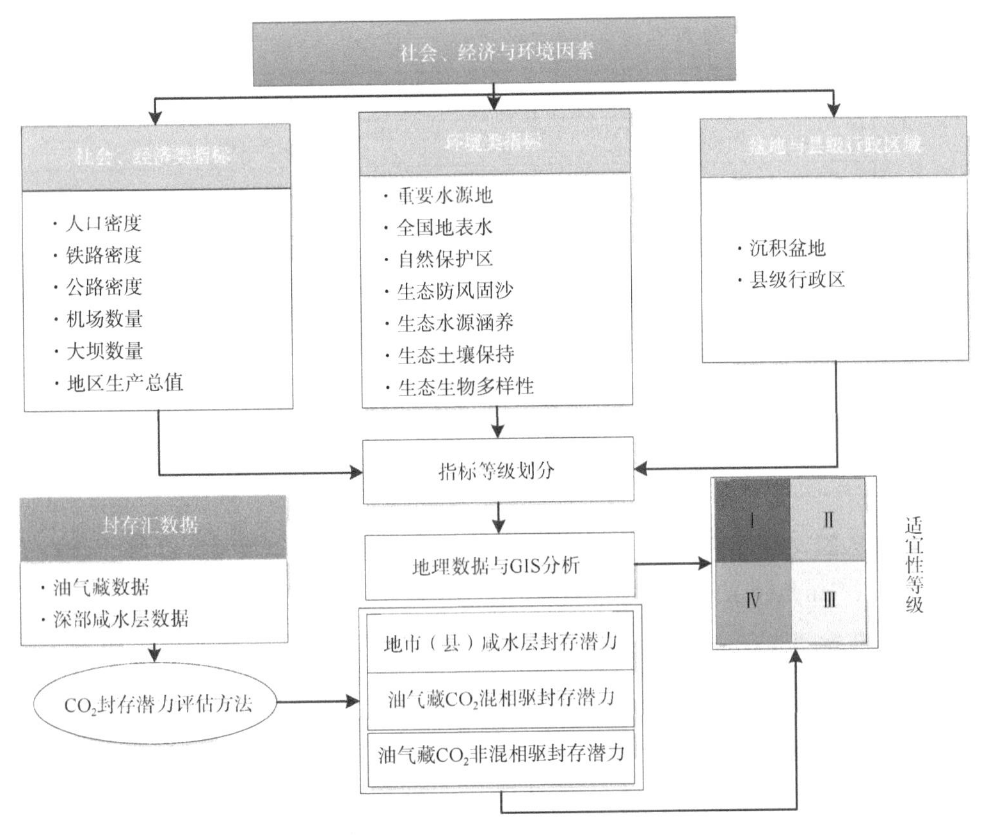

图 18-2　CO_2 封存场地适宜性评价研究框架

GIS：geographic information system，地理信息系统

考虑到评估数据的可获取性，以及参考已有的研究（Cai et al.，2017），本节选取影响 CO_2 封存场地适宜性的指标，共计 10 项。这些指标被分为了两类：一类是禁止类指标，即评估单元包含任何一项禁止类指标，将被划到 I 级管控区域内。这类指标主要包括重要水源地、机场数量、大坝数量。另外一类是限制类指标，将根据指标的取值范围被划分为 4 个等级，见表 18-1。

表 18-1　CO_2 封存场地适宜性评价指标体系

指标类型	社会、经济与环境影响因素	指标描述
禁止类	重要水源地	全国 618 处重要饮用水水源地
	机场数量	全国 236 个 4D 级以上机场
	大坝数量	922 个重要大坝
限制类	人口密度	1 千米人口网格数据
	地区生产总值	1 千米网格数据

续表

指标类型	社会、经济与环境影响因素	指标描述
限制类	铁路密度	全国主要铁路
	公路密度	全国主要道路
	全国地表水	地上河流、湖泊
	自然保护区	全国 497 个自然保护区
	生态保护区	4 类生态功能区，4 个等级

按社会、经济与环境因素对 CO_2 封存场地的影响，将 CO_2 封存场地适宜性分为四个等级。Ⅰ级为不适宜，Ⅱ级为一般适宜，Ⅲ级为较适宜，Ⅳ级为适宜。在已有 CCUS 源汇匹配与 CO_2 运输管道规划中，多以城市（李永，2008；孙亮，2013）或者县（区）（Sanchez et al.，2018；Fan et al.，2020）作为规划单元。为支撑更精细的评估，本节按县（区）行政单位对所评估盆地的面积进行了分割，即以县（区）行政面积作为评估单元。

对于禁止类指标，只要评估单元中包含该类因素，评估单元就被定义为Ⅰ级，即不适宜区域。对于限制类指标，一般依据影响因素单位面积所占比例，按比例的大小分为四个等级，具体划分方法见表 18-2。所有评估单元满足“木桶原则”，即取所有影响因素评价结果中最低等级，作为评估单元的最后评估结果。例如，某县包含重要的水源地，那该县 CO_2 封存场地环境风险直接被定义为Ⅰ级（不适宜）。

表 18-2　CO_2 封存场地适宜性评价标准

指标因素	Ⅰ级	Ⅱ级	Ⅲ级	Ⅳ级
重要水源地	√	—	—	—
机场数量	√	—	—	—
大坝数量	√	—	—	—
地区生产总值/（万元/千米^2）	>1000	500～1000	300～500	≤300
人口密度/（人/千米^2）	>1500	1000～1500	150～1000	≤150
铁路密度/（千米/千米^2）	>0.50	0.20～0.50	0.05～0.20	≤0.05
公路密度/（千米/千米^2）	>1	0.5～1	0.3～0.5	≤0.3
全国地表水/%	>20	10～20	1～10	≤1
自然保护区/%	>50	30～50	10～30	≤10
生态防风固沙	极重要地区	重要地区	中等地区	一般地区

续表

指标因素	Ⅰ级	Ⅱ级	Ⅲ级	Ⅳ级
生态土壤保持	极重要地区	重要地区	中等地区	一般地区
生态水源涵养	极重要地区	重要地区	中等地区	一般地区
生态生物多样性	极重要地区	重要地区	中等地区	一般地区

注：适宜性等级Ⅰ涵盖了 CCUS 选址的禁止指标，即禁止在具有该等级的地区建设 CCUS 项目；适应性等级Ⅱ、Ⅲ与Ⅳ表示 CCUS 选址的社会环境适宜性依次提高。

在油藏筛选标准中，油藏的深度、温度、原油重度、原油黏度与原始压力已被证实为关键指标（Bachu，2016）。基于 CO_2 与油藏中原油的相互作用状态，CO_2-EOR 技术可进一步细分为混相与非混相两种类型。理论上，如果压力达到足够高的水平，CO_2 将在储层温度下与油混溶。在这种情况下，所需最小压力被称为最小混相压力（minimum miscibility pressure，MMP）。如果储层压力等于或超过 MMP，CO_2 将在混相条件下实现高效的原油驱替；如果不满足这一条件，则会采用效率较低的非混相驱油方法。据资料统计，若 CO_2 驱油达到混相状态，油田的最终采收率可达 60%～70%；若采用非混相驱油，油田最终采收率仍可超过 50%。尽管非混相 CO_2-EOR 的效率低于混相 CO_2-EOR，但与常规的水驱方法相比，它仍然是一种较有效的驱油方式（Yang et al.，2017）。考虑到油藏参数的可获取性，本节研究采用了以下筛选标准（Bachu，2016；Yang et al.，2017），见表 18-3。

表 18-3 适宜 CO_2-EOR 油藏的筛选标准

油藏特征	适宜混相驱	适宜非混相驱
阶段	初级、次级或未开发	初级、次级或未开发
原始石油储量/百万标准桶	≥12.5	≥12.5
油藏深度/英尺	≥1 600 且≤13 365	≥1 150 且≤8 500
原油重度/°API	≥22 且≤45	≥11 且≤35
油藏温度/华氏度	≥82 且≤260	≥82 且≤198
黏度/（毫帕·秒）	≥0.4 且≤6	≥0.6 且≤592
原始地层压力/（磅力/英寸 ^{2}）	≥MMP	<MMP
孔隙度/%	≥3 且≤37	≥17 且≤32

注：华氏度= 摄氏度×1.8+32；°API 即 API 度，API 度是美国石油学会（American Petroleum Institute，API）制定的用以表示石油及石油产品密度的一种量度，°API = 141.5/相对密度 –131.5，其中 15.6 摄氏度时原油相对密度单位（千克/米 ^{3}）；1 英尺=0.3048 米；1 磅力/英寸 ^{2}=6.894 76×10^3 帕。

在考虑 CO_2 驱油时，最关键的考量是 CO_2 在当前油藏条件下是否能够与储层中的原油混溶。MMP 是评估油藏是否满足混相 CO_2 驱油的关键指标。在估算之前，应将储层分为两类：与 CO_2 混溶型储层和与 CO_2 不混溶型储层。如果 MMP 低于储层压力，则假定储层为可与 CO_2 混溶的；否则，它是与 CO_2 不混溶的储层。油藏深度必须大于 760 米，并且油藏温度必须低于 121 摄氏度，才能达到 CO_2 最小混相压力（Wei et al., 2015b）。

原油黏度是筛选适宜实施 CO_2-EOR 油藏的重要参数。然而，并非所有油藏的原油黏度都是已知的。Beggs 和 Robinson（1975）提出了一种基于油藏的深度、温度和原油的重度来估算油藏中原油黏度的方法，具体的计算过程见式（18-3）和式（18-4）。

$$\mu_{\text{od}} = 10^{X} - 1 \tag{18-3}$$

其中，μ_{od} 为残油的黏度；$X = 10^{3.0324-0.020\,23\gamma_0} T^{-1.163}$，$\gamma_0$ 为原油的重度。

原油黏度与残油黏度的关系式见式（18-4）：

$$\mu = A\mu_{\text{od}}^{B} \tag{18-4}$$

其中，μ 为原油的黏度；A=$10.715\left(R_{\text{s}}+100\right)^{-0.515}$，$R_{\text{s}}$ 为油藏的气油比；B=$5.44\left(R_{\text{s}}+150\right)^{-0.338}$。

本节油藏温度数据是通过地层温度数据间接获得的。地层温度计算公式如式（18-5）所示。中国主要盆地及地区平均地温梯度表来自张森琦等（2011）。表中地温梯度数据主要根据各地石油部门的钻孔测温数据获得。

$$T_H = \alpha + G \times H \tag{18-5}$$

其中，T_H 为 H 处的地温；α 为常数；G 为地温梯度（单位：摄氏度/100 米）；H 为深度（单位：米）。我国主要盆地及地区平均地温梯度表具体见附表 6。

（2）我国陆上 CO_2 封存场地适宜性分布。根据选取的社会、经济与环境指标，对中国陆上沉积盆地进行综合评价。共将 CO_2 封存场地适宜性等级分为 4 个等级。陆上盆地覆盖的区域共有 839 个县（区），其中，317 个县（区）为 I 级区域，即禁止实施 CO_2 封存区域，占总陆上盆地面积的 27%。这 317 个县（区）在所有陆上盆地均有分布，主要原因包括：一方面，部分区域人口密度高；另一方面，即使人口较少的县（区）也多位于重要的水源地或极为重要的生态功能区内。从盆地角度来看，渤海湾与苏北盆地出现禁止 CO_2 地质封存区域的主要原因是社会与经济因素，其中人口密度过高、基础设施较密集是主因。鄂尔多斯盆地中出现禁止封存的县（区）

主要是因为该地区生态功能区较多。四川盆地有多个县（区）为Ⅰ级区域，这主要是该区域内有多个重要水源地所致。塔里木与准噶尔盆地出现禁止区的原因有自然保护区与机场等因素。其他Ⅰ级区域多为人口密集区和交通干线密集区，通常位于省会城市的核心区域或重要的水源地。

Ⅱ级区域，表示一般适宜，包括 286 个县（区），占陆上盆地总面积的 27.5%。主要涵盖了县（区）内生态功能区与自然保护区面积较多的地区。例如，柴达木盆地、准噶尔盆地与鄂尔多斯盆地南部，这些盆地包含多项生态功能区与自然保护区。而渤海湾盆地中一部分县（区）处于Ⅱ级区域内，主要是因为其人口密度、铁路与公路密度较大。此外，苏北盆地Ⅱ级区域多的县（区）一般人口与地区生产总值单位值较高。

较适宜的Ⅲ级区域，包含 217 个县（区），占陆上盆地总面积的最大比例，约为 41%，拥有 8584 亿吨的理论封存潜力。这说明我国主要陆上封存盆地多数处于较适宜范围内。从图 18-3 上可以发现，较适宜区主要分布在塔里木盆地、鄂尔多斯盆地北部、二连盆地东北部以及松辽盆地北部。这些区域对综合社会与环境影响较小，是较为理想的 CO_2 封存场地。

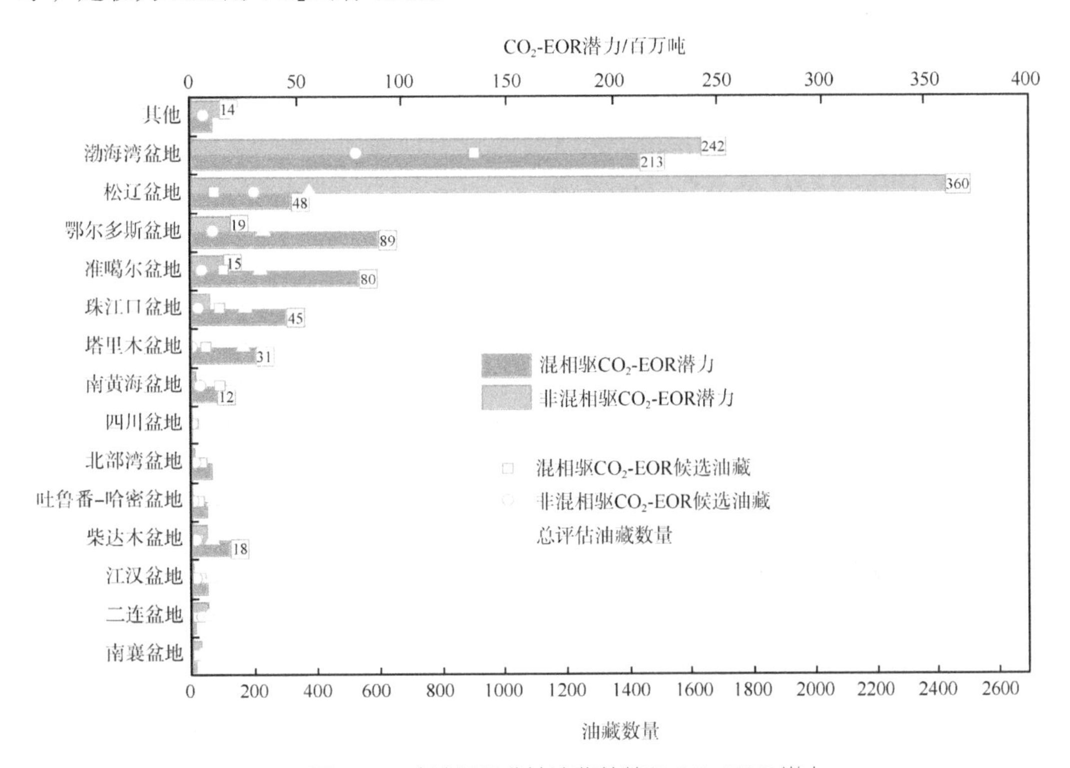

图 18-3　含油沉积盆地油藏总数和 CO_2-EOR 潜力

Ⅳ级适宜区域共涵盖 19 个县（区），约占陆上盆地总面积的 4.5%，其深部咸水层的理论封存潜力总计约为 900 亿吨 CO_2。这些县（区）主要分布在塔里木盆地、松辽盆地以及二连盆地等。例如，塔里木盆地的阿克苏、阿拉尔，松辽盆地的通榆县、科尔沁左翼中旗等。尽管这 19 个县（区）在经济、社会与环境方面均符合 CO_2 选址条件，但是 CO_2 地质封存是一项复杂的系统工程，还涉及自身地质因素、水资源是否充沛、地震风险以及距离等影响因素。封存场地社会、经济与环境适宜性只是其初步选址筛选的一部分，实际工程应用仍然需要进一步实地调研。

（3）适宜实施 CO_2-EOR 的油藏分布及其潜力。利用表 18-3 中的筛选标准，本节对中国油藏是否适宜实施 CO_2-EOR 进行快速筛选，得出适宜实施 CO_2 混相驱与非混相驱的油藏分布。从整体来看，中国适宜实施 CO_2-EOR 的陆上油藏主要集中在渤海湾盆地、松辽盆地、塔里木盆地与鄂尔多斯盆地，离岸油藏主要集中在珠江口盆地、南黄海盆地与北部湾盆地。全国 4386 个候选油藏中，通过筛选的油藏共计 2570 个。其中，1556 个油藏适宜实施 CO_2 混相驱，1014 个油藏适宜实施 CO_2 非混相驱。在适宜实施 CO_2-EOR 的 2570 个油藏中，约 56%的油藏集中分布在渤海湾盆地；约 11%分布在松辽盆地；鄂尔多斯盆地、准噶尔盆地的油藏量占全国可实施 CO_2-EOR 的 5%以上；二连盆地、江汉盆地、柴达木盆地、吐鲁番-哈密盆地与塔里木盆地中适宜驱油的油井数占全国适宜实施 CO_2-EOR 油井量的 1%～2%，其他盆地均小于 1%。在离岸盆地中，珠江口盆地、南黄海盆地与北部湾盆地的油藏量分别为 114 个（4.4%）、119 个（4.6%）与 44 个（1.7%）。

从 CO_2-EOR 潜力来看（图 18-3），中国通过 CO_2-EOR 可增采油量约为 92 亿吨。其中，利用 CO_2 混相驱可增采 42 亿吨原油，通过 CO_2 非混相驱可增采 50 亿吨原油。从油藏 CO_2 封存潜力来看（图 18-4），中国油藏 CO_2 总封存潜力约 3.39 亿吨，其中，混相驱 CO_2 封存潜力约 1.66 亿吨，非混相驱 CO_2 封存潜力约 1.73 亿吨。尽管 CO_2-EOR 的潜力很大，但由于各个油藏地质条件的差异，不同盆地 CO_2-EOR 油藏的分布差异很大。以下重点介绍中国主要盆地 CO_2-EOR 潜力。在渤海湾盆地，1440 个油井可实施 CO_2-EOR，占渤海湾盆地总油井数的 56%。其中，CO_2 混相驱的油井约 910 个，可增油量约 15.55 亿吨，可实现 6.38 亿吨 CO_2 地质封存。非混相驱的油井 530 个，可实现 17.69 亿吨原油增采，同时，6.13 亿吨 CO_2 将通过油藏进行封存。这些油藏主要集中在渤海湾盆地东北临海区域，其中，CO_2-EOR 的油藏主要包括华北油田、胜利油田与辽河油田，约占渤海湾盆地总 CO_2 封存潜力的 32%。

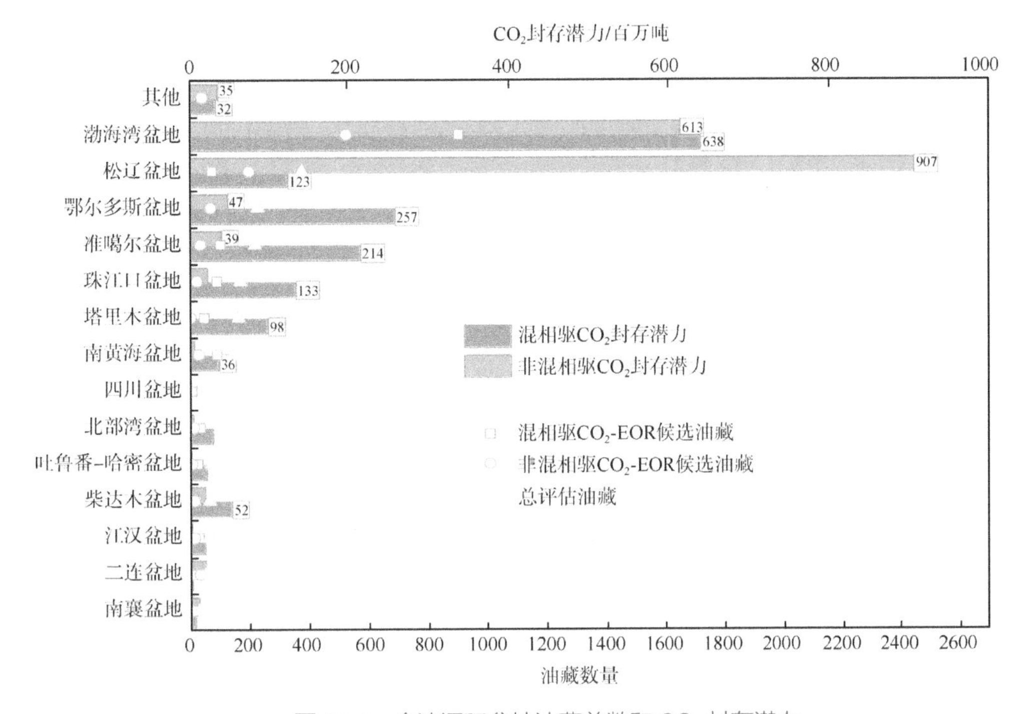

图 18-4　含油沉积盆地油藏总数和 CO_2 封存潜力

松辽盆地共计 380 个油藏，约 73%的油藏可实施 CO_2-EOR。鉴于原油重度平均较大，松辽盆地中 202 个油藏需要实施非混相驱，预计可增采原油 26.25 亿吨，并能封存 9.07 亿吨 CO_2。适宜实施 CO_2 混相驱的油藏仅有 75 个，可增采的原油量约为 3.50 亿吨，对应 CO_2 封存潜力约为 1.23 亿吨。在松辽盆地中，大庆油田、大情字井油田与大安油田是实施 CO_2-EOR 的主要油田，约占松辽盆地总 CO_2 封存潜力的 80%。

在鄂尔多斯盆地、准噶尔盆地、塔里木盆地与柴达木盆地等地区，无论是混相驱还是非混相驱技术，预计增采的油量都较少，均不超过 1 亿吨（图 18-3）。这些盆地的油藏多数需要实施 CO_2 混相驱。因为混相驱相比非混相驱效率更高。因此，这些盆地依旧是实施 CO_2-EOR 的重点区域。在鄂尔多斯盆地，最适宜 CO_2 混相驱的油田为长庆油田，约可增油量 0.78 亿吨，约占鄂尔多斯盆地驱油量的 72%，CO_2 封存潜力约 2.28 亿吨。克拉玛依油田为准噶尔盆地最适宜 CO_2 混相驱的油田，实施 CO_2-EOR 可增油量约为 0.22 亿吨，CO_2 封存潜力约达 0.5 亿吨。塔里木盆地最适宜 CO_2 混相驱的油田为塔河油田，可增油量约 950 万吨，CO_2 封存潜力约 0.29 亿吨。

尕斯库勒油田为柴达木盆地最适宜 CO_2 混相驱的油田，实施 CO_2-EOR 可增油量约为 0.1 亿吨，CO_2 封存潜力约为 0.30 亿吨。鄯善油田为吐鲁番–哈密盆地最大的实施 CO_2-EOR 的油田，可增油约 290 万吨，可封存约 860 万吨 CO_2。

此外，中国离岸油藏适宜实施 CO_2 混相驱的比例也较为理想，对于珠江口盆地、南黄海盆地与北部湾盆地分别可通过 CO_2 混相驱增油约 0.45 亿吨、0.12 亿吨与 970 万吨，对应的 CO_2 封存潜力分别为 1.55 亿吨、0.36 亿吨与 0.27 亿吨。其中，80% 以上的油藏可实施 CO_2 混相驱。对于珠江口盆地，惠州油田最适宜实施 CO_2-EOR，其增油量与 CO_2 封存潜力分别约为 0.12 亿吨与 0.35 亿吨。沙埝油田为南黄海盆地最适宜实施 CO_2 混相驱的油藏，其增油量与 CO_2 封存潜力分别约为 150 万吨与 470 万吨。涠洲油田是北部湾盆地最佳实施 CO_2 混相驱的油藏，其增油量约 570 万吨，CO_2 封存潜力约为 0.17 亿吨。

根据研究数据来源的不同，表 18-4 显示以往的研究可以分为三大类。第一类研究来自中国国内的研究机构，其数据主要是在李国玉对中国含油气盆地数据分析的基础上进行的 CO_2 封存潜力评估。与本章研究对比，油井的具体地质资料并不明了，仅可获得盆地级油藏储量，进而获得 CO_2 封存潜力。第二类是美国能源部与中国研究机构合作进行评估，数据来源基本与第一类研究一致，只是评估方法进行了改进。第三类为可持续能源服务与创新公司的评估，相比前两类油藏的数据来源有所不同，其数据来源于 2000 年美国地质调查局对全球油藏储量的评估，较为宏观，不如前两类油藏数据细致。本章的油藏数据来源于 IHS Markit 数据库，该数据库基于国家实际油藏探测数据，对已公开油藏进行了较为细致的数据统计，不仅包含每个油井的原油储量与地理位置，还包括了详细的地质信息，如油藏的深度、原油的重度以及孔隙度等信息。因此，本章所得到的 CO_2 封存潜力，是按油藏 CO_2 驱油的适宜性进行筛选的，只保留了适宜进行 CO_2 封存的油藏。此外，按 CO_2 驱油类型，分为混相驱与非混相驱。这两点可以为 CCUS 在中国的部署提供更加细致的数据支持，弥补了上述三类研究的不足。

表 18-4　已有研究与本章研究结果对比

研究单位	CO_2 封存潜力/亿吨	文献
中国科学院武汉岩土力学研究所	46	Li 等（2009）
清华大学	36	孙亮和陈文颖（2012）
美国能源部	46	Dahowski 等（2009）

续表

研究单位	CO_2 封存潜力/亿吨	文献
可持续能源服务与创新公司（Ecofys）	39	Hendriks 等（2004）
北京理工大学能源与环境政策研究中心	34	本章

目前油藏筛选主要以地质因素作为选址标准，目的是快速有效筛选出适宜 CO_2 混相驱与非混相驱的油藏，尚未明确油藏在实施 CO_2-EOR 过程中的经济、安全、社会与环境方面的标准。在经济性标准方面，应考虑 CO_2-EOR 的规模效应，大规模或集群式实施 CO_2-EOR 能够提高基础设施的使用效率，降低运营成本（Carbon Sequestration Leadership Forum，2020），更有利于项目的实施。安全方面的筛选标准，主要是为了避免地质灾害对储层造成破坏，从而引发 CO_2 泄漏。安全方面的筛选标准应避开地震、滑坡与火山活动等地质灾害发生概率较高的区域。社会方面的筛选标准需要考虑公众对 CO_2-EOR 项目的接受度，公众是否接受 CO_2-EOR 项目是一个可显著影响项目实施的关键因素。环境方面的筛选标准，应主要关注 CO_2-EOR 运行中的环境问题。CO_2-EOR 的实施可能会产生含有放射性物质和有毒重金属的废水（Igunnu and Chen，2014；Aminu et al.，2017）。如果不采取适当的废物管理和处置标准，这些物质会污染饮用水的来源。在未来 CO_2 封存筛选标准中，增加对经济、安全、社会与环境因素的考虑是 CO_2 封存场地选址的趋势（Wei et al.，2013b，2015b）。

此外，本章所评估得到的 CO_2 封存潜力，以及 CO_2-EOR 的驱油量是基于 2018 年的数据。然而，油藏的勘探量会随着科技水平的提高和经济投入的增加而不断增长，据不完全统计，从 1949 年到 2015 年中国境内石油探勘量大幅度增加。在未来，随着油藏勘探技术发展，会有更多油藏被发现，中国油藏的 CO_2-EOR 与 CO_2 封存潜力也会增加。

18.3 本章小结

本章围绕全球范围内满足 CCUS 实施要求的碳源识别和一致可比的封存潜力评估，通过精准核算全球 8.7 万家电厂、钢铁厂等工业点源，结合地理信息数据、行业数据、土地利用数据等构建了全球 1 千米×1 千米尺度的碳排放网格数据库，界定并识别了全球 4220 个 CCUS 碳簇，核算了全球 794 个陆上盆地的 CO_2 有效封存潜力（2.1 万亿吨）。并通过建立 CO_2 封存场地社会、经济与环境指标，分县（区）对我国陆上沉积盆地 CO_2 封存的适宜性进行了评估。进一步建立油藏筛选标准体系，按混相与非混相筛选出我国适宜实施 CO_2-EOR 的油田及其封存潜力，给出了我国不适宜、一般适宜、较适宜与适宜 CO_2 封存的场址地理分布。相关结果可为 CCUS 工程选址、管网布局、项目规划等提供数据支撑。

第 19 章　CCUS 工程源汇匹配与空间规划

当前 CCUS 工程尚处于零散示范阶段，仅分布在美国、加拿大、中国等少数国家。国际上仍然缺乏满足温控目标的全球 CCUS 工程源汇匹配与规划方案。因此，研究并提出温控目标下各国合作分担 CCUS 的具体方案，有利于实质推动 CCUS 大规模减排，推动全球气候治理进程。本章突破了已有研究中点对点的源汇匹配模式，在识别出的 CCUS 碳排放簇和 CO_2 封存场地适宜性及其潜力评估的基础上，进一步建立了基于碳簇的全球 CCUS 源汇匹配优化模型（C^3IAM/GCOP），考虑不同国家碳簇的成本异质性，从全球角度提出了一套操作性强、经济性优、满足温控目标的 CCUS 部署方案。本章主要回答了以下两个问题：

气候目标约束下世界各国应该如何合作分担 CCUS 减排任务？

实现温控目标的全球 CCUS 低成本工程源汇匹配方案是什么？

19.1　全球 CCUS 工程源汇匹配优化技术

为了提出全球低成本 CCUS 部署方案，以完成 2 摄氏度温控目标所要求 CCUS 技术贡献的 94 亿吨 CO_2 必要减排量，本章基于第 18 章中识别出的全球 4220 个碳簇和评估的 794 个封存盆地，研制了 C^3IAM/GCOP。C^3IAM/GCOP 是中国气候变化综合评估模型的一个子模块（Wei et al.，2018a，2020a），该模型以最小化包括 CO_2 捕集、运输和封存（或利用）在内的总成本作为优化目标。模型假设 CCUS 碳簇与封存盆地直接相连，并允许单个碳簇与多个封存盆地进行匹配，反之亦然。

本章建立了优化运输网络的全球 CCUS 源汇匹配的线性规划模型。目标函数为最小化规划期间内（2020～2050 年）全球 CCUS 源汇匹配的总成本，具体包括了 CO_2 捕集、运输和封存（或利用）各环节的成本，如式（19-1）所示：

$$\min f=\sum_{p=1}^{l}\sum_{i=1}^{n}\sum_{j=1}^{m}\left[\left(\mathrm{CC}_{pi}+\mathrm{TRC}_{pi,pj}\times D_{pi,pj}+\mathrm{SC}_{pj}\right)\times X_{pi,pj}\right]$$
$$+\sum_{p=1}^{l}\sum_{i=1}^{n}\sum_{q=1}^{z}\left[\left(\mathrm{CC}_{pi}+\mathrm{TRC}_{pi,pq}\times D_{pi,pq}+\mathrm{SC}_{pq}-\mathrm{Rev}_{pq}\right)\times X_{pi,pq}\right] \quad (19\text{-}1)$$

其中，l 为国家数量，需要注意的是，模型采用国别原则匹配全球碳簇和碳汇，即不允许 CO_2 跨国运输；n 为碳簇数量，其中电力碳排放簇属于集合 $\{i=1,2,\cdots,k\}$，非电力碳排放簇属于集合 $\{i=k+1,k+2,\cdots,n\}$（$k\leqslant n-1$）；m 为深部咸水层数量；z 为可开展 CO_2-EOR 的油藏数量。

CC_{pi} 为国家 p 的第 i 个碳簇的单位 CO_2 捕集成本，可通过式（19-2）计算得到：

$$\mathrm{CC}_{pi}=(E_{pi-\mathrm{elec}}\times\mathrm{CC}_{pi-\mathrm{elec}}+E_{pi-\mathrm{nelec}}\times\mathrm{CC}_{pi-\mathrm{nelec}})/E_{pi} \quad (19\text{-}2)$$

$$E_{pi}=E_{pi-\mathrm{elec}}+E_{pi-\mathrm{nelec}} \quad (19\text{-}3)$$

其中，$E_{pi-\mathrm{elec}}$ 和 $\mathrm{CC}_{pi-\mathrm{elec}}$ 分别为国家 p 的第 i 个碳簇中电力排放源的 CO_2 排放量和单位 CO_2 捕集成本；$E_{pi-\mathrm{nelec}}$ 和 $\mathrm{CC}_{pi-\mathrm{nelec}}$ 分别为国家 p 的第 i 个碳簇中非电力排放源的 CO_2 排放量和单位 CO_2 捕集成本；E_{pi} 为国家 p 的第 i 个碳簇的总碳排放量，是两类排放源的排放量之和。$\mathrm{CC}_{pi-\mathrm{elec}}$ 和 $\mathrm{CC}_{pi-\mathrm{nelec}}$ 分别在下面电力碳排放簇捕集成本和非电力碳排放簇捕集成本中被详细描述。

SC_{pj} 或 SC_{pq} 为国家 p 的第 j 个或第 q 个碳汇的单位 CO_2 封存成本。$\mathrm{TRC}_{pi,pj}$ 和 $\mathrm{TRC}_{pi,pq}$ 为在国家 p 内从第 i 个碳簇到第 j 个或第 q 个碳汇的单位 CO_2 运输成本。同理，$D_{pi,pj}$ 和 $D_{pi,pq}$ 为在国家 p 内从第 i 个碳簇到第 j 个或第 q 个碳汇的距离。模型中的关键参数取值和数据来源可参考 Wei 等（2021b）。

Rev_{pq} 为国家 p 的第 q 个碳汇实施 CO_2-EOR 的收益，见式（19-4）：

$$\mathrm{Rev}_{pq}=P_{\mathrm{oil}}/\mathrm{dpr}_{\mathrm{CO_2}} \quad (19\text{-}4)$$

其中，P_{oil} 为油价，单位为美元/桶；$\mathrm{dpr}_{\mathrm{CO_2}}$ 为原油置换系数，取值为 4（Azzolina et al., 2016）。

$X_{pi,pj}$ 或 $X_{pi,pq}$ 为在国家 p 内从第 i 个碳簇到第 j 个或第 q 个碳汇的 CO_2 运输量，也是模型的决策变量。

由于容量限制，每个碳簇的 CO_2 捕集量不应超过碳源可捕集量的理论最大值，如式（19-5）和式（19-6）所示。

对于集合 $\{i=1,2,\cdots,k\}$ 中的电力碳排放簇 i：

$$\sum_{j=1}^{m}X_{pi,pj}+\sum_{q=1}^{z}X_{pi,pq}\leqslant\eta_1\times E_{pi} \quad (19\text{-}5)$$

对于集合 $\{i = k+1, k+2, \cdots, n\}$ 中的非电力碳排放簇 i：

$$\sum_{j=1}^{m} X_{pi,pj} + \sum_{q=1}^{z} X_{pi,pq} \leqslant \eta_2 \times E_{pi} \tag{19-6}$$

其中，η_1 和 η_2 为电力排放源和非电力排放源的最大捕集率。

电力排放源的捕集总量应大于或等于电力部门为实现 2 摄氏度温控目标需通过 CCUS 实现的 CO_2 捕集量，如式（19-7）所示：

$$\sum_{p=1}^{l}\sum_{i=1}^{k}\sum_{j=1}^{m} X_{pi,pj} + \sum_{p=1}^{l}\sum_{i=1}^{k}\sum_{q=1}^{z} X_{pi,pq} \geqslant \mathrm{RRC\_power} \tag{19-7}$$

其中，$\mathrm{RRC\_power}$ 为电力部门为实现 2 摄氏度温控目标需通过 CCUS 所必须捕集的 CO_2 量，根据 IEA 的预测，该捕集量不得低于 520 亿吨（IEA，2016）。

非电力排放源的总捕集量不应小于 2 摄氏度温控目标所要求的非电力部门需通过 CCUS 实现的 CO_2 捕集量，见式（19-8）：

$$\sum_{p=1}^{l}\sum_{i=k+1}^{n}\sum_{j=1}^{m} X_{pi,pj} + \sum_{p=1}^{l}\sum_{i=k+1}^{n}\sum_{q=1}^{z} X_{pi,pq} \geqslant \mathrm{RRC\_nonpower} \tag{19-8}$$

其中，$\mathrm{RRC\_nonpower}$ 为非电力部门为实现 2 摄氏度温控目标需通过 CCUS 所必须捕集的 CO_2 量，根据 IEA 预测，该捕集量下限为 400 亿吨（IEA，2016）。

就总量而言，对于每个国家来说，从国内所有碳簇中捕集的 CO_2 总量不应超过该国所有碳汇的有效封存潜力之和，如式（19-9）和式（19-10）所示。此外，所有决策变量应均为非负数，如式（19-11）和式（19-12）所示：

$$\sum_{i=1}^{n} X_{pi,pj} \leqslant Q_{pj} \tag{19-9}$$

$$\sum_{i=1}^{n} X_{pi,pq} \leqslant Q_{pq} \tag{19-10}$$

$$X_{pi,pj} \geqslant 0 \tag{19-11}$$

$$X_{pi,pq} \geqslant 0 \tag{19-12}$$

其中，Q_{pj} 为国家 p 的第 j 个碳汇的最大有效封存潜力；Q_{pq} 为国家 p 的第 q 个碳汇的最大有效封存潜力。

（1）电力碳排放簇捕集成本的估算方法。提出了内生化技术进步的非线性优化模型，涵盖了四种适用于电力行业的二氧化碳捕集技术：整体煤气化联合循环发电结合燃烧前捕集（IGCCC）技术、超临界燃煤发电结合燃烧后捕集（SPCC）技术、天然气联合循环发电结合燃烧前捕集（NGCCC）技术和富氧燃烧捕集（Oxy）技术。

模型的目标函数为决策期内（2020～2050 年）电力部门的总捕集成本最小化，

如式（19-13）所示：

$$\min\ \mathrm{TCC}_{\mathrm{elec}}=\sum_{t=2020}^{2050}\sum_{s=1}^{4}\left[\mathrm{CC}_s(t)\times\mathrm{Cum}_s(t)\times H\times\mathrm{CF}_s\times\left(\mathrm{ER}_{s,\mathrm{ref}}-\mathrm{ER}_{s,\mathrm{ccs}}\right)\times(1+r)^{-(t-2020)}\right] \tag{19-13}$$

$$\mathrm{CC}_s(t)=a_s\times\mathrm{Cum}_s(t)^{b_s} \tag{19-14}$$

其中，$\mathrm{CC}_s(t)$为第t年第s个捕集技术的捕集成本；$\mathrm{Cum}_s(t)$为第t年第s个捕集技术的累计装机量；CF_s为第s个捕集技术的容量因子；$\mathrm{ER}_{s,\mathrm{ccs}}$和$\mathrm{ER}_{s,\mathrm{ref}}$分别为有碳捕集技术和无碳捕集技术的电厂的碳排放量；H为年小时数；r为折现率。

式（19-14）刻画了第s个捕集技术的单位CO_2捕集成本的学习曲线，用以估算累计装机容量增加所带来的技术成本下降潜力。

为了实现2摄氏度温控目标，电力部门预计需要通过碳捕集技术减少520亿吨二氧化碳排放（IEA，2016）：

$$\sum_{t=2020}^{2050}\sum_{s=1}^{4}\mathrm{Cum}_s(t)\times H\times\mathrm{CF}_s\times\left(\mathrm{ER}_{s,\mathrm{ref}}-\mathrm{ER}_{s,\mathrm{ccs}}\right)\geqslant\mathrm{RRC\_power} \tag{19-15}$$

由于工程和技术的限制，每年碳捕集电厂的新增装机容量有一定的物理上限。考虑到全球清洁发电的需求，到2050年，碳捕集发电厂的累计装机容量不应超过火力发电厂的最大物理容量：

$$\sum_{s=1}^{4}\mathrm{Cum}_s(2050)\leqslant S_{\max} \tag{19-16}$$

$$0\leqslant\mathrm{Cum}_s(t+1)-\mathrm{Cum}_s(t)\leqslant A_s^{\max} \tag{19-17}$$

其中，$S_{\max}$为2050年化石燃料发电技术的最大累计装机容量（Lapillonne et al., 2007）；$A_s^{\max}$为第t年第s个捕集技术的最大年增量（IEA，2016）。

本章假设SPCC技术从2020年开始表现出学习效应，而其他技术在2030年后表现出明显的学习效应。一旦碳捕集发电技术装机规模达到100吉瓦，技术被认为趋于成熟，技术成本便不会因为累计装机容量的增加而下降（Wu et al., 2016）。

学习率被定义为产量翻倍时成本下降的比例。本章采用基于组件的学习曲线理论，参考Li等（2012）提出的方法刻画发电厂的资本/运营成本与各组件之间的关系：

$$\mathrm{LR}_{\mathrm{Ins,total}}=\lambda_1\mathrm{LR}_{1,\mathrm{Ins}}+\lambda_2\mathrm{LR}_{2,\mathrm{Ins}}+\cdots+\lambda_W\mathrm{LR}_{W,\mathrm{Ins}} \tag{19-18}$$

$$\mathrm{LR}_{\mathrm{OM,total}}=\alpha_1\mathrm{LR}_{1,\mathrm{OM}}+\alpha_2\mathrm{LR}_{2,\mathrm{OM}}+\cdots+\alpha_W\mathrm{LR}_{W,\mathrm{OM}} \tag{19-19}$$

其中，$\mathrm{LR}_{\mathrm{Ins,total}}$为第一个电厂总资本成本的学习率；$\lambda_w$为第$w$（$w=1,2,\cdots,W$）个组

件的资本成本在第一个碳捕集电厂总成本中的权重；$LR_{w,Ins}$ 为第 w 个组件资本成本的学习率；$LR_{OM,total}$ 为第一个电厂总运营成本的学习率；α_w 和 $LR_{w,OM}$ 分别为第 w 个组件运营成本所占的比例和学习率。

碳捕集电厂的平准化单位发电成本（LCOE）可由式（19-20）计算得到，单位 CO_2 捕集成本（CC）如式（19-21）所示（Rubin et al.，2007）：

$$\text{LCOE}=\frac{\text{CRF}\times\sum I_w+\sum C_{w,\text{OM}}+C_{\text{fuel}}}{\text{CF}\times H\times P} \tag{19-20}$$

$$\text{CC}=\frac{(\text{LCOE})_{\text{ccs}}-(\text{LCOE})_{\text{ref}}}{\text{ER}_{\text{ref}}-\text{ER}_{\text{ccs}}} \tag{19-21}$$

其中，I_w 和 $C_{w,OM}$ 分别为第 w 个组件的资本成本和运营成本；C_{fuel} 为每年的燃料成本；P 为电厂的额定功率；CF 为容量因子；CRF 为资本回收系数；$(LCOE)_{ccs}$ 和 $(LCOE)_{ref}$ 分别为有碳捕集和无碳捕集电厂的单位发电成本；ER_{ccs} 和 ER_{ref} 分别为有碳捕集和无碳捕集电厂的碳排放率。

基于成本定义，LCOE 和 CC 的学习率可通过式（19-22）～式（19-24）计算得到：

$$\begin{aligned}\text{LR}_{\text{LCOE}}&=1-\frac{\text{LCOE}_{\text{d}}}{\text{LCOE}_0}\\&=1-\frac{\text{CRF}\times(1-\text{LR}_{\text{Ins,total}})\times I_0+(1-\text{LR}_{\text{OM,total}})\times C_{\text{OM},0}+C_{\text{fuel,d}}}{\text{CRF}\times I_0+C_{\text{OM},0}+C_{\text{fuel},0}}\times\frac{\text{CF}_0}{\text{CF}_{\text{d}}}\end{aligned} \tag{19-22}$$

$$\begin{aligned}\text{CC}_{\text{d}}&=\frac{(\text{LCOE})_{\text{ccs,d}}-(\text{LCOE})_{\text{ref,d}}}{\text{ER}_{\text{ref}}-\text{ER}_{\text{ccs}}}\\&=\frac{(1-\text{LR}_{\text{COE,ccs}})\times\text{COE}_{\text{ccs},0}-(1-\text{LR}_{\text{COE,ref}})\times\text{COE}_{\text{ref},0}}{\text{ER}_{\text{ref}}-\text{ER}_{\text{ccs}}}\end{aligned} \tag{19-23}$$

$$\text{LR}_{\text{CC}}=1-\frac{\text{CC}_{\text{d}}}{\text{CC}_0} \tag{19-24}$$

其中，下标 0 表示变量的初始值；下标 d 表示累计装机容量翻倍时的取值；I_0 为初期的总资本成本；C_{OM} 为运营总成本；COE_{ccs} 和 COE_{ref} 分别为有碳捕集和无碳捕集电厂的单位发电成本；$LR_{COE,ccs}$ 和 $LR_{COE,ref}$ 分别为有碳捕集和无碳捕集电厂的单位发电成本的学习率。

最后，基于对 2020～2050 年电力部门 CO_2 捕集总成本的估算结果，源汇匹配模型中电力碳排放簇的平均单位成本计算如下：

$$\text{CC}_{\text{elec}}=\text{TCC}_{\text{elec}}/\text{RRC\_power} \tag{19-25}$$

（2）非电力碳排放簇捕集成本的估算方法。为估算未来非电力部门的 CO_2 捕集成本，即式（19-2）中的 $CC_{pi-nelec}$ ，本章提出了一个非电力碳排放簇的捕集成本预测模型。考虑到不同工业排放源的规模和排放气体类型不同，与电力部门不同，工业部门的 CCUS 成本研究非常有限，而且十分困难。因此，由于数据缺乏，本章仅关注钢铁、水泥、化工、BECCS 等部门。在本章中，第 t 年全球非发电厂碳排放源的部署率呈“S”形曲线，如式（19-26）所示：

$$\text{tp}(t)=\exp\left(-\left(U-U\left(\frac{t-\text{SD}}{2050-\text{SD}}\right)\right)^2\right)\times \text{tp}_{\max} \tag{19-26}$$

其中，U 为捕集速率常数；SD 为首次部署碳捕集装置的年份；$\text{tp}_{\max}$ 为该行业中碳捕集装置的最大部署率。

非电工业碳捕集技术的成本学习曲线 $\text{lc}(t)$ 可通过式（19-27）估算得到，表示随着碳捕集装置的增加，通过技术学习 CO_2 捕集成本将降低。成本学习可以使得技术成本每五年下降一次：

$$\text{lc}(t)=(1-\text{CR})\times \text{lc}(t-5),\quad \forall \text{tp}(t)>\text{CR}_{\min} \tag{19-27}$$

其中，$\text{CR}_{\min}$ 为成本下降的阈值，即当技术部署率下降达到此阈值后才会出现由技术学习而产生的成本下降；CR 是常量，取值为 25%（Leeson et al.，2017），表示到达成本下降阈值（ $\text{CR}_{\min}$ ）后，技术部署率对技术成本的学习效应每隔五年将下降 25%。

原料和工业设备成本的增加将直接影响到与 CCUS 技术相关的设备和材料的成本。第 se 个部门在第 t 年的升级成本（ $\text{ec}_{\text{se}}(t)$ ）可以通过各个行业每种技术所总结的初始成本（ CI_{se} ）和化工设备成本指数（ $\text{CEPCI}(t)$ ）计算得到：

$$\text{ec}_{\text{se}}(t)=\text{CI}_{\text{se}}\times \text{lc}_{\text{se}}(t)\times \text{CEPCI}(t) \tag{19-28}$$

非电力部门部署 CCUS 的总 CO_2 捕集成本计算如下：

$$C_{\text{nele}}(t)=\sum_{\text{se}}\left(\text{CAP}_{\text{se}}\times \text{ec}_{\text{se}}(t)\right) \tag{19-29}$$

$$\text{TCC}_{\text{nele}}=\sum_{t=\text{SD}}^{2050}C_{\text{nele}}(t)\times(1+r)^{-(t-2020)} \tag{19-30}$$

其中，$C_{\text{nele}}(t)$ 为非电力部门部署 CCUS 在第 t 年的 CO_2 捕集成本；CAP_{se} 为相应的二氧化碳捕集量；TCC_{nele} 为到 2050 年所有非电力部门部署 CCUS 的总捕集成本。

与电力部门类似，根据计算出的非电力部门的总捕集成本，本章源汇匹配模型中的非电力碳排放簇的平均单位成本计算如下：

$$CC_{nelec} = TCC_{nelec} / RRC\_nonpower \tag{19-31}$$

19.2　全球 CCUS 工程源汇匹配布局方案

C^3IAM/GCOP 的结果显示，实现全球 CCUS 的低成本部署需要 85 个国家或地区的 3093 个碳簇与 432 个碳汇的共同参与。58.61 吉吨的 CO_2 将被封存在深部咸水层中，其中电力碳排放簇和非电工业碳排放簇将各自提供约一半的 CO_2 捕集量。33.39 吉吨的 CO_2 将用于 CO_2-EOR，其中约 66%捕集自电厂排放。80%的源汇匹配发生在经济合理的 300 千米范围内（IPCC，2005），最大匹配距离不超过 1000 千米。

全球 CCUS 源汇匹配主要分布在 8 个国家或地区（中国、美国、欧盟、俄罗斯、印度、沙特阿拉伯、澳大利亚和墨西哥），这些国家或地区的 2399 个碳簇和 197 个碳汇共同承担了全球 76%的 CCUS 必要 CO_2 减排量。就运输距离而言，在美国、欧盟、澳大利亚和沙特阿拉伯，超过 91%的 CO_2 可以被封存在 300 千米以内的碳汇，这表明小批量短途运输将是这四个国家或地区的主要 CO_2 运输模式。在印度和墨西哥，70%～80%的 CO_2 将在 300 千米以内进行捕集和封存，剩余的源汇匹配几乎分布在 300～500 千米。对于俄罗斯和中国而言，长距离 CO_2 运输相较其他国家更多。中国有 11%以上的源汇匹配发生在 500 千米以上距离，而这一比例在俄罗斯高于 17%。

这 8 个国家或地区将承担 1.79～26.68 吉吨的 CO_2 减排量（表 19-1）。具体来说，中国有 1430 个适合 CO_2 捕集的碳簇，其中 66%被考虑进本章提出的 2050 年全球低成本 CCUS 部署方案中。这些碳簇可以通过实施 CCUS 减少 26.68 吉吨的 CO_2 排放量，其中 72%来自非电力的工业排放源。约有五分之一 CO_2 用于 CO_2-EOR 封存，其余的 CO_2 将被封存在深部咸水层中。对于美国而言，在 841 个碳集群中，58%被考虑进本章提出的 2050 年全球低成本 CCUS 部署方案中，预计能减少 16.09 吉吨的 CO_2 排放，其中约 62%来自电力部门。到 2050 年，CO_2-EOR 项目的二氧化碳减排量将达到 5.27 吉吨。此外，欧盟将通过 507 个碳簇捕集 8.97 吉吨的 CO_2，印度可以通过 163 个碳簇捕集 3.80 吉吨的 CO_2。这两个国家或地区的大部分 CO_2 捕集量来自电力部门，且超过 63%的 CO_2 将被封存于深部咸水层。相比之下，俄罗斯、沙特阿拉伯和墨西哥主要部署 CO_2-EOR 来实施 CCUS。在澳大利亚，捕集的 1.86 吉吨的二氧化碳几乎都来自电力部门，占该国总量的 98%。

表 19-1 主要国家/地区 CCUS 部署方案（单位：吉吨）

国家和地区	匹配总量	电厂捕集	非电工业源捕集	深部咸水层封存	CO_2-EOR
中国	26.68	7.41	19.27	20.70	5.98
美国	16.09	10.04	6.05	10.82	5.27
欧盟	8.97	5.80	3.17	7.46	1.51
俄罗斯	7.24	4.62	2.62	3.00	4.25
印度	3.80	2.43	1.37	2.42	1.38
沙特阿拉伯	3.28	2.47	0.80	0.48	2.80
澳大利亚	1.86	1.83	0.03	1.38	0.48
墨西哥	1.79	1.34	0.46	0.76	1.03

在本章中，CCUS 的部署成本被定义为 CO_2 捕集、运输和封存的总投资支出，再减去由 CO_2-EOR 带来的收益。结果表明本章提出的 2 摄氏度温控目标下全球低成本 CCUS 部署方案将需要约 8.2 万亿美元投资，受益于 CO_2-EOR 项目，到 2050 年，全球 CCUS 部署总成本约为 5.76 万亿美元（2019 年不变价计算）。全球 CO_2 平均价格约为 62.65 美元/吨。

到 2050 年，全球 CCUS 的总成本中有超过 77%将用于 CO_2 捕集环节，大约为 4.45 万亿美元。其中，非电力部门将分担 39%的捕集成本，电力部门将分担 61%的捕集成本。除了捕集环节，CO_2 运输和 CO_2 封存的成本分别约为 3.25 万亿美元和 0.50 万亿美元。尽管当前部署方案的总成本非常高，但全球仍然可以从 CO_2-EOR 项目中获得 2.44 万亿美元的收益。如果不部署 CO_2-EOR，2 摄氏度温控目标下全球 CCUS 部署的总成本将会高得多。因此，CO_2-EOR 不仅可以将 CO_2 封存在地下，也可以为 CCUS 项目的营利和发展注入新活力。

4 个国家可以通过部署 CO_2-EOR 完全抵消 CCUS 成本，并获得 249 万～46.6 亿美元的收益（多米尼加、卡塔尔、科威特和海地）；而其他 81 个国家或地区则需要为部署 CCUS 支付额外的成本（图 19-1）。其中，中国、美国和欧盟成本较高，到 2050 年分别花费约 2.01 万亿美元、0.94 万亿美元和 0.58 万亿美元。

本章将 85 个国家或地区按照其到 2050 年的总成本和总收益分为四组［图 19-1（a）］。由于 EOR 收益较低，日本、乌克兰和埃及的 CCUS 总成本较高，属于第Ⅰ组，其成本在 745 亿～827.9 亿美元。这三个国家的 CO_2 封存量占全球总量的 3.7%。中国、美国和欧盟等国家或地区属于第Ⅱ组，具有较高的 CO_2-EOR 收益，但总成本也较高。这一组国家或地区将承担全球 CCUS 减排量的 79%，总成本在 0.07 万亿～2.01 万亿美元。第Ⅲ组有 64 个国家，它们的 CCUS 部署量较少（仅占全球的 10%），使其成本和收益相对较小。另有 8 个国家属于第Ⅳ组，它们可在未来获得可观的 CO_2-EOR 收益，总成本分布在–46.6 亿～624.9 亿美元。这表明，如果未来油价上涨或技术成本进一步下降，这一组中越来越多的国家将通过 CO_2 利用获取更多利润。

本章中单位 CO_2 减排成本是通过 CCUS 总成本除以相应的总 CO_2 减排量计算得到，各国或地区的单位 CO_2 减排成本为–10.02～125.06 美元/吨［图 19-1（c）］。基于共享社会经济路径下的 SSP2 情景（Riahi et al.，2017），我们进一步计算不同国家或地区部署 CCUS 总成本占至 2050 年预计累计 GDP 的比例来探讨部署方案的经济可行性。研究结果表明，到 2050 年，CCUS 的发展有望使多米尼加、卡塔尔、科威特和海地这四个国家的累计 GDP 将增加 0.0002%至 0.05%。然而，它们也是较

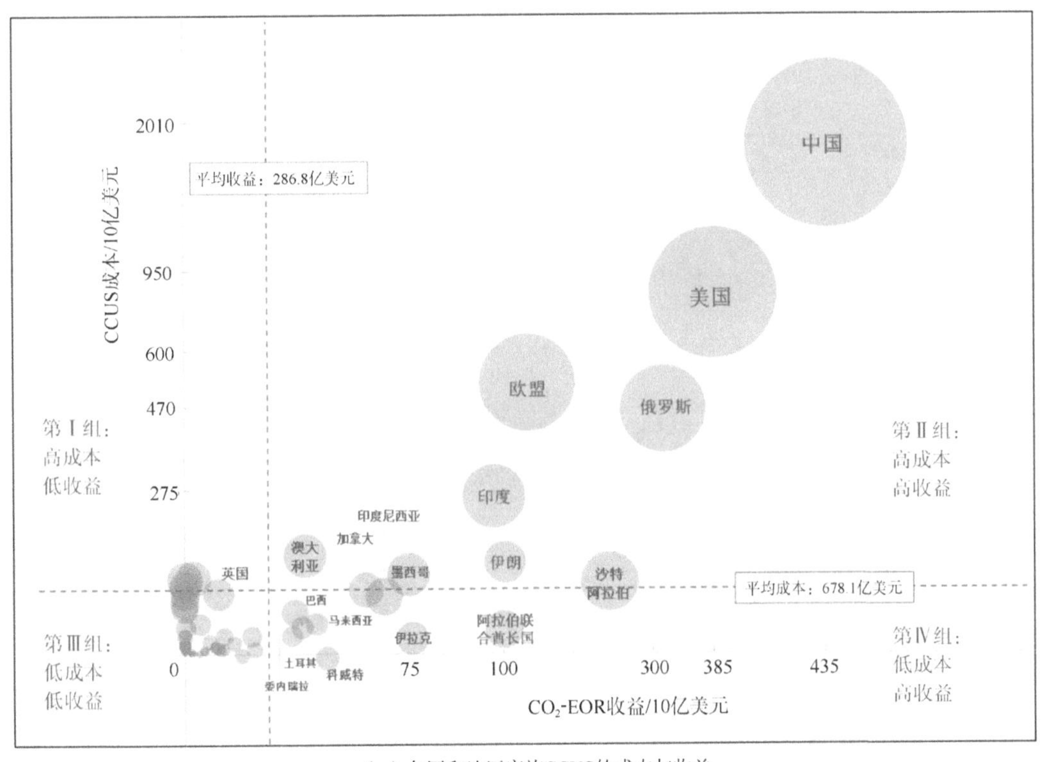

（a）各国和地区实施CCUS的成本与收益

（b）国家或地区总成本/累计GDP　　（c）单位CO_2减排成本　　（d）临界油价

图 19-1　各国或地区实施 CCUS 的成本和效益

脆弱的国家，需要得到发达国家的前期资金支持和技术转让，以促进它们早期的 CCUS 发展并实现长期收益。相对而言，其他主要国家或地区发展 CCUS 需要投入一定数量的累计 GDP。到 2050 年，俄罗斯、中国、沙特阿拉伯、美国和欧盟在 CCUS

上的支出预计将分别占它们累计 GDP 的 0.36%、0.18%、0.17%、0.14%和 0.11%。此外，在本章提出的部署方案下，部署 CO_2-EOR 国家或地区的临界油价分布在 34.51～330.39 美元/桶不等，而全球平均临界油价为 134.58 美元/桶[图 19-1(d)]。理论上，油价超过 75 美元/桶时，将有 25 个国家或地区实现盈利；而当油价超过 100 美元/桶时，75%部署了 CO_2-EOR 的国家或地区将盈利，这意味着 CCUS 对大多数国家或地区来说仍是一项经济上可行的技术。当然，各地实际临界油价在很大程度上仍取决于自身的地质条件。

本章进一步评估了 CO_2 捕集、运输和封存的初始单位成本增加 20%（高成本情景）或减少 20%（低成本情景）对全球 CCUS 布局产生的影响。在高成本情景下，部署 CCUS 需要支付 7.38 万亿美元才能符合 2 摄氏度温控目标要求，其平均成本为 80.26 美元/吨 CO_2。但各国在 CCUS 责任分担方面的比例预计不会发生显著变化。CO_2-EOR 项目将贡献 30.84 吉吨的 CO_2 减排量。在低成本情景下，全球实施 CCUS 的总成本可以降至 4.13 万亿美元，使得每吨 CO_2 的减排可节省近 17.77 美元。较低的运输和储存成本将使捕获的 CO_2 输送到 EOR 项目中。较低的 CO_2 运输和 CO_2 封存成本将促使更多捕集的 CO_2 可以被分配给 CO_2-EOR 项目。鉴于油价是影响 CO_2-EOR 项目效益的关键因素，本章通过模拟油价从 55 美元/桶增至 95 美元/桶，评估了油价变化对全球 CCUS 布局的潜在影响。研究发现高油价将有助于降低 CCUS 的全球部署成本，单位 CO_2 减排成本可降至 40.26 美元/吨。而高油价情景也会促进石油资源丰富的国家，如伊朗、沙特阿拉伯和阿拉伯联合酋长国等发展更多 CCUS。

综合考量各国的能力（封存能力）和责任（碳排放），有助于全球协同部署 CCUS 以实现碳减排目标。本章研究不可避免地存在一些不确定性和局限性。例如，由于数据缺乏，本章未能充分考虑各国的地质条件和 CCUS 成本的异质性。此外，油价的不确定性和突破性技术的爆发也会影响 CCUS 布局方案。因此，进一步研究更精准复杂的 CCUS 全球布局还需要更多相关方的共同参与和深入探讨。

19.3 本章小结

本章为实现 2 摄氏度温控目标的全球 CCUS 部署提供了全面且新颖的见解。基于识别出的全球 4220 个碳簇和评估出的 794 个碳汇封存潜力，研制了基于碳簇的全球 CCUS 源汇匹配优化模型（C^3IAM/GCOP），在国际上首次提出实现 2 摄氏度温控目标的全球 CCUS 工程源汇匹配优化方案，为 CCUS 工程从零散示范到集群发展提供布局关键技术，对于全球深度协同减排，以及我国实现碳中和目标都具有重要意义。

第 20 章　CCUS 工程二氧化碳管网优化设计

我国作为全球最大的碳排放国，面临巨大的减排压力，2020 年我国政府提出“双碳”战略，标志着碳中和进程开始。CCUS 被认为是我国实现碳中和目标的必备技术选择，可广泛适用于煤电、钢铁、水泥和化工等碳密集型难减排行业，是我国维持能源稳定安全供应前提下实现经济碳减排的唯一保证。CCUS 包含捕集、运输、封存和利用四个主体流程，运输作为连接捕集和封存的枢纽，其重要性不言而喻。

管道是陆上长距离大规模低成本运输 CO_2 的理想选择，在国外已实现大规模商业化，然而我国与国际先进技术仍有一定差距，尚无法满足未来 CCUS 大规模发展需求。管道基础设施不完善，相关企业的减排参与度和积极性不高，限制了 CCUS 大规模发展。完善的管道基础设施对于通过大规模实施 CCUS 进行碳减排具有引领作用，但大规模管道基础设施建设经济投资大、周期长。我国“东源西汇”的国情，使得提早规划和建设全国层面的运输管网基础设施显得愈加重要，可有效促进难减排行业通过 CCUS 进行减排，更好地助力实现碳中和。

为此，本章识别了全国煤电行业适宜开展碳捕集改造的煤电厂，评估了全国城市级别的多类型 CO_2 封存场地的封存潜力，综合考虑了社会环境、地理和地质等影响管道建设的多方面因素构建运输管网。本章研究主要回答以下两个问题：

为实现碳中和目标，全国陆上 CO_2 运输管网如何布局?

为实现碳中和目标，全国离岸近海 CO_2 运输管网如何布局?

20.1　二氧化碳管道输送技术及工程实践现状

20.1.1　管道输送技术现状

CO_2 管道输送：采用管道运输的方式将 CO_2 排放源（如电力、钢铁、水泥、化工等，通常是固定排放源）排放的 CO_2（此处的 CO_2 指组分已经达到管输要求的经过处理的较为纯净的 CO_2）经压缩达到管道入口压力标准，通过长距离管道（现在业内普遍认为运输距离超过250千米需增设加压站）输送至指定的地点进行地质封存或者地质利用（未来也可能进行其他方式的利用，如化工和生物利用）的全过程（不包括地质封存或者地质利用场地的注入环节）。从管道输送的 CO_2 相态分类主要有液相、气相、超临界、密相（浓相）。我国 CO_2 管道输送主要采用气相或液相的方式，尚无长距离、超临界 CO_2 管道。

CO_2 管道输送通常适用于大规模、长距离、低成本的 CO_2 运输，当前主要应用在陆上，海洋离岸近海封存管道输送较少（挪威自1996年开始已经商用全球第一条 CO_2 海洋输送管道），在技术上（参照海洋油气资源海洋输送管道）没有难以克服的难点。此外还有陆上罐车运输，适合短距离小规模运输 CO_2。陆上火车运输适合较远距离和较大规模运输 CO_2，但会受到铁路线路的限制。船舶运输，适合河流水网较为发达的地区及海洋离岸和跨洋运输，内陆地区通常不适用。

总体而言，管道输送是当前国内外应用最为广泛的 CO_2 输送技术，特别是在国外（美国）已经实现了大规模的商业化运行，我国在 CO_2 管道输送方面仍处于基础研究阶段，与世界先进水平差距明显。在罐车和船舶运输方面我国与国外处于商业化应用的同一技术水平。

20.1.2 工程实践现状

鉴于各类运输工具的应用场景及特点，国内外现有CCUS项目皆选择适用于项目本身的运输方式将 CO_2 运输至利用或封存场地。总体来说，现有CCUS项目中，大规模项目一般采用管道运输，示范试点项目一般用公路罐车运输。

目前国内外有 CO_2 运输管道总里程超过9000千米，主要集中在美国（表20-1）。美国最早的大规模 CO_2 管道是峡谷礁管道（Canyon Reef pipeline），建于20世纪70年代。目前的 CO_2 管道基础设施大多是在20世纪80年代至90年代建造的。截至2019年，美国有近50条 CO_2 输送管道，总长度超过8000千米，由十几家不同的公司运营（NETL，2015b）。加拿大现有与在建的 CO_2 运输管道超过370千米。阿布扎比CCS项目是通过50千米长的管道将 CO_2 运输至油田用于驱油。沙特阿拉伯首个CCS项目是通过超过70千米长的管道将哈维亚（Hawiyah）天然气厂捕集的 CO_2 运输至瓦尔（Ghawar）油田用于提高原油采收率。

表20-1 国外现有和在建CO_2管道（不完全统计）

国家	项目数量/个	总管道里程/千米	运输规模/（万吨/年）
美国	50	8000	6800
加拿大	4	370	640
挪威	1	95	70
沙特阿拉伯	1	70	80
阿拉伯联合酋长国	1	50	80

我国现有商业化和示范项目中已建成CO_2运输管道4条，累计长度达50余千米，分别是大庆油田徐深9-芳48CO_2管道、吉林油田EOR项目CO_2运输管道、华东油田EOR项目CO_2运输管道和胜利正理庄油田EOR项目CO_2运输管道（表20-2）。另有数条已完成预可研或设计，累计长度可超过300千米。

表20-2 我国现有CO_2管道（不完全统计）

序号	工程项目	CO_2相态	管道参数
1	大庆油田徐深9-芳48CO_2管道	气相	总长20千米；总输量4.8万吨/年
2	吉林油田EOR项目CO_2运输管道	气相	总长8千米；总输量50万吨/年
3	胜利正理庄油田EOR项目CO_2运输管道	气相	总长20千米，设计规模8.7万吨/年
4	华东油田EOR项目CO_2运输管道	液相（含气态）	总长5.4千米，管径133毫米

20.2 面向碳中和目标的陆海CO_2运输管网规划方案

大规模管道基础设施建设需考虑社会、经济和环境等多方面影响，保证其建造和运行的长期安全和经济。我国人口基数大，地理地质条件复杂，为管道建设和运行增加了不少挑战。已有研究（Tang et al.，2021a；Sun and Chen，2022）考虑了我国现有铁路、公路、河流和大型断层带对CO_2运输管网建设的影响，此外，其他的地理（湖泊、水库）、地质（地形坡度）和社会（保护区、城镇）等方面的因素也会影响管道建设和运行，在进行大规模管网建设时应协同考虑。基于此，本章综合考虑上述多方面的社会环境、地理和地质方面的影响，规划出更加可靠和经济的CO_2运输管网。

煤电作为我国最大的单一碳排放行业，其低碳转型将是实现碳中和目标的关键，被认为是未来CCUS应用的主要行业。煤电是国民经济长期安全发展的保障，运行周期长（设计寿命 40 年起），单一排放源排放量大，地理位置较为固定。因此，依托煤电进行 CCUS 主干运输管网规划具有可行性和现实意义。

中国地质调查局于 2010～2012 年进行了我国主要沉积盆地 CO_2 地质储存潜力与适宜性评估，评估结果表明：我国沉积盆地 CO_2 地质储存潜力巨大，其中海域沉积盆地储存潜力占总潜力的 27.33%，东部陆域沉积盆地占 31.88%，西部陆域沉积盆地占 20.33%，中部陆域沉积盆地占 10.49%，南部陆域沉积盆地占 9.97%。CO_2 地质封存介质可分为深部咸水层、油藏、天然气藏、煤层气藏，其中深部咸水层的 CO_2 储量占 98.25%，油藏的 CO_2 储量占 0.31%，天然气藏的 CO_2 储量占 1.21%，煤层气藏的 CO_2 储量占 0.23%。深部咸水层是主要的 CO_2 地质封存介质（文冬光等，2014）。

基于上述多种现实因素，应用运筹学最优化的思想，系统考虑捕集、运输和封存全流程，构建包含固定资本投资、固定运维成本和可变运行成本的优化模型，实现整体总成本（净花费）最小。统筹考虑陆海一体协同发展，规划全国范围 CO_2 主干运输管网。

20.2.1 技术发展需求

为了确定在我国的碳中和目标下煤电行业需要多少 CCUS，我们应用了由北京理工大学能源与环境政策研究中心开发的 C^3IAM/NET（Zhao et al.，2021b），自下而上优化所有能源相关领域的技术路径。结果表明，要实现碳中和，煤电行业必须达到零碳排放，到 2050 年，我国煤炭发电的最低总量约为 2.94 万亿千瓦时。也就是说，CCUS 是必不可少的。研究发现，如果能源系统转型的低碳技术能够快速发展，那么到 2050 年 CCUS 承担的 CO_2 需求总量为 78.54 亿吨，年峰值为 6.54 亿吨 CO_2（称为低碳捕集情景）。但如果能源系统转型和自然碳汇还不够，就需要 CCUS 做出更多贡献，那么 CCUS 每年贡献的 CO_2 减排量可能高达 15.36 亿吨（称为高碳捕集情景）。这些 CCUS 的年峰值量随后被用作后续部分中 CCUS 管网优化的约束。

20.2.2 碳排放源和封存场地筛选

（1）排放源筛选。结合管道运输技术成熟度和煤电行业碳排放达峰时间节点，可提早实施煤电行业碳减排计划，时间维度为 2030～2050 年。考虑到燃煤电厂的设计寿命、装机容量和技术特点以及国家对发电行业的政策导向，纳入规划的燃煤电厂满足以下条件：2030～2050 年在运行，因此，电厂不早于 2000 年投产（我国大部分在运的燃煤电厂在 2005 年前后建成）；单台机组装机容量不低于 300 兆瓦。考虑到长期低碳发展政策，燃煤电厂将减少运行时间，机组使用寿命会适当延长，一定程度上能够满足规划期 20 年的使用寿命。

截至 2020 年底，共统计得到 2906 台不同装机容量的煤电机组（不完全统计），总装机容量 1021 吉瓦。其中 1705 台机组符合我们设定的筛选标准，隶属于 709 家燃煤电厂，总装机容量 828 吉瓦。假设 2030 年后我国不再建设大型燃煤电厂，2030 年后退出现役燃煤机组的空缺发电能力将由清洁能源发电补充。

碳排放量按照《2019 年发电行业重点排放单位（含自备电厂、热电联产）二氧化碳排放配额分配实施方案（试算版）》计算。碳捕集装置的捕集率设定为 90%（李政等，2021）。理论可捕集碳排放量的计算方法如式（20-1）所示。

$$T_c = C \times H \times \mu \times k \tag{20-1}$$

其中，T_c 为煤电厂每年可捕集的 CO_2 量（单位：吨）；C 为煤电厂机组装机容量（单位：兆瓦）；H 为煤电厂机组年运行时间（单位：时）；μ 为碳排放因子，0.877 吨 CO_2/兆瓦时；k 为 CO_2 捕集率，90%。

2019 年，CSLF 发布了“Task Force on Clusters，Hubs，and Infrastructure and CCS Results and Recommendations from ‘Phase 0’”（《集群、中心、基础设施和 CCS 工作组第 0 阶段的结果和建议》）报告，认为整合不同来源的 CO_2 发展枢纽和集群基础设施建设可以分担早期基础设施的建设成本和运营成本；降低参与 CCUS 的准入门槛，以纳入排放量较小的排放源；确保 CO_2-EOR 和其他 CO_2 利用项目的 CO_2 充足和可靠；尽量减少与基础设施发展相关的环境影响及其对社区的影响。

基于此，本章采用基于密度的空间聚类算法 DBSCAN[①]对符合条件的煤电厂进行聚类。煤电厂彼此直线距离为 20 千米（可根据不同地区实际碳排放源密度优化距离）范围内的燃煤电厂聚类为一个集群，共得到了 489 个集群。

（2）地质封存场地筛选。基于已有研究中的封存盆地数据（Wei et al.，2021b），陆上封存盆地是封存的主体，但本章也考虑了海洋离岸近海封存，主要原因是我国

① 即 density-based spatial clustering of application with noise，直译为具有噪声应用的基于密度的空间聚类。

“东源西汇”的空间分布特征，海洋离岸封存为东部和南部沿海地区增加了碳封存的机会（海域沉积盆地储存潜力占总潜力的 27.33%）。考虑到实际项目建设需要具体到陆上地市级行政区域，根据枯竭油气田、不可开采煤层和深部咸水层不同的封存场地类型，依据行政区域面积分配碳封存潜力并计算理论封存量。海洋碳封存主要是近海大陆架盆地，包括含油区、含气区和深部咸水层。对不同类型的封存盆地给出一个枢纽，枢纽设置在盆地质心，得到不同类型封存枢纽 467 个。

20.2.3 管网优化模型

大型管网科学设计的目标之一是综合考虑捕集、运输和封存的建设、维护与运行成本，使全流程的总成本最小。通过构建数学优化模型，对全流程各环节的建设、维护、可变运行成本进行评估。

捕集流程成本：由于第二代捕集技术仍处于实验室研究阶段，我们假设采用最成熟的燃烧后捕集方法，通过胺类溶剂捕集电厂烟气中的 CO_2。捕集改造设备在功能和工艺上有很大的相似之处。设备规模根据电厂捕集的 CO_2 量进行调整。主要成本有捕集设备的资本成本、捕集设备的固定维护成本、捕集作业耗材和能源消耗成本。全国范围内燃煤电厂采用统一的成本系数，将脱水和压缩纳入捕集流程。

运输流程成本：对于与管道建设相关的资金成本，根据管道流量选择相应的管径，按管径计算管道建设成本。对于管道建设，考虑了社会环境、地理和地质方面的影响因素。此外，该成本还包括管道维护和管道运输成本。管道的单位运输成本全国统一。

封存流程成本：包括固定资本成本，如注入井、监测井和生产井的建设和运行设备，油井和设备的固定维护成本，以及二氧化碳注入的能耗成本。建井和监测的成本根据封存场地的类型而有所不同，我们对注入成本采用统一值。油气田和不可开采煤层的碳封存能够带来封存收益。

（1）优化目标。总成本是捕集、运输和封存全流程的总成本与油气田和深部不可采煤层碳封存收益之差，目标函数见式（20-2）。$\min C_{total}$ 表示总成本最小，其他变量含义见表 20-3。

$$
\begin{aligned}
\min C_{\text{total}} =& \sum_{i\in S}\left[\text{UnitCapEx}_{\text{Capture}}\cdot a_i + \sum_{t=1}^{T}\frac{1}{(1+r)^t}\cdot \text{MainEx}_i + \sum_{t=1}^{T}\frac{1}{(1+r)^t}\cdot a_i c_i\right] \\
&+\sum_{m\in I}\sum_{n\in N_m}\left[\begin{aligned}&\text{UnitCapEx}_{\text{Pipe}}\cdot d_{m,n}\cdot \text{dis}_{m,n}\cdot \text{Num}^d_{m,n}\\ &+\sum_{t=1}^{T}\frac{1}{(1+r)^t}\cdot \text{UnitMainEx}_{\text{Pipe}}\cdot \text{dis}_{m,n} + \sum_{t=1}^{T}\frac{1}{(1+r)^t}\cdot c_{m,n}x_{m,n}\text{dis}_{m,n}\end{aligned}\right] \\
&+\sum_{j\in R}\left[\begin{aligned}&\text{Depth}_{\text{Well}\,j}\cdot \text{Costs}_{\text{Drilling}\,j}\cdot \text{Num}_{\text{InjectWell}\,j} + \text{Site}_j + \text{Facility}_j\\ &+\text{Monitoring}_j + \sum_{t=1}^{T}\frac{1}{(1+r)^t}\cdot \text{Maintenance}_j + \sum_{t=1}^{T}\frac{1}{(1+r)^t}\cdot b_j c_j\end{aligned}\right] \\
&-\sum_{j\in R}\left[\sum_{t=1}^{T}\frac{1}{(1+r)^t}\cdot b_j l_j p_j\right]
\end{aligned} \tag{20-2}
$$

（2）约束条件。针对捕集和封存量约束，任意一个排放源的 CO_2 捕集量应不高于其 CO_2 理论年碳排放量，见式（20-3）。规划期内封存于任意一个封存地的 CO_2 数量应不高于其盆地 CO_2 总封存潜力，见式（20-4）。任意一个封存地注入井的 CO_2 注入量应不低于该盆地年封存量，见式（20-5）。

$$Q_i^s - a_i \geqslant 0,\quad \forall i\in S \tag{20-3}$$

$$\text{Capacity}_j - b_j\cdot T \geqslant 0,\quad \forall j\in R \tag{20-4}$$

$$\text{Num}_{\text{InjectWell}\,j}\cdot \text{Injectivity}_j - b_j \geqslant 0,\quad \forall j\in R \tag{20-5}$$

对于运输约束而言，任意一个管道的总运输能力应不低于需承担的运输量，见式（20-6），任意一个排放源或封存地节点的输入与输出量应维持零平衡，见式（20-7）和式（20-8）。

$$\sum_{d\in D} Q_{\max}^d \text{Num}_{m,n}^d - x_{m,n} \geqslant 0,\quad \forall m\in I, n\in N_m \tag{20-6}$$

$$\sum_{k\in N_i} x_{i,k} - \sum_{k\in N_i} x_{k,i} - a_i = 0,\quad \forall i\in S \tag{20-7}$$

$$\sum_{k\in N_j} x_{j,k} - \sum_{k\in N_j} x_{k,j} + b_j = 0,\quad \forall j\in R \tag{20-8}$$

针对减排需求约束，煤电行业总捕集量应等于煤电行业的 CCUS 减排需求，见式（20-9）；总封存量应等于煤电行业总捕集量，见式（20-10）。

$$\sum_{i\in S} a_i - \text{Amount\_CCUS} = 0 \tag{20-9}$$

$$\sum_{j\in R} b_j - \text{Amount\_CCUS} = 0 \tag{20-10}$$

针对电力供应约束，煤电供应量应与其电力需求总量相等，见式（20-11）。

$$\sum_{i\in S} t_i\cdot \text{power}_i - \text{Power\_generation} = 0 \tag{20-11}$$

此外，煤电、钢铁和水泥行业的总捕集量应为非负值，见式（20-12）和式（20-13）

及式（20-14），任意一个封存地的注入量以及任意管道的运输量也应为非负值，见式（20-15）。

$$t_i \leqslant 5500, \quad \forall i \in S \tag{20-12}$$

$$a_i \geqslant 0, \quad \forall i \in S \tag{20-13}$$

$$b_j \geqslant 0, \quad \forall j \in R \tag{20-14}$$

$$x_{m,n} \geqslant 0, \quad \forall m \in I, n \in N_m \tag{20-15}$$

（3）模型的参数和决策变量。表 20-3 列出了上述管网优化模型中的参数和决策变量。

表 20-3 管网优化模型的变量和参数

变量/参数	定义	单位	值	数据源
		集合		
S	煤电厂集群集合			
R	封存场地集输中心集合			
N_m	与节点 m 相邻的节点			
D	管径集群			
I	所有的源和汇节点集合			
		决策变量		
t_i	任一煤电集群节点 i 运行时间	时/年		
a_i	任一煤电集群节点 i 捕集量	吨/年		
$x_{m,n}$	节点 m 到 n 的运输量	吨/年		
b_j	任一封存场地集输中心节点 j 的封存量	吨/年		
$\mathrm{Num}_{\mathrm{InjectWell}_j}$	任一封存场地节点 j 的注入井数量	—		
$\mathrm{Num}_{m,n}^{d}$	节点 m 到 n 管径为 d 的管道数量	—		
		参数		
$\mathrm{UnitCapEx}_{\mathrm{Capture}}$	煤电厂集群单位捕集改造成本	美元/吨	156	示范项目
MainEx_i	捕集流程维护成本	美元	捕集改造资本成本的 4%	
c_i	捕集流程单位捕集成本	美元/吨	52.0	（Wei et al.，2021b）
Q_i^s	任一煤电厂集群节点 i 理论年碳排放量	吨/年		
power_i	任一煤电厂集群节点 i 装机容量	兆瓦		
$\mathrm{UnitCapEx}_{\mathrm{Pipe}}$	单位管径长度管道建设资本成本	美元/（英寸·千米）	58 594	（Herzog，2006）

续表

变量/参数	定义	单位	值	数据源
参数				
$UnitMainEx_{Pipe}$	管道维护成本	美元/千米	5 940	（Bock et al., 2003）
$c_{m,n}$	管道单位运输成本	美元/（吨・千米）	0.144	（Koelbl et al., 2014）
$dis_{m,n}$	节点 m 到 n 的距离	千米		
$d_{m,n}$	节点 m 到 n 的管道直径	英寸	—	
Q^{d}_{max}	管径为 d 的管道年最大运输能力	吨/年	—	
$Capacity_j$	任一封存场地枢纽节点 j 总理论碳封存潜力	吨		
$Site_j$	任一封存场地枢纽节点 j 场地开发资本成本	美元	—	（Ramirez et al., 2010）
$Facility_j$	任一封存场地枢纽节点 j 设备资本成本	美元	—	（Ramirez et al., 2010）
$Monitoring_j$	任一封存场地枢纽节点 j 监测资本成本	美元	—	（Ramirez et al., 2010）
$Maintenance_j$	任一封存场地枢纽节点 j 运维成本	美元	封存节点总资本成本的 5%	
c_j	任一封存场地枢纽节点 j 单位封存成本	美元/吨	15	（Budinis et al., 2018）
$Injectivity_j$	任一封存场地枢纽节点 j 单井注入能力	吨/年	EOR/20000	示范项目
			EGR/20000	示范项目
			ECBM/20000	示范项目
			DSF/100000	示范项目
$Depth_{Well_j}$	任一封存场地枢纽节点 j 注入井深度	米	—	地质条件
$Costs_{Drilling_j}$	任一封存场地枢纽节点 j 单位钻井成本	美元/米	312.5	示范项目
p_j	油价	美元/桶	61	（赵鲁涛等，2022）
	气价	美元/吨	559	示范项目
l_j	CO_2 和石油的置换比例	吨油/吨 CO_2	0.25	（Yang et al., 2019c）
	CO_2 和天然气的置换比例	吨气/吨 CO_2	0.179	示范项目
	CO_2 和煤层气的置换比例	吨气/吨 CO_2	0.065	示范项目
r	折现率	—	8	（魏世杰等，2021）

续表

变量/参数	定义	单位	值	数据源
参数				
T	规划期	年	20	Selected by context
Power_generation	煤电总供电需求	千瓦时	—	（Zhao et al., 2021b）
Amount_CCUS	总煤电 CCUS 减排需求	百万吨/年	—	（Zhao et al., 2021b）

注：1 英寸=2.54 厘米。

20.2.4 二氧化碳运输管网布局

（1）全国 CO_2 运输管网布局。低碳捕集情景下，需建设 280 条总长 15 003 千米的管道，管径主要为 8 英寸、12 英寸和 16 英寸，平均管道长度为 54 千米（表 20-4），建造的最长的管道长度为 219 千米。需要 160 个煤电集群总计 169.3 吉瓦装机进行 CCUS 改造，占全部装机容量的 20.5%。需要 184 个封存场地枢纽进行碳封存，包含 173 个陆上封存场地枢纽和 11 个海洋离岸枢纽。陆上优化出东北地区的松辽盆地、西北地区的鄂尔多斯盆地和准噶尔盆地、华北地区的渤海湾陆上盆地、西南地区的四川盆地五处大型管网集群。海洋离岸封存的早期机会主要在渤海湾盆地、我国东海盆地、珠江口盆地、莺歌海盆地和北部湾盆地。CO_2 以 EOR（强化石油开采）、EGR（强化天然气开采）和 ECBM（二氧化碳驱替煤层气开采）地质利用为主，深部咸水层（DSF）封存为辅。

表 20-4 面向碳中和目标的我国 CO_2 运输管网规划方案

减排情景	主要参数	全国	陆上盆地					离岸盆地	
			松辽	鄂尔多斯	准噶尔	四川	渤海湾陆上	渤海湾	北部湾盆地 莺歌海盆地 珠江口盆地 东海盆地
低碳捕集情景	管道长度/千米	15 003	4 041	1 275	3 050	1 246	1 048	360	291
	管径/英寸	8、12、16	12、16	8、12	12、16	8、16	6、8、12	12、16	8、12
	平均管道长度/千米	54	73	58	62	35	33	72	97

续表

减排情景	主要参数	全国	陆上盆地					离岸盆地	
			松辽	鄂尔多斯	准噶尔	四川	渤海湾陆上	渤海湾	北部湾盆地 莺歌海盆地 珠江口盆地 东海盆地
低碳捕集情景	主要封存方式	EOR/EGR/ECBM	EOR/EGR	ECBM/EOR	ECBM/EOR	EGR/DSF	EOR/DSF	EOR/EGR	EOR/EGR
高碳捕集情景	管道长度/千米	23 876	4 550	1 500	3 360	2 172	1 828	407	587
	管径/英寸	8、12、16	12、16	12、16	12、16	6、8、12	6、8、12	12、16	8、12
	平均管道长度/千米	58	77	54	63	41	39	58	117
	主要封存方式	DSF	EOR/EGR	DSF/ECBM	ECBM/DSF	DSF/EGR	DSF/EOR/EGR	EOR/EGR	EOR/EGR

高碳捕集情景下，需建设 414 条总长 23 876 千米的管道，管径主要为 8 英寸、12 英寸和 16 英寸，平均管道长度增大为 58 千米（表 20-4），最长管道长度增加至 535 千米。需要 238 个煤电集群总计 365.3 吉瓦装机进行 CCUS 改造，占全部装机容量的 44.1%。需要 243 个封存场地枢纽进行碳封存，包含 231 个陆上封存场地枢纽和 12 个海洋离岸枢纽。陆上除优化出上述大型管网集群，华中地区和华东地区开始新建大量的运输管道，海洋离岸封存机会与低碳捕集情景一致。高碳捕集情景下，CO_2 以深部咸水层封存为主，地质利用潜力基本达到上限。

（2）陆上 CO_2 管网集群规划。高碳捕集情景下，优化出松辽盆地、鄂尔多斯盆地、准噶尔盆地、四川盆地和渤海湾陆上盆地五大管网集群。松辽盆地管网集群总长 4550 千米，管径以 12 英寸和 16 英寸为主，平均管道长度 77 千米，以 EOR 和 EGR 地质利用为主。鄂尔多斯盆地管网集群总长 1500 千米，管径以 12 英寸和 16 英寸为主，平均管道长度 54 千米，以深部咸水层封存和 ECBM 地质利用为主。四川盆地管网集群总长 2172 千米，管径以 6 英寸、8 英寸和 12 英寸为主，平均管道长度 41 千米，以深部咸水层封存和 EGR 地质利用为主。渤海湾陆上盆地管网集群总长 1828 千米，管径以 6 英寸、8 英寸和 12 英寸为主，平均管道长度 39 千米，以深部咸水层封存、EOR 和 EGR 地质利用为主。

（3）近海离岸 CO_2 管网规划。高碳捕集情景下，渤海湾盆地、北部湾盆地、莺歌海盆地、珠江口盆地和东海盆地是未来海洋碳封存的优先发展机会，主要是在含油气区域开展 CO_2 地质利用，每年共封存 2698 万吨 CO_2。渤海湾离岸盆地 CO_2-EOR 利用占海洋碳封存一半以上，平均管道运输距离 58 千米，管径以 12 英寸和 16 英寸为主，管道平均年输送 CO_2 为 330 万吨。

北部湾盆地、莺歌海盆地、珠江口盆地和东海盆地为广大的沿海区域特别是华南和华东南部地区提供了碳地质封存利用的可能，平均管道运输距离 117 千米，管径以 8 英寸或者 12 英寸为主，CO_2 以 EOR 和 EGR 地质利用为主。

20.2.5 经济性分析

高碳捕集情景（减排 15.36 亿吨 CO_2/年），全流程捕集环节成本 11 866 亿美元，运输环节成本 3502 亿美元，封存环节成本 2785 亿美元，地质利用收益 4637 亿美元，全流程净花费 13 516 亿美元。捕集环节成本占 65.4%，运输环节占 19.3%，封存环节占比最小，为 15.3%。捕集环节由于燃烧后捕集技术能耗高，未来具有较大成本下降空间。

陆上封存，江苏、新疆、内蒙古、山东和安徽五地区是主要捕集区域，捕集成本占全国捕集总成本一半以上。新疆、内蒙古、安徽、吉林和黑龙江是主要的管道建设区域，运输成本占全国运输总成本一半以上。新疆、江苏、安徽、山东和内蒙古是主要的地质封存和利用地区，封存成本占全国封存总成本一半以上。黑龙江、新疆、陕西、山东和吉林具有最好的封存收益，封存收益占全国地质利用总收益一半以上，是未来开展 CCUS 工程，进行 CO_2 地质利用的优先地区。

海洋离岸封存，封存量占总封存量比例较小。渤海湾是主要的管道建设和封存区域，占离岸管道建设总里程和封存总量一半以上，同时管道建设成本和封存收益也最高；其次是莺歌海盆地和珠江口盆地。海洋离岸封存为华南和华东沿海经济发达地区提供了碳封存条件，为广阔沿海地区碳密集型行业布局 CCUS 提供了地质利用的可能。海洋离岸碳封存以 EOR 和 EGR 地质利用为主，一定程度降低了全流程减排的成本。

陆上封存，全流程单位成本 57.34 美元/吨 CO_2，全流程单位收益 22.19 美元/吨 CO_2。海洋离岸封存，全流程单位成本 80.44 美元/吨 CO_2，全流程单位收益 35.87 美元/吨 CO_2。由于海洋管道建设面临的环境更加复杂，技术难度更高，海洋离岸封存全流程成本相比陆上也更高。但海洋离岸封存以 EOR 和 EGR 地质利用为主，因此单位收益较陆上封存高。陆上封存部分项目全流程具有经济效益，海洋封存由于其特殊性，从所有封存项目全流程来看均未能带来净收益。

20.3　本 章 小 结

本章提出了我国煤电行业CCUS陆海管网规划模型,以实现煤电厂深度碳减排。模型选择合适的源汇，优化管道运输，得到成本最小的煤电行业 CCUS 管网空间布局，以实现碳减排目标。主要结论如下。

年减排 15 亿吨 CO_2，全国需建设 414 条共计 23 876 千米的管道。管径主要为 8 英寸、12 英寸、16 英寸和 20 英寸，包含少量的 30 英寸和 36 英寸管径管道，管道平均运输距离为 58 千米，最远管道长度 535 千米。陆上封存，需建设 402 条总计 22 882 千米管道。海洋离岸近海需建设 12 条共计 994 千米的管道。陆上优化出松辽盆地、鄂尔多斯盆地、准噶尔盆地、四川盆地和渤海湾陆上盆地五大管网群。其中松辽盆地管网规模最大，管道总长 4550 千米。鄂尔多斯盆地管网规模最小，管道总长 1500 千米。

海洋离岸近海封存，渤海湾离岸盆地是主要的封存区域，占海洋离岸封存总量的一半以上，需建设 7 条总长 407 千米的管道，管道平均长度 58 千米，管径以 12 英寸和 16 英寸为主。北部湾盆地、莺歌海盆地、珠江口盆地和东海盆地为我国南部和东南沿海地区提供了二氧化碳地质利用的可能,需建设 5 条总计 587 千米的管道,平均管道长度 117 千米，管径以 8 英寸和 12 英寸为主。渤海湾盆地管道长度相对较短，从管道建设角度来说适合开展早期海洋碳封存示范。

建议未来在陆上对以松辽盆地为代表的五大盆地区域提早规划和建设管网群，近海离岸封存建议在渤海湾离岸盆地提早建设示范项目，促进近海离岸管网建设和运行相关技术的发展。华南地区不适宜布局 CCUS，建议通过碳市场交易购买碳配额或及早开展其他碳利用技术的研究。

第21章 中国碳达峰碳中和实现路径

21.1 中国碳达峰碳中和的四对核心关系的辩证原理

2022年1月24日，习近平总书记在主持中共中央政治局就努力实现碳达峰碳中和目标集体学习中[①]，提出在推动“双碳”工作中，要正确处理“发展和减排”、“整体和局部”、“长远目标和短期目标”和“政府和市场”的关系，这成为我们推动“双碳”工作的根本遵循。这一重要论述，深刻地体现了马克思主义的辩证思维。碳排放问题作为贯穿人类社会各个领域的重大问题，极为深刻地纠缠于人类社会发展的这种辩证特性之中。马克思主义哲学强调人类社会不是一个坚实的结晶体，而是一个能够变化并且经常处于变化过程中的“有机体”，其机体发展的辩证思维特性表现为“矛盾性”、“空间性”、“过程性”和“主体性”四个维度，可以很好地帮助我们认识和把握关于处理“双碳”问题涉及的四对核心关系，即“发展和减排”、“整体和局部”、“长远目标和短期目标”及“政府和市场”四对关系（魏一鸣和刘新刚，2022）。

21.1.1 短期目标和长远目标的关系

历史性、过程性是历史唯物主义的重要观点。习近平总书记深刻地把握了历史唯物主义的这一观点，指出，实现“双碳”目标，“既要立足当下，一步一个脚印解决具体问题，积小胜为大胜；又要放眼长远，克服急功近利、急于求成的思想，把握好降碳的节奏和力度，实事求是、循序渐进、持续发力”。因此，我们必须从历史性、动态性、过程性维度看待当下的“双碳”问题，以渐进的量变实现“双碳”目标的质变。在此基础上，我们才能更好地领悟习近平总书记强调的处理好“长远

① 新华社. 习近平主持中共中央政治局第三十六次集体学习并发表重要讲话.（2022-01-25）[2023-07-03]. https://www.gov.cn/xinwen/2022-01/25/content_5670359.htm.

目标和短期目标的关系”的深刻内涵。

从长远目标来看，发展和减排的关系在目标上具有一致性，但是从短期来看，我们实现“双碳”目标仍旧面临各种约束条件。从当前能源结构上看，我国的能源禀赋是“富煤、贫油、少气”，新能源装机和供给能力不匹配，截至 2020 年，风电和太阳能机组装机比例为 24%，但实际发电量占比不足 10%。煤炭为主的化石燃料在一段时期内仍然是我国生产生活供能的主要原料。从当前经济结构上看，我国是全球唯一拥有工业全产业链的国家，工业产值份额仍然较高，受到 20 世纪末以来全球生产分工体系影响，高能耗、高污染工业生产部门比重高于发达国家；从当前经济波动的承受能力看，我国经济发展仍处于“三期叠加”的百年变局加速演进进程中，2022 年前两个季度，部分地区受新冠疫情冲击，确保“六稳”、落实“六保”压力空前。从当前成本收益看，碳约束的收紧导致碳减排的经济成本将会迅速提高。

因此，在短期内，实现“双碳”目标面临来自经济稳定增长的多重硬约束，短期激进碳减排的经济代价较大。随着中国产业结构的变革，由制造业大国转变为制造业强国，在强国建设具体实现路径上，重点部署能源供应、电力、热力、钢铁、水泥、化工（乙烯/甲醇/合成氨/电石等多种关键产品）、有色、造纸、农业、建筑（居民/商业）、交通（城市/城际、客运/货运）、其他工业等 20 个细分行业的重点技术（魏一鸣等，2022c）。另外，服务业的增长，整体收入水平的提升，必将带来减排投入的提升。而由于在动态发展中，人民的收入和生活质量也会持续提升，政策实施的成本反倒会随之下降。因此，我们在 2035 年后对减排的承受能力反倒会更强，到时候的政策空间会更大。要充分发挥我们的制度优势，全面深化体制机制改革以适应新发展阶段、新发展理念和新发展格局，统筹好发展与碳减排之间的关系，紧紧守住能源安全红线，防止能源短缺引发通货膨胀和失业问题。

21.1.2　整体和局部的关系

马克思主义关于社会发展空间的主要观点体现为：区域发展是不同步的，在资本主义主导的世界体系下，全球社会发展空间体现为一种“中心—半外围—外围”的不平等关系。碳排放空间的不平等就是这种社会发展空间不平等的一个重要表现。

碳排放问题在社会发展空间中展现出来的辩证特性表现为：一方面，二氧化碳是一种可以在地球空间广泛弥散，并且可以稳定存在的自然公共品。任何地区排放的二氧化碳造成的温室效应都是全球性的。另一方面，在地球空间内，增减碳的相关主体与承担损益的相关主体不一致。排碳的收益归排碳者所有，危害却需要全球共担，反之减排成本由减排相关主体承担，收益归全球所有。另外，在全球化的影响下，承担碳排放损益的主体开始模糊化，如我国生产侧碳排放量远超消费侧数据，这意味着我国的生产侧碳排放的收益空间是全球性的，但损害也是全球性的。在全球化背景下，部分国家与地区出现碳排放与经济增长脱钩趋势，这实际上也反映了全球化和新能源技术的进步导致了碳排放问题在全球空间的流动与重构。因此，基于碳排放空间的上述辩证特性，我们在推进解决“双碳”问题时，必须处理好习近平总书记强调的局部与整体的关系。

习近平总书记指出，“既要增强全国一盘棋意识，加强政策措施的衔接协调，确保形成合力；又要充分考虑区域资源分布和产业分工的客观现实，研究确定各地产业结构调整方向和‘双碳’行动方案，不搞齐步走、‘一刀切’”[①]。就我国的碳排放空间而言，由于各地区在资源禀赋、产业分工、经济发展程度和质量等方面存在显著差异，碳排放在不同地区间存在明显差异。我们必须首先认识到一个基本事实，即我国是用几十年的时间走过了西方国家几百年的现代化过程，我们的进步方面与落后方面被同时压缩在同一个时空背景中。因此，我国面对的减排与发展的关系，兼具先发国家和后发国家的碳排放问题表现。例如，虽然我们还属于发展中国家，但是我国部分发达地区面临的发展和减排的关系问题与全球发达国家处境类似，而部分落后地区面临的发展和减排的关系问题则与全球后发国家处境类似。

分地区看，2021 年，我国碳排放总量排名前五的省份分别是山东、河北、江苏、内蒙古和广东，五省份合计占全国碳排放总量的比重超过 30%；而碳排放总量排名后五的省份合计碳排放总量占比仅不足 5%。单位地区生产总值碳排放量排名前五名的省份分别是河北、内蒙古、宁夏、山西、新疆。河北、内蒙古等地的碳排放总量和碳排放强度均居于前列，其产业结构偏重，火力发电功能占比高，煤炭等化石能源的生产和消耗均排在前列；而贵州、青海、云南、重庆等西部地区，其碳排放

① 新华社. 习近平主持中共中央政治局第三十六次集体学习并发表重要讲话. (2022-01-25) [2023-07-03]. https://www.gov.cn/xinwen/2022-01/25/content_5670359.htm.

强度和总体水平均低于其他地区。分行业看，电力行业碳排放总量占比超过 40%居于首位，水泥和交通运输业次之；工业耗能占到全社会能耗总额的 60%，高耗能工业占工业能耗的 70%以上（Wei et al.，2022）。不难发现，碳排放与经济发展的规模和质量密切相关，经济体量大、质量高的地区，碳排放总量大（杜祥琬，2021）。

此外，在处理一国与全球这对“整体与局部”关系时，我们要处理好先发国家和后发国家之间的关系。在不少先发国家历史上已经占据大量碳排放空间的情况下，后发国家的碳排放空间有限。因此，先发国家和后发国家的地区差异决定了它们不同的处境和责任。我们需要不断推进人类命运共同体的构建，特别是“地球生命共同体”构建，通过推动各国之间的碳合作，推进碳治理的全球进程。

基于以上碳排放空间的分布事实与辩证特性，我们在推进碳达峰碳中和目标时，绝对不能“一刀切”对待，在整体目标一致的情况下，要考虑到各局部地区的现实情况，充分统筹好局部与整体的关系。

21.1.3　政府和市场的关系

马克思主义哲学认为，社会历史发展是各种社会主体在已有的约束条件下，通过发挥主观能动性，在社会实践中不断地推动社会历史发展与进步的过程。多元主体交互是历史唯物主义的重要观点，也是历史唯物主义主体性维度的重要彰显。

我们在处理碳排放问题时，既要尊重碳排放与经济发展的客观规律，也要充分考虑到社会发展中的主体性维度，一方面充分考虑碳相关主体的利益诉求，另一方面要善于激活不同主体的碳治理能力，特别是政府与市场这两个碳治理主体的治理能力，正如习近平总书记指出的，“要坚持两手发力，推动有为政府和有效市场更好结合，建立健全‘双碳’工作激励约束机制”①。

首先，最根本的是要加强党对碳经济的领导。坚持党对于经济工作的领导，加强党的建设，以自我革命推进社会革命，用高质量党的建设引领碳经济高质量发展。中国共产党成为碳经济治理的主体是由党的性质、目的和任务所决定的。社会主义市场经济条件下存在各种资本形态，不同资本形态的碳排放是不同的，其经济贡献率也是不同的。因此，需要通过党的领导和党的建设来确保碳经济的人民属性，保

① 新华社. 习近平主持中共中央政治局第三十六次集体学习并发表重要讲话.（2022-01-25）[2023-07-03]. https://www.gov.cn/xinwen/2022-01/25/content_5670359.htm.

障人民的碳权益。

其次，最重要的是处理好市场与政府之间的关系，发挥市场在配置资源中的决定作用。习近平总书记指出，“绿色循环低碳发展，是当今时代科技革命和产业变革的方向，是最有前途的发展领域，我国在这方面的潜力相当大，可以形成很多新的经济增长点”[①]。在推进“双碳”工作中发挥市场在配置资源中的决定作用，一方面，要以新的增长点吸引更多形态的社会资本参与其中，发挥其作为生产要素的能动性和积极作用，最大限度激发市场主体活力；另一方面，要以价格机制将碳排放等外部成本内部化，倒逼企业变革生产技术，改善经营方式，选择高效、低能耗的生产方式。

最后，有效市场的构建和维护离不开有为的政府治理。如果放任市场规律运行，包括化石能源在内的一切自然资源都被抽象为单一的价值增值要素，服从价值增值的逻辑，这将对生态环境造成毁灭性影响。因此，在实现“双碳”目标中把握政府和市场的关系，关键是要抓住资本治理的逻辑，把握其行为规律，坚持发挥我国社会主义制度的优越性、发挥党和政府的积极作用，以治理体系和治理能力的现代化规范，引导资本在绿色经济、循环经济和低碳经济中健康发展，健全党的领导、政府主导、企业主体、社会组织和公众共同参与的现代环境治理体系，构建一体谋划、一体部署、一体推进、一体考核的制度机制。

21.1.4 发展和减排的关系

从辩证思维的矛盾性维度看，社会发展本身就是一个充满矛盾的运动过程。20世纪80年代以来，碳排放问题进入人类视野，这一问题深刻地体现了人类社会发展的矛盾性。在历史上，“发展和减排”的关系，大致经历了三个阶段：在第一个阶段，减排还不成为一个问题，只有发展问题，没有减排问题；在第二个阶段，发展和减排之间体现为一种对抗性关系，减排阻碍发展；在第三个阶段，发展和减排之间体现为一种辩证统一性。这种统一性表现为两个方面：一方面人类已经到了不减排就无法更好地发展的地步，减排势在必行；另一方面人类也到了有能力解决发展和减排的矛盾的历史阶段，随着技术的发展水平和生产关系调整水平的提高，两者

① 习近平. 2017. 习近平谈治国理政（第二卷）. 北京：外文出版社.

之间的冲突矛盾将在高质量发展中逐步消弭。因此，可以看到，“减排和发展”之间并不呈现为“非此即彼”的关系，随着时空场景的转移，两者之间的关系表现得完全不同。因此，我们在处理“发展和减排”的关系时必须跳出“非此即彼”的静态思维，进入马克思主义哲学的动态辩证思维。在此基础上，我们才能更好地领悟习近平总书记强调的处理好“发展和减排的关系”的深刻内涵。

在社会主义新时代，我们处理碳排放问题的技术能力已经大为增强，改革开放四十多年的经济积累，也为我国实现“双碳”目标奠定了较为雄厚的物质经济基础。此外，当前人民对美好生活的需要也促使人民的涉碳诉求开始转变，这也必然要求我们将减排作为高质量发展阶段的重要目标。因此，我们当前的经济发展理念不仅要考虑 GDP 数量增长，也要更加注重经济的内涵式发展与人的现代化发展。在当前阶段，发展与减排的关系从上述“对抗性”阶段走向“非对抗性”阶段，目标上更为趋同。一方面我们可以通过新能源技术、低碳技术、CCUS 等现代技术手段解决减排问题；另一方面降碳也可与减污统筹进行，从而获得最大的本土环境收益。之所以要统筹两者同时进行，原因在于，二氧化碳与其他污染物在排放源、排放时空等方面具有高度一致性，如果说减碳的收益是全球性的，那么减污的收益则更多归当地所有。因此，只要统筹好减污与降碳的关系，就可以将减排的收益最大化，从而产生额外的社会经济效益，促进高质量发展。

正如习近平总书记指出的，“减排不是减生产力，也不是不排放，而是要走生态优先、绿色低碳发展道路，在经济发展中促进绿色转型、在绿色转型中实现更大发展”[①]。因此，一方面，我们要以高质量发展将“发展”与“减排”统一起来，在发展中实现减排，以减排实现更高质量的发展。当前，新一轮科技革命和产业变革深入发展，氢能、光伏太阳能、核能、锂钠电池等新能源技术日新月异，我国应抓住这一重大战略机遇期，通过能源生产、加工、运输等一系列领域的重大技术变革和技术融合，在发展方式转换中构建绿色、循环、低碳的发展方式，满足人民群众对美好生活的需要。另一方面，我们也不能忽视另一个基本事实，即我国到目前仍是世界上最大的发展中国家，是全球最大的工业和制造业国家，也是最大的化石能源消耗国，这意味着在相当长一段时期内，化石能源依然是我国国计民生的重要支撑。

① 新华社. 习近平主持中共中央政治局第三十六次集体学习并发表重要讲话.（2022-01-25）[2023-07-03]. https://www.gov.cn/xinwen/2022-01/25/content_5670359.htm.

因此，减排不能搞“运动式减排”“拉闸式减排”，要坚持因地制宜，有序推进。

21.2 中国碳达峰碳中和路径优化方法

中国碳达峰碳中和路径优化方法的核心是 C^3IAM/NET 模型。C^3IAM/NET 模型是系统综合了技术、能源、环境等要素所构建的，具体以行业的生产工艺和技术流程为依托，在产品和服务需求、排放、能源供应和能源效率等的约束下，模拟从原料、能源投入到最终产品生产的物质流和能量流，从技术视角建立行业自下而上的技术优化模型。为协调发展与减排的关系，C^3IAM/NET 模型考虑了碳减排路径的经济成本与减排效果，以整个规划期内系统成本最小化为目标，在综合考虑经济发展、产业升级、城镇化加快、老龄化加速、智能化普及等社会经济行为动态变化的基础上，对各个终端用能行业的产品（如钢铁、水泥、化工、有色等工业产品）和服务（如建筑取暖、制冷、货运交通运输、客运交通出行等服务）需求进行预测，进而以需求为约束，引入重点技术成本动态变化趋势，针对 17 个终端用能细分行业，分别开发了涵盖行业“原料—燃料—工艺—技术—产品/服务”全链条上物质流和能量流的技术优化模型，模拟各行业以经济最优方式实现其产品或服务供给目标的技术动态演变路径和分品种能耗、碳排放及成本的变化过程；进一步集成所有终端用能行业对一次能源（煤、油、气）和二次能源（电力、热力）的动态使用需求函数，建立终端行业能源需求函数和能源加工转换行业生产函数的平衡关系，以此为约束，对能源供给和加工转换行业进行技术优化布局；最终将上述过程纳入统一模型框架，耦合“能源加工转换—运输配送—终端使用—末端回收治理”全过程、行业“原料—燃料—工艺—技术—产品/服务”全链条，实现以需定产、供需联动、技术经济协同的 C^3IAM/NET 复杂系统建模。模型基本框架如图 21-1 所示。

C^3IAM/NET 模型对不同行业的技术进行了精准刻画，同时考虑需求约束、能源消费约束、中间生产过程产品间的转换约束、新增设备约束和设备库存约束等（图 21-1）（魏一鸣等，2022c）。在总体碳达峰碳中和目标的要求下，通过运用时间统筹理论，统筹当前与未来的减排成本变化，C^3IAM/NET 模型能够进一步规划出未来各行业的节能减排发展路径，并得到不同路径组合下的能耗、排放和成本。模型结果为政策落实和减排目标的制定提供了强有力的量化工具，并聚焦在具体技术层面，为未来低碳技术发展布局和“双碳”目标的实现提供切实的指导。

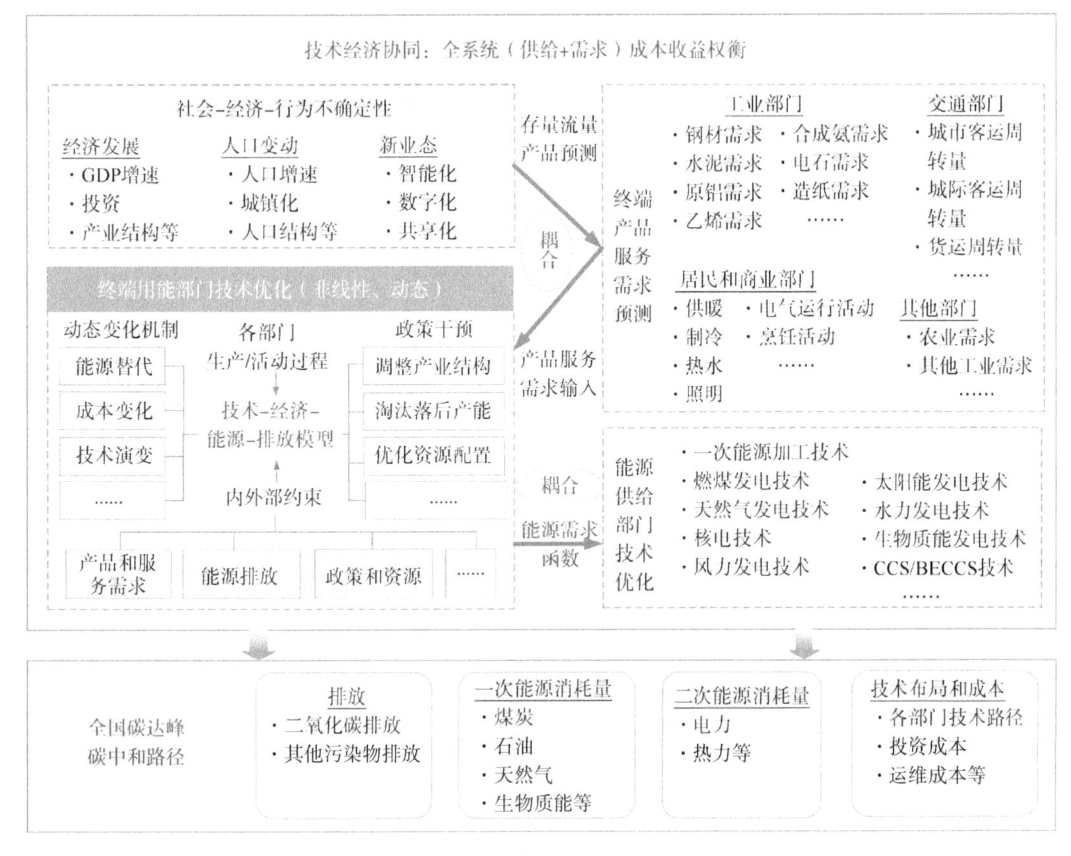

图 21-1 C^3IAM/NET 模型框架图

C^3IAM/NET 模型的运行目标是实现能源系统成本最小的技术布局优化，具体数学表达如下所述。

21.2.1 目标函数

目标函数是各行业年化总成本最小。这里总成本包括三个部分：设备或技术的年度化初始投资成本、设备或技术的年度化运行和维护成本以及能源成本。

$$\min \ \mathrm{TC}_t = \mathrm{IC}_t + \mathrm{OM}_t + \mathrm{EC}_t \tag{21-1}$$

其中，t 为年份；TC_t 为折算到第 t 年的总成本；IC_t 为设备折算到第 t 年的初始投资成本；OM_t 为第 t 年设备的运行和维护总成本；EC_t 为第 t 年的燃料总成本。

年度化初始投资成本：计算年度化初始投资成本时需考虑可实施的补贴率、内部收益率、设备寿命等因素，表达式为

$$\mathrm{IC}_t=\sum_{i=1}^{I}\sum_{d=1}^{D}\mathrm{ic}_{i,d,t}\cdot\left(1-\mathrm{SR}_{i,d,t}\right)\cdot\frac{\mathrm{IR}_{i,d,t}\cdot\left(1+\mathrm{IR}_{i,d,t}\right)^{T_{i,d}}}{\left(1+\mathrm{IR}_{i,d,t}\right)^{T_{i,d}}-1} \tag{21-2}$$

其中，i 为能源系统各行业；I 为行业总量；d 为能源系统各行业的技术设备和碳捕集、利用与封存技术设施；D 为设备总量；$\mathrm{ic}_{i,d,t}$ 为第 t 年行业 i 设备 d 的初始投资成本；$\mathrm{SR}_{i,d,t}$ 为补贴率；$\mathrm{IR}_{i,d,t}$ 为内部收益率；$T_{i,d}$ 为生命周期。

运行和维护成本：运行和维护成本是指设备的维修成本、管理成本、人力成本、政府补贴等，表达式为

$$\mathrm{OM}_t=\sum_{i=1}^{I}\sum_{d=1}^{D}\mathrm{om}_{i,d,t}\cdot\mathrm{OQ}_{i,d,t}\cdot\left(1-\mathrm{SR}_{i,d,t}\right) \tag{21-3}$$

其中，$\mathrm{om}_{i,d,t}$ 为第 t 年行业 i 设备 d 的单位运行和维护成本；$\mathrm{OQ}_{i,d,t}$ 为第 t 年行业 i 设备 d 的运行数量。

能源成本：能源成本是指所有设备的能源消费量与相应能源品种价格的乘积，考虑到不同能源品种价格随时间变化、设备能源效率提高、政府可实施补贴等情况，表达式为

$$\mathrm{EC}_t=\sum_{i=1}^{I}\sum_{d=1}^{D}\sum_{k=1}^{K}\mathrm{ENE}_{i,d,k,t}\cdot P_{i,d,k,t}\cdot\left(1-\mathrm{SR}_{i,d,k,t}\right) \tag{21-4}$$

$$\mathrm{ENE}_{i,d,k,t}=E_{i,d,k,t}\cdot\mathrm{OQ}_{i,d,k,t}\cdot\left(1-\mathrm{EFF}_{i,d,k,t}\right) \tag{21-5}$$

其中，k 为能源品种；K 为能源品种数量；$\mathrm{ENE}_{i,d,k,t}$ 为第 t 年行业 i 设备 d 所耗能源品种 k 的总消费量；$P_{i,d,k,t}$ 为第 t 年行业 i 设备 d 耗能源品种 k 的价格；$E_{i,d,k,t}$ 为第 t 年行业 i 的设备 d 对能源品种 k 的单位消费量；$\mathrm{OQ}_{i,d,k,t}$ 为第 t 年行业 i 所耗能源品种 k 的设备 d 的运行数量；$\mathrm{EFF}_{i,d,k,t}$ 为第 t 年行业 i 所耗能源品种 k 的设备 d 的技术进步率；$\mathrm{SR}_{i,d,k,t}$ 为第 t 年行业 i 所耗能源品种 k 的设备 d 的补贴率。

21.2.2 模型约束

各行业的主要约束包括：产品和能源服务需求约束、能源消费约束、排放约束、设备运行数量约束、技术渗透率约束。

产品和能源服务需求约束：产品和能源服务需求约束是指对于给定的某种工业产品或交通、建筑服务，所有设备运行量与单位设备产品或服务产出量的乘积，必须大于或等于该产品或服务的需求量，从而体现以需定产的实际过程。其表达式为

$$\sum_{d=1}^{D} \mathrm{OT}_{i,d,j,t} \cdot \mathrm{OQ}_{i,d,j,t} \cdot \left(1-\mathrm{EFF}_{i,d,j,t}\right) \geqslant \mathrm{DS}_{i,j,t} \tag{21-6}$$

其中，$\mathrm{OT}_{i,d,k,t}$ 为第 t 年行业 i 生产产品或能源服务 j 的设备 d 的单位产出量；$\mathrm{OQ}_{i,d,k,t}$ 为第 t 年行业 i 生产产品或能源服务 j 的设备 d 的运行数量；$\mathrm{EFF}_{i,d,k,t}$ 为第 t 年行业 i 生产产品或能源服务 j 的设备 d 的技术进步率；$\mathrm{DS}_{i,j,t}$ 为第 t 年行业 i 的产品或能源服务 j 的总需求量。

能源消费约束：能源消费约束是指设备运行量与单位设备能源消费量的乘积，不得超过或低于某个限制值，从而满足国家或行业能源总量控制的政策约束。可对国家能耗总量、某个行业的能耗量、某个行业的某一种能源品种消耗量进行约束，表达式为

$$\mathrm{ENE}_{t}^{\min} \leqslant \mathrm{ENE}_{t} \leqslant \mathrm{ENE}_{t}^{\max} \tag{21-7}$$

$$\mathrm{ENE}_{i,t}^{\min} \leqslant \mathrm{ENE}_{i,t} \leqslant \mathrm{ENE}_{i,t}^{\max} \tag{21-8}$$

$$\mathrm{ENE}_{i,k,t}^{\min} \leqslant \mathrm{ENE}_{i,k,t} \leqslant \mathrm{ENE}_{i,k,t}^{\max} \tag{21-9}$$

$$\mathrm{ENE}_{t} = \sum_{i=1}^{I} \mathrm{ENE}_{i,t} \tag{21-10}$$

$$\mathrm{ENE}_{i,t} = \sum_{k=1}^{K} \mathrm{ENE}_{i,k,t} \tag{21-11}$$

$$\mathrm{ENE}_{i,k,t} = \sum_{d=1}^{D} \mathrm{ENE}_{i,d,k,t} \tag{21-12}$$

其中，ENE_{t}、$\mathrm{ENE}_{i,t}$、$\mathrm{ENE}_{i,k,t}$ 、$\mathrm{ENE}_{i,d,k,t}$ 分别为第 t 年国家、行业 i、能耗品种 k、设备 d 的能源消费量；$\mathrm{ENE}_{t}^{\min}$ 为第 t 年国家能耗总量下限约束；$\mathrm{ENE}_{t}^{\max}$ 为第 t 年国家能耗总量上限约束；$\mathrm{ENE}_{i,t}^{\min}$ 为第 t 年行业 i 能耗总量下限约束；$\mathrm{ENE}_{i,t}^{\max}$ 为第 t 年行业 i 能耗总量上限约束；$\mathrm{ENE}_{i,k,t}^{\min}$ 为第 t 年行业 i 能耗品种 k 消耗量下限约束；$\mathrm{ENE}_{i,k,t}^{\max}$ 为第 t 年行业 i 能耗品种 k 消耗量上限约束。

排放约束：碳排放约束是指所有设备运行量乘以单位设备排放量的总和，不得超过某个限制值，从而满足国家和行业低碳或绿色发展目标的约束。可以对全社会排放总量、能源系统的排放总量、某个行业的排放量进行约束，表达式为

$$\mathrm{EMS}_{\mathrm{n},g,t} \leqslant \mathrm{EMS}_{\mathrm{n},g,t}^{\max} \tag{21-13}$$

$$\mathrm{EMS}_{\mathrm{s},g,t} \leqslant \mathrm{EMS}_{\mathrm{s},g,t}^{\max} \tag{21-14}$$

$$\mathrm{EMS}_{i,g,t} \leqslant \mathrm{EMS}_{i,g,t}^{\max} \tag{21-15}$$

$$\mathrm{EMS}_{\mathrm{n},g,t} = \mathrm{EMS}_{s,g,t} + \mathrm{EMS}_{\mathrm{sink},t} \tag{21-16}$$

$$\mathrm{EMS}_{s,g,t}=\sum_{i=1}^{I}\mathrm{EMS}_{i,g,t} \tag{21-17}$$

$$\mathrm{EMS}_{i,g,t}=\sum_{d=1}^{D}\sum_{k=1}^{K}\mathrm{ENE}_{i,d,k,t}\cdot\mathrm{GAS}_{i,d,k,g,t} \tag{21-18}$$

其中，g 为能源利用所产生的气体；$\mathrm{EMS}_{n,g,t}$、$\mathrm{EMS}_{s,g,t}$、$\mathrm{EMS}_{i,g,t}$ 分别为第 t 年全社会、能源系统、行业 i 所产生的气体 g 的排放量；$\mathrm{EMS}_{n,g,t}^{\max}$、$\mathrm{EMS}_{s,g,t}^{\max}$、$\mathrm{EMS}_{i,g,t}^{\max}$ 分别为第 t 年全社会、能源系统、行业 i 所产生的气体 g 的最大排放约束；$\mathrm{EMS}_{\mathrm{sink},t}$ 为第 t 年生态系统的碳汇量（负值），碳汇量可根据土地类型、土地面积、植被类型和固碳潜力等特征测算；$\mathrm{GAS}_{i,d,k,g,t}$ 为第 t 年行业 i 设备 d 所耗能源品种 k 产生的气体 g 的排放因子。

设备运行数量约束：设备运行数量约束是指设备运行量不得大于开机的设备库存量，表达式为

$$\mathrm{SQ}_{i,d,t}=\mathrm{SQ}_{i,d,t-1}+\mathrm{NQ}_{i,d,t}-\mathrm{RQ}_{i,d,t} \tag{21-19}$$

$$\mathrm{OQ}_{i,d,t}\leqslant\mathrm{SQ}_{i,d,t}\cdot\mathrm{RATE}_{i,d,t} \tag{21-20}$$

其中，$\mathrm{SQ}_{i,d,t}$ 为第 t 年行业 i 设备 d 的库存量；$\mathrm{SQ}_{i,d,t-1}$ 为第 $t-1$ 年行业 i 设备 d 的库存量；$\mathrm{NQ}_{i,d,t}$ 为第 t 年行业 i 设备 d 的新增数量；$\mathrm{RQ}_{i,d,t}$ 为第 t 年行业 i 设备 d 的退役数量；$\mathrm{OQ}_{i,d,t}$ 为第 t 年行业 i 设备 d 的运行数量；$\mathrm{RATE}_{i,d,t}$ 为第 t 年行业 i 设备 d 的开机率，不大于 1。

技术渗透率约束：技术渗透率约束是指对于给定的某种服务，由某种设备供给的比例不得超过或低于某个约束值，从而满足淘汰落后产能或达到鼓励先进技术发展的政策需求。其表达式为

$$\mathrm{SHARE}_{i,d,j,t}=\frac{\mathrm{OT}_{i,d,j,t}\cdot\mathrm{OQ}_{i,d,j,t}\cdot\left(1-\mathrm{EFF}_{i,d,j,t}\right)}{\mathrm{DS}_{i,j,t}} \tag{21-21}$$

$$\mathrm{SHARE}_{i,d,j,t}^{\min}\leqslant\mathrm{SHARE}_{i,d,j,t}\leqslant\mathrm{SHARE}_{i,d,j,t}^{\max} \tag{21-22}$$

其中，$\mathrm{SHARE}_{i,d,j,t}$ 为第 t 年行业 i 设备 d 生产的产品或能源服务 j 在产品或能源服务 j 总产出量中的比例（渗透率）；$\mathrm{OT}_{i,d,j,t}$ 为第 t 年行业 i 生产产品或能源服务 j 的设备 d 的单位产出量；$\mathrm{OQ}_{i,d,j,t}$ 为第 t 年行业 i 生产产品或能源服务 j 的设备 d 的运行数量；$\mathrm{EFF}_{i,d,j,t}$ 为第 t 年行业 i 生产产品或能源服务 j 的设备 d 的技术进步率；$\mathrm{DS}_{i,j,t}$ 为第 t 年行业 i 的产品或能源服务 j 的总需求量；$\mathrm{SHARE}_{i,d,j,t}^{\min}$ 为渗透率下限约束；$\mathrm{SHARE}_{i,d,j,t}^{\max}$ 为渗透率上限约束。上限和下限约束视技术发展与政策规划而定。

21.2.3 供需平衡方程

C[3]IAM/NET 模型刻画的能源系统以各类能源为载体，将供应侧、加工转换环节和消费侧连接起来，模型中各行业之间通过硬连接的方式进行系统集成。

一次能源供应总量：一次能源供应总量（ $\mathrm{ENE}_t^{\mathrm{pri\_supply}}$ ）等于各类一次能源品种供应量之和（ $\sum_k^K \mathrm{ENE}_{k,t}^{\mathrm{pri\_supply}}$ ），表达式为

$$\mathrm{ENE}_t^{\mathrm{pri\_supply}}=\sum_k^K \mathrm{ENE}_{k,t}^{\mathrm{pri\_supply}}=\mathrm{ENE}_{\mathrm{col},t}^{\mathrm{pri\_supply}}+\mathrm{ENE}_{\mathrm{oil},t}^{\mathrm{pri\_supply}}+\mathrm{ENE}_{\mathrm{ngs},t}^{\mathrm{pri\_supply}}+\mathrm{ENE}_{\mathrm{pri\_ele},t}^{\mathrm{pri\_supply}}+\mathrm{ENE}_{\mathrm{bms},t}^{\mathrm{pri\_supply}} \tag{21-23}$$

其中，k 为一次能源品种，共 K 种，包括煤炭（col）、石油（oil）、天然气（ngs）、一次电力（pri_ele）、其他可再生能源（bms）等；$\mathrm{ENE}_t^{\mathrm{pri\_supply}}$ 为第 t 年一次能源供应总量；$\mathrm{ENE}_{k,t}^{\mathrm{pri\_supply}}$ 为第 t 年一次能源品种 k 的供应量；$\mathrm{ENE}_{\mathrm{col},t}^{\mathrm{pri\_supply}}$ 为第 t 年煤炭供应量；$\mathrm{ENE}_{\mathrm{oil},t}^{\mathrm{pri\_supply}}$ 为第 t 年石油供应量；$\mathrm{ENE}_{\mathrm{ngs},t}^{\mathrm{pri\_supply}}$ 为第 t 年天然气供应量；$\mathrm{ENE}_{\mathrm{pri\_ele},t}^{\mathrm{pri\_supply}}$ 为第 t 年一次电力供应量；$\mathrm{ENE}_{\mathrm{bms},t}^{\mathrm{pri\_supply}}$ 为第 t 年可再生能源供应量。

一次能源供需平衡（除一次电力外）：除一次电力外的其他一次能源品种，包括煤炭、石油、天然气、其他可再生能源，这些能源种类的供应量（ $\mathrm{ENE}_{k,t}^{\mathrm{pri\_supply}}$ ）等于二次能源加工转换环节消费的一次能源数量、终端行业的一次能源直接消费量、净出口量、损失量和库存量之和，表达式为

$$\mathrm{ENE}_{k,t}^{\mathrm{pri\_supply}}=\sum_s^S\sum_d^D \mathrm{ENE}_{k,s,d,t}^{\mathrm{pri\_sec\_consume}}+\sum_f^F\sum_d^D \mathrm{ENE}_{k,f,d,t}^{\mathrm{pri\_fin\_consume}}-\mathrm{IMPORT}_{k,t}+\mathrm{EXPORT}_{k,t}+\mathrm{LOSS}_{k,t}+\mathrm{ENE}_{k,t}^{\mathrm{stock}} \tag{21-24}$$

其中，s 为生产二次能源的各类能源加工转换环节，共 S 个环节；f 为不同的终端能源消费行业（ $f\in i$ ），共 F 个终端行业；d 为设备；D 为设备总量；$\mathrm{ENE}_{k,s,d,t}^{\mathrm{pri\_sec\_consume}}$ 为第 t 年一次能源 k 在加工转换环节 s 设备 d 的消费量；$\mathrm{ENE}_{k,f,d,t}^{\mathrm{pri\_fin\_consume}}$ 为第 t 年一次能源 k 在终端行业 f 设备 d 的消费量；$\mathrm{IMPORT}_{k,t}$ 为第 t 年一次能源 k 的进口量；$\mathrm{EXPORT}_{k,t}$ 为第 t 年一次能源 k 的出口量；$\mathrm{LOSS}_{k,t}$ 为第 t 年一次能源 k 在运输、分配、储存等过程中的损失量；$\mathrm{ENE}_{k,t}^{\mathrm{stock}}$ 为第 t 年一次能源 k 的库存量。

从一次能源到除电力、热力外的二次能源：一次能源进入加工转换环节，将加工生产成为二次能源，各环节的一次能源消费量等于产出的二次能源与效率之比，表达式为

$$\mathrm{ENE}_{k,s,d,t}^{\mathrm{pri\_sec\_consume}}=\mathrm{ENE}_{m,s,d,t}^{\mathrm{sec\_produce}}\cdot\eta_{k\to m,s,d,t}\cdot\left(1-\mathrm{EFF}_{k\to m,s,d,t}\right) \tag{21-25}$$

$$\mathrm{ENE}_{m,s,d,t}^{\mathrm{sec\_produce}}=\mathrm{ENE}_{m,t}^{\mathrm{sec\_produce}}\cdot \mathrm{SHARE}_{m,s,d,t} \quad (21\text{-}26)$$

其中，m 为各类二次能源品种，共 M 种二次能源，包括焦炭、焦炉煤气、高炉煤气等煤炭制品，以及汽油、柴油、燃料油等石油制品；$\mathrm{ENE}_{k,s,d,t}^{\mathrm{pri\_sec\_consume}}$ 为第 t 年一次能源 k 在加工转换环节 s 设备 d 的消费量；$\mathrm{ENE}_{m,s,d,t}^{\mathrm{sec\_produce}}$ 为第 t 年二次能源 m 在加工转换环节 s 设备 d 的生产量；$\eta_{k\to m,s,d,t}$ 为第 t 年加工转换环节 s 设备 d 由一次能源 k 转换成二次能源 m 的能源效率；$\mathrm{EFF}_{k\to m,s,d,t}$ 为第 t 年加工转换环节 s 生产二次能源 m 的设备 d 的技术进步率；$\mathrm{ENE}_{m,t}^{\mathrm{sec\_produce}}$ 为第 t 年二次能源 m 的总生产量；$\mathrm{SHARE}_{m,s,d,t}$ 为第 t 年加工转换环节 s 设备 d 在二次能源 m 总产量中的渗透率。

从一次能源到除电力、热力外的终端能源：一次能源进入终端用能部门，在各部门的一次能源消费量等于该行业产品或能源服务的需求量与单位产品耗能量的乘积，表达式为

$$\mathrm{ENE}_{k,f,d,t}^{\mathrm{pri\_fin\_consume}}=E_{k,f,d,t}\cdot \mathrm{OQ}_{k,f,d,t}\cdot\left(1-\mathrm{EFF}_{k,f,d,t}\right) \quad (21\text{-}27)$$

其中，$E_{k,f,d,t}$ 为第 t 年终端行业 f 所耗能源品种 k 设备 d 的单位消费量；$\mathrm{OQ}_{k,f,d,t}$ 为第 t 年终端行业 f 所耗能源品种 k 设备 d 的运行数量；$\mathrm{EFF}_{k,f,d,t}$ 为第 t 年终端行业 f 所耗能源品种 k 设备 d 的技术进步率。

除电力、热力外的二次能源平衡：二次能源生产量等于在其他加工转换环节的二次能源消费量与终端行业的二次能源消费量及过程损失量之和，表达式为

$$\mathrm{ENE}_{m,t}^{\mathrm{sec\_produce}}=\sum_{s}^{S}\sum_{d}^{D}\mathrm{ENE}_{m,s,d,t}^{\mathrm{sec\_sec\_consume}}+\sum_{f}^{F}\sum_{d}^{D}\mathrm{ENE}_{m,f,d,t}^{\mathrm{sec\_fin\_consume}}+\mathrm{LOSS}_{m,t} \quad (21\text{-}28)$$

其中，$\mathrm{ENE}_{m,s,d,t}^{\mathrm{sec\_sec\_consume}}$ 为第 t 年二次能源 m 在加工转换环节 s 设备 d 的消费量；$\mathrm{ENE}_{m,f,d,t}^{\mathrm{sec\_fin\_consume}}$ 为第 t 年二次能源 m 在终端行业 f 设备 d 的消费量；$\mathrm{LOSS}_{m,t}$ 为第 t 年二次能源 m 在运输、分配、储存等过程中的损失量。

从二次能源到二次能源（除电力、热力外）：二次能源进入其他加工转换环节后，将产出其他种类的二次能源（如二次能源供热、油品再投入生产石油制品、焦炭再投入生产天然气等），其消费量等于在其他加工转换环节产出的二次能源与能源转换效率的乘积，表达式为

$$\mathrm{ENE}_{m,s,d,t}^{\mathrm{sec\_sec\_consume}}=\mathrm{ENE}_{n,s,d,t}^{\mathrm{sec\_produce}}/\eta_{m\to n,s,d,t}\cdot\left(1-\mathrm{EFF}_{m\to n,s,d,t}\right) \quad (21\text{-}29)$$

其中，n 为除二次能源 m 外的其他二次能源种类；$\mathrm{ENE}_{n,s,d,t}^{\mathrm{sec\_produce}}$ 为第 t 年二次能源 n 在加工转换环节 s 设备 d 的生产量；$\eta_{m\to n,s,d,t}$ 为第 t 年加工转换环节 s 设备 d 由二次能源 m 转换成二次能源 n 的能源效率；$\mathrm{EFF}_{m\to n,s,d,t}$ 为第 t 年加工转换环节 s 生产二

次能源 n 的设备 d 的技术进步率。

从二次能源到终端能源（除电力、热力外）：二次能源进入终端用能部门，在各部门的二次能源消费量等于该部门为满足其产品和服务生产需求所使用的相应设备在运行过程中的二次能源消费量，表达式为

$$\mathrm{ENE}_{m,f,d,t}^{\mathrm{sec\_fin\_consume}}=E_{m,f,d,t}\cdot \mathrm{OQ}_{m,f,d,t}\cdot\left(1-\mathrm{EFF}_{m,f,d,t}\right) \tag{21-30}$$

其中，$E_{m,f,d,t}$ 为第 t 年终端行业 f 消耗二次能源 m 的设备 d 的单位消费量；$\mathrm{OQ}_{m,f,d,t}$ 为第 t 年终端行业 f 消耗二次能源 m 的设备 d 的运行数量；$\mathrm{EFF}_{m,f,d,t}$ 为第 t 年终端行业 f 消耗二次能源 m 的设备 d 的技术进步率。

总发电量：总发电量等于可再生能源发电量和火电发电量之和，表达式为

$$\mathrm{ENE}_{\mathrm{ele},t}^{\mathrm{supply}}=\mathrm{ENE}_{\mathrm{pri\_ele},t}^{\mathrm{pri\_supply}}+\mathrm{ENE}_{\mathrm{the\_ele},t}^{\mathrm{sec\_supply}} \tag{21-31}$$

其中，ele 为电力；$\mathrm{ENE}_{\mathrm{ele},t}^{\mathrm{supply}}$ 为第 t 年电力总发电量；$\mathrm{ENE}_{\mathrm{pri\_ele},t}^{\mathrm{pri\_supply}}$ 为第 t 年可再生能源发电量；$\mathrm{ENE}_{\mathrm{the\_ele},t}^{\mathrm{sec\_supply}}$ 为第 t 年火力发电量。

可再生能源发电量：可再生能源发电量等于各类可再生发电技术的装机容量与该设备年发电小时数、发电效率、技术进步率的乘积汇总，表达式为

$$\mathrm{ENE}_{\mathrm{pri\_ele},t}^{\mathrm{pri\_supply}}=\sum_{r}^{R}\sum_{d}^{D}\mathrm{OT}_{r,d,t}\cdot \mathrm{Hour}_{r,d,t}\cdot \eta_{r,d,t}\cdot\left(1-\mathrm{EFF}_{r,d,t}\right) \tag{21-32}$$

其中，r 为可再生电力，共 R 种可再生发电技术；$\mathrm{OT}_{r,d,t}$ 为第 t 年可再生发电技术 r 设备 d 的装机容量；$\mathrm{Hour}_{r,d,t}$ 为第 t 年可再生发电技术 r 设备 d 的发电小时数；$\eta_{r,d,t}$ 为第 t 年可再生发电技术 r 设备 d 的发电效率；$\mathrm{EFF}_{r,d,t}$ 为第 t 年可再生发电技术 r 设备 d 的技术进步率。

火力发电量：火力发电量等于各类火电技术的装机容量与该设备年发电小时数、发电效率、技术进步率的乘积汇总，表达式为

$$\mathrm{ENE}_{\mathrm{the\_ele},t}^{\mathrm{sec\_supply}}=\sum_{h}^{H}\sum_{d}^{D}\mathrm{OT}_{h,d,t}\cdot \mathrm{Hour}_{h,d,t}\cdot \eta_{h,d,t}\cdot\left(1-\mathrm{EFF}_{h,d,t}\right) \tag{21-33}$$

其中，h 为火电，共 H 种火电技术；$\mathrm{ENE}_{\mathrm{the\_ele},t}^{\mathrm{sec\_supply}}$ 为第 t 年火力发电量；$\mathrm{OT}_{h,d,t}$ 为第 t 年火电技术 h 设备 d 的装机容量；$\mathrm{Hour}_{h,d,t}$ 为第 t 年火电技术 h 设备 d 的发电小时数；$\eta_{h,d,t}$ 为第 t 年火电技术 h 设备 d 的发电效率；$\mathrm{EFF}_{h,d,t}$ 为第 t 年火电技术 h 设备 d 的技术进步率。

电力供需平衡：电力的总发电量等于终端行业电力消费量、电力储能、电力损失量和净出口量之和，表达式为

$$\mathrm{ENE}_{\mathrm{ele},t}^{\mathrm{supply}}=\mathrm{ENE}_{\mathrm{ele},t}^{\mathrm{consume}}+\mathrm{ENE}_{\mathrm{ele},t}^{\mathrm{storage}}+\mathrm{ENE}_{\mathrm{ele},t}^{\mathrm{loss}}+\mathrm{ENE}_{\mathrm{ele},t}^{\mathrm{export}}-\mathrm{ENE}_{\mathrm{ele},t}^{\mathrm{import}} \quad (21\text{-}34)$$

其中，$\mathrm{ENE}_{\mathrm{ele},t}^{\mathrm{consume}}$为第$t$年终端电力消费量；$\mathrm{ENE}_{\mathrm{ele},t}^{\mathrm{storage}}$为第$t$年电力储能；$\mathrm{ENE}_{\mathrm{ele},t}^{\mathrm{loss}}$为第$t$年在传输、分配、储存等过程中的电力损失量；$\mathrm{ENE}_{\mathrm{ele},t}^{\mathrm{import}}$为第$t$年电力进口量；$\mathrm{ENE}_{\mathrm{ele},t}^{\mathrm{export}}$为第$t$年电力出口量。

从电力消费到用电服务：电力进入终端用能部门，在各部门的电力消费量等于该部门为满足其产品和服务生产需求所使用的所有用电设备在运行过程中的电力消费量，表达式为

$$\mathrm{ENE}_{\mathrm{ele},t}^{\mathrm{consume}}=\sum_{f}^{F}\sum_{d}^{D}E_{\mathrm{ele},f,d,t}\cdot\mathrm{OQ}_{\mathrm{ele},f,d,t}\cdot\left(1-\mathrm{EFF}_{\mathrm{ele},f,d,t}\right) \quad (21\text{-}35)$$

其中，$E_{\mathrm{ele}f,d,t}$为第t年终端行业f耗电设备d的单位耗电量；$\mathrm{OQ}_{\mathrm{ele}f,d,t}$为第$t$年终端行业$f$耗电设备$d$的运行数量；$\mathrm{EFF}_{\mathrm{ele}f,d,t}$为第$t$年终端行业$f$耗电设备$d$的技术进步率。

模型中关于热力和氢能等的供需平衡过程，依照上述电力供需平衡过程进行建模。

21.2.4 情景设计

为了开展应用研究，围绕碳达峰碳中和路径中的不确定性设计了相应情景，并对 C³IAM/NET 模型的主要参数设置说明如下。

C³IAM/NET 模型以 2020 年为基准年，以 2060 年为目标年。由于中国实现碳达峰碳中和的路径面临多方面的不确定性，本节从源头产品和服务需求，以及末端自然碳汇可用量的不确定性两方面，设计了多种组合情景，具体如下。

（1）在考虑社会、经济、行为不确定性的基础上对各行业的产品和服务需求进行预测，具体过程可参照 C³IAM/NET 模型相关文献（An et al.，2018；Chen et al.，2018；魏一鸣等，2018；张呈尧，2018；Tang et al.，2018a，2019a，2021b；Li and Yu，2019；Yu et al.，2021b；Zhang et al.，2021a；Zhao et al.，2021b；吴郧等，2021；余碧莹等，2021）。基于预测结果，按照统一标准设置各行业产品和服务需求的三种情景，分别为高、中、低需求情景。

（2）考虑到 2060 年自然系统碳汇可用量的不确定性（Wang et al.，2020b），根据现有研究对碳汇评估的范围，设置实现碳中和目标需要能源系统相应转型力度的三个情景，分别是：①当 2060 年碳汇可用量仅为 10 亿吨左右时，能源系统需承

担极大的减排量，因此对应能源系统高速转型情景，从安全降碳的角度考虑，在高速转型情景下又进一步区分为长平台期情景和短平台期情景，用于体现煤炭退出速度慢和快的影响；②当 2060 年碳汇可用量约 20 亿吨时，对应能源系统中速转型情景；③当 2060 年碳汇可用量约 30 亿吨时，对应能源系统低速转型情景。能源系统不同转型力度对应各个行业低碳技术和措施的不同实施程度，为了实现 2030 年前碳达峰、2060 年前碳中和目标，C^3IAM/NET 模型将刻画 20 个细分行业低碳技术和措施之间基于成本收益和政策约束的互补及替代过程，最终提出不同情景下的最优减排路径。

（3）将基准情景设置为延续当前政策力度和技术渗透的发展情景。

21.2.5　参数设定

由于 C^3IAM/NET 模型中涉及的行业较多，每个行业在开展产品或服务需求预测过程中考虑的因素和过程相差较大，此处仅对各个行业需求预测的共性参数设定进行说明，主要包括对经济增长、城镇化与人口、产业结构的预测，具体介绍如下。

（1）经济增长。中国未来的经济增长速度如表 21-1 所示。按照表 21-1 中的 GDP 增长速度，中国 GDP 将在 2035 年实现翻番，并于 2060 年实现再翻番。具体而言，中国人均 GDP 将由 2020 年的 1.6 万国际元增至 2035 年的 3.5 万国际元和 2060 年的 7.8 万国际元（按世界银行 2017 年购买力平价计）。

表 21-1　GDP 年均增速预测（单位：%）

情景	2021～2025 年	2026～2030 年	2031～2035 年	2036～2040 年	2041～2050 年	2051～2060 年
低速	5.0	4.5	3.5	3.5	2.5	1.5
中速	5.6	5.5	4.5	4.5	3.4	2.4
高速	6.0	5.5	5.0	5.0	4.5	4.0

资料来源：综合国务院发展研究中心、国家信息中心、“经济学人”等判断（戴彦德等，2017）。

（2）城镇化与人口。城镇化率和人口预测参考联合国发布的《世界人口展望 2019》和《世界城市化展望 2018》（UN，2018，2019）。其中，人口数据根据第七次全国人口普查进行微幅校正，暂未考虑人口政策调整；2051～2060 年的城镇化率采用趋势外推（联合国无该时段数据），预测结果如表 21-2 所示。中国预计 2030 年人口达峰，峰值 14.4 亿人，2060 年降至 13.1 亿人；城镇化率持续提升，将在 2030

年超过 70%，2050 年超过 80%，并于 2060 年增至 84.2%。当前高收入国家城镇化率 81%（UN，2019），美国 83%（World Bank，2022），预计中国城镇化率将于 2050～2060 年达到高收入国家水平。

表 21-2　人口及城镇化率预测

指标	2025 年	2030 年	2035 年	2040 年	2045 年	2050 年	2055 年	2060 年
人口/亿人	14.3	14.4	14.3	14.2	14.0	13.8	13.4	13.1
城镇化率/%	68.7	72.6	75.6	77.9	79.5	81.0	82.6	84.2

（3）产业结构。在产业结构方面，参照魏一鸣等（2018）的中发展情形，并根据 2020 年实际的产业结构数据进行调整更新（图 21-2）。预测结果显示，第二产业增加值占国内生产总值比重将逐步下降，分别在 2030 年、2045 年、2060 年下降至 34.6%、28.5%、25.9%；第三产业增加值比重逐步提升，分别在 2030 年、2045 年、2060 年提升至 61.1%、70.4%、73%。

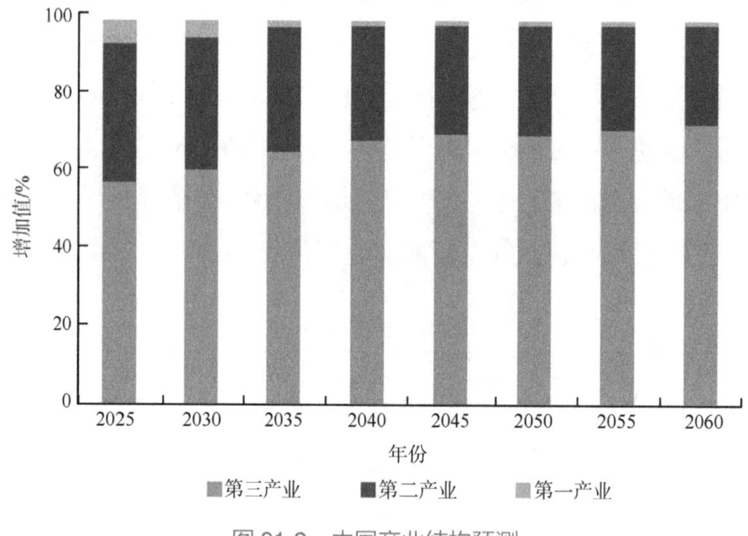

图 21-2　中国产业结构预测

应用 C^3IAM/NET 模型，针对上述设计的情景，优化得到了碳汇和各行业产品服务需求约束下的全国碳达峰碳中和路径、行业减排行动和技术布局，形成了中国碳达峰碳中和时间表与路线图。

21.3　中国碳达峰碳中和时间表与路线图

我国实现碳中和目标时间紧、任务重，是一项复杂系统工程。科学制定减排的时间表和路线图，需要处理好长期与短期、局部与整体、政府管制与市场机制、减排与发展的协同关系（Wei et al.，2021c，2022）。为此，在综合统筹我国碳达峰碳中和中的四对核心关系，以及碳中和路径优化设计的实际需求基础上，本节应用自主设计构建的 C^3IAM/NET 模型，系统考虑社会、经济、行为、技术的不确定性对终端用能产品（如钢铁、水泥、化工产品、铝、造纸等工业产品）和服务需求（取暖、制冷、照明、客/货物运输等服务）的影响，以满足未来各行业产品和服务供给需求为前提，以需定产，从能源供需系统总成本最优的角度动态优化 2022～2060 年的全行业技术布局，最终提出多情景下兼顾经济性和安全性的中国碳达峰碳中和时间表和路线图，明确中国碳排放总体路径、行业减排责任、重点技术规划等多个层面的具体行动方案，旨在为中国引领和参与全球气候治理提供可操作的方案。下面将重点介绍在各行业共同合作下，以经济最优方式实现全国总体碳达峰碳中和目标对应的时间表和路线图，以及 CCUS 工程的贡献作用。特别地，本节仅探讨能源系统（含能源加工转换、运输配送、终端使用、末端治理过程）相关的 CO_2 排放，包括工业过程排放。

21.3.1　我国碳达峰碳中和路径

本节将基于 C^3IAM/NET 模型优化结果，对实现中国“双碳”目标的全国及分行业碳排放路径、碳排放强度和能源结构转型路径等进行介绍。

（1）碳排放总量。2020 年全国能源系统相关 CO_2 排放约 113.10 亿吨（含工业过程排放），煤炭、石油、天然气对应碳排放占比分别为 66%、16%、6%（图 21-3），电力、钢铁、水泥、交通等是重点排放部门。若延续当前的发展趋势，全国碳排放将长期维持在百亿吨以上。为促进碳中和目标达成，需在现有减排努力基础上进一步开展能源系统低碳转型。考虑未来社会经济行为发展不确定性对终端产品需求的影响、能源系统各类先进技术的发展速度和碳汇可用量的不确定性，图 21-4 给出了实现中国“双碳”目标的多种排放路径。2060 年相比于 BAU 情景需进一步减排 80%以上，不同社会经济发展情景下，全国碳排放需在 2026～2029 年达峰，

能源系统相关 CO_2 排放（含工业过程排放）峰值为 117 亿～127 亿吨。

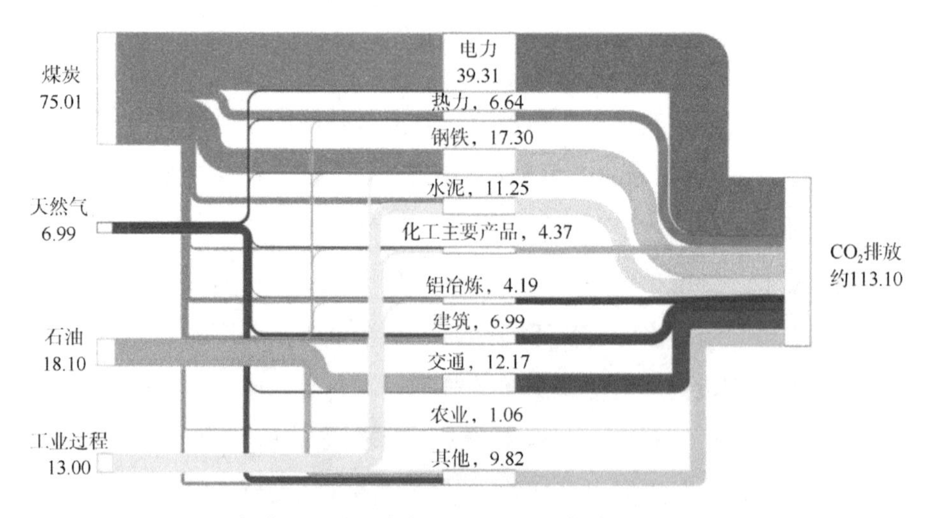

图 21-3 2020 年全国碳流图（含工业过程排放）（单位：亿吨 CO_2 当量）

终端用能行业自备电厂消耗化石能源产生的碳排放计入终端行业碳排放，不包含在电力行业排放中，未来年路径中分行业的碳排放量也采用此口径

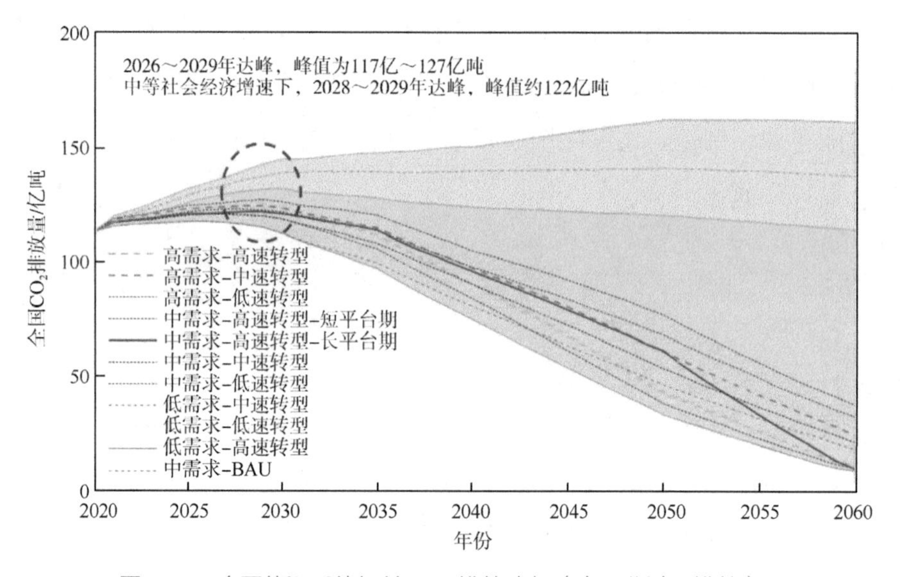

图 21-4 全国能源系统相关 CO_2 排放路径（含工业过程排放）

当社会经济发展速度适中、2060 年自然碳汇可用量仅为 10 亿吨时（对应中需求–高速转型–长平台期情景），为低成本安全实现碳中和目标，2060 年能源系统相关 CO_2 排放（含工业过程排放）需降至 21 亿吨左右，电力、钢铁、化工、交通等部门将是排放的主要来源，CCS 技术需捕集 CO_2 11 亿吨以上［图 21-5（a）］。该情景下，2025～2035 年为潜在平台期，2028～2029 年需实现碳达峰，峰值约为 122 亿

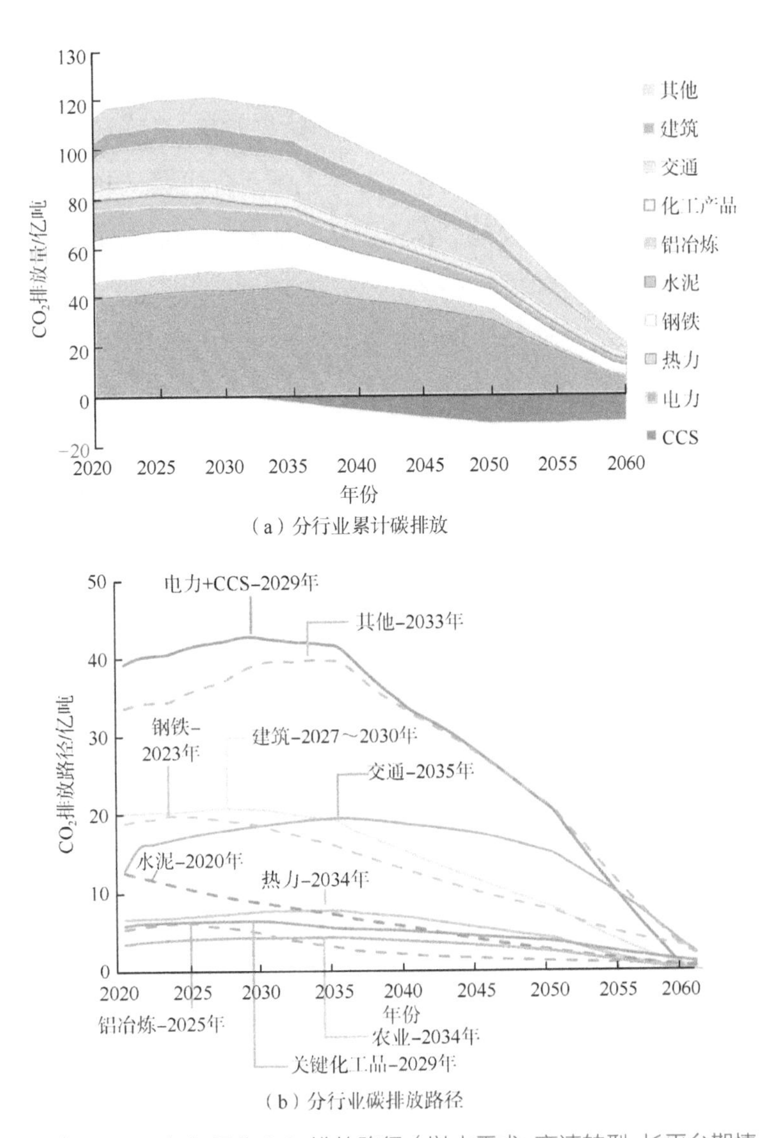

图21-5 2020～2060年各行业 CO_2 排放路径（以中需求-高速转型-长平台期情景为例）

图（a）中终端行业或部门的碳排放不包含电力热力生产的间接碳排放，图（b）中终端行业或部门的排放路径和达峰时间是涵盖电力热力间接排放的结果；化工产品主要包括乙烯、合成氨、电石、甲醇

吨 CO_2，2035～2050年进入下降期，年平均减排率需约4%，2050～2060年为加速下降期，年均减排率需提高至15%及以上。CCS将成为中国在以煤为主的能源格局中实现大量 CO_2 减排的主要措施之一，2030年前后开始大规模部署CCS，至2060年累计捕集 CO_2 排放240亿吨以上。

为确保全国按时碳达峰，重点行业部门的碳排放达峰时间有所差异。其中，工业行业整体碳排放（含间接碳排放）需于2025年前后达峰，峰值为80亿～86亿吨，

2060 年下降至 6 亿～22 亿吨。具体来说，水泥行业碳排放基本已经达峰，处于震荡时期；钢铁和铝冶炼行业需在“十四五”期间达峰并尽早达峰；建筑行业预期于 2027～2030 年达峰；电力行业和关键化工品（乙烯、合成氨、电石和甲醇）碳排放需在 2029 年前后达峰；热力、交通、农业以及其他工业行业达峰时间相对较晚，但不能晚于 2035 年。具体达峰时间和路径见图 21-5（b）。

（2）碳排放强度。为实现“双碳”目标，中国单位 GDP 二氧化碳排放需快速下降。图 21-6 展示了中国与主要发达国家单位 GDP 二氧化碳排放量的对比情况。目前，中国单位 GDP 二氧化碳排放水平较高（2020 年约为 0.77 千克/美元），依照图 21-4 中提出的碳中和路径，中国单位 GDP 二氧化碳排放将于 2040～2050 年降至与主要发达国家当前水平相当；2060 年中国单位 GDP 二氧化碳排放仅为 2020 年的 2%左右，全社会整体将进入低碳发展模式，2020～2060 年单位 GDP 二氧化碳排放年均下降速度需达到 9%以上。

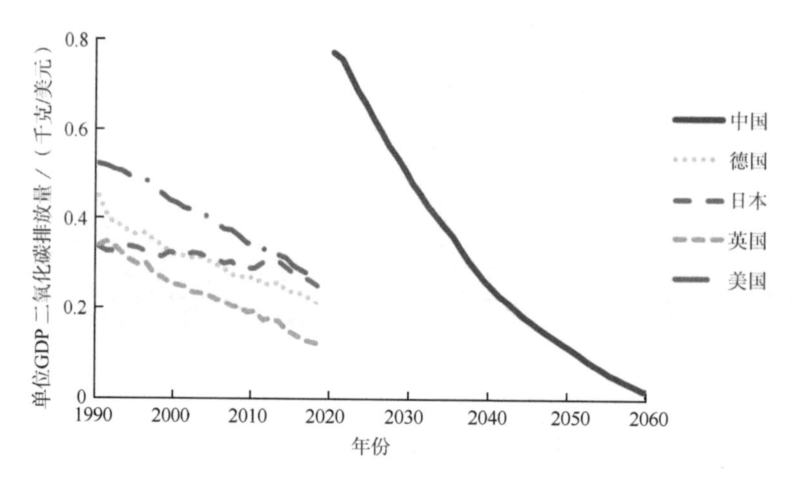

图 21-6　中国与主要发达国家单位 GDP 二氧化碳排放量对比（2015 年不变价；以中需求-高速转型-长平台期情景为例）

（3）能源结构。“双碳”目标下全行业能源结构需加快转型（图 21-7），非化石能源在一次能源结构中的比重应显著提高，2025 年达到 21%，并于 2030 年超过 25%，到 2060 年非化石能源在一次能源消费中的占比超过 80%。煤炭在一次能源中的占比稳步下降，但在很长时期内中国将仍是以煤为主的能源格局，2030 年煤炭占比不低于 44%，2060 年煤炭仍将为保障能源安全发挥重要作用。2025 年前石油在一次能源中的占比稳中有升，随后开始逐步下降，2025～2060 年平均每年下降约 3 个百分点。天然气占比呈现出先增长后下降的趋势，天然气的消费比重在 2035 年达到 12%左右，并一直保持到 2050 年，此后随着可再生能源技术和储能技术的成熟及高比例应用，天然气消费占比将回落至 7%左右。

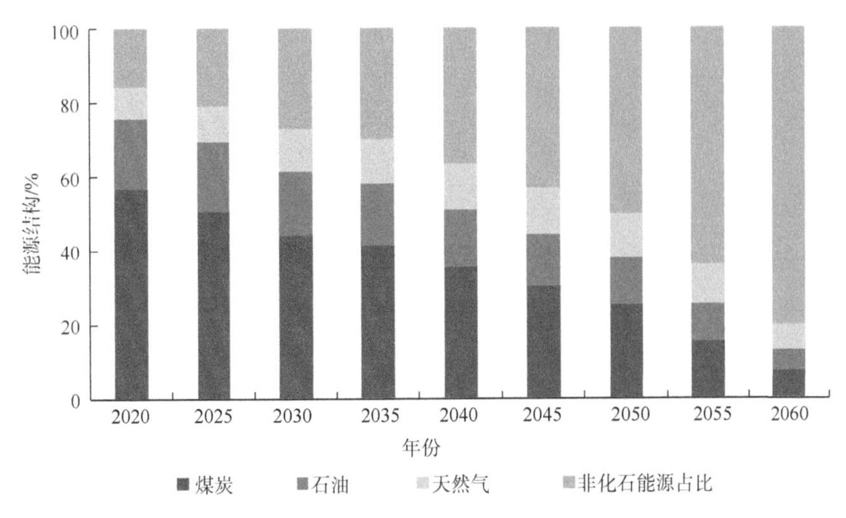

图 21-7　一次能源消费结构（以中需求–高速转型–长平台期情景为例）

（4）终端电气化水平。碳中和目标将促使终端电气化进程不断推进，按照国家能源局公布口径，以中需求–高速转型–长平台期情景为例（图 21-8），2030 年终端电气化率约为 34%，并于 2060 年达到 77%以上。分部门来看，建筑部门设备的电气化推进易于其他部门，因而其电气化水平整体高于其他部门，2020～2060 年年均电气化增长率为 2%，2060 年建筑部门电气化水平需达到 90%。工业部门是耗电量最大的部门，因而其电气化发展水平对终端部门整体的电气化水平影响较大，2060

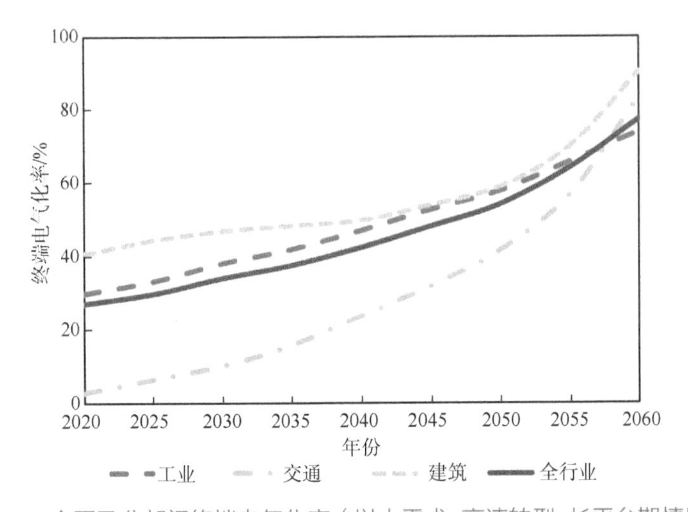

图 21-8　全国及分部门终端电气化率（以中需求–高速转型–长平台期情景为例）

年电气化率需达到 73%以上；交通部门 2040 年前的电气化进程较为缓慢，其电气化推广主要集中于短途客运交通，2040 年后城际客运交通和货运交通电气化开始重点发力，带动整体交通部门电气化水平快速增长，并于 2060 年达到 84%。

21.3.2 行业行动方案

全国“双碳”目标的实现，是各个行业合作转型的结果。下面对钢铁、有色（以铝冶炼行业为例）、水泥、化工、建筑、交通、电力等重点行业在满足其未来产品和服务供给需求前提下的低碳转型行动分别进行介绍。

（1）钢铁行业。从钢材消费量的变化来看，钢材需求将于 2023～2025 年达峰，峰值在 11.8 亿～12.0 亿吨。达到消费峰值后，钢材消费量将在其后 30 年左右的时间内逐渐下降。伴随钢产品需求变化和全国碳中和目标的约束，钢铁行业的 CO_2 排放量总体呈现下降趋势（图 21-9）。钢铁行业 CO_2 排放需在 2022～2025 年达到峰值（19 亿～20 亿吨），并尽早达峰，2028 年前为潜在平台期。由于钢铁行业存在部分碳排放难以避免，在全面实施节能技术改造升级、持续推广短流程炼钢、加快二氧化碳回收利用、加大突破性深度减排技术研发和应用等减排措施作用下，2060 年中国钢铁行业产生的 CO_2 排放预计在 2.7 亿～5.6 亿吨，难以实现行业的零排。

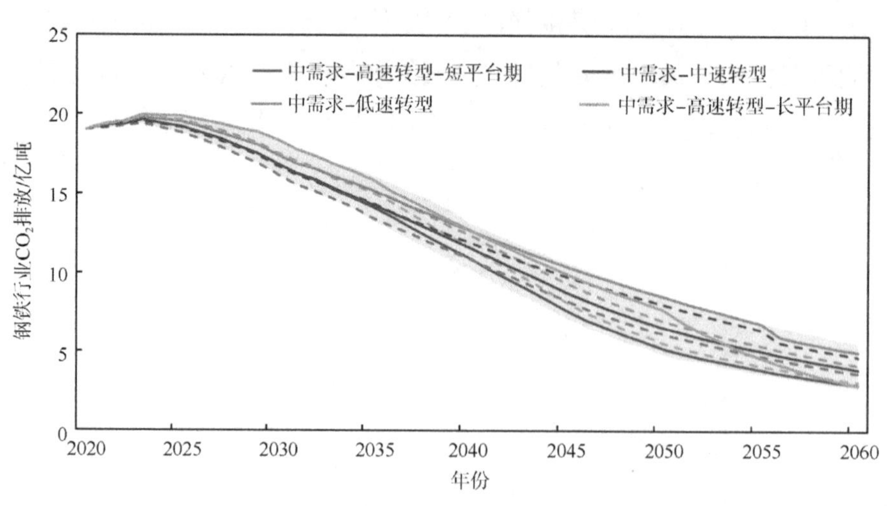

图 21-9 钢铁行业 CO_2 排放量预测（2020～2060 年）

虚线表示其他情景

上述碳排放路径对应的技术部署方案如图 21-10 所示。短期内，高炉喷煤技术、

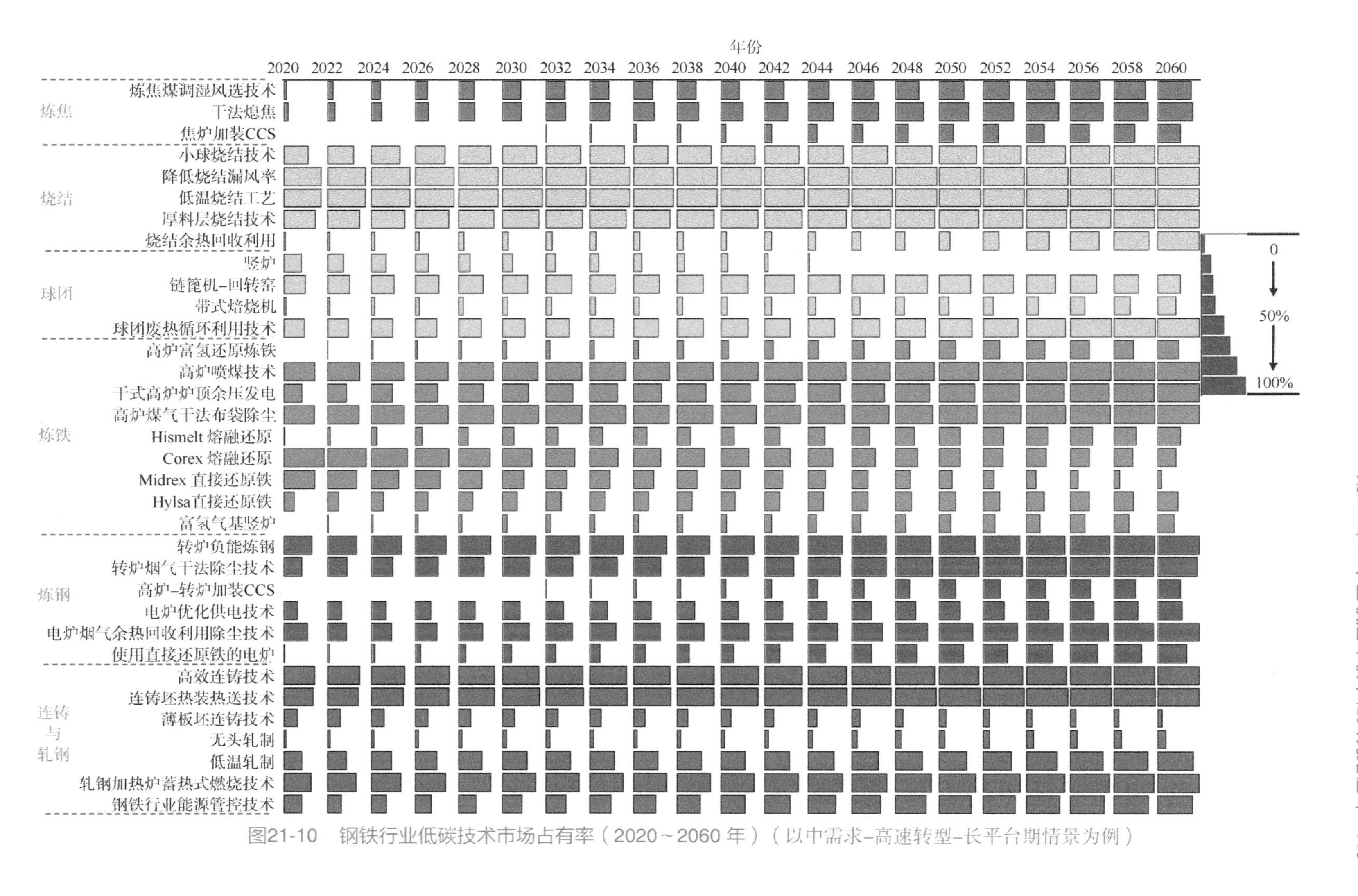

图21-10　钢铁行业低碳技术市场占有率（2020~2060 年）（以中需求–高速转型–长平台期情景为例）

转炉负能炼钢及轧钢加热炉蓄热式燃烧技术节能效果显著，2030 年市场占比需分别增至 81%、75%和 74%，同时钢铁行业各环节余能回收发电技术也需在 2030 年实现 60%～80%的渗透。长期来看，电弧炉占比需显著提升。2030 年，高速转型情景下电弧炉钢占粗钢比重应达到 13%以上，2050 年达到 30%，2060 年快速增至 60%以上。氢冶金（高炉富氢还原炼铁和富氢气基竖炉）、薄板坯连铸技术、无头轧制等先进工艺技术在中后期需加快普及。2040 年高炉富氢还原技术在炼铁工艺中得到初步发展，市场推广率占比约为 12.9%，2060 年成为炼铁环节主流技术（70.0%）。薄板坯连铸和无头轧制技术取代传统的轧制环节，2060 年市场占有率分别达到 10%和 32%以上。2030 年后，焦炉和高炉–转炉过程将会逐步发展 CCS，力争 2060 年 CCS 的加装比例达到 60%以上。

（2）铝冶炼行业。铝冶炼行业可以分为原铝冶炼和再生铝冶炼。再生铝行业未来将大力发展，2040 年前后，再生铝产量达到 2700 万吨，此后将占主导地位。原铝产量在 2025 年达峰后由于再生铝的替代而逐渐减少，峰值约为 5040 万吨。为满足社会对铝产品的需求并低成本实现全国“双碳”目标，铝冶炼行业需在 2025 年左右实现碳达峰，峰值为 6.2 亿吨 CO_2，2060 年 CO_2 排放量需降至 1 亿吨以下（图 21-11）。

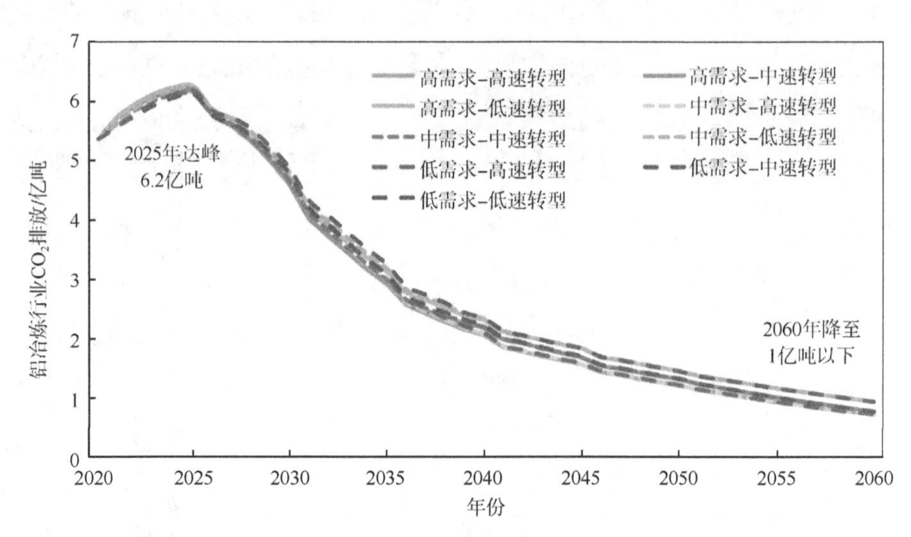

图 21-11 铝冶炼行业未来 CO_2 排放路径（2020～2060 年）

上述碳排放路径对应的重点技术发展路径如图 21-12 所示。在氧化铝精炼环节，应大力推广一段棒磨二段球磨–旋流分级技术和强化溶出技术，2060 年实现 100%普及，此外，多效管式降膜蒸发技术也应得到广泛推广，尤其是以三水矿石为原料的七效管式降膜蒸发技术，到 2060 年应推广至 64%以上。在阳极制备环节中，先进技术为大型高效阳极焙烧炉系统控制节能技术，此项技术节能效果显著，到 2060 年，该技术使阳极制备环节节约能源 150 万吨标准煤，普及率应达到 75%。对于大型电解槽，目前主流槽型为 300～400 千安电解槽，为了提高能效，电解槽的大型化是未来铝冶炼行业长期关注和发展的重点，到 2050 年，应实现小型电解槽逐渐被淘汰，全部电解槽大于 500 千安，到 2060 年 600 千安槽型推广率争取达到 70%以上。在电解铝环节中，到 2060 年，铝电解槽新型焦粒焙烧启动技术、低温低电压铝电解槽结构优化技术、低温低电压铝电解工艺用导气式阳极技术、铝电解槽“全息”操作及控制技术等先进技术预计累计节电约 8000 亿千瓦时，这几项技术到 2060 年的技术普及率应达到 100%、45%、45%、58%。除推广上述重点先进技术外，铝冶炼行业应加快发展水电铝合营模式以及再生铝工艺，加快低碳转型进程。

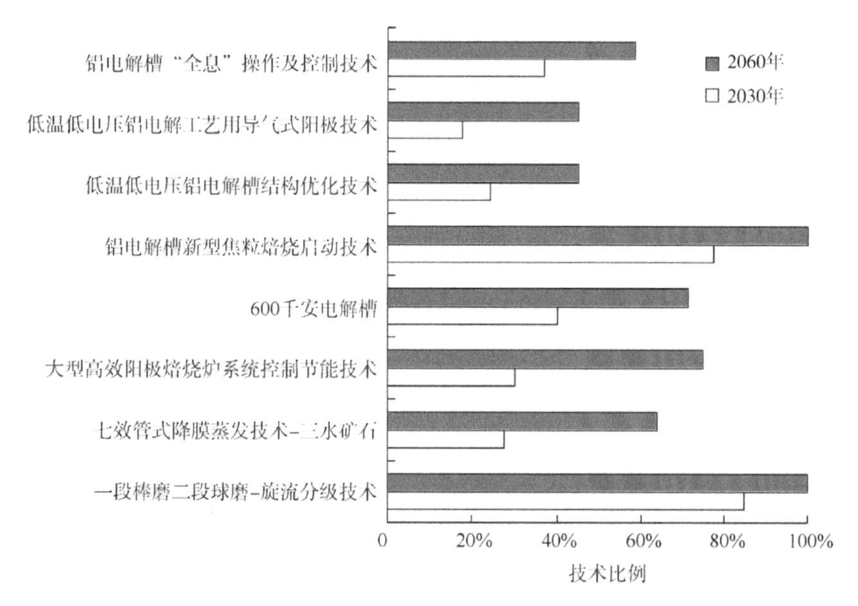

图 21-12　铝行业关键技术发展变化（以中需求-高速转型-长平台期情景为例）

（3）水泥行业。中国水泥需求量已经过了快速增长期，总体来看，当前基本达峰，处于震荡期。到 2060 年，水泥产品需求量约为 5.5 亿～11.1 亿吨。为满足全社会对水泥产品的需求并低成本实现全国“双碳”目标，水泥行业碳排放需逐步下降。当前水泥行业碳排放基本达峰，但随着国家基础设施政策的波动，有望出现碳排放的略微反弹。未来 CO_2 排放总量下降的幅度将逐渐增大。2060 年水泥行业 CO_2 排放量应降至 0.3 亿～1.6 亿吨。

水泥行业相应的技术布局如图 21-13 所示。熟料煅烧环节是水泥行业 CO_2 排放产生的主要环节，需加快淘汰落后产能，推广先进技术。具体来说，小型新型干法窑等高耗能技术需在 2030 年前逐渐被淘汰，中型和大型新型干法窑等技术需进行节能改造升级或效率提升，分别加装高固气悬浮预热分解和多通道燃煤技术，到 2060 年争取达到 60%和 90%的改造率。在熟料煅烧过程中，需充分利用预处理技术和能源二次循环使用技术，如预烧成窑炉技术和余热发电技术，这些技术的占比应逐年增加，到 2060 年，预烧成窑炉技术的占比达到 40%，余热发电技术实现全面推广。除推广节能减排技术外，原料替代和燃料替代等深度减排措施也需要发挥重要作用，力争到 2060 年分别达到 80%和 35%以上的替代程度。CCS 技术在 2030 年后开始规模应用，逐渐增大其应用程度，到 2060 年增至 80%以上。加速推广企业资源计划（enterprise resource planning，ERP）解决方案，到 2060 年争取实现 50%以上的普及。

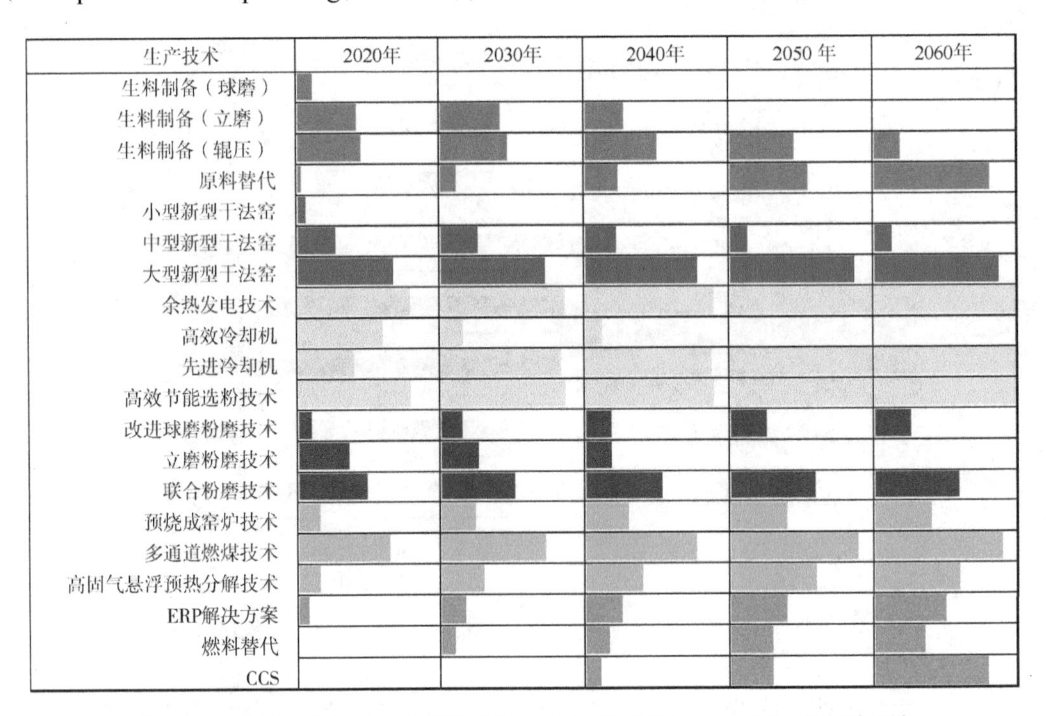

图 21-13 水泥行业技术布局情况（以中需求-高速转型-长平台期情景为例）

（4）化工行业。未来关键化工产品需求将持续增加，致使碳减排面临严峻挑战。在经济增长相对平稳的中需求情景下，2060 年乙烯需求将达到 6923 万吨，而若经济增长速度更高和更低时，则其需求将分别为 9617 万吨和 4880 万吨左右。受未来产业结构中第一和第二产业占比逐渐下降影响，合成氨需求将总体呈现下降趋势，到 2060 年，在高、中、低需求情景下将分别下降至 2900 万吨、2419 万吨和 2054 万吨。电石和甲醇作为重要的大宗基础化工品且位于产业链的上游，在经济发展和社会经济转型的双重作用下，其需求将呈现总量增长、增速放缓的趋势。2060 年时，甲醇需求在 0.985 亿～1.32 亿吨，电石需求为 4745 万～6371 万吨。

以乙烯、合成氨、电石和甲醇四种关键化工产品为例，其低碳转型主要从以下几个方面着重开展：①优化生产方式，优先使用低能耗、低排放的生产方式；②改善原料结构，推动其轻质化发展；③改进生产工艺，如推广高能效技术，并加强对末端治理技术的使用；④引入突破性技术，如生物质转化技术、基于低碳 H_2 及 CO_2 利用的技术等。通过这些途径，合成氨应于“十四五”初期碳排放达峰至 2.6 亿吨左右；电石、乙烯和甲醇行业碳排放需分别于 2030 年前后、2030～2040 年和 2030～2035 年达峰，其峰值分别为 0.96 亿～1.04 亿吨、1.11 亿～1.44 亿吨和 1.68 亿～1.94 亿吨（图 21-14）。

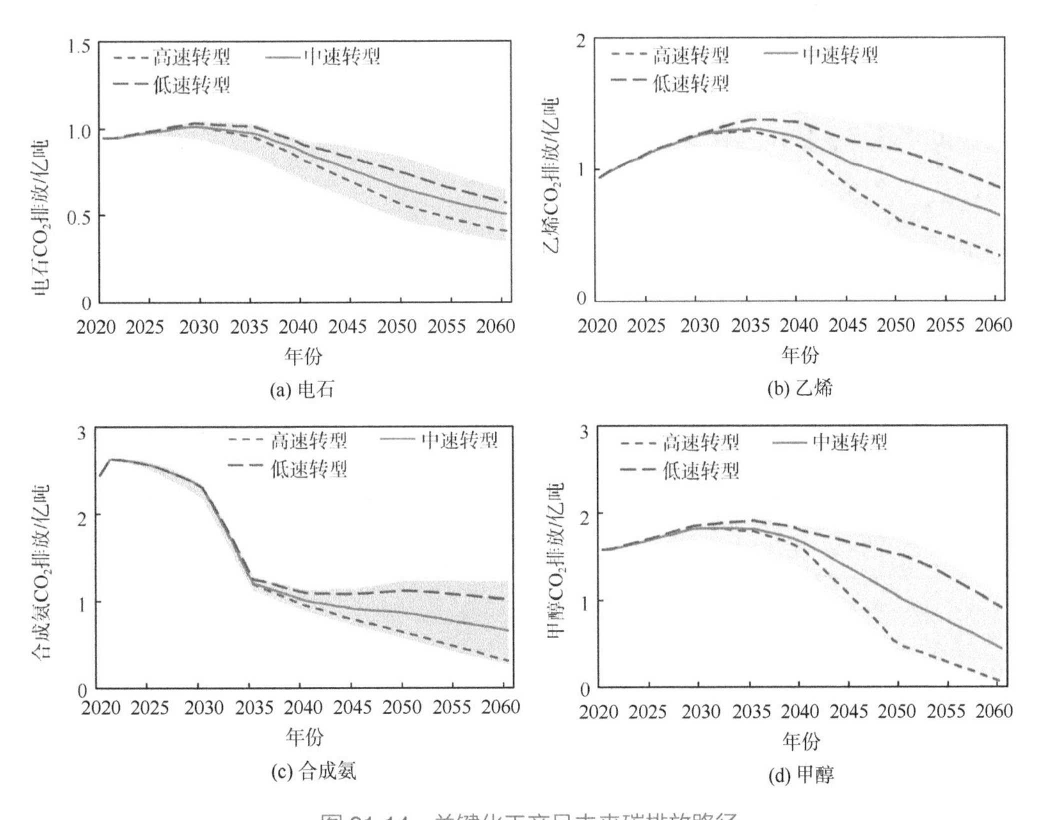

图 21-14　关键化工产品未来碳排放路径

阴影部分表示 2020～2060 年每种化工产品排放最大值与最小值的区间范围

为促进化工行业低碳发展，以乙烯、合成氨、电石和甲醇四种关键化工产品为代表，以高速转型（长平台期）情景为例，提出其低碳技术发展路径，如图 21-15 所示。对于电石生产，其原料制备工艺中 CCS 技术推广率应在 2047 年前达到 50%，到 2060 年达到 80%以上。合成氨生产中，煤制氨作为一种高排放的生产方式，将逐步向基于低碳 H_2 的生产路线转变，2060 年突破性低碳 H_2 路线需对煤化工路线进行 50%以上的替代。而在煤制氨的生产中，也存在着清洁技术替代，CCS 技术在 2050 年时推广率达到 57%左右，至 2060 年实现全覆盖。甲醇生产方式较为多样，多种方式融合发展。煤化工路线在前期作为主要的生产源，但逐渐被更清洁的生产方式所替代，其份额在 2047 年左右降至 50%以下；其中，煤化工生产路线中，CCS 技术在 2030 年后开始推广，至 2060 年时实现对煤化工路线的 100%应用。焦炉气制甲醇作为一种循环经济路线，其生产份额逐步增加，但在后期随着突破性技术的引入而呈现下降。生物质路线和 CO_2 催化加氢路线 2030 年后逐步得到推广，2060 年时二者所占份额争取达到 25%和 30%。乙烯生产仍然以蒸汽裂解为主，但其原料结构需要轻质化发展，轻烃和乙烷原料份额在 2060 年需增至 50%和 35%左右。对于少量的煤制烯烃，其在气化环节将逐步加装 CCS，2060 年达到 65%以上；在甲醇制烯烃环节，将更多地采用新一代技术。

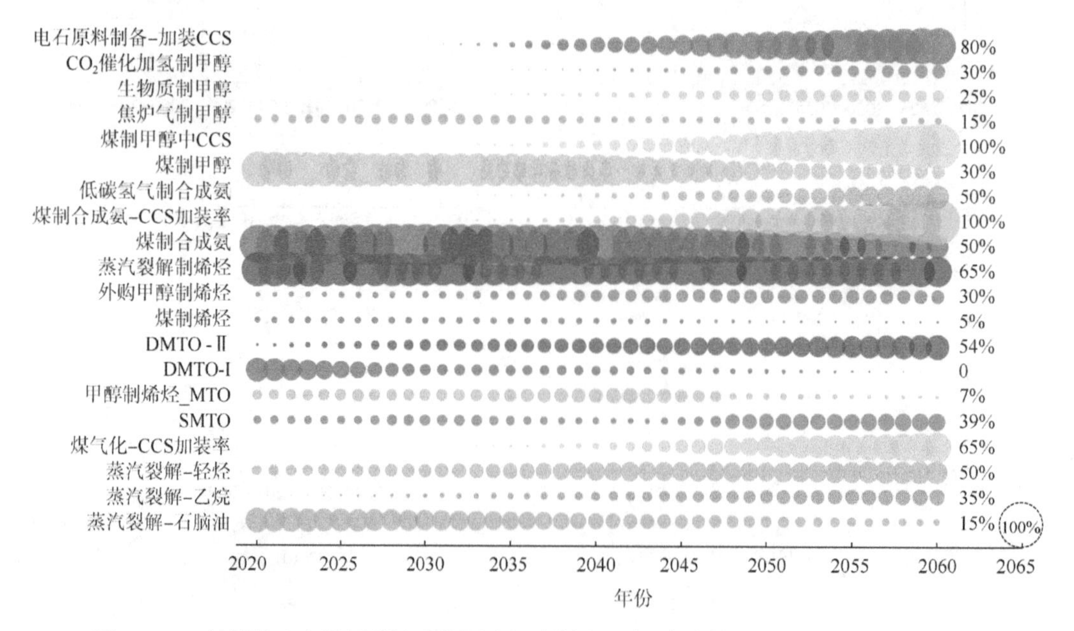

图 21-15 关键化工产品低碳技术发展路径（以中需求-高速转型-长平台期情景为例）

MTO 即 methanol to olefins，甲醇制烯烃；DMTO-Ⅱ表示中国科学院大连化学物理研究所第二代技术；DMTO-Ⅰ表示中国科学院大连化学物理研究所第一代技术；甲醇制烯烃_MTO 表示霍尼尔技术； SMTO 表示中国石化技术

（5）建筑部门。建筑部门包括公共建筑和居民建筑。在建筑运行阶段需要提供采暖、制冷、热水、炊事、照明等能源服务，由此产生大量的直接碳排放和间接碳排放。未来随着人均收入的增加以及人均建筑面积的增长，预计建筑部门运行阶段的能源服务需求将由 2020 年的 13.1 亿吨标准煤持续增长至 2060 年的 26 亿～31.6 亿吨标准煤。其中，居民部门能源服务需求由 2020 年的 7.3 亿吨标准煤增长至 2060 年的 11.5 亿～14.6 亿吨标准煤。商业部门能源服务需求增速较居民部门更高，由 2020 年的 5.8 亿吨标准煤增长至 2060 年的 14.4 亿～17 亿吨标准煤，增长 1.5～1.9 倍。在满足能源服务需求的前提下，为了低成本实现全国“双碳”目标，居民建筑部门碳排放峰值需控制在 14.8 亿吨 CO_2 以内；商业建筑部门碳排放峰值不超过 6.8 亿吨 CO_2（图 21-16）；建筑部门累计 CO_2 排放需在 2027～2030 年达峰，各种情景下，峰值为 20 亿～22 亿吨 CO_2。

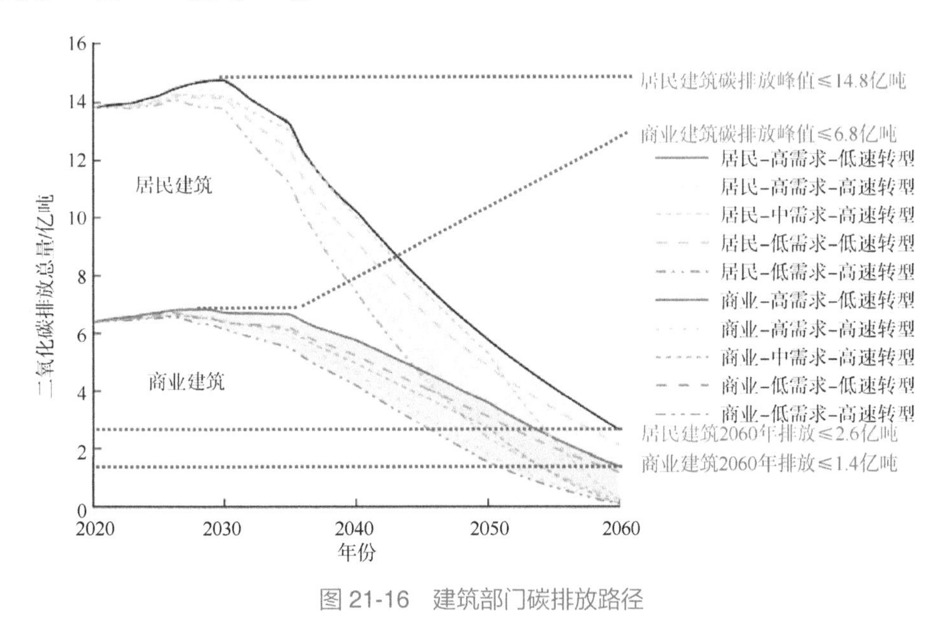

图 21-16　建筑部门碳排放路径

在满足能源服务需求的前提下，为了实现全国“双碳”目标，同时考虑现实资源约束、政策规划、技术进步等，建筑部门需加快推广清洁、高效设备，其中，高效供暖空调（国家标准一级能效）、高效制冷空调（国家标准一级能效）、热泵热水器、高效电炊具（热效率达 90%）、高效 LED 灯（相对效率达白炽灯的 14 倍及以上）与其他高效电器分别提供居民建筑供暖、制冷、热水、炊事、照明和电器服务的 92%、100%、90%、81%、68%和 100%，高效供暖中央空调（国家标准一级能效）、高效制冷中央空调（国家标准一级能效）、高效热泵热水器（国家标准一级能效）、高效LED灯（相对效率达白炽灯的14倍）与其他高效电器分别提供商业建筑供暖、制冷、热水、照明和电器服务的64%、95%、92%、85%、85%。

（6）交通部门。本部分将交通部门划分为城市客运、城市间客运和货运三个子部门。在不同的社会经济行为变化情景下，城市间客运需求量将在2050年达到峰值，峰值为18.6万亿～19.5万亿人公里。到2060年城市间客运交通需求预计达到18.1万亿～19.4万亿人公里。城市客运周转量将呈现持续上升趋势，到2060年预计将达到8.6万亿人公里，是2020年城市客运周转量的近三倍。未来货运周转量将在电子商务和经济发展的驱动下持续上涨，到2060年达到34.9万亿～53.6万亿吨公里。

为了满足全社会交通运输服务需求并低成本实现全国碳中和目标，城市间客运交通CO_2排放量需在2035～2039年达峰，峰值控制在5.6亿～6亿吨CO_2，但由于部分传统技术难以被替代，到2060年将仍可能存在0.8亿～3.2亿吨的CO_2排放。城市客运交通CO_2排放量需在“十四五”末或“十五五”初达峰，峰值控制在3.7亿吨CO_2左右。货运交通CO_2排放量需在2035年前后达峰，峰值不超过12亿吨CO_2，到2060年仍可能存在1.1亿～6.3亿吨的CO_2排放。从交通部门整体来看，需在2030～2035年达峰，峰值为17.8亿～22亿吨CO_2。相关碳排放路径如图21-17所示。

上述碳排放路径下，各类运输设备都应向着燃料高效化、清洁化、电动化的方向发展（图21-18）。对于城市间客运而言，公路运输中的柴油客车（大巴）逐渐

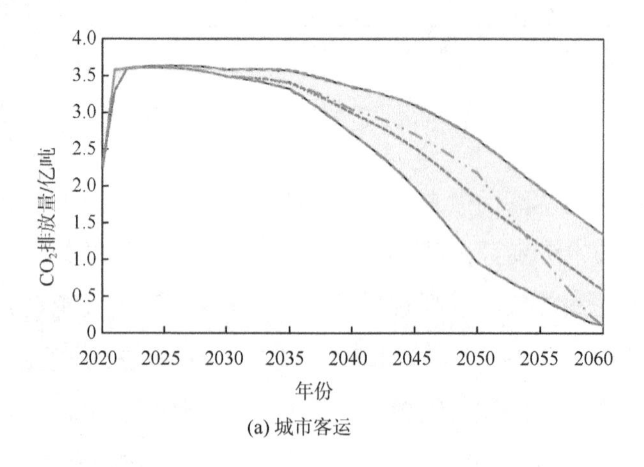

(a) 城市客运

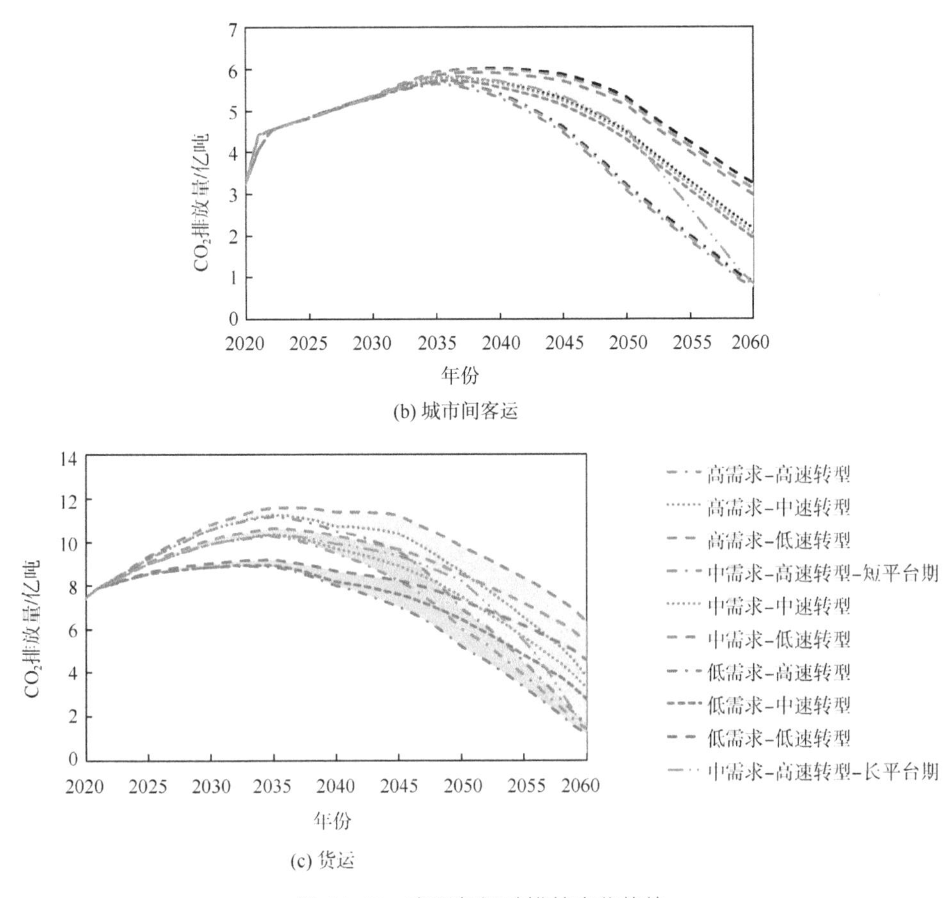

(b) 城市间客运

(c) 货运

图 21-17　交通部门碳排放变化趋势

被电动客车（大巴）替代，应在 2040 年退出市场；到 2060 年，电动大巴和氢燃料电池大巴的渗透率应分别达到 55%和 20%以上；到 2050 年铁路客运应争取实现 100%电气化；就航空客运而言，生物燃料客机应最晚于 2025 年进入航空市场，到 2060 年，至少 50%的航空运输服务由生物燃料客机提供。对于城市客运而言，应重点推广电动私家车（含高效电动私家车）与出租车，到 2060 年渗透率应分别达到 85%以上；柴油公交车应在 2060 年前全部淘汰，纯电动公交车 2060 年占比应至少达到 95%；对于货运交通的技术布局，2020 年货运道路交通使用的燃料以柴油和汽油为主，到 2060 年则主要被电力和氢燃料替代；轻型、中型卡车到 2060 年以电动车为主；2030 年逐步推广氢燃料重型卡车和电动重型卡车的规模化应用，到 2060 年渗透率应分别达到 45%以上；2020 年水路货运以燃料油为主要能源，2060 年生物燃料船舶应在水路货运中占有重要地位。

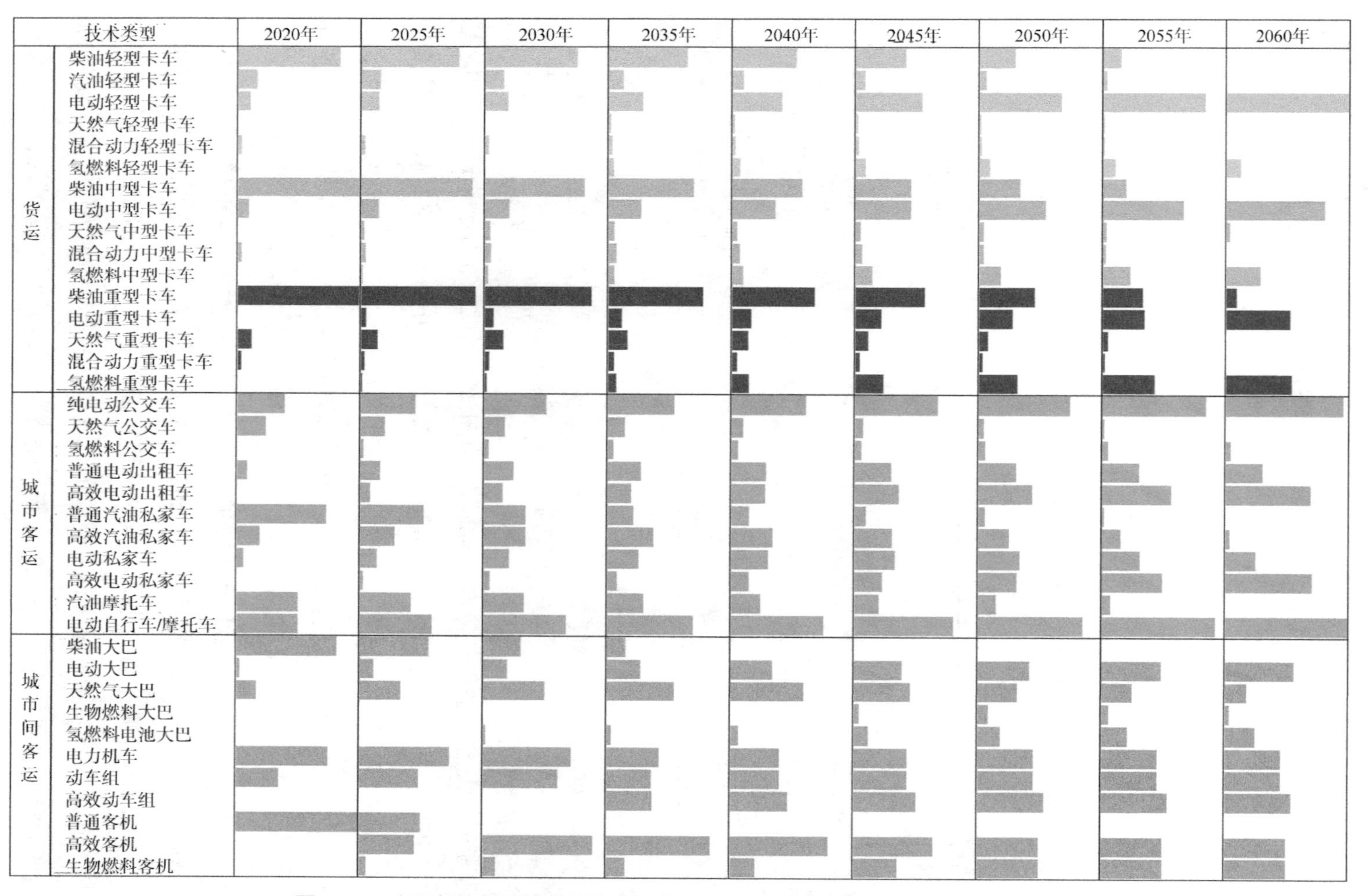

图21-18 交通部门低碳技术发展路径（以中需求-高速转型-长平台期情景为例）

柱子长度代表推广比例，满格为100%

（7）电力行业。除了上述钢铁、有色（以铝冶炼为例）、水泥、化工（乙烯/甲醇/合成氨/电石等多种关键产品）、建筑（居民/商业）、交通（城市/城际，客运/货运）等重点行业，C³IAM/NET 模型还对一次能源供应、热力、造纸、农业、其他工业等进行了详细刻画，此处不逐一介绍。

综合集成各个终端行业的电力需求以及为了提供这些电力需求电力行业产生的电力消耗，最终得到全社会用电量变化曲线（图 21-19）。结果表明，到 2030 年时，电力需求总量将达 10.9 万亿～12.2 万亿千瓦时，此后需求增速有所下降；2050 年后逐渐趋于平缓，至 2060 年总量达到 12.0 万亿～21.5 万亿千瓦时。从用电结构变化来看，货运、客运和其他工业部门的电能替代深度发展，是电力需求增长的主要来源，也是 2060 年用电占比较高的部门。

在持续增长的电力需求下，电力部门低碳转型面临更大挑战。电力排放总量（不含终端行业自备电厂的排放）需快速进入平台期，并在 2027～2029 年实现碳达峰，峰值控制为 41 亿～45 亿吨 CO_2。2035 年后进入深度减排阶段，并在 2060 年实现电力近零排放（图 21-19）。

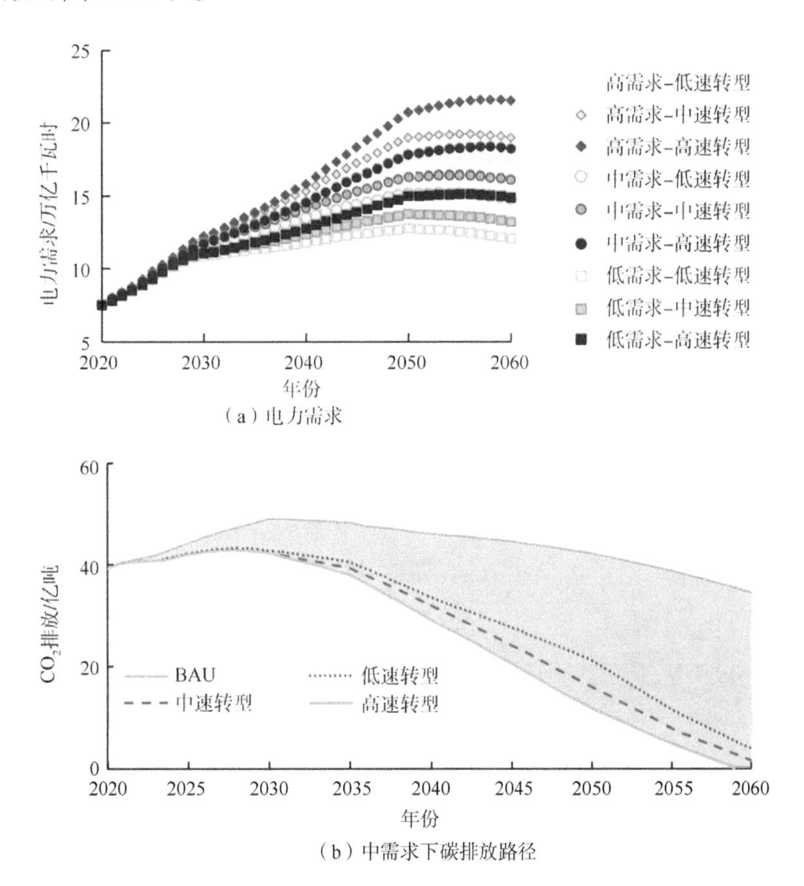

（a）电力需求

（b）中需求下碳排放路径

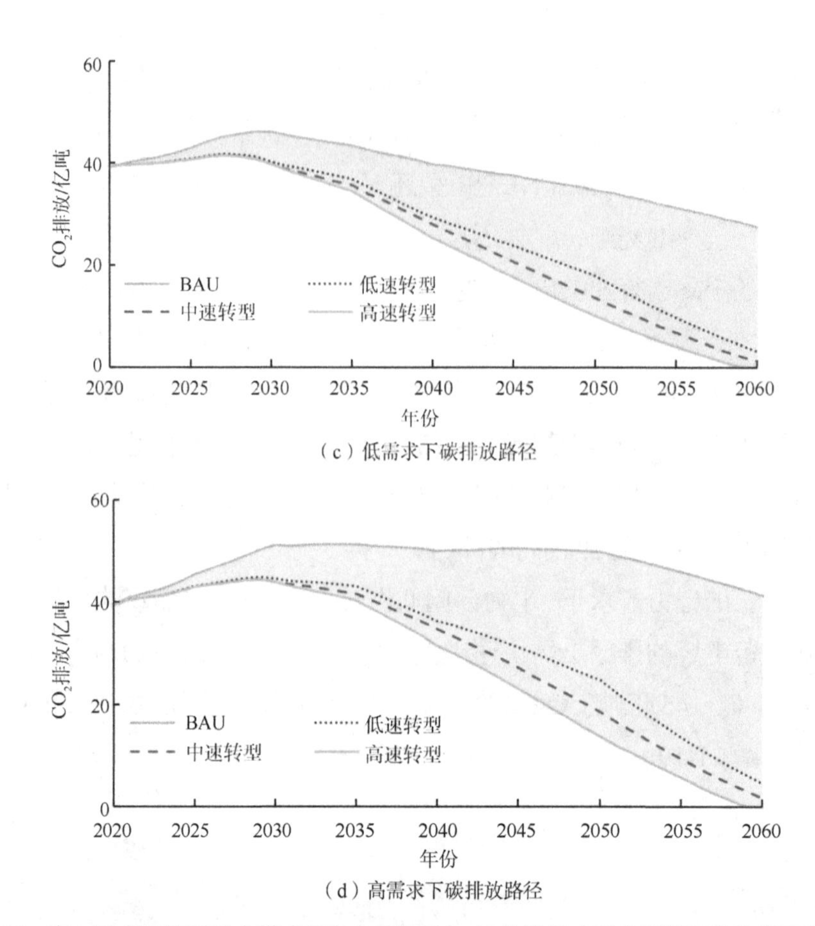

（c）低需求下碳排放路径

（d）高需求下碳排放路径

图 21-19　电力需求及不同需求模式下电力行业 CO_2 排放路径（不含终端行业自备电厂排放）

为实现这一减排路径，发电技术布局需持续优化，如图 21-20 所示。在中等电力需求下，考虑低速、中速和高速电力转型情况，煤电机组总量控制在 12 亿千瓦以内，并在 2040 年后加速退出，2060 年保留 2.4 亿～3.6 亿千瓦装机规模，配置 CCS 作为灵活性调峰电源。电力 CCS 技术不可或缺，需在 2030 年后加快部署，2060 年 CO_2 捕集能力达 6.6 亿～7.9 亿吨。天然气发电作为清洁火电需快速发展，2060 年约为 2020 年装机规模的 6 倍。核电也需有序扩建，2030 年达 1.2 亿～1.4 亿千瓦，2060 年进一步扩张至 2.2 亿～3.0 亿千瓦。风电和光伏装机仍需加快建设，2030 年分别达到 9.5 亿～10.0 亿千瓦和 11.7 亿～13.2 亿千瓦，2060 年分别达 27.8 亿～37.3 亿千瓦和 32.1 亿～49.4 亿千瓦。

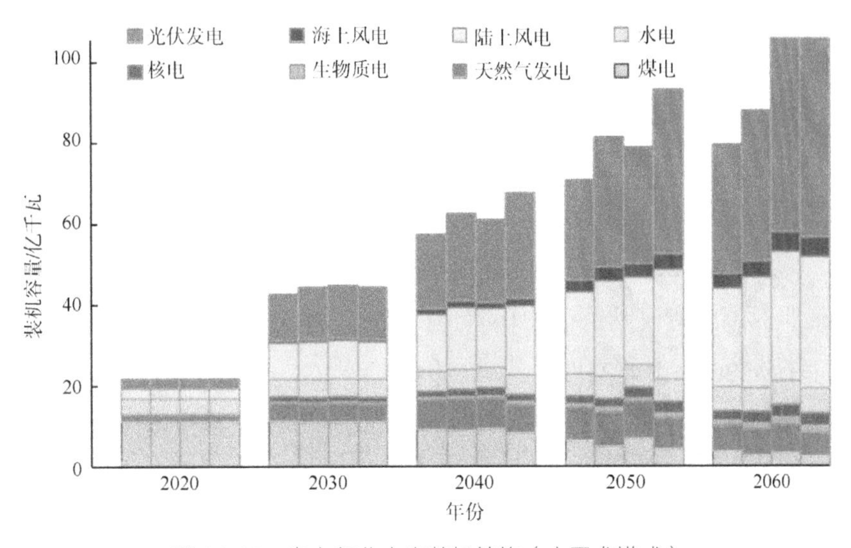

图 21-20　电力行业未来装机结构（中需求模式）
柱子从左到右表示低速、中速、高速-长平台期、高速-短平台期

21.3.3　我国碳达峰碳中和时间表和路线图

根据上述结果，进一步提出实现我国重点行业碳达峰碳中和的时间表和路线图，为国家超前部署提供科学依据，具体见图 21-21。

图 21-21　重点行业碳达峰碳中和时间表和路线图

非电力行业的碳排放均包含电力热力生产的间接排放。

（1）电力行业。建议电力行业在2027～2029年前实现碳达峰，峰值为41亿～45亿吨CO_2，继续扩大风电、太阳能发电的装机容量，实现以新能源为主体的新型电力系统建设，但同时保留一定比例的火电，并加装CCS，用于灵活性调峰电源和安全保障，电力行业2060年前应实现近零排放。

（2）工业部门。建议钢铁行业和有色行业在“十四五”期间达峰，并尽早达峰，化工行业争取在2030年前实现碳达峰。钢铁行业CO_2排放峰值为19亿～20亿吨，铝冶炼行业峰值控制在6.2亿吨。钢铁行业短期主要加快推进低碳烧结技术、高炉喷煤技术、轧钢加热炉蓄热式燃烧技术等的改造升级，中长期主要依靠电弧炉炼钢、氢能炼钢和CCS技术的集成应用。水泥行业短期应优先推广先进节能减排技术和能源综合利用技术，中长期加快燃料替代、原料替代、CCS技术等深度减排措施的重点部署。铝冶炼行业是有色行业中碳排放最高的行业，未来应继续推广先进技术并发展水电铝合营模式，扩大再生铝替代原铝规模。化工行业由于部分关键产品仍然面临需求快速增长的趋势，应加快发展轻质化原料、先进煤气化技术、低碳制氢和CO_2利用技术及CCS技术。

（3）民生部门。建议建筑和交通等民生部门进一步加快电气化进程，建筑部门争取2027～2030年碳达峰，峰值为20亿～22亿吨CO_2，交通部门碳排放总量在2030～2035年争取达峰，峰值为17.8亿～22亿吨CO_2。建筑部门应继续提高采暖制冷效率，大幅提升电气化水平，因地制宜发展分布式能源；交通部门应继续优先发展铁路、水路运输，发展电动客/货车、氢燃料车、生物燃料飞机和船舶等先进技术。

为加快推动各个行业顺利实现低碳技术和措施的实施，从而确保全国碳达峰碳中和目标的达成，需进一步确立低碳发展在国家法律法规和重大决策部署中的地位，深度推进各行业重点低碳技术、储能与CCS等技术的科技创新，加快突破性技术的规模化应用，健全低碳发展的激励机制，科学评估各地区能源资源潜力，结合资源禀赋，因地制宜，在碳排放总量和强度控制的基础上，制定各地区实现碳中和目标的多能互补能源长期战略，从顶层设计和体制机制上为安全、低成本降碳提供科学支撑。

我们对各个行业的碳减排技术和措施进行优化组合，提出了兼顾经济性和安全性的中国碳达峰碳中和时间表、路线图。需要说明的是，上述结果主要考虑了当前国内主流技术、国际先进技术以及当前处于研发有待推广的突破性技术，未来，更多颠覆性技术的出现，对中国的减排路径可能产生显著影响。因此，应持续追踪碳减排技术和措施的类别及发展进程，及时更新和调整中国的碳中和路线图。

21.4 本章小结

我国实现碳达峰碳中和目标时间紧、任务重，是一项复杂系统工程。要建立科学的碳减排理论，需将系统观念贯穿“双碳”工作始终，着重处理好短期目标与长期目标、局部和整体、政府和市场、发展和减排的关系。在方法技术层面，由于碳中和是自然、社会、经济、行为、技术、能源等多系统交织耦合和多重反馈的复杂巨系统，面临跨系统跨部门耦合性、分行业异构性、技术成本动态性、技术和行为演变非线性、社会经济不确定性等诸多挑战，开展“双碳”目标约束下碳排放技术体系研究，需建立能刻画上述挑战内涵的方法和技术。为此，本章在系统研究我国碳达峰碳中和的四对核心关系的基础上，从复杂系统的视角，应用自主设计构建的国家能源技术模型（C^3IAM/NET），耦合“能源加工转换□运输配送□终端使用□末端回收治理”全过程、行业“原料□燃料□工艺□技术□产品/服务”全链条，实现以需定产、供需联动、技术经济协同的复杂系统建模，为碳达峰碳中和路径优化、时间表和路线图的设计提供了有效的方法和工具。进而应用该方法工具，研究提出了兼顾经济性和安全性的中国碳达峰碳中和时间表和路线图，明确了我国碳排放总体路径、行业减排责任、重点技术规划等多个层面的具体行动方案。

参考文献

北京市发展和改革委员会. 2016. 北京市发展和改革委员会 内蒙古自治区发展和改革委员会 呼和浩特市人民政府 鄂尔多斯市人民政府 关于合作开展京蒙跨区域碳排放权交易有关事项的通知. http://fgw.beijing.gov.cn/fgwzwgk/zcgk/bwqtwj/201912/ t20191226_1506552.htm[2016-03-09].

财政部，国家税务总局. 2014. 关于调整原油、天然气资源税有关政策的通知. http://www.chinatax.gov.cn/n810341/n810755/c1151105/content.html[2014-10-09].

陈泮勤，王效科，王礼茂. 2008. 中国陆地生态系统碳收支与增汇对策. 北京：科学出版社.

程强. 2021-08-20. 中国 CCUS：扩大规模 降低成本. 中国石化报，（005）.

崔学勤，王克，傅莎，等. 2017. 2℃和 1.5℃目标下全球碳预算及排放路径. 中国环境科学，37（11）：4353-4362.

戴彦德，康艳兵，熊小平，等. 2017. 2050 中国能源和碳排放情景暨能源转型与低碳发展路线图. 北京：中国环境出版社.

丁仲礼，段晓男，葛全胜，等. 2009. 2050 年大气 CO_2 浓度控制：各国排放权计算. 中国科学：D 辑，39（8）：1009-1027.

杜祥琬. 2021. 试论碳达峰与碳中和. 学术前沿，（14）：20-27，143.

段红霞. 2009. 气候变化经济学和气候政策. 经济学家，（8）：68-75.

鄂尔多斯市发展和改革委员会. 2017. 鄂尔多斯市污水处理收费标准调整方案. http://fgw.ordos.gov.cn/hdjl/dczj/201703/t20170301_1899548.html[2017-03-01].

樊静丽，张贤，梁巧梅. 2013. 基于 CGE 模型的出口退税政策调整的减排效应研究. 中国人口·资源与环境，23（4）：55-61.

房斌，关大博，廖华，等. 2011. 中国能源消费驱动因素的实证研究：基于投入产出的结构分解分析. 数学的实践与认识，41（2）：66-77.

高扬，王朔月，陆瑶，等. 2022. 区域陆-水-气碳收支与碳平衡关键过程对地球系统碳中和的意义. 中国科学：地球科学，52（5）：832-841.

郭偲悦，燕达，崔莹，等. 2014. 长江中下游地区住宅冬季供暖典型案例及关键问题. 暖通空调，（6）：25-32.

国家发展改革委，国家能源局. 2016. 电力发展"十三五"规划（2016—2020）. https://www.ndrc.gov.cn/xxgk/zcfb/ghwb/201612/P020190905497888172833.pdf[2016-12-22].

国家能源局. 2010. 国家发展改革委完善农林生物质发电价格政策. http://www.nea.gov.cn/2010-07/23/c_131065274.htm[2010-07-23].

国家能源局. 2018. 2018 年度全国电力价格情况监管通报. http://www.nea.gov.cn/2019-11/05/c_138530255.htm[2019-11-05].

国家税务总局. 2013. 中国税务年鉴 2013. 北京：中国税务出版社.

国家统计局. 2013. 中国统计年鉴 2013. 北京：中国统计出版社.

国家统计局. 2014. 中国统计年鉴 2014. 北京：中国统计出版社.

国家统计局城市社会经济调查司. 2013. 中国城市（镇）生活与价格年鉴 2013. 北京：中国统计出

版社.
国家统计局能源统计司. 2013. 中国能源统计年鉴 2013. 北京：中国统计出版社.
国家统计局农村社会经济调查司. 2013. 中国农村统计年鉴 2013. 北京：中国统计出版社.
国家统计局人口和就业统计司，人力资源和社会保障部规划财务司. 2013. 中国劳动统计年鉴 2013. 北京：中国统计出版社.
韩智勇，魏一鸣，范英. 2004. 中国能源强度与经济结构变化特征研究. 数理统计与管理，23（1）：1-6.
胡玉杰. 2020. 中国碳排放配额分配方法及其应用研究. 北京:北京理工大学.
湖北省发展和改革委员会. 2018. 省发展改革委关于国电长源湖北生物质气化科技有限公司生物质气化再燃发电项目上网电价的批复. http://fgw.hubei.gov.cn/fbjd/xxgkml/xkfw/xzxkjg/xmspqk/201901/t20190130_3758232.shtml[2018-12-21].
湖北省发展和改革委员会. 2019. 【通知】省发展改革委 省能源局关于下达 2019 年全省电力电量平衡及统调电厂优先发电计划方案的通知. https://fgw.hubei.gov.cn/fbjd/zc/zcwj/tz/201905/t20190507_3763826.shtml[2019-05-07].
华罗庚. 1965. 统筹方法平话及补充. 北京：中国工业出版社.
霍传林. 2014. 我国近海二氧化碳海底封存潜力评估和封存区域研究. 大连：大连海事大学.
季震，陈启鑫，张宁，等. 2013. 含碳捕集电厂的低碳电源规划模型. 电网技术，37（10）：2689-2696.
江世银. 2005. 西方经济学者对资本市场预期理论研究的启示和意义. 甘肃理论学刊，（4）：58-62.
李海生，杨鹊平，赵艳民. 2022. 聚焦水生态环境突出问题，持续推进长江生态保护修复. 环境工程技术学报，12（2）：336-347.
李琦，魏亚妮. 2013. 二氧化碳地质封存联合深部咸水开采技术进展. 科技导报，31（27）：65-70.
李强. 2019. “后巴黎时代”中国的全球气候治理话语权构建：内涵，挑战与路径选择. 国际论坛，21（6）：3-14，155.
李永. 2008. 碳收集与封存（CCS）的源汇匹配模型及其应用——河北省案例. 北京：清华大学.
李政，陈思源，董文娟，等. 2021. 现实可行且成本可负担的中国电力低碳转型路径. 洁净煤技术，27（2）：1-7.
李政，许兆峰，张东杰，等. 2012. 中国实施 CO_2 捕集与封存的参考意见. 北京：清华大学出版社.
梁巧梅，刘维旭，梁晓捷，等. 2014. 碳排放强度分解决策支持系统的研制与应用. 北京理工大学学报（社会科学版），16（5）：37-41.
梁巧梅，任重远，赵鲁涛，等. 2011. 碳排放配额分配决策支持系统设计与研制. 中国能源，33（7）：34-39.
梁巧梅，Okada N，魏一鸣. 2005. 能源需求与二氧化碳排放分析决策支持系统.中国能源，27（1）：41-43.
刘昌义. 2012. 气候变化经济学中贴现率问题的最新研究进展. 经济学动态，（3）：123-129.
刘国强，张涵，陈子坤，等. 2018. 中国生物质发电产业排名报告. 北京：生物质能产业促进会.
刘兰翠. 2006. 我国二氧化碳减排问题的政策建模与实证研究. 合肥：中国科学技术大学.
刘宇，吕郢康，周梅芳. 2015. 投入产出法测算 CO_2 排放量及其影响因素分析. 中国人口·资源与环境，25（9）：21-28.
马晓丽. 2012. 火电厂 CO_2 捕集技术浅析. 环境保护与循环经济，（7）：47-48.
毛健雄. 2017. 燃煤耦合生物质发电. 分布式能源，2（5）：47-54.
米志付. 2015. 气候变化综合评估建模方法及其应用研究. 北京：北京理工大学.
内蒙古自治区发展和改革委员会. 2015. 内蒙古自治区发展和改革委员会关于降低我区燃煤发电上网

电价和工商业用电价格的通知. http://fgw.nmg.gov.cn/zfxxgk/fdzdgknr/bmwj/202012/t20201209_340631.html[2015-04-19].

内蒙古自治区人民政府. 2014. 内蒙古自治区人民政府关于印发自治区水资源费征收标准及相关规定的通知. https://www.hhchsw.com/show.asp?class_id=907&display_id=779[2014-12-18].

诺德豪斯 W. 2019. 气候赌场：全球变暖的风险、不确定性与经济学. 梁小民，译. 上海：东方出版中心.

诺德豪斯 W. 2020. 管理全球共同体：气候变化经济学. 梁小民，译. 上海：东方出版中心.

潘建军. 2013. 事故风险 "领结图" 管控法的研究与应用. 安全，34（10）：14-15.

彭鑫. 2021. 中国两大耗能部门（居民生活部门和工业部门）能源回弹效应的实证分析. 广州：暨南大学.

人民网. 2014. 财政部下发通知提高石油特别收益金起征点. http://politics.people.com.cn/n/2014/1229/c1001-26291811.html[2014-12-29].

陕西省发展和改革委员会. 2018. 陕西省物价局关于调整榆林电网电力价格的通知. http://sndrc.shaanxi.gov.cn/zjww/jgcs/jgc/lsxx/jgysbbz/zyspjg/dl/FJ73eu.htm[2018-04-26].

陕西省人民政府. 2018. 陕西省人民政府关于印发水资源税改革试点实施办法的通知. http://www.shaanxi.gov.cn/zfxxgk/zfgb/2018_3966/d5q_3971/201803/t20180320_1638267.html[2018-03-20].

邵帅，范美婷，杨莉莉. 2022. 经济结构调整、绿色技术进步与中国低碳转型发展——基于总体技术前沿和空间溢出效应视角的经验考察. 管理世界，（2）：4-10，46-69.

生态环境部. 2019. 2019 年发电行业重点排放单位（含自备电厂、热电联产）二氧化碳排放配额分配实施方案（试算版）. https://www.mee.gov.cn/xxgk2018/xxgk/xxgk06/201909/W020190930789281533906.pdf[2019-09-25].

石敏俊，袁永娜，周晟吕，等. 2013. 碳减排政策：碳税，碳交易还是两者兼之？. 管理科学学报，16（9）：9-19.

史作廷，公丕芹. 2021. 加快发展我国碳捕集利用与封存技术. 中国经贸导刊，（11）：59-60.

世界资源研究所. 2021. 零碳之路："十四五"开启中国绿色发展新篇章. https://wri.org.cn/sites/default/files/2021-11/accelerating-the-net-zero-transition-strategic-action-for-china%E2%80%99s-14th-five-year-plan-CN.pdf[2020-12-01].

苏健，梁英波，丁麟，等. 2021. 碳中和目标下我国能源发展战略探讨. 中国科学院院刊，36（9）：1001-1009.

孙亮. 2013. 中国 CCUS 源汇匹配决策支持系统研究. 北京：清华大学.

孙亮，陈文颖. 2012. 中国陆上油藏 CO_2 封存潜力评估. 中国人口・资源与环境，22（6）：76-81.

孙晓芳，岳天祥，范泽孟. 2012. 中国土地利用空间格局动态变化模拟——以规划情景为例. 生态学报，32（20）：6440-6451.

唐葆君，胡玉杰，周慧羚. 2016. 北京市碳排放研究. 北京：科学出版社.

唐葆君，吉嫦婧，王翔宇，等. 2021. 后疫情时期全国碳市场政策对经济和排放的影响. 中国环境管理，13（3）：19-27.

王彩明，李健. 2017. 基于 LMDI 的河北省能源消费碳排放量核算及影响因素实证分析. 科技管理研究，（10）：258-266.

王涵，马军，陈民，等. 2022. 减污降碳协同多元共治体系需求及构建探析. 环境科学研究，35（4）：936-944.

王翔宇. 2022. 碳减排市场机制设计方法及其应用研究. 北京：北京理工大学.

王新利，黄元生，刘诗剑. 2020. 优化能源消费结构对河北省碳强度目标实现的贡献潜力分析. 运筹与管理，29（12）：140.
王雅楠，谢艳琦，谢丽琴，等. 2019. 基于LMDI模型和Q型聚类的中国城镇生活碳排放因素分解分析. 环境科学研究，32（4）：539-546.
魏楚. 2014. 中国城市 CO_2 边际减排成本及其影响因素. 世界经济，（7）：115-141.
魏世杰，樊静丽，杨扬，等. 2021. 燃煤电厂碳捕集、利用与封存技术和可再生能源储能技术的平准化度电成本比较. 热力发电，50（1）：33-42.
魏晓琛，李琦，邢会林，等. 2014. 地下流体注入诱发地震机理及其对 CO_2 地下封存工程的启示. 地球科学进展，29（11）：1226-1241.
魏一鸣. 2010. 应对气候变化：能源与社会经济协调发展. 北京：中国环境科学出版社.
魏一鸣. 2020. 气候工程管理：碳捕集与封存技术管理. 北京：科学出版社.
魏一鸣，范英，韩志勇，等. 2006a. 中国能源报告2006：战略与政策研究. 北京：科学出版社.
魏一鸣，范英，王毅，等. 2006b. 关于我国碳排放问题的若干对策与建议. 气候变化研究进展，2（1）：15-20.
魏一鸣，韩融，余碧莹，等. 2022a. 全球能源系统转型趋势与低碳转型路径：来自于IPCC第六次评估报告的证据. 北京理工大学学报（社会科学版），24（4）：163-188.
魏一鸣，梁巧梅，余碧莹，等. 2023. 气候变化综合评估模型与应用. 北京：科学出版社.
魏一鸣，廖华. 2010. 中国能源报告2010：能源效率研究. 北京：科学出版社.
魏一鸣，廖华，余碧莹，等. 2018. 中国能源报告（2018）：能源密集型部门绿色转型研究. 北京：科学出版社.
魏一鸣，刘兰翠，廖华. 2017. 中国碳排放与低碳发展. 北京：科学出版社.
魏一鸣，刘兰翠，吴刚，等. 2008. 中国能源报告2008：碳排放研究. 北京：科学出版社.
魏一鸣，刘新刚. 2022-07-11. 辩证把握推动“双碳”工作的“四对关系”. 光明日报，（06）.
魏一鸣，米志付，张皓. 2013. 气候变化综合评估模型研究新进展. 系统工程理论与实践，33（8）：1905-1915.
魏一鸣，王恺，凤振华，等. 2010. 碳金融与碳市场：方法与实证. 北京：科学出版社.
魏一鸣，吴刚，梁巧梅，等. 2012. 中国能源报告2012：能源安全研究. 北京：科学出版社.
魏一鸣，余碧莹，唐葆君，等. 2022b. 中国碳达峰碳中和时间表与路线图研究. 北京理工大学学报（社会科学版），24（4）：13-26.
魏一鸣，余碧莹，唐葆君，等. 2022c. 中国碳达峰碳中和路径优化方法. 北京理工大学学报（社会科学版），24（4）：3-12.
魏一鸣，张跃军. 2013. 中国能源经济数字图解：2012-2013. 北京：科学出版社.
文冬光，郭建强，张森琦，等. 2014. 中国二氧化碳地质储存研究进展. 中国地质，41（5）：1716-1723.
吴力波，赵春江，高威. 2014. 碳税与碳交易：中国省际差异及其影响因素. 经济学（季刊），13（2）：769-794.
吴秀章. 2013. 中国二氧化碳捕集与地质封存首次规模化探索. 北京：科学出版社.
吴郧，余碧莹，邹颖，等. 2021. 碳中和愿景下电力部门低碳转型路径研究. 中国环境管理，3：48-55.
项目综合报告编写组. 2020.《中国长期低碳发展战略与转型路径研究》综合报告. 中国人口·资源与环境，30（11）：1-25.
谢来辉. 2011. 碳交易还是碳税? 理论与政策. 金融评论，（6）：103-110.
新华网. 2022. 零碳小屋如何“自给自足”？——走近冬奥里的“绿科技”. http://www.news.cn/tech/20220127/8eaf6bf920654f79b3c1a8a351db8add/c.html[2023-08-07].
许广月，宋德勇. 2008. 环境税双重红利理论的动态扩展——基于内生增长理论的初步分析框架. 广东商学院学报，（4）：4-9.
宣亚雷. 2013. 二氧化碳捕获与封存技术应用项目风险评价研究. 大连：大连理工大学.
杨帆，梁巧梅. 2013. 中国国际贸易中的碳足迹核算. 管理学报，10（2）：288-292.
杨涛. 2018-12-07. 我市开展冬季集中供热安全检查. 荆门晚报.
姚云飞，梁巧梅，魏一鸣. 2012a. 国际能源价格波动对中国边际减排成本的影响：基于 CEEPA 模型的分析. 中国软科学，（2）：156-165.
姚云飞，梁巧梅，魏一鸣. 2012b. 主要排放部门的减排责任分担研究：基于全局成本有效的分析. 管理学报，9（8）：1239-1243.
余碧莹，张俊杰. 2022. 时间利用行为与低碳管理. 北京：科学出版社.
余碧莹，赵光普，安润颖，等. 2021. 碳中和目标下中国碳排放路径研究. 北京理工大学学报（社会科学版），23（2）：17-24.
原毅军，谢荣辉. 2014. 环境规制的产业结构调整效应研究——基于中国省际面板数据的实证检验. 中国工业经济，（8）：57-69.
岳光溪，吕俊复，徐鹏，等. 2016. 循环流化床燃烧发展现状及前景分析. 中国电力，49（1）：1-13.
查冬兰，周德群. 2010. 基于 CGE 模型的中国能源效率回弹效应研究. 数量经济技术经济研究，27(12)：39-53，66.
查冬兰，周德群，孙元. 2013. 为什么能源效率与碳排放同步增长——基于回弹效应的解释. 系统工程，31（10）：105-111.
翟明洋，林千果，钟林发，等. 2016. CO_2 捕集封存联合地下咸水利用经济评价. 现代化工，（4）：8-12.
张成，陆旸，郭路，等. 2011. 环境规制强度和生产技术进步. 经济研究，（2）：113-124.
张呈尧. 2018. 水泥行业节能减排路径模拟方法及其应用研究. 北京：北京理工大学.
张森琦，郭建强，李旭峰. 2011. 中国二氧化碳地质储存地质基础及场地地质评价. 北京：地质出版社.
张守军. 2018. 生物质气化高值化利用技术多联产/耦合燃煤发电/制备天然气. 第六届中国（国际）生物质能源与生物质利用高峰论坛，上海.
张贤，郭偲悦，孔慧，等. 2021. 碳中和愿景的科技需求与技术路径. 中国环境管理，13（1）：65-70.
张瑜，孙倩，薛进军，等. 2022. 减污降碳的协同效应分析及其路径探究. 中国人口·资源与环境，32（5）：1-13.
张曾莲. 2017. 风险评估方法. 北京：机械工业出版社.
赵鲁涛，邢悦悦，杨可欣，等. 2022. 2022 年国际原油价格分析与趋势预测. 北京理工大学学报（社会科学版），24（2）：28-32.
郑逸璇，宋晓晖，周佳，等. 2021. 减污降碳协同增效的关键路径与政策研究. 中国环境管理，13（5）：45-51.
中国电力网. 2020. 中电联关于公布 2018 年度电力行业火电机组能效水平对标结果的通知. http://mm.chinapower.com.cn/zxy/jznxdb/20200604/21216.html[2020-06-04].
中国电力网. 2021. PPT 下载丨中国 2060 年前碳中和研究报告. http://www.chinapower.com.cn/zx/jzqb/20210321/59707.html[2021-03-18].
中国水网. 2017. 陕西西安水价. https://www.h2o-china.com/price[2023-02-12].
中国碳排放交易网. 2019. 中国七大碳市场行情 K 线走势图. http://www.tanpaifang.com/tanhangqing[2021-06-04].
中华人民共和国财政部. 2013. 中国财政年鉴 2013. 北京：中国财政杂志社.
周慧羚. 2021. 不确定条件下发电企业 CCUS 投资决策方法及其应用研究. 北京：北京理工大学.
Abrahamson N，Atkinson G，Boore D，et al. 2008. Comparisons of the NGA ground-motion relations.

Earthquake Spectra，24（1）：45-66.
Acemoglu D，Aghion P，Hemous D. 2014. The environment and directed technical change in a North-South model. Oxford Review of Economic Policy，30（3）：513-530.
Ackerman F，Stanton E A，Bueno R. 2013. Epstein-zin utility in DICE：is risk aversion irrelevant to climate policy? . Environmental and Resource Economics，56（1）：73-84.
Adar Z，Griffin J M. 1976. Uncertainty and the choice of pollution control instruments. Journal of Environmental Economics and Management，3（3）：178-188.
Afonso A，Tovar Jalles J，Venâncio A. 2024. Fiscal decentralization and public sector efficiency：do natural disasters matter?. Economic Modelling，137：106763.
Aguiar A，Narayanan B，McDougall R. 2016. An overview of the GTAP 9 data base. Journal of Global Economic Analysis，1（1）：181-208.
Ahn J，Song M S. 2007. Convergence of the trinomial tree method for pricing European/American options. Applied Mathematics and Computation，189（1）：575-582.
Allen R G，Pereira L S，Raes D，et al. 1998. Crop evapotranspiration：guidelines for computing crop water requirements. Irrigation and Drainage，56：300.
Alvarez-Cuadrado F，van Long N. 2009. A mixed Bentham-Rawls criterion for intergenerational equity：theory and implications. Journal of Environmental Economics and Management，58（2）：154-168.
Aminu M D，Nabavi S A，Rochelle C A，et al. 2017. A review of developments in carbon dioxide storage. Applied Energy，208：1389-1419.
An R Y，Yu B Y，Li R，et al. 2018. Potential of energy savings and CO_2 emission reduction in China's iron and steel industry. Applied Energy，226：862-880.
Anderson E W，Brock W A，Sanstad A. 2016. Robust consumption and energy decisions. 2017 Allied Social Sciences Association（ASSA） Annual Meeting，Chicago.
Andrew R M，Peters G P. 2021. The global carbon project's fossil CO_2 emissions dataset. https://doi.org/10.5281/zenodo.5569235[2021-10-14].
Anthoff D，Tol R S. 2010. On international equity weights and national decision making on climate change. Journal of Environmental Economics and Management，60（1）：14-20.
Armour K C. 2017. Energy budget constraints on climate sensitivity in light of inconstant climate feedbacks. Nature Climate Change，7（5）：331-335.
Arrow K J. 1962. The economic implications of learning by doing. The Review of Economic Studies，29（3）：155-173.
Arrow K，Cropper M，Gollier C，et al. 2013. Determining benefits and costs for future generations. Science，341（6144）：349-350.
Arrow K J，Cline W，Maler K. 1996. Intertemporal Equity，Discounting and Economic Efficiency. Cambridge：Cambridge University Press.
Aslim E G，Neyapti B. 2017. Optimal fiscal decentralization: Redistribution and welfare implications. Economic Modelling，61：224-234.
Atkinson G M. 2015. Ground-motion prediction equation for small-to-moderate events at short hypocentral distances，with application to induced-seismicity hazards. Bulletin of the Seismological Society of America，105（2A）：981-992.
Aven T，Zio E，Baraldi P，et al. 2013. Uncertainty in Risk Assessment：The Representation and Treatment of Uncertainties by Probabilistic and Non-Probabilistic Methods. New York：John Wiley & Sons.

Azar C. 1999. Weight factors in cost-benefit analysis of climate change. Environmental and Resource Economics, 13（3）: 249-268.

Azzolina N A, Peck W D, Hamling J A, et al. 2016. How green is my oil? A detailed look at greenhouse gas accounting for CO_2-enhanced oil recovery（CO_2-EOR） sites. International Journal of Greenhouse Gas Control, 51: 369-379.

Bacanskas L, Karimjee A, Ritter K. 2009. Toward practical application of the vulnerability evaluation framework for geological sequestration of carbon dioxide. Energy Procedia, 1（1）: 2565-2572.

Bachu S. 2008. Comparison between methodologies recommended for estimation of CO_2 storage capacity in geological media. https://citeseerx.ist.psu.edu/document?repid=rep1&type=pdf&doi=a745711090b05956f9c122c462fc6391b31e91b7[2021-10-14].

Bachu S. 2016. Identification of oil reservoirs suitable for CO_2-EOR and CO_2 storage（CCUS） using reserves databases, with application to Alberta, Canada. International Journal of Greenhouse Gas Control, 44: 152-165.

Bai M X, Sun J P, Song K P, et al. 2015. Well completion and integrity evaluation for CO_2 injection wells. Renewable and Sustainable Energy Reviews, 45: 556-564.

Balajewicz M, Toivanen J. 2017. Reduced order models for pricing European and American options under stochastic volatility and jump-diffusion models. Journal of Computational Science, 20: 198-204.

Baldursson F M, von der Fehr N H M. 2008. Prices vs. quantities: public finance and the choice of regulatory instruments. European Economic Review, 52（7）: 1242-1255.

Barrett S. 2014. Solar geoengineering's brave new world: thoughts on the governance of an unprecedented technology. Review of Environmental Economics and Policy, 8（2）: 249-269.

Bassu S, Brisson N, Durand J L, et al. 2014. How do various maize crop models vary in their responses to climate change factors?. Global Change Biology, 20（7）: 2301-2320.

Bastien-Olvera B A, Moore F C. 2021. Use and non-use value of nature and the social cost of carbon. Nature Sustainability, 4（2）: 101-108.

Baumgärtner S. 2005. Temporal and thermodynamic irreversibility in production theory. Economic Theory, 26（3）: 725-728.

Béland D. 2007. Ideas and institutional change in social security: Conversion, layering, and policy drift. Social Science Quarterly, 88（1）: 20-38.

Beggs H D, Robinson J R. 1975. Estimating the viscosity of crude oil systems. Journal of Petroleum Technology, 27（9）: 1140-1141.

Bhatia S K, Bhatia R K, Jeon J M, et al. 2019. Carbon dioxide capture and bioenergy production using biological system—a review. Renewable and Sustainable Energy Reviews, 110: 143-158.

Bigley G A, Roberts K H. 2001. The incident command system: High-reliability organizing for complex and volatile task environments. Academy of Management Journal, 44: 1281-1299.

Black R, Cullen K, Fay B, et al. 2021. Taking stock: a global assessment of net zero targets.https://ca1-eci.edcdn.com/reports/ECIU-Oxford_Taking_Stock.pdf?v=1616461369[2021-10-14].

Blanc E. 2012. The impact of climate change on crop yields in Sub-Saharan Africa. American Journal of Climate Change, 1: 1-13.

Bock B, Rhudy R, Herzog H, et al. 2003. Economic evaluation of CO_2 storage and sink enhancement options. https://www.osti.gov/servlets/purl/826435[2003-02-28].

Bodirsky B L, Rolinski S, Biewald A, et al. 2015. Global food demand scenarios for the 21st century. PLoS

One, 10 (11) : e0139201.

Bonan G B. 2008. Forests and climate change: forcings, feedbacks, and the climate benefits of forests. Science, 320 (5882) : 1444-1449.

Bond-Lamberty B, Calvin K, Jones A D, et al. 2014. Coupling earth system and integrated assessment models: the problem of steady state. Geoscientific Model Development Discussions, 7: 1499-1524.

Bonsch M, Popp A, Biewald A, et al. 2015. Environmental flow provision: implications for agricultural water and land-use at the global scale. Global Environmental Change, 30: 113-132.

Boot-Handford M E, Abanades J C, Anthony E J, et al. 2014. Carbon capture and storage update. Energy & Environmental Science, 7 (1) : 130-189.

Bosello F, Buchner B, Carraro C. 2003. Equity, development, and climate change control. Journal of the European Economic Association, 1 (2/3) : 601-611.

Bouchama A, Knochel J P. 2002. Heat stroke. New England Journal of Medicine, 346 (25) : 1978-1988.

Bowden A R, Rigg A. 2004. Assessing risk in CO_2 storage projects. The APPEA Journal, 44 (1) : 677-702.

Budinis S, Krevor S, Mac Dowell N, et al. 2018. An assessment of CCS costs, barriers and potential. Energy Strategy Reviews, 22: 61-81.

Budolfson M, Dennig F, Errickson F, et al. 2021. Climate action with revenue recycling has benefits for poverty, inequality and well-being. Nature Climate Change, 11 (12) : 1111-1116.

Bui M, Adjiman C S, Bardow A, et al. 2018. Carbon capture and storage (CCS) : the way forward. Energy & Environmental Science, 11 (5) : 1062-1176.

Burke M, Hsiang S M, Miguel E. 2015. Global non-linear effect of temperature on economic production. Nature, 527 (7577) : 235-239.

Burns K. 2010. Into the Archive: Writing and Power in Colonial Peru. Durham: Duke University Press.

Cai B F, Li Q, Liu G Z, et al. 2017. Environmental concern-based site screening of carbon dioxide geological storage in China. Scientific Reports, 7 (1) : 1-16.

Calvo R, Gvirtzman Z. 2013. Assessment of CO_2 storage capacity in southern Israel. International Journal of Greenhouse Gas Control, 14: 25-38.

Calzadilla A, Rehdanz K, Tol R S. 2011. The GTAP-W model: accounting for water use in agriculture. Kiel Working Papers.

Caney S. 2014. Climate change, intergenerational equity and the social discount rate. Politics, Philosophy & Economics, 13 (4) : 320-342.

Cao J, Ho M S, Jorgenson D W, et al. 2019. China's emissions trading system and an ETS-carbon tax hybrid. Energy Economics, 81: 741-753.

Cappa F, Rutqvist J. 2012. Seismic rupture and ground accelerations induced by CO_2 injection in the shallow crust. Geophysical Journal International, 190 (3) : 1784-1789.

Carbon Sequestration Leadership Forum. 2008. Comparison between methodologies recommended for estimation of CO_2 storage capacity in geologic media-phase III report. https://www.cslforum.org/cslf/sites/default/files/documents/PhaseIIIReportStorageCapacityEstimationTaskForce0408.pdf[2023-05-18].

Carbon Sequestration Leadership Forum. 2020. Task force on clusters, hubs, and infrastructure and CCS update 1, period March 2019-September 2020. https://www.cslforum.org/cslf/sites/default/files/documents/Clusters-Hubs-and-Infrastructure-Task-Force-Report_September-2020.pdf[2020-09-11].

Carlin A. 2011. A multidisciplinary, science-based approach to the economics of climate change. International Journal of Environmental Research and Public Health, 8 (4) : 985-1031.

Carpenter M，Kvien K，Aarnes J. 2011. The CO_2 QUALSTORE guideline for selection，characterisation and qualification of sites and projects for geological storage of CO_2. International Journal of Greenhouse Gas Control，5（4）：942-951.

Carraro C，Siniscalco D. 1993. Strategies for the international protection of the environment. Journal of Public Economics，52（3）：309-328.

Carslaw K S，Lee L A，Reddington C L，et al. 2013. Large contribution of natural aerosols to uncertainty in indirect forcing. Nature，503（7474）：67-71.

Castruccio S，Hu Z Q，Sanderson B，et al. 2019. Reproducing internal variability with few ensemble runs. Journal of Climate，32（24）：8511-8522.

Castruccio S，McInerney D J，Stein M L，et al. 2014. Statistical emulation of climate model projections based on precomputed GCM runs. Journal of Climate，27（5）：1829-1844.

Celia M A，Bachu S，Nordbotten J M，et al. 2005. Quantitative estimation of CO_2 leakage from geological storage：analytical models，numerical models，and data needs. Greenhouse Gas Control Technologies，1：663-671.

Center for Global Development. 2012. Carbon monitoring for action. https://www.cgdev.org/topics/carbon-monitoring-action[2023-02-13].

Challenor P. 2011. Using emulators to estimate uncertainty in complex models. IFIP Working Conference on Uncertainty Quantification，Boulder.

Chen H，Tang B J，Liao H，et al. 2016b. A multi-period power generation planning model incorporating the non-carbon external costs：a case study of China. Applied Energy，183：1333-1345.

Chen H D，Wang C，Ye M H. 2016a. An uncertainty analysis of subsidy for carbon capture and storage（CCS） retrofitting investment in China's coal power plants using a real-options approach. Journal of Cleaner Production，137：200-212.

Chen J M，Yu B，Wei Y M. 2018. Energy technology roadmap for ethylene industry in China. Applied Energy，224：160-174.

Chen J M，Yu B，Wei Y M. 2019. CO_2 emissions accounting for the chemical industry：an empirical analysis for China. Natural Hazards，99（3）：1327-1343.

Chen W M，Qu S，Han M S. 2021. Environmental implications of changes in China's inter-provincial trade structure. Resources，Conservation and Recycling，167：105419.

Chu H，Ran L，Zhang R. 2016. Evaluating CCS investment of China by a novel real option-based model. Mathematical Problems in Engineering，2016：1-15.

Cline W R. 1992. The economics of global warming. Institute for International Economics，Washington，DC：399.

Coase R H. 1960. The problem of social cost. The Journal of Law and Economics，3：1-44.

Coase R H. 2013. The problem of social cost. The Journal of Law and Economics，56（4）：837-877.

Cong R G，Wei Y M. 2010. Potential impact of（CET） carbon emissions trading on China's power sector：a perspective from different allowance allocation options. Energy，35（9）：3921-3931.

Cong R G，Wei Y M. 2012. Experimental comparison of impact of auction format on carbon allowance market. Renewable and Sustainable Energy Reviews，16（6）：4148-4156.

Costanza R，d'Arge R，de Groot R，et al. 1997. The value of the world's ecosystem services and natural capital. Nature，387（6630）：253-260.

Crippa M，Solazzo E，Huang G，et al. 2020. High resolution temporal profiles in the emissions database for global atmospheric research. Scientific Data, 7（1）：1-17.

Crost B, Traeger C P. 2011. Risk and aversion in the integrated assessment of climate change. CUDARE Working Paper: 1104R.

Crost B, Traeger C P. 2014. Optimal CO_2 mitigation under damage risk valuation. Nature Climate Change, 4（7）：631-636.

Cui H, Zhao T, Wu R. 2018. An investment feasibility analysis of CCS retrofit based on a two-stage compound real options model. Energies, 11（7）：1711.

Cui Q, Wei Y M, Li Y. 2016. Exploring the impacts of the EU ETS emission limits on airline performance via the dynamic environmental DEA approach. Applied Energy, 183: 984-994.

Cui R Y, Hultman N, Cui D, et al. 2021. A plant-by-plant strategy for high-ambition coal power phaseout in China. Nature Communications, 12（1）：1-10.

Dahowski R T, Li X, Davidson C L, et al. 2009. Regional opportunities for carbon dioxide capture and storage in China: a comprehensive CO_2 storage cost curve and analysis of the potential for large scale carbon dioxide capture and storage in the People's Republic of China（No. PNNL- 19091）. Richland: Pacific Northwest National Lab.

Dai X Z, Wu Y, Di Y Q, et al. 2009. Government regulation and associated innovations in building energy-efficiency supervisory systems for large-scale public buildings in a market economy. Energy Policy, 37: 2073-2078.

Dales J H. 1968. Land, water, and ownership. The Canadian Journal of Economics, 1（4）：791-804.

Dasgupta P. 2008. Discounting climate change. Journal of Risk and Uncertainty, 37（2）：141-169.

Davies R J, Almond S, Ward R S, et al. 2014. Oil and gas wells and their integrity: implications for shale and unconventional resource exploitation. Marine and Petroleum Geology, 56: 239-254.

de Canio S J, Manski C F, Sanstad A H. 2022. Minimax-regret climate policy with deep uncertainty in climate modeling and intergenerational discounting. Ecological Economics, 201: 107552.

de Silva P N K, Ranjith P G, Choi S K. 2012. A study of methodologies for CO_2 storage capacity estimation of coal. Fuel, 91（1）：1-15.

de Vries B, Bollen J, Bouwman L, et al. 2000. Greenhouse gas emissions in an equity-, environment-and service-oriented world: an IMAGE-based scenario for the 21st century. Technological Forecasting and Social Change, 63（2/3）：137-174.

Dekel E, Lipman B L, Rustichini A. 1998. Recent developments in modeling unforeseen contingencies. European Economic Review, 42（3/4/5）：523-542.

Deng Z, Li D Y, Pang T, et al. 2018. Effectiveness of pilot carbon emissions trading systems in China. Climate Policy, 18: 992-1011.

di Vittorio A V, Chini L P, Bond-Lamberty B, et al. 2014. From land use to land cover: restoring the afforestation signal in a coupled integrated assessment—earth system model and the implications for CMIP5 RCP simulations. Biogeosciences, 11（22）：6435-6450.

Dietrich J P, Schmitz C, Lotze-Campen H, et al. 2014. Forecasting technological change in agriculture—an endogenous implementation in a global land use model. Technological Forecasting and Social Change, 81: 236-249.

Dietrich J P, Schmitz C, Müller C, et al. 2012. Measuring agricultural land-use intensity—a global analysis using a model-assisted approach. Ecological Modelling, 232: 109-118.

Dietz S, Asheim G B. 2012. Climate policy under sustainable discounted utilitarianism. Journal of

Environmental Economics and Management，63（3）：321-335.
Ding S，Zhang M，Song Y. 2019. Exploring China's carbon emissions peak for different carbon tax scenarios. Energy Policy，129：1245-1252.
Doll C N H，Muller J P，Morley J G. 2006. Mapping regional economic activity from night-time light satellite imagery. Ecological Economics，57（1）：75-92.
Domar E D. 1946. Capital expansion，rate of growth，and employment. Econometrica，14（2）：137-147.
Domar E D. 1947. Expansion and employment. The American Economic Review，37（1）：34-55.
Dong K Y，Hochman G，Zhang Y Q，et al. 2018. CO_2 emissions，economic and population growth，and renewable energy：empirical evidence across regions. Energy Economics，75：180-192.
Dorheim K，Link R，Hartin C，et al. 2020. Calibrating simple climate models to individual earth system models：lessons learned from calibrating hector. Earth and Space Science，7（11）：e2019EA000980.
Douglas J，Edwards B，Convertito V，et al. 2013. Predicting ground motion from induced earthquakes in geothermal areas. Bulletin of the Seismological Society of America，103：1875-1897.
Dowlatabadi H. 1995. Integrated assessment models of climate change：an incomplete overview. Energy Policy，23（4/5）：289-296.
Dowlatabadi H，Morgan M G. 1993. Integrated assessment of climate change. Science，259（5103）：1813-1932.
Druckman J N. 2011. What's it all about? Framing in political science. Perspectives on Framing，279：282-296.
Edenhofer O，Lessmann K，Bauer N. 2006. Mitigation strategies and costs of climate protection：the effects of ETC in the hybrid model mind. The Energy Journal，27：55-72.
Edenhofer O，Pichs-Madruga R，Sokona Y，et al. 2011. IPCC Special Report on Renewable Energy Sources and Climate Change Mitigation. Cambridge：Cambridge University Press.
EIA. 2022. Petroleum & other liquids. https://www.eia.gov/dnav/pet/hist/LeafHandler.ashx?n=pet&s=rclc1&f=a[2023-02-08].
EPRTR. 2019. E-PRTR_database_v18_csv. https://www.eea.europa.eu/data-and-maps/data/member-states-reporting-art-7-under-the-european-pollutant-release-and-transfer-register-e-prtr-regulation-23/european-pollutant-release-and-transfer-register-e-prtr-data-base/eprtr_v9_csv.zip[2023-05-18].
Etminan M，Myhre G，Highwood E J，et al. 2016. Radiative forcing of carbon dioxide，methane，and nitrous oxide：a significant revision of the methane radiative forcing. Geophysical Research Letters，43：612-614.
Faber M，Manstetten R，Proops J L R. 1992. Humankind and the environment：an anatomy of surprise and ignorance. Environmental Values，1（3）：217-242.
Fajardy M，Mac Dowell N. 2017. Can BECCS deliver sustainable and resource efficient negative emissions?. Energy & Environmental Science，10（6）：1389-1426.
Fan J L，Hou Y B，Wang Q，et al. 2016. Exploring the characteristics of production-based and consumption-based carbon emissions of major economies：a multiple-dimension comparison. Applied Energy，184：790-799.
Fan J L，Liang Q M，Wang Q，et al. 2015. Will export rebate policy be effective for CO_2 emissions reduction in China? A CEEPA-based analysis. Journal of Cleaner Production，103：120-129.
Fan J L，Liao H，Liang Q M，et al. 2013. Residential carbon emission evolutions in urban-rural divided China：an end-use and behavior analysis. Applied Energy，101：323-332.
Fan J L，Liao H，Tang B J，et al. 2016. The impacts of migrant workers consumption on energy use and CO_2

emissions in China. Natural Hazards，81（2）：725-743.
Fan J L，Shen S，Wei S J，et al. 2020. Near-term CO_2 storage potential for coal-fired power plants in China：a county-level source-sink matching assessment. Applied Energy，279：115878.
Fan J L，Wang Q，Yu S W，et al. 2017. The evolution of CO_2 emissions in international trade for major economies：a perspective from the global supply chain. Mitigation and Adaptation Strategies for Global Change，22（8）：1229-1248.
Fan J L，Yu H，Wei Y M. 2015. Residential energy-related carbon emissions in urban and rural China during 1996-2012：from the perspective of five end-use activities. Energy and Buildings，96：201-209.
Fan Y，Liang Q M，Wei Y M，et al. 2007. A model for China's energy requirements and CO_2 emissions analysis. Environmental Modelling & Software，22（3）：378-393.
Fan Y，Liu L C，Wu G，et al. 2006. Analyzing impact factors of CO_2 emissions using the STIRPAT model. Environmental Impact Assessment Review，26（4）：377-395.
Fang Q，Li Y. 2014. Exhaustive brine production and complete CO_2 storage in Jianghan Basin of China. Environmental Earth Sciences，72（5）：1541-1553.
Fankhauser S. 1993. Evaluating the social costs of greenhouse gas emissions. London：Centre for Social and Economic Research on the Global Environment，University of East Anglia.
Fanning A L，O'Neill D W，Hickel J，et al. 2022. The social shortfall and ecological overshoot of nations. Nature Sustainability，5（1）：26-36.
Feng Z H，Wei Y M，Wang K. 2012. Estimating risk for the carbon market via extreme value theory：an empirical analysis of the EU ETS. Applied Energy，99：97-108.
Feng Z H，Zou L L，Wei Y M. 2011a. Carbon price volatility：evidence from EU ETS. Applied Energy，88（3）：590-598.
Feng Z H，Zou L L，Wei Y M. 2011b. The impact of household consumption on energy use and CO_2 emissions in China. Energy，36：656-670.
FERC. 2018. Oil pipeline index. Washington，DC：Federal Energy Regulatory Commission.
Fishelson G. 1976. Emission control policies under uncertainty. Journal of Environmental Economics and Management，3（3）：189-197.
Foxall W，Savy J，Johnson S，et al. 2013. Second generation toolset for calculation of induced seismicity risk profiles. https://digital.library.unt.edu/ark:/67531/metadc836421/m2/1/high_res_d/ 1077182.pdf [2021-10-14].
Frenken K，Gillet V. 2012. Irrigation water requirement and water withdrawal by country. Rome：FAO.
Friedl M A，Sulla-Menashe D，Tan B，et al. 2010. MODIS collection 5 global land cover：algorithm refinements and characterization of new datasets. Remote Sensing of Environment，114：168-182.
Friedlingstein P，Cox P，Betts R，et al. 2006. Climate-carbon cycle feedback analysis：results from the C4MIP model intercomparison. Journal of Climate，19：3337-3353.
Fuhrman J，McJeon H，Patel P，et al. 2020. Food-energy-water implications of negative emissions technologies in a +1.5 °C future. Nature Climate Change，10（10）：920-927.
Fujimori S，Wu W，Doelman J，et al. 2022. Land-based climate change mitigation measures can affect agricultural markets and food security. Nature Food，3（2）：110-121.
Gabrielli P，Gazzani M，Mazzotti M. 2020. The role of carbon capture and utilization，carbon capture and storage，and biomass to enable a net-zero-CO_2 emissions chemical industry. Industrial & Engineering Chemistry Research，59（15）：7033-7045.
GAINS. 2012. Mitigation of air pollutants and greenhouse gases program. https://gains.iiasa.ac.at/

models/gains_models4.html[2012-03-28].

Gao G, Wang K, Zhang C, et al. 2019. Synergistic effects of environmental regulations on carbon productivity growth in China's major industrial sectors. Natural Hazards, 95（1）: 55-72.

Gao Y N, Li M, Xue J J, et al. 2020. Evaluation of effectiveness of China's carbon emissions trading scheme in carbon mitigation. Energy Economics, 90: 104872.

Gazzotti P, Emmerling J, Marangoni G, et al. 2021. Persistent inequality in economically optimal climate policies. Nature Communications, 12（1）: 3421.

Gerlagh R, Keyzer M A. 2001. Sustainability and the intergenerational distribution of natural resource entitlements. Journal of Public Economics, 79（2）: 315-341.

Gerstenberger M C, Wiemer S, Jones L M, et al. 2005. Real-time forecasts of tomorrow's earthquakes in California. Nature, 435（7040）: 328-331.

Giorgi F, Widmann M, Widmann M. 2001. Climate change 2001: the scientific basis（IPCC WG1 Third Assessment Report）. Netherlands Journal of Geosciences, 87（3）: 197-199.

Global CCS Institute. 2016. Understanding industrial CCS hubs and clusters. https://www.globalccsinstitute.com/resources/publications-reports-research/understanding-industrial-ccs-hubs-and-clusters[2023-02-13].

Global CCS Institute. 2021. Global status of CCS 2021. https://www.globalccsinstitute.com/resources/publications-reports-research/global-status-of-ccs-2021[2023-05-18].

Goertzallmann B P, Wiemer S. 2013. Geomechanical modeling of induced seismicity source parameters and implications for seismic hazard assessment. Geophysics, 78: 25-39.

Goldman Sachs Research. 2021. Carbonomics China net zero: the clean tech revolution. https://www.goldmansachs.com/intelligence/pages/carbonomics-china-net-zero.html[2021-10-14].

Gollier C. 2010. Expected net present value, expected net future value, and the Ramsey rule. Journal of Environmental Economics and Management, 59（2）: 142-148.

Gollier C. 2012. Pricing the Planet's Future: The Economics of Discounting in an Uncertain World. Princeton: Princeton University Press.

Gollier C, Weitzman M L. 2010. How should the distant future be discounted when discount rates are uncertain?. Economics Letters, 107（3）: 350-353.

Gong P Q, Tang B J, Xiao Y C, et al. 2016. Research on China export structure adjustment: an embodied carbon perspective. Natural Hazards, 84（1）: 129-151.

Good P, Gregory J M, Lowe J A. 2011. A step-response simple climate model to reconstruct and interpret AOGCM projections. Geophysical Research Letters, 38（1）: L01703.

Goodman A, Bromhal G, Strazisar B, et al. 2013. Comparison of methods for geologic storage of carbon dioxide in saline formations. International Journal of Greenhouse Gas Control, 18: 329-342.

Goodman A, Hakala A, Bromhal G, et al. 2011. U.S. DOE methodology for the development of geologic storage potential for carbon dioxide at the national and regional scale. International Journal of Greenhouse Gas Control, 5（4）: 952-965.

Goodwin P, Williams R G, Ridgwell A. 2015. Sensitivity of climate to cumulative carbon emissions due to compensation of ocean heat and carbon uptake. Nature Geoscience, 8: 29-34.

Graves R W, Pitarka A. 2010. Broadband ground-motion simulation using a hybrid approach. Bulletin of the Seismological Society of America, 100: 2095-2123.

Gregory J M, Jones C D, Cadule P, et al. 2009. Quantifying carbon cycle feedbacks. Journal of Climate, 22（19）: 5232-5250.

Grossman G M, Krueger A B. 1991. Environmental impacts of a North American free trade agreement. Cambridge: National Bureau of Economic Research.

Grossman G M, Krueger A B. 1995. Economic growth and the environment. The Quarterly Journal of Economics, 110（2）: 353-377.

Gulley A L, Nassar N T, Xun S. 2018. China, the United States, and competition for resources that enable emerging technologies. Proceedings of the National Academy of Sciences, 115（16）: 4111-4115.

Guo J, Zou L L, Wei Y M. 2010. Impact of inter-sectoral trade on national and global CO_2 emissions: an empirical analysis of China and US. Energy Policy, 38: 1389-1397.

Hall P A, Taylor R C R. 1996. Political science and the three new institutionalisms. Political Studies, 44（5）: 936-957.

Han R, Tang B J, Fan J L, et al. 2016. Integrated weighting approach to carbon emission quotas: an application case of Beijing-Tianjin-Hebei region. Journal of Cleaner Production, 131: 448-459.

Han R, Yu B Y, Tang B J, et al. 2017. Carbon emissions quotas in the Chinese road transport sector: a carbon trading perspective. Energy Policy, 106: 298-309.

Han X, Yu Y, He H, et al. 2013. Oxidative steam reforming of ethanol over Rh catalyst supported on $Ce_{1-x}La_xO_y$（x=0.3） solid solution prepared by urea co-precipitation method. Journal of Power Sources, 238: 57-64.

Hanemann M. 2010. Cap-and-trade: a sufficient or necessary condition for emission reduction?. Oxford Review of Economic Policy, 26: 225-252.

Hansen J, Kharecha P, Sato M, et al. 2013. Assessing "dangerous climate change": required reduction of carbon emissions to protect young people, future generations and nature. PLoS One, 8（12）: 81648.

Hao L N, Umar M, Khan Z, et al. 2021. Green growth and low carbon emission in G7 countries: how critical the network of environmental taxes, renewable energy and human capital is?. Science of the Total Environment, 752: 141853.

Hao Y, Chen H, Wei Y M, et al. 2016a. The influence of climate change on CO_2（carbon dioxide）emissions: an empirical estimation based on Chinese provincial panel data. Journal of Cleaner Production, 131: 667-677.

Hao Y, Liao H, Wei Y M. 2015. Is China's carbon reduction target allocation reasonable? An analysis based on carbon intensity convergence. Applied Energy, 142: 229-239.

Hao Y, Wei Y M. 2015. When does the turning point in China's CO_2 emissions occur? Results based on the green solow model. Environment and Development Economics, 20: 723-745.

Hao Y, Zhang Z Y, Liao H, et al. 2016b. Is CO_2 emission a side effect of financial development? An empirical analysis for China. Environmental Science and Pollution Research, 23: 21041-21057.

Harrod R F. 1939. An essay in dynamic theory. The Economic Journal, 49: 14-33.

Harrod R F. 1942. Towards a Dynamic Economics: Some Recent Developments of Economic Theory and their Application to Policy. Lodon: Macmillan.

Hartin C A, Patel P, Schwarber A, et al. 2015. A simple object-oriented and open-source model for scientific and policy analyses of the global climate system—hector v1.0. Geoscientific Model Development, 8: 939-955.

Harvey L D D, Kaufmann R K. 2002. Simultaneously constraining climate sensitivity and aerosol radiative forcing. Journal of Climate, 15: 2837-2861.

He L P, Shen P P, Liao X W, et al. 2015. Study on CO_2 EOR and its geological sequestration potential in oil field around Yulin city. Journal of Petroleum Science and Engineering，134：199-204.

He L P，Shen P P，Liao X W，et al. 2016. Potential evaluation of CO_2 EOR and sequestration in Yanchang oilfield. Journal of the Energy Institute，89（2）：215-221.

Helm D. 2005. Economic instruments and environmental policy. Economic and Social Review，36（3）：205-228.

Hendriks C，Graus W，van Bergen F. 2004. Global carbon dioxide storage potential and costs. https://www.researchgate.net/publication/260095614_Global_Carbon_Dioxide_Storage_Potential_ and_ Costs[2021-10-14].

Heo J，Moon H，Chang S，et al. 2021. Case study of solar photovoltaic power-plant site selection for infrastructure planning using a BIM-GIS-based approach. Applied Sciences，11（18）：8785.

Hepburn C. 2006. Regulation by prices，quantities，or both：a review of instrument choice. Oxford Review of Economic Policy，22（2）：226-247.

Hepburn C. 2010. Environmental policy，government，and the market. Oxford Review of Economic Policy，26：117-136.

Herzog H. 2006. A GIS-based model for CO_2 pipeline transport and source-sink matching optimization. Cambridge：Commonwealth of Massachusetts.

Hoberg N，Baumgaertner S. 2017. Irreversibility and uncertainty cause an intergenerational equity-efficiency trade-off. Ecological Economics，131（1）：75-86.

Hoegh-Guldberg O. 1999. Climate change，coral bleaching and the future of the world's coral reefs. Marine and Freshwater Research，50：839-866.

Hof A F，Hope C W，Lowe J，et al. 2012. The benefits of climate change mitigation in integrated assessment models：the role of the carbon cycle and climate component. Climatic Change，113：897-917.

Hohne N，den Elzen M，Escalante D. 2014. Regional GHG reduction targets based on effort sharing：a comparison of studies. Climate Policy，14（1）：122-147.

Hooss G，Voss R，Hasselmann K，et al. 2001. A nonlinear impulse response model of the coupled carbon cycle-climate system（NICCS）. Climate Dynamics，18（3/4）：189-202.

Hope C. 2008. Discount rates，equity weights and social cost of carbon. Energy Economics，30（3）：1011-1019.

Houghton E，Filho L M，Callander B A，et al. 1996. Climate Change 1995：The Science of Climate Change：Contribution of Working Group Ⅰ to the Second Assessment Report of the Intergovernmental Panel on Climate Change. Cambridge：Cambridge University Press.

House K Z，Baclig A C，Ranjan M，et al. 2011. Economic and energetic analysis of capturing CO_2 from ambient air. Proceedings of the National Academy of Sciences，108（51）：20428-20433.

Howarth R B，Norgaard R B. 1990. Intergenerational resource rights，efficiency，and social optimality. Land Economics，66（1）：1-11.

Howarth R B，Norgaard R B. 1992. Environmental valuation under sustainable development. American Economic Review，82（2）：473-477.

Hu Y J，Han R，Tang B J. 2017. Research on the initial allocation of carbon emission quotas：evidence from China. Natural Hazards，85（2）：1189-1208.

Hu Y J，Li X Y，Tang B J. 2017. Assessing the operational performance and maturity of the carbon trading pilot program：the case study of Beijing's carbon market. Journal of Cleaner Production，161：1263-1274.

Hua G，Cheng T C E，Wang S. 2011. Managing carbon footprints in inventory management. International Journal of Production Economics，132（2）：178-185.

Hua L K. 1984. On the mathematical theory of globally optimal planned economic systems. Proceedings of the National Academy of Sciences of the United States of America，81（20）：6549-6553.

Hubacek K，Baiocchi G，Feng K，et al. 2017. Poverty eradication in a carbon constrained world. Nature Communications，8（1）：1-9.

Hull J C. 2015. Options，Futures and Other Derivatives. London：Pearson Education Inc.

Huo T，Ma Y，Cai W，et al. 2021. Will the urbanization process influence the peak of carbon emissions in the building sector? A dynamic scenario simulation. Energy and Buildings，232：110590.

Hwang H，Reich M，Shinozuka M，et al. 1984. Structural reliability analysis and seismic risk assessment. New York：Brookhaven National Lab.

ICAP. 2020. Emissions trading worldwide：status report 2020. Berlin：International Carbon Action Partnership.

IEA. 2005. Building the costs curves for CO_2 storage：North America. Pairs：International Energy Agency（IEA）.

IEA. 2016. 20 Years of carbon capture and storage. Paris：International Energy Agency（IEA）.

IEA. 2017. Energy technology perspectives 2017：catalysing energy technology transformations. Paris：International Energy Agency（IEA）.

IEA. 2020a. Energy technology perspectives. Paris：International Energy Agency（IEA）.

IEA. 2020b. CCUS in clean energy transitions. Paris：International Energy Agency（IEA）.

IEA. 2021. Net zero by 2050：a road map for the global energy sector. Paris：International Energy Agency（IEA）.

IEA. 2024. CO_2 Emissions in 2023. Paris：International Energy Agency（IEA）.

IEAGHG. 2005. Building the cost curves for CO_2 storage：European sector. https://ieaghg.org/docs/overviews/2005-2.pdf[2021-10-14].

IEAGHG. 2011a. Retrofitting CO_2 capture to existing power plants. http://documents.ieaghg.org/index.php/s/RNvZ7HtwKHFjzIX[2023-05-18].

IEAGHG. 2011b. The costs of CO_2 storage—post demonstration CCS in the EU. https://www.globalccsinstitute.com/resources/publications-reports-research/the-costs-of-CO_2-capture-post-demonstration-ccs-in-the-eu[2021-10-14].

Igunnu E T，Chen G Z. 2014. Produced water treatment technologies. International Journal of Low-Carbon Technologies，9（3）：157-177.

Immergut E M. 1998. The theoretical core of the new institutionalism. Politics & Society，26（1）：5-34.

Inada K I. 1963. On a two-sector model of economic growth：comments and a generalization. The Review of Economic Studies，30：119-127.

International CCS Knowledge Centre. 2018. The shand CCS feasibility study public report. https://ccsknowledge.com/initiatives/2nd-generation-ccs---shand-study[2021-10-14].

IPCC. 1996. Second Assessment Full Report. Cambridge：Cambridge University Press.

IPCC. 2001. Climate Change 2001：Mitigation. Contribution of Working Group Ⅲ to the Third Assessment Report of the Intergovernmental Panel on Climate Change. Cambridge：Cambridge University Press.

IPCC. 2005. IPCC Special Report on Carbon Dioxide Capture and Storage. Prepared by Working Group Ⅲ of the Intergovernmental Panel on Climate Change. Cambridge：Cambridge University Press.

IPCC. 2007. Climate Change 2007：The Physical Science Basis. Contribution of Working Groups Ⅰ to the Fourth Assessment Report of the Intergovernmental Panel on Climate Change. Cambridge：Cambridge

University Press.

IPCC. 2011. Renewable Energy Sources and Climate Change Mitigation. Cambridge：Cambridge University Press.

IPCC. 2013. Climate Change 2013：The Physical Science Basis. Contribution of Working Group I to the Fifth Assessment Report of the Intergovernmental Panel on Climate Change. Cambridge：Cambridge University Press.

IPCC. 2014. AR5 Climate Change 2014：Mitigation of Climate Change. Contribution of Working Group III to the Fifth Assessment Report of the Intergovernmental Panel on Climate Change. Cambridge：Cambridge University Press.

IPCC. 2018. Global warming of 1.5°C. Geneva：World Meteorological Organization.

IPCC. 2022. Climate Change 2022：Mitigation of Climate Change. Contribution of Working Group III to the Sixth Assessment Report of the Intergovernmental Panel on Climate Change. Cambridge：Cambridge University Press.

IRENA. 2012. Renewable energy technologies：cost analysis series. volume 1，issue 5/5，power sectors：wind power. Boon：IRENA Secretariat.

IRENA. 2020. Reaching zero with renewables. Abu Dhabi：International Renewable Energy Agency.

IRENA. 2021. World energy transitions outlook：1.5°C pathway. Abu Dhabi：International Renewable Energy Agency.

ISO. 2009. ISO 31000：2009，Risk management—principles and guidelines. https://www.iso.org/standard/43170.html[2023-05-18].

Jakob M，Steckel J C. 2014. How climate change mitigation could harm development in poor countries?. Wiley Interdisciplinary Reviews：Climate Change，5：161-168.

Jakobsen V E，Hauge F，Holm M，et al. 2005. CO_2 for EOR on the Norwegian shelf— a case study. https://network.bellona.org/content/uploads/sites/2/fil_CO_2_report_English_Ver_1B-06022006.pdf[2021-10-14].

James S，Chai M，Yukiyo M. 2011. Economic assessment of carbon capture and storage technologies：2011 update. https://www.globalccsinstitute.com/resources/publications-reports-research/economic-assessment-of-carbon-capture-and-storage-technologies-2011-update[2021-10-14].

Ji C J，Hu Y J，Tang B J. 2018. Research on carbon market price mechanism and influencing factors：a literature review. Natural Hazards，92（2）：761-782.

Ji C J，Hu Y J，Tang B J，et al. 2021. Price drivers in the carbon emissions trading scheme：evidence from Chinese emissions trading scheme pilots. Journal of Cleaner Production，278：123469.

Ji C J，Li X Y，Hu Y J，et al. 2019. Research on carbon price in emissions trading scheme：a bibliometric analysis. Natural Hazards，99（3）：1381-1396.

Ji C J，Wang X D，Wang X Y，et al. 2024. Design and impact assessment of policies to overcome oversupply in China's national carbon market. Journal of Environmental Management，354：120388.

Jiang K，Zhuang X，Miao R，et al. 2013. China's role in attaining the global 2°C target. Climate Policy，13（sup01）：55-69.

Jiang M X，Zhu B Z，Wei Y M，et al. 2018. An intertemporal carbon emissions trading system with cap adjustment and path control. Energy Policy，122：152-161.

Jiao J，Lin R，Liu S，et al. 2019. Copper atom-pair catalyst anchored on alloy nanowires for selective and efficient electrochemical reduction of CO_2. Nature Chemistry，11（3）：222-228.

Jones W. 1995. The World Bank and Irrigation（English）. Washington，DC：The World Bank.

Joos F, Bruno M, Fink R, et al. 1996. An efficient and accurate representation of complex oceanic and biospheric models of anthropogenic carbon uptake. Tellus B, 48（3）: 397-417.

Joos F, Roth R, Fuglestvedt J S, et al. 2013. Carbon dioxide and climate impulse response functions for the computation of greenhouse gas metrics: a multi-model analysis. Atmospheric Chemistry and Physics, 13: 2793-2825.

Kaiser J, Krueger T, Haase D. 2023. Global patterns of collective payments for ecosystem services and their degrees of commodification. Ecological Economics, 209: 107816.

Kang J N, Wei Y M, Liu L C, et al. 2020. The prospects of carbon capture and storage in China's power sector under the 2°C target: a component-based learning curve approach. International Journal of Greenhouse Gas Control, 101: 103149.

Kang J N, Wei Y M, Liu L C, et al. 2021a. Observing technology reserves of carbon capture and storage via patent data: paving the way for carbon neutral. Technological Forecasting and Social Change, 171: 120933.

Kang J N, Wei Y M, Liu L C, et al. 2021b. A social learning approach to carbon capture and storage demonstration project management: an empirical analysis. Applied Energy, 299: 117336.

Kato M, Zhou Y. 2011. A basic study of optimal investment of power sources considering environmental measures: economic evaluation of CCS through a real options approach. Electrical Engineering in Japan, 174（3）: 9-17.

Keith D W. 2000. Geoengineering the climate: history and prospect. Annual Review of Energy and the Environment, 25（1）: 245-284.

Kell S. 2011. State oil and gas agency groundwater investigations and their role in advancing regulatory reforms: a two-state review, Ohio and Texas. Oklahoma: Ground Water Protection Council.

Kennedy R P, Ravindra M K. 1984. Seismic fragilities for nuclear power plant risk studies. Nuclear Engineering and Design, 79: 47-68.

Kerr R A. 1999. Research council says U.S. climate models can't keep up. Science, 283（5403）: 766-767.

King G E, King D E. 2013. Environmental risk arising from well-construction failure differences between barrier and well failure, and estimates of failure frequency across common well types, locations, and well age. SPE Production & Operations, 28（4）: 323-344.

Klapperich R J, Cowan R M, Gorecki C D, et al. 2013. IEAGHG investigation of extraction of formation water from CO_2 storage. Energy Procedia, 37: 2479-2486.

Koelbl B S, van den Broek M A, van Ruijven B J, et al. 2014. Uncertainty in the deployment of carbon capture and storage（CCS）: a sensitivity analysis to techno-economic parameter uncertainty. International Journal of Greenhouse Gas Control, 27: 81-102.

Kreidenweis U, Humpenöder F, Kehoe L, et al. 2018. Pasture intensification is insufficient to relieve pressure on conservation priority areas in open agricultural markets. Global Change Biology, 24: 3199-3213.

Krokhmal P, Palmquist J, Uryasev S. 2002. Portfolio optimization with conditional value-at-risk objective and constraints. Journal of Risk, 4（2）: 43-68.

Krysiak F. 2006. Entropy, limits to growth, and the prospects for weak sustainability. Ecological Economics, 58（1）: 182-191.

Krysiak F. 2009. Sustainability and its relation to efficiency under uncertainty. Economic Theory, 41（2）: 297-315.

Kyle G P, Luckow P, Calvin K V, et al. 2011. GCAM 3.0 agriculture and land use: data sources and methods. Richland: Pacific Northwest National Lab.

Kypreos S. 2005. Modeling experience curves in MERGE(model for evaluating regional and global effects). Energy，30（14）：2721-2737.

Lackey G, Vasylkivska V S, Huerta N J, et al. 2019. Managing well leakage risks at a geologic carbon storage site with many wells. International Journal of Greenhouse Gas Control，88：182-194.

Lapillonne B, Chateau B, Criqui P, et al. 2007. World energy technology outlook-2050-WETO-H2. post-print halshs-00121063，HAL. Brussels：European Commission Directorate-General for Research Information and Communication Unit.

Lawrence P J，Chase T N. 2010. Investigating the climate impacts of global land cover change in the community climate system model. International Journal of Climatology，30（13）：2066-2087.

Le Grand J. 1990. Equity versus efficiency：the elusive trade-off. Ethics，100（3）：554-568.

Le Quéré C, Jackson R B, Jones M W, et al. 2020. Temporary reduction in daily global CO_2 emissions during the COVID-19 forced confinement. Nature Climate Change，10（7）：647-653.

Leach N J，Jenkins S，Nicholls Z，et al. 2021. FaIRv2.0.0：a generalized impulse response model for climate uncertainty and future scenario exploration. Geoscientific Model Development，14：3007-3036.

Leeson D，Mac Dowell N，Shah N，et al. 2017. A techno-economic analysis and systematic review of carbon capture and storage（CCS） applied to the iron and steel，cement，oil refining and pulp and paper industries，as well as other high purity sources. International Journal of Greenhouse Gas Control，61：71-84.

Lemoine D，Kapnick S. 2016. A top-down approach to projecting market impacts of climate change. Nature Climate Change，6：51-55.

Lenton T M. 2000. Land and ocean carbon cycle feedback effects on global warming in a simple earth system model. Tellus B：Chemical and Physical Meteorology，52：1159.

Lesk C，Rowhani P，Ramankutty N. 2016. Influence of extreme weather disasters on global crop production. Nature，529（7584）：84-87.

Li H，Jiang H D，Dong K Y，et al. 2020. A comparative analysis of the life cycle environmental emissions from wind and coal power：evidence from China. Journal of Cleaner Production，248：119192.

Li H N，Wei Y M. 2015. Is it possible for China to reduce its total CO_2 emissions?. Energy，83：438-446.

Li H N，Wei Y M，Mi Z F. 2015. China's carbon flow：2008-2012. Energy Policy，80：45-53.

Li H R，Cui X Q，Hui J X，et al. 2021. Catchment-level water stress risk of coal power transition in China under 2°C/1.5°C targets. Applied Energy，294：116986.

Li J Q，Mi Z F，Wei Y M，et al. 2019. Flexible options to provide energy for capturing carbon dioxide in coal-fired power plants under the clean development mechanism. Mitigation and Adaptation Strategies for Global Change，24：1483-1505.

Li J Q, Wei Y M, Dai M. 2022a. Investment in CO_2 capture and storage combined with enhanced oil recovery in China：a case study of China's first megaton-scale project. Journal of Cleaner Production，373：133724.

Li J Q，Wei Y M，Liu L C，et al. 2022b. The carbon footprint and cost of coal-based hydrogen production with and without carbon capture and storage technology in China. Journal of Cleaner Production，362：132514.

Li J Q，Yu B Y，Tang B J，et al. 2020. Investment in carbon dioxide capture and storage combined with enhanced water recovery. International Journal of Greenhouse Gas Control，94：102848.

Li K，Lin B Q. 2016. Impact of energy conservation policies on the green productivity in China's manufacturing sector：evidence from a three-stage DEA model. Applied Energy，168：351-363.

Li M J，Mi Z F，Coffman D，et al. 2018. Assessing the policy impacts on non-ferrous metals industry's CO_2 reduction：evidence from China. Journal of Cleaner Production，192：252-261.

Li Q，Fei W，Liu X，et al. 2014. Challenging combination of CO_2 geological storage and coal mining in the Ordos Basin，China. Greenhouse Gases：Science and Technology，4（4）：452-467.

Li R，Tang B J. 2016.Initial carbon quota allocation methods of power sectors：a China case study. Natural Hazards，84（2）：1075-1089.

Li S，Zhang X，Gao L，et al. 2012. Learning rates and future cost curves for fossil fuel energy systems with CO_2 capture：methodology and case studies. Applied Energy，93：348-356.

Li W，Gao S. 2018. Prospective on energy related carbon emissions peak integrating optimized intelligent algorithm with dry process technique application for China's cement industry. Energy，165：33-54.

Li X Y，Tang B J. 2017. Incorporating the transport sector into carbon emission trading scheme：an overview and outlook. Natural Hazards，88（2）：683-698.

Li X，Liu Y，Bai B，et al. 2006. Ranking and Screening of CO_2 saline aquifer storage zones in China. Chinese Journal of Rock Mechanics and Engineering，25（5）：963-968.

Li X，Wei N，Liu Y，et al. 2009. CO_2 point emission and geological storage capacity in China. Energy Procedia，1（1）：2793-2800.

Li X，Yu B Y. 2019. Peaking CO_2 emissions for China's urban passenger transport sector. Energy Policy，133：110913.

Liang Q M，Fan Y，Wei Y M. 2007a. Carbon taxation policy in China：how to protect energy- and trade-intensive sectors?. Journal of Policy Modeling，29：311-333.

Liang Q M，Fan Y，Wei Y M. 2007b. Multi-regional input-output model for regional energy requirements and CO_2 emissions in China. Energy Policy，35（3）：1685-1700.

Liang Q M，Fan Y，Wei Y M. 2009. The effect of energy end-use efficiency improvement on China's energy use and CO_2 emissions：a CGE model-based analysis. Energy Efficiency，2：243-262.

Liang Q M，Wang Q，Wei Y M. 2013. Assessing the distributional impacts of carbon tax among households across different income groups：the case of China. Energy & Environment，24（7/8）：1323-1346.

Liang Q M，Wang T，Xue M M. 2016. Addressing the competitiveness effects of taxing carbon in China：domestic tax cuts versus border tax adjustments. Journal of Cleaner Production，112：1568-1581.

Liang Q M，Wei Y M. 2012. Distributional impacts of taxing carbon in China：results from the CEEPA model. Applied Energy，92：545-551.

Liang Q M，Yao Y F，Zhao L T，et al. 2014. Platform for China energy & environmental policy analysis：a general design and its application. Environmental Modelling & Software，51：195-206.

Liao H，Andrade C，Lumbreras J，et al. 2017. CO_2 emissions in Beijing：sectoral linkages and demand drivers. Journal of Cleaner Production，166：395-407.

Liao H，Cao H S. 2013. How does carbon dioxide emission change with the economic development? Statistical experiences from 132 countries. Global Environmental Change，23：1073-1082.

Liao H，Ye H Y，2023. Endogenous economic structure, climate change, and the optimal abatement path. Structural Change and Economic Dynamics，65：417-429.

Lin A C. 2019. Carbon dioxide removal after Paris. Ecology Law Quarterly，45：533-582.

Lippiatt N，Ling T C，Pan S Y. 2020. Towards carbon-neutral construction materials：carbonation of cement-based materials and the future perspective. Journal of Building Engineering，28：101062.

Liu L C，Cao D，Wei Y M. 2016. What drives intersectoral CO_2 emissions in China?. Journal of Cleaner

Production，133：1053-1061.

Liu L C，Fan Y，Wu G，et al. 2007. Using LMDI method to analyze the change of China's industrial CO_2 emissions from final fuel use：an empirical analysis. Energy Policy，35：5892-5900.

Liu L C，Liang Q M，Wang Q. 2015. Accounting for China's regional carbon emissions in 2002 and 2007：production-based versus consumption-based principles. Journal of Cleaner Production，103：384-392.

Liu L C，Wu G，Wang J N，et al. 2011. China's carbon emissions from urban and rural households during 1992-2007. Journal of Cleaner Production，19：1754-1762.

Liu L J，Creutzig F，Yao Y F，et al. 2020. Environmental and economic impacts of trade barriers：the example of China-US trade friction. Resource and Energy Economics，59：101144.

Liu L J，Jiang H D，Liang Q M，et al. 2023. Carbon emissions and economic impacts of an EU embargo on Russian fossil fuels. Nature Climate Change，13：290-296.

Liu W X，Wang Q，Liang Q M，et al. 2014. China's regional carbon emission intensity decomposition system. International Journal of Global Energy Issues，37（5/6）：319.

Lobell D B，Field C B. 2007. Global scale climate-crop yield relationships and the impacts of recent warming. Environmental Research Letters，2：014002.

Lobell D B，Hammer G L，McLean C. 2013. The critical role of extreme heat for maize production in the United States. Nature Climate Change，3（5）：497-501.

Lobell D B，Schlenker W，Costa-Roberts J. 2011. Climate trends and global crop production since 1980. Science，333：616-620.

Loh J Y Y，Kherani N P，Ozin G A. 2021. Persistent CO_2 photocatalysis for solar fuels in the dark. Nature Sustainability，4：466-473.

Lu X，Cao L，Wang H，et al. 2019. Gasification of coal and biomass as a net carbon-negative power source for environment-friendly electricity generation in China. Proceedings of the National Academy of Sciences，116（17）：8206-8213.

Lucas R E，Jr. 1988. On the mechanics of economic development. Journal of Monetary Economics，22：3-42.

Luenberger D G. 1997. Investment Science. Oxford：Oxford University Press.

Lustgarten A，Schmidt K K. 2012. State-by-state：underground injection wells. http://projects.propublica.org/graphics/underground-injection-wells[2023-07-03].

Lv G，Li Q，Wang S，et al. 2015. Key techniques of reservoir engineering and injection-production process for CO_2 flooding in China's SINOPEC Shengli Oilfield. Journal of CO_2 Utilization，11：31-40.

Ma Y，Ke R Y，Han R，et al. 2017. The analysis of the battery electric vehicle's potentiality of environmental effect：a case study of Beijing from 2016 to 2020. Journal of Cleaner Production，145：395-406.

MacKay D J C，Cramton P，Ockenfels A，et al. 2015. Price carbon—I will if you will. Nature，526（7573）：315-316.

Maestre-Andrés S，Drews S，van den Bergh J. 2019. Perceived fairness and public acceptability of carbon pricing：a review of the literature. Climate Policy，19（9）：1186-1204.

Malthus T R. 1798. An Essay on the Principle of Population. London：Pickering & Chatto Publishers.

Manoussi V，Xepapadeas A，Emmerling J. 2018. Climate engineering under deep uncertainty. Journal of Economic Dynamics and Control，94：207-224.

March J G，Olsen J P. 1983. The new institutionalism：organizational factors in political life. American Political Science Review，78（3）：734-749.

Markanday A，Galarraga I，Markandya A. 2019. A critical review of cost-benefit analysis for climate change

adaptation in cities. Climate Change Economics，10（4）：1950014.
Marshall A，Guillebaud C W. 1961. Principles of Economics：an Introductory Volume. Berlin：Springer.
Maul P R，Metcalfe R，Pearce J，et al. 2007. Performance assessments for the geological storage of carbon dioxide：learning from the radioactive waste disposal experience. International Journal of Greenhouse Gas Control，1（4）：444-455.
McClure M W，Horne R N. 2011. Investigation of injection-induced seismicity using a coupled fluid flow and rate/state friction model.Geophysics，76：34-35.
McCollum D L，Ogden J M. 2006. Techno-economic models for carbon dioxide compression，transport，and storage & correlations for estimating carbon dioxide density and viscosity. Institute of Transportation Studies Working Paper.
Meinshausen M，Raper S C B，Wigley T M L. 2011. Emulating coupled atmosphere-ocean and carbon cycle models with a simpler model，MAGICC6—part 1：model description and calibration. Atmospheric Chemistry and Physics，11：1417-1456.
Melara A J，Singh U，Colosi L M. 2020. Is aquatic bioenergy with carbon capture and storage a sustainable negative emission technology? Insights from a spatially explicit environmental life-cycle assessment. Energy Conversion and Management，224：113300.
Merk C，Pönitzsch G，Rehdanz K. 2019. Do climate engineering experts display moral-hazard behaviour?. Climate Policy，19（2）：231-243.
Metcalfe R，Maul P R，Benbow S J，et al. 2009. A unified approach to performance assessment（PA） of geological CO_2 storage. Energy Procedia，1（1）：2503-2510.
Meyer J W，Rowan B. 1977. Institutionalized organizations：formal structure as myth and ceremony. American Journal of Sociology，83（2）：340-363.
Meyer L. 2015. IPCC fifth assessment report synthesis report. Bogazici University.
Mi Z F，Meng J，Guan D B，et al. 2017a. Chinese CO_2 emission flows have reversed since the global financial crisis. Nature Communications，8：1-10.
Mi Z F，Meng J，Guan D B，et al. 2017c. Pattern changes in determinants of Chinese emissions. Environmental Research Letters，12：074003.
Mi Z F，Pan S Y，Yu H，et al. 2015. Potential impacts of industrial structure on energy consumption and CO_2 emission：a case study of Beijing. Journal of Cleaner Production，103：455-462.
Mi Z F，Wei Y M，He C Q，et al. 2017b. Regional efforts to mitigate climate change in China：a multi-criteria assessment approach. Mitigation and Adaptation Strategies for Global Change，22（1）：45-66.
Mi Z F，Wei Y M，Wang B，et al. 2017d. Socioeconomic impact assessment of China's CO_2 emissions peak prior to 2030. Journal of Cleaner Production，142：2227-2236.
Mi Z F，Zhang Y K，Guan D B，et al. 2016. Consumption-based emission accounting for Chinese cities. Applied Energy，184：1073-1081.
Mi Z F，Zheng J L，Meng J，et al. 2020. Economic development and converging household carbon footprints in China. Nature Sustainability，3（7）：529-537.
Minx J C，Lamb W F，Callaghan M W，et al. 2018. Negative emissions—part 1：research landscape and synthesis. Environmental Research Letters，13（6）：063001.
Müller C，Elliott J，Chryssanthacopoulos J，et al. 2017. Global gridded crop model evaluation：benchmarking，skills，deficiencies and implications. Geoscientific Model Development，10（4）：1403-1422.
Murphy J M，Sexton D M，Barnett D N，et al. 2004. Quantification of modelling uncertainties in a large

ensemble of climate change simulations. Nature，430（7001）：768-772.

Murto P. 2007. Timing of investment under technological and revenue-related uncertainties. Journal of Economic Dynamics and Control，31（5）：1473-1497.

Myers S C. 1977. Determinants of corporate borrowing. Journal of Financial Economics，5（2）：147-175.

National Research Council. 2015. Climate Intervention：Carbon Dioxide Removal and Reliable Sequestration. Washington，DC：The National Academies Press.

Nazari M S，Maybee B，Whale J，et al. 2015. Climate policy uncertainty and power generation investments：a real options-CVaR portfolio optimization approach. Energy Procedia，75：2649-2657.

Negishi I T. 1972. General Equilibrium Theory and International Trade. Amsterdam：North-Holland Publishing Company.

NETL. 2015a. NETL's carbon capture and storage（CCS） database—version 5. Washington，DC：National Energy Technology Laboratory.

NETL. 2015b. A review of the CO_2 pipeline infrastructure in the US. https://www.energy.gov/sites/prod/files/2015/04/f22/QER%20Analysis%20-%20A%20Review%20of%20the%20CO2%20Pipeline%20Infrastructure%20in%20the%20U.S_0.pdf[2015-04-21].

Neumayer E. 2000. In defence of historical accountability for greenhouse gas emissions. Ecological Economics，33（2）：185-192.

Nicholls Al R. 2007. Ranking of the world's cities most exposed to coastal flooding today and in the future. https://climate-adapt.eea.europa.eu/en/metadata/publications/ranking-of-the-worlds-cities-to-coastal-flooding/11240357[2021-10-14].

Nicholls Z R J，Meinshausen M，Lewis J，et al. 2020. Reduced complexity model intercomparison project phase 1：introduction and evaluation of global-mean temperature response. Geoscientific Model Development，13：5175-5190.

Noelke C，McGovern M，Corsi D J，et al. 2016. Increasing ambient temperature reduces emotional well-being. Environmental Research，151：124-129.

Nordhaus W D. 1991. To slow or not to slow：the economics of the greenhouse effect. The Economic Journal，101（407）：920-937.

Nordhaus W D. 1993. Rolling the "DICE"：an optimal transition path for controlling greenhouse gases. Resource and Energy Economics，15（1）：27-50.

Nordhaus W D. 1994. Managing the Global Commons：The Economics of Climate Change. Cambridge：MIT Press.

Nordhaus W D. 2007. A review of the Stern review on the economics of climate change. Journal of Economic Literature，45（3）：686-702.

Nordhaus W D. 2008. A Question of Balance：Weighing the Options on Global Warming Policies. New Haven：Yale University Press.

Nordhaus W D. 2010. Economic aspects of global warming in a post-Copenhagen environment. Proceedings of the National Academy of Sciences，107（26）：11721-11726.

Nordhaus W D. 2017. Revisiting the social cost of carbon. Proceedings of the National Academy of Sciences，114（7）：1518-1523.

Nordhaus W D. 2018. Projections and uncertainties about climate change in an era of minimal climate policies. American Economic Journal：Economic Policy，10（3）：333-360.

Nordhaus W D. 2019. Climate change：the ultimate challenge for economics. American Economic Review，

109（6）：1991-2014.

Nordhaus W D，Boyer J G. 1999. Requiem for Kyoto：an economic analysis of the Kyoto Protocol. The Energy Journal，20（Special Issue-The Cost of the Kyoto Protocol：A Multi-Model Evaluation）：93-130.

Nordhaus W D，Yang Z. 1996. A regional dynamic general-equilibrium model of alternative climate- change strategies. The American Economic Review，86（4）：741-765.

Norton B G. 1994. Toward Unity Among Environmentalists. Oxford：Oxford University Press.

Ogawa T，Nakanishi S，Shidahara T，et al. 2011. Saline-aquifer CO_2 sequestration in Japan-methodology of storage capacity assessment. International Journal of Greenhouse Gas Control，5（2）：318-326.

Oldenburg C M. 2008. Screening and ranking framework for geologic CO_2 storage site selection on the basis of health，safety，and environmental risk. Environmental Geology，54（8）：1687-1694.

Oldenburg C M，Bryant S L，Nicot J P. 2009. Certification framework based on effective trapping for geologic carbon sequestration. International Journal of Greenhouse Gas Control，3（4）：444-457.

Oldham P，Szerszynski B，Stilgoe J，et al. 2014. Mapping the landscape of climate engineering. Philosophical Transactions of the Royal Society A：Mathematical，Physical and Engineering Sciences，372（2031）：20140065.

Olhoff A，Christensen J M. 2018. Emissions gap report 2018. Copenhagen：UNEP DTU Partnership.

Orlov A，Sillmann J，Aunan K，et al. 2020. Economic costs of heat-induced reductions in worker productivity due to global warming. Global Environmental Change，63：102087.

Osmonson L M，Persits F M，Steinshouer D W，et al. 2000. Geologic provinces of the world，2000 world petroleum assessment，all defined provinces. Virginia：US Geological Survey.

Paltsev S，Reilly J M，Jacoby H D，et al. 2005. The MIT emissions prediction and policy analysis（EPPA）model：version 4. Cambridge：MIT Joint Program on the Science and Policy of Global Change.

Parry I W，Williams R C. 1999. A second-best evaluation of eight policy instruments to reduce carbon emissions. Resource and Energy Economics，21（3/4）：347-373.

Parson E A. 2014. Climate engineering in global climate governance：implications for participation and linkage. Transnational Environmental Law，3（1）：89-110.

Peck S C，Teisberg T J. 1995. Optimal CO_2 control policy with stochastic losses from temperature rise. Climatic Change，31（1）：19-34.

Peck S C，Teisberg T J. 1999. CO_2 concentration limits，the costs and benefits of control，and the potential for international agreement. International Environmental Agreements on Climate Change，Dordrecht.

Peng D，Liu H B. 2023. Marginal carbon dioxide emission reduction cost and influencing factors in Chinese industry based on Bayes bootstrap. Sustainability，15（11）：8662.

Peng J，Yu B Y，Liao H，et al. 2018. Marginal abatement costs of CO_2 emissions in the thermal power sector：a regional empirical analysis from China. Journal of Cleaner Production，171：163-174.

Peng S，Fu J，Zhang J. 2007. Borehole casing failure analysis in unconsolidated formations：a case study. Journal of Petroleum Science and Engineering，59（3/4）：226-238.

Peng Y S. 2004. Kinship networks and entrepreneurs in China's transitional economy. American Journal of Sociology，109（5）：1045-1074.

Perdan S, Azapagic A. 2011. Carbon trading: Current schemes and future developments. Energy Policy，39：6040-6054.

Petkov I，Gabrielli P. 2020. Power-to-hydrogen as seasonal energy storage：an uncertainty analysis for optimal design of low-carbon multi-energy systems. Applied Energy，274：115197.

Pigou A C，Aslanbeigui N. 2017. The Economics of Welfare. New York：Routledge.

Pizer W A. 1999. The optimal choice of climate change policy in the presence of uncertainty. Resource and Energy Economics，21（3/4）：255-287.

Pizer W A. 2002. Combining price and quantity controls to mitigate global climate change. Journal of Public Economics，85（3）：409-434.

Pontius R. 2000. Quantification error versus location error in comparison of categorical maps. Photogrammetric Engineering and Remote Sensing，66：1011-1016.

Porrazzo R，White G，Ocone R. 2016. Techno-economic investigation of a chemical looping combustion based power plant. Faraday Discussions，192：437-457.

Poumanyvong P，Kaneko S. 2010. Does urbanization lead to less energy use and lower CO_2 emissions? A cross-country analysis. Ecological Economics，70（2）：434-444.

Putterman L，Roemer J E，Silvestre J. 1998. Does egalitarianism have a future?. Journal of Economic Literature，36（2）：861-902.

Qiao X，Li G，Li M，et al. 2012. CO_2 storage capacity assessment of deep saline aquifers in the Subei Basin，East China. International Journal of Greenhouse Gas Control，11：52-63.

Qin J，Han H，Liu X. 2015. Application and enlightenment of carbon dioxide flooding in the United States of America. Petroleum Exploration and Development，42（2）：232-240.

Quintessa. 2010. The generic CO_2 geological storage FEP database, version 1.1.0. https://www.quintessa.org/co2fepdb/v1.1.0[2023-09-10].

Rabitz F. 2019. Governing the termination problem in solar radiation management. Environmental Politics，28（3）：502-522.

Rajbhandari S，Limmeechokchai B. 2021. Assessment of greenhouse gas mitigation pathways for Thailand towards achievement of the 2°C and 1.5°C Paris Agreement targets. Climate Policy，（4）：492-513.

Ramirez A S，Hagedoorn L，Kramers T，et al. 2010. Screening CO_2 storage options in the Netherlands. International Journal of Greenhouse Gas Control，4（2）：367-380.

Ramsey F P. 1928. A mathematical theory of saving. The Economic Journal，38（152）：543-559.

Raper S C B，Gregory J M，Osborn T J. 2001. Use of an upwelling-diffusion energy balance climate model to simulate and diagnose A/OGCM results. Climate Dynamics，17：601-613.

Rataj E，Kunzweiler K，Garthus-Niegel S. 2016. Extreme weather events in developing countries and related injuries and mental health disorders—a systematic review. BMC Public Health，16（1）：1-12.

Reiche D. 2010. Renewable energy policies in the Gulf countries：a case study of the carbon-neutral “Masdar City” in Abu Dhabi. Energy Policy，38（1）：378-382.

Renner M. 2014. Carbon prices and CCS investment：a comparative study between the European Union and China. Energy Policy，75：327-340.

Revesz R L，Howard P H，Arrow K，et al. 2014. Global warming：improve economic models of climate change. Nature，508（7495）：173-175.

Riahi K，van Vuuren D P，Kriegler E，et al. 2017. The shared socioeconomic pathways and their energy，land use，and greenhouse gas emissions implications：an overview. Global Environmental Change，42：153-168.

Ricardo D. 1817. On the Principles of Political Economy and Taxation. Cambridge：Cambridge University Press.

Rinaldi A P，Rutqvist J，Cappa F. 2014. Geomechanical effects on CO_2 leakage through fault zones during large-scale underground injection. International Journal of Greenhouse Gas Control，20：117-131.

Ringius L，Torvanger A，Underdal A. 1999. Burden differentiation：fairness principles and proposals. CICERO Working Paper 1999.

Rochefort D A. 1997. Studying public policy：policy cycles and policy subsystems. American Political Science Review，91：455-456.

Romer P M. 1986. Increasing returns and long-run growth. Journal of Political Economy，94：1002-1037.

Rose A，Stevens B，Edmonds J，et al. 1998. International equity and differentiation in global warming policy. Environmental and Resource Economics，12（1）：25-51.

Rosenberg N J，Scott M J. 1994. Implications of policies to prevent climate change for future food security. Global Environmental Change，4（1）：49-62.

Rosenzweig C，Elliott J，Deryng D，et al. 2014. Assessing agricultural risks of climate change in the 21st century in a global gridded crop model intercomparison. Proceedings of the National Academy of Sciences of the United States of America，111（9）：3268-3273.

Rostow W W，Michael K. 1992. Theorists of Economic Growth from David Hume to the Present：with a Perspective on the Next Century. Oxford：Oxford University Press.

Rubin E S，Chen C，Rao A B. 2007. Cost and performance of fossil fuel power plants with CO_2 capture and storage. Energy Policy，35：4444-4454.

Rumayor M，Dominguez-Ramos A，Irabien A. 2019. Innovative alternatives to methanol manufacture：carbon footprint assessment. Journal of Cleaner Production，225：426-434.

Russell C，Vaughan W. 2003. The choice of pollution control policy instruments in developing countries: arguments, evidence and suggestions//International Yearbook of Environmental and Resource Economics. Cheltenham：Edward Elgar Publishing：331-371.

Sage R F. 2002. How terrestrial organisms sense，signal，and respond to carbon dioxide?. Integrative and Comparative Biology，42（3）：469-480.

Sanchez D L，Johnson N，McCoy S T，et al. 2018. Near-term deployment of carbon capture and sequestration from biorefineries in the United States. Proceedings of the National Academy of Sciences，115（19）：4875-4880.

Savage D，Maul P R，Benbow S，et al. 2004. A generic FEP database for the assessment of long-term performance and safety of the geological storage of CO_2. Oxfordshire：Quintessa.

Schlamadinger B，Spitzer J，Kohlmaier G H，et al. 1995. Carbon balance of bioenergy from logging residues. Biomass and Bioenergy，8（4）：221-234.

Schlesinger M E，Jiang X. 1990. Simple model representation of atmosphere-ocean GCMs and Estimation of the time scale of CO_2-induced climate change. Journal of Climate，3（12）：1297-1315.

Schmitz C，Dietrich J P，Lotze-Campen H，et al. 2010. Implementing endogenous technological change in a global land-use model. 13th Annual Conference on Global Economic Analysis，Penang.

Schönhart M，Schmid E，Schneider U A. 2011. CropRota—a crop rotation model to support integrated land use assessments. European Journal of Agronomy，34：263-277.

Scott D. 2018. Ethics of climate engineering：chemical capture of carbon dioxide from air. HYLE—International Journal for Philosophy of Chemistry，24：55-77.

Semieniuk G，Campiglio E，Mercure J F，et al. 2021. Low-carbon transition risks for finance. Wiley Interdisciplinary Reviews：Climate Change，12（1）：e678.

Shan Y，Zhou Y，Meng J，et al. 2019. Peak cement-related CO_2 emissions and the changes in drivers in China.

Journal of Industrial Ecology，23（4）：959-971.

Shapiro S A，Dinske C，Kummerow J. 2007. Probability of a given-magnitude earthquake induced by a fluid injection. Geophysical Research Letters，34（22）：314.

Shapiro S A，Dinske C，Langenbruch C，et al. 2010. Seismogenic index and magnitude probability of earthquakes induced during reservoir fluid stimulations. The Leading Edge，29（3）：304-309.

Shen M，Tong L，Yin S，et al. 2022. Cryogenic technology progress for CO_2 capture under carbon neutrality goals：a review. Separation and Purification Technology，299：121734.

Shi A. 2003. The impact of population pressure on global carbon dioxide emissions，1975-1996：evidence from pooled cross-country data. Ecological Economics，44（1）：29-42.

Smith C J，Forster P M，Allen M，et al. 2018. FAIR v1.3：a simple emissions-based impulse response and carbon cycle model. Geoscientific Model Development，11：2273-2297.

Smith J B，Schneider S H，Oppenheimer M. 2009. Assessing dangerous climate change through an update of the intergovernmental panel on climate change（IPCC）“reasons for concern”. Proceedings of the National Academy of Sciences of the United States of America，6（11）：4133-4137.

Smith P D，Dong R G，Bernreuter D L，et al. 1981. Seismic safety margins research program. Phase Ⅰ final report-overview. California：Lawrence Livermore National Laboratory.

Solow R M. 1970. Growth Theory：An Exposition. New York：Oxford University Press.

Solow R M. 1974. Intergenerational equity and exhaustible resources. The Review of Economic Studies，41：29-45.

Song X N，Shen M，Lu Y J，et al. 2021. How to effectively guide carbon reduction behavior of building owners under emission trading scheme? An evolutionary game-based study. Environmental Impact Assessment Review，90：106624.

Sovacool B K，Hook A，Martiskainen M，et al. 2019. The whole systems energy injustice of four European low-carbon transitions. Global Environmental Change，58：101958.

Stanton E A，Ackerman F，Kartha S. 2009. Inside the integrated assessment models：four issues in climate economics. Climate and Development，1（2）：166-184.

Stanton L. 2010. Climate change-the costs of inaction. ISRM International Symposium and Asian Rock Mechanics Symposium Advances in Rock Engineering.

Stauffer P H，Viswanathan H S，Pawar R J，et al. 2009. A system model for geologic sequestration of carbon dioxide. Environmental Science & Technology，43（3）：565-570.

Stern C D. 2005. Neural induction：old problem，new findings，yet more questions. Development，132（19）：2007-2021.

Stern D I. 2004. Economic growth and energy. Encyclopedia of Energy，2：35-51.

Stern N. 2007. The Economics of Climate Change：The Stern Review. Cambridge：Cambridge University Press.

Stocker T. 2011. Model Hierarchy and Simplified Climate Models. Berlin：Springer.

Stocker T F. 2004. Models change their tune. Nature，430（7001）：737-738.

Strassmann K M，Joos F. 2018. The Bern Simple Climate Model（BernSCM）v1.0：an extensible and fully documented open-source re-implementation of the Bern reduced-form model for global carbon cycle-climate simulations. Geoscientific Model Development，11：1887-1908.

Su X，Xu W，Du S. 2013. Basin-scale CO_2 storage capacity assessment of deep saline aquifers in the Songliao Basin，northeast China. Greenhouse Gases：Science and Technology，3：266-280.

Sucharda P, Gimson M. 2020. City of hamilton signs climate change emergency declaration, reduces energy consumption in water system. American Water Works Association, 112（11）: 22-30.

Sun K G, Wu L B. 2020. Efficiency distortion of the power generation sector under the dual regulation of price and quantity in China. Energy Economics, 86: 104675.

Sun L, Chen W. 2022. Impact of carbon tax on CCUS source-sink matching: finding from the improved ChinaCCS DSS. Journal of Cleaner Production, 333: 130027.

Szolgayova J, Fuss S, Khabarov N, et al. 2012. Robust energy portfolios under climate policy and socioeconomic uncertainty. Environmental Modeling & Assessment, 17（1/2）: 39-49.

Szolgayova J, Fuss S, Obersteiner M. 2008. Assessing the effects of CO_2 price caps on electricity investments—a real options analysis. Energy Policy, 36（10）: 3974-3981.

Szulczewski M L, MacMinn C W, Herzog H J, et al. 2012. Lifetime of carbon capture and storage as a climate-change mitigation technology. Proceedings of the National Academy of Sciences, 109（14）: 5185-5189.

Tang B J, Gong P Q, Shen C. 2017b. Factors of carbon price volatility in a comparative analysis of the EUA and sCER. Annals of Operations Research, 255（1）: 157-168.

Tang B J, Guo Y Y, Yu B Y, et al. 2021b. Pathways for decarbonizing China's building sector under global warming thresholds. Applied Energy, 298: 117213.

Tang B J, Hu Y J. 2019. How to allocate the allowance for the aviation industry in China's emissions trading system?. Sustainability, 11（9）: 2541.

Tang B J, Ji C J, Hu Y J, et al. 2020a. Optimal carbon allowance price in China's carbon emission trading system: perspective from the multi-sectoral marginal abatement cost. Journal of Cleaner Production, 253: 119945.

Tang B J, Li R, Li X Y, et al. 2017c. An optimal production planning model of coal-fired power industry in China: considering the process of closing down inefficient units and developing CCS technologies. Applied Energy, 206: 519-530.

Tang B J, Li R, Yu B Y, et al. 2018a. How to peak carbon emissions in China's power sector: a regional perspective. Energy Policy, 120: 365-381.

Tang B J, Li R, Yu B Y, et al. 2019b. Spatial and temporal uncertainty in the technological pathway towards a low-carbon power industry: a case study of China. Journal of Cleaner Production, 230: 720-733.

Tang B J, Li X Y, Yu B Y, et al. 2019a. Sustainable development pathway for intercity passenger transport: a case study of China. Applied Energy, 254: 113632.

Tang B J, Shen C, Gao C. 2013. The efficiency analysis of the European CO_2 futures market. Applied Energy, 112: 1544-1547.

Tang B J, Shen C, Zhao Y F. 2015. Market risk in carbon market: an empirical analysis of the EUA and sCER. Natural Hazards, 75（2）: 333-346.

Tang B J, Wang X Y, Wei Y M. 2019c. Quantities versus prices for best social welfare in carbon reduction: a literature review. Applied Energy, 233: 554-564.

Tang B J, Wu X F, Zhang X. 2013. Modeling the CO_2 emissions and energy saved from new energy vehicles based on the logistic-curve. Energy Policy, 57: 30-35.

Tang B J, Wu Y, Yu B Y, et al. 2020b. Co-current analysis among electricity-water-carbon for the power sector in China. Science of the Total Environment, 745: 141005.

Tang B J, Zhou H L, Chen H, et al. 2017a. Investment opportunity in China's overseas oil project: an empirical analysis based on real option approach. Energy Policy，105：17-26.

Tang H，Zhang S，Chen W. 2021a. Assessing representative CCUS layouts for China's power sector toward carbon neutrality. Environmental Science & Technology，55（16）：11225-11235.

Tang R H，Guo W，Oudenes M，et al. 2018b. Key challenges for the establishment of the monitoring, reporting and verification (MRV) system in China's national carbon emissions trading market. Climate Policy，18：106-121.

Tao F，Zhang Z. 2010. Dynamic responses of terrestrial ecosystems structure and function to climate change in China. Journal of Geophysical Research，115（G3）：G03003.

Thai C. 2019. Renewable distributed and centralized generation dynamic's impact on transmission and storage upgrades to achieve carbon neutrality. https://escholarship.org/uc/item/15n900jx#author[2023-07-03].

Tian C，Zheng X，Liu Q，et al. 2019. Long-term costs and benefits analysis of China's low-carbon policies. Chinese Journal of Population Resources and Environment，17（4）：295-302.

Tian J，Andraded C，Lumbreras J，et al. 2018. Integrating sustainability into city-level CO_2 accounting：social consumption pattern and income distribution. Ecological Economics，153：1-16.

Tian J，Liao H，Wang C. 2015. Spatial-temporal variations of embodied carbon emission in global trade flows：41 economies and 35 sectors. Natural Hazards，78：1125-1144.

Timmer M P，Szirmai A. 2000. Productivity growth in Asian manufacturing：the structural bonus hypothesis examined. Structural Change and Economic Dynamics，11（4）：371-392.

Tol R. 2013. Climate policy with Bentham-Rawls preferences. Economics Letters，118（3）：424-428.

Tol R S J. 2017. The structure of the climate debate. Energy Policy，104：431-438.

Tsutsui J. 2017. Quantification of temperature response to CO_2 forcing in atmosphere-ocean general circulation models. Climatic Change，140（2）：287-305.

U.S. BLS. 2018. Producer price index by industry：drilling oil and gas wells：drilling oil，gas，dry，or service wells.https://fred.stlouisfed.org/series/PCU21311121311101[2023-05-18].

U.S. EPA. 2014. 2012 Greenhouse gas emissions from large facilities. Washington，DC：U.S. Environmental Protection Agency.

Udas E，Wölk M，Wilmking M. 2018. The "carbon-neutral university"—a study from Germany. International Journal of Sustainability in Higher Education，19（1）：130-145.

UN. 2017. World population prospects-population division—United Nations. https://population.un.org/wpp [2022-05-01].

UN. 2018. World urbanization prospects：2018 revision. Geneva：United Nations，Department of Economic and Social Affairs，Population Division.

UN. 2019. World population prospects：2019 revision. Geneva：United Nations，Department of Economic and Social Affairs，Population Division.

UNEP. 2019. Emissions gap report 2019. https://www.unep.org/resources/emissions-gap-report-2019[2019-11-26].

UNEP. 2021. Emissions gap report 2021. https://www.unep.org/resources/emissions-gap-report-2021[2022-05-01].

UNFCCC. 2015. Adoption of the Paris Agreement. https://unfccc.int/resource/docs/2015/cop21/eng/l09r01.pdf[2022-05-01].

UNFCCC. 2020. Climate ambition summit builds momentum for COP26. https://unfccc.int/news/climate-ambition-summit-builds-momentum-for-cop26[2021-02-01].

UNFCCC. 2021. UN Welcomes US announcement to rejoin Paris Agreement. https://unfccc.int/news/un-welcomes-us-announcement-to-rejoin-paris-agreement[2021-02-01].

United Nations Environment Programme. 2018. Emissions Gap Report 2018. http://www.Indiaenvironmentportal.org.in/content/459798/emissions-gap-report-2018[2021-05-20].

US-DOE-NETL. 2008. Carbon sequestration Atlas of the United State and Canada. http://www.precaution.org/lib/carbon_sequestration_atlas.070601.pdf[2021-02-01].

Valin H，Sands R D，van der Mensbrugghe D，et al. 2014. The future of food demand：understanding differences in global economic models. Agricultural Economics，45（1）：51-67.

van der Meer L G H. 1993. The conditions limiting CO_2 storage in aquifers. Energy Conversion and Management，34（9/10/11）：959-966.

van der Ploeg F，de Zeeuw A. 2018. Climate tipping and economic growth：precautionary capital and the price of carbon. Journal of the European Economic Association，16（5）：1577-1617.

Walras L. 1969. Elements of Pure Economics：Or the Theory of Social Wealth. London：Routledge.

Walther G R，Post E，Convey P，et al. 2002. Ecological responses to recent climate change. Nature，416（6879）：389-395.

Wang J，Feng L，Palmer P I，et al. 2020b. Large Chinese land carbon sink estimated from atmospheric carbon dioxide data. Nature，586：720-723.

Wang J W，Kang J N，Liu L C，et al. 2020c. Research trends in carbon capture and storage：a comparison of China with Canada. International Journal of Greenhouse Gas Control，97：103018.

Wang J W，Liao H，Tang B J，et al. 2017. Is the CO_2 emissions reduction from scale change，structural change or technology change? Evidence from non-metallic sector of 11 major economies in 1995-2009. Journal of Cleaner Production，148：148-157.

Wang J，Wang K，Wei Y M. 2020a. How to balance China's sustainable development goals through industrial restructuring：a multi-regional input-output optimization of the employment-energy-water-emissions nexus. Environmental Research Letters，15（3）：034018.

Wang K，Che L N，Ma C B，et al. 2017. The shadow price of CO_2 emissions in China's iron and steel industry. Science of the Total Environment，598：272-281.

Wang K，Lu B，Wei Y M. 2013. China's regional energy and environmental efficiency：a range-adjusted measure based analysis. Applied Energy，112：1403-1415.

Wang K，Wang J Y，Hubacek K，et al. 2020d. A cost-benefit analysis of the environmental taxation policy in China：a frontier analysis-based environmentally extended input-output optimization method. Journal of Industrial Ecology，24（3）：564-576.

Wang K，Wang J Y，Wei Y M，et al. 2018. A novel dataset of emission abatement sector extended input-output table for environmental policy analysis. Applied Energy，231：1259-1267.

Wang K，Wei Y M. 2014. China's regional industrial energy efficiency and carbon emissions abatement costs. Applied Energy，130：617-631.

Wang K，Wei Y M，Huang Z M. 2016. Potential gains from carbon emissions trading in China：a DEA based estimation on abatement cost savings. Omega，63：48-59.

Wang K，Wei Y M，Huang Z M. 2018. Environmental efficiency and abatement efficiency measurements of China's thermal power industry：a data envelopment analysis based materials balance approach. European Journal of Operational Research，269（1）：35-50.

Wang K，Wei Y M，Zhang X. 2012. A comparative analysis of China's regional energy and emission performance：which is the better way to deal with undesirable outputs?. Energy Policy，46：574-584.

Wang K，Wei Y M，Zhang X. 2013. Energy and emissions efficiency patterns of Chinese regions：a multi-directional efficiency analysis. Applied Energy，104：105-116.

Wang K，Xian Y J，Wei Y M，et al. 2016. Sources of carbon productivity change：a decomposition and disaggregation analysis based on global Luenberger productivity indicator and endogenous directional distance function. Ecological Indicators，66：545-555.

Wang K，Xian Y J，Yang K X，et al. 2020e. The marginal abatement cost curve and optimized abatement trajectory of CO_2 emissions from China's petroleum industry. Regional Environmental Change，20（4）：1-13.

Wang K，Yang K X，Wei Y M，et al. 2018. Shadow prices of direct and overall carbon emissions in China's construction industry：a parametric directional distance function-based sensitive estimation. Structural Change and Economic Dynamics，47：180-193.

Wang K，Zhang J M，Wei Y M. 2017. Operational and environmental performance in China's thermal power industry：taking an effectiveness measure as complement to an efficiency measure. Journal of Environmental Management，192：254-270.

Wang K，Zhang X，Wei Y M，et al. 2013. Regional allocation of CO_2 emissions allowance over provinces in China by 2020. Energy Policy，54：214-229.

Wang K，Zhang X，Yu X Y，et al. 2016. Emissions trading and abatement cost savings：an estimation of China's thermal power industry. Renewable and Sustainable Energy Reviews，65：1005-1017.

Wang L，Wei Y M，Brown M A. 2017. Global transition to low-carbon electricity：a bibliometric analysis. Applied Energy，205：57-68.

Wang P T，Wei Y M，Yang B，et al. 2020f. Carbon capture and storage in China's power sector：optimal planning under the 2°C constraint. Applied Energy，263：114694.

Wang Q，Han R，Huang Q L，et al. 2018. Research on energy conservation and emissions reduction based on AHP-fuzzy synthetic evaluation model：a case study of tobacco enterprises. Journal of Cleaner Production，201：88-97.

Wang Q，Hu Y J，Hao J，et al. 2019. Exploring the influences of green industrial building on the energy consumption of industrial enterprises：a case study of Chinese cigarette manufactures. Journal of Cleaner Production，231：370-385.

Wang Q，Hubacek K，Feng K S，et al. 2016. Distributional effects of carbon taxation. Applied Energy，184：1123-1131.

Wang Q，Li X Y，Zhang Z T，et al. 2018. Carbon emissions reduction in tobacco primary processing line：a case study in China. Journal of Cleaner Production，175：18-28.

Wang Q，Liang Q M. 2015. Will a carbon tax hinder China's efforts to improve its primary income distribution status?. Mitigation and Adaptation Strategies for Global Change，20（8）：1407-1436.

Wang Q，Liang Q M，Wang B，et al. 2016. Impact of household expenditures on CO_2 emissions in China：income-determined or lifestyle-driven?. Natural Hazards，84（1）：353-379.

Wang T，Watson J. 2010. Scenario analysis of China's emissions pathways in the 21st century for low carbon transition. Energy Policy，38（7）：3537-3546.

Wang W Z，Liu L C，Liao H，et al. 2021. Impacts of urbanization on carbon emissions：an empirical analysis from OECD countries. Energy Policy，151：112171.

Wang X P，Du L. 2016. Study on carbon capture and storage（CCS）investment decision-making based on real options for China's coal-fired power plants. Journal of Cleaner Production, 112: 4123-4131.

Wang X Y, Tang B J. 2018. Review of comparative studies on market mechanisms for carbon emission reduction: a bibliometric analysis. Natural Hazards, 94 (3): 1141-1162.

Wang Y, Tang B, Shen M, et al. 2022. Environmental impact assessment of second life and recycling for $LiFePO_4$ power batteries in China. Journal of Environmental Management, 314: 115083.

Watson R T. 2003. Climate change: the political situation. Science, 302 (5652): 1925-1926.

Watts N, Adger W N, Agnolucci P, et al. 2015. Health and climate change: policy responses to protect public health. The Lancet, 386 (10006): 1861-1914.

Wei N, Li X C, Dahowski R T, et al. 2015b. Economic evaluation on CO_2-EOR of onshore oil fields in China. International Journal of Greenhouse Gas Control, 37: 170-181.

Wei N, Li X C, Wang Y, et al. 2013b. A preliminary sub-basin scale evaluation framework of site suitability for onshore aquifer-based CO_2 storage in China. International Journal of Greenhouse Gas Control, 12: 231-246.

Wei Y M, Chen K Y, Kang J N, et al. 2022. Policy and management of carbon peaking and carbon neutrality: a literature review. Engineering, 14 (7): 52-63.

Wei Y M, Han R, Liang Q M, et al. 2018a. An integrated assessment of INDCs under shared socioeconomic pathways: an implementation of C^3IAM. Natural Hazards, 92 (2): 585-618.

Wei Y M, Han R, Wang C, et al. 2020a. Self-preservation strategy for approaching global warming targets in the post-Paris Agreement era. Nature Communications, 11 (1): 1-13.

Wei Y M, Kang J N, Chen W M. 2021c. Climate or mitigation engineering management. Engineering, 7: 17-21.

Wei Y M, Kang J N, Liu L C, et al. 2021b. A proposed global layout of carbon capture and storage in line with a 2°C climate target. Nature Climate Change, 11 (2): 112-118.

Wei Y M, Liu L C, Fan Y, et al. 2007. The impact of lifestyle on energy use and CO_2 emission: an empirical analysis of China's residents. Energy Policy, 35 (1): 247-257.

Wei Y M, Liu L J, Liang Q M, et al. 2021a. Pathway comparison of limiting global warming to 2°C. Energy and Climate Change, 2: 100063.

Wei Y M, Mi Z F, Huang Z M. 2015a. Climate policy modeling: an online SCI-E and SSCI based literature review. Omega, 57: 70-84.

Wei Y M, Wang J W, Chen T Q, et al. 2018b. Frontiers of low-carbon technologies: results from bibliographic coupling with sliding window. Journal of Cleaner Production, 190: 422-431.

Wei Y M, Wang L, Liao H, et al. 2014. Responsibility accounting in carbon allocation: a global perspective. Applied Energy, 130: 122-133.

Wei Y M, Yu B Y, Li H, et al. 2019. Climate engineering management: an emerging interdisciplinary subject. Journal of Modelling in Management, 15: 685-702.

Wei Y M, Yu B Y, Li H, et al. 2020b. Climate engineering management: an emerging interdisciplinary subject. Journal of Modelling in Management, 15 (2): 685-702.

Wei Y M, Zou L L, Wang K, et al. 2013a. Review of proposals for an agreement on future climate policy: perspectives from the responsibilities for GHG reduction. Energy Strategy Reviews, 2 (2): 161-168.

Weindl I, Popp A, Bodirsky B L, et al. 2017. Livestock and human use of land: productivity trends and dietary choices as drivers of future land and carbon dynamics. Global and Planetary Change, 159: 1-10.

Weitzman M L. 1974. Prices vs. quantities. The Review of Economic Studies, 41 (4): 477-491.

Weitzman M L. 1998. Why the far-distant future should be discounted at its lowest possible rate. Journal of Environmental Economics and Management，36（3）：201-208.

Weitzman M L. 2010. Risk-adjusted gamma discounting. Journal of Environmental Economics and Management，60（1）：1-13.

Weitzman M L. 2013. Tail-hedge discounting and the social cost of carbon. Journal of Economic Literature，51（3）：873-882.

Weitzman M L. 2020. Prices or quantities can dominate banking and borrowing. The Scandinavian Journal of Economics，122（2）：437-463.

Weyant J. 2017. Some contributions of integrated assessment models of global climate change. Review of Environmental Economics and Policy，11（1）：115-137.

Wiedenhofer D，Guan D B，Liu Z，et al. 2017. Unequal household carbon footprints in China. Nature Climate Change，7（1）：75-80.

Willett K M，Sherwood S. 2012. Exceedance of heat index thresholds for 15 regions under a warming climate using the wet-bulb globe temperature. International Journal of Climatology，32（2）：161-177.

Wolery T，Aines R，Hao Y，et al. 2009. Fresh water generation from aquifer-pressured carbon storage：annual Report FY09. https://www.osti.gov/servlets/purl/969071[2009-11-25].

World Bank. 2022. World Bank open data. https://data.worldbank.org[2022-05-29].

Wu N，Parsons J E，Polenske K R. 2013. The impact of future carbon prices on CCS investment for power generation in China. Energy Policy，54（5）：160-172.

Wu X D，Yang Q，Chen G Q，et al. 2016. Progress and prospect of CCS in China：using learning curve to assess the cost-viability of a 2×600 MW retrofitted oxyfuel power plant as a case study. Renewable and Sustainable Energy Reviews，60：1274-1285.

Wu Y J，Xuan X W. 2002. The Economic Theory of Environmental Tax and Its Application in China. Beijing：Economic Science Press.

Xian Y J，Wang K，Shi X P，et al. 2018. Carbon emissions intensity reduction target for China's power industry：an efficiency and productivity perspective. Journal of Cleaner Production，197：1022-1034.

Xian Y J，Wang K，Wei Y M，et al. 2019. Would China's power industry benefit from nationwide carbon emission permit trading? An optimization model-based ex post analysis on abatement cost savings. Applied Energy，235：978-986.

Xian Y J，Wang K，Wei Y M，et al. 2020. Opportunity and marginal abatement cost savings from China's pilot carbon emissions permit trading system：simulating evidence from the industrial sectors. Journal of Environmental Management，271：110975.

Xiang D，Yang S Y，Liu X，et al. 2014. Techno-economic performance of the coal-to-olefins process with CCS. Chemical Engineering Journal，240：45-54.

Xie Y，Dai H，Dong H，et al. 2016. Economic impacts from $PM_{2.5}$ pollution-related health effects in China：a provincial-level analysis. Environmental Science & Technology，50（9）：4836-4843.

Xue M M，Yu B Y，Du Y F，et al. 2018. Possible emission reductions from ride-sourcing travel in a global megacity：the case of Beijing. The Journal of Environment & Development，27（2）：156-185.

Yaglou C P，Minard D. 1957. Control of heat casualties at military training centers. Ama Arch Ind Health，16（4）：302-316.

Yan Q Y，Wang Y X，Li Z Y，et al. 2019. Coordinated development of thermal power generation in Beijing-Tianjin-Hebei region：evidence from decomposition and scenario analysis for carbon dioxide emission. Journal of Cleaner Production, 232: 1402-1417.

Yan Y M, Zhang H R, Long Y, et al. 2020. A factor-based bottom-up approach for the long-term electricity consumption estimation in the Japanese residential sector. Journal of Environmental Management, 270: 110750.

Yang B, Wei Y M, Hou Y B, et al. 2019a. Life cycle environmental impact assessment of fuel mix-based biomass co-firing plants with CO_2 capture and storage. Applied Energy, 252: 113483.

Yang B, Wei Y M, Liu L C, et al. 2021. Life cycle cost assessment of biomass co-firing power plants with CO_2 capture and storage considering multiple incentives. Energy Economics, 96: 105173.

Yang J, Li X, Peng W, et al. 2018a. Climate, air quality and human health benefits of various solar photovoltaic deployment scenarios in China in 2030. Environmental Research Letters, 13 (6): 064002.

Yang L, Lv H D, Jiang D L, et al. 2020a. Whether CCS technologies will exacerbate the water crisis in China? A full life-cycle analysis. Renewable and Sustainable Energy Reviews, 134: 110374.

Yang L, Xu M, Yang Y T, et al. 2019c. Comparison of subsidy schemes for carbon capture utilization and storage (CCUS) investment based on real option approach: evidence from China. Applied Energy, 255: 113828.

Yang L, Yu B Y, Yang B, et al. 2021. Life cycle environmental assessment of electric and internal combustion engine vehicles in China. Journal of Cleaner Production, 285: 124899.

Yang P, Yao Y F, Mi Z F, et al. 2018b. Social cost of carbon under shared socioeconomic pathways. Global Environmental Change, 53: 225-232.

Yang T R, Liao H, Du Y F. 2023. A dynamic game modeling on air pollution mitigation with regional cooperation and noncooperation. Integrated Environmental Assessment and Management, 19: 1555-1569.

Yang T R, Liao H, Wei Y M. 2020b. Local government competition on setting emission reduction goals. Science of the Total Environment, 745: 141002.

Yang T R, Liao H, Wei Y M. 2022. Goal setting for low-carbon development in regional China: role of achievement in the last term. Environment, Development and Sustainability, 1-19.

Yang W, Peng B, Liu Q, et al. 2017. Evaluation of CO_2 enhanced oil recovery and CO_2 storage potential in oil reservoirs of Bohai Bay Basin, China. International Journal of Greenhouse Gas Control, 65: 86-98.

Yang X, Yi S, Qu S, et al. 2019b. Key transmission sectors of energy-water-carbon nexus pressures in Shanghai, China. Journal of Cleaner Production, 225: 27-35.

Yang Z L, Nordhaus W D. 2006. Magnitude and direction of technological transfers for mitigating GHG emissions. Energy Economics, 28 (5/6): 730-741.

Yang Z. 2008. Strategic Bargaining and Cooperation in Greenhouse Gas Mitigations: An Integrated Assessment Modeling Approach. Cambridge: MIT Press.

Yao B, Xiao T, Makgae O A, et al. 2020. Transforming carbon dioxide into jet fuel using an organic combustion-synthesized Fe-Mn-K catalyst. Nature Communications, 11 (1): 1-12.

Yao Y F, Liang Q M, Yang D W, et al. 2016. How China's current energy pricing mechanisms will impact its marginal carbon abatement costs?. Mitigation and Adaptation Strategies for Global Change, 21 (6): 799-821.

Yavuz F, van Tilburg T, David P, et al. 2009. Second generation CO_2 FEP analysis: CASSIF-carbon storage scenario identification framework. Energy Procedia, 1 (1): 2479-2485.

Yi W J, Zou L L, Guo J, et al. 2011. How can China reach its CO_2 intensity reduction targets by 2020? A regional allocation based on equity and development. Energy Policy, 39 (5): 2407-2415.

York R，Rosa E A，Dietz T. 2003. STIRPAT，IPAT and ImPACT：analytic tools for unpacking the driving forces of environmental impacts. Ecological Economics，46（3）：351-365.

Yu B，Ma Y，Xue M，et al. 2017. Environmental benefits from ridesharing：a case of Beijing. Applied Energy，191：141-152.

Yu B，Wei Y M，Gomi K，et al. 2018a. Future scenarios for energy consumption and carbon emissions due to demographic transitions in Chinese households. Nature Energy，3（2）：109-118.

Yu B，Zhang J，Wei Y M. 2019. Time use and carbon dioxide emissions accounting：an empirical analysis from China. Journal of Cleaner Production，215：582-599.

Yu B，Zhao Q，Wei Y M. 2021b. Review of carbon leakage under regionally differentiated climate policies. Science of the Total Environment，782：146765.

Yu B，Zhao Z，Zhang S，et al. 2021a. Technological development pathway for a low-carbon primary aluminum industry in China. Technological Forecasting and Social Change，173：121052.

Yu B Y，Zhao Z H，Wei Y M，et al. 2023. Approaching national climate targets in China considering the challenge of regional inequality. Nature Communications，14：8342.

Yu H，Pan S Y，Tang B J，et al. 2014. Urban energy consumption and CO_2 emissions in Beijing：current and future. Energy Efficiency，8（3）：527-543.

Yu H，Wei Y M，Tang B J，et al. 2016. Assessment on the research trend of low-carbon energy technology investment：a bibliometric analysis. Applied Energy，184：960-970.

Yu S W，Theobald M，Cadle J. 1996. Quality options and hedging in Japanese Government Bond Futures markets. Financial Engineering and the Japanese Markets，3（2）：171-193.

Yu S，Li Z，Wei Y M，et al. 2019. A real option model for geothermal heating investment decision making：considering carbon trading and resource taxes. Energy，189：116252.

Yu S，Wei Y M，Fan J，et al. 2012. Exploring the regional characteristics of inter-provincial CO_2 emissions in China：an improved fuzzy clustering analysis based on particle swarm optimization. Applied Energy，92：552-562.

Yu S，Wei Y M，Guo H，et al. 2014. Carbon emission coefficient measurement of the coal-to-power energy chain in China. Applied Energy，114：290-300.

Yu S，Wei Y M，Wang K. 2014. Provincial allocation of carbon emission reduction targets in China：an approach based on improved fuzzy cluster and Shapley value decomposition. Energy Policy，66：630-644.

Yu S，Zheng S，Li X，et al. 2018b. China can peak its energy-related carbon emissions before 2025：evidence from industry restructuring. Energy Economics，73：91-107.

Yuan X C，Zhang N，Wang W Z，et al. 2021. Large-scale emulation of spatio-temporal variation in temperature under climate change. Environmental Research Letters，16（1）：014041.

Yue T X，Fan Z M，Liu J Y. 2007. Scenarios of land cover in China. Global and Planetary Change，55（4）：317-342.

Yuen F L，Yang H. 2010. Option pricing with regime switching by trinomial tree method. Journal of Computational and Applied Mathematics，233（8）：1821-1833.

Zhai H，Rubin E S，Versteeg P L. 2011. Water use at pulverized coal power plants with postcombustion carbon capture and storage. Environmental Science & Technology，45（6）：2479-2485.

Zhang C Y，Han R，Yu B，et al. 2018a. Accounting process-related CO_2 emissions from global cement production under Shared Socioeconomic Pathways. Journal of Cleaner Production，184：451-465.

Zhang C Y，Yu B，Chen J M，et al. 2021a. Green transition pathways for cement industry in China.

Resources, Conservation and Recycling, 166: 105355.
Zhang J, Yu B, Cai J, et al. 2017. Impacts of household income change on CO_2 emissions: an empirical analysis of China. Journal of Cleaner Production, 157: 190-200.
Zhang J, Yu B, Wei Y M. 2018b. Heterogeneous impacts of households on carbon dioxide emissions in Chinese provinces. Applied Energy, 229: 236-252.
Zhang K U N, Liang Q M, Liu L J, et al. 2020b. Impacts of mechanisms to promote participation in climate mitigation: border carbon adjustments versus uniform tariff measures. Climate Change Economics, 11(3): 2041007.
Zhang L, Sun N, Wang M, et al. 2021b. The integration of hydrogenation and carbon capture utilisation and storage technology: a potential low-carbon approach to chemical synthesis in China. International Journal of Energy Research, 45 (14): 19789-19818.
Zhang Q, Lei H, Yang D, et al. 2020a. Decadal variation in CO_2 fluxes and its budget in a wheat and maize rotation cropland over the North China Plain. Biogeosciences, 17 (8): 2245-2262.
Zhang S, Chen W. 2022. Assessing the energy transition in China towards carbon neutrality with a probabilistic framework. Nature Communications, 13 (1): 1-15.
Zhang T, Zou H F. 1998. Fiscal decentralization, public spending, and economic growth in China. Journal of Public Economics, 67: 221-240.
Zhang X, Fan J L, Wei Y M. 2013. Technology roadmap study on carbon capture, utilization and storage in China. Energy Policy, 59: 536-550.
Zhang X, Wang X W, Chen J J, et al. 2014. A novel modeling based real option approach for CCS investment evaluation under multiple uncertainties. Applied Energy, 113 (C): 1059-1067.
Zhang Y, Liu C, Chen L, et al. 2019. Energy-related CO_2 emission peaking target and pathways for China's city: a case study of Baoding City. Journal of Cleaner Production, 226: 471-481.
Zhang Y, Oldenburg C M, Finsterle S, et al. 2006. System-level modeling for geological storage of CO_2. https://escholarship.org/uc/item/53d7c2np#author[2006-04-24].
Zhang Y J, Peng Y L, Ma C Q, et al. 2017. Can environmental innovation facilitate carbon emissions reduction? Evidence from China. Energy Policy, 100: 18-28.
Zhao G P, Yu B Y, An R Y, et al. 2021b. Energy system transformations and carbon emission mitigation for China to achieve global 2°C climate target. Journal of Environmental Management, 292: 112721.
Zhao M, Lee J K W, Kjellstrom T, et al. 2021a. Assessment of the economic impact of heat-related labor productivity loss: a systematic review. Climatic Change, 167 (1): 1-16.
Zhao W, Cao Y, Miao B, et al. 2018. Impacts of shifting China's final energy consumption to electricity on CO_2 emission reduction. Energy Economics, 71: 359-369.
Zhen W, Qin Q, Qian X, et al. 2018. Inequality across China's staple crops in energy consumption and related GHG emissions. Ecological Economics, 153: 17-30.
Zhen W, Qin Q, Wei Y M. 2017. Spatio-temporal patterns of energy consumption-related GHG emissions in China's crop production systems. Energy Policy, 104: 274-284.
Zhen W, Zhong Z, Wang Y, et al. 2019. Evolution of urban household indirect carbon emission responsibility from an inter-sectoral perspective: a case study of Guangdong, China. Energy Economics, 83: 197-207.
Zheng X, Lu Y, Yuan J, et al. 2020. Drivers of change in China's energy-related CO_2 emissions. Proceedings of the National Academy of Sciences, 117 (1): 29-36.
Zhou W, Zhu B, Chen D, et al. 2014. How policy choice affects investment in low-carbon technology: the

case of CO_2 capture in indirect coal liquefaction in China. Energy，73：670-679.

Zhou W，Zhu B，Fuss S，et al. 2010. Uncertainty modeling of CCS investment strategy in China's power sector. Applied Energy，87（7）：2392-2400.

Zhou Y，Shan Y，Liu G，et al. 2018. Emissions and low-carbon development in Guangdong-Hong Kong-Macao Greater Bay Area cities and their surroundings. Applied Energy，228：1683-1692.

Zhu B，Ma S，Chevallier J，et al. 2014. Modelling the dynamics of European carbon futures price：a Zipf analysis. Economic Modelling，38：372-380.

Zhu Z S，Liao H，Cao H S，et al. 2014. The differences of carbon intensity reduction rate across 89 countries in recent three decades. Applied Energy，113：808-815.

Ziolkowska J R. 2015. Is desalination affordable? Regional cost and price analysis. Water Resources Management，29（5）：1385-1397.

附　录

附表 1　全球主要气候变化谈判进程

年份	地点	事件
1992	巴西 里约热内卢	首届联合国环境与发展会议召开。《联合国气候变化框架公约》签署。明确发达国家和发展中国家之间负有“共同但有区别的责任”，但未能就发达国家应提供的资金援助和技术转让等问题达成具体协议
1997	日本 京都	《联合国气候变化框架公约》第三次缔约方大会举行。《京都议定书》通过，规定了第一承诺期（2008～2012 年）主要工业发达国家温室气体减排指标，并要求它们向发展中国家提供减排所需的资金及技术支持
2007	印度尼西亚 巴厘岛	《联合国气候变化框架公约》第十三次缔约方大会举行，通过“巴厘岛路线图”，启动《联合国气候变化框架公约》下的长期合作特设工作组和《京都议定书》特设工作组谈判并行的“双轨制”谈判
2009	丹麦 哥本哈根	《联合国气候变化框架公约》第十五次缔约方大会召开。由于各方在减排目标、“三可”（碳可测量、可报告和可核实）、资金等问题上分歧较大，《哥本哈根协议》最终没能获得通过
2010	墨西哥 坎昆	《联合国气候变化框架公约》第十六次缔约方大会召开。尽管会议未能完成“巴厘岛路线图”谈判，但关于技术转让、资金和能力建设等发展中国家关心的问题的谈判取得了不同程度的进展。最终，在玻利维亚强烈反对的情况下，大会强行通过了《坎昆协议》
2011	南非 德班	《联合国气候变化框架公约》第十七次缔约方大会召开。会议形成德班授权，开启了关于续签《京都议定书》第二承诺期的谈判进程
2012	卡塔尔 多哈	《联合国气候变化框架公约》第十八次缔约方大会召开。明确了执行《京都议定书》第二承诺期，包含美国在内的所有缔约方就 2020 年前减排目标、适应机制、资金机制以及技术合作机制达成共识
2014	秘鲁 利马	《联合国气候变化框架公约》第二十次缔约方会议召开。中国表示将 2016～2020 年每年二氧化碳排放量控制在 100 亿吨以下，且承诺碳排放于 2030 年左右达到峰值
2015	法国 巴黎	《联合国气候变化框架公约》第二十一次缔约方会议召开。由包括中国、美国在内的各方大力推动而达成的《巴黎协定》基本明确了 2021～2030 年国际气候治理的制度安排和合作模式
2019	西班牙 马德里	《联合国气候变化框架公约》第二十五次缔约方大会召开。完成了《巴黎协定》实施细则谈判，国际气候治理由此转入以《巴黎协定》履约为主的实施进程
2021	英国 格拉斯哥	《联合国气候变化框架公约》第二十六次缔约方大会召开。在“加时”一天后，大会达成《巴黎协定》实施细则一揽子决议，开启国际社会全面落实《巴黎协定》的新征程
2022	埃及 沙姆沙伊赫	《联合国气候变化框架公约》第二十七次缔约方大会召开。对世界各国在实现《巴黎协定》目标方面取得的进展进行了首次全球盘点。并为遭受气候灾害重创的脆弱国家提供“损失和损害”资金

附表 2　海外主要国家或地区的减排目标与计划

国家/地区	减排目标	行动计划
美国	2030 年温室气体净排放量相比 2005 年减少 50%～52%，2050 年前实现净零排放	在大部分经济领域中改用清洁能源；提高能源效率并推广 CCUS 等碳捕集技术；电力部门脱碳，实现终端电气化并向其他清洁燃料转型；减少能源浪费，减少甲烷等其他温室气体排放；增加碳汇
欧盟（27 国）	2030 年，各成员国按照既定百分比减少其来自欧盟排放交易体系以外行业的排放，到 2030 年温室气体净排放量与 1990 年水平相比至少减少 55%，到 2050 年实现碳中和	出台“Fit for 55”一揽子计划，提出了包括能源、工业、交通、建筑等在内的 12 项积极举措。在目标设定方面，将修订《减排分担条例》《土地利用、土地利用变化和林业条例》《可再生能源指令》《能源效率指令》；在标准规则制定方面，将制定更严格的汽车和货车碳排放规则、可替代性燃料的新基础设施规则、更加可持续的航空燃料规则以及更为清洁的海运燃料规则；在支持措施方面，将利用税收和法律规则来促进创新，并通过新的“社会气候基金”和强化的“现代化和创新基金”提高社会减排积极性
印度	2030 年单位国内生产总值碳排放比 2005 年下降 33%～35%，致力于到 2070 年实现净零排放	提出和进一步宣传健康与可持续的生活方式；采取比其他同等经济发展水平国家更为清洁的发展道路；通过技术转让和绿色气候基金（GCF）等低成本国际融资，到 2030 年实现非化石能源发电装机占比达 40%左右，增加 25 亿～30 亿吨二氧化碳当量的碳汇；加强对易受气候变化影响的部门及地区的投资，特别是农业、水供应、卫生和灾害管理部门，以及喜马拉雅地区、沿海地区等；加强技术层面的国际合作，对此类未来技术进行联合研发
俄罗斯	到 2050 年前俄温室气体净排放量在 2019 年该排放水平上减少 60%，同时比 1990 年这一排放水平减少 80%，并在 2060 年前实现碳中和	引入碳交易、碳抵消、排放情况披露、污染者问责机制等；针对俄罗斯低碳发展和减排前景，提出以提高森林等生态系统固碳能力、实现能源转型为基础的“目标计划”；减少化石燃料生产和运输，在石油开采领域引入现代技术体系；继续开发多元的能源资源储备，促使天然气、氢气、氨气等在低碳能源结构中发挥更大作用；此外，通过帮助发展中国家和平利用核能为全球减少温室气体排放做出贡献
日本	力争 2030 年度温室气体排放量比 2013 年度减少 46%，2050 年实现净零排放	加快能源和工业部门结构转型，发展海上风电、太阳能、地热产业、新一代热能产业；为实现 2030 年减排目标，将通过电气化、氢能化等扩大非化石能源的应用，有效利用蓄电池等分布式能源资源，发展可再生能源作为主要电力来源，重新调整核能政策，规划未来火力发电，大力加强实现氢社会的措施，进一步推进能源体制改革；为实现 2050 年碳中和，逐步转向使用零碳电力，推进循环经济战略转型，同时建立和实施联合信贷机制，评估日本对通过推广领先脱碳技术、产品、系统、服务等实现温室气体减排的贡献
韩国	2030 年温室气体较 2018 年减排 40%，2050 年实现碳中和，2030 年甲烷排放量相比 2020 年减少 30%	根据《碳中和产业核心技术开发计划》（草案），将针对钢铁、石油化工、水泥、纺织、有色金属等 13 个行业，投资 6.7 万亿韩元开发氢还原铁、高碳原料替代、氢/氨等无碳新能源/燃料、生物燃料、电加热分解工艺、塑料先进热解等核心技术；城市/空间规划/生活基础设施绿色转型，推广低碳和分布式能源，建立创新的绿色产业生态系统，预计到 2025 年，该计划总投资将达 61 万亿韩元（约合 468 亿美元）

续表

国家/地区	减排目标	行动计划
加拿大	2030 年温室气体排放量相比 2005 年至少减少 40%～45%，2050 年实现温室气体净零排放	推动各行业采用清洁技术，为诸如 CCUS 等制定进一步的激励机制；推进实施电网净零排放，对风能和太阳能等清洁能源项目进行约 8.5 亿加元的额外投资；投资逾 29 亿加元用于充电基础设施建设，提供财政支持以促进零排放车辆销售，支持清洁的中型和重型交通项目；投资约 10 亿加元，推进“绿色建筑战略”，推进社区改造试点，促进大型建筑的深度能源改造
南非	2030 年温室气体排放量控制在 3.5 亿～4.2 亿吨二氧化碳当量	南非的长期碳减排战略主要集中在电力部门，计划在 2030 年左右，电力行业完成更深层次的转型，同时运输行业将向电动汽车、氢燃料汽车等低排放车辆转型，而到 2040 年以后，将更多关注其他难以脱碳的重点行业
英国	2030 年温室气体排放相比参考年净减少 68%以上（二氧化碳、甲烷和氧化亚氮的参考年为 1990 年，氢氟碳化合物、全氟碳化合物、六氟化硫和三氟化氮的参考年为 1995 年）	出台“净零战略”支持英国企业和消费者向清洁能源与绿色技术过渡，降低对化石燃料的依赖，鼓励投资可持续清洁能源，支持英国在最新的低碳技术方面获得竞争优势，包括从热泵到电动汽车、从碳捕集到氢能等；《绿色工业革命十点计划》涉及清洁能源、交通、自然和创新技术，包括利用海上风能，发展氢能，促进核能，加快向电动汽车过渡，支持零碳排放飞机和船舶的研究，每年种植 3 万公顷树木等；商业、能源和产业战略部计划投入 9200 万英镑公共资金，支持储能、海上风能和生物质生产等创新绿色技术

附表 3　C^3IAM/NET-Chemical 模型主要变量

模型参数	定义
i	化工产品种类
l	生产设备或技术
t	规划期内的年份
$\alpha_{i,t}$	第 t 年化工产品 i 的需求弹性系数
$P_{i,t}$	第 t 年化工产品 i 的需求
P_{i,t_0}	第 t_0 年化工产品 i 的需求
P_t	某一化工产品第 t 年的产量
α_t	某一化工产品第 t 年的弹性系数
P_{t_0}	某一化工产品第 t_0 年的产量
E_t	所选取的经济参数在第 t 年的值
E_{t_0}	所选取的经济参数在第 t_0 年的值
A_1、A_2、…、A_n	回归系数
β_t、γ_t、λ_t	社会经济变量
c	误差项
$E_{i,t}$	所选取的经济参数在第 t 年的数值
E_{i,t_0}	所选取的经济参数在第 t_0 年的数值

续表

模型参数	定义
TC_t	第 t 年的总成本
$AC_{l,t}$	生产设备/技术 l 每单位数量的装置在第 t 年的平均年化成本
$R_{l,t}$	生产设备/技术 l 在第 t 年的新增产能
$OM_{l,t}$	生产设备/技术 l 在第 t 年每运行一单位数量所需的运维成本
$H_{l,t}$	生产设备/技术 l 在第 t 年实际运行数量
$Eg_{k,t}$	第 t 年生产对所需能源 k 的消耗量
$P_{k,t}$	第 t 年化工产品生产所需能源 k 的消耗量
Eg_t	第 t 年能源消耗总量
Tax_t^{Eng}	第 t 年对单位能源消耗所征收的税额
$Tax_t^{CO_2}$	第 t 年对单位 CO_2 排放所征收的税额
Q_t	第 t 年化工行业的排放量
C_l^0	生产设备/技术 l 的投资成本
α	基础化工产品折现率
T_t	设备寿命
T_l	生产设备/技术 l 的寿命
$S_{l,t}$	在第 t 年生产设备/技术 l 的产能存量
$S_{l,t-1}$	在上一年生产设备/技术 l 的产能存量
$G_{l,t}$	在第 t 年生产设备/技术 l 的淘汰量
$\lambda_{k,l,t}$	在第 t 年生产设备/技术 l 由于技术进步对能源 k 消耗量下降的比例
$E_{k,l,t}$	在第 t 年生产设备/技术 l 每单位运行数量所消耗能源 k 的数量

附表 4　全球关键地质参数的不确定性取值

封存场地类型	关键参数	低	中	高
CO_2-EOR 封存	初始油层体积系数	1.2	1.5	2
	二氧化碳封存有效系数	0.5	0.6	0.7
深部咸水层	有效面积比	0.015	0.02	0.025
	平均储层总厚度/米	150	200	250
深部咸水层	体积总孔隙度	0.2	0.2	0.2
	不同条件下的二氧化碳密度/（千克/米^3）	710	710	710
	二氧化碳封存有效系数	0.05	0.05	0.05

附表 5　全球 CO_2-EOR 和深部咸水层 CO_2 封存潜力范围（单位：吉吨 CO_2）

取值水平	深部咸水层封存潜力	CO_2-EOR 封存潜力
低	888.56	124.88

续表

取值水平	深部咸水层封存潜力	CO_2-EOR 封存潜力
中	1913.83	168.11
高	3280.85	230.55

附表 6　我国主要盆地及地区平均地温梯度表

盆地及地区		地温梯度/（摄氏度/100 米）	常数（α）	相关系数（β）
松辽盆地	古龙	4.06	2.234	0.97407
	萨尔图	4.51	1.5126	0.96791
	大庆扶余	3.91	5.513	0.9777
	北部拜泉–讷河–嫩江	3.46	1.866	0.9054
	东北部边缘	2.88	14.68	0.9909
	中西部	4.45	7.533	0.9618
	西部杜尔伯特	4.52～4.75	3.47～9.711	0.9581～0.9598
	东偏南农安	2.95	13.5	0.9763
	全区	3.375	11.933	0.9232
华北盆地	冀中拗陷	3.4	10.22	0.9432
	黄骅拗陷	3.349	20.88	0.9774
		3.294	16.608	0.9709
	济阳拗陷	3.869	11.018	0.9978
		3.308	20.44	0.9823
	临清拗陷	3.21	13.632	0.9727
		2.69	22.21	0.9199
华北盆地	宝丰–沈丘–鹿邑拗陷区	2.82	16.19	0.9999
		2.35	24.51	0.9997
		2.41	22.57	0.9629
内蒙古地区	东南部（乌尼特拗陷、腾格尔拗陷、川井拗陷）	2.87	18.16	0.9689
内蒙古地区	中部苏尼特隆起	2.166	16.3	0.99716
	西北（马尼特拗陷、乌兰察布拗陷）	2.94	12.53	0.9766
苏北盆地		2.64	18.573	0.9639
南襄盆地		3.82	13.31	0.9673
广东地区	江汉盆地	2.84	25.06	0.978
	三水盆地	2.8～7.0	18.808	0.9261
	雷州半岛	3.18～3.85	35.35	0.988
	海南岛	2.56	29.46	0.9793

续表

盆地及地区		地温梯度/（摄氏度/100米）	常数（α）	相关系数（β）
广东地区	北部湾	3.47	30.622	0.9838
	莺歌海	3.35	27.656	0.9838
	全区	3.39	25.388	0.9695
鄂尔多斯盆地		2.88	9.946	0.9646
四川盆地	盆地南部	3.27	5.972	0.93447
	盆地北部	1.8	19.54	0.9899
	盆地东部建南地区	1.82	24.41	0.95259
	盆地平均	2.44	17.67	0.975
滇黔桂地区	黔西滇东	2.25	17.83	0.9792
	黔东	1.133	14.01	0.97
	百色盆地	2.73	25.32	0.9801
河西走廊区域	石油沟	2.95	5.44	0.9339
	老君庙	2.65	9.436	0.9458
	鸭儿峡	2.93	6.234	0.9242
	区域平均	2.84	7.568	0.9993
柴达木盆地	涩北地区	2.76	20.09	0.9552
	冷湖	2.18	9.161	0.9977
	大风山	2.48	41.99	0.9901
	南乌斯	2.61	16.051	0.9983
柴达木盆地	花土沟	2.65	9.54	0.9614
	狮子沟	2.99	2.064	0.9384
	尕斯库勒（跃进）	3.21	10.025	0.9732
	红柳泉	3.3	7.695	0.993
	油砂山	2.38	11.406	0.9294
准噶尔盆地	准噶尔盆地（全部）	2.016	14.692	0.9744
	克拉玛依及其邻区	1.981	15.21	0.9729
	克拉玛依油田各区	1.904	14.928	0.8431
	百口泉	2.139	12.66	0.9261
	风成城	2.128	12.789	0.959
	夏子街–乌尔禾	1.96	12.687	0.9294
	三拐	2.34	1.6908	0.9558
	一区	1.902	10.43	0.9528

续表

盆地及地区		地温梯度/（摄氏度/100米）	常数（α）	相关系数（β）
准噶尔盆地	二区	1.734	12.43	0.9438
	三区	1.19	12.88	0.9927
	四区	2.06	11.92	0.9599
	五区	2.075	12.533	0.9621
	六区	2.198	9.824	0.9899
	八区	1.971	13.87	0.9931
	九区	1.8	15.356	0.9682
	十区	1.82	20.72	0.9883
塔里木盆地		1.764	23.75	0.8689
塔北盆地（经校正）		2.126	7.402	0.6602

后　　记

《碳减排系统工程：理论方法与实践》是北京理工大学能源与环境政策研究中心团队在国家自然科学基金重大项目“气候经济复杂系统建模与应用”（72293600）、国家重点研发计划项目“气候变化经济影响综合评估模式研究”（2016YFA0602603）等国家科研任务资助下开展攻关和研究的成果凝练形成的，也是团队二十余年来围绕气候变化与碳减排及碳中和问题开展持续和系统研究工作的总结。在深刻揭示碳排放本质特征及其演变规律基础上，面向气候目标及碳减排工程实践需要，我们提出了碳减排系统工程理论，即碳减排“时–空–效–益”统筹理论，基于该理论自主研制了C^{3}IAM，结合碳捕集、利用与封存工程，系统阐述了上述理论与技术在碳减排系统工程实践中的应用。

北京理工大学能源与环境政策研究中心廖华、刘兰翠、唐葆君、余碧莹、梁巧梅、陈炜明、姚云飞、刘丽静、康佳宁、韩融、杨婷茹、王翔宇、易琛、王伟正、王晋伟、普若洋、王崇州、陈俊宇、吉嫦婧、刘思妤、魏思宜、常俊杰、张云龙、李家全、崔鸿堃、李小裕、戴敏、田晓曦、王蓬涛等参与了相关的研究工作；陈炜明、康佳宁、刘丽静、杨婷茹、易琛负责相关章节的撰写工作；陈炜明协助我做了全书的统稿工作。他们为本书的完成做出了贡献。

丁仲礼院士、杜祥琬院士、李静海院士、郝吉明院士、曲久辉院士、朱蓓薇院士、彭苏萍院士、贺克斌院士、杨志峰院士、贺泓院士、张人禾院士、张小曳院士、徐祖信院士、郭重庆院士、丁一汇院士、胡文瑞院士、卢春房院士、黄维和院士、丁烈云院士、金智新院士、凌文院士、杨善林院士、范国滨院士、刘合院士、陈晓红院士、孙丽丽院士、徐锭明、于景元、何建坤、王思强、黄晶、傅小锋、宋雯、安丰全、李善同、徐伟宣、陈晓田、周寄中、李一军、杨列勋、刘作仪、李若筠、韩智勇、吴刚、张贤、李高、田成川、戴彦德、高世宪、徐华清、康艳兵、李景明、张建民、林而达、潘家华、巢清尘、石敏俊、夏光、段晓男、魏伟、王仲颖、张有生、曲建升等专家和领导曾给予指导、支持和无私的帮助。国外同行 Richard S. J.

Tol、Bert Hofman、Eric Martinot、Thomas Drennen、Henry Jacoby、John Parsons、Iain MacGill、Ottmar Edenhofer、Keith Burnard、 Chris Nielsen、Francois Nguyen、Norio Okada、Beng Wah Ang、Jinyue Yan、Hirokazu Tatano、Siaw Kiang Chou、Zhi-Min Huang、Tad Murty、Zi-Li Yang、Georg Erdmann、Jingming Chen、Frank Behrendt、Leon Clarke 等曾应邀访问北京理工大学能源与环境政策研究中心并做学术交流，与他们的交流和讨论对我们研究工作的深入和完善提供了帮助。值此，谨向他们表示衷心的感谢和崇高的敬意！

特别感谢本书引文中的所有作者！限于我们的知识和学术水平，书中难免存在缺陷与不足，恳请批评指正！

2022 年 12 月于北京